有机结构分析

（修订版）

薛　松　编著

中国科学技术大学出版社

内 容 简 介

本书共 7 章。前 6 章分别论述了质谱、核磁共振氢谱、碳谱、二维核磁共振谱、红外光谱以及紫外光谱的基本原理，讨论了这几种波谱学在分子结构分析中的应用。注重介绍这几种波谱与有机化合物结构的关系，以及各种波谱的特点和解析方法。第 7 章总结了波谱在有机结构分析中的各自优点，并讨论了各种波谱在结构解析中的综合应用。本书以波谱学的实用性为出发点，紧跟学科前沿，配以相当数量的例题剖析，帮助读者提高用波谱学方法解决实际问题的能力。

本书可作为化学有关专业的本科生及研究生的教学用书，也可供从事有机合成或波谱分析的科研人员参考。

图书在版编目(CIP)数据

有机结构分析/薛松编著. —合肥：中国科学技术大学出版社，2005.9(2022.1 重印)
ISBN 978-7-312-01811-4

Ⅰ. 有…　Ⅱ. 薛…　Ⅲ. 有机结构化学—结构分析　Ⅳ. O621.13

中国版本图书馆 CIP 数据核字(2005)第 084174 号

出版　中国科学技术大学出版社
安徽省合肥市金寨路 96 号，230026
http://press.ustc.edu. cn
https://zgkxjsdxcbs.tmall.com

印刷　合肥华星印务有限责任公司
发行　中国科学技术大学出版社
经销　全国新华书店
开本　787 mm×1092 mm　1/16
印张　25
字数　640 千
版次　2005 年 10 月第 1 版　2012 年 2 月修订
印次　2022 年 1 月第 5 次印刷
定价　59.00 元

序

化学的主要任务是研究分子的组成、结构、性质和变化规律，并以这些规律为指导，合成出大量新的化学物质，以满足人类衣食住行、医疗保健、生产建设的需求。化学家研究的对象是分子，而要研究分子，首先要观测分子，就像天文学家观测行星一样。当代波谱学的理论和技术为化学家，尤其是有机化学家提供了强有力的观测（分析）工具。应用这些工具，化学家可以“看到”分子的全貌：组成、构造、构型、构象等；换言之，应用这些工具，化学家可以确定原子在分子中的连接顺序、连接方式、相对位置、空间指向等。分子的组成和结构决定分子的性质，利用分子的性质才能实现分子的转化，因此，确定分子的组成和结构是化学研究的基础，同时又贯穿于化学研究的全过程。

质谱、核磁共振、紫外光谱、红外和拉曼光谱已成为有机结构分析的必需工具，波谱分析的知识是每一位化学工作者必须具备的知识，掌握这些知识无疑增添了一双识别分子的慧眼。同时，由于波谱分析的技术发展很快，新知识不断涌现，因此，知识更新的需求也十分迫切。为适应这一领域的发展，系统地介绍波谱分析的理论、方法及其应用，并反映最新相关成果，薛松博士编写了这本教材。

薛松博士在中国科学技术大学一直开展有机化学的教学和科研工作，成绩不菲。本书是他在教学和科研工作的基础上编著而成的，并作为研究生教材，在使用过程中不断修改、充实和完善。全书结构合理，兼顾理论基础和实际应用，叙述深入浅出，例证充分，“综合解析”更具“实战”意义。作为一名有机化学工作者，我很高兴把这本书推荐给广大同行，以及化学及相关专业的研究生和大学生，愿诸君从中受益。

郭庆祥

2005年春于合肥

前　言

20世纪30年代发展的紫外光谱、40年代发展的红外光谱以及50年代发展的质谱和核磁共振谱被称为“四大波谱”。其中紫外和红外光谱提供分子官能团信息，质谱提供分子式信息，核磁和质谱共同确定分子骨架信息，它们相互补充的结构信息为鉴定化合物结构提供了有力的依据。波谱分析测定有机化合物结构具有微量、快速、灵敏、准确等特点，已经被广泛应用于有机化学、石油化工、生物化学和药物学等相关领域，熟悉并掌握基本的波谱解析方法，实为化学工作者必须掌握的一门知识。

全书对四大波谱的相关理论只作浅显的论述，着重于波谱方法在结构鉴定中的应用，论述谱线的形状、位置以及强度与分子结构的关系，根据各波谱学的特点，讨论影响谱线的因素，以及每种波谱方法在结构解析中的规律和过程。作为一名有机化学工作者，编者深知核磁共振技术在日常科研中的重要地位，遂将其分成三章，分别介绍氢谱、碳谱和二维核磁共振谱的基本原理和解析方法，力争反映核磁共振谱学的最新进展。傅立叶变换方法（FT）引入到核磁共振实验，使碳谱变成了常规测试方法。多脉冲实验的应用对碳原子级数的确定，大大增加了碳谱在有机结构解析中的威力，尤其是以多脉冲实验为基础的二维核磁共振谱，它通过氢与氢之间的关联、氢与碳之间的关联，已经成为研究复杂分子骨架连接方式以及分子结构确定的最有效方法。

本书在编写过程中参考了国内外出版的一些相关教材和专著，主要内容和谱图来源于：《Introduction to Spectroscopy》（D. L. Pavia），《有机分子结构光谱鉴定》（赵瑶兴、孙祥玉编著），《High Resolution NMR Techniques in Organic Chemistry》（T. D. W. Claridge），《有机化合物结构鉴定与有机波谱学》（宁永成编著），《二维核磁共振简明原理及图谱解析》（杨立编著），对上述作者的辛勤劳动表示衷心感谢。

本书在编写中获得校研究生院的资助和化学系有机组老师的鼓励和支持。博士研究生李敏杰、王佳瑞和董婷参与了部分章节的编写和书稿的打印工作。郭庆祥教授在百忙之中为本书作序，在此致以诚挚的感谢。

由于编者水平有限，书中错误之处在所难免，敬请读者予以指正。

编　者

2004年10月

目　录

第 1 章

有机质谱

质谱法（Mass Spectrometry）常简称为质谱（MS）。20 世纪 50 年代以来，质谱就被广泛地应用于有机化学中分子结构的确定。质谱与核磁、红外、紫外被公认为是有机结构鉴定的四大工具。与其他谱相比，质谱有两个突出的优点：

第一，质谱的灵敏度高，通常只需几微克（μg）甚至更少的样品量便可得出一张满意的质谱图。

第二，质谱是惟一一种可以确定分子式的方法，这对推测结构至关重要。

目前质谱法已广泛用于有机合成、石油化工、生物化学、天然产物、环境检测等领域中，特别是气相色谱和液相色谱与质谱的联用，大大拓宽了质谱的应用范围，为有机混合物的分离、鉴定提供了快速有效的分析手段。

1.1 有机质谱的基本知识

1.1.1 质谱仪器的组成

质谱仪器按记录方式不同可分为质谱仪（Mass Spectrograph）和质谱计（Mass Spectrometer），前者是在焦平面上同时记录所有的离子，后者为顺次记录各种质荷比（m/z）离子的强度集合。有机质谱的记录方式均为质谱计，它主要由真空系统、进样系统、离子源、分析器、检测器以及数据处理系统组成。

真空系统 质谱计必须在高真空条件下工作，若真空度不够高，大量的氧气会烧坏离子源的灯丝，还会引起额外的离子－分子反应，改变裂解方式，使谱图复杂化。不同的质量分析器及离子源对真空度的要求是不一样的。离子源的压力通常在 10^{-4}～10^{-5}Pa，质量分析器的压力在 10^{-5}～10^{-6}Pa。

进样系统 在真空条件下，一般由进样推杆将少量样品直接送入离子源，低沸点的样品在贮气器中汽化后进入离子源，气体样品可经贮气器直接进入离子源。当质谱计与色谱仪联机时，进样系统则由它们的界面所代替。

离子源 分析样品被电离且形成各种离子的场所。根据电离方式的不同，质谱图也很不一样。为使生成的离子穿越质量分析器，在离子源的出口，有一个加速电压。

质量分析器 质量分析器把不同质荷比的离子分开，是质谱计的核心部分。在离子源中生成的并经加速电压加速后的各种离子在质量分析器中按其质荷比的大小进行分离并加以聚焦。

检测器和数据处理系统 经过质量分析器分离后的离子，先后通过出口狭缝，到达收集极，经过数据处理系统获得各种结果。

1.1.2 质谱仪器的主要指标

1．质量范围

质量范围指质谱仪器所检测的离子的质荷比范围，对单电荷离子而言，也就是离子的质量范围。

2．分辨率（resolution）

分辨率（R）是质谱性能的一个重要指标，它表示仪器对质荷比相邻的两质谱峰的分辨能力，仪器的分辨率通常表示为：

$$R=\frac{M}{\Delta M} \tag{1.1}$$

式中：M 为可分辨的两个峰的平均质量，ΔM 为可分辨的两个峰的质量差。

国际上规定，分辨率（R）为强度基本相等的两个相邻峰，当它们峰谷的高度为峰高的 10%时的测定值。如图 1-1a 所示，在实际测定时，难以找到正好是两峰重叠 10%且峰高基本相等的峰。可用相距一定距离的两个相邻峰来测定分辨率，其表达式改为：

$$R=\frac{M}{\Delta M}\cdot\frac{b}{a} \tag{1.2}$$

式中：a 为 5%峰高处的峰宽，b 为相邻两峰中心线之间的距离，如图 1-1b 所示。当 $R \geqslant 10^4$ 时为高分辨质谱，可测量离子的精确质量。一般商品仪器在出厂时，给出静态分辨率，即在扫描速度极慢、不考虑灵敏度条件下测得的分辨率。在一定的扫描速度和一定的灵敏度条件下测得的分辨率，称为动态分辨率。

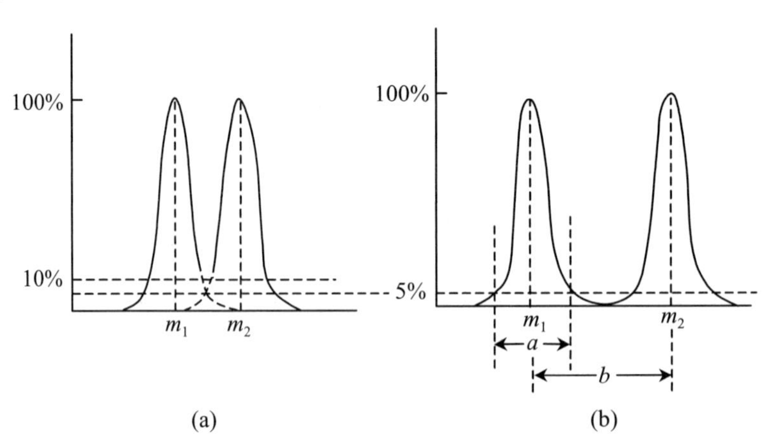

图 1-1 分辨率测定法

3．灵敏度（sensitivity）

灵敏度表示仪器出峰的强度与所用样品量之间的关系，即在一定的分辨率情况下，产生一定信噪比所需的样品量。如 3μg 样品所得到的信噪比 $S/N>50:1$。

1.1.3 质谱图

不同质荷比的离子经质量分析器分离后被检测，记录下的谱图称为质谱图。质谱图一般可提供样品的分子量和一些碎片结构的质量。质谱图的横坐标表示质荷比，通常用 m/z 表示，从左到右为质荷比增大的方向。一般情况下多电荷离子不常见，对于单电荷离子，质谱图的横坐标即为离子质量，纵坐标则为各离子的相对强度（又称相对丰度）。因不同离子的峰强度有很大差别，故记谱时要同时使用几种不同灵敏度的检流计。相对强度的计算是以强度最大的一个峰（称为标准峰或基峰）的高度作为 100%，其余的峰按峰高比例计算出其相对百分强度。由质谱计直接记录下来的图是一个个尖锐的峰，在文献记载中一般都采用条图。图 1-2 所示为苯乙酮的质谱图。

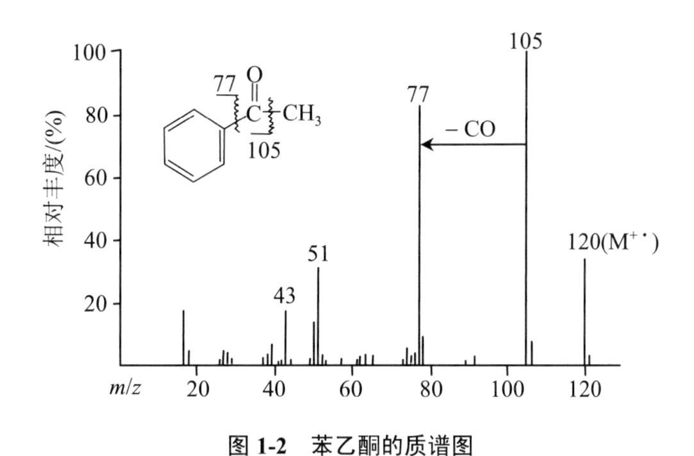

图 1-2 苯乙酮的质谱图

1.2 离子源

离子源是质谱计的核心部分之一，根据电离方式的不同，将获得不同结果的质谱图。用于有机质谱计的离子化方法有电子轰击电离（EI）、化学电离（CI）、场电离（FI）和场解吸（FD）、快原子轰击（FAB）、基质辅助激光解吸电离（MALDI）、电喷雾电离（ESI）以及大气压化学电离（APCI）等。

1.2.1 电子轰击电离

电子轰击电离（Electron Impact Ionization, EI）是应用最普遍、发展最成熟的电离方式。

一般采用 70eV 能量的电子束轰击汽化的样品分子（M），使样品分子中电离电位较低的价电子或非键电子（如 O，N 的孤对电子）丢失一个电子，电离成带正电荷的分子离子：

$$M + e^- \longrightarrow M^{+\cdot} + 2e^-$$

有机化合物的分子电离电位一般为 7～15eV，70eV 的电子束常常使分子在离子化的同时还留给分子离子一定的内能，成为分子离子进一步碎裂为不同碎片离子的动力，产生不同质荷比的碎片离子。

电子束轰击分子使其电离成分子离子。电子在碰撞分子产生分子离子时，转移给分子离子的内能总是不一样的。当电子从分子的侧边飞过，仅发生软碰撞，传递给分子的内能较少，成为稳定的分子离子而不再碎裂。当电子与分子发生较强的硬碰撞时，传递给分子的内能较多，不仅使分子电离成离子，还留下较多的能量使分子离子进一步碎裂，产生碎片离子。一束电子轰击样品分子时，部分样品分子与电子发生软碰撞，部分可能发生硬碰撞，产生内能不同的分子离子。含内能高的分子离子碎裂程度也高，碎片离子丰富；含内能低的分子离子碎裂程度也较低；还有一些分子离子的内能很低，不再碎裂。因此，总的结果是，在质谱图中既有分子离子峰又有一些碎片离子峰，如图 1-3 所示。

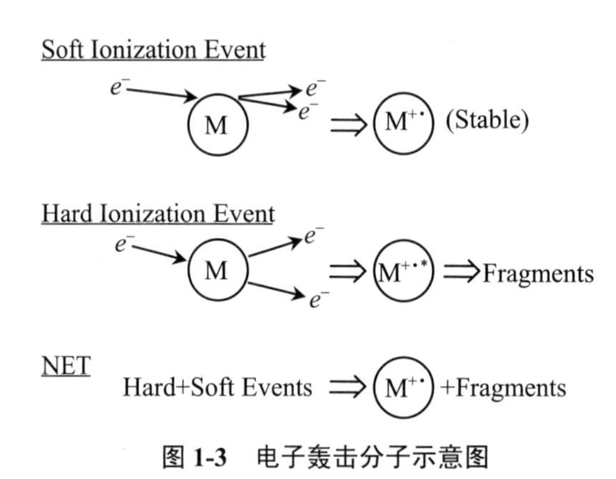

图 1-3　电子轰击分子示意图

分子离子化产生正离子的同时，也可能产生部分负离子。分子离子在进一步裂解成碎片正离子时，会产生自由基碎片或中性小分子。只有正离子才可以被排斥极推出电离盒，并由加速电压加速后推出离子源，向前飞行进入分析器；而负离子、自由基及中性小分子则被真空系统抽出。

EI 源有如下的优点：

（1）EI 源的最大好处是比较稳定，质谱图再现性好，便于计算机检索及相互对比。

（2）含有丰富的碎片离子信息，这对于推测未知物结构非常重要。

当样品分子稳定性不高时，EI 源产生的分子离子峰的强度低，甚至没有分子离子峰。样品分子不易汽化或为热敏性的化合物时，则更没有分子离子峰，这样确定分子量就很困难，对未知化合物的元素组成与结构分析都带来不便，因此需采用软电离法来弥补 EI 源的不足。

1.2.2　化学电离

化学电离（Chemical Ionization, CI）是利用离子与分子的化学反应使样品分子电离的。将反应气体（通常是甲烷、丙烷、氨气等小分子）引入离子源，反应气的浓度要比样品浓度大得多（约 10^3～10^4 倍），高能电子束轰击反应气，使其电离生成初级离子，这些初级离子再与样品分子碰撞发生分子－离子反应，生成质子化分子$(M+H)^+$，或者消去氢负离子形成$(M-H)^+$的准分子离子。

现以 CH_4 为例说明化学电离的方式，CH_4 经电子轰击后形成初级离子 $CH_4^{+\cdot}$，CH_3^+，CH_2^+，CH^+，H^+ 等，进一步的反应如下：

$$CH_4^{+\cdot} + CH_4 \longrightarrow CH_5^+ + CH_3\cdot$$
$$CH_5^+ + M \longrightarrow (M+H)^+ + CH_4$$
$$CH_5^+ + M \longrightarrow (M-H)^+ + CH_4 + H_2$$

由化学电离产生准分子离子过剩的能量较小，此外，准分子离子又是偶电子离子，较 EI 产生的 $M^{+\cdot}$（奇电子离子）稳定，两方面因素使 CI 谱的准分子离子峰的强度高，便于推算样品的分子量。在 EI 条件下，观测不到分子离子峰时，若用 CI 源常常能得到准分子离子的信息。邻苯二甲酸二辛酯的 EI 质谱中没有分子离子峰，但有丰富的碎片离子信息；而在甲烷和异丁烷的 CI 质谱中可观测到很强的 m/z 391 的准分子离子峰$(M+H)^+$，其中，异丁烷的 CI 质谱中碎片离子则更少（图 1-4）。EI 谱和 CI 谱互补，可得到更充分的信息，对化合物结构的分析非常有利。现代仪器一般都同时配有 EI 源和 CI 源，便于进行切换。然而，EI 源和 CI 源都是热源，只适用于易挥发、受热不分解的样品。

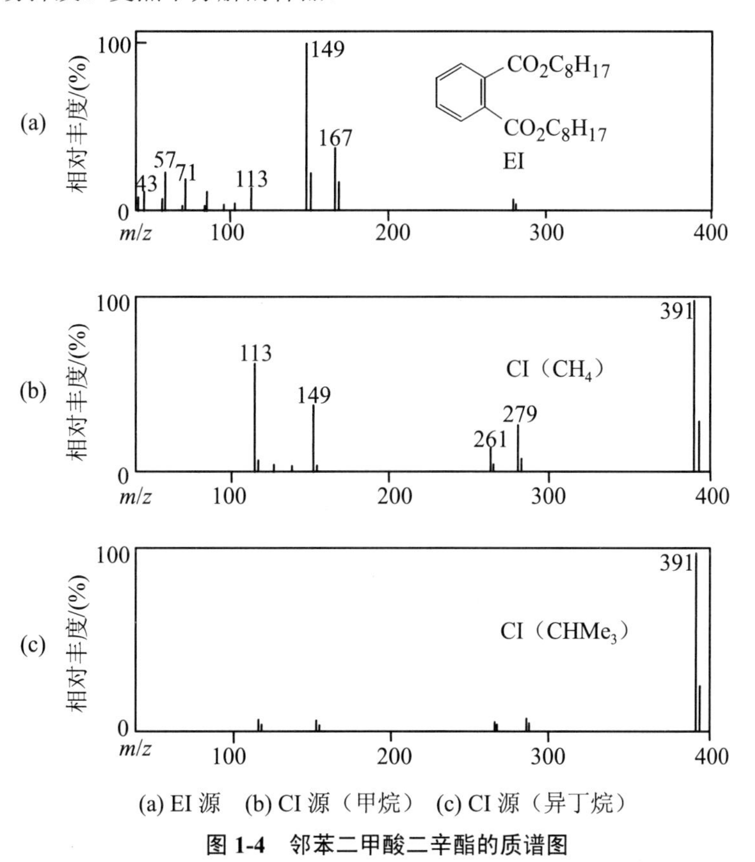

(a) EI 源 (b) CI 源（甲烷） (c) CI 源（异丁烷）

图 1-4 邻苯二甲酸二辛酯的质谱图

1.2.3 场电离和场解吸

场电离（Field Ionization, FI）和场解吸（Field Desorption, FD）得到的质谱图，准分子离子峰强，碎片离子峰很少。场电离是气态分子在强电场作用下使样品分子电离，它要求液态或固态样品需汽化成气态，但其灵敏度低，因而应用逐渐减少。场解吸的样品不需要汽化，将样品涂在金属细丝上送入离子源，然后通以微弱电流，使样品分子获得解吸的能量，从细丝上解吸下来并扩散到高场强区被电离。场解吸适合于难汽化的、热不稳定的样品，如肽类化合物、糖、高聚物等，在二十世纪七八十年代受到普遍重视。但是场解吸电离存在灵敏度较低、离子流信号持续时间短以及样品涂抹困难等缺陷，当其他一些适合于难汽化和热不稳定化合物的电离方法（如 FAB）出现后，FD 的重要性大大降低。

1.2.4 快原子轰击

快原子轰击（Fast Atom Bombardment, FAB）是 1981 年英国学者 M. Barber 发明的，并很快发展成为广为应用的一种软电离技术。

惰性气体 Ar（或 He）首先被电离成 Ar^+，然后被电位加速，使之具有较大的动能，进入一个充满中性氩气的碰撞室，二者发生碰撞，进行电荷交换反应：

$$Ar^+（高动能的）+ Ar（热的）\longrightarrow Ar（高动能的）+ Ar^+（热的）$$

低能量的 Ar^+ 被电场引出快原子流，获得高动能的中性氩原子流，轰击样品分子使之离子化，如图 1-5 所示。

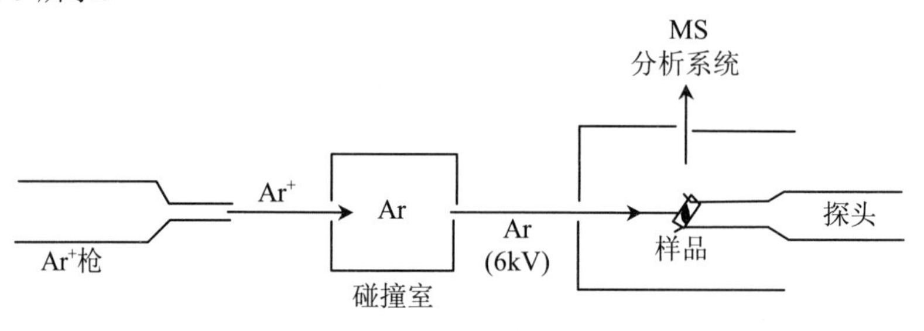

图 1-5 FAB 离子源原理示意图

FAB 实验的样品一般调在基质之中，当快原子束轰击到样品时，快原子的动能以各种方式消散，其中的一些能量导致样品蒸发和离解，基质还具有为样品质子化提供氢质子和把样品固定在金属靶上的作用。常用的基质有甘油、硫代甘油等具有低蒸汽压、化学惰性和一定流动性的物质。

FAB 离子源特别适用于分析极性大的化合物，广泛用于生物大分子、酸性染料、络合物以及热不稳定的难挥发的有机化合物的分析。当测试样品时，仍没有质子化的分子离子峰，可使用另一种溶剂，或者加入少许醋酸或三氟醋酸，使样品更易质子化。在用 FAB 分析糖类样品时，常加入 NaCl 水溶液以便获得$(M + Na)^+$离子，从而推断分子量。

1.2.5　基质辅助激光解吸电离

早在 20 世纪 60 年代，就已经用激光解析电离分子，但在直接用激光照射样品时，容易碎裂，不易得到分子离子峰。直到 1985 年，M. Karas 等人提出基质辅助的方法之后，激光电离方法才有所突破。相对于 CI、FD 和 FAB 等软电离技术，基质辅助激光解吸电离（Matrix–Assisted Laser Desorption Ionization, MALDI）的发展虽晚，但是它与飞行时间质谱计的巧妙组合，成为质谱发展的一个重要方向。

将样品溶液（μmol/l）和基质溶液充分混合，蒸发溶剂后，使其成为半晶体或晶体状态。当用一定波长的脉冲式激光进行照射时，基质有效地吸收激光的能量，并形成基质离子，这时样品分子与基质离子发生碰撞反应，使样品分子电离。基质的作用是吸收激光能量使被测样品分离成单分子状态，同时为样品质子化提供质子。常用的基质有 2,5–二羟基苯甲酸、芥子酸、烟酸等。

MALDI 法的优点：

（1）使一些难于电离的样品电离，如热敏感或不易挥发的化合物。无明显的碎裂，碎片离子少，主要是分子离子或准分子离子峰。可直接分析蛋白质经酶分解后产生的多肽混合物。因此，在多肽、核酸等生物大分子的定性检测中取得很大成功。

（2）由于应用脉冲式激光，所以特别适合与飞行时间质谱计相配，如常见到 MALDI–TOFMS 这个术语。

1.2.6　电喷雾电离

电喷雾电离（Electrospray Ionization, ESI）主要是应用于高效液相色谱（HPLC）和质谱联机时的一种电离方法，由 J. B. Fenn 等人于 1989 年首次将其应用在有机质谱中，它的工作原理如图 1-6 所示。

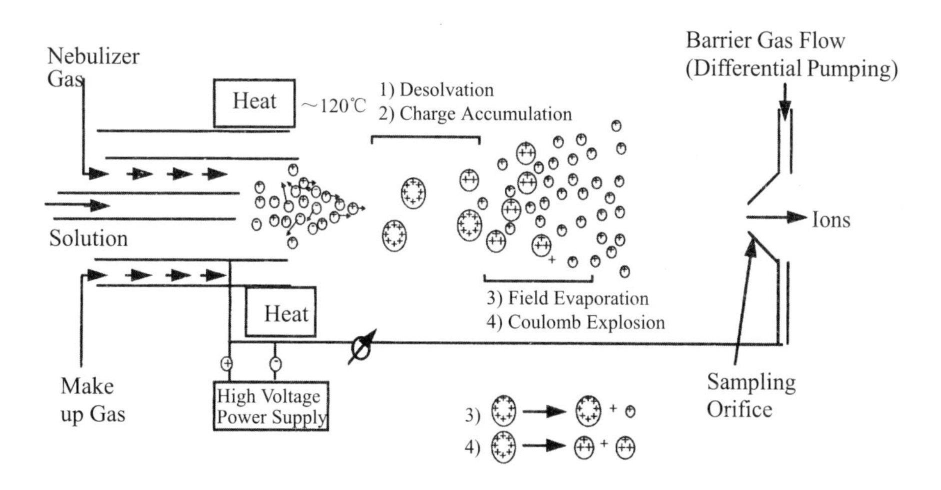

图 1-6　ESI 源示意图

样品溶液从毛细管端流出的瞬间受到几千伏的高电压和从雾化器套管吹出的雾化气带

（常用氮气）的作用，喷成无数带电荷的细微液滴，液滴沿一直管运动，因管壁有适当的温度，液滴不会在管壁凝聚。在一定的真空条件下，运动中的液滴，其溶剂快速蒸发，被抽走，使液滴迅速变小。由于液滴是带电荷的，表面电荷密度不断增大，当电荷密度增大到某极限时，液滴会分解成数个更小的带电液滴，这些液滴中的溶剂再蒸发，此过程不断重复，这样最终可得到离子化的样品分子。

ESI 源产生的离子可能带有单电荷或多电荷。通常小分子得到单电荷的准分子离子峰；生物大分子则往往得到多种多电荷离子，在质谱图上表现为多电荷离子的峰簇。由于多电荷离子的存在，使质量分析器检测的质量范围可提高几十倍。

电喷雾电离是很软的电离方法，它通常没有碎片离子峰，只有样品分子或准分子离子峰，适合多肽、蛋白质、核酸、络合物以及多聚物的分析。

1.2.7 大气压化学电离

大气压化学电离（Atmospheric Pressure Chemical Ionization, APCI）是由 ESI 源派生出来的，它是在常压下电晕放电产生反应离子，这些离子再与样品分子发生离子－分子反应，产生分子离子，它的工作原理如图 1-7 所示。

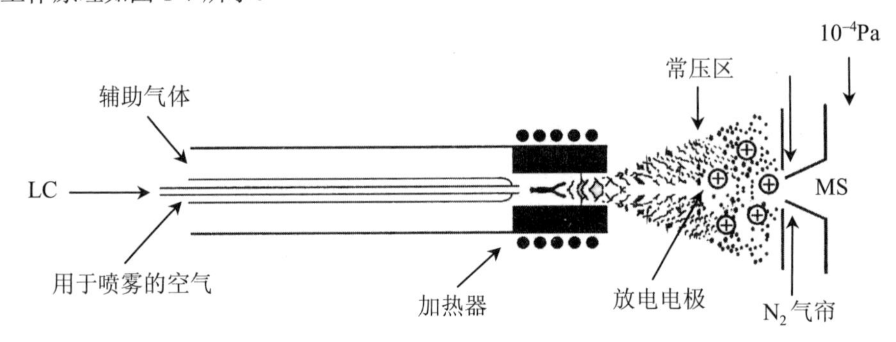

图 1-7 APCI 工作原理示意图

含有样品的溶液在液相色谱（LC）流出，经中心毛细管被氮气流雾化，喷射进入加热的常压环境中（100～120℃），经加热器汽化，从喷嘴口射出。在喷嘴附近，放置一针状电晕放电电极，通过其高压放电，使大量的溶剂分子和一些中性小分子电离，这些离子与样品分子进行气态离子－分子反应，形成准分子离子。因此，在 APCI 中，样品分子的电离实际上主要是通过化学电离的途径实现的，产生的大多是单电荷离子，所分析的化合物的相对分子质量通常小于 1000。APCI 电离源常应用于食品中残留农药的定性和定量分析，药物在生物体内代谢过程的动力学研究等领域。

1.3 质量分析器

电离源的任务是使样品分子离子化，并使分子离子断裂成各种碎片离子。由分子所产生的各种碎片离子的质量和丰度，向我们揭示出分子内部结构的奥秘。为了得到各种离子的质量和丰度，还需要对混合的离子进行质量分离和丰度检测。质量分析器的作用就是使电离源

所产生的离子按 m/z 分开。

质量分析器是质谱的核心，由不同的质量分析器构成的质谱仪器种类也不同。一些质量分析器是完成离子空间上的物理分离，而另一些质量分析器则是通过检测离子运动的频率使离子分离。在这些不同的质量分析器里，将分别讨论以下五种：磁质量分析器、飞行时间质量分析器、四极质量分析器、离子阱质量分析器和傅立叶变换离子回旋共振质量分析器（如图 1-8 所示）。

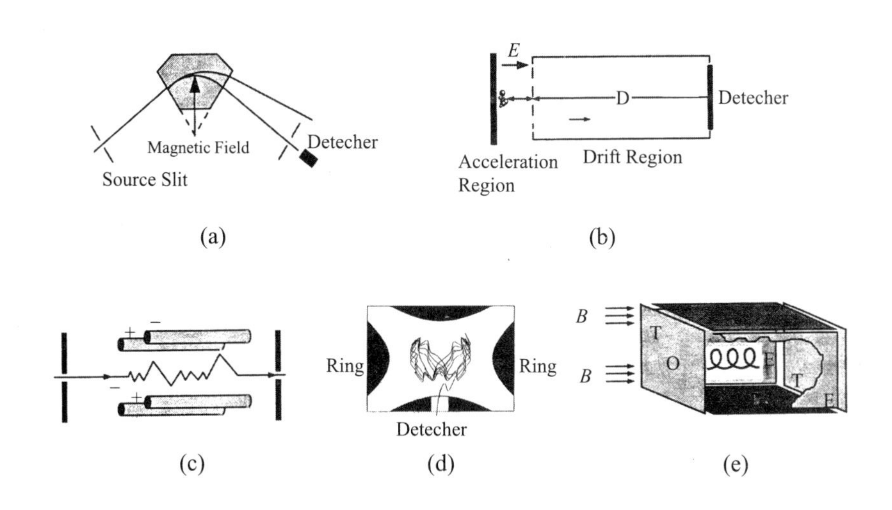

(a) 磁质量分析器　(b) 飞行时间质量分析器
(c) 四极质量分析器　(d) 离子阱　(e) 离子回旋共振

图 1-8　五种质量分析器的工作原理示意图

1.3.1　磁质量分析器

磁质量分析器根据分辨率的高低可分为两类：单聚焦（single–focusing）和双聚焦（double–focusing）质量分析器。单聚焦质量分析器由一个扇形磁场组成，如图 1-8a 所示；双聚焦质量分析器由一个扇形电场和一个扇形磁场组成，如图 1-9 所示。

在电离室生成的质量为 m、电荷为 z 的正电荷离子经加速电压 V 的加速后，离子的速度为 v，其动能为：

$$zV = \frac{mv^2}{2} \tag{1.3}$$

加速后的离子进入扇形磁场，受到垂直于其飞行方向的均匀磁场的作用，作圆周运动：

$$Bzv = \frac{mv^2}{r} \tag{1.4}$$

式中：B 为磁场强度，r 为离子在磁场运动的曲率半径。

联立（1.3）和（1.4）式，消去速度 v，可得：

$$m/z = \frac{B^2r^2}{2V} \tag{1.5}$$

从（1.5）式可知，检测器的位置固定时，即 r 为常数。为记录不同离子的 m/z 值，可以固定磁场强度 B，扫描加速电压 V；也可以固定加速电压 V，使磁场强度 B 由小到大改变，则检测器接受到的离子 m/z 值也由小到大的改变，称之为磁场扫描。由于加速电压高时，仪器的分辨率和灵敏度也高，因而宜采用尽可能高的加速电压，使 V 为定值，通过对 B 的扫描，依次接收记录下各质荷比离子的强度，得到质谱图。

离子在离子源中被加速电压加速之前，其动能并非绝对为零，而是在一个较小范围内有一个分布。同一质荷比的离子，由于初始动能略有差别，加速后的速度也略有差别，因此它们经磁场偏转后不能准确地聚焦一点，即静磁场有能量色散作用。由于静磁场具有能量色散作用，相同质荷比而动能略有差别的离子不能聚焦在一点，离子峰的宽度增加，致使仪器的分辨率不很高。为提高仪器的分辨率，在扇形磁场之前，再加上一个扇形电场，这就构成了双聚焦质量分析器，如图 1-9 所示。

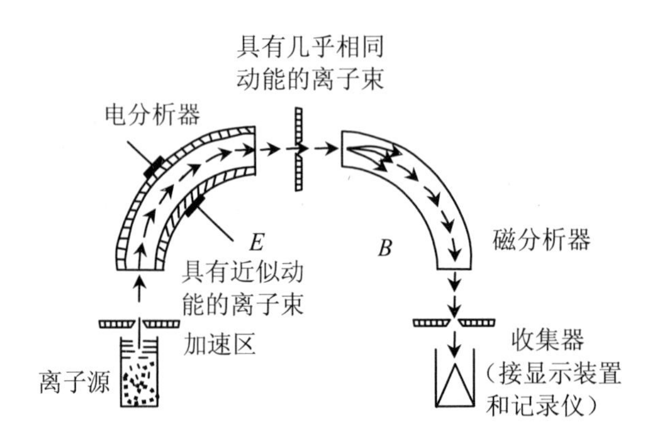

图 1-9　双聚焦质谱示意图

静电场由两个同心圆板组成，两圆板之间保持某一电位差 E 不变。加速后的离子在静电场中作圆周运动，具有一定能量分布的离子束，经过扇形电场的偏转后，离子按能量的大小顺次排列。所以静电场可看作一个能量分析器，只允许具有特定能量的离子通过，它具有方向聚焦作用，也即静电场具有方向聚焦性。具有相同速度相同质荷比的离子，从同一点出发进入静磁场，但入射角稍有偏差，经磁场偏转后，此离子束可以重新汇聚一点，即磁场也具有方向聚焦性。正是源于此，由扇形磁场和电场构成的质量分析器称为双聚焦质谱仪器。

双聚焦质量分析器中，静磁场具有能量色散作用，静电场也有能量色散作用，如果使二者的能量色散数值相等、方向相反，当离子通过静电场和静磁场之后，总效果可达到能量聚焦。离子在方向、能量都聚焦的情况下，质谱可达到高分辨率，分辨率 R 可达到 10^5。

1.3.2　飞行时间质谱计

飞行时间质谱计（Time of Flight, TOF）的核心部分是一个离子漂移管，当离子从离子源引出，经加速电压加速后，具有相同动能的离子进入漂移管，质荷比最小的离子具有最快的速度因而首先到达检测器，质荷比最大的离子最后到达检测器。

离子从离子源引出，在空间、时间、动能上均有一个分布，因而同一质荷比的离子到达检测器的时间并不是某一固定值而是有一个时间分布，致使分辨率不高。延长飞行时间、增加飞行距离或降低加速电压都可以改善分辨率，而提高分辨率的一个常用措施是在漂移管的终点加一个离子反射镜（reflection mirror），即加一个与离子相同极性的电位（如正离子加正电位），因此离子会逐渐停止并加速到相反方向，以一个小的角度反方向飞行到检测器（如图 1-10 所示），这种方法可使分辨率得到很大的提高，但也使灵敏度下降了。

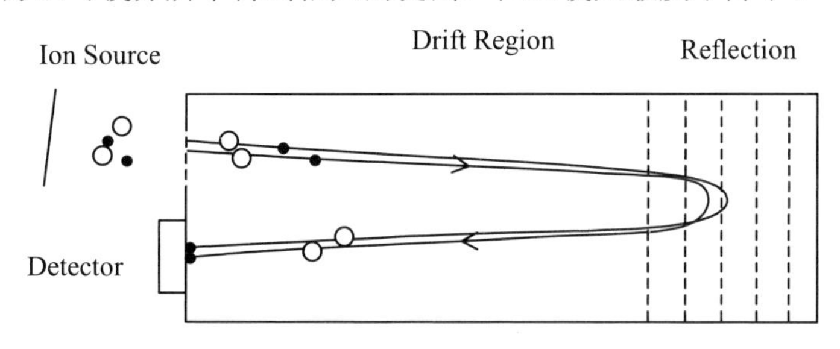

图 1-10　配离子反射镜的飞行时间质谱示意图

飞行时间质谱计有如下优点：

（1）飞行时间质谱计检测离子的质荷比范围非常宽，特别适合于生物大分子的质谱测定。

（2）飞行时间质谱计要求离子尽可能“同时”开始飞行，适合于与脉冲产生离子的电离过程相搭配，如 MALDI–TOF 的组合。

（3）不存在聚焦狭缝，因此，灵敏度很高。

（4）扫描速度快，可在 10^{-5}～10^{-6}s 时间内观测、记录质谱，使飞行时间质谱计适合与色谱联用或研究快速反应等。

飞行时间质谱计的主要缺点为：分辨率随质荷比的增加而降低，质量越大时，飞行时间的差值越小，分辨率越低。其分辨率 R 一般在 10^3～10^4 之间，在软件的协助下，可用作精确质量的测定。

1.3.3　四极质量分析器

四极质量分析器（Quadrupole Mass Filter）又称四极滤质器，是由四根平行的棒状电极组成的，如图 1-11 所示。从离子源出来的离子，进入筒形电极所包围的空间后，离子作横向摆动。在一定的直流电压、交流电压作用下，只有某一种（或一定范围内）质荷比的离子（称共振离子）能够到达收集器，其他离子在运动的过程中撞击在四根筒形电极上而被“过滤”掉，最后被真空泵抽走。如果保持电压不变而连续地改变交流电压的频率，就可使不同质荷比的离子依次到达收集器，称为频率扫描；同样，也可以使交流电压的频率不变，而改变电压的大小，称为电压扫描。

四极质量分析器和扇形磁场的质量分析器在原理上是截然不同的，后者利用离子动量的差别而把不同质荷比的离子分开，而四极质量分析器则是完全靠质荷比把不同的离子分开。

四极质量分析器的优点：

（1）结构简单，体积小，重量轻，价格便宜，清洗方便，操作容易。

（2）仅用电场不用磁场，无磁滞现象，扫描速度快。

（3）操作时不需要很高的真空度，很适合在大气压条件下的电离方式（如 ESI 源）。

四极质量分析器的缺点是：分辨率不够高（R=10^3～10^4），特别是对高质量的离子有质量歧视效应。

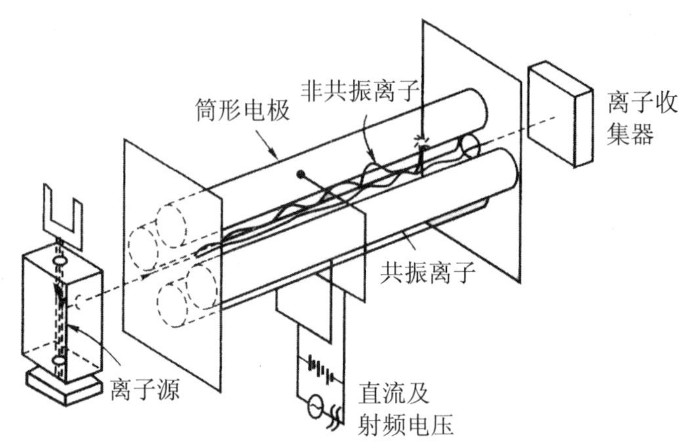

图 1-11　四极质量分析器示意图

1.3.4　离子阱

在原理上，离子阱（Ion Trap）与四极质量分析器类似，它由环电极和端盖极组成，一般在环电极上加直流电压和射频交变电压，端盖极接地，如图 1-12 所示。在某电压条件下，由离子源注入的特定质荷比的离子在阱内稳定区，其轨道振幅保持一定大小，并可长时间留在阱内，反之，未满足这一特定条件的离子振幅很快增长，撞击到电极而消失，检测时在引出电极上加负电压脉冲使正离子从阱内引出到检测器。扫描方式与四极质量分析器相似，即通过电压扫描或频率扫描，检测到各种离子的 m/z 值。

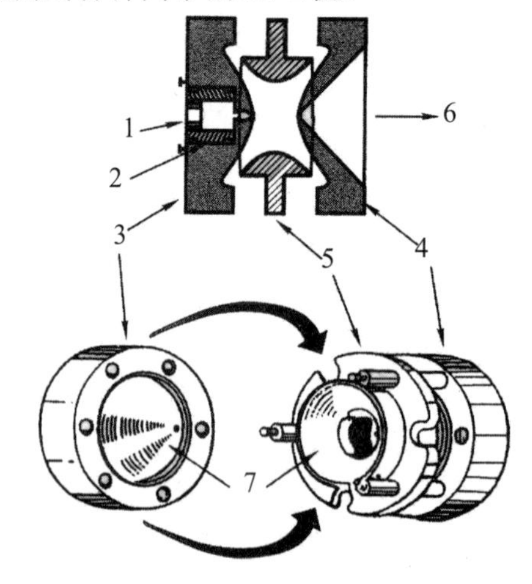

1．离子束注入　2．离子闸门　3，4．端电极
5．环电极　6．至电子倍增器　7．双曲线表面

图 1-12　离子阱的结构示意图

离子阱如其名称所示，可以贮存离子。通过调节环电极上的电压，离子阱可贮存质荷比范围很窄的离子，这就是离子阱能用于时间上的串联质谱的原因。

离子阱具有如下的优点：

（1）单一的离子阱可实现多级串联质谱，且结构简单、价格低，以前的串联质谱计是由几个质量分析器串联而成的，这种空间上的串联质谱计，价格成倍增加是可想而知的。离子阱可实现时间上的串联质谱计，因而价格很低。

（2）灵敏度比四极质量分析器高 10～1000 倍。

离子阱的缺点为：所得质谱与标准谱图有一定差别，这是由于离子在离子阱中有较长的停留时间，可能发生一些化学反应，采用外加的离子源，可克服这个缺点。离子阱的质谱仪分辨率也不够高（$R=10^3$～10^4）。

1.3.5 傅立叶变换离子回旋共振质谱计

傅立叶变换离子回旋共振质谱计（FT–ICR）的分析器是由一对激发电极、一对收集电极和一对检测电极组成的池子，置于超导磁场中，磁场垂直于收集电极，如图 1-8e 所示。

离子在静磁场中会在垂直于磁力线的平面中作圆周运动，运动方程见式（1.4），消去该等式的一个 v，并把角速度 $\omega = v/r$ 代入（1.4）式中，即得到离子回旋运动频率方程：

$$\omega = \frac{zB}{m} \quad 或 \quad f_{\mathrm{c}} = \frac{zB}{2\pi m} \tag{1.6}$$

式中：f_{c} 为离子回旋频率，以赫兹（Hz）为单位。

从（1.6）式中可以看出，不同质荷比的离子在静磁场（B）中作圆周（回旋）运动，回旋运动的频率（f_{c}）仅与离子的质荷比有关而与离子的动能无关。在某一确定的磁感应强度（B）作用下作回旋运动的离子，在激发电极上加上某一个射频电压，当射频电压的频率等于某种质荷比的离子的回旋频率时，该离子就会从该射频吸收能量而激发，表现为运动速度 v 增大，回旋运动半径 r 增大，但离子的回旋频率仍然不变，这种现象称为离子回旋共振，如图 1-13 所示。

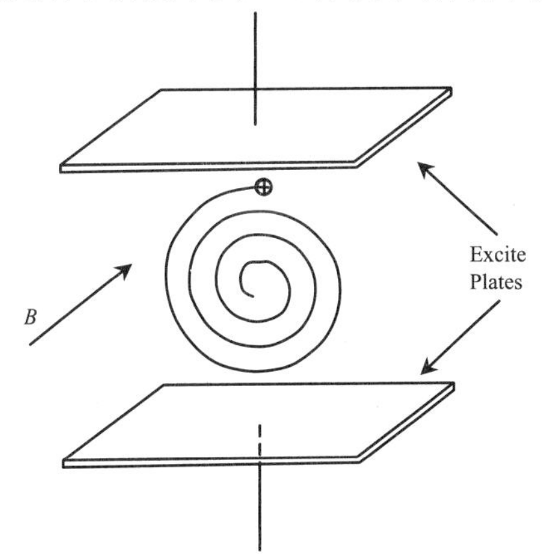

图 1-13　离子回旋共振示意图

离子回旋运动半径 r 增大，靠近检测电极而被检测。若固定磁感强度 B 不变，改变射频频率，不同质荷比的离子就可以依次被激发、检测得到质谱图。

FT–ICR 的优点十分突出：

（1）分辨率极高，远远超过其他质谱，分辨率 R 可超过 10^6。

（2）可完成多级时间上串联质谱操作，由于它提供高分辨的数据，因而信息量更丰富。

（3）灵敏度高。其分辨率和灵敏度不矛盾，在扇形磁场质量分析器中，为提高分辨率则需降低狭缝宽度，导致灵敏度下降。对 FT–ICR 而言，在一定的频率范围内，只要有足够长的时间进行采样，即可获得高分辨率的图谱。此外，它还有质量范围宽、速度快等优点。

1.4 分子量的测定

质谱的一个很大用途是用来确定化合物的分子量，而要得到分子量首先要确定分子离子峰。

1.4.1 分子离子峰的辨认

所谓分子离子就是有机化合物分子受电子轰击后失去一个电子而形成的带正电荷的离子，以 $M^{+\cdot}$ 表示。由于有机分子的电子数都是偶数，所以单电荷的分子离子是一个自由基离子，即奇电子离子。

纯样品的质谱中分子离子峰应具备下列条件：

（1）在质谱图中必须是最高质量的离子。

（2）必须是一个奇电子离子（金属有机化合物例外）。

（3）在高质量区，它能合理地丢失中性碎片（小分子或自由基）而产生重要的碎片离子。

除了同位素离子峰、质子化的分子离子$(M+H)^+$、钠化的分子离子$(M+23)^+$和缔合的分子离子$(M+R)^+$，分子离子必然出现在质谱图中最高质量处。样品分子失去一个电子，形成的分子离子必定是一个自由基正离子，即是“奇电子离子（$OE^{+\cdot}$）”。分子离子断裂丢失一个自由基生成外层电子完全成对的离子，即“偶电子离子（EE^+）”碎片，或丢失一个小分子形成另一个“奇电子离子”碎片。判断最高质量的离子与邻近离子的质量差是否合理，如 $M^{+\cdot}$丢失一个 H 产生 M–1，丢失一个甲基产生 M–15，丢失一个 H_2O 产生 M–18，……是合理的。分子离子丢掉 1～3 个 H 原子（M–1，M–2，M–3）十分普遍，但若连续丢掉 4 个以上 H 原子而不涉及其他化学键的断裂则是不可能的。同样，没有 M–2 峰，而只有 M–3 峰，则 M–3 也是不合理的。一般由 $M^{+\cdot}$减去 4～13 个质量单位或减去 21～24 个质量单位是不可能的，如在最高质量端出现这些差值，则此时最高质量峰就不是分子离子峰。

识别分子离子峰除满足以上条件外，还要看是否符合氮规则。

氮规则 当化合物不含氮或含偶数个氮原子时，该化合物分子量为偶数；当化合物含奇数个氮原子时，该化合物分子量为奇数。

氮规则比较容易理解，组成有机化合物的大多数元素，主要同位素的原子量若为偶数，就是有偶数化合价（如 ^{12}C，^{16}O，^{32}S 等），若原子量为奇数就有奇数化合价（如 ^{1}H，^{35}Cl，^{79}Br，^{31}P 等）。只有 ^{14}N 反常，质量数是偶数，而化合价是奇数，由此得出氮规则。

运用氮规则将有利于分子离子峰的判断和分子式的推断，如果知道样品不含氮而最高质量端显示奇数质量峰时，则该峰一定不是分子离子峰。

1.4.2 分子离子峰的强度与化合物结构的关系

分子离子峰的强度与有机化合物结构的稳定性和离子化需要的总能量有关。一些熔点较低、不易分解、容易升华的化合物都能出现较强的分子离子峰；分子中含有较多羟基、胺基和多支链的化合物，分子离子峰较弱或观察不到。

1．各种化合物分子离子峰的相对强度

（1）芳香族化合物＞共轭多烯＞脂环化合物＞低分子量直链烷烃＞硫醇、硫醚化合物，这些化合物都具有强度较高的分子离子峰。

（2）直链酮、酯、酸、醛、酰胺、卤化物等化合物的分子离子峰通常可见。

（3）脂肪醇、胺、腈、硝酸酯、缩醛和多支链化合物容易裂解，分子离子峰强度很低，有时观察不到。

另外烯烃分子离子峰的相对强度比相应烷烃高，烯烃的对称性越高，分子离子峰强度越大。由于化合物常含多个官能团，实际情况也很复杂，上述几点只是一个很粗略的概括。

2．强度极弱的分子离子峰的确认

分子离子峰不出现或分子离子峰强度极弱难以确认，可根据不同情况改变实验条件予以验证：

（1）降低轰击电子的能量，将常用的70eV改为15eV，以降低分子离子过多的内能，减少其继续断裂的几率，使分子离子峰的相对强度增加，从而可能辨认出分子离子峰。

（2）改用CI、FD、FAB或ESI等软电离方法得到分子离子峰或准分子离子峰而求得分子量。

（3）制备衍生物。将极性高、蒸汽压低、热不稳定的样品制备成较易挥发的衍生物，可能比较容易得到衍生物的分子离子峰，从而推断原化合物相应的分子离子峰。通常用乙酸酐或乙酰氯将羟基、氨基乙酰化，或用三甲基氯硅烷将羟基硅醚化也是一种极好的衍生方法。

1.5 分子式的确定

分子式是化合物分子结构的基础，为了推断一种未知物的分子结构，首先需要确定其分子式。推测化合物的分子式主要采用高分辨质谱法，有时也用低分辨质谱法。

1.5.1 高分辨质谱法

原子量是一种元素所有天然同位素按其丰度的质量加权值。同位素的概念早已熟悉，即质子数相同而中子数不同的一类原子。常见元素的同位素相对丰度列于表1-1中，这些元素的最低质量数恰好是丰度最大的。高分辨质谱观察到的分子离子质量是由组成分子的各种元素丰度最高的同位素精确质量计算而来的，由于原子量大多不是整数（^{12}C 除外），对于绝大多数有机分子，所含元素不外乎 C，H，O，N，S，P 和卤素等，由这些元素任意组合所形成的有机分子，其精确分子量都有特征的分子量尾数，这直接反映了组成该分子的元素种类和数目。例如，质量接近 28 的三种分子 CO、N_2 和 C_2H_4，它们的精确质量却不相同，分别为 27.9949、28.0061 和 28.0318，因此，用高分辨质谱即可区别这三种分子。

表 1-1　常见元素的天然同位素相对丰度

元素	M		M+1		M+2	
	质量	丰度（%）	质量	丰度（%）	质量	丰度（%）
H	1.0078	100	2.0140	0.015		
C	12.0000	100	13.0034	1.08		
N	14.0031	100	15.0001	0.37		
O	15.9949	100	17	0.04	17.9992	0.20
Si	27.9769	100	28.9765	5.06	29.9738	3.31
S	31.9721	100	32.9715	0.78	33.9679	4.42
Cl	34.9688	100			36.9659	32.63
Br	78.9183	100			80.9163	97.75

对没有其他离子叠合的碎片离子，通常可以用高分辨质谱测定的精确质量来推断一个确切的分子式。具体推断过程为：从质谱中得到的精确分子量经计算机处理后，会给出一组分子式，这组分子式的每个分子量整数部分相同，分子量尾数稍有差别，然后结合氮规则、核磁等信息，推出最可能的分子式。

例如，某化合物的分子离子 m/z 239，高分辨质谱测得的精确质量是 239.0614，通过计算机模拟或查 Beynon 数据表给出的可能分子式（如表 1-2 所示），确定合理的分子式。表中μ为毫原子质量单位，是仪器测量精度的一种表示方法，表示计算值与测定值之差。

表 1-2　计算机模拟的可能分子式

测得质量	计算值	μ	分子式	No.
239.0614	239.06143	0.0	$C_2H_3N_{14}O$	1
	239.06143	0.0	$C_3H_9N_7O_6$	2
	239.06162	0.2	$C_{11}H_{13}NO_3S$	3
	239.06096	–0.4	$C_2H_{11}N_{10}S_2$	4
	239.06092	–0.5	$C_{17}H_7N_2$	5
	239.06230	0.9	$C_4H_{13}N_7OS_2$	6

由于分子离子的质量数为奇数（239），根据氮规则，分子式一定含奇数个氮原子，因此，分子式中氮为偶数的第 1，4，5 号的分子式被排除。再结合核磁共振谱（如碳谱信息），可排除第 2 和 6 号分子式，只有第 3 号（$C_{11}H_{13}NO_3S$）是最合理的分子式。

由高分辨质谱给出的精确分子量和碎片离子质量可以计算化合物的分子式和碎片离子的元素组成，为结构式的推断提供很大方便。

1.5.2　低分辨质谱计——同位素丰度法

分子离子是指由天然丰度最高的同位素组合的离子。相应地，由相同元素的其他同位素组成的离子称为同位素离子，在质谱图中称为同位素峰。质谱图中同位素的丰度，理论上等于离子中存在的该元素的原子数目与该同位素相对含量的乘积。例如乙烷（CH_3CH_3），分子离子 m/z 30 处伴随着一个 m/z 31 的峰，该峰的强度为分子离子峰的 2.2%，这是因为 ^{13}C 的丰度是 ^{12}C 的 1.1%，分子中有两个碳原子，即 1.1%×2=2.2%。由天然同位素的丰度可知，一个由 C，H，O，N，S 元素组成的化合物，通用分子式为：$C_xH_yO_zN_uS_v$，其同位素峰的相对强度可由下式计算：

$$I(\mathrm{M+1})/I(\mathrm{M}) \times 100 = 1.1x + 0.37u + 0.8v$$

$$I(\mathrm{M+2})/I(\mathrm{M}) \times 100 = (1.1x)^2/200 + 0.2z + 4.4v$$

对于 M+1 峰来说，H 和 O 的贡献可忽略不计，扣除 N 和 S 对 M+1 的贡献后，就可算出 ^{13}C 对 M+1 峰的贡献，从而估算出分子中的碳原子数。对 M+2 峰的贡献，除了硫原子具有明显特征丰度外，还有 ^{13}C 和 ^{18}O 的贡献，其中 ^{13}C 对 M+2 的贡献可近似为$(1.1x)^2/200$，扣除 S 和 ^{13}C 对 M+2 的贡献，可以估算分子中氧原子数。由于杂质或其他因素的干扰，上述计算结果可能会有较大偏差。

化合物若含 1 个氯原子或 1 个溴原子，从质谱图中是很容易辨别它们的。氯（^{35}Cl 和 ^{37}Cl）的同位素间的比值接近 3∶1，溴（^{79}Br 和 ^{81}Br）的同位素间比值接近 1∶1，当分子中含有多个相同的卤素原子时，各种同位素峰相对丰度可用二项式$(a+b)^n$的展开式的系数来近似计算。若卤素氯、溴二者共存，则按$(a+b)^m \cdot (c+d)^n$的展开式的系数推算。m，n 为分子中氯、溴原子的数目，a、b 为氯原子轻、重同位素的天然丰度，c、d 为溴原子轻、重同位素的天然丰度，a、b 和 c、d 在数值上可分别采用 3、1 和 1、1。如某分子中含有 2 个氯原子，二项式$(3+1)^2$的展开式的系数为 9∶6∶1，则同位素峰的相对丰度近似比为 M∶(M+2)∶(M+4) = 9∶6∶1；如果分子中含有 2 个氯和 2 个溴，则同位素的相对丰度比为$(3+1)^2 \cdot (1+1)^2$ = (9∶6∶1)·(1∶2∶1) = 9∶24∶22∶8∶1，即 M∶M+2∶M+4∶M+6∶M+8 = 9∶24∶22∶8∶1。表 1-3 为由 Cl 和 Br 原子组成的各同位素间的相对丰度，并示于图 1-14 中。

表 1-3　Cl 和 Br 原子组成的同位素的相对丰度

卤原子	M	M+2	M+4	M+6	卤原子	M	M+2	M+4	M+6
Br	100	97.7			Cl_3	100	97.8	31.9	3.5
Br_2	100	195.0	95.4		BrCl	100	130.0	31.9	
Br_3	100	293.0	286.0	93.4	Br_2Cl	100	228.0	159.0	31.2
Cl	100	32.6			$BrCl_2$	100	163.0	74.4	10.4

此外，其他原子，如碘的存在可从 M−127 得到证实，氟的存在可从 M−20 得到证实。从分子量与元素组成的质量差额可推算分子中存在的氢原子数目。

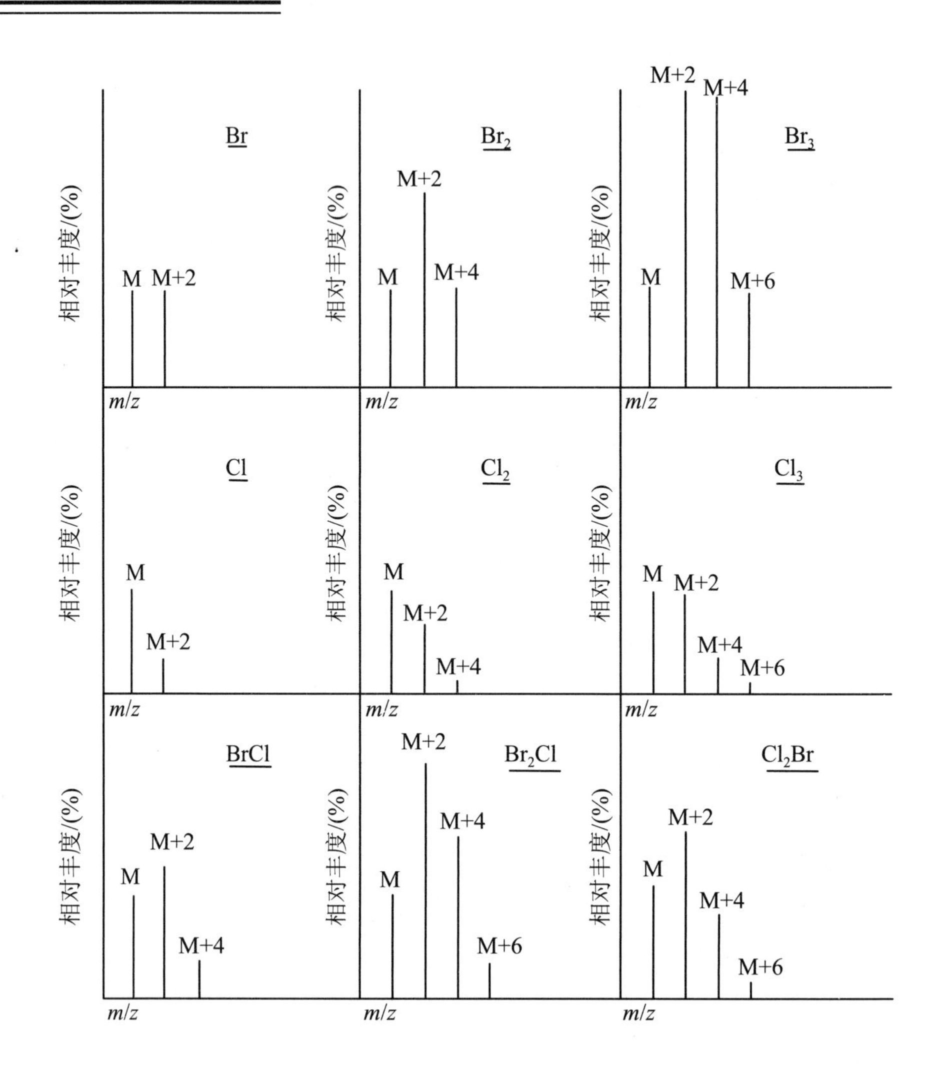

图 1-14　Cl 和 Br 原子组成的同位素峰的相对丰度

【练习 1.1】　某化合物的分子离子 m/z 119，相对丰度为 75%，M+1 的丰度为 6.06%，M+2 的丰度为 0.38%，试推算分子式。

解析　将分子离子的丰度作为 100%，则算出 M+1 = 8.08，M+2 = 0.51。因分子离子 m/z 119 为奇数，分子中应有奇数个氮原子，若含有 1 个氮原子，从 M+1 丰度减去 ^{15}N 的贡献：8.08–0.38=7.70，可算出分子中最多含有 7 个碳原子。从 M+2 丰度中扣除 ^{13}C 的贡献：$0.51-(1.1\times7)^2/200=0.51-0.27=0.24$，分子中最多含有 1 个氧原子。从分子量 119 中减去 7 个碳、1 个氧和 1 个氮，剩下 5 个质量数，应是 5 个氢原子，所以分子式可能为：C_7H_5NO。

因此，从同位素丰度法，利用低分辨质谱的数据也可能推出未知物的分子式。但这种方法已经被高分辨质谱法所替代。因为分子离子往往能捕获一个氢，产生 M+1 峰，在这种情况下，用同位素丰度法估算出的碳原子数目显然偏差较大。

通过质谱，确定化合物的分子式后，就可以计算出该化合物的不饱和度（Degree of

Unsaturation , Ω ）或不饱和数（Unsaturation Number，UN）。

$$\mathrm{UN}=\frac{2n_4+2-n_1+n_3}{2} \tag{1.7}$$

式中：n_1、n_3 和 n_4 分别为化合物中一价（H）原子、三价（N）原子和四价（C）原子的数目。

1.6　有机质谱中的裂解反应

1.6.1　质谱裂解反应机理

有机质谱中的裂解反应是指分子离子或碎片离子进一步裂解生成质荷比较小的碎片离子的反应。分子失去一个电子生成带正电荷的分子离子，那么，正电荷留在分子的哪个位置？分子离子将在哪个部位断裂以及断裂后正电荷留在哪个碎片上？这一系列有关有机质谱裂解反应机制问题至今尚不十分清楚，其原因在于质谱内的裂解反应瞬间即逝，难以捕捉。裂解反应与有机化学反应虽有相似之处，但二者毕竟有很大差别。尽管如此，通过质谱数据分析，从热力学和动力学出发，提出一些定性假设，对离子的裂解方式还是可以给予合理的理论解释。

McLafferty 提出的"电荷－自由基定位理论"就是广泛应用的质谱裂解理论，他认为分子离子中电荷或自由基定位在分子的某个特定位置上，然后以一个电子（用单鱼钩"⌒"表示）或两个电子（用箭头"⌒"表示）转移来引发裂解反应。单电子转移发生的裂解反应称为均裂，双电子转移发生的裂解反应称为异裂。

质谱的裂解反应均为单分子裂解反应，因为质谱系统压强很低，分子或离子的自由程约为 20cm，分子间的碰撞及反应可以忽略，所以有机质谱的主要反应为单分子反应。质谱中的反应总是开始于分子离子，那么，分子离子中电荷或自由基定位在分子的哪个位置呢？分子中被电离的位置取决于电子所处分子轨道的能级（电离电位）。首先被轰击掉一个电子发生电离的是分子中处于杂原子最高能级的非键轨道的 n 电子，其次是共轭 π 轨道的 π 电子，最稳定而不容易电离的是 σ 轨道的 σ 电子，电子在各轨道易被电离的顺序为：

$$n\text{ 轨道} > \text{共轭}\pi\text{ 轨道} > \text{独立}\pi\text{ 轨道} > \sigma\text{ 轨道}$$

分子中有 n 电子时，由于它的电离电位最低，分子主要丢失的就是 n 电子，这时电荷－自由基（阳离子自由基）定位在该 n 电子所处的位置上；如果没有 n 电子，而有 π 电子，这时将丢失 π 分子轨道上的一个电子，电荷－自由基定位在 π 轨道上；如果分子没有 n 和 π 电子，则只能丢失 σ 电子，由于 σ 各键上的 σ 电子的电离电位很接近，这时电荷－自由基可能出现在分子的各种位置上。因此，分子离子中电荷－自由基总是优先定位在分子中杂原子（如氧、氮原子）或双键等官能团上，如：

$$\mathrm{R{-}\overset{\cdot+}{X}{-}R'} \qquad \mathrm{R{-}\underset{}{C}(\overset{\cdot+}{=O}){-}R'} \qquad \mathrm{R{-}CH\overset{\cdot+}{-}CH_2{-}R'}$$

当分子中具有多个可能的电离中心，不能确定分子离子的电荷－自由基在什么位置时，可将符号放在半括号外边，标注为 $M^{\urcorner +\cdot}$。

由分子离子的电荷或自由基定位在特定的位置开始，会引发单分子反应导致化学键的断裂，发生一系列裂解反应。通常，化学键的断裂主要有以下三种方式：

1．均裂（Homolytic Bond Cleavage）

构成σ键的两个成键电子分开后，每个碎片保留一个电子，故而称为均裂，又称为α–断裂。均裂的动力源于自由基有强烈的电子配对倾向，在自由基α位置引发σ键的断裂，并与碎片中保留的一个电子配对，形成新的化学键。如：

含饱和杂原子的化合物

$$R—CH_2—\overset{\cdot +}{Y}—R' \xrightarrow{\alpha} CH_2=\overset{+}{Y}—R' + R\cdot$$

含不饱和杂原子的化合物

$$(R)(R')C=\overset{\cdot +}{Y} \xrightarrow{\alpha} R'—C\equiv\overset{+}{Y} + R\cdot$$

含碳碳双键的化合物

$$R—CH_2—CH=CH_2 \xrightarrow{-e} R—CH_2—CH\overset{\cdot +}{—}CH_2$$

$$\xrightarrow[-R\cdot]{\alpha} CH_2=CH—\overset{+}{C}H_2$$

2．异裂（Heterolytic Bond Cleavage）

σ键断裂时，2个电子都转移到同一个原子上，称为异裂。异裂多为正电荷的诱导作用引起的，故又称为诱导断裂，以“i”表示。i–断裂可发生于奇电子离子（$OE^{\cdot +}$），更多的发生于偶电子离子（EE^{+}）。

$OE^{\cdot +}$型

$$R—\overset{\cdot +}{O}—R' \xrightarrow{i} R^+ + \cdot OR'$$

$$R—CH=\overset{\cdot +}{Y} \xrightarrow{i} R^+ + CH\equiv\dot{Y}$$

EE^{+}型

$$R—C \equiv \overset{+}{O} \xrightarrow{i} R^+ + CO$$

$$R—\overset{+}{Y}=CH_2 \xrightarrow{i} R^+ + Y=CH_2$$

3．半异裂（Hemiheterolytic Bond Cleavage）

σ 键受到电子轰击失去一个电子而发生的断裂称为半异裂，以“σ”表示，又称为σ–断裂。当化合物不含 O、N 等杂原子，也没有π电子时，只能发生半异裂。

$$R—R' \xrightarrow{-e} R \cdot\!+ R' \xrightarrow{\sigma} R^+ + R'\cdot$$

$$C_2H_5—C(CH_3)_2—CH_3 \xrightarrow{-e} C_2H_5\cdot\!+C(CH_3)_2—CH_3 \xrightarrow{\sigma} C_2H_5\cdot + (CH_3)_3\overset{+}{C}$$

1.6.2　有机化合物的一般裂解规律

1．偶电子规律

偶电子离子裂解，一般只能生成偶电子离子；奇电子离子分裂时，即可产生偶电子离子和自由基，也可产生奇电子离子和中性分子。可用通式表示如下：

$$A^{+\cdot} \rightarrow B^{+\cdot} + N \text{（中性分子）}$$

$$A^{+\cdot} \rightarrow C^{+} + \cdot N \text{（自由基）}$$

$$D^{+} \longrightarrow E^{+} + N \text{（中性分子）}$$

上述反应中，偶电子离子发生均裂生成奇电子离子和自由基的可能性极低，所以在推断离子分裂的途径时，要首先判断电子是偶数电子还是奇数电子以及离子分裂是否合乎偶电子规律。

至于偶电子离子的质量，当样品分子不含氮，其分子离子应为偶质量数，经简单断裂反应所产生的偶电子离子为奇质量数；当分子含一个氮原子时，分子离子为奇质量数，经简单断裂所产生的偶电子离子，含氮原子的离子具有偶质量数，不含氮原子的离子，仍为奇质量数。

2．碎片离子的稳定性

有机化合物的裂解，产生碎片离子越稳定，其相对强度越高。从有机化学的知识可知碳正离子的稳定性次序为：

$$Ph\overset{+}{C}H_2 > H_2C=CH—\overset{+}{C}H_2 > (CH_3)_3\overset{+}{C} > (CH_3)_2\overset{+}{C}H > CH_3\overset{+}{C}H_2 > \overset{+}{C}H_3$$

从这里可以看出碳正离子的稳定性一方面与取代基的多少有关，更重要的是与共轭效应有关。烃基正离子处于叔碳、仲碳较稳定，处于伯碳最不稳定，所以支链烃比直链烃容易裂解，且容易在有分支的地方开裂，因此分子离子峰较弱。不饱和烃类化合物容易在烯丙位断裂，形成稳定的烯丙基正离子。

$$R_1—CH{=}CH—CH_2—R_2 \xrightarrow{-e} R_1—CH\overset{\cdot+}{—}CH—CH_2—R_2 \xrightarrow{-R_2^{\cdot}} R_1—\overset{+}{C}H—CH{=}CH_2 \longleftrightarrow R_1—CH{=}CH—\overset{+}{C}H_2$$

烷基苯化合物易形成稳定的苄基正离子 m/z 91。

$$C_6H_5—CH_2—R \xrightarrow{-e} [C_6H_5—CH_2—R]^{\cdot+} \xrightarrow{-R\cdot} C_6H_5—\overset{+}{C}H_2 \longleftrightarrow (C_6H_5{=}CH_2)^{+}\ (m/z\ 91)$$

3．Stevenson 规则

奇电子离子（$OE^{\cdot+}$）经裂解产生自由基和正离子两种碎片的过程中，具有较高电离电位（Ionization Potential，IP）的碎片易保留一个电子形成自由基碎片，而将正电荷留在 IP 值较低的碎片上，产生正离子，这就是 Stevenson 规则。利用 Stevenson 规则，可以预见奇电子离子裂解时，电荷的归属，这在解析质谱时很有用。例如，$H_2NCH_2CH_2OH$ 的质谱有下面两种可能的分裂途径：

$$\underset{m/z\ 61}{NH_2CH_2CH_2OH^{\cdot+}} \xrightarrow{\alpha} \underset{m/z\ 30}{H_2\overset{+}{N}{=}CH_2} + \cdot CH_2OH$$

$$\underset{m/z\ 61}{NH_2CH_2CH_2OH^{\cdot+}} \xrightarrow{\alpha} \underset{m/z\ 31}{CH_2{=}\overset{+}{O}H} + \cdot CH_2NH_2$$

由于氮的电负性小于氧的电负性，含氮原子的碎片 IP 值应比含氧原子的低，所以正电荷应倾向于留在含氮的碎片上，可以推断第一种分裂比较容易产生，这也与实验结果相一致。

在裂解的两部分碎片中，IP 值相差较小时，则两部分都可形成正离子碎片，只是相对强度不同而已，如甲基正丁基醚的裂解：

$$C_3H_7—CH_2—O—CH_3^{\rceil +\cdot} \equiv C_3H_7—CH_2\overset{\cdot +}{O}CH_3 \xrightarrow{\alpha} CH_2=\overset{+}{O}CH_3 + \cdot C_3H_7$$

8.1eV　6.9eV　　100%

$$\|$$

$$C_3H_7CH_2—\overset{\cdot +}{O}CH_3 \xrightarrow{i} C_3H_7\overset{+}{C}H_2 + \cdot OCH_3 \quad (25\%)$$

$$C_3H_7CH_2—\overset{\cdot +}{O}CH_3 \xrightarrow{i} CH_3O^+ + C_3H_7CH_2\cdot \quad (1\%)$$

8.2eV　9.8eV

前一种断裂反应（α–断裂），产生 $H_2C=\overset{+}{O}CH_3$ 为基峰，没有观察到 $C_3H_7^+$离子，正电荷都留在较小的 IP 值（6.9eV）上，后一种断裂反应 $C_4H_9^+$的正离子丰度比的 CH_3O^+大。

既然质谱的裂解反应同时生成正离子和中性碎片（自由基或中性小分子），如果形成的中性碎片为自由基，只要这种自由基在结构上是稳定的，具有较高的 IP 值，也会增加伴生而成的正离子的相对强度。当中性碎片是中性小分子如 H_2O，CO，CO_2，$CH_2=CH_2$，HCN 等时，它们具有较高的 IP 值，都相当稳定，与其同时产生的正离子即使稳定性较差，也表现为较高的相对强度。如甲酯类化合物，经α–断裂生成的偶电子离子再发生诱导断裂丢失小分子 CO_2，形成相对丰度较高的 CH_3^+离子。

$$CH_3—O—\underset{\|}{C}(=\overset{\cdot +}{O})—R \xrightarrow[-R\cdot]{\alpha} CH_3—O—C\equiv\overset{+}{O} \xrightarrow{i} CH_3^+ + CO_2$$

丰度较高

4．最大烷基丢失规律

分子离子或其他离子以同一种裂解方式（如α–断裂）进行裂解反应时，总是失去较大基团的裂解过程占优势，形成的产物离子丰度较大。

2–己酮在进行α–断裂时，丢失丁基自由基产生 100%的 CH_3CO^+，而丢失甲基自由基产生 $C_4H_9CO^+$的丰度只有 2%。

$$CH_3CH_2CH_2CH_2C(=\overset{\cdot +}{O})CH_3 \xrightarrow{\alpha} \cdot C_4H_9 + CH_3C\equiv\overset{+}{O} \quad (100\%)$$

$$CH_3CH_2CH_2CH_2C(=\overset{\cdot +}{O})CH_3 \xrightarrow{\alpha} \cdot CH_3 + C_4H_9C\equiv\overset{+}{O} \quad (2\%)$$

5．常见碎片离子和中性碎片

质谱图中常见的低质荷比碎片离子及其可能来源见表 1-4 所示，丢失的可能碎片见表 1-5 所示，熟悉这些离子及可能来源对解析质谱和推导化合物的结构大有帮助。

表 1-4　常见低质荷比碎片离子

m/*z*	碎片离子	可能来源
15	CH_3^+	甲基，烷基
27	$C_2H_3^+$	烯
29	CHO^+, $C_2H_5^+$	醛，酚，呋喃
30	NO^+, $CH_2{=}NH_2^+$	硝基，脂肪胺
31	$CH_2{=}OH^+$，CH_3O^+	醇，醚缩醛，甲酯
34	H_2S^+	硫醇，硫醚
39	$C_3H_3^+$	烯，炔，芳基
41	$C_3H_5^+$	烷基，烯
43	CH_3CO^+, $C_3H_7^+$	乙酰基，烷基
45	$COOH^+$, $C_2H_5O^+$, CHS^+	脂肪酸，乙氧基，硫醇，硫醚
		硫醇，硫醚
47	CH_3S^+, $CH_2{=}SH^+$	芳基
50	$C_4H_2^+$	芳基
51	$C_4H_3^+$	烷，烯，环酮
55	$C_4H_7^+$, $C_3H_3O^+$	环胺，环烷，戊基酮
56	$C_3H_6N^+$, $C_4H_8^+$	
57	$C_4H_9^+$，$C_2H_5CO^+$	丁基，环醇，丙酸酯
58	$CH_3COCH_3^{+\cdot}$，$(CH_3)_2NCH_2^+$	甲基酮，叔胺
59	$C_3H_7O^+$，$COOCH_3^+$	醇，醚
60	$CH_2C(OH)_2^+$, $C_2H_4S^+$	羧酸，硫醚
61	$CH_3C(OH)_2^+$	乙酸酯
63	$C_5H_3^+$	芳基
64	$C_5H_4^+$	芳基
65	$C_5H_5^+$	芳基
71	$C_3H_7CO^+$	酮，酯
73	$CO_2C_2H_5^+$，$(CH_3)_3Si^+$	乙基酯，三甲基硅烷
77	$C_6H_5^+$	芳基
78	$C_6H_7^+$	芳基
91	$C_7H_7^+$	苄基
94	$C_6H_6O^+$	苯醚
105	$C_6H_5CO^+$, $CH_3C_6H_4CH_2^+$	苯甲酰基
127	I^+	碘化物
128	HI^+	碘化物
149	O, $\overset{+}{O}H$, O	邻苯二甲酸酯

表 1-5　常见中性碎片

丢失碎片质量	碎片分子式	丢失碎片质量	碎片分子式
1	H	47	CH_2SH，CH_3S
15	CH_3	48	CH_3SH, SO
16	O, NH_2	49	CH_2Cl
17	OH, NH_3	52	C_4H_4, C_2N_2
18	H_2O	57	C_2H_5CO, C_4H_9
19	F	58	C_4H_{10}, NCS, NO + CO, CH_3COCH_3
20	HF	59	$CH_3O{-}C{=}O$, CH_3CONH_2, CH_2COOH
26	C_2H_2, CN	60	CH_3COOH, C_3H_7OH
27	HCN, C_2H_3	61	CH_3CH_2S

续表 1-5

丢失碎片质量	碎片分子式	丢失碎片质量	碎片分子式
28	CO, C_2H_4	63	CH_2CH_2Cl
29	CHO, C_2H_5	64	S_2, SO_2, C_5H_4
30	$CH_2NH_2, CH_3NH, CH_2O, NO^+$	65	C_5H_5
31	CH_3O, CH_2OH, CH_3NH_2	69	CF_3, C_5H_9
32	CH_3OH, S	71	C_5H_{11}, C_4H_7O
33	HS, CH_3+H_2O, CH_2F	73	$CO_2CH_2CH_3$
34	H_2S	75	C_6H_3
35	Cl	76	C_6H_4, CS_2
36	$HCl, 2H_2O$	77	C_6H_5, CS_2H
38	C_3H_2, F_2	78	C_6H_6
39	C_3H_3, HC_2N	79	Br, C_5H_5N, C_6H_7
40	$CH_2CN, CH_3—C≡CH$	80	HBr
41	$CH_2=CHCH_2$	91	C_7H_7
42	$CH_2=C=O, C_3H_6$	105	C_6H_5CO, C_8H_9
43	$CH_3CO, C_3H_7, CH_2=CH—O$	119	$CF_3—CF_2$
44	$CO_2, C_2H_5NH, CH_2=CHOH, C_3H_8, CONH_2$	122	C_6H_5COOH
45	$C_2H_5O, COOH, CH_3CHOH$	127	I
46	C_2H_5OH, NO_2	128	HI

1.6.3 简单裂解

在自由基或正电荷的诱发下，仅一根化学键断开，形成正离子和中性碎片的反应称为简单断裂。α–断裂、i–断裂和σ–断裂就是简单裂解的三种断键方式。

1．饱和烃类化合物的裂解

饱和烃类化合物只能首先发生σ–断裂，优先失去大基团，生成相对稳定的碳正离子，如叔碳离子、仲碳离子。一般在碳链分支处易发生断裂，某处分支愈多，该处愈易断裂。

带支链的环烷烃容易丢失支链，将正电荷留在环碎片上，如：

$$\text{C}_6\text{H}_{11}\text{–CH}_3 \xrightarrow{-e} [\text{C}_6\text{H}_{11}\text{–CH}_3]^{+\cdot} \xrightarrow{\sigma} \text{C}_6\text{H}_{11}^{+} + \text{CH}_3\cdot$$

2．不饱和烃和芳香烃的裂解

不饱和烃和芳香烃易发生α–断裂，产生丰度很高的烯丙基正离子和苄基正离子。

$$R—CH_2—CH=CH_2 \longrightarrow R—CH_2—CH\overset{\cdot +}{—}CH_2 \xrightarrow[-R\cdot]{\alpha} CH_2=CH—\overset{+}{C}H_2$$

m/z 41

$$\left[\text{2-pyridyl}-CH_2-R\right]^{+\cdot} \xrightarrow[-R\cdot]{\alpha} \left[\text{2-pyridyl}-CH_2\right]^{+}$$

3．含杂原子化合物的裂解

含杂原子（X，O，S，N）的化合物，如醇、胺、醚、硫醇、硫醚以及卤代化合物等，可发生自由基引发的α–断裂和正电荷诱导的 i–断裂。

$$R-CH_2-\overset{\cdot+}{O}H \xrightarrow{\alpha} CH_2=\overset{+}{O}H + R\cdot$$

$$R-CH_2-\overset{\cdot+}{N}H_2 \xrightarrow{\alpha} CH_2=\overset{+}{N}H_2 + R\cdot$$

$$R-CH_2-\overset{\cdot+}{S}H \xrightarrow{\alpha} CH_2=\overset{+}{S}H + R\cdot$$

$$R-CH_2-\overset{\cdot+}{O}R' \xrightarrow{\alpha} CH_2=\overset{+}{O}R + R\cdot$$

卤代烷的 i–断裂最为常见，由 i–断裂形成的正离子相对强度也较高。醚、硫醚化合物除上述的α–断裂外，也可以发生 i–断裂，正电荷一般留在烷基上。硫醚化合物不仅能进行α–断裂、i–断裂，还能发生σ–断裂，将正电荷留在杂原子硫上。由于氮的电负性较弱，胺类化合物不发生 i–断裂，一般只发生α–断裂。

$$R-\overset{\cdot+}{Cl} \xrightarrow{i} R^{+} + \cdot Cl$$

$$R_1-\overset{\cdot+}{O}-R_2 \xrightarrow{i} R_1^{+} + \cdot OR_2$$

$$R_1-\overset{\cdot+}{S}-R_2 \xrightarrow{i} R_1^{+} + \cdot SR_2$$

$$R_1-\overset{\cdot+}{S}-R_2 \xrightarrow{\sigma} R_1-\overset{+}{S} + \cdot R_2$$

羰基化合物的裂解主要为自由基引发的α–断裂，由正电荷诱导的 i–断裂几率很小。

$$R-\overset{\overset{\cdot+}{O}\,\|}{C}-H \xrightarrow{\alpha} R-C\equiv\overset{+}{O} + H\cdot$$

$$R_1-\overset{\overset{\cdot+}{O}\,\|}{C}-R_2 \xrightarrow{\alpha} R_1-C\equiv\overset{+}{O} + R_2\cdot$$

$$R_1-\overset{\overset{\cdot+}{O}\,\|}{C}-R_2 \xrightarrow{i} R_1-C\equiv\dot{O} + R_2^{+}$$

1.6.4　氢重排裂解

重排是同时涉及至少两根化学键的断裂，并有新化学键形成的反应，并且产生了在原化合物中不存在的结构单元离子。因此，重排裂解远比简单裂解复杂。

最常见的重排反应是氢重排裂解，即离子在裂解过程中伴随氢转移，同时丢失中性分子的裂解反应。分子离子是奇电子离子，而中性分子中的电子是成对的，所以脱离中性分子所产生的重排离子仍为奇电子离子。两部分碎片均符合氮规则，使重排峰很容易从质谱图的 m/z 值辨认。

以不含氮的化合物为例：一个不发生氢重排的裂解反应，其分子离子是偶数质量，裂解后将给出奇数质量的碎片离子；如果经氢重排反应脱离掉中性分子（它仍符合氮规则，质量数应为偶数）所产生的重排离子也具有偶质量数，即在质谱图上表现为氢重排的离子比一般预期的离子差一个质量数。也就是说，偶质量数的分子离子，经氢重排裂解后，仍然产生偶质量数的碎片离子。

氢重排裂解是经常发生的裂解反应，如，烷基正离子可以发生多种形式的氢重排反应：

$$C_8H_{17}^+ \longrightarrow C_6H_{13}^+,\ C_5H_{11}^+,\ C_4H_9^+,\ \cdots$$

这样的氢重排是随机的，无规律性可言，实用性不大。对结构鉴定有意义的重排，是涉及化合物中存在的某些特定官能团的结构，如 McLafferty 重排、双氢重排等。

1．McLafferty 重排

McLafferty 重排是γ-H 通过六元环过渡态向不饱和基团转变的氢重排裂解反应，这种重排广泛涉及到酮、醛、羧酸、酯、酰胺、腈、烯、亚胺等各类化合物的裂解。凡是具有如下结构单元，不饱和基团的γ-C 位含有 H 的化合物都有可能发生这类重排，以“rH”表示氢重排裂解，其通式为：

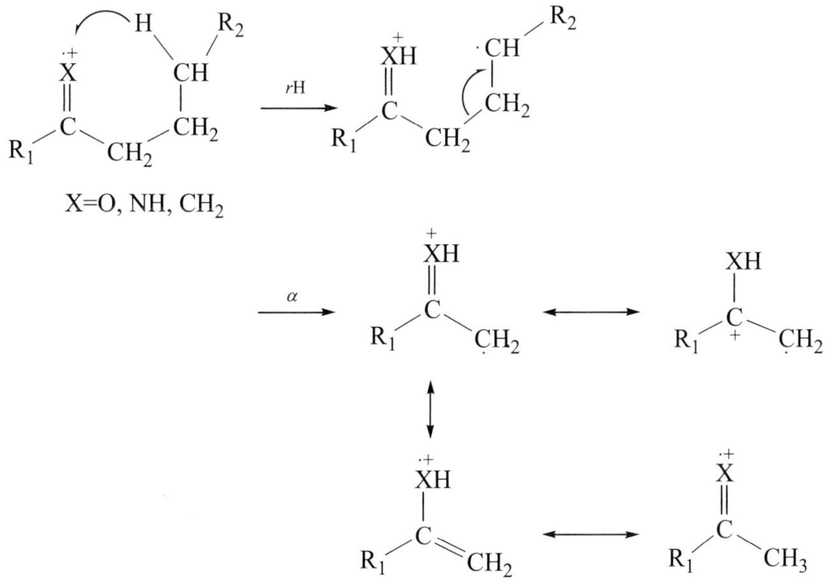

X=O, NH, CH_2

McLafferty 重排的过程为伴随着γ–H 重排，并在不饱和基团的β位发生α–断裂，消去中性烯烃分子，产生奇电子离子 $OE^{\cdot+}$的反应。在质谱中往往出现较强的 McLafferty 重排峰，有时为基峰。例如，薄荷酮的 McLafferty 重排形成的碎片离子 m/z 112 就是作为基峰出现的。

rH, α

m/z 112

芳香环的 McLafferty 重排产生 m/z 92 的重排碎片离子：

−e　rH　α

m/z 92

rH　α

m/z 93

烯烃的 McLafferty 重排可产生 m/z 42 的离子：

−e　rH　α

m/z 42

环氧化合物的 McLafferty 重排：

rH　α

m/z 58

在不饱和基团两边的取代基都含有γ–H 时，可发生两次 McLafferty 重排，如 4–壬酮的两碎片离子 m/z 86 和 m/z 58 就是这种重排的结果。

rH　α

m/z 86

m/z 58

McLafferty 重排的另一过程为γ–H 重排后，再进行 i–断裂，形成一个正电荷位置转移的奇电子离子。McLafferty 重排的正电荷主要留在原来的不饱和基团上，如在不饱和基团的γ位具有稳定碳正离子的共轭基团时，重排断裂后正电荷也可能留在烯的碎片上。例如，5–苯基–2–戊酮的重排裂解产生 m/z 104 的基峰，就是正电荷留在苯乙烯碎片上的结果。

m/z 58
（相对丰度5%）

m/z 104
（相对丰度100%）

丁酸–2–苯基乙酯本应具有两次 McLafferty 重排的结构条件，但由于苯基对其α–H 的活化，优先在苯基这边发生氢转移，而且正电荷留在稳定的苯乙烯碎片上，抑制了二次重排。

$+ \quad C_3H_7COOH$

m/z 104

如果γ位无 H 原子，一般情况下将不发生这种 McLafferty 重排裂解。一些常见官能团经 McLafferty 重排所生成的重排离子如表 1-6 所示。

表 1-6　McLafferty 重排离子（最低质量数）

化合物类型	最小重排离子	m/z	化合物类型	最小重排离子	m/z
醛	$\dot{H_2C}-C(=\overset{+}{O}H)-H$	44	甲酯	$\dot{H_2C}-C(=\overset{+}{O}H)-OCH_3$	74
酮	$\dot{H_2C}-C(=\overset{+}{O}H)-CH_3$	58	腈	$\dot{H_2C}-C\equiv\overset{+}{N}H$	41
羧酸	$\dot{H_2C}-C(=\overset{+}{O}H)-OH$	60	硝基化合物	$\dot{H_2C}-N(=\overset{+}{O})-OH$	61

2．含杂原子化合物的氢重排裂解反应

氯化物失氯化氢时，72%的氯化氢通过五元环过渡态发生氢重排裂解，18%的氯化氢通过六元环过渡态发生氢重排裂解。溴化物失 HBr 时，通过四、五、六元环过渡态都可能发生氢重排裂解，而以四元环过渡态为主。

$$H_3C-CH-CH_2 \text{(H, Br}^{+\cdot}\text{)} \xrightarrow[i]{rH} H_3C-CH\overset{\cdot +}{-}CH_2 + HBr$$

$$C_2H_5\text{-(H, }\overset{\cdot +}{Cl}\text{)} \xrightarrow[i]{rH} C_2H_5\text{-cyclopropane}^{\rceil +\cdot} + HCl$$

醚和硫醚也可能经四元环发生氢重排裂解反应：

$$H_2C-\overset{\cdot +}{O}-CH_2-HC(CH_3)_2 \text{ (}CH_2-H\text{)} \xrightarrow[\alpha]{rH} H\overset{\cdot +}{O}-CH_2-HC(CH_3)_2 + CH_2=CH_2$$

醇通过氢转移易失水及乙烯，其中 90%是通过六元环发生氢转移而失水的：

$$R\text{-(H)}\overset{+}{O}H \xrightarrow{rH} R^{\cdot}\ \overset{+}{O}H_2 \xrightarrow{i} R^{\cdot}\ {}^{+} \xrightarrow{i} R\text{-}\dot{|}^{+} \equiv R\text{-cyclobutane}^{\rceil +\cdot}$$

苯环上两个邻位取代基容易形成六元环过渡态，发生氢转移，同时消去小分子，该效应称为邻位效应。邻位效应可以鉴别芳环上取代基是否处在邻位，反应以通式表示如下：

$$\text{C}_6\text{H}_4(A-H)(X-Y-Z)^{\rceil +\cdot} \xrightarrow{rH} \text{C}_6\text{H}_4(=A)(=X)^{\rceil +\cdot} + HYZ$$

具体例子如：

$$\text{C}_6\text{H}_4(CH_2-OH)(CH_2-H)^{\rceil +\cdot} \xrightarrow{rH} \text{C}_6\text{H}_4(CH_2-\overset{+}{O}H_2)(\dot{C}H_2) \xrightarrow{i} \text{C}_6\text{H}_4(=CH_2)(=CH_2)^{\rceil +\cdot} + H_2O$$

双键的两个顺式取代基也有相似的“邻位效应”，可发生氢重排裂解：

$$R—CH=X^{+}—CH_2—CH_2—H \xrightarrow{rH} R—CH=\overset{+}{X}H + CH_2=CH_2$$

含杂原子的化合物经简单断裂去掉一个取代基后，生成含杂原子的偶电子离子 EE^{+}，该碎片上β–H 可以通过四元环过渡态发生氢转移重排裂解：

例如，醚和胺类化合物，经α–断裂后产生的偶电子离子，经常发生经过四元环过渡态的β–H 重排反应，在质谱图中可分别观察到 m/z 31 和 m/z 30 的碎片离子。硫醚也能以类似反应生成 m/z 47 的碎片离子峰。

$$RCH_2—CH_2—\overset{\cdot+}{O}—CH_2—CH_3 \xrightarrow[-RCH_2\cdot]{\alpha} CH_2=\overset{+}{O}—CH_2—CH_2—H \xrightarrow{rH} \underset{m/z\ 31}{CH_2=\overset{+}{O}H} + CH_2=CH_2$$

$$RCH_2—CH_2—\overset{\cdot+}{N}H—CH_2—CH_3 \xrightarrow[-RCH_2\cdot]{\alpha} CH_2=\overset{+}{N}H—CH_2—CH_2—H \xrightarrow{rH} \underset{m/z\ 30}{CH_2=\overset{+}{N}H_2} + C_2H_4$$

$$RCH_2—CH_2—\overset{\cdot+}{S}—CH_2—CH_3 \xrightarrow[-RCH_2\cdot]{\alpha} CH_2=\overset{+}{S}—CH_2—CH_2—H \xrightarrow{rH} \underset{m/z\ 47}{CH_2=\overset{+}{S}H} + C_2H_4$$

3．两个氢原子的重排

长链脂肪酸甲酯质谱中，除通过 McLafferty 重排得到基峰 m/z 74 外，还有一系列特征峰 m/z 87，143，199，255，…，它们是通过双氢重排形成的：

$n = 0, 4, 8, 12$
$m/z = 87, 143, 199, 255$

乙酯以上的酯也较易找到这种双氢重排，形成 $m/z\,(61 + 14n)$的偶电子离子。

n=1，2，3，…

$m/z\,(61 + 14n)$

1.6.5 环状化合物的裂解

环状化合物的裂解需要两次或以上的化学键断裂才能掉下碎片，形成产物离子。

1．逆 Diels–Alder 反应（RDA）

当分子中存在含双键的六元环时，可发生 RDA 裂解反应。从表面上看，这种重排反应刚好是 Diels–Alder 加成反应的逆向过程，因此称 RDA 裂解。如，环己烯的双键π电子失去一个电子后，产生一个正电荷和自由基，通过两次α–断裂，丢失一个中性分子 C_2H_4，产生一个 1,3–丁二烯奇数电子 m/z 54。

m/z 54

逆 Diels–Alder 反应的裂解结果，正电荷一般留在二烯的碎片上，但如果环上有取代基时，根据取代基的位置和性质不同，正电荷也有可能留在烯的碎片上，出现一定丰度的烯碎片离子峰。如，4–苯基环己烯的质谱中，基峰 m/z 104 即为正电荷留在苯乙烯的碎片，这源于芳基能起到稳定电荷的作用，而二烯碎片 m/z 54 的丰度很小，见图 1-15 所示。

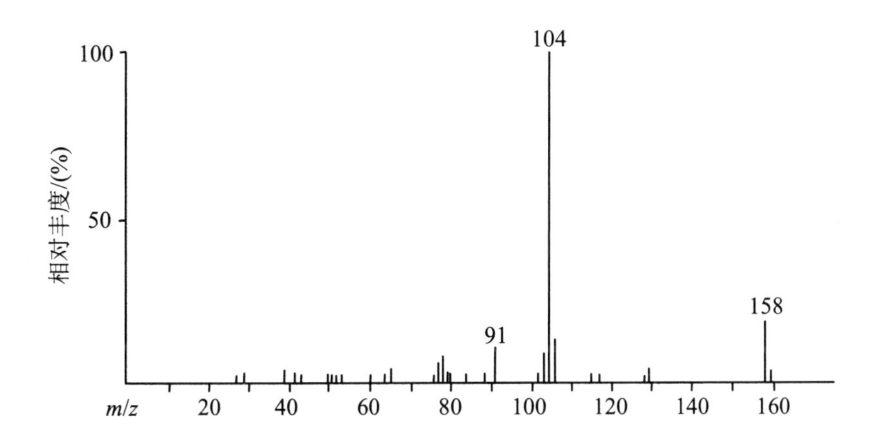

图 1-15　4–苯基环己烯的质谱图

可能的断裂途径为：

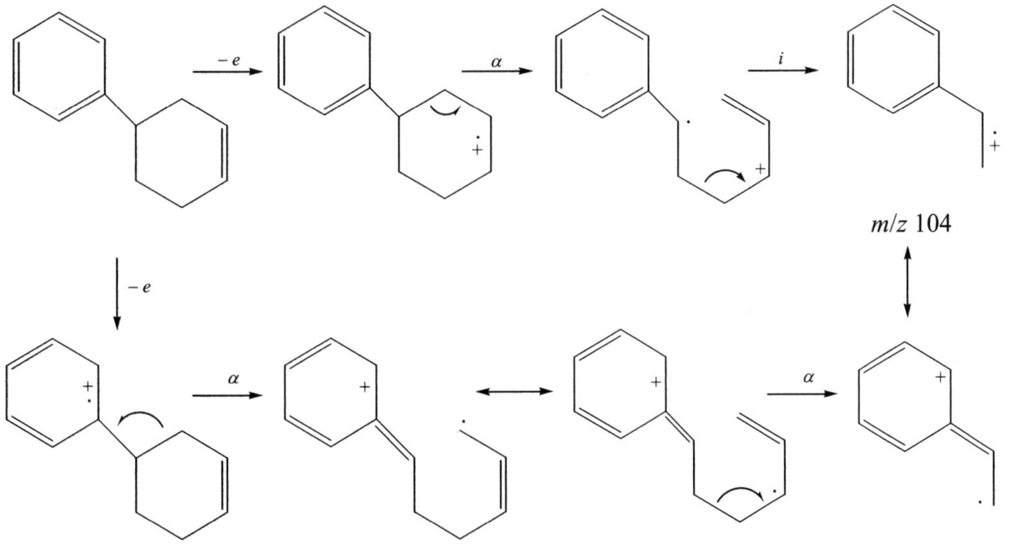

m/z 104

2．其他环状化合物的裂解

一些环状化合物经α–断裂后，紧接着通过四、五、六元环发生氢的重排反应，再进行一次α–断裂形成很稳定的偶电子离子。如环己醇质谱图（如图 1-16 所示）中，基峰 m/z 57 就是通过六元环的氢重排反应，再发生α–断裂形成的。

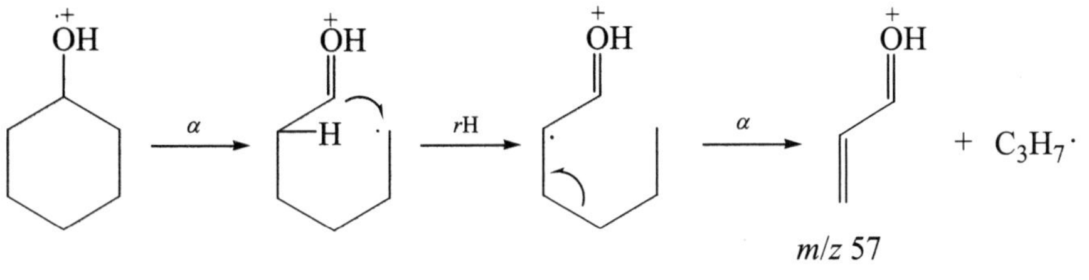

$+ C_3H_7\cdot$

m/z 57

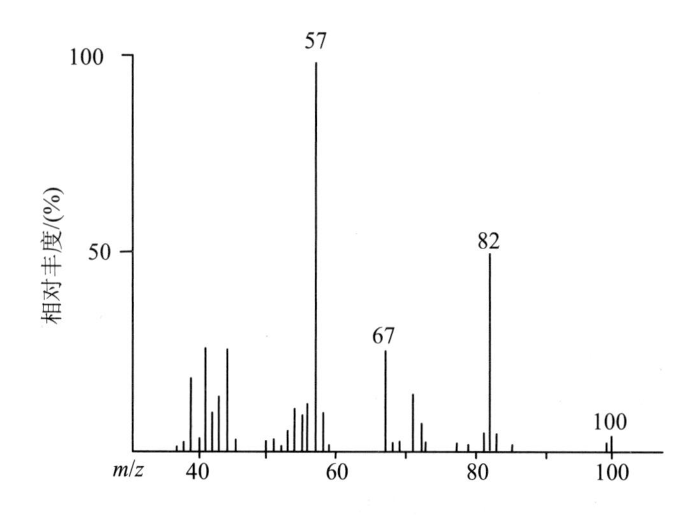

图 1-16　环己醇质谱图

类似地，环己基醚、环己基胺、环己基硫醚以及环己酮等都能形成相似的特征离子：

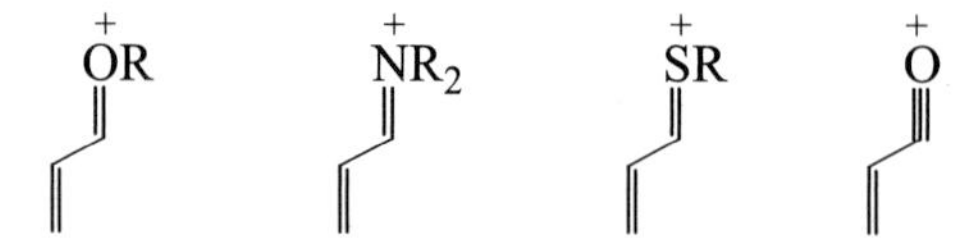

一些复杂化合物将经历更多的断裂过程，如γ-吡喃酮的裂解：

m/z 39

1.6.6　骨架重排

分子离子在断裂过程中还可能发生骨架重排，即离子在断裂过程中，甲基、苯基或含杂原子的基团发生迁移，同时消去自由基或中性分子，形成新的碎片离子。分析这些骨架重排的碎片，对解析图谱，推断化合物的结构是有一定帮助的。常见的骨架重排有取代重排和消去重排。

1．取代重排（displacement rearrangement）

取代重排在反应式中用符号“rd”表示，是由自由基引发而发生的环化反应，反应过程中原化学键断裂，丢失自由基碎片，同时生成新的化学键。

长链的氯代烃通过五元环形成 m/z 91 环状离子，同时丢失自由基碎片，也可通过六元环形成 m/z 105 环状离子。通常，前者是以基峰出现，后者丰度约 10%。

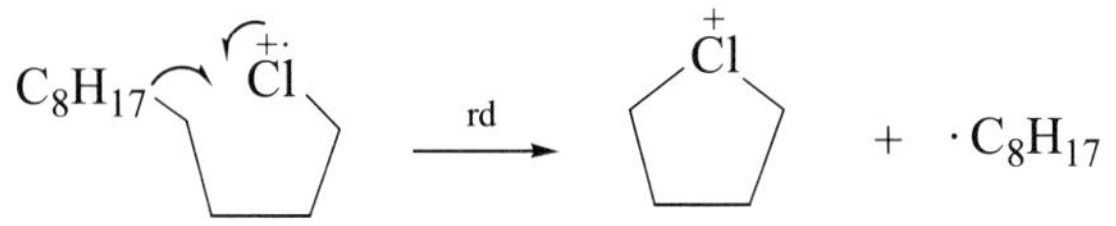

C_8H_{17} Cl rd + $\cdot C_8H_{17}$

m/z 91

C_7H_{15} Cl rd + $\cdot C_7H_{15}$

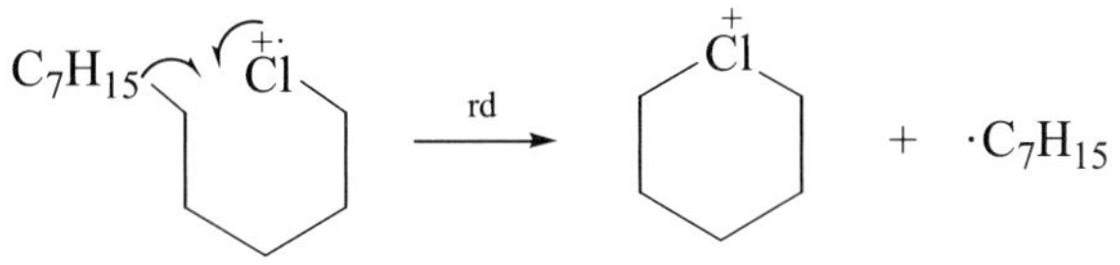

m/z 105

溴代烷也较易发生类似的骨架重排，产生 m/z 135 和 m/z 149 两种环状碎片离子。此外，长链胺和长链氰化物也可产生这种环状离子。

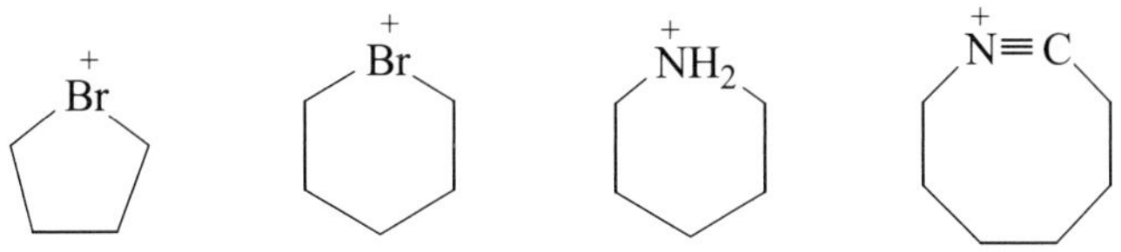

Br　Br　NH_2　N≡C

m/z 135　m/z 149　m/z 86　m/z 110

下列化合物也可以发生取代重排：

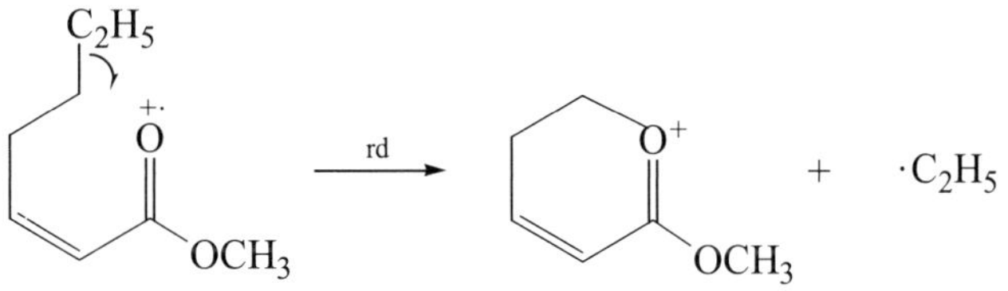

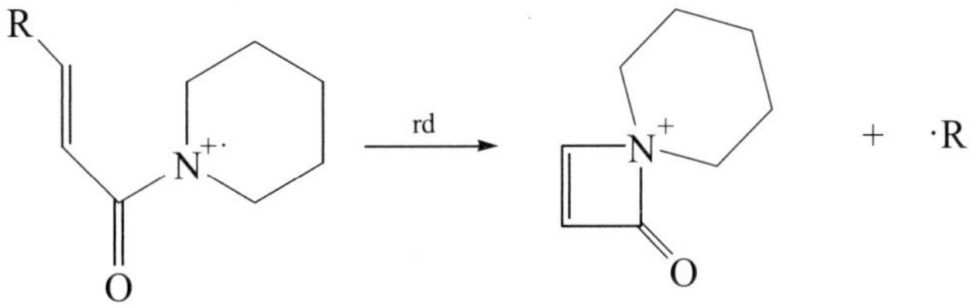

C_2H_5 O OCH_3 rd O OCH_3 + $\cdot C_2H_5$

R N O rd N O + ·R

肉桂酸经如下骨架重排可得 M−1 峰：

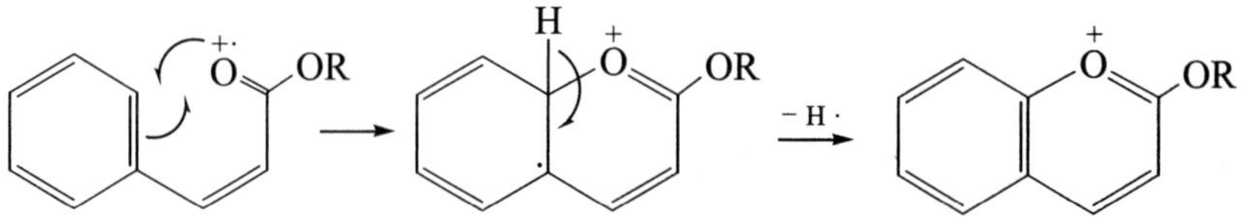

2．消去重排（elimination rearrangement）

消去重排通常用“re”表示。离子在随着基团迁移的同时消除小分子或自由基碎片，如 CO，CO_2，HCN，CH_3CN 等，称为消去重排。

甲基迁移：

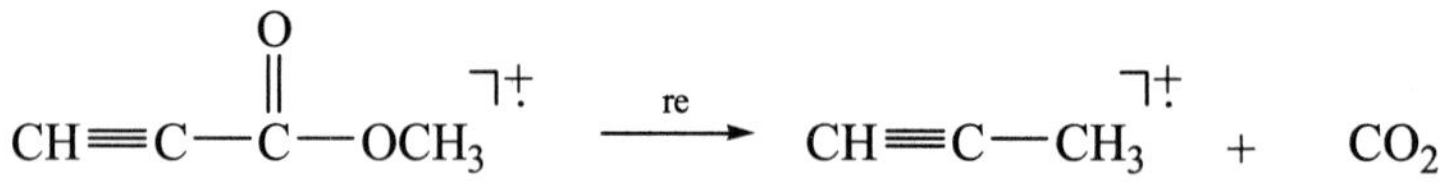

$$CH\equiv C-\overset{\overset{\displaystyle O}{\|}}{C}-OCH_3 ^{\neg \dot{+}} \xrightarrow{re} CH\equiv C-CH_3 ^{\neg \dot{+}} + CO_2$$

芳基迁移：

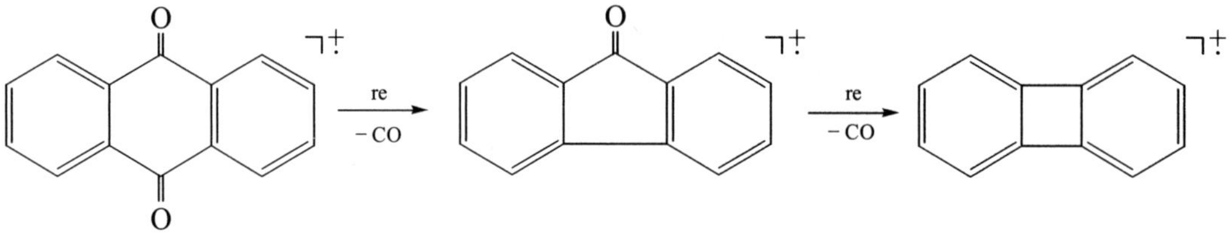

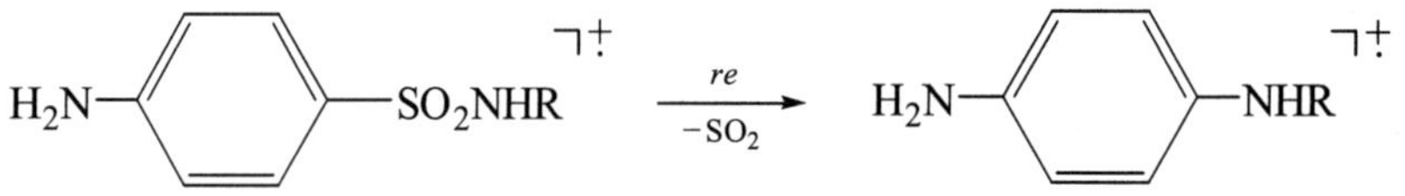

骨架重排比较复杂，在重排反应中产生的离子或中性碎片往往并不存在于原来的分子中，而是经过重排后形成的，从而给质谱解析带来一定的困难。因此，应多看文献，积累经验，为解析图谱开拓思路。

1.7　有机化合物的质谱

1.7.1　烷烃

烷烃类化合物的裂解模式，根据各自的裂解特点，对直链烷烃、支链烷烃和环烷烃分别加以讨论。

1．直链烷烃

直链烷烃的质谱有如下特点：

（1）直链烷烃显示弱的分子离子峰。

（2）谱图中由一系列峰簇组成，峰簇之间差 14 个质量单位，如 m/z 29，43，57，…，C_nH_{2n+1} 等离子，并伴有较弱的 C_nH_{2n-1} 和 C_nH_{2n} 峰群。经亚稳离子证实，C_nH_{2n-1} 来自 C_nH_{2n+1} 脱 H_2。

（3）这些碎片离子的相对强度是随着 m/z 的减少而递增的，各峰的顶端形成一条平滑曲线，它们的强度以 $C_3H_7^+$ 为最大。由于各个 C—C 键断裂的可能性是相同的，断裂以后，碎片离子亦可进一步再断裂，最后得到较小的离子（如 $C_3H_7^+$ 或 $C_4H_9^+$）的数目就多，丰度最高，如正十六烷质谱如图 1-17 所示。

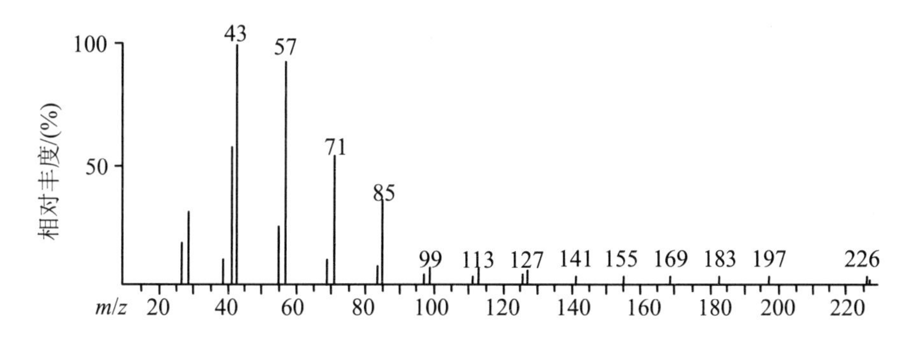

图 1-17　正十六烷质谱图

2．支链烷烃

带支链的烷烃其质谱有如下特点：

（1）分子离子峰的相对强度比直链烷烃的还要低。

（2）裂解在支链点上最有利，优先失去大基团，正电荷留在多支链的碳上，产生 C_nH_{2n+1} 离子。

（3）在分支处断裂的同时，常伴随有氢原子重排，产生较强的 C_nH_{2n} 离子，有时它可强于相应的 C_nH_{2n+1} 离子。

从 5–甲基十五烷质谱图（如图 1-18 所示）与其异构体正十六烷质谱图（如图 1-17 所示）的对比中，可以发现 m/z 85，169 和 m/z 211 的峰强度增加了，它们相当于在支链处断裂分别丢失奎基、丁基和甲基，生成相应的三级碳正离子。其中 m/z 85 峰增大尤为明显，说明了优先丢失最大烃基的规则。这个现象对决定烷烃的支链点是有用的，有助于推断烷烃异构体的结构。此外，还产生较强的 C_nH_{2n} 离子，如经四元环氢原子重排产生奇电子离子 m/z 168，同时丢失中性分子丁烷。

$$C_3H_7—CH_2—\overset{\displaystyle CH_3}{\overset{|}{C}H}—CH_2—C_9H_{19} \xrightarrow{-e} C_3H_7—CH_2\cdot{}^{+}\overset{\displaystyle CH_3}{\overset{|}{C}H}—\underset{\underset{\displaystyle H}{|}}{CH}—C_9H_{19}$$

$$\xrightarrow{rH} \overset{\displaystyle CH_3}{\overset{|}{\underset{+}{C}H}}—\underset{\cdot}{C}H—C_9H_{19}$$

m/z 168

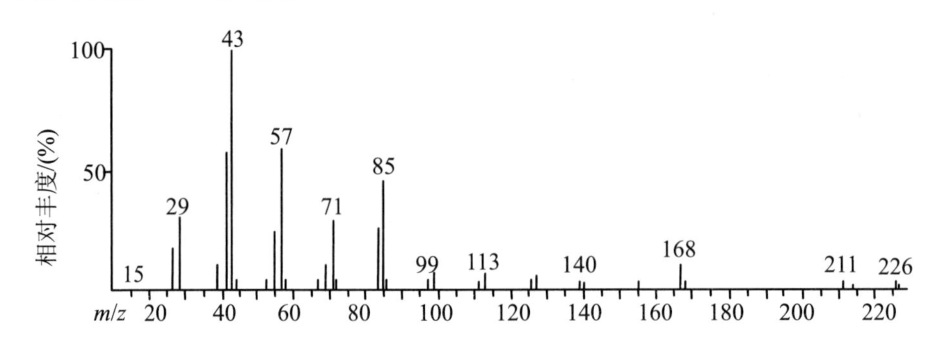

图 1-18　5–甲基十五烷质谱图

3．环烷烃

环烷烃的质谱有下列特点：

（1）由于环的存在，分子离子峰的相对强度增加。

（2）通常易在环的支链处断开，给出 C_nH_{2n-1} 峰，也常伴随氢原子的失去，得到较强的 C_nH_{2n-2} 峰。

（3）环的碎片特征是失去 C_2H_4，也可能失去 C_2H_5。

甲基环己烷质谱如图 1-19 所示。

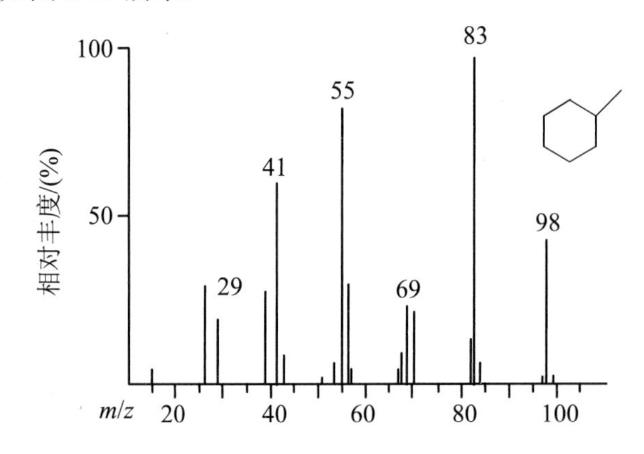

图 1-19　甲基环己烷质谱图

可能的裂解过程：

CH_3 ⁺˙ $\xrightarrow{\sigma}$ ⁺

m/z 83

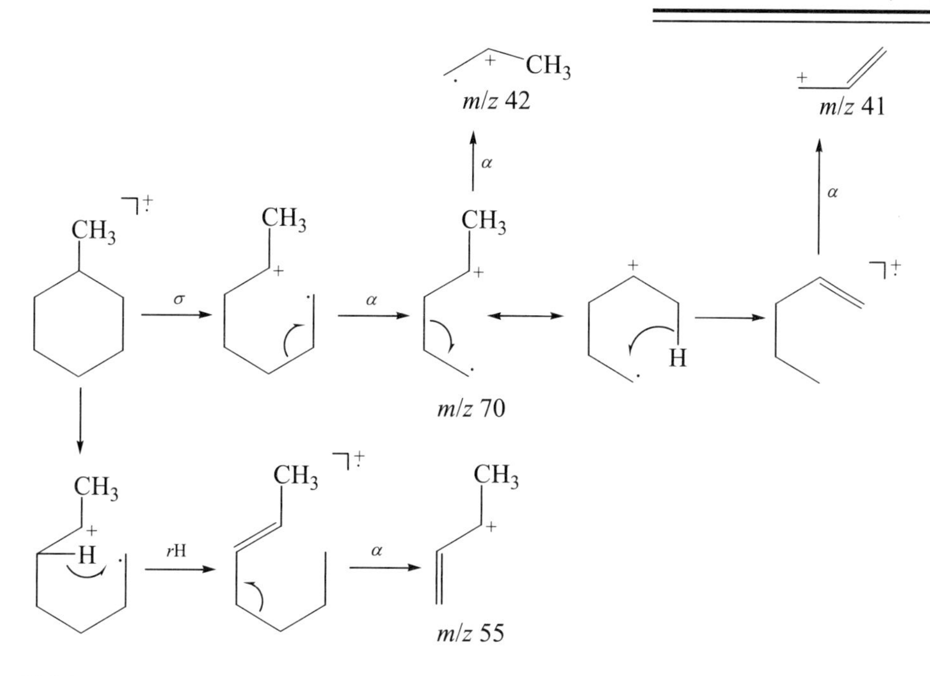

1.7.2 烯烃

烯烃的质谱图比较难解释，因为双键的位置在裂解过程中可能发生迁移，一般特点如下：

（1）双键的引入，使 $M^{+\cdot}$峰强度增加。

（2）烯丙基分裂是其最主要的裂解方式，谱图中出现一系列峰簇，每个峰簇内最高峰为 C_nH_{2n-1}，即 m/z 41，55，69，83 等离子峰，其中 m/z 41 常常是基峰。

（3）分子中双键在电离的情况下常发生位置迁移，烯烃的异构体质谱图常很类似。例如，1–丁烯和 2–丁烯的质谱见图 1-20 和 1-21。

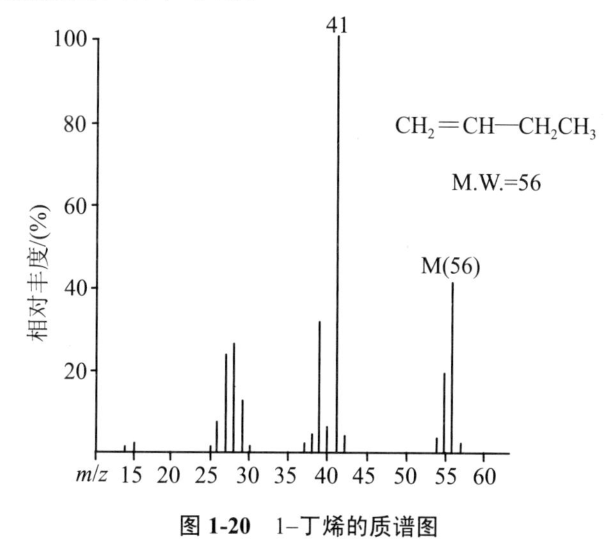

图 1-20 1–丁烯的质谱图

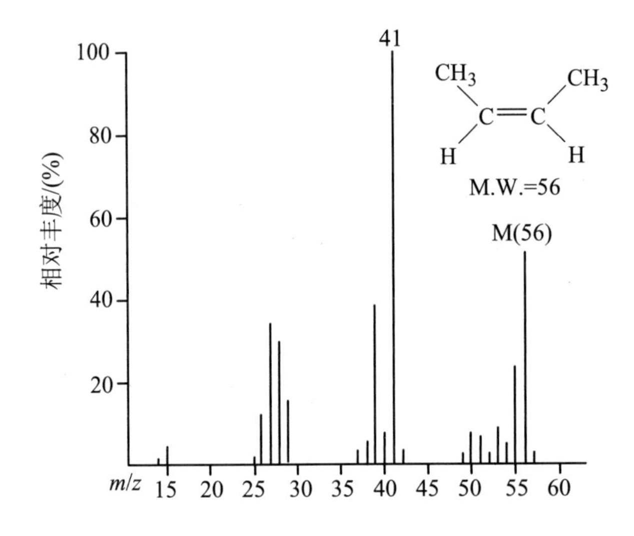

图 1-21　顺式 2–丁烯的质谱图

（4）当相对双键的γ–C 上有氢时，可发生 McLafferty 重排。

（5）环状烯烃可发生 RDA 裂解。

1–十六烯的质谱如图 1-22 所示，其基峰 m/z 41 和 m/z 42 的裂解过程如下：

$$C_{11}H_{23}-CH_2-CH_2\overset{\cdot+}{-}CH_2 \xrightarrow{\alpha} CH_2=CH-\overset{+}{C}H_2 + \cdot C_{11}H_{23}$$

m/z 41

$$C_{11}H_{23}-\text{(H)}\cdots\overset{\cdot+}{C}H_2 \xrightarrow{rH} C_{11}H_{23}-\dot{C}H\cdots\overset{+}{C}H-CH_3 \xrightarrow{\alpha} H_2C-\overset{\cdot+}{C}H(CH_3) + C_{11}H_{23}-CH=CH_2$$

m/z 42

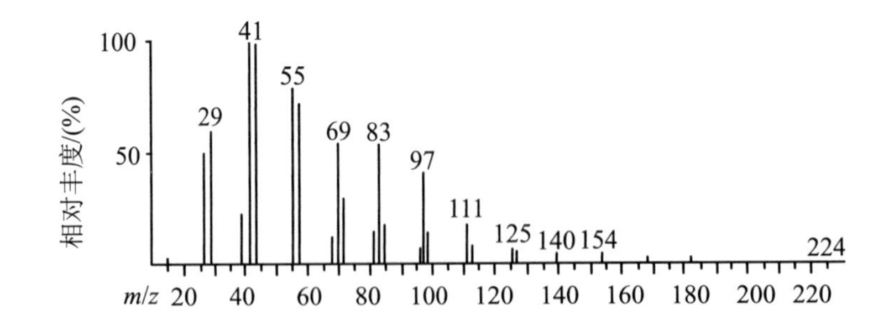

图 1-22　1–十六烯的质谱图

其中 m/z 55，69，83，97 等碎片离子峰是双键的位置发生迁移后再发生烯丙基分裂的结果。

1.7.3　炔类

炔类化合物的质谱有如下特点：

（1）分子离子峰较强。

（2）类似于烯烃的烯丙基分裂，炔的α–断裂产生m/z 39的偶电子离子。

$$\left[H-C\equiv C-CH_2-R\right]^{+\cdot} \xrightarrow{\alpha} \underset{m/z\ 39}{H-C\equiv C-\overset{+}{C}H_2} \longleftrightarrow H-\overset{+}{C}=C=CH_2$$

（3）端位炔易脱去·H，形成很强的M–1峰。

$$\left[H-C\equiv C-R\right]^{+\cdot} \longrightarrow \overset{+}{C}\equiv C-R \quad + \quad \cdot H$$

1–戊炔的质谱如图1-23所示，分子离子丢失一个·H，产生基峰m/z 67；双氢重排丢失·CH_3产生m/z 53碎片离子；McLafferty重排丢失乙烯，产生m/z 40重排峰。

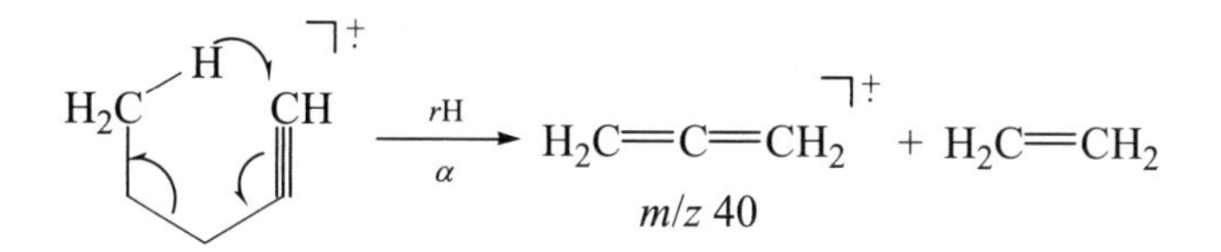

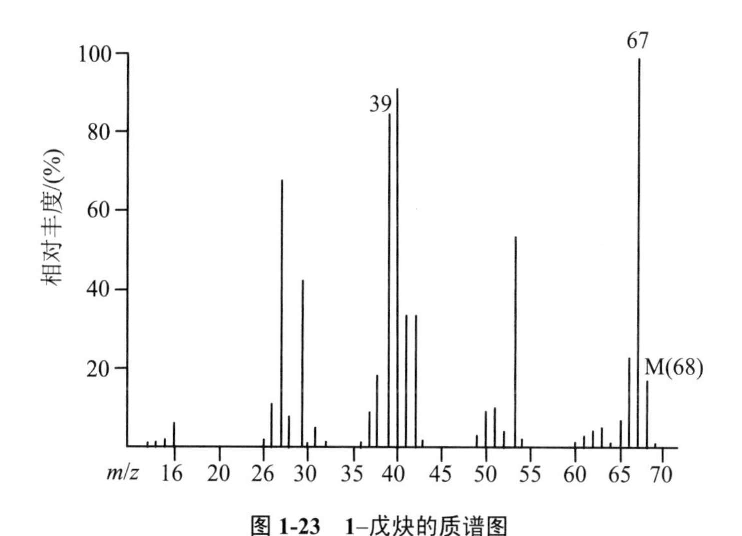

图1-23　1–戊炔的质谱图

1.7.4　芳香族化合物

1．烷基取代苯

烷基取代苯的质谱有如下特点：

（1）化合物稳定，分子离子峰强。

（2）简单断裂生成特征离子 $C_7H_7^+$（m/z 91）的峰一般较强，当相对苯环存在γ-H 时，易发生 McLafferty 重排，产生 m/z 92 重排峰。

$\xrightarrow[-\cdot CH_2CH_3]{\alpha}$ CH_2 ⟷ $\overset{+}{C}H_2$

m/z 91

$\xrightarrow{rH}$ H H $\xrightarrow[-C_2H_4]{\alpha}$ H H

m/z 92

这里需注意的是，m/z 91 离子常常可以通过重排而形成，因此分子中不一定存在苄基结构才会产生 m/z 91。例如，在下列两种化合物的质谱中常出现 m/z 91 的离子峰。

$C(CH_3)_3$ ⟶ $C_7H_7^+$ ⟵

m/z 91

对腈基叔丁基苯的质谱如图 1-24 所示，分子离子首先失去一个甲基，产生 m/z 144 的偶电子离子，经甲基迁移和重排，失去一分子乙烯，产生对腈基苄基结构的碎片离子。

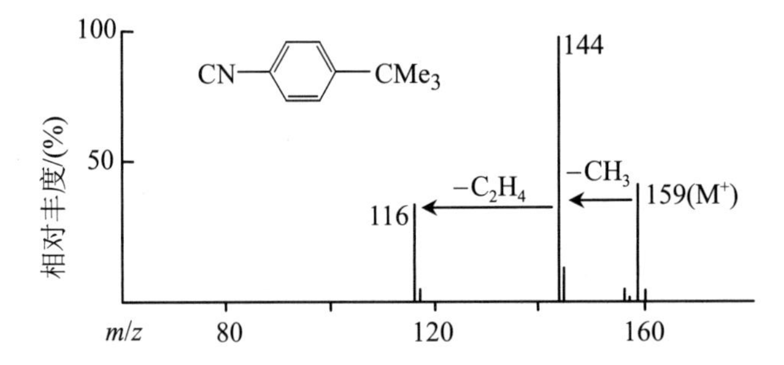

图 1-24　对腈基叔丁基苯的质谱图

NC—C₆H₄—C(CH_3)(CH_3)(CH_3) $\xrightarrow[-\cdot CH_3]{\alpha}$ NC—C₆H₄—$\overset{+}{C}$(H—CH_2)(CH_3) ⟶

m/z 144

$$NC-C_6H_4-\overset{+}{C}H-CH_2(H-CH_2) \longrightarrow NC-C_6H_4-\overset{+}{C}H_2$$

m/z 116

（3）出现苯环特征碎片离子。含苯环化合物，可逐级丢失乙炔分子，形成 m/z 39，51，65，77 等碎片峰，这些峰相对来说丰度比较低。

$$m/z\ 91 \longrightarrow m/z\ 65 \longrightarrow m/z\ 39$$
$$m/z\ 77 \longrightarrow m/z\ 51$$

2．杂原子取代的芳香族化合物

（1）卤代芳烃

卤代芳烃其质谱有如下特点：

①分子离子峰较强。

②卤素氯、溴或碘取代的芳烃易发生 *i*–断裂，形成 Ar^+ 离子。

$$[C_6H_5X]^{+\cdot} \longrightarrow C_6H_5^+ \longrightarrow C_4H_3^+$$

X=Cl, Br, I　　*m/z* 77　　*m/z* 51

③氟代苯的 C—F 键很稳定，不易发生 *i*–断裂，只可能发生丢失乙炔分子的碎裂反应。

$$[C_6H_5F]^{+\cdot} \longrightarrow [C_4H_3F]^{+\cdot} + C_2H_2$$

m/z 70

（2）氧、氮取代的芳烃

杂原子（如 O，N）连接在苯环上，常发生重排反应，脱掉中性碎片。例如，硝基苯的重排裂解如下：

$$[C_6H_5NO_2]^{+\cdot} \longrightarrow [C_6H_5-O-N=O]^{+\cdot} \xrightarrow{-NO\cdot} C_6H_5\overset{+}{O}\ (m/z\ 93)$$

$$\longrightarrow \xrightarrow{-CO} C_5H_5^+\ (m/z\ 65) \xrightarrow{-C_2H_2} C_3H_3^+\ (m/z\ 39)$$

苯酚将消除 CO 和 HCO 得到 m/z 66 和 m/z 65 碎片离子。若苯酚的芳环上有其他取代基，除发生消除 CO 的反应外，更主要的倾向是保留芳香环，在取代基处发生α–断裂，再发生消除反应。

苯酚的裂解过程如下：

rH

α

re −CO

α −H·

m/z 65

m/z 66

对乙基苯酚的裂解中，主要是发生α–断裂丢失甲基，形成稳定的七元环离子，再发生消除 CO 和 H_2 的重排反应，裂解过程如下：

α −·CH_3

m/z 107

rH −CO

i −C_2H_2

−H_2

m/z 51

m/z 77

m/z 79

两种芳胺的质谱如图 1-25 和 1-26 所示，苯胺的分子离子峰很强，作为基峰出现，发生氢重排裂解丢失中性分子 HCN，产生 m/z 66 碎片离子，再脱 ·H 得到 m/z 65 的离子，类似苯酚发生的裂解反应。甲基乙基苯胺的分子离子峰也较强，经α–断裂丢失 ·CH_3 产生 m/z 120 离子基峰，m/z 104 和 m/z 91 是经骨架重排形成的碎片离子峰。

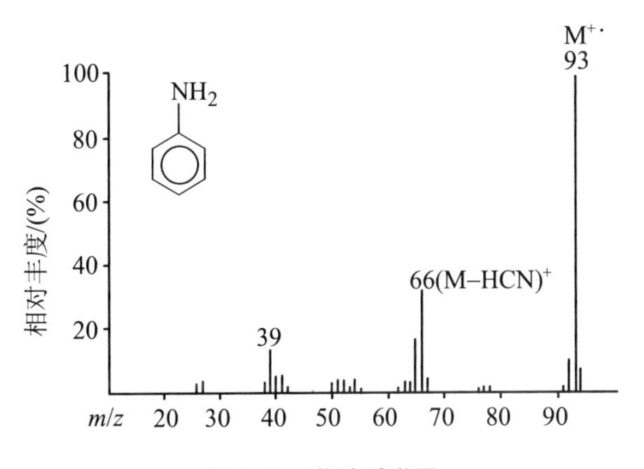

图 1-25　苯胺质谱图

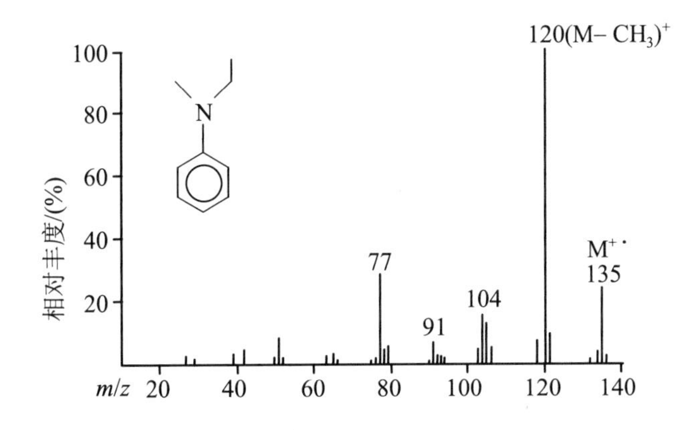

图 1-26　N–甲基–N–乙基苯胺质谱图

苯环的常见取代基及其丢失的中性碎片见表 1-7 所示。

表 1-7　苯环衍生物重排反应丢失的中性碎片

取代基	丢失的中性碎片	取代基	丢失的中性碎片
—NO_2	NO, CO	—F	C_2H_2
—NH_2	HCN	—OCH_3	CH_2O, CHO
—$NHCOCH_3$	C_2H_2O, HCN	—OH	CHO, CO
—CN	HCN	—SH	CS, CHS

1.7.5　醇类化合物

醇类的质谱有如下特点：

（1）分子离子峰强度很弱或不出现。

（2）醇的分子离子容易发生α–断裂，并优先丢失较大的 R 基团，生成$m/z\,(31+14n)$的含氧碎片离子峰。小分子醇也常出现 M–1 峰（$RCH=O^{+}H$）。

（3）α–断裂形成的 EE^{+} 碎片离子，可通过氢重排过程发生进一步碎裂，丢失中性分子，

形成新的 EE^+ 离子。

（4）经氢重排脱水，生成 M–18 奇电子离子峰，或脱水和乙烯生成 M–18–28 奇电子离子峰。

（5）脂环醇或叔醇除发生上述的α–断裂和氢重排脱水外，也能丢失·OH 基团。

$$H_3C-\overset{\overset{CH_3}{|}}{C}=\overset{+}{O}H \xleftarrow[-\cdot CH_3]{\alpha} \left[H_3C-\overset{\overset{CH_3}{|}}{\underset{\underset{CH_3}{|}}{C}}-OH\right]^{+\cdot} \xrightarrow[-\cdot OH]{i} H_3C-\overset{\overset{CH_3}{|}}{\underset{\underset{CH_3}{|}}{C^+}}$$

(100%)　　　　　　　　　　　　　　　　　　(10%)

（6）含有多官能团的醇，有时会发生骨架重排反应。如，4–羟基环己酮的环化重排反应产生 m/z 73 和 m/z 60 两碎片离子（均含有两个氧原子），这两种碎片离子是典型的脂肪酸裂解产物。

α　　rH

$\dot{C}H_2-C(=\overset{+}{O}H)-OH$　m/z 60

$H_2C=CH-C(=\overset{+}{O}H)-OH$　m/z 73

1–己醇、2–己醇以及 2–甲基–2–戊醇的质谱如图 1-27 所示。以 2–己醇为例，分子离子经α–断裂形成 m/z 45 和 m/z 87 的碎片离子，其中优先丢失最大烷基产生 m/z 45 的基峰，m/z 87 的离子通过氢重排脱去一分子水形成 m/z 69 的碎片离子。分子离子还可经过 1,2–或 1,4–消去水分子得 m/z 84 离子，该离子再失去甲基、乙基分别产生 m/z 69 和 m/z 55 的碎片离子，其裂解过程如下：

m/z 45　　m/z 87

m/z 69

m/z 84　　m/z 55

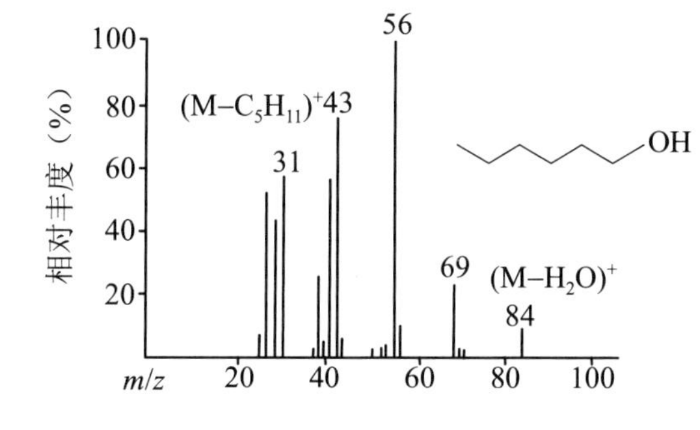

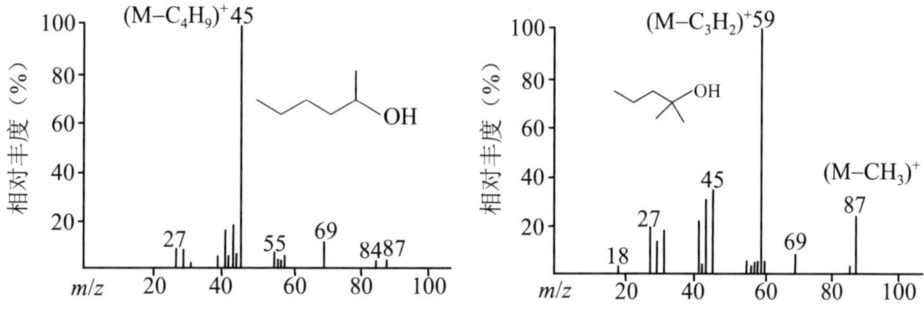

图 1-27　伯、仲和叔三种醇的质谱图

1.7.6　醚类化合物

醚类的质谱有如下特点：

（1）分子离子峰很弱，但一般尚能观察到。若使用 CI 源可得到强度增大的$(M+H)^+$峰，这种质子化的醚易发生 *i*–断裂和氢重排裂解。

（2）醚类主要发生α–断裂，生成一系列 m/z 31，45，59，…，偶电子离子峰。

（3）也能发生正电荷诱导的 *i*–断裂，正电荷留在烃类碎片上，生成一系列 m/z 29，43，57，…，碎片离子。

（4）分子离子经α–断裂形成的 EE^+ 碎片离子，可进一步发生四元环氢重排裂解或 i–断裂。

$$R-\overset{+}{O}=CH_2 \longrightarrow R^+ + CH_2O$$

（5）芳香醚类的分子离子峰较强，裂解行为和脂肪醚相似，同时也有芳环碎裂的特征反应。例如，具有γ–H 的苯醚可进行麦氏重排，也可通过四元环重排，失去一分子烯产生 m/z 94 的碎片离子。

$$C_6H_5-\overset{+\cdot}{O}-CH_2-CH_2R \xrightarrow{rH} C_6H_5-\overset{+\cdot}{O}H \ (m/z\ 94) + CH_2=CHR$$

$$[C_6H_5-O-CH_2-CH_2R]^{+\cdot} \xrightarrow{rH} [C_6H_6O]^{+\cdot}\ (m/z\ 94) + CH_2=CHR$$

苯甲醚通过四元环重排脱去中性分子甲醛，形成 m/z 78 的碎片离子，再进一步脱 • H 产生 m/z 77 的苯基离子。另一方面，苯甲醚丢失 • CH_3 产生 m/z 93 的碎片离子，再脱去 CO 形成稳定的五元环正离子 m/z 65，其质谱如图 1-28 所示。

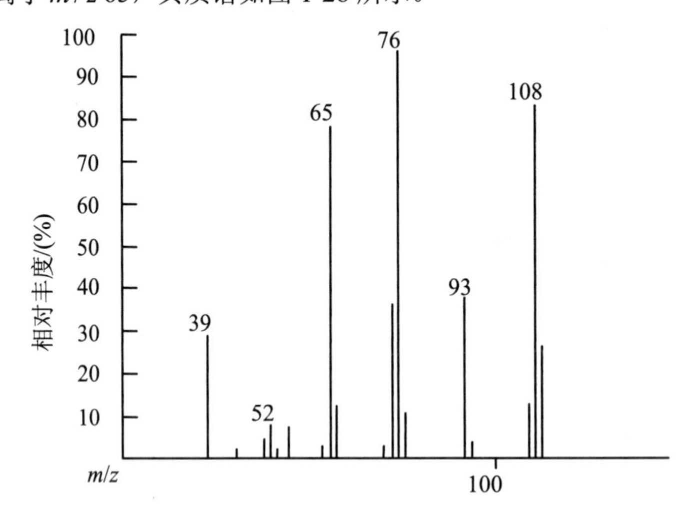

图 1-28　苯甲醚的质谱图

$$\text{C}_6\text{H}_5\text{-O-CH}_2\text{-H}^{+\cdot} \xrightarrow[-\text{CH}_2\text{O}]{r\text{H}} \text{C}_6\text{H}_6^{+\cdot}\ (m/z\ 78) \xrightarrow{-\text{H}\cdot} \text{C}_6\text{H}_5^{+}\ (m/z\ 77) \longrightarrow \text{C}_4\text{H}_3^{+}\ (m/z\ 51)$$

$$m/z\ 78 \xrightarrow{-\text{C}_2\text{H}_2} \text{C}_4\text{H}_4^{+\cdot}\ (m/z\ 52) \qquad m/z\ 78 \xrightarrow{-\text{H}_2} \text{C}_6\text{H}_4^{+\cdot}\ (m/z\ 76)$$

$$\text{C}_6\text{H}_5\text{-O-CH}_3^{+\cdot} \xrightarrow{-\cdot\text{CH}_3} m/z\ 93 \xrightarrow{-\text{CO}} \text{C}_5\text{H}_5^{+}\ (m/z\ 65) \xrightarrow{-\text{C}_2\text{H}_2} \text{C}_3\text{H}_3^{+}\ (m/z\ 39)$$

（6）当用 CI 源时，醚易质子化生成(M+H)$^+$峰，这种质子化的醚除具有偶电子 EE$^+$常发生的 i–断裂和氢重排裂解丢失一分子烯外，还能经重排脱去一分子烷烃，类似 1,2–消去反应。

$$\text{R}_1\text{—CH}_2\text{—}\overset{+}{\text{O}}(\text{H})\text{—R}_2 \xrightarrow{r\text{H}} \text{R}_1\text{—CH}{=}\overset{+}{\text{O}}\text{H} + \text{R}_2\text{H}$$

例如，质子化的乙基异丁基醚的裂解过程如下：

$$(\text{CH}_3)_2\text{CH—CH}_2\text{—}\overset{+}{\text{O}}(\text{H})\text{—C}_2\text{H}_5 \xrightarrow{i} \text{C}_2\text{H}_5^{+} + \text{C}_4\text{H}_9\text{OH}$$

$$(\text{CH}_3)_2\text{CH—CH}_2\text{—}\overset{+}{\text{O}}(\text{H})\text{—C}_2\text{H}_5 \xrightarrow{i} \text{C}_4\text{H}_9^{+} + \text{C}_2\text{H}_5\text{OH}$$

$$(\text{CH}_3)_2\text{C(H)—CH}_2\text{—}\overset{+}{\text{O}}\text{H—C}_2\text{H}_5 \xrightarrow{r\text{H}} \text{C}_2\text{H}_5\text{—}\overset{+}{\text{O}}\text{H}_2 + \text{C}_4\text{H}_8$$

$$(\text{CH}_3)_2\text{CH—CH(H)—}\overset{+}{\text{O}}\text{H(C}_2\text{H}_5) \xrightarrow{r\text{H}} (\text{CH}_3)_2\text{CH—CH}{=}\overset{+}{\text{O}}\text{H} + \text{C}_2\text{H}_6$$

常规的乙基异丁基醚的质谱（即 EI 源所得）如图 1-29 所示。分子离子经α–断裂分别生成 m/z 59 和 m/z 87 的偶电子离子，基峰 m/z 59 是优先丢失最大烷基产生的，而 m/z 87 在谱图中没有观测到；两偶电子离子进一步发生四元环的氢重排裂解形成 m/z 31 的偶电子离子，也可发生诱导断裂分别得到 m/z 57 和 m/z 29 的偶电子离子。分子离子的另一类裂解方式是由分子离子直接诱导断裂，丢失乙氧自由基和异丁氧自由基得到 m/z 57 和 m/z 29 的偶电子离子。分子离子还可经氢重排裂解脱去乙烯分子，形成 m/z 74 的奇电子离子，该碎片离子进一步发生 1,2–消去，脱去水分子生成异丁烯的奇电子离子，这样 m/z 41 的离子峰就可得到解释，因为烯烃化合物的质谱都易产生 m/z 41 的烯丙基正离子。主要裂解过程如下：

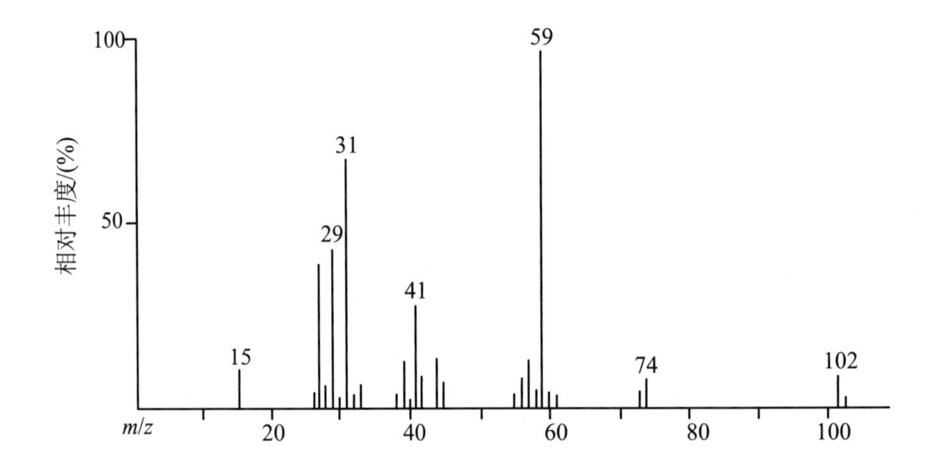

图 1-29　乙基异丁基醚的质谱图

$$H_3C-CH(CH_3)-CH_2-\overset{+\cdot}{O}-C_2H_5 \xrightarrow{i} H_3C-CH(CH_3)-\overset{+}{C}H_2 \quad (m/z\ 57)$$

$$H_3C-CH(CH_3)-CH_2-\overset{+\cdot}{O}-CH_2-CH_3 \xrightarrow{\alpha} H_3C-CH(CH_3)-CH_2-\overset{+}{O}{=}CH_2 \quad (m/z\ 87) \xrightarrow{rH} CH_2{=}\overset{+}{O}H \quad (m/z\ 31)$$

$$m/z\ 87 \xrightarrow{i} m/z\ 57$$

$$H_3C-CH(CH_3)-CH_2-\overset{+\cdot}{O}-C_2H_5 \xrightarrow{\alpha} H_2C{=}\overset{+}{O}-CH_2-CH_2-H \quad (m/z\ 59) \xrightarrow{rH} CH_2{=}\overset{+}{O}H \quad (m/z\ 31)$$

$$H_3C-\underset{|}{\overset{CH_3}{\overset{|}{C}H}}-CH_2-\overset{+\cdot}{O}(-CH_2-CH_2-H) \xrightarrow{rH} H_3C-\overset{CH_3}{\overset{|}{C}H}-CH_2-\overset{+\cdot}{O}H \xrightarrow{rH} \left[CH_3-\overset{CH_3}{\overset{|}{C}}=CH_2\right]^{+\cdot}$$

m/z 74　　　　m/z 56

乙基–1–苯基乙基醚的质谱如图 1-30 所示，分子离子经α–断裂丢失甲基自由基生成 m/z 135 的偶电子离子，进一步重排失去乙烯分子形成 m/z 107 碎片离子；诱导断裂使分子离子中 C—O 键断裂产生 m/z 105 碎片离子；氢重排裂解脱去乙烷分子生成 m/z 120 碎片离子，类似 1,2–消去反应。乙基–1–苯基乙基醚的质谱主要裂解过程如下：

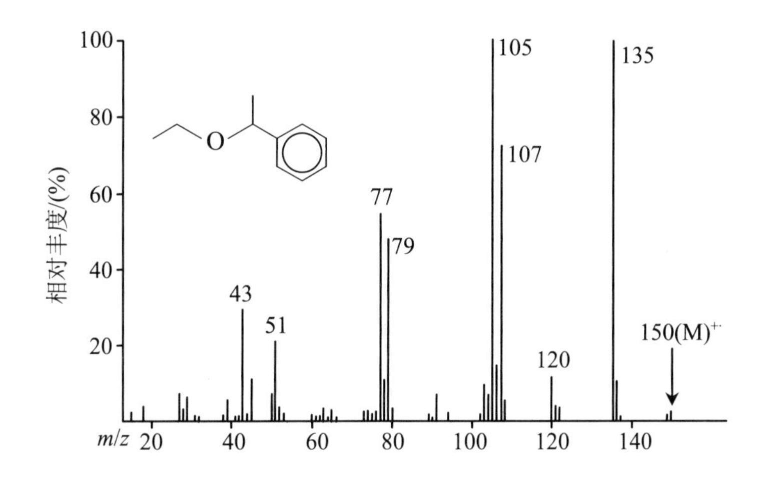

图 1-30　乙基–1–苯基乙基醚的质谱图

$$H_3C-\overset{+}{C}H-Ph \xleftarrow[-C_2H_5O\cdot]{i} C_2H_5-\overset{+\cdot}{O}-\underset{CH_3}{\underset{|}{HC}}-Ph \xrightarrow[-CH_3\cdot]{\alpha} C_2H_5-\overset{+}{O}=CH-Ph$$

m/z 105　　　　m/z 135

$$C_2H_5-\overset{+\cdot}{O}-\underset{CH_3}{\underset{|}{HC}}-Ph \xrightarrow[-C_2H_6]{rH} H_3C-\overset{\overset{+\cdot}{O}}{\overset{\|}{C}}-Ph \quad (m/z\ 120)$$

$$H_2C(-H)-H_2C-\overset{+}{O}=CH-Ph \xrightarrow[-C_2H_4]{rH} H\overset{+}{O}=CH-Ph \quad (m/z\ 107)$$

1.7.7　胺类化合物

胺类化合物质谱有如下特点：

（1）脂肪胺的分子离子峰很弱，而芳胺的分子离子峰则相对较强，有时可观测到 M–1 峰

（芳胺见 1.7.4 节）。

（2）主要裂解方式为α–断裂，伯胺类产生强的m/z 30 峰，仲胺或叔胺经α–断裂后再经四元环氢重排也可得到m/z 30 峰，但相对强度较弱。所以，无论是伯胺、仲胺还是叔胺都有m/z 30，44，58，72，86 等系列峰。

（3）α–断裂产生的偶电子离子 EE^+可进一步发生氢重排裂解，消去一分子烯烃，形成新的 EE^+离子。

（4）长链的一级胺可以发生取代重排反应，产生m/z 58，72，86，100 等一系列离子。而相应的长链醇，则不能发生这种取代的重排反应。

$$R-CH_2CH_2-(CH_2)_n-\overset{+\cdot}{N}H_2 \xrightarrow{rd} \text{(环)}\ H_2C-\overset{+}{N}H_2(CH_2)_n + \cdot R$$

$n = 2, 3, 4, 5, ...$
$m/z = 58, 72, 86, 100, ...$

（5）当用 CI 源时，胺也易质子化生成$(M+H)^+$峰，这种质子化胺不发生α–断裂，可发生氢重排裂解，丢失中性烯烃或烷烃。

$$R_1-CH_2-\overset{+}{N}H(R_2)(R_3) \xrightarrow{rH} R_1-CH_2-\overset{+}{N}H_2(R_2) + (R_3-H)$$

烯烃

$$R_1-CH_2-\overset{+}{N}H(R_2)(R_3) \xrightarrow{rH} R_1-CH{=}\overset{+}{N}H(R_2) + R_3H$$

烷烃

以 N–乙基–N–环戊基胺的质谱（如图 1-31 所示）为例，说明胺类化合物的一些裂解特点。分子离子经α–断裂丢失甲基自由基产生m/z 98 的偶电子离子，再经氢重排裂解脱环戊烯生成m/z 30 离子；分子离子经α–断裂开环，丢失乙烯产生m/z 85 碎片离子，该离子发生五、六元环的环化取代重排丢失 $\cdot CH_3$ 和 $\cdot H$ 分别形成m/z 70 和m/z 84 的碎片离子；分子离子经α–断裂开环后可进行氢重排脱去 $\cdot CH_2CH_3$ 产生m/z 84 的碎片离子。其质谱的裂解过程如下：

$HN^{+}—CH_2—CH_3$ $\xrightarrow[-C_2H_4]{\alpha}$ $HN^{+}—CH_2—CH_3$ ≡ CH_3, HN^{+} $\xrightarrow{-H\cdot}$ HN^{+}

m/*z* 85　　*m*/*z* 84

$-\cdot CH_3$ → HN^{+} *m*/*z* 70

α ↑

$HN^{+\cdot}—CH_2—CH_3$ $\xrightarrow[-\cdot CH_3]{\alpha}$ $HN^{+}{=}CH_2$ $\xrightarrow[-\ \text{环戊烯}]{rH}$ $H_2N^{+}{=}CH_2$

m/*z* 98　　*m*/*z* 30

α ↓

$HN^{+}—CH_2—CH_3$ $\xrightarrow{rH}$ $HN^{+}—CH_2—CH_3$ $\xrightarrow[-\cdot C_2H_5]{\alpha}$ $HN^{+}—CH_2—CH_3$ $\xrightarrow[-C_2H_4]{rH}$ NH_2^{+}

m/*z* 84　　*m*/*z* 56

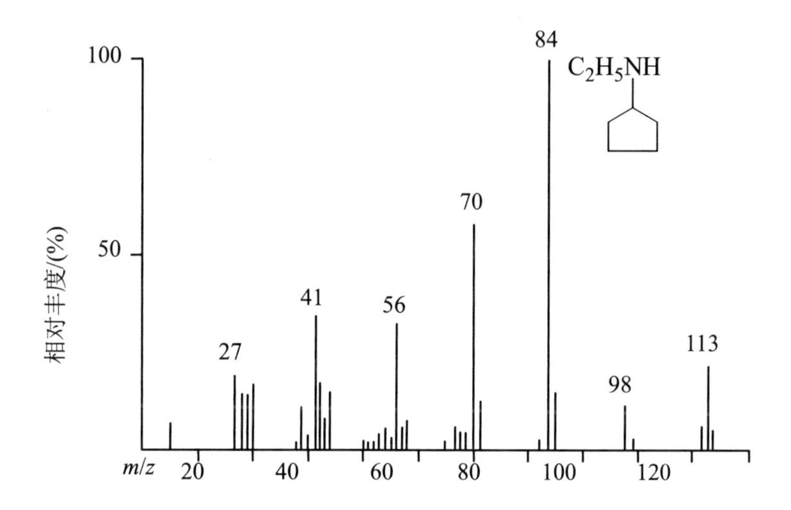

图 1-31　N–乙基–N–环戊基胺质谱图

1.7.8　卤代烃

卤代烃质谱有如下特点：

（1）发生α–断裂的难易次序是 F＞Cl＞Br＞I，所以 $CH_2{=}F^{+}$的峰较强，而 $CH_2{=}I^{+}$的峰非

常弱。

（2）可发生诱导断裂反应，碳氟（氯）的σ键断裂时，正电荷留在烃基碎片上，而碳溴或碳碘的σ键断裂时，正电荷往往也能留在溴或碘上，产生m/z 79，81（Br^{+}）峰或m/z 127（I^{+}）峰。

（3）消除 HX，类似于醇消除水。碳氟（氯）的σ键较碳溴或碳碘的σ键难断裂，因此，碳氟（氯）更倾向于发生消除 HX 的反应。

$$R-CH(H\cdots\overset{+\cdot}{X})-(CH_2)_n-CH_2 \longrightarrow \left[R-HC\frown(CH_2)_n\frown CH_2\right]^{+\cdot} + HX$$

$n = 0, 1, 2, 3$

（4）长链的卤代烃常发生取代重排反应，形成五元环或六元环偶电子离子。

卤化物的质谱图容易识别，氟化物易产生 M–19 和 M–20 峰，氯化物和溴化合物有非常特征的同位素峰，从同位素的丰度比将准确地确定分子内含氯和溴的数目。碘化合物易产生特征的 I^{+}（m/z 127）离子峰。

1–氯辛烷的质谱如图 1-32 所示，分子离子发生取代重排反应，形成五元环的m/z 91 碎片离子基峰，m/z 93 是其同位素峰，m/z 105 离子是六元环的环化取代重排产物。1–溴己烷的质谱见图 1-33 所示，其分子离子易发生五元环的取代重排反应，形成m/z 135 的碎片离子峰。

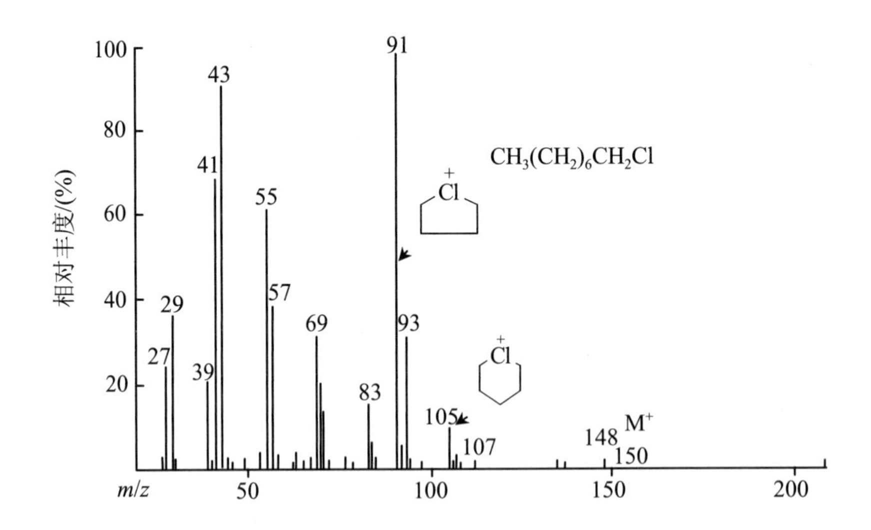

图 1-32　1–氯辛烷的质谱图

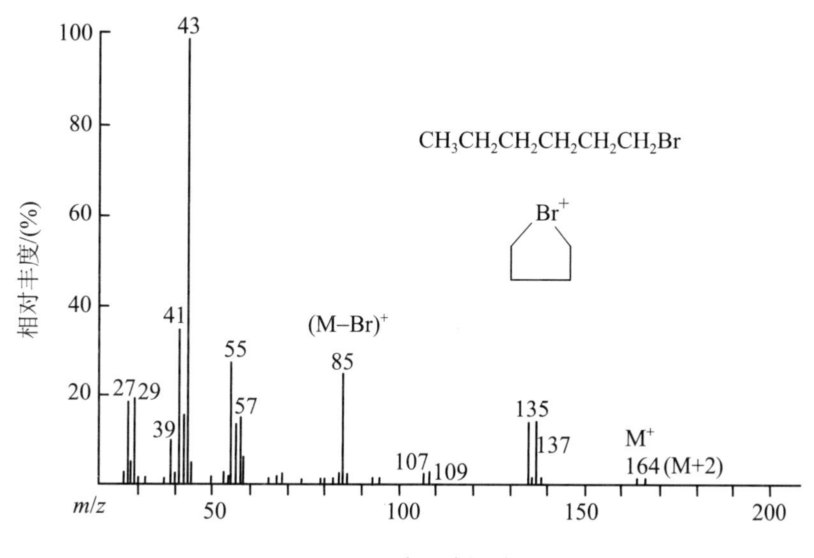

图 1-33　1–溴己烷的质谱图

1.7.9　羰基化合物

羰基化合物（醛、酮、酸、酯、酰胺等）质谱有如下特点：

（1）分子离子峰一般都是可见的。

（2）主要发生α–断裂，继而再发生诱导断裂。

（3）常出现 McLafferty 重排反应。

1．醛

脂肪醛的特征碎片离子峰是经α–断裂生成的 M−1 或 M−29 碎片离子和 m/z 29（HCO^+）的离子峰，同时伴随着 m/z 43，57，71 等烃类特征碎片峰。发生γ–H 重排时，生成 m/z (44+14n) 离子峰。如果由分子形成的分子离子是从π键上丢失一个电子而不是丢失氧原子上 n 电子，则裂解将形成没有氢重排的 M−43 离子峰和有氢重排的 M−44 离子峰。与酮裂解的主要差别是醛能发生脱水断裂反应。

正己醛的质谱如图 1-34 所示，图中 m/z 100 为分子离子峰，分子离子经α–断裂分别形成 m/z 29 和 m/z 99 的偶电子离子，后者丢失 CO 产生 m/z 71 碎片离子；分子离子也可发生 i–断裂丢失烯醇自由基碎片形成 m/z 57 离子峰；McLafferty 重排脱去烯 C_4H_8 产生 m/z 44 离子基峰，氢重排后也可继续 i–断裂脱去中性烯醇碎片形成 m/z 56 离子峰。裂解过程如下：

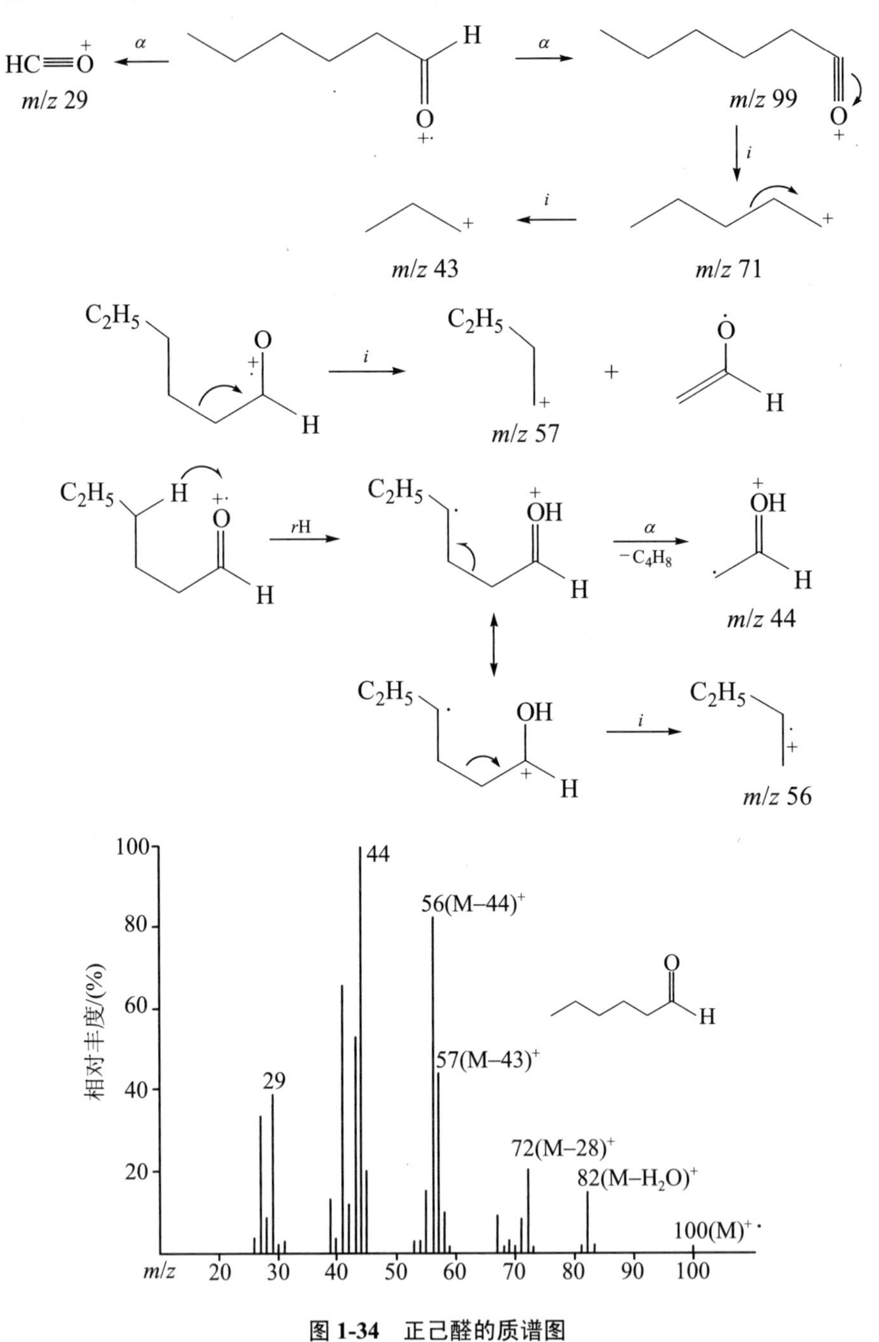

图 1-34　正己醛的质谱图

2．酮

酮类化合物的分子离子峰一般较强，主要裂解方式为 α–断裂（优先丢失大基团）以及 γ–H

的 McLafferty 重排。长链脂肪酮能发生两次 McLafferty 重排产生 m/z 58 离子。

例如，4–壬酮的分子离子经α–断裂分别形成 m/z 71 和 m/z 99 的碎片离子，再分别脱去 CO 形成 m/z 43 和 m/z 71 的碎片离子，可见，m/z 71 离子峰是由 $C_5H_{11}^+$ 和 $C_3H_7CO^+$ 两种碎片离子组成的；McLafferty 重排脱去烯烃形成 m/z 114 和 m/z 86 的碎片离子，虽然在谱图中没有观测到丢失乙烯所生成的 m/z 114 离子，但其再经 McLafferty 重排后丢失 C_4H_8 形成较强的 m/z 58 离子峰。同样，m/z 86 离子丢失 C_2H_4 增强了 m/z 58 离子峰(见图 1-35 所示)。其裂解过程如下：

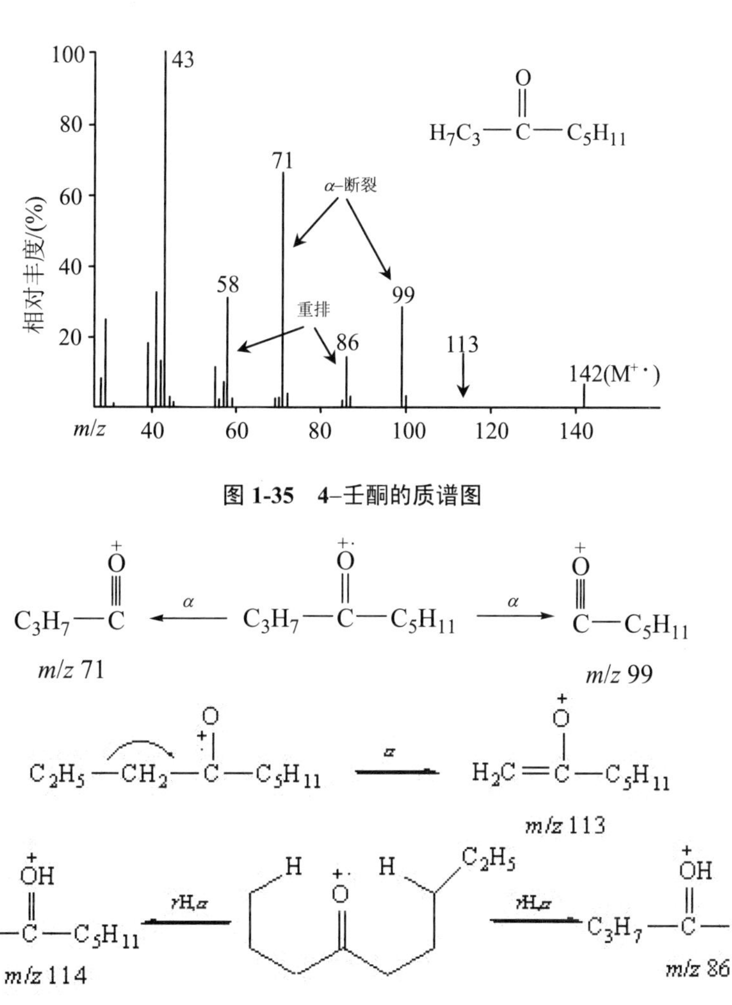

图 1-35　4–壬酮的质谱图

芳香酮化合物易产生特征的 m/z 105 离子峰和芳香环的碎片离子峰。如图 1-36 所示为 1–

苯基–1–丁酮的质谱图，图中 m/z 148 为分子离子峰，m/z 120 为γ–H 的 McLafferty 重排丢失乙烯所产生的峰，基峰 m/z 105 为α–断裂产生的苯甲酰基离子，也可由 McLafferty 重排产生的 m/z 120 离子丢失 • CH_3 形成。

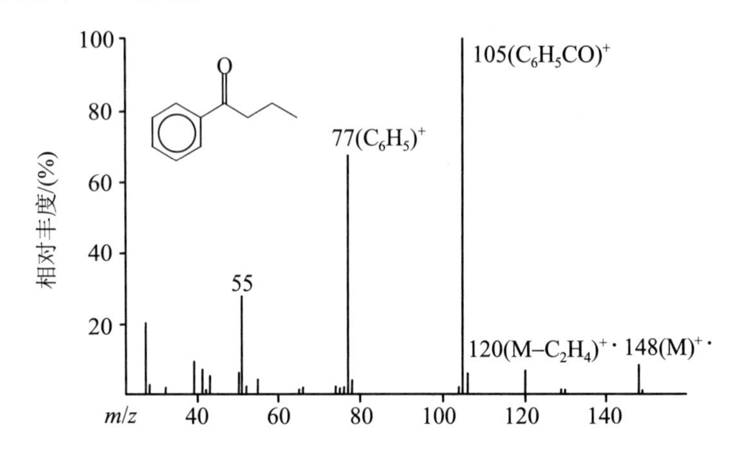

图 1-36　1–苯基–1–丁酮的质谱图

1–苯基–1–丁酮的主要裂解过程：

rH, α
− C_2H_4

m/z 120

α

− · CH_3　α

i
− CO

i
− CO

m/z 105　　m/z 77　　m/z 105

3．羧酸和酯

羧酸和酯最主要的裂解方式也是 McLafferty 重排，因此，一元羧酸一般都会出现强的 m/z 60 峰，相应的甲酯产生 m/z 74 离子峰，乙酯则产生 m/z 88 离子峰等。

m/z 60

除发生α–断裂形成 m/z 29，43，57，71 等偶电子离子系列外，羧酸和酯的裂解也有自身的断裂特点。以正十八酸甲酯为例(如图 1-37 所示)，分子离子经α–断裂丢失甲氧自由基

（·OCH_3）产生 $C_{17}H_{35}CO^+$ 偶电子离子，进一步诱导裂解丢失 CO 形成 $C_{17}H_{35}^+$ 碎片离子，该离子进一步丢失乙烯产生烷基系列离子，如 m/z 29，43，57 等离子。最主要的裂解方式是 McLafferty 重排产生 m/z 74 离子基峰。与醛、酮不同的是出现有特征的且丰度适中的系列离子峰，如 m/z 87，143，199，255 等峰。这些离子彼此相差 56 个质量单位，经重氢标记研究表明，m/z 87 是通过六元环的双氢重排得到的，可以推测，其他一系列离子则是通过更大环的双氢重排而来的。它们主要裂解过程如下：

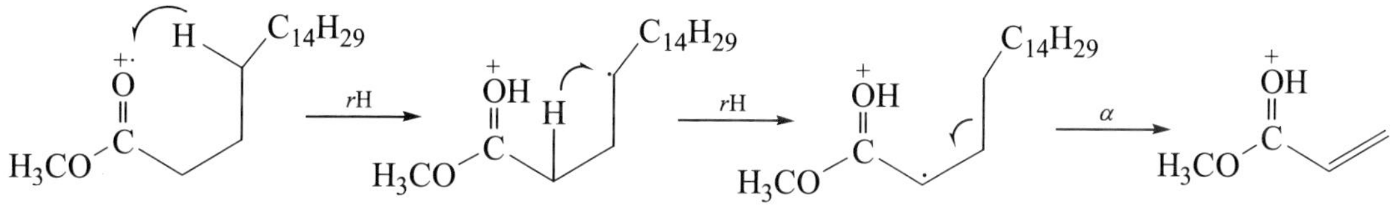

$C_{14}H_{29}$　rH　$C_{14}H_{29}$　rH　$C_{14}H_{29}$　α

m/z 87

rH　+ ·R

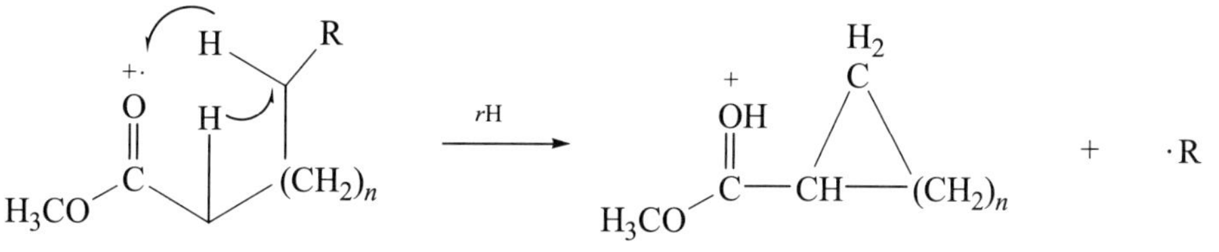

n = 4, 8, 12

m/z = 143, 199, 255

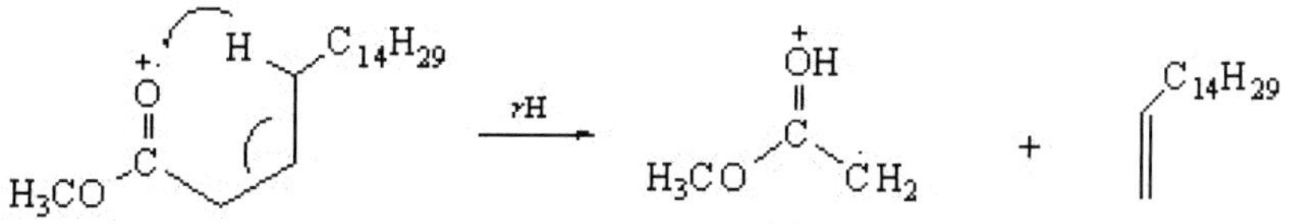

rH　+　$C_{14}H_{29}$

m/z 74

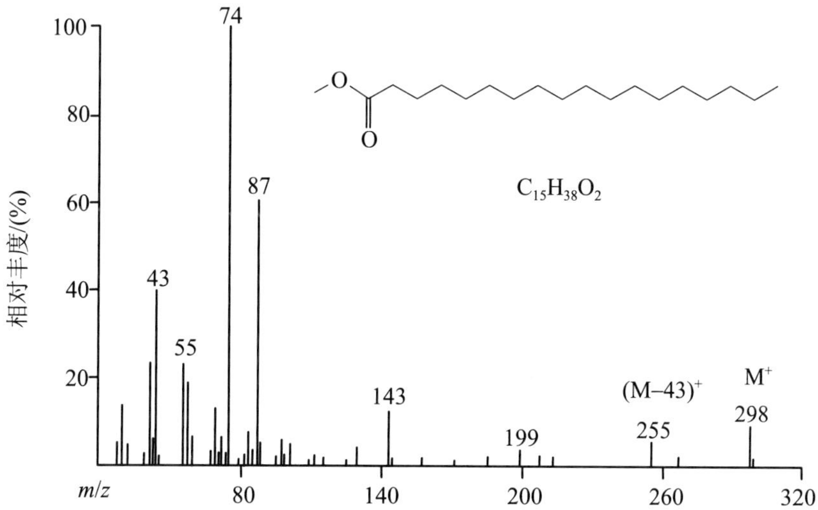

图 1-37　正十八酸甲酯质谱图

对 m/z 87，143，199，255 等峰的形成过程，也有人提出另外一种解释：C_4—C_5 键断裂重排形成新的烷氧键，同时，C_7 氢转移到 C_4 上，再进一步环化脱去丙基自由基产生 m/z 255 碎片离子。可以想象，如果 C_8—C_9 键断裂重排，C_{11} 上的氢转移到 C_8 上，再环化失去庚基就可形成 m/z 199 碎片离子，则更长链断裂可产生其他离子。

$$-\ \overset{4}{C}H_3\overset{3}{C}H_2\overset{2}{C}H_2\cdot$$

m/z 255

一般对酯类的研究较羧酸多，因为酯的挥发度较羧酸的高，在研究羧酸时，往往将羧酸制备成甲酯衍生物再进行质谱分析。

乙酯以上的酯在烷氧基端也可发生这种双氢重排，产生 $m/z\,(61+14n)$ 的偶电子离子：

$n = 1, 2, 3 \ldots$

m/z 61 + 14n

苄基酯则可发生重排脱去烯酮形成 m/z 108 奇电子离子：

m/z 108

正十二羧酸的质谱见图 1-38 所示，α–断裂产生烷基系列峰 m/z 29，43，57，71 等离子，McLafferty 重排出现强的 m/z 60 峰，与酯一样通过双氢重排形成 m/z 73 和 m/z 129 的碎片离子。

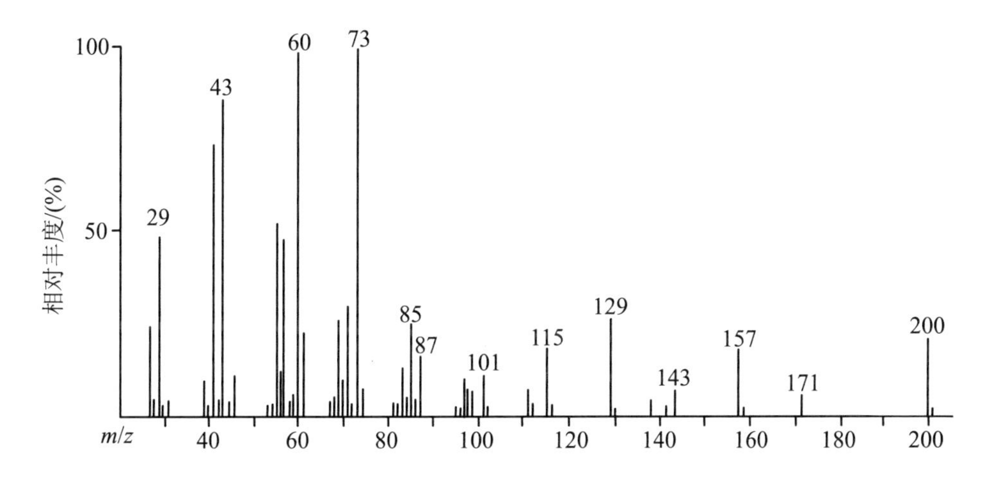

图 1-38 正十二羧酸质谱图

4．酰胺

酰胺类化合物有明显的分子离子峰，其裂解反应与酯类似，酰基的氧原子和氮原子均可引发裂解。

$$R-CH_2-\overset{O}{\overset{\|}{C}}-\overset{+\cdot}{N}H-CH_2-R \xrightarrow[-\cdot R]{\alpha} R-\underset{H}{CH}-\overset{O}{\overset{\|}{C}}-\overset{+}{N}H=CH_2 \xrightarrow[-RCH=C=O]{rH} H_2\overset{+}{N}=CH_2 \quad m/z\ 30$$

对长链的脂肪酰胺可发生 McLafferty 重排出现强的 m/z 59 峰，也能进行取代重排形成中等强度的 m/z 86 偶电子离子峰。

$$\xrightarrow{rH,\ \alpha} H_2\dot{C}-C(=\overset{+}{O}H)-NH_2 \ (m/z\ 59) + RCH=CH_2$$

$$\xrightarrow{rd} \text{(2-吡咯烷酮离子, } \overset{+}{N}H\text{)} \ (m/z\ 86) + R\cdot$$

在 N,N–二乙基乙酰胺的质谱图中（如图 1-39 所示），分子离子经α–断裂生成 m/z 100 偶电子离子，该离子再进行两种四元环氢重排，一种是 N 上的乙基经四元环氢重排丢失乙烯生成 m/z 72 的偶电子离子，另一种是乙酰基经四元环氢重排丢失乙烯酮形成基峰 m/z 58 的偶电子离子。碎片离子 m/z 86 是由 C—N 键断裂，丢失 $\cdot CH_2CH_3$ 生成的。N,N–二乙基乙酰胺质谱裂解过程如下：

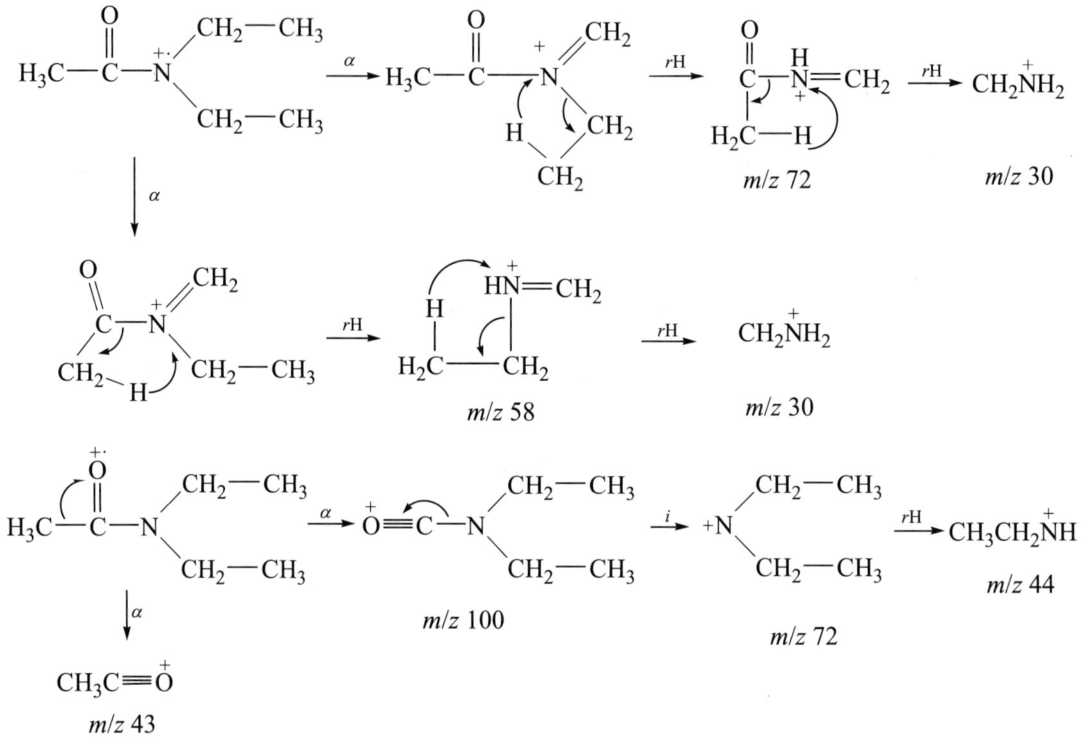

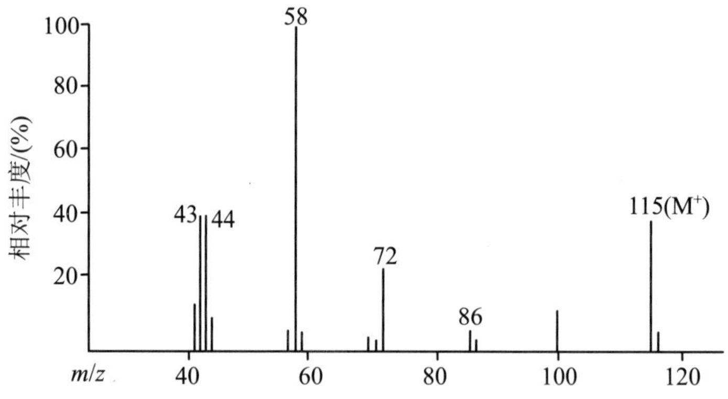

$$H_3C-C(=O)-\overset{+\cdot}{N}(CH_2CH_3)_2 \xrightarrow{\alpha} H_3C-C(=O)-\overset{+}{N}(=CH_2)CH_2CH_3 \xrightarrow{rH} \underset{m/z\ 72}{H_2C=C(OH)\ \cdots\ \overset{+}{N}H=CH_2} \xrightarrow{rH} \underset{m/z\ 30}{CH_2\overset{+}{N}H_2}$$

$$\xrightarrow{\alpha} C(=O)-\overset{+}{N}(=CH_2)CH_2CH_3 \xrightarrow{rH} \underset{m/z\ 58}{H\overset{+}{N}(=CH_2)CH_2CH_3} \xrightarrow{rH} \underset{m/z\ 30}{CH_2\overset{+}{N}H_2}$$

$$H_3C-C(=\overset{+\cdot}{O})-N(CH_2CH_3)_2 \xrightarrow{\alpha} \underset{m/z\ 100}{\overset{+}{O}\equiv C-N(CH_2CH_3)_2} \xrightarrow{i} \underset{m/z\ 72}{{}^{+}N(CH_2CH_3)_2} \xrightarrow{rH} \underset{m/z\ 44}{CH_3CH_2\overset{+}{N}H}$$

$$\xrightarrow{\alpha} \underset{m/z\ 43}{CH_3C\equiv\overset{+}{O}}$$

图 1-39 N,N–二乙基乙酰胺质谱图

1.7.10 腈类

腈类化合物质谱有以下特点：

（1）分子离子峰很弱，有时观测不到，常常呈现一个有价值的 M–1 峰。

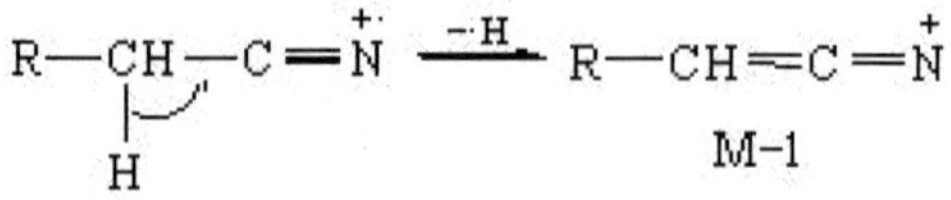

$$R-CH(H)-C\equiv\overset{+\cdot}{N} \xrightarrow{-H} \underset{M-1}{R-CH=C=\overset{+}{N}}$$

（2）经 McLafferty 重排丢失一分子烯产生 m/z 41 离子，常常以基峰出现。

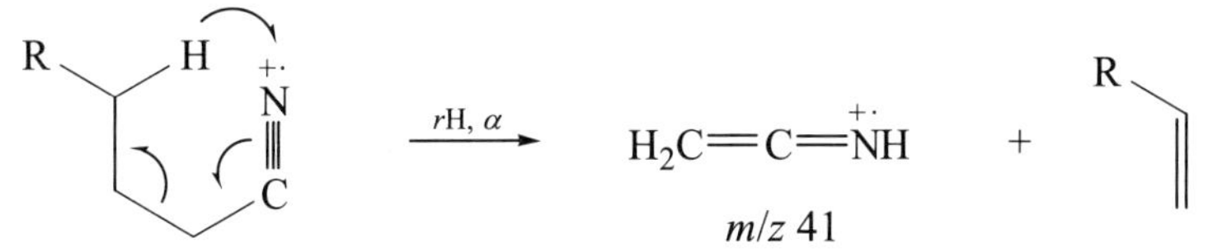

（3）经α–断裂或取代重排生成 m/z 40，54，68，82 等含腈官能团的系列离子。其中，当 $n = 5$ 时形成八元环离子 m/z 110 的峰强度较大。

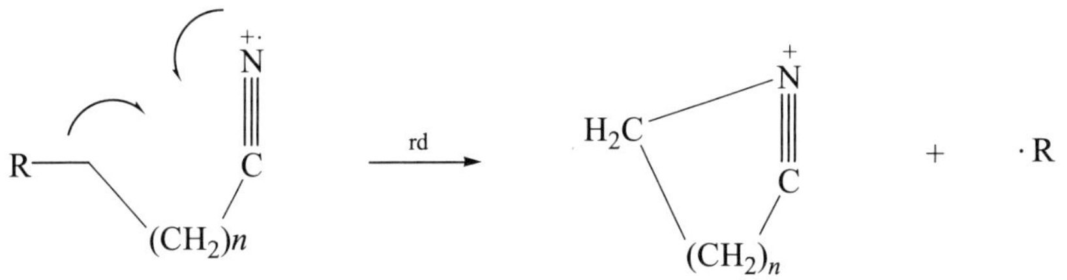

（4）长链腈化合物通过六元环进行环化重排产生很强的 m/z 97 离子峰。

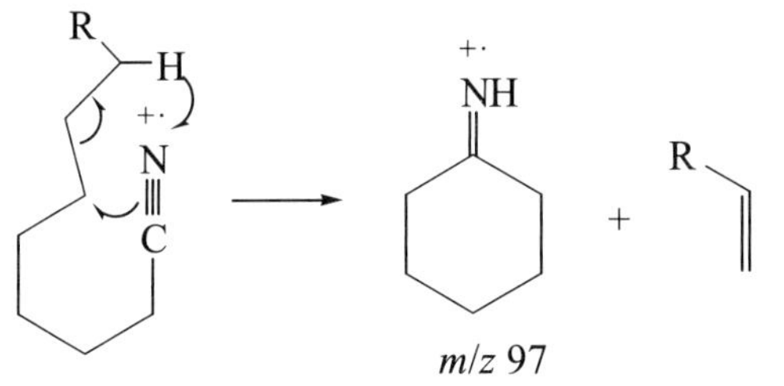

正十三腈质谱见图 1-40 所示。

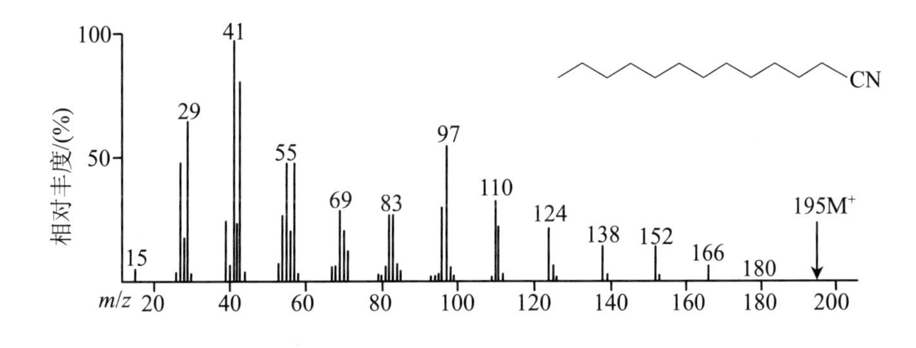

图 1-40　正十三腈质谱图

1.7.11　硫醇和硫醚

（1）分子离子峰一般可见，易从 M+2 峰识别硫原子的存在。

（2）硫醇的裂解行为与醇类似，α–断裂生成 m/z 47，61，75，89 等离子系列。

$$\mathrm{R{-}\underset{\displaystyle R'}{\underset{|}{CH}}{-}\overset{+\cdot}{S}{-}H \xrightarrow{-\cdot R'} R{-}CH{=}\overset{+}{S}H}$$

m/z 47, 61, 75, …

（3）与醇脱水及再失去乙烯相对应，硫醇可失去 H_2S 并进一步丢失乙烯，形成 M–62 离子。

$$\mathrm{R(CH_2)_4\overset{+\cdot}{S}H \xrightarrow{rH} \dot{R}\cdots\overset{+}{S}H_2 \xrightarrow[-H_2S]{i} \underset{M-34}{R^{\cdot}\cdots{}^{+}} \xrightarrow[-C_2H_4]{i} \underset{M-62}{R^{\cdot}\cdots{}^{+}}}$$

（4）硫醚裂解类似于醚，既可以发生α–断裂，也可以发生 i–断裂。α–断裂丢失烷基后形成偶电子离子可进一步发生氢重排裂解。

（5）硫醚也可发生σ–断裂，正电荷倾向于留在含硫的碎片上，形成 m/z 47，61，75，89 等离子系列。

$$\mathrm{R{-}\overset{+\cdot}{S}{-}R' \xrightarrow[-\cdot R']{\sigma} R{-}\overset{+}{S}}$$

m/z 47, 61, 75, 89

1–戊硫醇的质谱如图 1-41 所示。分子离子经α–断裂丢失 $\cdot C_4H_9$ 形成 m/z 47 偶电子离子；也可以经三元环的取代重排脱去 $\cdot C_3H_7$ 得到 m/z 61 偶电子离子；分子离子发生六元环的氢重排，脱去 H_2S 形成 m/z 70 的奇电子离子，并进一步丢失乙烯或 $\cdot CH_3$ 形成 m/z 42 奇电子离子和 m/z 55 的偶电子离子。1–戊硫醇的裂解过程如下：

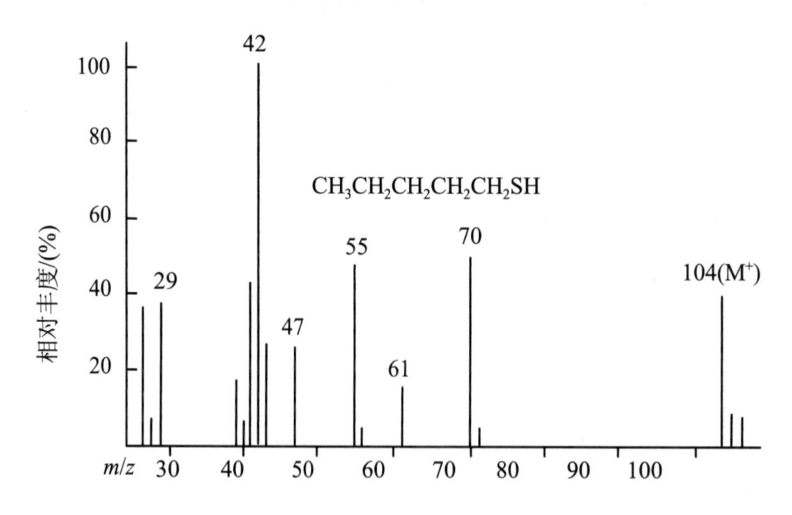

图 1-41　1–戊硫醇的质谱图

$$C_4H_9—CH_2—\overset{+\cdot}{S}H \xrightarrow{\alpha} CH_2{=}\overset{+}{S}H + \cdot C_4H_9$$

m/z 47

$$C_3H_7CH_2CH_2\overset{+\cdot}{S}H \xrightarrow{rd} \text{(}H_2C—CH_2—\overset{+}{S}H\text{ 三元环)} + \cdot C_3H_7$$

m/z 61

H_3C, H, $\overset{+\cdot}{S}H$ $\xrightarrow{rH}$ H_3C, $\overset{+}{S}H_2$ $\xrightarrow[-H_2S]{i}$ H_3C (m/z 70) $\xrightarrow{i}$ H_3C (m/z 42) + $H_2C{=}CH_2$

m/z 70 ⇕ CH_3 ⟶ + $\cdot CH_3$

m/z 55

1.8　亚稳离子

1.8.1　亚稳离子的形成

质谱中形成的离子在到达收集器之前不再进一步裂解的都是稳定离子。如果在离子源中形成的离子被加速后，进入无场区或有场区内，进行下列裂解反应得到的碎片离子称为亚稳离子。

$$M_1^+ \longrightarrow M_2^+ + N \tag{1.8}$$

式中：M_1^+为母离子，质量为 m_1；M_2^+ 为子离子，质量为 m_2；N 为中性碎片，质量为 m_1-m_2。在常用的双聚集质谱仪中，有两个场区（扇形电场和扇形磁场）和三个无场区。第一无场区在离子源与第一个分析器（静电分析器）之间，第二无场区在两个分析器之间，第三无场区在第二个分析器（磁分析器）与检测器之间。离子可在任何场区或无场区发生如式（1.8）的裂解反应，但在两个场区内产生的 M_2^+，因其动量低于正常离子的动量而被偏转，不能被检测。在第三无场区产生的 M_2^+，将同正常离子一起进入检测器，无法分析。因此，对于结构鉴定有意义的是在第一和第二无场区所产生的亚稳离子。

1．在第一无场区产生的亚稳离子

一个母离子 M_1^+ 在第一无场区裂解生成子离子 M_2^+ 和一个中性碎片，分解时动能的一部分被中性碎片夺去，这样，M_2^+ 只具有正常离子动能的 m_2/m_1 倍，从式（1.4）可以看出，当离子的动能减小，静电分析器的电场强度保持同一电位差 E，在电场中作圆周运动的半径将减小，使离子 M_2^+ 落到静电分析器内侧而被中和。因此，它们在常规条件下不能通过静电分析器。

为使在第一无场区产生的亚稳离子可通过静电分析器，可采用去焦技术（defocussing），提高离子的加速电压。在静电分析器的电压差 E 不变时，提高加速电压，使之从 V_1 提高到 V_1'，两者关系如式（1.9）所示。

$$V_1' = \frac{m_1}{m_2} V_1 \tag{1.9}$$

这样，在提高加速电压的情况下，M_1^+ 在第一无场区分解产生的 M_2^+ 具有正常离子的动能，因此可以通过静电分析器，并被接收器收集。相反，在电离室内产生的正常离子，则因加速电压的提高，动能太大，在静电分析器中会碰到外壁，不能通过。

用去焦技术，所有正常离子均不能通过静电分析器，所以质谱噪声信号很弱，可以检测到很弱的亚稳离子信号，得到更多的亚稳离子峰。

2. 在第二无场区产生的亚稳离子

母离子 M_1^+在第二无场区裂解产生子离子 M_2^+和中性碎片，M_2^+的能量比在电离室内产生的 M_2^+离子能量小，它进入磁场后，偏转较大，所以在收集器检测到这个离子的 m/z 不是 m_2，而是一个比正常离子 m_2 小的数值，它在质谱图中的表现质量 m*与母离子 M_1^+ 质量和子离子 M_2^+质量的关系为式（1.10）所示：

$$m^* = \frac{(m_2)^2}{m_1} \tag{1.10}$$

例如，当 m_1 的 m/z 值为 120 时，它形成的碎片离子 m_2 的 m/z 值为 105。那么当 m_1 在第二无场区飞行途中发生断裂形成这种 m_2 离子时，其在质谱图中表现出的 m/z 值是：

$$m^* = \frac{105^2}{120} = 91.88$$

而不是出现在正常的 m/z 105 的位置。反过来，如果我们观测到亚稳峰值 91.88，则能据此指认 120⟶105 这一碎裂过程已经发生，表明 m/z 120 和 m/z 105 两峰间的“亲缘关系”。

亚稳离子峰比通常的离子峰稍宽，峰宽达 2～3 个质量单位，位置不易精确判定，质量单位一般不是整数，相对强度较低，峰形也不规整，有高斯型、平顶型和盘型等。

1.8.2 亚稳离子的检测

由于 m*的测量精度较差，而且存在着任意性，如 $50^2/100$，$60^2/144$，$70^2/196$ 等等的值都是 25，所以在实际的亚稳离子测量装置中，常把磁分析器放在静电分析器之前，称为倒置型双聚焦质谱仪（如图 1-42 所示）。实验时先选出要研究的离子值（m/z），即固定磁场强度于某一确定的 B_0 值，使这指定的母离子通过磁分析器，与其他 m/z 值的离子分开；然后调节静

电场强度于 E_0 值，使上述母离子具有正常动能（eV）而顺利通过静电分析器到达检测器，这时中途分解的该母离子的子离子因为动能小而不能通过静电分析器；逐步降低 E_0 值使之为 E_1，E_2，E_3，…，这时正常的母离子将不再能通过静电分析器，只有那些中途分解、动能较小的该母离子的子离子，才有可能在某个 E_n 值通过静电分析器，逐一到达检测器。显然，连续扫描（逐渐降低）E 值，将可逐一检测到该母离子的所有子离子，而不会再有任意性。这种方法得到的亚稳离子谱称为质能谱即质量分析的离子动能谱（Mass Analyzed Ion Kinetic Energy Spectrum，MIKES）。

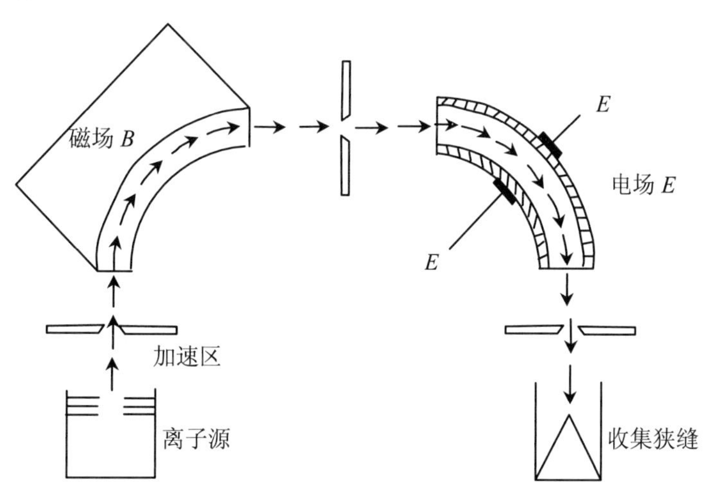

图 1-42　倒置型双聚焦质谱仪

图 1-43 所示为对氨基苯甲酸乙酯分子离子的质能谱。它表示正常母离子 $M^{+\cdot}$ 通过静电分析器时，电场的 E_0 值为 506.06V，而当电场强度降低至 459.97V，421.10V，367.65V 时，相继有信号出现，即母离子 $M^{+\cdot}$（本例中是对氨基苯甲酸乙酯分子离子）共有三个子离子，它们的 m/z 值按式（1.11）求出， 三个碎片离子的质量分别为 m/z 150，137，120，这显然与下列裂解过程相对应：

$$m_i = M \cdot \frac{E_i}{E_0} \tag{1.11}$$

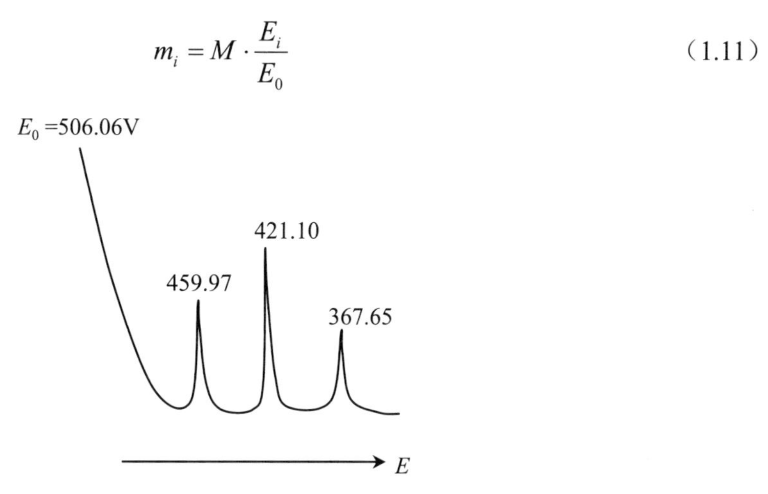

图 1-43　对氨基苯甲酸乙酯的 MIKES 质能谱图

$$H_2N-C_6H_4-C(=O)-\overset{\cdot+}{O}-CH_2-CH_3 \xrightarrow{\alpha} H_2N-C_6H_4-C(=O)-\overset{+}{O}=CH_2 + \cdot CH_3$$

m/z 150

$$H_2N-C_6H_4-C(=\overset{+\cdot}{O})-O-CH_2-CH_2-H \xrightarrow{rH,\ \alpha} H_2N-C_6H_4-C(=O)-\overset{+\cdot}{O}H + CH_2=CH_2$$

m/z 137

$$H_2N-C_6H_4-C(=\overset{+\cdot}{O})-O-C_2H_5 \xrightarrow{i} H_2N-C_6H_4-C\equiv O^{+} + C_2H_5O\cdot$$

m/z 165　　　　*m/z* 120

从上例可以看出，质能谱通过离子间亲缘关系的确定，不仅对质谱中裂解反应机理提供了强有力的实验证据，而且由于它可适用于任意碎片离子，从而使研究离子的结构变得更加容易。在4–苯基–3–甲基–2–丁酮的质谱图中（图1-44），通过质能谱对亚稳离子的检测，可以知道分子离子是通过下面两种断裂途径产生各种碎片离子的：

（1）　*m/z* 162 ⟶ *m/z* 147 ⟶ *m/z* 119 ⟶ *m/z* 91

（2）　*m/z* 162 ⟶ *m/z* 147 ⟶ *m/z* 105

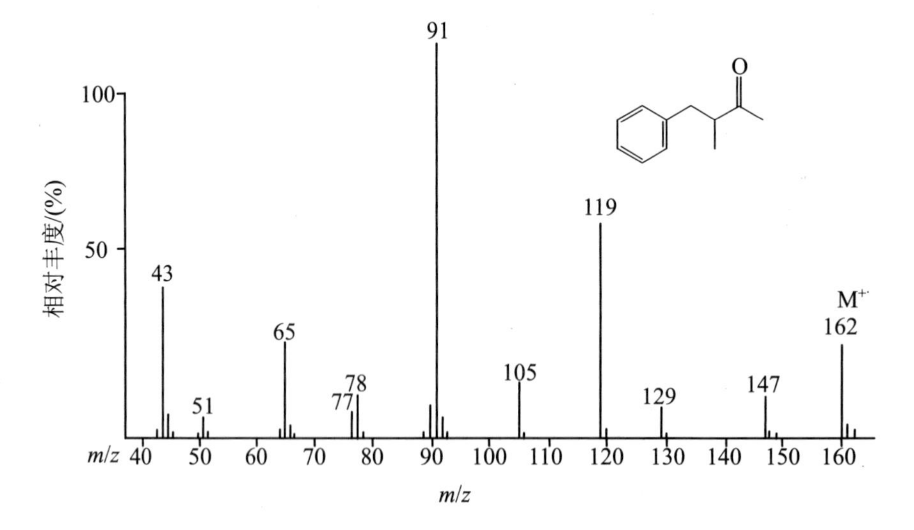

图1-44　4–苯基–3–甲基–2–丁酮的质谱

其中，m/z 147 离子有两个子离子 m/z 119 和 m/z 105，说明存在两种不同的裂解过程。在过程（1）中，分子离子经α–断裂丢失羰基α–甲基产生 m/z 147 的偶电子离子，再发生诱导异裂，形成 m/z 119 的偶电子离子，该离子经氢重排失去乙烯分子，生成稳定的苄基离子 m/z 91。在过程（2）中，分子离子经α–断裂丢失羰基β–甲基产生 m/z 147 的偶电子离子，再经氢重排失去一分子烯酮形成 m/z 105 的碎片离子。

过程（1）的裂解反应为：

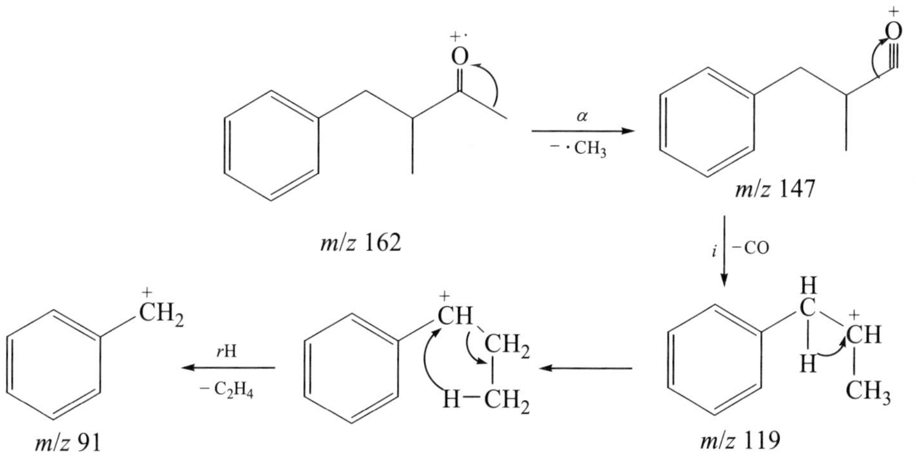

m/z 162　—α, $-\cdot CH_3$→　m/z 147　—i, $-CO$→　m/z 119　→　—rH, $-C_2H_4$→　m/z 91

过程（2）的裂解反应为：

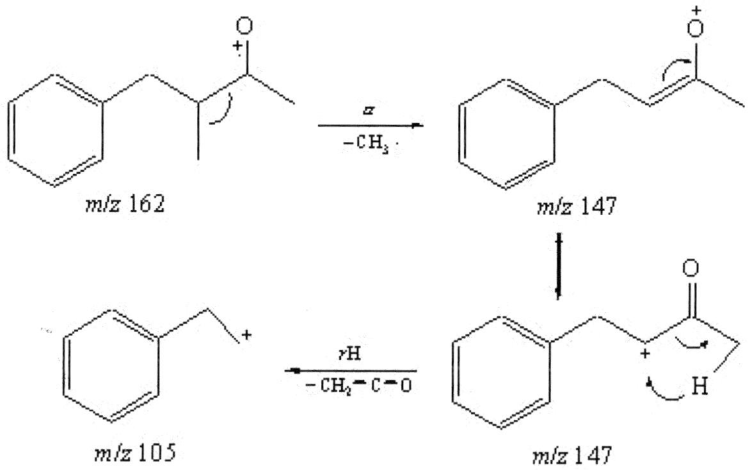

m/z 162　—α, $-CH_3\cdot$→　m/z 147　→　m/z 147　—rH, $-CH_2=C=O$→　m/z 105

对以上两例的分析可以看出，质能谱具有以下的优点：

（1）可以研究每一个 m/z 的离子在进入静电场之前的裂解途径，这是因为任一 m/z 的离子通过磁场后在第二无场区裂解，产生子离子，通过扫描电场的电压，可将选定的母离子的各种子离子记录下来。

（2）骨架相同、支链不同的化合物在通常的质谱中不易区分，但利用质能谱则容易解决此问题，这是因为可以选出带支链的离子进行分析。

（3）可用于混合物的分析。磁分析器把混合物中不同的分子离子分开，它比气相色谱分离速度快、效果好。若采用软电离技术，使碎片离子的丰度降到最低，结果将更理想。

通过对亚稳峰的观察和测量，找到相关的母离子和子离子，对于了解质谱裂解的反应过程、离子的结构及结构单元可能的连接顺序等都有帮助。

1.9 色质联用和串联质谱

质谱计一般只能做纯物质的定性分析，对于混合物样品，需要采用色质联用，如气－质联用（GC/MS）或液－质联用（LC/MS）。此外，串联质谱在一定范围内也可以进行混合物的分析。

1.9.1 色质联用

质谱法具有灵敏度高、定性能力强等特点，但较难进行定量分析。气相色谱法则具有分离效率高、定量分析简便的特点，但定性能力却较差。因此，色谱质谱的联用，可以相互取长补短，成为分离和鉴定未知混合物的理想手段。

色质联用的关键是接口装置，对于配有毛细管色谱柱的气相色谱与质谱联用困难较小，因毛细管柱的载气流量小，色谱柱的出口和质谱仪器的离子源可以直接相连，载气被高速抽气泵迅速抽走，样品组分依次进入质谱仪内电离，从而得到每个组分的质谱图。

GC–MS 的灵敏度高，比氢火焰离子化检测器的 GC 要高 10～100 倍。GC–MS 联用，要求质谱的采样速度必须比毛细管柱出色谱峰的速度快。因此，与 GC 联用的质谱质量分析器以四极质量分析器和飞行时间质量分析器为多。

对于沸点很高或不稳定化合物，不能用 GC–MS 进行分析，而液相色谱与质谱联用可以弥补其不足。液相色谱不受沸点的限制，并能对热稳定性差的样品进行分离分析。由于液相色谱的自身特点，在实现色质联用时所遇到的困难比 GC–MS 大得多，接口装置一方面要分离大量淋洗剂分子，另一方面要对热不稳定化合物实现离子化，常规的离子源（如 EI，CI 等）并不适用于难挥发、热不稳定生物分子的电离。

20 世纪 80 年代以后，LC–MS 的接口研究取得了突破性进展，出现了电喷雾电离（ESI）接口和大气压化学电离（APCI）接口技术，已使 LC–MS 成为生命科学、医药和化学化工领域中最重要的工具之一，并迅速向环境科学、农业科学等众多方面发展。由于 ESI 和 APCI 都是很软的电离方法，各种样品（包括生物大分子）都可以得到准分子离子或多电荷离子体，进而可推算出分子量。为弥补碎片离子缺少的缺点，在源内可安装碰撞室（collision cell），将某种离子（可以是分子离子、准分子离子或裂解碎片离子）与惰性气体相碰撞，获得一定的能量，使该离子碎裂，得到碎片离子峰，为解析结构提供丰富的信息。与 LC 联机的质量分析器中，以四极质量分析器最常见。

1.9.2 串联质谱

串联质谱（tandem MS）又可表示为 MS/MS，随着串联级数的增加进而表示为 MS^n ，n 表示串联级数。串联质谱可用于混合物的质量分析或用来有效鉴定化合物结构。它们通过从分子产生的碎片离子中分离出某种离子（也称母离子），再进行碰撞诱导断裂（CID）后产生子离子，进入下一级质量分析器。串联质谱分为两类：空间上串联质谱（tandem–in–space）（如图 1-45a 所示）和时间上串联质谱（tandem–in–time）（如图 1-45b 所示）。

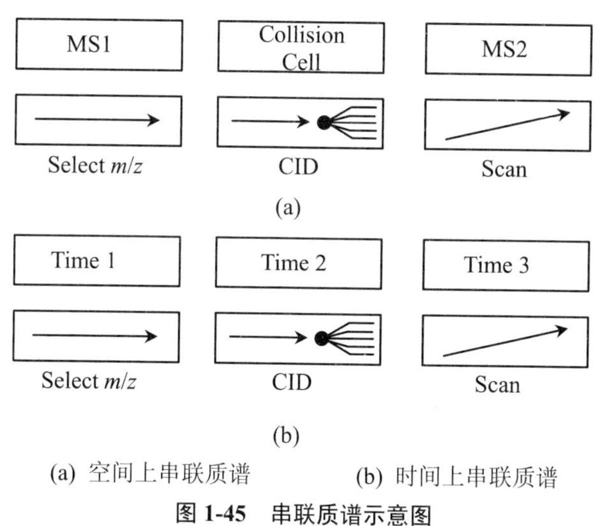

(a) 空间上串联质谱　　(b) 时间上串联质谱

图 1-45　串联质谱示意图

1．空间上的串联质谱

空间上的串联质谱是由两个以上的质量分析器串联而成，可以完成下列实验：

（1）产物离子扫描（子离子扫描）

样品分子在离子源产生的所有离子进入第一个质量分析器，该分析器只让某质荷比的离子通过，从而达到与其他离子分离的目的。被选择的离子进入碰撞室，与碰撞气体（He，Ar，Xe 等）发生碰撞，离子从碰撞气体中获得内能，断裂生成若干子离子，即发生碰撞诱导断裂。产生的子离子进入第二个质量分析器进行分析，得到被选择的离子的各种子离子的质谱。

（2）初始离子扫描（母离子扫描）

初始离子（precursor ion）也就是母离子。第一个质量分析器在一个选择的质量范围内扫描，按离子质荷比的顺序，顺次在碰撞室中碰撞诱导断裂。第二个质量分析器设置为只让某一个选定质荷比的子离子通过，通过初始离子扫描，可以知道某选定质荷比的子离子是由哪些初始（母）离子产生的。

（3）中性碎片丢失的扫描

两个质量分析器一起扫描，使通过第二个质量分析器的某离子的荷质比比第一个质量分析器选出的离子的荷质比要低某一差值。这样，就可以检测出若干成对的离子，它们有共同的中性碎片的丢失，如丢失 H_2O、CO 等，四极质量分析器完成这样的实验特别简单。

空间串联质谱需要具体的质量分析器串联起来。目前生产最多、应用最广的空间串联质谱是由 3 个四极质量分析器串联而成（如图 1-46 所示），中间一个四极质量分析器只作为碰撞室，而不作为质量分析之用。这样的配置可以完成三种操作模式的扫描，而且非常便捷。特别是记录丢失固定中性碎片的离子对时，只需控制第一和第三个四极质量分析器，保持固定的质量差扫描即可完成。

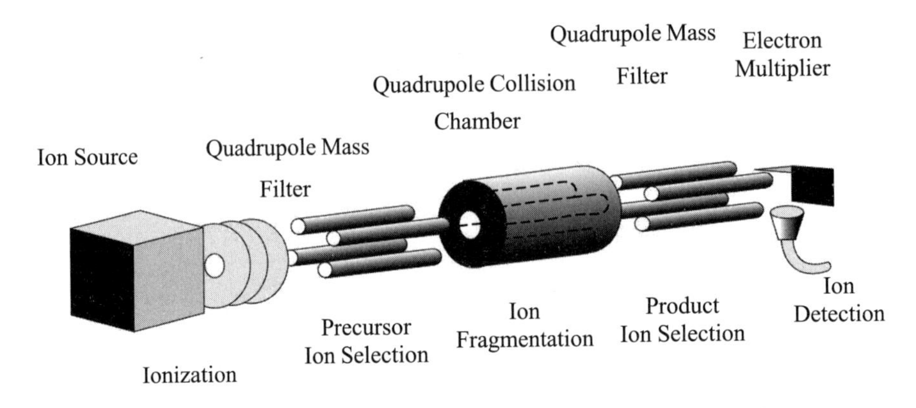

图 1-46 3 个四极质量分析器组成的串联质谱

四极质量分析器作碰撞室时，不加直流电压，除某些最低质荷比的离子之外，所有的离子均处于稳定区，在射频（交变）电压的作用下，离子靠近四极杆的中心运动。当与碰撞气体碰撞时，进行能量交换碎裂成各种离子。

2．时间上的串联质谱

对于时间上的串联质谱，只有离子阱或 FT–ICR 质谱计才可实现这种串联技术。从“硬件”来看，只有一个质量分析器，因而设备投资不如空间上串联质谱的那么多（空间上串联质谱的投资可能成倍增加），这是时间上的串联质谱最大的优点。另外，时间上串联质谱可达到多级（MS^n），这是空间上串联质谱远不能及的。

（1）离子阱完成串联质谱实验的步骤

①在适当的条件下，可选出某一质荷比的离子贮存在离子阱中，质荷比更大或更小的其他离子均逐出离子阱。

②进行碰撞诱导断裂（CID）。由于离子阱在运行时是充氦气的，加大初始离子的动能即可实现碰撞诱导断裂。例如，在端盖极上加一个辅助的正选波形的“扰动”电位，其频率调谐至离子运动的基频，因此离子从这个辅助的“扰动”电场中吸收能量，这是一个共振激发的过程。仔细控制扰动电位的振幅，使离子不至于从离子阱中逐出，但离子已从离子阱的中心拉出来，增加了动能，与氦气分子碰撞，发生碰撞诱导断裂。由于离子在离子阱中不断作回旋性的运动，因而有较高的碰撞效率。

③通过扫描电压 V，进行质量扫描，得到产物离子的质谱。

（2）FT–ICR 完成时间上的串联质谱实验的过程

①选出某种质荷比的离子，逐出所有其他的离子。若采用 SWIFT 激发，则将该质荷比设为窗口，其余的所有离子均因受到较强的激发，故全被逐出。在采用扫描激发时，则由两次扫频激发来完成这个任务。一次扫频激发逐出质荷比较大的所有离子，另一次扫频激发逐出质荷比较小的所有离子。

②用选定质荷比离子的回旋频率激发该离子，使选定的离子运动半径尽可能大，但不至于和室壁碰撞。由于 FT–ICR 是在高真空下操作，为进行 CID，需用脉冲阀导入碰撞气体。经

一定时间后，完成CID，抽走碰撞气体，恢复原高真空体系。

③对产物离子激发，进入检测器，得到产物离子的质谱。

时间上的串联质谱只能完成产物离子扫描，不能进行初始离子扫描和中性碎片丢失扫描。

1.10 质谱在有机化学中的应用

1.10.1 质谱在有机反应机理方面的研究

采用经典的有机化学方法研究有机反应机理，往往需要很长的周期。而用同位素（D，^{15}N，^{18}O）标记质谱分析法，则能获得既快又好的结果。

1．酯化反应研究

酯化反应中该由哪一个基团出羟基脱水的问题，在有机化学的反应机理上兜了一个圈子，而如今采用 ^{18}O 标记的方法则非常方便。

$$\mathrm{Ph{-}C({=}O){-}OH} + \mathrm{H^{18}OCH_3} \rightleftharpoons \underset{m/z\ 138}{\mathrm{Ph{-}C({=}O){-}{}^{18}OCH_3}} + \mathrm{H_2O}$$

出现 m/z 138 的分子离子峰，则证明羧酸贡献出羟基脱去水分子。

2．环氧开环反应研究

$$\mathrm{Ph{-}\underset{\alpha}{CH}{-}\underset{\beta}{CH}(O){-}CH_3} + \mathrm{H_2{}^{18}O} \xrightarrow{\alpha\text{位开环}} \left[\mathrm{Ph{-}CH({}^{18}OH){-}CH(OH){-}CH_3}\right]^{+\cdot} \longrightarrow \underset{m/z\ 109}{\mathrm{Ph{-}CH{=}{}^{18}\overset{+}{O}H}}$$

$$\mathrm{Ph{-}\underset{\alpha}{CH}{-}\underset{\beta}{CH}(O){-}CH_3} + \mathrm{H_2{}^{18}O} \xrightarrow{\beta\text{位开环}} \left[\mathrm{Ph{-}CH(OH){-}CH({}^{18}OH){-}CH_3}\right]^{+\cdot} \longrightarrow \underset{m/z\ 107}{\mathrm{Ph{-}CH{=}\overset{+}{O}H}}$$

质谱分析，在酸性条件下的开环产物，出现 m/z 109 峰，表明开环反应发生在α位；而在碱性条件下，α位和β位开环的可能性都有，这与构型有关。

1.10.2 质谱在有机结构分析上的应用

1．测定分子量和确定分子式

质谱的最大用途之一是用来确定化合物的分子量（见1.4节）。由高分辨质谱测得的精确分子量可用来推算分子式（见1.5节）。

2．已知结构鉴定

对于已知结构的鉴定，如果分子量对得上，主要碎片峰能得到合理的解释，则可获得肯定的结果。一般可以通过计算机对图库检索，如果匹配比较好，可以认为就是所求化合物。在检索过程中要注意两个方面的问题：一是检索的化合物在谱库中不存在时，计算机将挑选出一些结构相近的化合物，匹配度可能都不太好，此时绝不能选出一个匹配最好的作为检索结果，这样会导致错误的结论；二是也可能检索出的几个化合物匹配都很好，说明这几个化合物结构可能相近，这时也不能随便取某个作为结果，应该结合其他谱图数据综合分析。

3．未知物的结构测定

对于未知物的结构测定最好是采用核磁、质谱和红外等谱图数据综合分析，因为它们各有所长，可从不同的角度提供信息。在确定一个未知物的结构时，了解下述顺序对质谱解析很有用处。

（1）分子离子峰的分析

确定分子离子峰可以知道化合物的分子量，低分辨率的质谱可根据同位素丰度法推算出分子式，高分辨率质谱可直接给出分子式，根据分子式可计算化合物的不饱和数。

（2）碎片离子的分析

低质量端离子的分析常反映化合物的结构类型。如饱和的脂肪族化合物出现 m/z 29，43，57，7 等“烷基系列”峰；芳香族化合物出现 m/z 39，51，65，77 等“芳香系列”峰；含氮化合物常出现 m/z 30，44，58，72 等“氮系列”峰；醇和醚常出现 m/z 31，45，59，73 等“氧系列”峰。

高质量端离子的分析重要性远大于中、低质量范围的离子，无论其由简单断裂或重排断裂产生，都反映该化合物的一些结构特征。

（3）亚稳离子的分析

由亚稳离子可找到母、子离子对，这对于推测结构很重要，由分子离子产生的亚稳离子更应引起重视。

（4）推测结构

将所有可能方式的已知部分碎片和残留结构碎片组合起来，配合核磁、红外等数据提出样品的可能结构式。

（5）对质谱的指认

从所推出的结构式对质谱进行指认，质谱中的重要峰（基峰、高质量区的峰、重排峰、强峰）应得到合理的解释，或至少大部分峰能得到合理解释，找到其归属，方可说明所推结构式是正确的。

例　题　一

【例题 1.1】　未知化合物的分子式为 $C_8H_7O_4N$，其质谱如图 1-例 1 所示，推断其结构式。

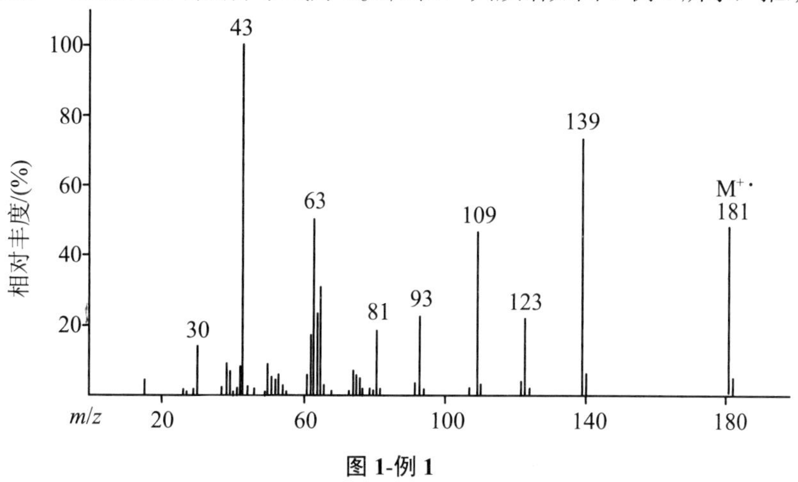

图 1-例 1

解析　由分子式计算不饱和数 UN = 6，又根据其分子离子峰，可推测为芳香族或共轭多烯体系的稳定分子。低质量端 *m / z* 39 和 *m / z* 65 等峰为芳香环系列离子；*m / z* 139 是分子离子 *m / z* 181 丢失 C_3H_6 或烯酮 $CH_2=C=O$ 产生的，但若分子含有 C_3H_6 结构，再加上苯环，则碳原子数超出 8 个，明显不合理。因此基峰 *m / z* 43 可推断是 CH_3CO^+ 离子，它可能是乙酸酯经 α–断裂形成的，或由乙酸酯经重排得到的烯酮 $CH_2=C=O$ 碎片。

碎片离子 *m / z* 123，109，93 是由 *m / z* 139 离子分别丢失 O、NO 和 NO_2 所形成的，明显地表现为芳香族硝基化合物的裂解特征。

综合以上分析，推测未知化合物为乙酸硝基苯基酯。只有质谱数据还不能确定苯环上取代基的位置关系，尚需其他光谱，如红外或核磁等方法予以鉴定。实际未知化合物的结构为乙酸对硝基苯基酯，其裂解过程如下：

【例题 1.2】 某化合物为一种天然固体物，其 EI 源质谱如图 1-例 2 所示，试推测可能的结构。

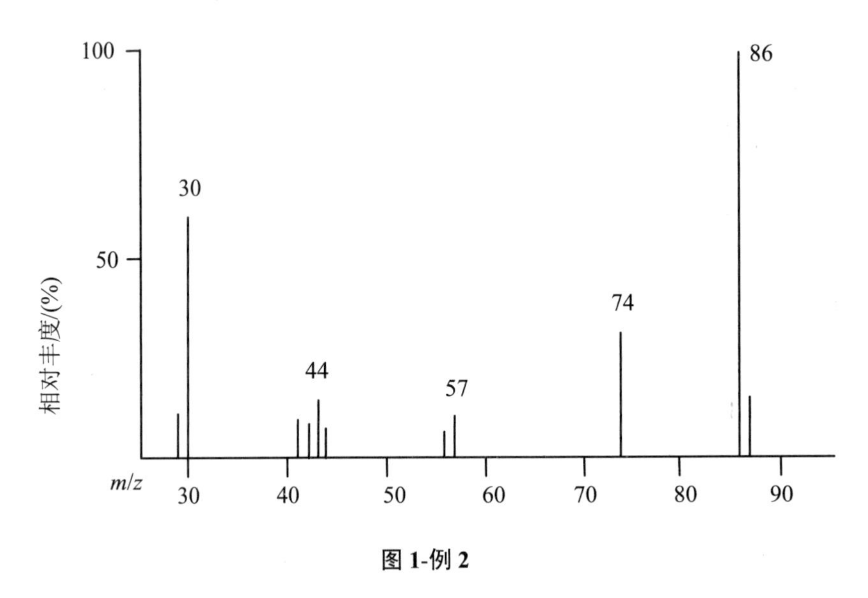

图 1-例 2

解析 在寻找分子离子峰时，很容易误认 m/z 86 为分子离子，观测 m/z 86 峰和相邻离子峰质量差为 12，意味着从分子离子中脱去一个碳原子是不合理的。改用 FAB 软电离技术，确定化合物的分子量为 131。由于分子量为奇数，可判断未知化合物分子含奇数氮原子，经高分辨率质谱确定分子式为 $C_6H_{13}O_2N$，可以计算出其不饱和数为 1。

m/z 86 离子峰是分子离子失去 45 个质量单位的中性碎片得到的，它可能是丢失 C_2H_5O 或 COOH 形成的，前者是由酯的裂解产生的，后者则是由羧酸裂解产生的。若是酯类化合物，m/z 86 离子会再丢失 CO 形成 m/z 58 离子峰，但在质谱图中未见此峰，又根据固体的物理特性，可判断未知物为羧酸而不是酯。

m/z 74 离子是分子离子失去 57 个质量单位的中性碎片得到的，中性碎片可能是裂解产生的 C_4H_9 或 C_2H_5CO。若失去 C_2H_5CO 基团，则与化合物是只含有两个氧原子的羧酸化合物不一致。因此，可以知道该未知化合物含有 C_4H_9 和 COOH 碎片，剩下 1 个 C、1 个 N 和 3 个 H，C_4H_9 不可能连接在 N 原子上，否则，易丢失 C_3H_7 碎片而不是 C_4H_9 碎片。同样，COOH 也是连接在剩下的 1 个 C 上。这样，可推出未知化合物的结构为：

$$\underset{m/z\ 74}{\mathrm{CH{=}\overset{+}{N}H_2{-}COOH}} \xleftarrow{-\cdot C_4H_9} \mathrm{C_4H_9{-}CH(\overset{+\cdot}{N}H_2){-}COOH} \xrightarrow{-\cdot COOH} \underset{m/z\ 86}{\mathrm{C_4H_9{-}CH{=}\overset{+}{N}H_2}}$$

m/z 75 离子峰是经过 McLafferty 重排丢失 C_4H_8 形成的奇电子离子。只用质谱还不能完全推断 C_4H_9 的结构，可借助于 NMR 来确定。实际上该未知化合物为亮氨酸 $(CH_3)_2CHCH_2CH(NH_2)COOH$。

$$\text{(McLafferty 重排)} \longrightarrow \overset{\cdot}{\mathrm{H}}\mathrm{C}(\mathrm{NH_2})-\mathrm{C}(=\overset{+}{\mathrm{O}}\mathrm{H})-\mathrm{OH} + \mathrm{C}=\mathrm{C}$$

m/z 75

【例题 1.3】　未知化合物的质谱如图 1-例 3 所示，试推导其结构。图中 m/z 106（82.0），m/z 107（4.3），m/z 108（3.8）。

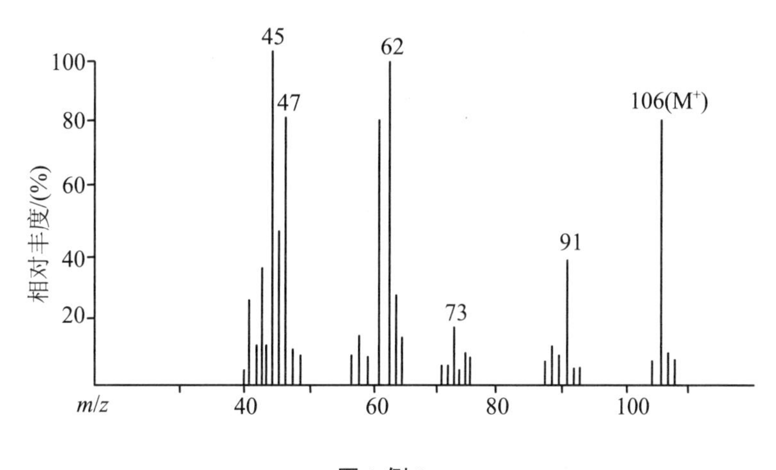

图 1-例 3

解析　图中高质量峰 m/z 106 与相邻碎片离子峰 m/z 91 之差为 15，关系合理，可认为 m/z 106 为分子离子峰，分子中不含氮或偶数氮。由 $I(\mathrm{M+2})/I(\mathrm{M}) \times 100 = 4.7$，$I(\mathrm{M+1})/I(\mathrm{M}) \times 100 = 5.2$ 可知，分子中含有一个硫原子，且约有 4 个碳原子，它们质量之和为 80，还剩 106−80=26 个质量数，分子中不可能含有 26 个 H 原子，因此，还有其他原子。从 M+2 峰占 M 峰的比例（4.7%）推测分子除有一个硫原子外，还可能含有一个氧原子。由上分析，未知化合物分子式可能是 $C_4H_{10}OS$，不饱和数 UN = 0。

根据质谱知识，图中 m/z 45 和 m/z 59 是含氧碎片离子峰，m/z 47 和 m/z 61 是含硫碎片离子峰，故可认为上述分子式合理。基峰 m/z 45 是 $C_2H_5O^+$碎片，不可能是醚断裂而来的，因为醚的裂解正电荷一般留在烷基上，而不是氧原子上。因此，推测 m/z 45 离子可能是仲醇的 α–裂解，生成 $CH_3CH{=}OH^+$碎片离子，结合图中弱的 m/z 88（M−18）离子峰，可认为未知化合物是醇类化合物。

含硫碎片离子 m/z 47（CH_3S^+）和 m/z 61（$C_2H_5S^+$）表明分子中存在 CH_3CH_2S 基或 CH_3SCH_2 基。综合以上分析，该未知化合物可能结构为 A 或 B。

$$\mathrm{H_3CSCH_2-CH(OH)-CH_3} \qquad \mathrm{CH_3CH_2S-CH(OH)-CH_3}$$

A　　　　　B

因为 m/z 45 离子为基峰，因此结构 A 更为合理。

主要裂解过程如下：

$$\underset{m/z\ 45}{CH_3-CH=\overset{+}{O}H} \xleftarrow{\alpha} CH_3SCH_2-CH(\overset{+\cdot}{O}H)-CH_3 \xrightarrow{\alpha} \underset{m/z\ 91}{CH_3SCH_2-CH=\overset{+}{O}H}$$

$$\underset{m/z\ 47}{CH_3-\overset{+}{S}} \xleftarrow{\sigma} CH_3-\overset{+\cdot}{S}-CH_2-CH(OH)-CH_3 \xrightarrow{\alpha} \underset{m/z\ 61}{CH_3-\overset{+}{S}=CH_2}$$

$$\xrightarrow{-H_2O} \underset{m/z\ 88}{[H_2C-CH(CH_3)-CH_2-S]^{+\cdot}} \xrightarrow{-\cdot CH_3} \underset{m/z\ 73}{H_2C-\overset{+}{C}H-CH_2-S}$$

$$CH_3-\overset{+\cdot}{S}-CH_2-CH(OH)-CH_3 \xrightarrow{rH} \underset{m/z\ 62}{CH_3-\overset{+}{S}H-\dot{C}H_2}$$

【例题 1.4】 由质谱（如图 1-例 4）推测化合物的结构。

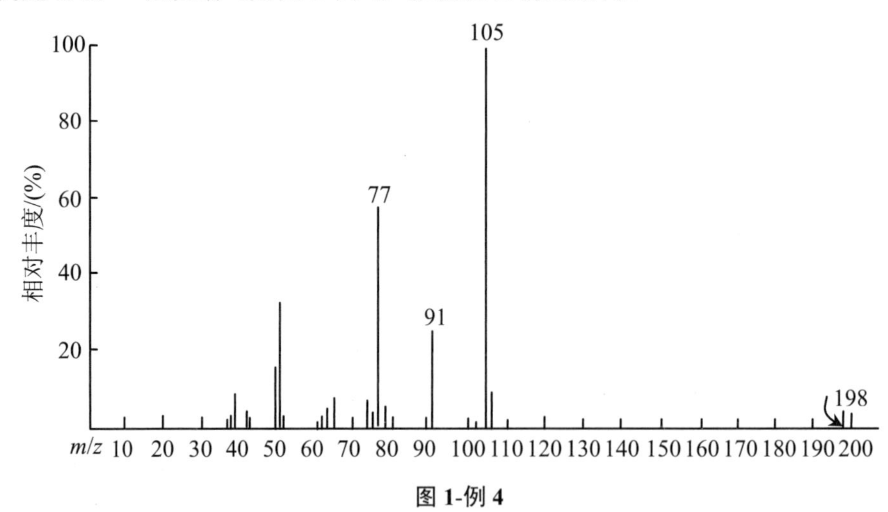

图 1-例 4

解析 质谱中的最高质量 m/z 198 和 m/z 200 具有几乎相等的丰度，分子中应含有一个溴。碎片离子 m/z 105 相当于 m/z 198 丢失 93 个质量单位（$\cdot CH_2Br$）后产生的，这种推测由亚稳峰 m^* 55.7 得到进一步证实，可以认为 m/z 198 为分子离子峰。

m/z 105 作为基峰，通常为苯甲酰基，由它产生苯基系列峰 m/z 39，51，77 所证实。因此，分子是由苯甲酰基和 CH_2Br 两部分组成的化合物，其裂解过程如下：

$$C_6H_5-\overset{+\cdot}{C}(=O)-CH_2Br \xrightarrow[-\cdot CH_2Br]{\alpha} C_6H_5-C\equiv O^+ \xrightarrow[-CO]{i} C_6H_5^+$$

m/z 105　　　m/z 77

m/z 91 是苯基迁移丢失 CO 后再脱去 · Br 形成的偶电子离子。

$$[C_6H_5-C(=O)-CH_2Br]^{+\cdot} \xrightarrow[-CO]{re} [C_6H_5-CH_2Br]^{+\cdot} \xrightarrow{-Br\cdot} C_6H_5-\overset{+}{C}H_2$$

m/z 91

【例题 1.5】　试解释环己酮质谱图中（图 1-例 5）碎片离子的裂解途径。

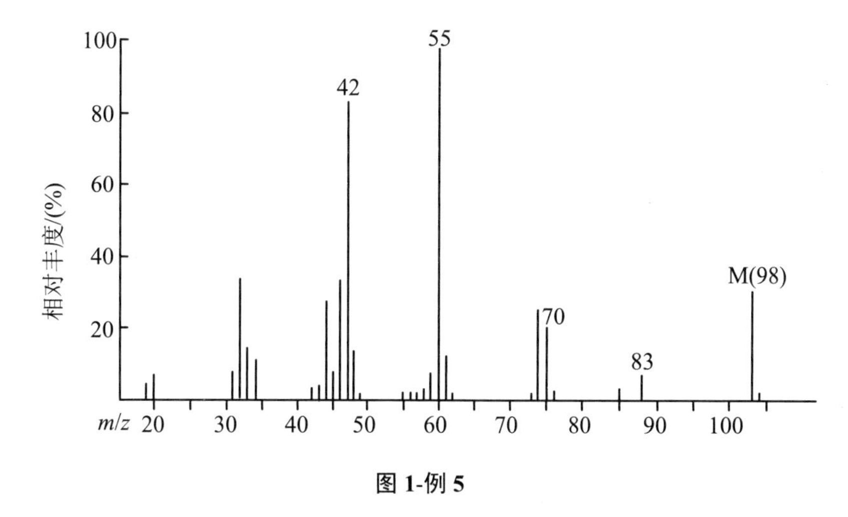

图 1-例 5

解析　分子离子经α–断裂开环后，发生氢重排，再进一步丢失 $\cdot C_3H_7$ 碎片产生基峰 m/z 55 偶电子离子；也可环化取代重排丢失 · CH_3 形成四元环偶电子离子 m/z 83。该化合物的主要裂解过程如下：

$$\text{环己酮}^{+\cdot} \xrightarrow{\alpha} \overset{+}{O}\equiv C-CH_2CH_2CH_2CH_2-\dot{C}H_2 \xrightarrow[-C_2H_4]{\alpha} \overset{+}{O}=C-CH_2CH_2-\dot{C}H_2 \xrightarrow[-CO]{i} \overset{+}{C}H_2-CH_2-\dot{C}H_2$$

m/z 70　　　m/z 42

$\xrightarrow{\alpha}$ $\xrightarrow{rH}$ $\xrightarrow{\alpha}$ + $\cdot CH_2CH_3$

m/z 55

$\xrightarrow{rd}$ + $\cdot CH_3$

m/z 83

【例题 1.6】 试解释图中（图 1-例 6）碎片离子的裂解途径。

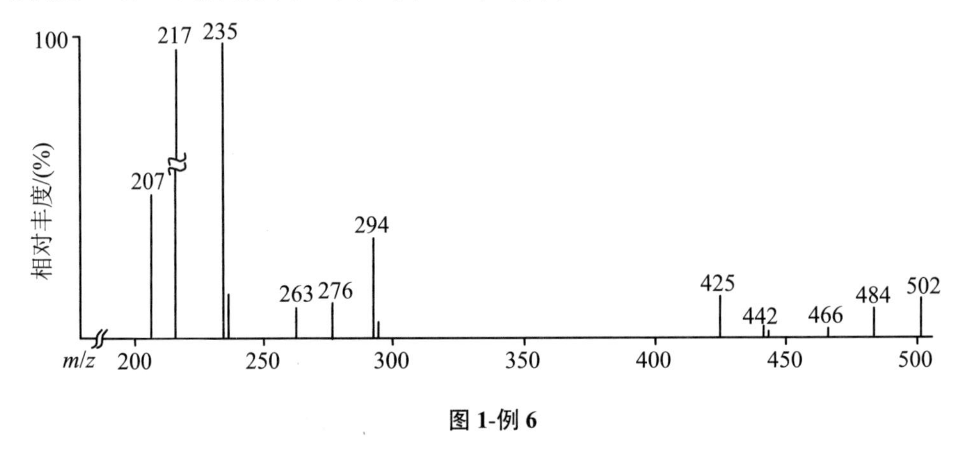

图 1-例 6

解析 该化合物的主要裂解过程如下：

m/z 502 $\xrightarrow{RDA}$ + m/z 294

m/z 502 $\xrightarrow{-COOCH_3或-HCOOCH_3}$ m/z 443, 442

m/z 502 $\xrightarrow{-H_2O}$ m/z 484 ⟶ m/z 425

m/z 484 $\xrightarrow{-H_2O}$ m/z 466

m/z 294 $\xrightarrow{-H_2O}$ m/z 276

m/z 294 $\xrightarrow{-\cdot OCH_3}$ m/z 263

m/z 294 $\xrightarrow{-\cdot COOCH_3}$ m/z 235 $\xrightarrow{-H_2O}$ m/z 217

习 题 一

【习题 1.1】 由下面两种异构体的质谱图（图 1-习 1）解释它们的裂解过程。

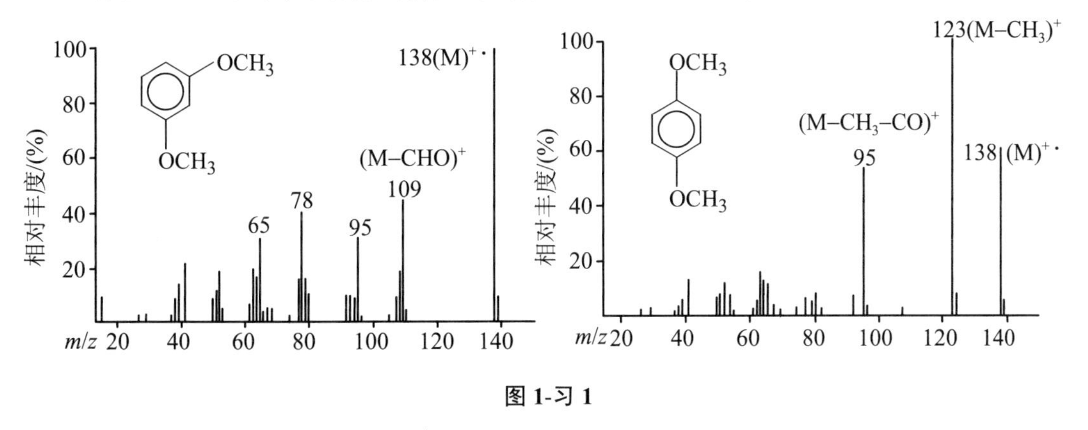

图 1-习 1

【习题 1.2】 根据以下质谱图（图 1-习 2）推断结构。

（a）$C_6H_{14}O$

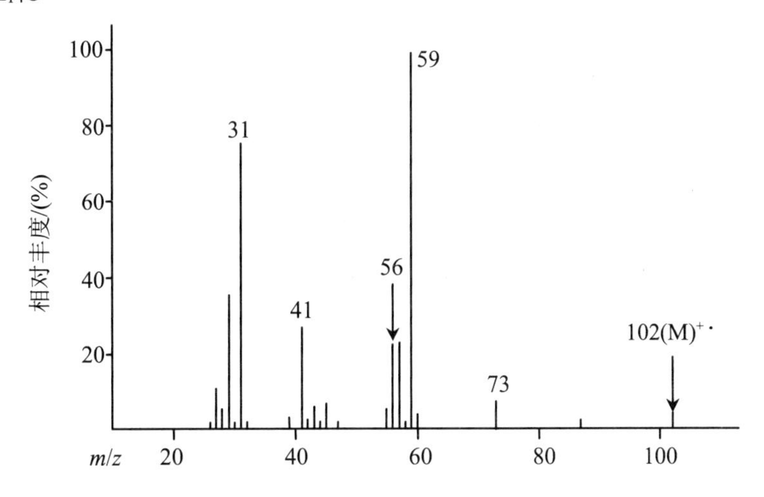

（b）$C_{11}H_{14}O_2$

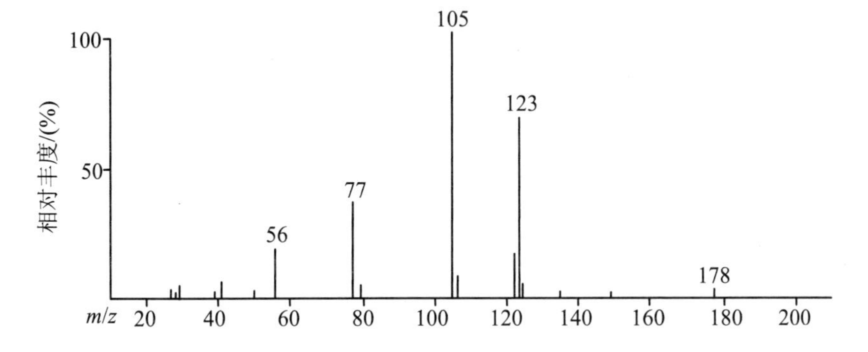

（c）$C_9H_{10}O_2$

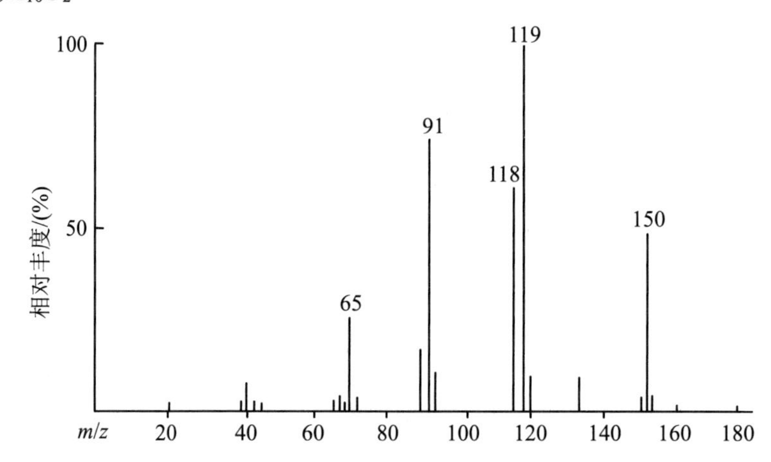

（d）$C_8H_{18}S$

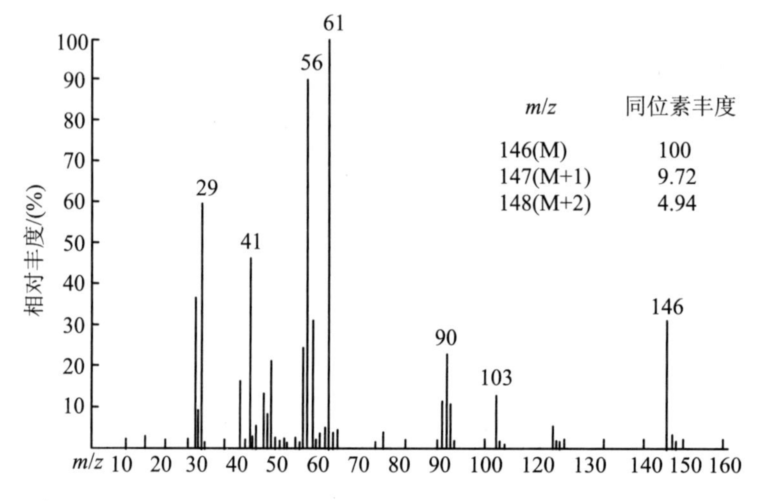

（e）$C_{10}H_{10}O_2$

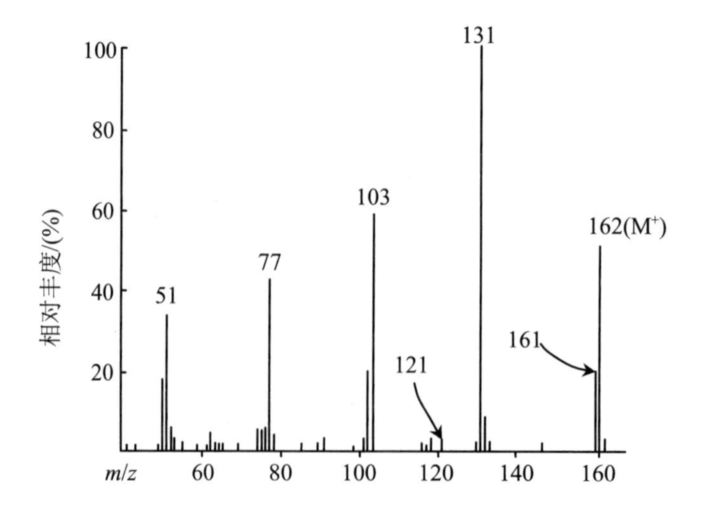

（f）$C_6H_{11}O_2Cl$

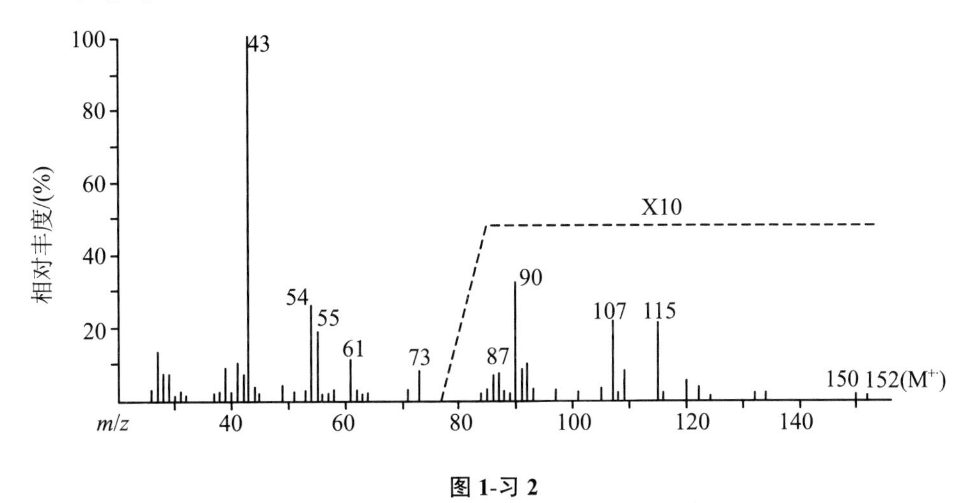

图 1-习 2

第 2 章

核磁共振氢谱

核磁共振也称 NMR（Nuclear Magnetic Resonance），是指核磁矩不为零的核在外磁场作用下，核自旋能级发生分裂，共振吸收某一特定频率的电磁波的物理过程。由于核自旋能级分裂的大小与分子的化学结构有密切的关系，因而，核磁共振能提供化学位移、偶合常数、核的信号强度和弛豫时间等信息，通过对这些信息的分析，可以了解核的化学环境、原子个数、连接基团的种类及分子的空间构型。1945 年，以 F. Bloch 和 E. M. Purcell 为首的两个研究小组几乎同时观察到核磁共振现象，他们两人因此获得 1952 年诺贝尔物理奖。1953 年，美国 Varian 公司研制成功世界上第一台商品化的核磁共振仪（30MHz）。自此以后，核磁共振经历了磁场超导化和脉冲傅立叶变换技术两次重大革命，大大提高了仪器的分辨率和灵敏度，使核磁共振的研究对象从液体扩展到固体，实验技术从一维扩展到多维，应用范围从有机小分子扩展到生物大分子。如今，核磁共振已经成为鉴定有机化合物结构以及研究分子结构、构型、构象和化学反应动力学等方面的重要方法，成为有机化学、生物化学、药物化学、物理化学、无机化学及多种工业部门研究中最活跃和不可缺少的一部分。

2.1　核磁共振的基本原理

2.1.1　核的自旋

核磁共振的研究对象是具有磁矩的原子核。量子力学理论和实验证明自旋现象是某些原子核的基本性质，自旋的核都有一定的自旋角动量（P）：

$$P = \frac{h}{2\pi} \cdot \sqrt{I(I+1)} = \hbar \cdot \sqrt{I(I+1)} \tag{2.1}$$

式中：h 为 Planck 常数，I 为核自旋量子数。

由此可知，原子核的自旋运动与自旋量子数 I 有关，$I \neq 0$ 的原子核才有自旋运动，原子核的自旋量子数 I 与核的质子数和中子数有关。质子和中子都是微观粒子，都能自旋，并且同种微观粒子自旋方向相反且配对，所以当质子和中子都为奇数或其中之一是奇数时，就能对原子核的旋转做贡献，即 $I \neq 0$，该原子核就有自旋现象。当质子数和中子数都是偶数时，即自旋量子数 $I=0$ 时，原子核就没有自旋现象，如图 2-1 所示。为此，我们可以把原子核分为质子数和中子数均为偶数、均为奇数和奇偶混合三类，如表 2-1 所示。

由表 2-1 可以看出，当质量数、质子数都为偶数时，核自旋量子数 $I=0$，如 $^{12}C_6$，$^{16}O_8$，$^{32}S_{16}$。当质量数为偶数，质子数为奇数时，核自旋量子数 I=整数，如 $^{2}H_1$，$^{6}Li_3$，$^{14}N_7$ 的 $I=1$，$^{10}B_5$ 的

I=3。当质量数为奇数，质子数为奇数或偶数时，核自旋量子数 I=半整数，如 $^{1}H_{1}$，$^{15}N_{7}$，$^{19}F_{9}$，$^{31}P_{15}$ 的 I=1/2，$^{33}S_{16}$ 的 I=3/2。

表 2-1 常见原子核的分类

核分类	质子数	中子数	自旋量子数 I	原子核
1	偶数	偶数	$I=0$	$^{12}C_{6}$，$^{16}O_{8}$，$^{32}S_{16}$
2	奇数	奇数	$I=1$ $I=2$ $I=3$	$^{2}H_{1}$，$^{6}Li_{3}$，$^{14}N_{7}$ $^{58}Co_{27}$ $^{10}B_{5}$
3	奇数	偶数	$I=1/2$ $I=3/2$ $I=5/2$，7/2，9/2	$^{1}H_{1}$，$^{15}N_{7}$，$^{19}F_{9}$ $^{31}P_{15}$ $^{7}Li_{3}$，$^{11}B_{5}$，$^{23}Na_{11}$ $^{27}Al_{13}$
4	偶数	奇数	$I=1/2$ $I=3/2$ $I=5/2$，7/2，9/2	$^{13}C_{6}$ $^{33}S_{16}$ $^{17}O_{8}$，$^{25}Mg_{12}$

自旋量子数 I=1/2 的核，电荷在原子核表面均匀分布，根据电四极矩公式（2.2），计算出 I=1/2 的核电四极矩 $Q=0$。对于电四极矩 $Q=0$ 的核，如 ^{1}H，^{13}C，^{15}N，^{19}F，^{31}P，核磁共振的谱线窄，最适宜于核磁共振检测。自旋量子数 $I>1/2$ 的原子核，其表面电荷呈非均匀的椭圆形分布，如图 2-1 所示，所以这类核具有电四极矩。凡具有电四极矩的原子核都具有特有的弛豫机制而导致核磁共振谱线加宽，这对于核磁共振的信号检测极为不利，本书不做讨论。

$$Q=2Z(b^2-a^2)/5 \tag{2.2}$$

式中：a、b 分别为椭球横向半径和纵向半径，Z 为球体所带电荷。

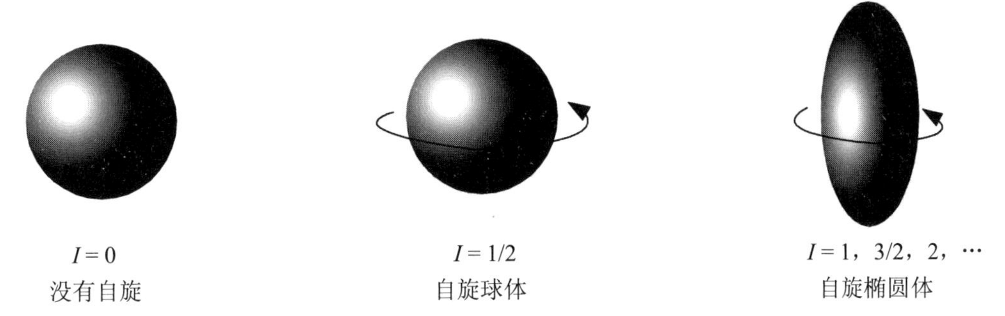

图 2-1 核自旋与自旋量子数 I 的关系

自旋的原子核（$I\neq0$），由于原子核是带正电粒子，所以原子核在自旋时会产生磁矩（μ），磁矩与自旋角动量 P 的关系可用式（2.3）表示。

$$\mu=\gamma\cdot P \tag{2.3}$$

式中：γ 称为磁旋比（magnetogyric ratio），有时也称旋磁比（gyromagnetic ratio），不同的核具有不同的磁旋比γ，它代表了每个原子核的自身特性。例如，$\gamma_{^{1}H}=26753$，$\gamma_{^{13}C}=6721$，$\gamma_{^{19}F}=25200$，单位是弧度・高斯$^{-1}$・秒$^{-1}$。

2.1.2 核的进动和核磁能级分裂

自旋量子数 $I\neq0$ 的核，置于恒定的外磁场 B_0 中，自旋核的行为就像一个陀螺绕磁场方向发生回旋运动，称为 Larmor 进动，如图 2-2 所示。核的自旋轴（与核磁矩矢量μ重合）与磁场强度 B_0 方向（回旋轴）不完全一致而是形成一定的角度，核的 Larmor 进动频率（ν_0）与外磁场强度 B_0 成正比：

$$\nu_0=\frac{\gamma}{2\pi}B_0 \tag{2.4}$$

式中：ν_0 为 Larmor 进动频率，B_0 为外加磁场强度，γ 为磁旋比。

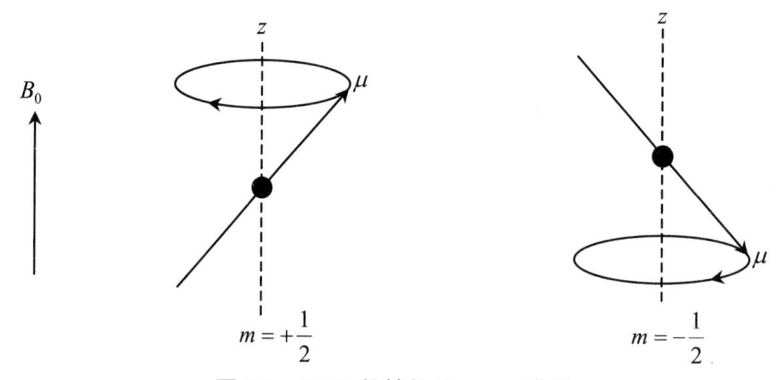

图 2-2　I=1/2 的核的 Larmor 进动

根据量子力学规律，具有自旋量子数 I 的核置于静磁场 B_0 中，产生 Larmor 进动，并使核磁矩μ出现 $2I+1$ 个取向，每一个取向由一个磁量子数 m 表示。如，^1H 核的 I=1/2 有 2 个取向，$m=+1/2$ 和 $m=-1/2$；^{14}N 核的 I=1 有 3 个取向，$m=+1$、0 和−1，如图 2-3 所示。核磁矩在磁场 B_0 中出现的不同进动取向现象称为核磁能级分裂，又称为 Zeeman 分裂。在没有外磁场时，这些自旋的核虽然有不同的磁量子数，但其能量是相同的，即能量是简并的。

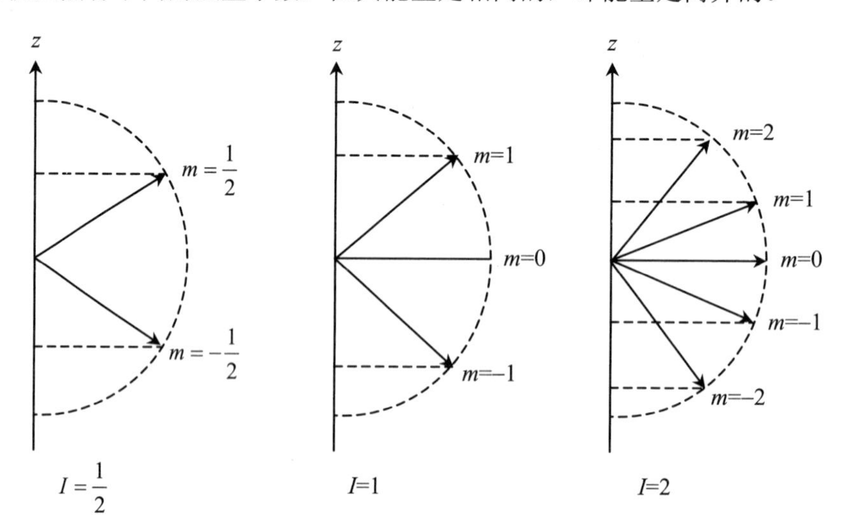

图 2-3　静磁场中不同 I 的原子核自旋角动量的空间取向

以质子 ^{1}H 为例，$I=1/2$，在外磁场 B_0 作用下核磁矩分裂成两个能级，低能级为核的自旋取向与 B_0 方向一致，用符号 $m=+1/2$ 表示，高能级为核的自旋取向与 B_0 方向相反，用符号 $m=-1/2$ 表示，如图 2-4 所示。由量子理论知识可知，两能级间的能量差为ΔE：

$$\Delta E = h\nu_0 = \frac{\gamma}{2\pi} hB_0 \tag{2.5}$$

由上式可知，ΔE 的大小与外磁场 B_0 成正比，外磁场越强，则ΔE 越大（见图 2-4b）。若使低能级的 $m=+1/2$ 的自旋取向变为高能级 $m=-1/2$ 的自旋取向，则必须吸收ΔE 能量。对于不同的核，磁旋比γ不同，即使在相同的磁场 B_0 中，能量差ΔE 也不相同，γ 值大的，ΔE 也大。

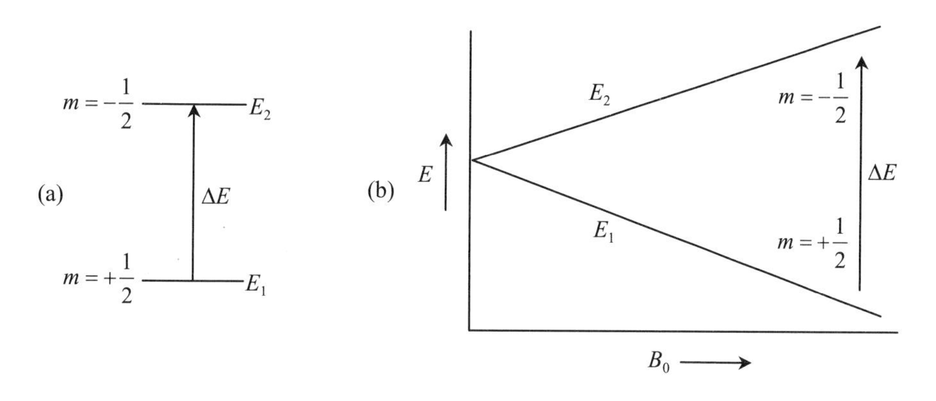

（a） $I=1/2$ 的原子核两种自旋取向能级示意图 （b） 两种自旋取向能级差与外磁场 B_0 的关系

图 2-4

2.1.3 核磁共振的产生

在外磁场中，具有磁矩的原子核存在着不同的能级。如果在外磁场 B_0 存在的同时，再加上一个方向与之垂直，强度远小于 B_0 的射频交变磁场 B_1（电磁波）照射样品，当射频交变磁场的频率 ν 正好与原子核的 Larmor 进动频率 ν_0 一致时，核就会从射频交变磁场中吸收能量，由低能态向高能态跃迁，产生核磁共振吸收，当然跃迁必须满足选律$\Delta m = \pm 1$。如图 2-5 所示，图中自旋状态 $m=+1/2$ 的 ^{1}H 核在磁场 B_0 作用下，其 Larmor 进动频率 ν_0 为 45MHz。当射频交变磁场的频率ν正好也为 45MHz 时，这种自旋状态（$m=+1/2$）的 ^{1}H 核从射频场中吸收 $h\nu$的能量变成另一自旋状态 $m=-1/2$，产生的吸收信号被 NMR 谱仪记录下来成为核磁共振信号。由此可以看出，核磁共振实验中所测得的共振频率 ν，其值等于核的 Larmor 进动频率 ν_0。

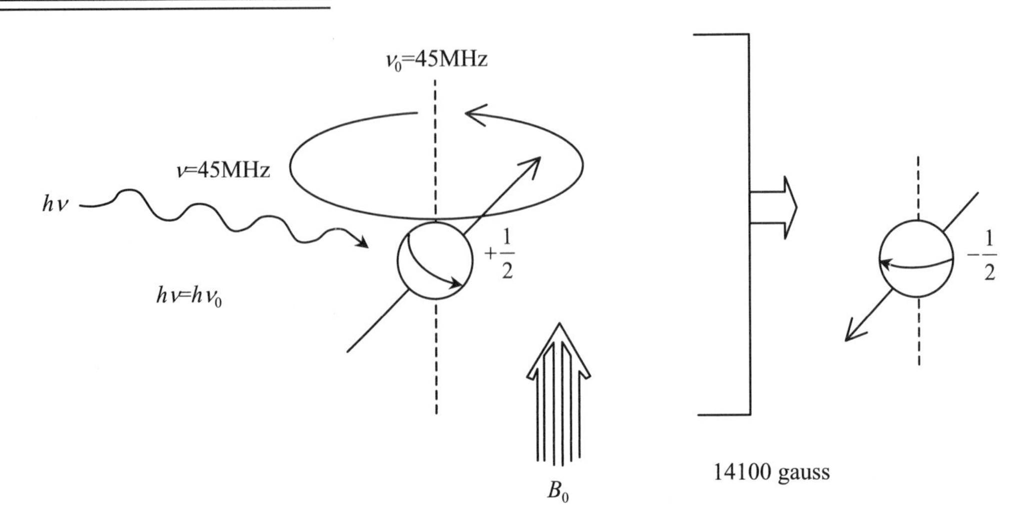

图 2-5　核磁能量吸收和跃迁过程

2.1.4　弛豫和弛豫机制

自旋核在磁场 B_0 中平衡时，处于不同能级的核数目服从 Boltzmann 分布，如式（2.6）：

$$\frac{N^+}{N^-} = e^{\frac{\Delta E}{KT}} \tag{2.6}$$

式中：N^+、N^- 表示相对于 B_0 的两个不同取向的自旋核总数，室温下 N^+/N^- 近似为 1。例如，对于 ^{1}H 来说，当外加磁场为 60MHz，温度为 300K 时，$N^+/N^-=1.0000099$。也就是说，每一百万个氢核中，低能级的氢核仅比高能级多十个左右。在射频交变磁场作用下，低能级的氢核吸收能量跃迁到高能级，产生 NMR 信号。由于高低两能级的分布数相差不大，若高能级的核没有途径回到低能级，两能级的分布数很快达到平衡，此时不会再有核磁共振信号，这种现象称为饱和。可是事实并非如此，通常都可以得到持续的核磁共振信号。因为在实际的核磁共振实验中，无论在固体或液体中，每个原子核都不是孤立的，它们彼此之间以及它们和周围介质之间都有相互作用，不断交换能量。这种能量的交换方式主要有两种：核系统与周围环境交换能量和核系统内部各核之间交换能量。

在正常情况下，高能级的核可以不用辐射的方式回到低能级的过程称为弛豫。弛豫存在两种过程，即纵向弛豫和横向弛豫。

纵向弛豫又称自旋－晶格弛豫，是指高能级的核将能量通过非辐射方式转移给周围分子变为热运动，而自旋核则回到低能态，使高能级核数目减少。晶格是泛指包含有自旋核的整个分子体系，周围分子如果是固体指固体晶格，如果是液体指同类分子或溶剂分子。这种弛豫过程，自旋核的总能量降低了，其机制是自旋核周围的分子由于运动产生瞬息万变的波动磁场，当某一时刻的波动磁场频率与自旋核共振频率相等时就发生共振，自旋核与这种波动磁场交换能量，完成纵向弛豫过程。

一个自旋体系通过纵向弛豫回到平衡态所需的时间称为纵向弛豫时间，以半衰期 T_1 表示，T_1 越小表示自旋－晶格弛豫过程越快。T_1 由核本性、化学环境和样品物理性质决定，并受温度的影响。一般而言，固体样品 T_1 很长，有时达几小时，而液体、气体样品 T_1 较短，在一秒左右。T_1 与核磁共振峰的强度成反比，T_1 越短，峰信号越强，反之，峰信号越弱。

横向弛豫又称自旋－自旋弛豫，是指一自旋核与另一自旋核交换能量的过程。其机制是一定距离内，当两个自旋核回旋频率相同、自旋态相反时，两核相互作用，高能核把能量传给低能核后，自身回到低能态，所以自旋核体系总能量没有变化，这种弛豫所需的时间称为横向弛豫时间，以半衰期 T_2 表示。一般而言，固体样品各核间相对位置固定，易于交换能量，因此 T_2 特别短；而液体、气体 T_2 相对较长，在一秒左右。T_2 与峰宽成反比，T_2 越短，谱线越宽。固体及粘度较大的高分子样品 T_2 很小，谱线较宽，所以一般样品要配成溶液后再进行核磁共振测试。

对于一个自旋核来说，虽然有两种弛豫过程，但总是通过最有效的途径达到弛豫目的。如固体样品，由横向弛豫决定，实际弛豫时间为 T_2。

归纳核磁共振基本原理可用图 2-6 表示：

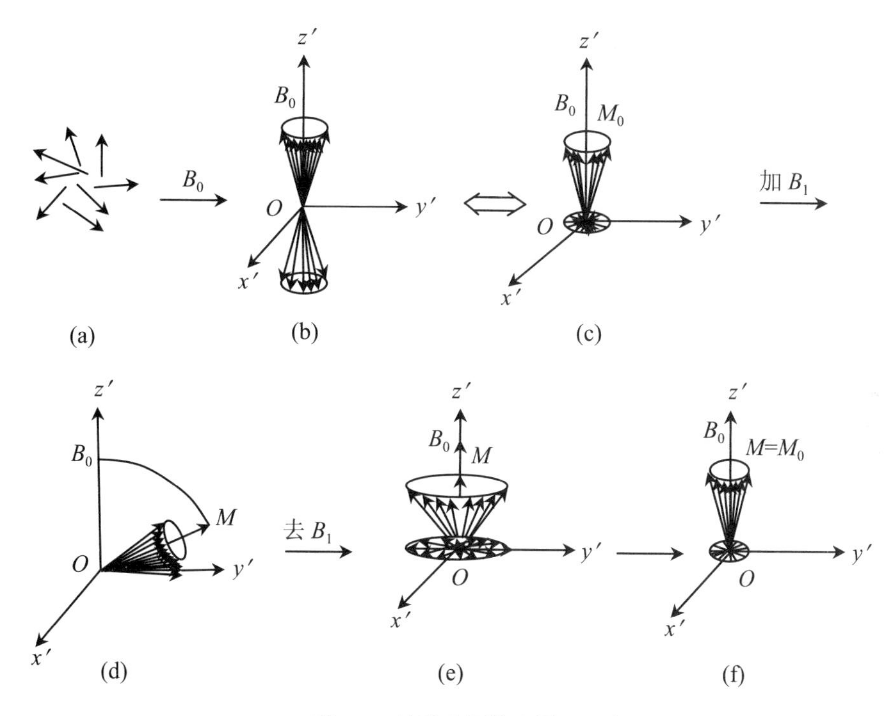

图 2-6　核磁共振基本原理示意图

（a）无外磁场时，每个核磁矩的方向是任意的，体系处于“混乱”状态。

（b）当有外磁场时，磁矩的方向分成两个取向，并围绕外磁场方向作进动。与磁场方向同向的磁矩处于低能级，反向的磁矩处于高能级，前者的数量略多于后者。

（c）由于矢量具有加和性，两种取向的磁矩矢量总和称为宏观磁化矢量，以 M 表示。体系处于平衡时为 M_0，不难理解 M_0 与磁场 B_0 同向。核磁共振测量的就是样品的宏观磁化矢量的行为。

（d）如果在垂直于 B_0 的方向施加一个交变射频场 B_1，两磁场的共同作用使宏观磁化矢量不再与 B_0 的方向一致，而是偏离某个角度，导致磁化矢量在 x' 和 y' 轴所组成的平面上的横向分量不再为零，反映在同一进动圆锥上的各磁矩进动相位不再均匀分布。同时，处于低能级的核吸收 B_1 的能量跃迁到高能级。

（e）当射频场作用结束，弛豫过程开始。通过横向弛豫使核磁矩在 $x'y'$ 平面上趋于均匀分布，即使得横向磁化矢量为零；通过纵向弛豫，磁化矢量在 z' 轴方向不断增长。

（f）体系通过纵向弛豫和横向弛豫回到平衡状态。

2.2 脉冲傅立叶变换核磁共振仪

核磁共振信号的观察有两种方法，可用连续波仪器（CW）或用脉冲傅立叶变换核磁共振仪完成。连续波仪器中一般用永久磁铁或电磁铁，在固定射频下进行磁场扫描或在固定磁场下进行频率扫描，使不同的核依次满足共振条件而得出核磁共振谱线。但连续波仪器做样时间长、灵敏度低，无法完成 ^{13}C 核磁共振和二维核磁共振的波谱测试工作，现在已经基本不生产，而代之以脉冲傅立叶变换核磁共振仪。

脉冲傅立叶变换核磁共振仪大多是超导核磁共振仪，采用超导磁铁产生高强磁场。超导线圈浸泡在液氦中，为了减少液氦的蒸发，液氦外面用液氮冷却。这样的仪器一般包括五个部分：射频发射系统、探头、磁场系统、信号接收系统和计算机控制与处理系统。可以检测的范围为 200～900MHz。

脉冲核磁共振使用一个强而短的射频脉冲，它能同时激发所需频率范围内的所有核的共振（对应于化学位移）。体系为了恢复平衡，各个核通过各种方式弛豫，在信号接收系统中可以得到一个随时间逐步衰减的信号，称作“自由感应衰减”（Free Induced Decay，FID）。因为 FID 信号是时间域（Time Domain）函数 $f(t)$，而核磁共振谱中的信号是频率域（Frequency Domain）函数 $f(\omega)$，可经过通称为傅立叶变换的数学方法（表达式为 $f(\omega)=\int_{-\infty}^{+\infty} f(t)\exp^{-iwt}(\mathrm{d}t)$ ）把 FID 信号变换为常见的核磁共振信号，两者关系见图 2-7 所示。在信号接收系统中收到的信号是各种核的 FID 信号的叠加，然后进行傅立叶变换就可以得到容易解析的、人们熟悉的 NMR 频率谱。如图 2-8 所示是核磁共振的两个 FID 信号经 FT 变换所得到的两条频率谱。在图上方的 FID 信号是由下面两个 FID 信号叠加而成的，从图中可以看出，即使只有两条频率谱线，它们的 FID 信号也变得很复杂。

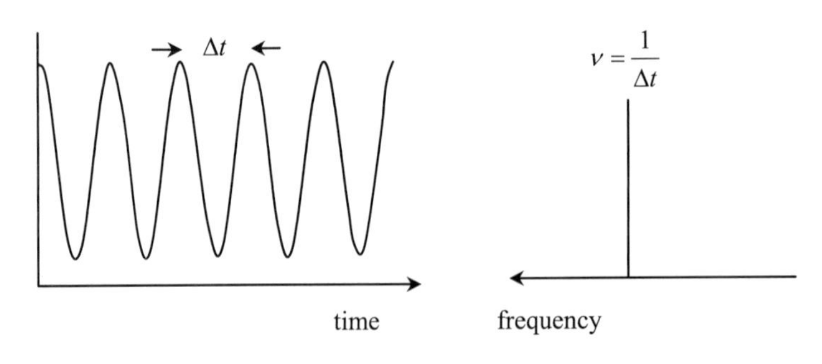

图 2-7　时间信号与频率信号的关系

近 20 年来，各种各样的 FT–NMR 实验，无论在获得信息的种类上，还是在实验的简便程度方面都有极大的发展。例如，根据不同的要求，在所谓的“演化期”内对信号进行加工，可获取结构测定中极为有用的信息。

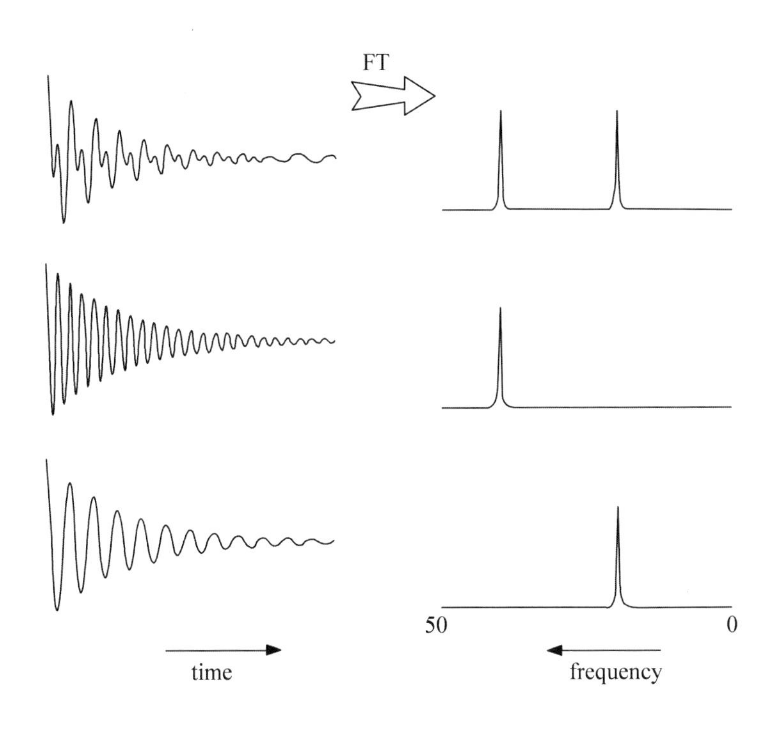

图 2-8　FID 信号经傅立叶变换产生频率示意图

脉冲核磁共振波谱的一些重要优点是：

（1）可在 Fourier 变换计算之前，采用重复扫描实验并累加一系列 FID 信号，从而提高信噪比（*S/N*）。图 2-9 所示为信噪比（*S/N*）的示意图。信号频率是固定的，它的强度 *S* 与扫描次数 *n* 成正比；噪音 *N* 是随机的，与扫描次数 *n* 的平方根成正比。所以 $S/N \propto \sqrt{n}$。因此，通过增加扫描次数 *n*，提高信噪比（*S/N*），可以检测浓度非常稀的样品。

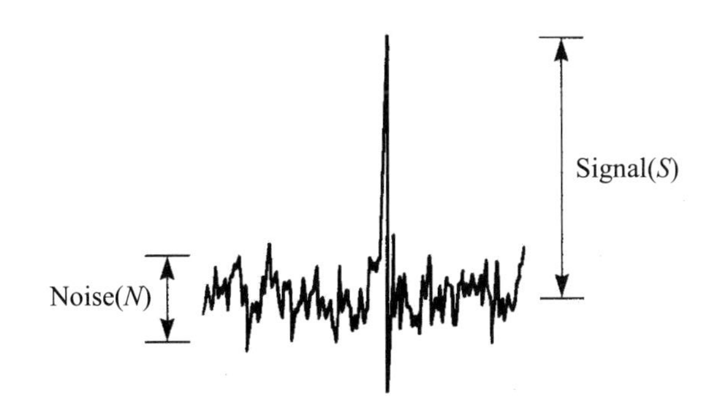

图 2-9　信噪比（*S/N*）示意图

（2）可检测瞬时或中等长寿命的核。

（3）脉冲 FT 实验比 CW 实验所用的时间短得多，因而更容易保持磁场最佳均匀度。

（4）脉冲 NMR 方法可以非常容易地执行有选择性的灵敏度增强实验，这些实验用 CW 方法是不可能进行的。

（5）用脉冲 NMR 方法可研究范围很宽的弛豫时间，这些实验提供了关于分子结构和分子动力学的各种信息。

（6）二维 FT–NMR 实验可提供复杂自旋系统的丰富信息。

2.3 化学位移

1950 年，W. G. Proctor 小组在研究硝酸铵的 ^{14}N 核磁共振时，发现硝酸铵的核磁共振谱线为两条。显然，这两条谱线分别对应硝酸铵中的铵离子和硝酸根离子，即核磁共振信号可以反映同一原子核的不同化学环境，现在我们就来解释这种现象。

2.3.1 屏蔽常数（σ）

在外磁场 B_0 中，不同的原子核有不同的磁旋比γ，由式（2.4）可知，核磁共振频率也是不同的；但是对于同一种同位素的原子核，如 ^1H 核，γ 值是相同的，为什么有机分子中所处不同环境的 ^1H 核，其共振频率也稍有变化呢？原来核外电子运动产生一种与外磁场相反的磁场，削弱了外磁场 B_0，使核真正感受到的磁场强度改变了。这种因核外电子运动削弱了外磁场对核的影响作用称为屏蔽作用，屏蔽作用的大小以屏蔽常数σ 表示，则核实际受到的磁场 B_i 为：

$$B_i = B_0(1-\sigma) \tag{2.7}$$

屏蔽常数与原子核所处化学环境有关，它反映核外电子对核的屏蔽作用的大小。一般而言，核外电子云密度大，受到的屏蔽作用大，σ 值大。

2.3.2 化学位移（δ）

某种同位素原子核处于静磁场 B_0 中，由于屏蔽效应不同，使得每个核所处的化学环境不同，根据式（2.5）和（2.7）可知，自旋核的进动频率也不同：

$$\nu_0 = \frac{\gamma}{2\pi} B_0(1-\sigma) \tag{2.8}$$

这种因原子核在分子中所处的化学环境不同而引起 Larmor 进动频率 ν_0 的移动，称为化学位移。对于在同一个分子中有 n 个化学上不等价的核来说，由于有 n 个不同的 Larmor 进动频率，在核磁共振谱中可以观察到 n 个吸收信号，这就是核磁共振研究有机化学结构的基础。

化学位移的变化只有十万分之一左右，因此，精确测量化学位移的绝对值是相当困难的，所以在实验中通常采用某一物质作为标准物，化学位移取其相对值：

$$\Delta\nu = \nu_{样} - \nu_{标}$$

式中：$\nu_{样}$是指试样的 Larmor 进动频率，$\nu_{标}$是指标准物的吸收信号的频率。即以某标准物的共振峰为原点，测样品各共振峰与原点的相对距离。此外，化学位移的大小与磁场强度成正比，仪器的磁场强度不同，所测得的同一核的化学位移也不相同。为了比较在不同 NMR 仪操作条件下的化学位移，实际工作中常用一种与磁场强度无关的、无量纲的值，从而引入δ的概念，δ计算公式为：

$$\delta = \frac{\nu_{样} - \nu_{标}}{\nu_{标}} \times 10^6 \tag{2.9}$$

式中：δ单位为 ppm（百万分之一），是无量纲单位，乘以 10^6 是为了使数值便于读取。

同理，δ亦可表示为：

$$\delta = \frac{B_{标} - B_{样}}{B_{标}} \times 10^6 \tag{2.10}$$

式中：$B_{标}$为标准物共振时的磁场强度，$B_{样}$为被测样品共振时的磁场强度。显然，样品共振时的磁场强度 $B_{样}$越大，所测的化学位移值越小，因此，高场端的化学位移值小，低场端的化学位移值大。当固定磁场扫描频率时，采用（2.9）式计算δ值；当固定频率扫描磁场时，采用（2.10）式计算δ值。故有高场低频，低场高频之说，这是对于两种不同的扫描方式而言的，不可混淆。

实际测 NMR 图谱时，通常用四甲基硅烷（tetramethylsilane，TMS）作为参考标准物，并且规定 TMS 的$\delta=0$。用 TMS 作为标准参考物是由于 TMS 有以下优点：

（1）TMS 只有一个峰（四个甲基对称分布）。

（2）甲基氢核的核外电子屏蔽作用很强，进动频率ν_0小，一般化合物的共振峰大都出现在 TMS 峰的左边（低场附近），易于分辨，按照“左正右负”规定，一般化合物的δ为正值。

（3）TMS 的沸点仅 27℃，易于从样品中除去，便于样品回收。

（4）TMS 化学性能稳定，与样品分子不会发生缔合。

（5）TMS 与溶剂或样品的相互溶解性好。

需要注意的是核外电子感应磁场与外加磁场强度成正比，式（2.7）也反映了这一点。但δ是一个相对值，它与外加磁场及所感应的磁场强度均无关，用不同磁场强度的仪器所测定的化学位移数值相同。

核磁共振图谱的横坐标用δ（ppm）表示，图 2-10 是乙酸乙酯的氢谱。在图左边（低场）约 4.1ppm，是与氧原子相连的 CH_2，被甲基裂分成四重峰；在右边高场区是与 CH_2 连接的甲基，被裂分成三重峰；与羰基连接的甲基，以单峰出现在 2.0ppm；化学位移值为 0 的单峰是内标四甲基硅 TMS。当仪器为 60MHz 时，δ值的一个 ppm 相当于 60Hz；如果仪器为 300MHz，则δ值的一个 ppm 相当于 300Hz。

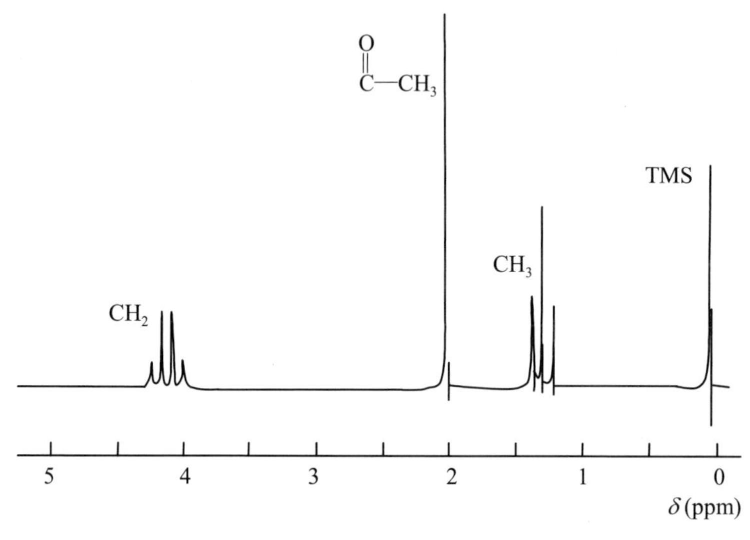

图 2-10　乙酸乙酯氢谱（60MHz）

2.3.3　溶剂

利用核磁共振进行有机结构鉴定时，要把样品溶在溶剂中才可以测试。现在的高分辨核磁共振仪都要用氘来锁场，因此，所选溶剂一般要有氘原子。另外，所选的溶剂还要对样品有一定的溶解能力。普通的有机样品可选用 $CDCl_3$；极性大的样品可选用 CD_3COCD_3，DMSO–d_6，D_2O，CF_3COOD 等；芳香性化合物，有机金属络合物样品可选用 C_6D_6、甲苯–d_8 等溶剂。

解析谱图时要首先区分出溶剂峰，一些常用氘代溶剂的残存质子的化学位移见表 2-2 所示。所用核磁管、样品、氘代溶剂若含有微量水，会出现 H_2O 质子峰，对谱图解析也产生干扰，表中也同时列出 H_2O 在各氘代溶剂中的峰位。

表 2-2　氘代溶剂峰以及水峰的化学位移

氘代溶剂	氘代溶剂中残余质子 δ_H（ppm）	水在氘代溶剂中的 δ（ppm）
$CDCl_3$	7.27	1.5
C_6D_6	7.16	0.4
CD_3COCD_3	2.05	2.75
DMF–d_7	8.03，2.92，2.75	3.0
DMSO–d_6	2.50	3.35
甲苯–d_8	7.09，7.00，6.98，2.09	0.2
甲醇–d_4	4.87，3.39	4.9
吡啶–d_5	8.74，7.58，7.22	5.0
乙腈–d_3	1.95	2.1
乙酸–d_4	11.65，2.04	11.5
三氟乙酸–d_1	11.30	11.5
D_2O	4.75	4.75（HDO）

2.3.4 影响化学位移的因素

化学位移的大小决定于屏蔽常数σ的大小，凡是改变氢核外电子云密度的因素都能影响化学位移。因此，可以预言，若结构上的变化或环境的影响使氢核外层电子云密度降低，将使谱峰的位置移向低场（谱图左方），化学位移值增大，这称为去屏蔽（deshielding）作用。反之，若某种影响使氢核外层电子云密度升高，将使峰的位置移向高场（谱图右方），化学位移值减小，称为屏蔽作用（shielding）。

对于 ^1H 化学位移的影响因素，主要有以下几点。

1. 取代基的电子效应（electronegativity）

由于诱导效应，取代基电负性越强，与取代基连接于同一碳原子上的氢的共振峰越移向低场，反之亦然。以甲基的衍生物为例，见表 2-3 所示。

表 2-3 CH_3X 取代基（X）电负性与化学位移的关系

X	X 的电负性	δ（ppm）
$—Si(CH_3)_3$	1.90	0
—H	2.20	0.13
—I	2.65	2.16
$—NH_2$	3.05	2.36
—Br	2.95	2.68
—Cl	3.15	3.05
—OH	3.50	3.38
—F	3.90	4.26

取代基的诱导效应可沿碳链延伸，α–C 上的氢位移较明显，β–C 原子上的氢位移较小，γ–C 上的氢位移甚微。如：

	$\mathbf{CH_3}Br$	$\mathbf{CH_3}CH_2Br$	$\mathbf{CH_3}CH_2CH_2Br$	$\mathbf{CH_3}CH_2CH_2CH_2Br$
δ（ppm）	2.68	1.65	1.04	0.9

常见有机官能团的电负性都大于氢原子的电负性，当碳原子上的取代基增多时，化学位移向低场移动。取代基数目越多，向低场移动越显著。

	$\mathbf{CH_3}Cl$	$\mathbf{CH_2}Cl_2$	$\mathbf{CH}Cl_3$
δ（ppm）	3.15	5.33	7.27

取代基对不饱和化合物的影响较为复杂，需要同时考虑诱导效应和共轭效应。由于π电子的转移，导致基团电子云密度的改变，此种效应称为共轭效应。如在下列共轭体系的化合物中就同时考虑了两种效应的影响：

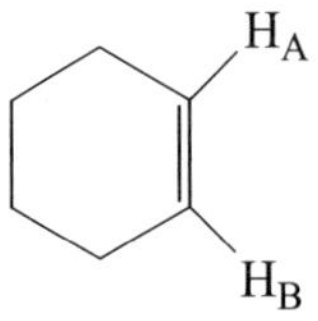

1 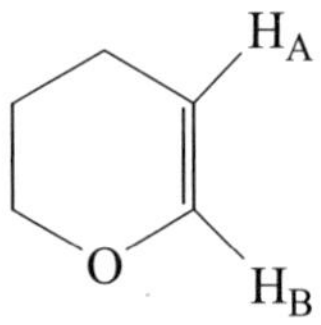　2 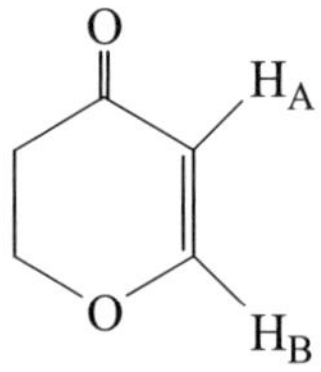　3 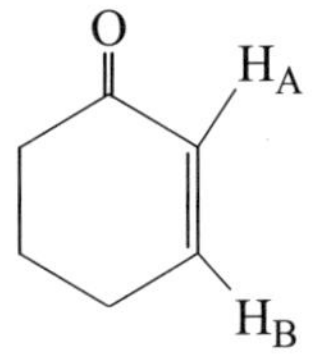　4

δ（ppm）

1：$H_A = 5.59$，$H_B = 5.59$

2：$H_A = 4.63$，$H_B = 6.16$

3：$H_A = 6.48$，$H_B = 8.05$

4：$H_A = 5.93$，$H_B = 6.88$

相对于化合物 **1**，化合物 **2** 中 H_B 由于氧原子的吸电子作用，其化学位移向低场移动（6.16ppm）；而对于 H_A，由于氧原子孤对电子与双键的共轭作用使 H_A 的电子云密度增大，化学位移向高场移动（4.63ppm）。相反，不饱和羰基化合物 **4** 中，由于共轭作用使β位带有部分正电荷而使 H_B 的化学位移向低场移动（6.88ppm）；对于α 位的 H_A 因羰基的诱导作用使其化学位移也向低场移动（5.93ppm）。

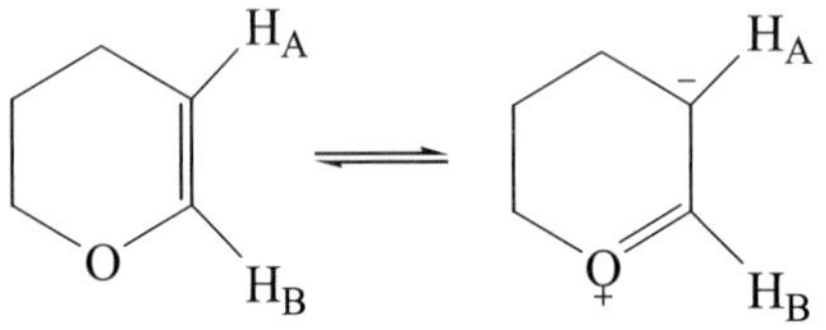

2 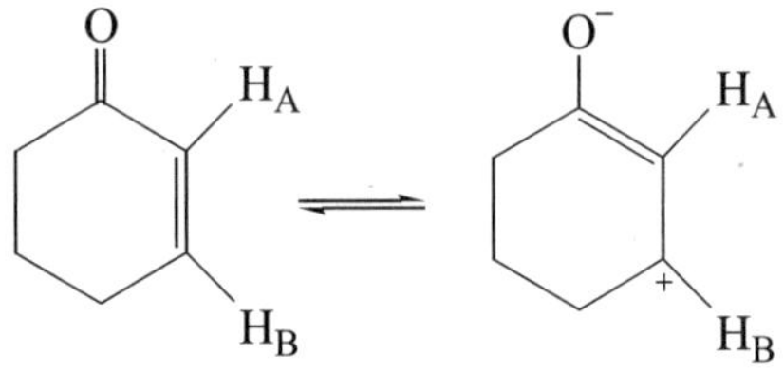　4

还有一些与氢核不直接相连的原子在适当的距离位置时，也可以通过空间传递其电子效应，使核周围电子云密度有所改变来影响氢核的屏蔽常数，从而影响 ^{1}H 的化学位移，这种效应称为场效应。

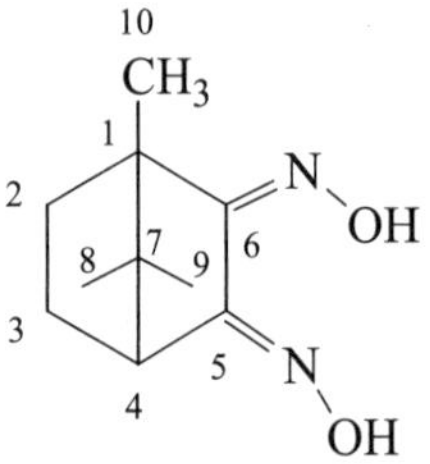

5 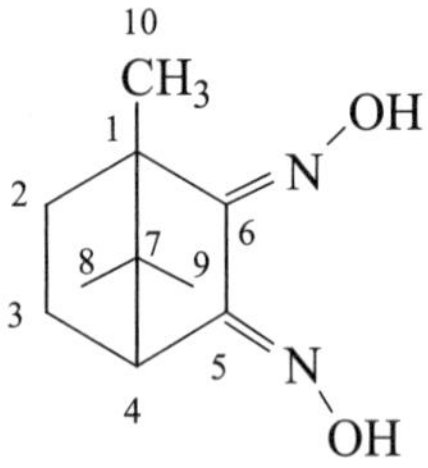　6 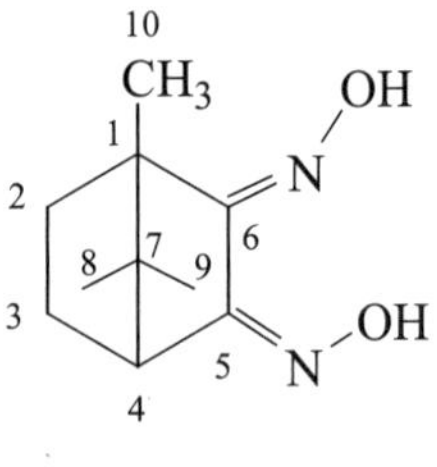　7

δ（ppm）

5：$H_{10} = 0.99$，$H_4 = 3.07$

6：$H_{10} = 1.32$，$H_4 = 2.99$

7：$H_{10} = 1.31$，$H_4 = 2.18$

比较化合物 **5** 和 **6** 的甲基（10 位）可以看出，当羟基的取向偏向甲基一边时，二者在空间上位置靠近，使甲基的化学位移向低场移动，由原先的 0.99ppm 移到 1.32ppm，而 H_4 的化学位移也稍稍向高场移动。在化合物 **7** 中，H_4 的化学位移因羟基取向的改变而明显向高场移动，由原先的 2.99ppm 移到 2.18ppm。

2. 碳原子的杂化方式

（1）sp^3 杂化

与 sp^3 杂化碳相连的氢，如果邻近没有吸电子基团或π键，其化学位移在 0～2ppm。靠近高场 0ppm 的是张力很大环上的氢，如环丙烷类化合物。与 sp^3 杂化碳相连的甲基（$\mathbf{CH_3}$），其化学位移大多在 1ppm 左右；与 sp^3 杂化碳相连的亚甲基（$\mathbf{CH_2}$），它们的化学位移向低场移动，约在 1.2～1.4ppm；与 sp^3 杂化碳相连的次甲基（C**H**）化学位移向更低场移动，在 1.4～1.7ppm，当然，当该碳与杂原子（O 或 N）或双键等官能团连接时，不会落在这段高场区而是向更低场位移，化学位移值增大。

（2）sp^2 杂化

与氢相连的碳原子从 sp^3 杂化（C—C 单键）到 sp^2 杂化（C=C 双键），s 电子的成分从 25% 增加至 33%，成键电子更靠近碳原子，因而对所连接的氢原子的去屏蔽作用增强，即化学位移移向低场。烯质子（—C=C—**H**）的化学位移一般在 4.5～7ppm，而芳香质子因磁的各向异性效应化学位移向更低场移动（7～8ppm）。醛质子同样也连接在 sp^2 杂化碳原子上，其化学位移却在 9～10ppm，这是由于氧原子的诱导效应降低了与羰基碳相连的质子的电子云密度以及羰基（C=O）的磁的各向异性效应共同作用的结果。

（3）sp 杂化

对于炔氢的化学位移相对烯氢处于高场（1.7～2.7ppm），这是由碳碳三键的磁各向异性导致的。

	$CH_3—CH_3$	$CH_2=CH_2$	$HC\equiv CH$
	sp^3	sp^2	sp
δ（ppm）	0.88	5.84	1.80

3. 磁的各向异性效应

当与氢相连的碳原子从 sp^2 杂化（C=C 双键）到 sp 杂化（C≡C 三重键）时，虽然 s 电子的成分从 33%增加到 50%，但炔氢的化学位移却处于较高场。芳环上碳杂化方式与烯一样，但芳环上氢谱峰相对于烯氢则处于较低场。这是由于分子中氢核与某一基团在空间的相互关系不同而对氢核的δ 值产生影响，这种效应称为磁各向异性效应。磁各向异性效应是通过空间传递的，它与分子构型有关。

	$CH_2=CH_2$	$HC\equiv CH$	苯（C$_6$H$_5$—H）
δ（ppm）	5.84	1.80	7.16

（1）芳环

仅从杂化方式考虑，苯的δ 值大约是 5.7ppm，而实际上苯环上氢的δ 值明显移向低场（δ= 7.16ppm），这是因为当苯分子垂直于外加磁场 B_0 时，苯环中的π 电子在 B_0 作用下产生环电流，如图 2-11 所示。环电流产生的磁力线方向在苯环上、下方与外磁场磁力线方向相反，因而产生抗磁屏蔽，使环的上、下方成为屏蔽区，用正号表示；但在苯环侧面（苯环的氢正处于苯环侧面），二者的方向相同而表现顺磁屏蔽，成为去屏蔽区，用负号表示。由于环电流产生的磁场增强了外磁场，使苯环的氢核处于去屏蔽，共振谱峰移向低场。

实际上核磁共振所测定的样品是溶液，样品分子在溶液中处于不断翻滚的状态。因此，在考虑苯环π电子环电流作用时，应对苯环平面的各种取向进行平均。环电流仅仅是当苯环平面垂直于外磁场时才产生的，而当苯环平面与外磁场方向一致时，外磁场不产生诱导磁场，氢不受去屏蔽作用。对苯环平面的各种取向进行平均的结果是：氢核受到去屏蔽作用。

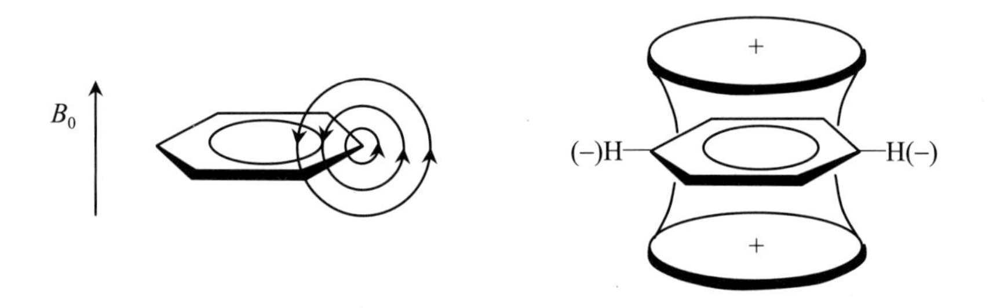

图 2-11　苯环的环电流效应

其实，不仅是苯，所有具有 $4n+2$ 个离域π电子的环状共轭体系都有强烈的环电流效应。若氢核在该环的上、下方受到强烈的屏蔽作用，这样的氢将在高场区域出峰，甚至其δ值出现负值。在该环侧面的氢核则受到强烈的去屏蔽作用，这样的氢在低场区域出峰，其δ值较大，例如：

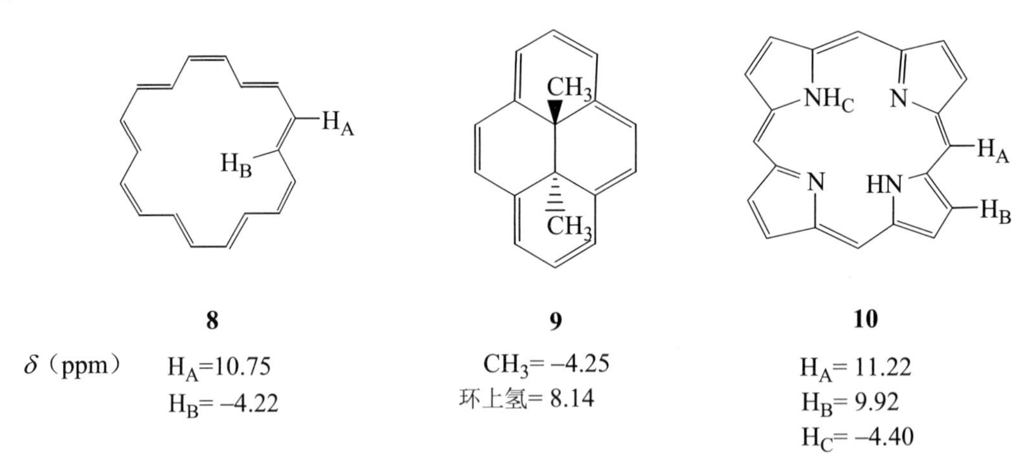

δ（ppm）	**8**	**9**	**10**
	H_A=10.75	CH_3= −4.25	H_A= 11.22
	H_B= −4.22	环上氢= 8.14	H_B= 9.92
			H_C= −4.40

化合物 **8** 中 H_A 在环的侧面，受到强烈的去屏蔽作用，化学位移在低场（10.75ppm），而 H_B 在环的上、下方则受到强烈的屏蔽作用，化学位移在高场（−4.22ppm）。在化合物 **9** 中，两个甲基在环的上、下方而受到强烈的屏蔽作用（−4.25ppm），环上的质子因处在环的侧面而位于低场（8.14ppm）。化合物 **10** 与化合物 **8** 类似，只是化合物 **10** 的 H_A 和 H_B 化学环境不同，因而二者δ值也不同。

既然芳香性的化合物因环电流效应产生磁的各向异性，反过来，也可以根据环电流效应的存在与否判断化合物有无芳香性。如，化合物 **11**，其 H_B 在环的上、下方，其化学位移却在较低场（10.3ppm），说明该化合物无环电流，不产生屏蔽效应，也即无芳香性。

H_A　H_B

11[16]-轮烯

H_A　H_B　O

δ（ppm）　H_A = 5.28　　H_A = 6.25
H_B = 10.3　　H_B = 7.30

无芳香性　　有芳香性

（2）羰基

羰基（C=O）双键的屏蔽作用类似苯环，如图 2-12 所示，在 C=O 双键的上方和下方，由于π 电子产生的磁力线方向与外加磁场方向相反，各形成一个锥形的屏蔽区，而在双键两侧成为去屏蔽区。这使得处在去屏蔽区的氢核向低场位移，而处于 C=O 屏蔽区的氢核却向高场位移。例如，在下列左边化合物中，H_A 处在 C=O 双键的屏蔽区，其化学位移向高场移至−0.07ppm；在右边化合物中，甲基（A）在 C=O 双键的去屏蔽区，则向低场位移。

O　H_A　H_B　　O　CH_3(A)　CH_3(B)

H_A在屏蔽区　　CH_3 (A)在去屏蔽区

δ（ppm）　H_A = −0.07　　H_A = 1.99
H_B = 0.55　　H_B = 1.71

（3）碳碳双键

双键（C=C）的π 电子产生的磁力线方向与羰基（C=O）相似，如图 2-12 所示。

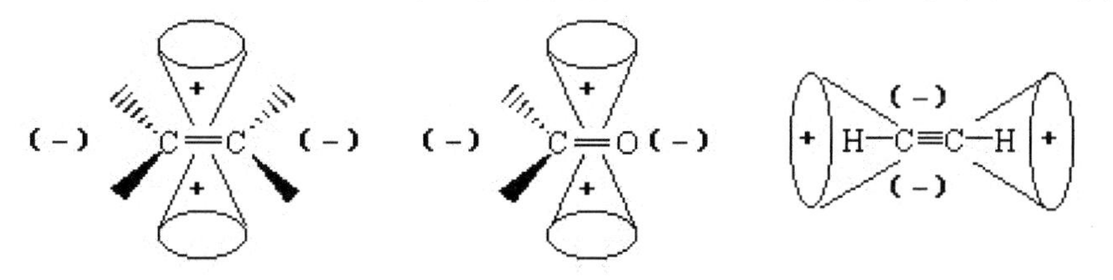

图 2-12　几种键的磁的各向异性效应

屏蔽区在双键平面的上、下方，而去屏蔽区在双键平面的两侧，这使得处于 C=C 双键平面上、下方的氢移向高场，在双键平面两侧的氢移向低场。如：

	12	13	14	15
	H_A在屏蔽区		CH_3(A) 在去屏蔽区 CH_3(B) 在屏蔽区	
δ（ppm）	H_A = 3.55	H_A = 3.75	H_A = 1.27 H_B = 0.85	H_A = 1.17 H_B = 1.01

化合物 **12** 的 H_A 处在双键上方的屏蔽区，与化合物 **13** 相比，其化学位移在相对高场位置（3.55ppm）。化合物 **14** 中的 CH_3（B）在双键上方的屏蔽区，与化合物 **15** 相比，其化学位移在较高场（0.85ppm），CH_3（A）在双键侧面的去屏蔽区，化学位移在较低场（1.27ppm）。

其他如 N=O 双键和肟等都有类似的各向异性效应。

（4）碳碳三重键

碳碳三重键（C≡C）中碳以 *sp* 杂化，π 电子以圆柱形环绕三键转动。当外磁场 B_0 沿分子轴向作用时，其 π 电子环流所产生的感应磁场与外加磁场方向相反，在三重键的轴方向两边各有一个锥形屏蔽区，而在三重键的周围形成一个大的去屏蔽区，如图 2-12 所示。炔氢处在三重键的屏蔽区内，故出现在高场。

（5）单键

C—C 单键和 C—H 键也有磁各向异性，其方向与双键类似。当 CH_2 不能自由旋转时，CH_2 上的两个氢化学位移就略有差别。如图 2-13 所示，以环己烷 C_1 上的平伏氢 H_{eq} 和直立氢 H_{ax} 为例，C_1—C_6 键和 C_1—C_2 键均分别对它们产生屏蔽和去屏蔽作用，这两根键对 H_{ax} 和 H_{eq} 的总的作用相同，不致产生化学位移的差别。但 H_{eq} 处于 C_2—C_3 键和 C_5—C_6 键的去屏蔽圆锥之中，而 H_{ax} 处于 C_2—C_3 键和 C_5—C_6 键的去屏蔽圆锥之外，使 H_{eq} 向低场位移，$\delta_{ax} < \delta_{eq}$，差值约 0.5ppm。当然，$C_3$—$C_4$ 键、C_4—C_5 键及 C—H 键对此差值也稍有贡献。

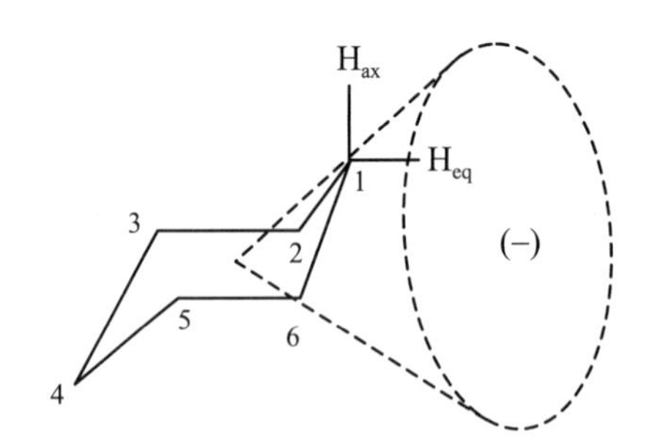

图 2-13　环己烷的平伏氢 H_{eq} 和直立氢 H_{ax} 各向异性效应

然而，环己烷在室温下，椅式构象间存在快速翻转，H_{eq} 和 H_{ax} 之间也不断变换，在氢谱中只表现一个共振峰，即两者的化学位移相同。当温度降低，环己烷的翻转减慢，或者有取代基限制环己烷的翻转而处于某个较稳定的构象时，H_{eq} 与 H_{ax} 的化学位移就不再相等了。

4. 范德华（van der Waals）效应

当所研究的氢核和附近的原子间距小于范德华半径之和时，核外电子相互排斥，从而使氢核周围电子云密度减小，屏蔽效应减弱，核磁共振信号移向低场，这就是范德华效应。如：

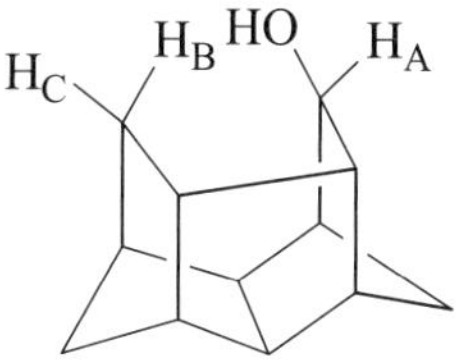

16

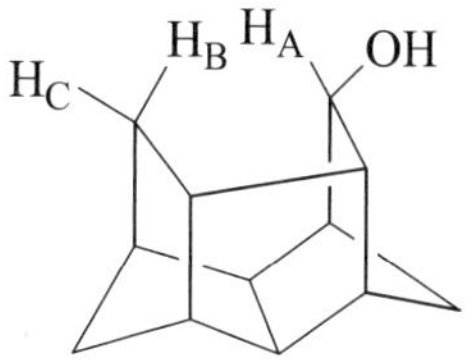

δ（ppm） H_A = 3.92
H_B = 3.55
H_C = 0.88

17

H_A = 4.68
H_B = 2.40
H_C = 0.88

在化合物**17**中，H_A与H_B存在范德华效应，把H_A核外电子推向C_A端，使H_A核周围电子云密度减小，屏蔽效应减弱，其化学位移相对化合物**16**向低场位移；至于H_B，在化合物**16**和**17**中均有范德华效应，只是化合物**16**中的羟基基团较大（相对于H_A），范德华效应显著，其化学位移向低场移动更多，当然也不排除场效应的影响。

5. 氢键

氢键的形成使氢核外的电子云密度减小，$\overset{-}{X}—\overset{+}{H}\cdots\cdots\overset{-}{Y}$（X，Y 通常是 O、N 和 F 等电负性大的原子），结果是使氢受到去屏蔽作用，核磁共振信号移向低场。

氢键的生成可以在分子间，也可以在分子内。分子间生成氢键的难易与样品的浓度，溶剂的性能、温度等有关。浓度降低，温度升高，生成分子间氢键的可能性减小，核磁共振信号向高场位移。例如，纯乙醇的羟基质子δ=5.28ppm，在CCl_4溶剂中，当浓度为5%～10%时，羟基质子的δ值在3～5.0ppm，在更稀的溶液中可位移至0.7ppm。在 ^{1}H NMR 谱中，一般羟基质子位置可变。对于生成分子内氢键的质子，化学位移只决定于分子本身的结构特征，与溶液浓度无关。羧酸羟基形成氢键能力很强，其化学位移出现在低场（10～13ppm）。乙酰丙酮烯醇式的羟基氢的化学位移在15.4ppm。如：

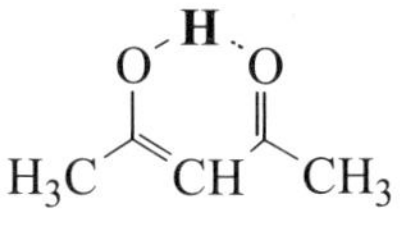

	H_3C—C(O—**H**)=CH—C(=O)—CH_3	R—COO**H**	Ar—O**H**	R—O**H**
δ（ppm）	15.4	10～13	4.5～10	0.5～4.5

6. 溶剂效应

同一种样品，使用不同的溶剂，化学位移可能不同，这种因溶剂不同而引起δ值改变的效应，称为溶剂效应。在溶液中，溶剂分子接近溶质分子，使样品分子的氢核外电子云形状改变，产生去屏蔽作用。此外，溶剂分子的磁各向异性也能导致样品分子不同部位的屏蔽或去屏蔽作用。

实践证明：$CDCl_3$和CCl_4等有机溶剂对化合物的δ值基本上没有影响，而芳香性溶剂如C_6D_6或吡啶对样品δ值影响较大，尤其对于OH，SH，NH_2等活泼氢，溶剂效应更为强烈。在N,N–二甲基甲酰胺DMF的分子中，由于氮上未共用电子对与羰基可发生共轭作用，使C—N键不能自由旋转，两个甲基在空间相对位置固定，所以它们的δ值也不同。在纯的$CDCl_3$溶剂中α–CH_3的δ_H值大于β–CH_3的δ_H值，因而处于低场。在较高场的β–CH_3，是处于醛氢的反位，与醛氢的偶合常数较大，明显地裂分为二重峰。在$CDCl_3$–C_6D_6混合溶剂中，随着溶剂C_6D_6组分含量增加，α–CH_3的化学位移逐渐移向高场（如图2-14所示）。在纯C_6D_6中则α–CH_3的δ_H值反而小于β–CH_3的δ_H值，这是由于C_6D_6与N,N–二甲基甲酰胺生成瞬间络合物，C_6D_6的π电子体系趋向于分子中带正电的一端而远离带负电荷的氧端，使α–CH_3处在苯环的屏蔽区，而向高场位移。

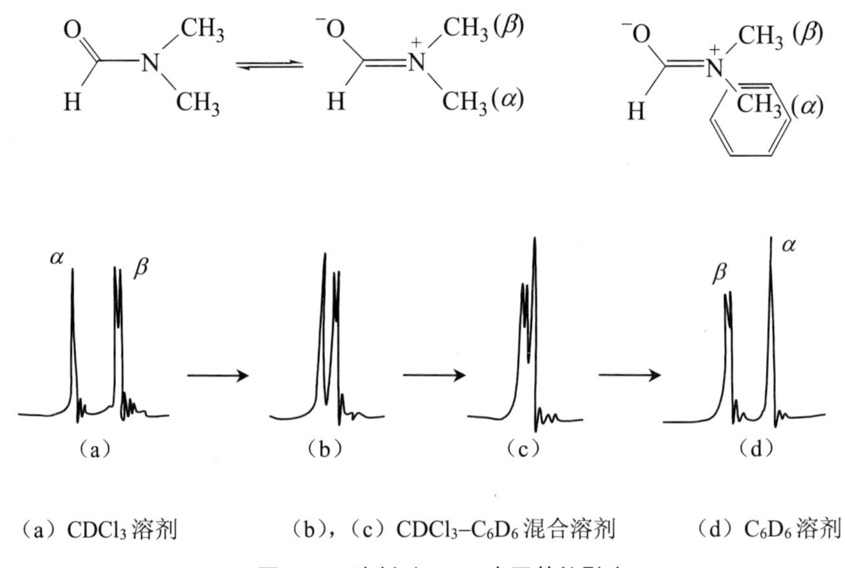

（a）$CDCl_3$溶剂　　（b），（c）$CDCl_3$–C_6D_6混合溶剂　　（d）C_6D_6溶剂

图2-14　溶剂对DMF中甲基的影响

对于羰基化合物，羰基也显出极性，在C_6D_6溶剂中，苯环易趋于羰基的碳端。由于苯环的磁各向异性效应，使得处于羰基α–位的直立键的质子或烷基处于苯环的屏蔽区，相对于$CDCl_3$溶剂，向高场位移，δ值变小；对于处于羰基α–位的平伏氢或烷基的δ值几乎没有影响。2,2,6–三甲基环己酮处于直立键的甲基化学位移受溶剂影响明显，在C_6D_6溶剂中，其化学位移δ值比在$CDCl_3$溶剂中小0.26ppm，即苯环的屏蔽作用使其向高场位移。

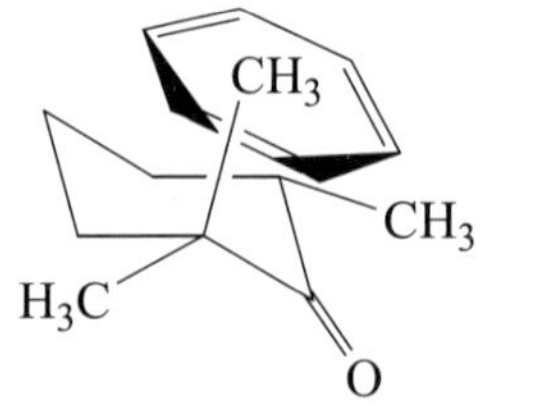

由于溶剂不同，δ值会发生改变，因此核磁共振的数据或谱图要注明所用溶剂，利用溶剂效应可用来推断结构，如化合物$C_{12}H_{26}O_4Si_2$有三种顺反异构体**18～20**。

18 **19** **20**

在 $CDCl_3$ 中，三种异构体的 OCH_3 在 ^1H NMR 谱中只有一个峰，δ=3.5ppm；当改用 C_6D_6 作溶剂时，OCH_3 在 ^1H NMR 谱中 δ 值在 3.3～3.6ppm 出现了四组共振峰。异构体 **19** 和 **20** 因分子对称，各只有一个 OCH_3 峰，而异构体 **18** 的两个 OCH_3 化学环境不同，应有两组共振峰。这表明在 $CDCl_3$ 中，三个异构体的 OCH_3 刚巧有同样的化学位移，在谱图中只出现一个峰；而在 C_6D_6 中，由于溶剂效应对每个异构体的影响不同，使 OCH_3 原来重叠在一起的峰被分开了，从而有利于判断化合物的结构。这种利用芳香溶剂的磁各向异性，使样品分子各基团的化学位移发生变化，得到有关分子结构信息的方法，是一项有用的核磁实验技术。

某糖衍生物 **21** 在 $CDCl_3$ 和 C_6D_6 两种溶剂的氢谱见图 2-15 所示，在图 2-15b 中 3.25ppm 处出现的峰是从图 2-15a 中 3.6ppm 附近重叠峰中分离出来的，四个 $PhCH_2O$ 的谱峰也变得清晰起来。

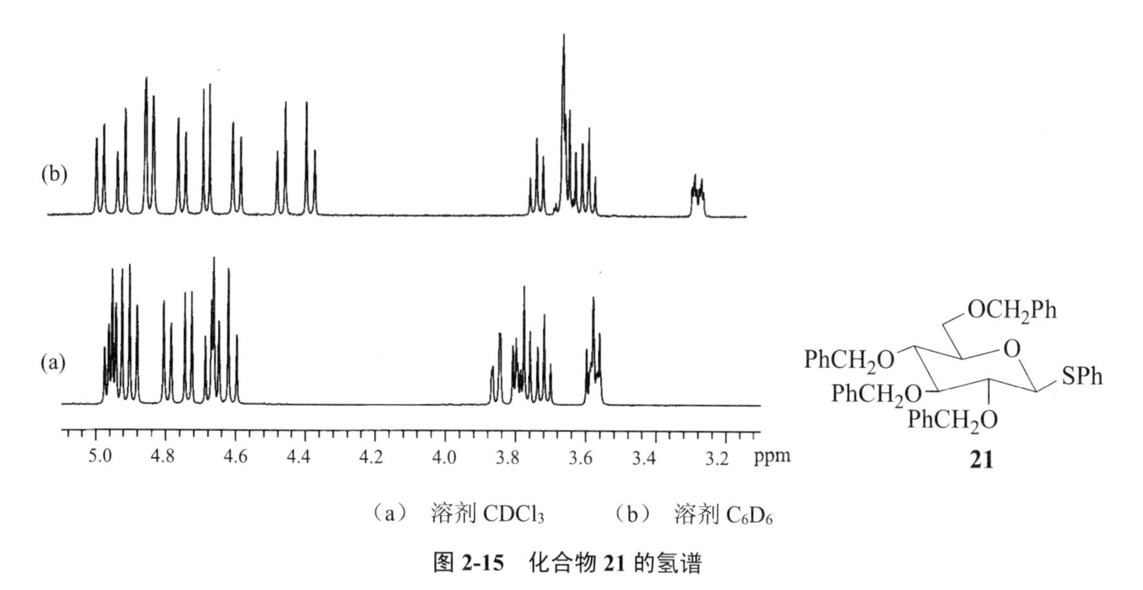

（a） 溶剂 $CDCl_3$　　（b） 溶剂 C_6D_6

图 2-15　化合物 21 的氢谱

2.3.5　各类氢核的化学位移

根据氢核的化学位移值可以了解氢核所处的化学环境，预测质子种类及周围环境，进而推测有机化合物的结构。化学位移 δ 值常用图表形式反映，一些基团的 δ 值也可用经验公式来计算。

含各种官能团的氢核的 δ 值如表 2-4 所示，从表中可以得到各种结构氢核的 δ 值分布总概念。常见化合物的甲基和亚甲基的化学位移如表 2-5 所示，该表的数据最好达到熟记的程度，对以后的解谱会很有帮助。

表 2-4　各种氢的化学位移范围（δ，ppm）

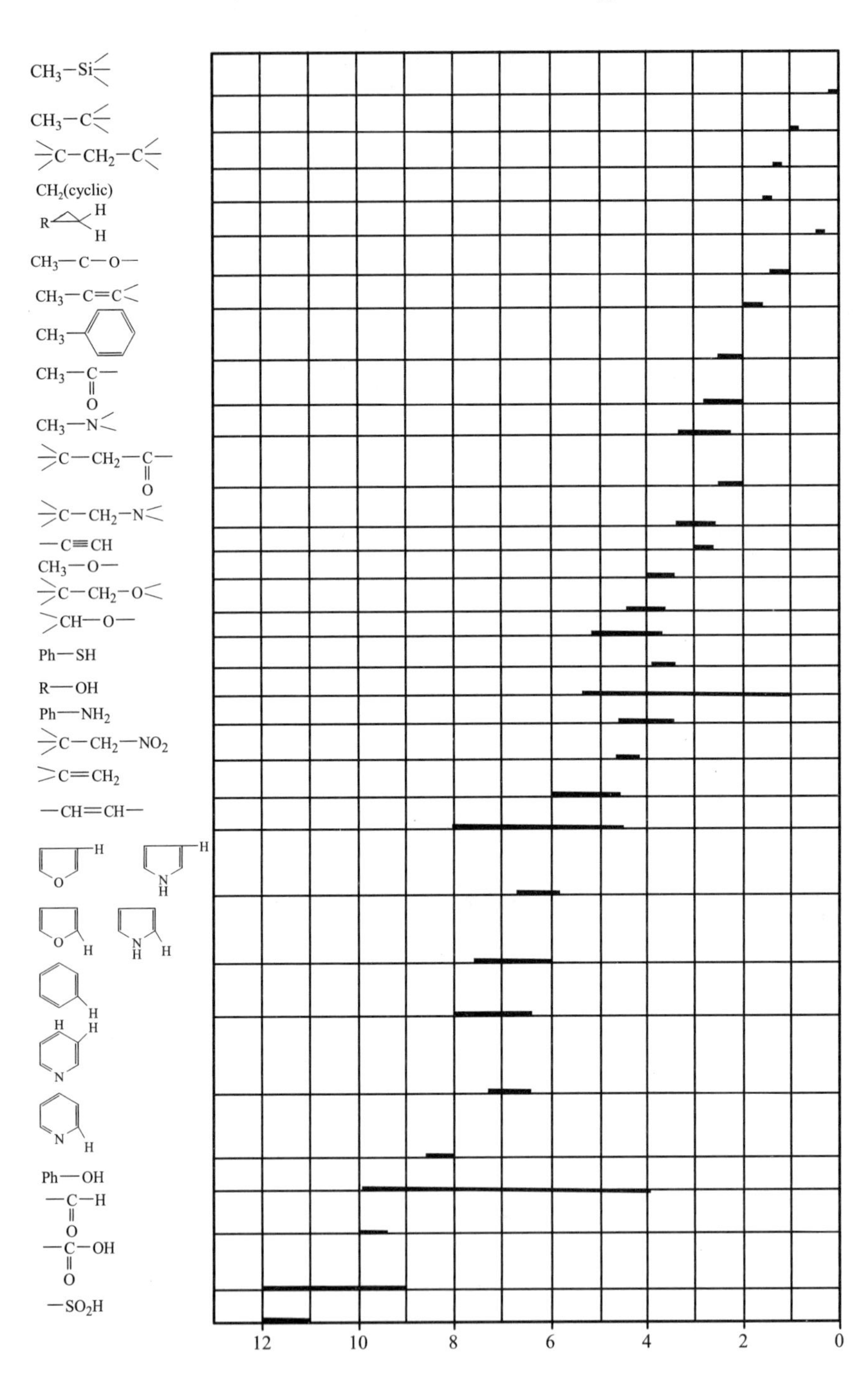

表 2-5　CH_3Y 和 CH_3CH_2Y 的化学位移(δ,ppm)

Y	CH_3Y	CH_3CH_2Y		Y	CH_3Y	CH_3CH_2Y	
	CH_3	CH_2	CH_3		CH_3	CH_2	CH_3
—H	0.23	0.86	0.86	—CHO	2.18	2.46	1.13
—CH═CH_2	1.71	2.00	1.00	—$CONH_2$	2.09	2.47	1.05
—C≡CH	1.80	2.16	1.15	—COPh	2.55	2.92	1.18
—C_6H_5	2.35	2.63	1.21	—COOH	2.08	2.36	1.16
—F	4.27	4.36	1.24	—CO_2CH_3	2.01	2.28	1.12
—Cl	3.06	3.47	1.33	—NH_2	2.47	2.74	1.10
—Br	2.69	3.37	1.66	—$NHCOCH_3$	2.71	3.21	1.12
—I	2.16	3.16	1.88	—SH	2.00	2.44	1.31
—OH	3.39	3.59	1.18	—S—	2.09	2.49	1.25
—OPh	3.73	3.98	1.38	—S—S—	2.30	2.67	1.35
—$OCOCH_3$	3.67	4.05	1.21	—CN	1.98	2.35	1.31
—OCOPh	3.88	4.37	1.38	—NO_2	4.29	4.37	1.58

亚甲基（CH_2）的δ值可用 Shoolery 经验式计算：

$$\delta = 1.25 + \sum \sigma \tag{2.11}$$

式中：σ 为取代基的经验屏蔽常数，数值见表 2-6 所示。

表 2-5　Shooklery 公式中的经验屏蔽常（CH_2—R）

取代基	σ	取代基	σ
—R	0.0	—OCO—Ph	2.9
—C═C—	0.8	—NH_2	1.0
—C≡C—	0.9	—NR_2	1.0
—Ph	1.3	—NO_2	3.0
—Cl	2.0	—S—R	1.0
—Br	1.9	—CHO	1.2
—I	1.4	—CO—R	1.2
—OH	1.7	—COOH	0.8
—OR	1.5	—COO—R	0.7
—O—Ph	2.3	—CN	1.2
—OCO—R	2.7		

式（2.11）计算亚甲基（CH_2）的δ值，仅考虑了 CH_2 两侧α位取代基的影响（其影响有

一较大的变化范围），而没有考虑α位以上的取代基的影响（它们会使δ值有一定的变化），所以计算出的δ值有偏差。例如：

CH_2BrCl　　$\delta=1.25+2.0+1.9=5.15$ppm（实测值：5.16ppm）

次甲基（CH）的δ值仍可用 Shoolery 经验公式计算，但（2.11）式中常数项 1.25 应改为 1.50。

$$\delta=1.50+\sum\sigma \tag{2.12}$$

例如：$(C_2H_5O)_3CH$　　$\delta=1.50+3\times1.5=6.0$ppm（实测值：4.96ppm）

随着取代基数目的增加，计算出的δ值与实测值偏差要大一些。

下面对常见化合物氢核的δ值作进一步讨论。

1．饱和碳氢化合物

饱和碳氢化合物的化学位移在 0.7～1.7ppm，甲基质子（$\mathbf{CH_3}$）大多在高场（0.7～1.3ppm），亚甲基（$\mathbf{CH_2}$）次之（1.2～1.4ppm），处于相对低场的是次甲基（**CH**），在 1.4～1.7ppm。长链饱和碳氢化合物的 CH 和 CH_2 往往相互重叠而不易区分，只有甲基峰处在较高场而与其他峰分离，易在谱图中辨认出，如正辛烷的氢谱（如图 2-16 所示）。

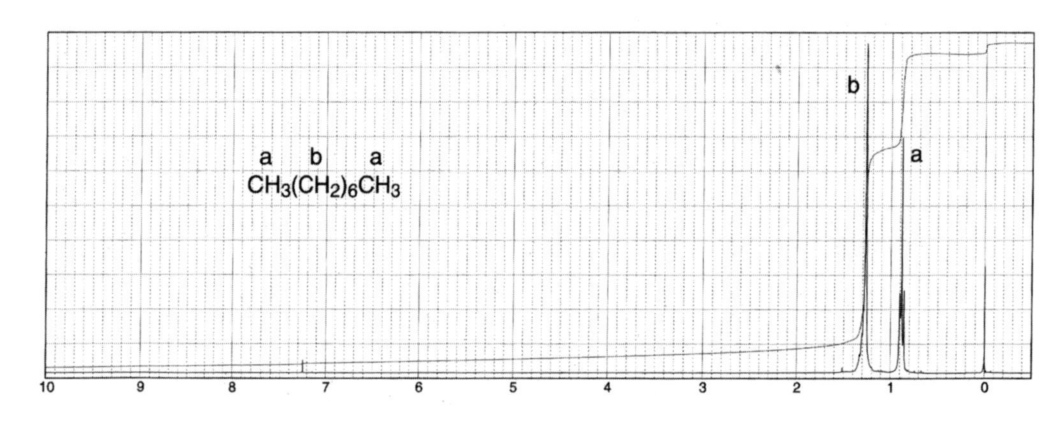

图 2-16　正辛烷的氢谱

2．烯烃

烯烃化合物的氢谱有两类特征质子峰：一类是直接与不饱和碳连接的氢（C=C—H），其化学位移一般在 4.5～6.0ppm，当与基团相连时，烯氢的化学位移变化会更大，见表 2-7 所示。另一类是烯丙位的氢（C=C—CH_2—），化学位移约在 1.6～2.6ppm。2–甲基–1–戊烯的氢谱见图 2-17 所示，图中烯氢 H_e 的化学位移值为 4.7ppm，烯丙位的氢 H_c 的化学位移值为 1.7ppm。

表 2-7　与基团相连的烯氢化学位移

结构	δ（ppm）	结构	δ（ppm）
$>C{=}CH{-}R$	4.5～6.0	$>C{=}CH{-}O{-}$	6.0～8.1
$>C{=}CH{-}C({=}O){-}$	5.8～6.7	$-CH{=}C({-}){-}O{-}$	4.0～5.0
$-CH{=}C({-}){-}C({=}O){-}$	6.5～8.0	$-CH{=}C({-}){-}N{-}$	3.7～5.0
$>C{=}C{=}CH{-}$	4.0～5.0	$>C{=}CH{-}N{-}$	5.7～8.0

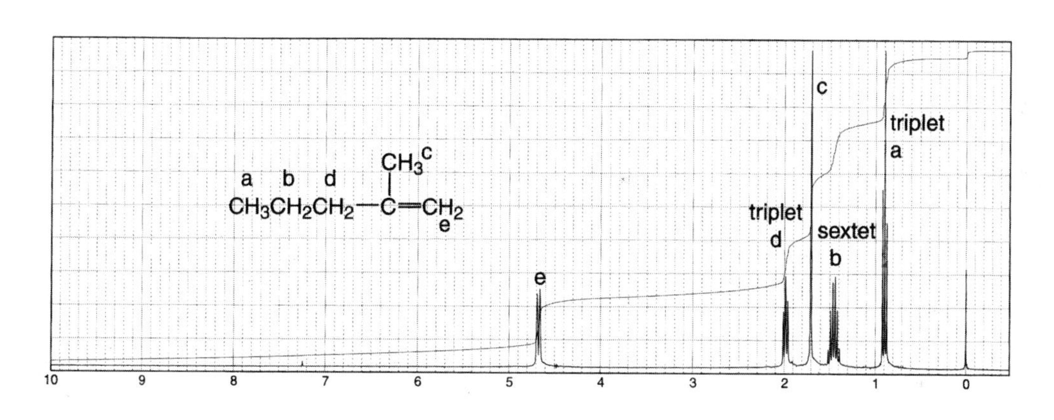

图 2-17　2–甲基–1–戊烯的氢谱

烯氢的化学位移可按 $R_{同}$（同碳上的取代基），$R_{顺}$（与所讨论的氢构成顺式的取代基）及 $R_{反}$（与所讨论的氢构成反式的取代基）的影响来计算：

$$\underset{R_{同}}{\overset{H}{}}\!>C{=}C<\!\underset{R_{反}}{\overset{R_{顺}}{}}$$

$$\delta_{=C-H} = 5.25 + Z_{同} + Z_{顺} + Z_{反} \tag{2.13}$$

式中：$Z_{同}$，$Z_{顺}$，$Z_{反}$分别为 $R_{同}$，$R_{顺}$，$R_{反}$的取代常数（参见表 2-8 所示）。例如：

$$\underset{Ph}{\overset{H_a}{}}\!>C{=}C<\!\underset{CN}{\overset{CO_2CH_3}{}} \qquad \delta_{H_a} = 5.25 + 1.38 + 1.18 + 0.55 = 8.36\text{ppm}（实测值：8.27\text{ppm}）$$

表 **2-8** 计算烯氢δ值的经验参数

取代基	$Z_{同}$	$Z_{顺}$	$Z_{反}$
—H	0	0	0
—烷基	0.45	−0.22	−0.28
—烷基（环内）*	0.69	−0.25	−0.28
—CH_2—Ar	1.05	−0.29	−0.32
—CH_2X，X=F，Cl，Br	0.70	0.11	−0.04
—CHF_2	0.66	0.32	0.21
—CF_3	0.66	0.61	0.32
—CH_2O	0.64	−0.01	−0.02
—CH_2N	0.58	−0.10	−0.08
—CH_2S	0.71	−0.13	−0.22
—CH_2CO，CH_2CN	0.69	−0.08	−0.06
—C=C	1.00	−0.09	−0.23
—C=C（共轭）	1.24	0.02	−0.05
—C≡C	0.47	0.38	0.12
—Ar	1.38	0.36	−0.07
—Ar（邻位取代）	1.65	0.19	0.09
—F	1.54	−0.40	−1.02
—Cl	1.08	0.18	0.13
—Br	1.07	0.45	0.55
—I	1.14	0.81	0.88
—OR，R（脂肪族）	1.22	−1.07	−1.21
—OR，R（不饱和）	1.21	−0.60	−1.00
—OCOR	2.11	−0.35	−0.64
—NR，R（脂肪族）	0.80	−1.26	−1.21
—NR，R（不饱和）	1.17	−0.53	−0.99
—NCOR	2.08	−0.57	−0.72
—N=N—Ph	2.39	1.11	0.67
—SR	1.11	−0.29	−0.13
—SOR	1.27	0.67	0.41
—SO_2R	1.55	1.16	0.93
—SCOR	1.41	0.06	0.02
—SCN	0.80	1.17	1.11
—CHO	1.02	0.95	1.17
—CO	1.10	1.12	0.87
—CO（共轭）	1.06	0.91	0.74
—COOH	0.97	1.41	0.71
—COOH（共轭）	0.80	0.98	0.32
—COOR	0.80	1.18	0.55
—COOR（共轭）	0.78	1.01	0.46
—$CONR_2$	1.37	0.98	0.46
—COCl	1.11	1.46	1.01
—CN	0.27	0.75	0.55
—$PO(OCH_2CH_3)_2$	0.66	0.88	0.67
—$OPO(OCH_2CH_3)_2$	1.33	−0.34	−0.66
—$Si(CH_3)_3$		0.11	0.35

* 烷基及双键均在环内

利用式（2.13）可以推测化合物结构、判断烯烃的顺反异构体。

【练习 2.1】 有一化合物存在两种顺反异构体 A 和 B，由 ^{1}H NMR 谱图知烯烃的δ值为 5.52ppm，判断该化合物结构。

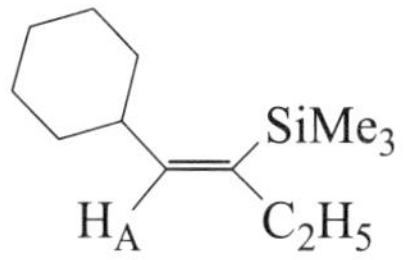

$SiMe_3$ H_A C_2H_5 C_2H_5 H_A $SiMe_3$

A 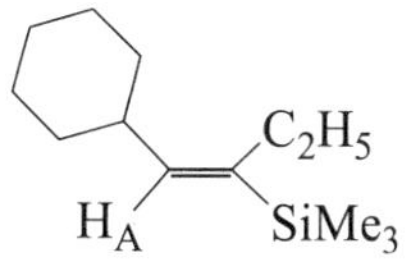 B

5.25 + 0.45 + (−0.22) + 0.35 = 5.83ppm 5.25 + 0.45 + (−0.28) + 0.11 = 5.53ppm

由式（2.13）分别计算出 A 和 B 烯氢 H_A 的化学位移分别为 5.83ppm 和 5.53ppm，比较可知，5.53ppm 与 5.52ppm 更为接近，所以该化合物的结构应为 B。A 化合物的 H_A 实测值为 5.71ppm。

一些烯烃化合物的化学位移如下：

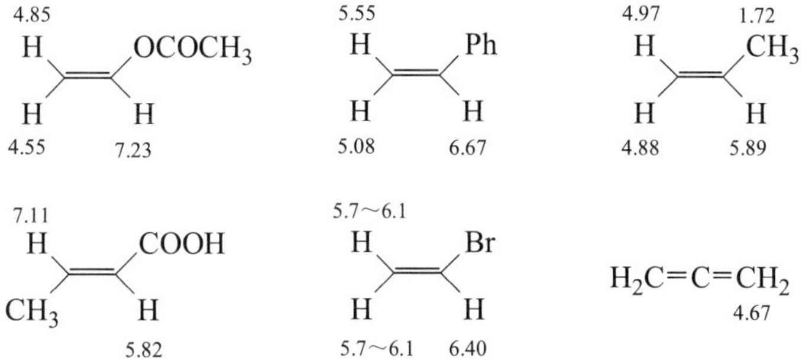

4.85 H $OCOCH_3$ H 4.55 H 7.23

5.55 H Ph H 5.08 H 6.67

4.97 H 1.72 CH_3 H 4.88 H 5.89

7.11 H COOH CH_3 H 5.82

5.7～6.1 H Br H 5.7～6.1 H 6.40

$H_2C=C=CH_2$ 4.67

3. 芳香化合物

芳香化合物与烯烃一样也有两类质子：一类是直接连在苯环上的氢，其化学位移在 6.5～8.0ppm，在这个区域大多是芳香环上的氢，但有强烈去屏效应的烯氢（如 C=C**H**—OR）偶尔也落在该区。前面已提到，芳香环上π电子流产生的去屏效应使芳环氢的化学位移较烯氢处于低场。另一类是苄基氢（如 PhC**H**—），它们的化学位移一般在 2.3～2.7ppm，当连接电负性大的基团时，化学位移会向低场移动。如对甲基氯化苄的氢谱如图 2-18 所示，甲基峰出现在 2.3ppm，而亚甲基的化学位移出现在 4.5ppm，大大地向低场位移，这是由氯原子吸电子效应所致。

单取代苯环理论上有 3 个峰，但实际上当取代基 X 是饱和烃基时，往往在谱图上出现 1 个单峰；当取代基 X 是杂原子（如 O，N，S 等）或是不饱和碳（—C=O，—C=C—）时，苯环上邻、间和对位氢的δ值不同，出现很复杂的多重峰（见 2.5.1 节）。

取代苯环上剩余氢的化学位移可按下式计算：

$$\delta = 7.26 + \sum Z_i \tag{2.14}$$

式中：Z_i 为取代基对苯环上剩余氢的δ值的影响，Z_i 值决定于取代基的种类及该取代基相对于所计算的苯环氢的位置，其数值如表 2-9 所示。

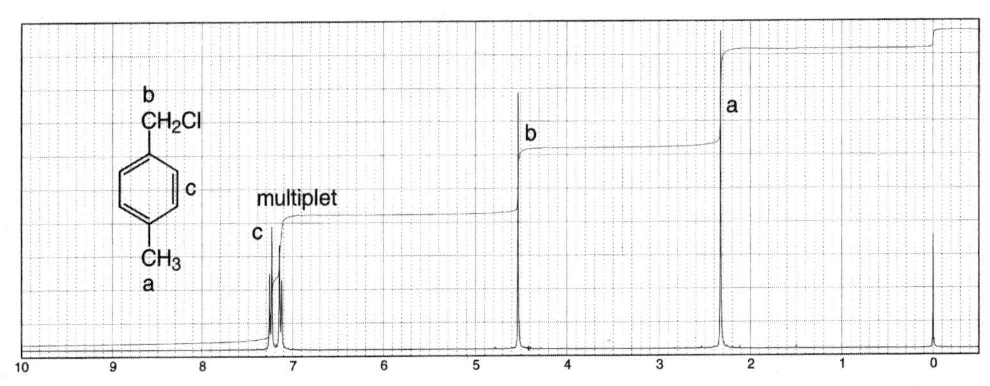

图 2-18　对甲基氯化苄的氢谱

表 2-9　计算苯环氢δ值的经验参数

取代基	Z_2	Z_3	Z_4	取代基	Z_2	Z_3	Z_4
—H	0	0	0	—NHCOCl$_3$	0.12	−0.07	−0.28
—CH$_3$	−0.20	−0.12	−0.22	—N(CH$_3$)COCH$_3$	−0.16	0.05	−0.02
—CH$_2$CH$_3$	−0.14	−0.06	−0.17	—NHNH$_2$	−0.60	−0.08	−0.55
—CH(CH$_3$)$_2$	−0.13	−0.08	−0.18	—N=N—Ph	0.67	0.20	0.20
—C(CH$_3$)$_3$	0.02	−0.08	−0.21	—NO	0.58	0.31	0.37
—CH$_2$Cl	0.00	0.00	0.00	—NO$_2$	0.95	0.26	0.38
—CF$_3$	0.32	0.14	0.20	—SH	−0.08	−0.16	−0.22
—CCl$_3$	0.64	0.13	0.10	—SCH$_3$	−0.08	−0.10	−0.24
—CH$_2$OH	−0.07	−0.07	−0.07	—S—Ph	0.06	−0.09	−0.15
—CH=CH$_2$	0.06	−0.03	−0.10	—SO$_3$CH$_3$	0.06	0.26	0.33
—CH=CH—Ph	0.15	−0.01	−0.16	—SO$_2$Cl	0.76	0.35	0.45
—C≡CH	0.15	−0.02	−0.10	—CHO	0.56	0.22	0.29
—C≡C—Ph	0.19	0.02	0.00	—COCH$_3$	0.62	0.14	0.21
—Ph	0.37	0.20	0.10	—COCH$_2$CH$_3$	0.63	0.13	0.20
—F	−0.26	0.00	−0.20	—COC(CH$_3$)$_3$	0.44	0.05	0.05
—Cl	0.03	−0.02	−0.09	—CO—Ph	0.47	0.13	0.22
—Br	0.18	−0.08	−0.04	—COOH	0.85	0.18	0.27
—I	0.39	−0.21	−0.00	—COOCH$_3$	0.71	0.11	0.21
—OH	−0.56	−0.12	−0.45	—COOCH(CH$_3$)$_2$	0.70	0.09	0.19
—OCH$_3$	−0.48	−0.09	−0.44	—COO—Ph	0.90	0.17	0.27

续表 2-9

取代基	Z_2	Z_3	Z_4	取代基	Z_2	Z_3	Z_4
—OCH_2CH_3	−0.46	−0.10	−0.43	—$CONH_2$	0.61	0.10	0.17
—O—Ph	−0.29	−0.05	−0.23	—COCl	0.84	0.22	0.36
—OCO—CH_3	−0.25	0.03	−0.13	—COBr	0.80	0.21	0.37
—OCO—Ph	−0.09	0.09	−0.08	—C=NH—Ph	0.6	0.2	0.2
—NH_2	−0.75	−0.25	−0.65	—CN	0.36	0.18	0.28
—$NHCH_3$	−0.80	−0.22	−0.68	—$Si(CH_3)_3$	0.22	−0.02	−0.02
—$N(CH_3)_2$	−0.66	−0.18	−0.67	—$PO(OCH_3)_2$	0.48	0.16	0.24
—$N^+(CH_3)_3I^-$	0.69	0.36	0.31				

稠环上氢的δ值也可按（2.14）式近似估算。因稠环芳烃抗磁环流的去屏蔽效应增强，使稠环上的氢化学位移值比苯环大一些。

7.81　7.46　　　8.31　7.91　7.39　　　8.93　7.88　7.82　8.12　7.71

4. 杂芳环

因杂芳环含杂原子，环上氢的化学位移与其相对杂原子的位置有关，受溶剂的影响也较大。一些典型的杂芳环上氢的δ值列于表 2-10 中。

表 2-10　一些杂芳环化合物的δ值（ppm）

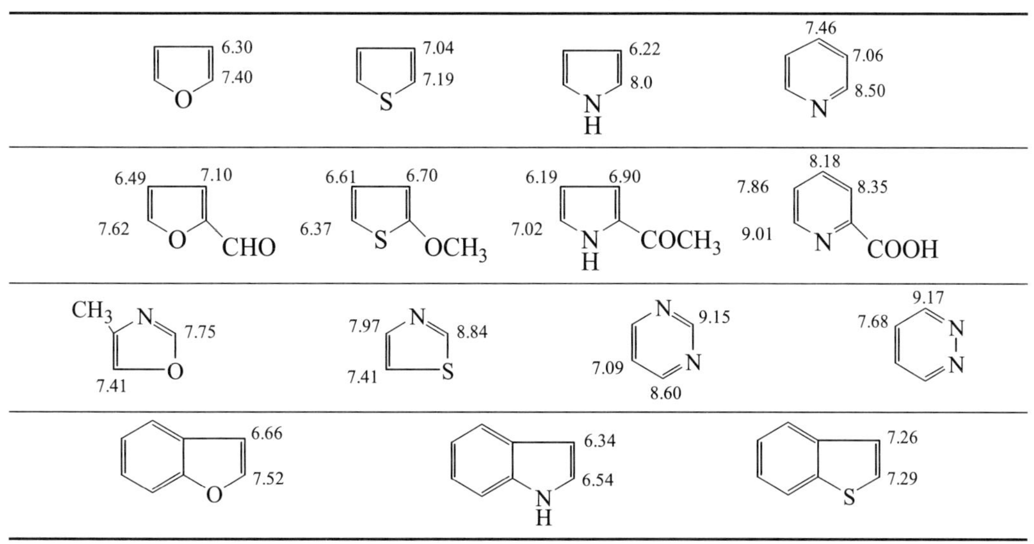

5. 炔

炔氢的化学位移值一般在 1.7～3.1ppm，供电子取代基使炔氢向高场位移，吸电子取代基使烃基向低场位移，如：

	HC≡CH	HC≡C—CH_3	HC≡C—Ph
δ（ppm）	1.8	1.9	3.0

与炔基相连的碳氢（C≡C—$\mathbf{CH_2}$—）化学位移在 1.6～2.6ppm。1–戊炔的氢谱见图 2-19 所示。图中显示炔氢化学位移在 1.95ppm，峰形不是尖锐单峰而表现为有裂分的多重峰，与炔基相连的碳氢的化学位移在 2.2ppm。

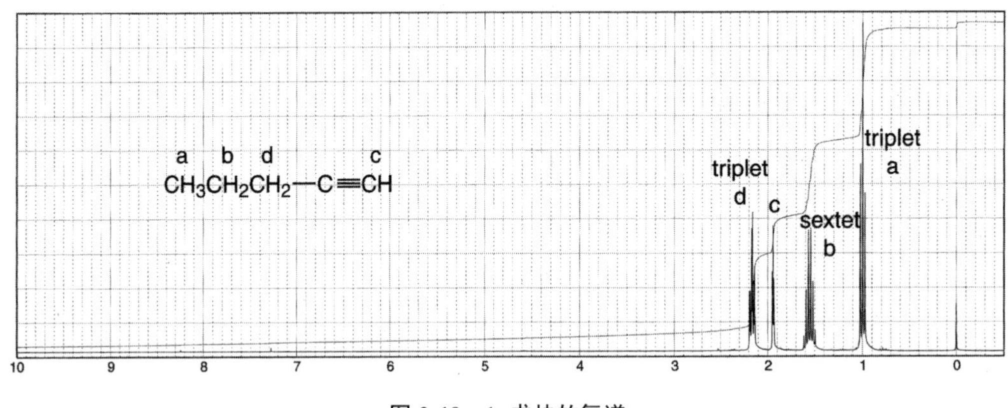

图 2-19　1–戊炔的氢谱

与腈基相连的碳氢（—C**H**—C≡N）化学位移在 2.1～3.0ppm。如戊腈化合物中，与 CN 基相连的 CH_2 的化学位移为 2.35ppm。

6. 卤代烷烃

与卤素连在同一个碳原子上的氢因受到卤原子的去屏蔽效应，化学位移向低场移动，移动大小与卤原子的电负性有关。碘化物（C**H**—I）的化学位移在 2.0～4.0ppm，溴化物（C**H**—Br）的化学位移在 2.7～4.1ppm，氯化物（C**H**—Cl）的化学位移在 3.1～4.1ppm，氟化物（C**H**—F）的化学位移在 4.2～4.8ppm。在氟化物的氢谱中可观测到氟与氢的偶合裂分，一般 $^2J_{CH-F}$ 约为 50Hz，$^3J_{CH-CF}$ 约为 20Hz。

1–氯丁烷氢谱见图 2-20 所示，与氯连接在同一个碳的氢（$\mathbf{CH_2}$—Cl）的化学位移为 3.5ppm，并被相邻的 CH_2 裂分成三重峰。

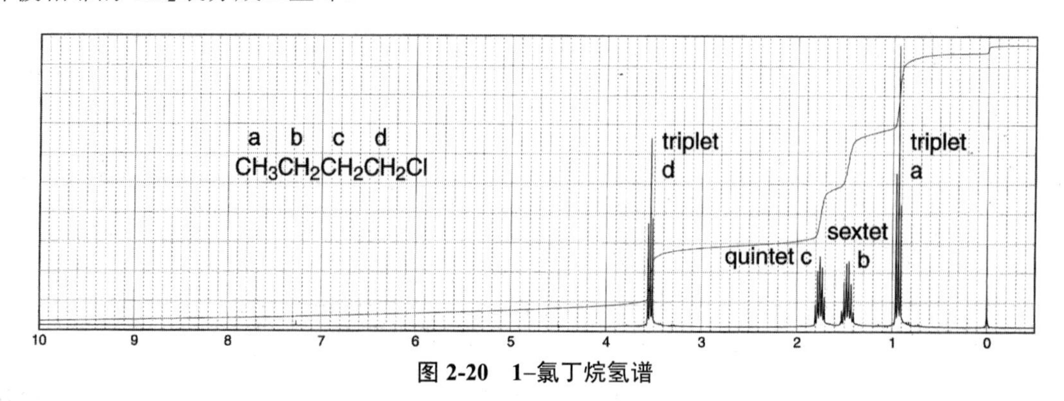

图 2-20　1–氯丁烷氢谱

7. 醇

醇的羟基氢（OH）是可变的，它的化学位移值与浓度、溶剂、温度、微量水的存在以及酸或碱有关，一般在 0.5～5.0ppm 范围内可找到羟基氢。因羟基氢易与其他质子存在快速交换，使羟基氢不与相邻碳氢偶合裂分而表现尖锐的单峰。当样品非常纯、不含杂质时，则能观测到羟基氢与相邻碳氢发生偶合裂分现象。

与羟基相连的碳氢（CH—OH）的化学位移出现在 3.2～3.8ppm。

8. 醚

醚类化合物与醇类似，与氧原子相连的碳氢（CH—OR）的化学位移也出现在 3.2～3.8ppm。甲氧基在这区域是单峰，因而很易识别。乙氧基也一样易识别，在该区出现一个四重峰以及在高场区（约 1.0ppm）出现一个三重峰。环氧化合物例外，由于三元环的张力作用，使环上的质子移向高场，化学位移出现在 2.5～3.5ppm。

丁基甲基醚的氢谱见图 2-21 所示，与氧相连的甲基（d）和亚甲基（e）的化学位移均在 3.4ppm，甲基（d）没有出现裂分，而呈现尖锐的单峰，而亚甲基（e）被裂分成三重峰。

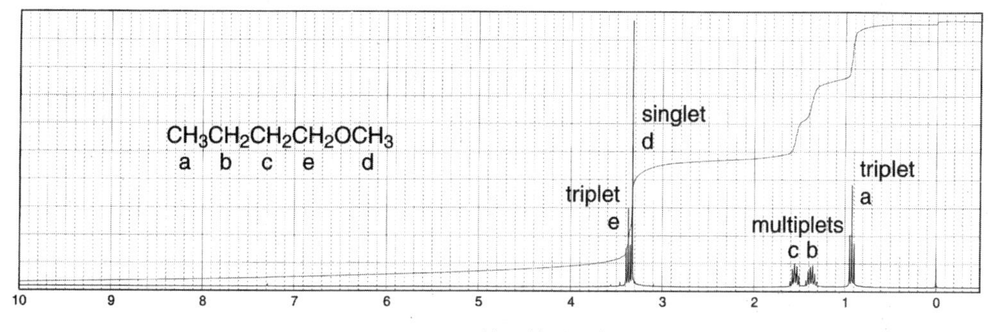

图 2-21 丁基甲基醚的氢谱

9. 胺

胺类化合物的 NH 化学位移同羟基氢一样是可变的，一般在 0.5～4.0ppm，峰的位置也与浓度、溶剂、温度以及酸有关。胺除了位置可变外，常常表现出宽而弱的峰形，氢谱中一般观测不到 NH 与其他碳氢发生的偶合现象。

与 N 原子相连的碳氢（CH—N）的化学位移出现在 2.2～2.9ppm。1-丙胺的氢谱如图 2-22 所示，图中位于 1.8ppm 的一个宽峰即是 NH 的化学位移。与 N 原子相连的 H_d 在 2.7ppm 附近出现三重峰。

10. 醛

由于羰基（C=O）的磁各向异性和氧原子的诱导效应使醛氢（CHO）的化学位移大大向低场移动，约在 9.0～10.0ppm。这个区域的峰是醛的特征峰，一般没有其他类型的氢核会出现在此区。值得注意的是，甲酰胺和甲酸酯类化合物也含有醛氢结构，它们的化学位移却在 8.05ppm 和 8.14ppm。醛氢与相邻碳氢有弱的偶合作用（$^3J = 1～3$Hz），当谱图中醛氢（CHO）显示被裂分时，可根据 n+1 规律推算出相邻碳上氢的个数。

$$\underset{\delta\text{(ppm)}\quad 9.8}{CH_3-\overset{\overset{\displaystyle O}{\|}}{C}-\mathbf{H}} \qquad \underset{9.48}{H_2C{=}CH-\overset{\overset{\displaystyle O}{\|}}{C}-\mathbf{H}} \qquad \underset{10.0}{Ph-\overset{\overset{\displaystyle O}{\|}}{C}-\mathbf{H}} \qquad \underset{8.05}{\mathbf{H}-\overset{\overset{\displaystyle O}{\|}}{C}-N(CH_3)_2} \qquad \underset{8.14}{\mathbf{H}-\overset{\overset{\displaystyle O}{\|}}{C}-O-}$$

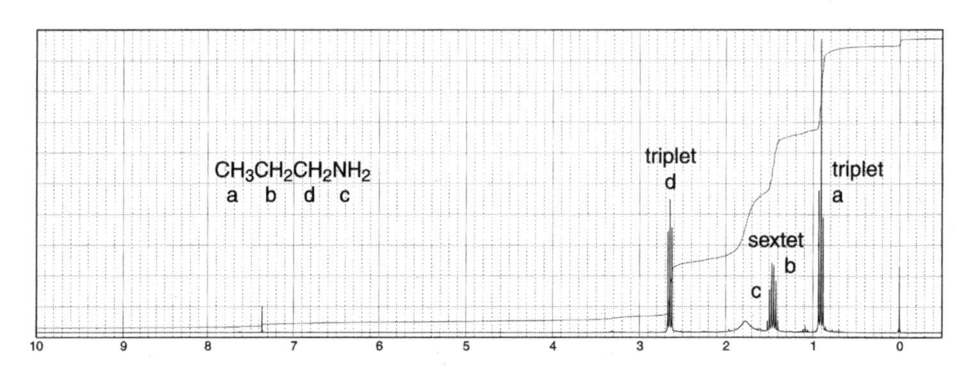

图 2-22　1–丙胺的氢谱

与羰基相连的碳氢（C**H**—CHO）化学位移在 2.1～2.4ppm。2–甲基丁醛氢谱如图 2-23 所示，醛氢的化学位移在 9.6ppm，它被邻碳氢（H_d）裂分成双峰。

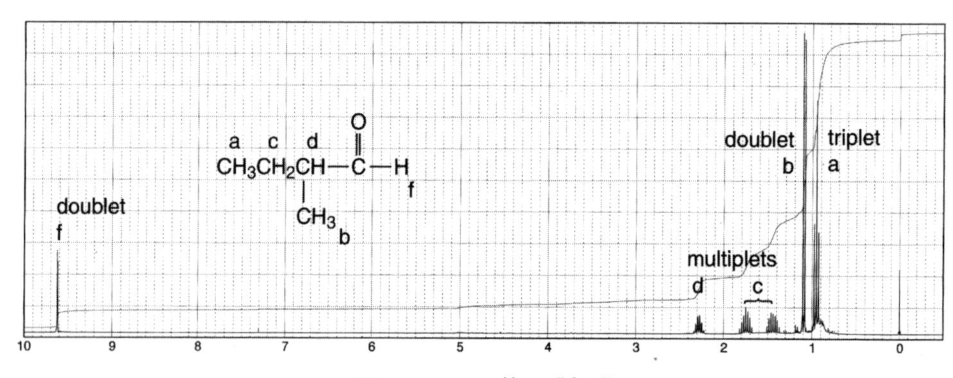

图 2-23　2–甲基丁醛氢谱

11．酮和酯

酮和酯的α氢（C**H**—C=O）化学位移在 2.1～2.4ppm，而酯还有另一类特征峰，即在 3.8～4.2ppm 出现的烷氧基（—CO_2CH—）峰。如甲酯很容易在 3.8ppm 附近找到一个强的单峰，乙酯也易识别，CH_2在 3.8ppm 附近出现一个四重峰，CH_3在 1.3ppm 出现三重峰。

3–甲基–2–戊酮的氢谱如图 2-24 所示，在 2.1ppm 的尖锐单峰是甲基酮的特征峰。值得注意的是 2 个 H_c出现了两组多重峰（1.3～1.8ppm），表明这 2 个 H_c的化学位移不相等。

12．酸

酸的α氢（—C**H**—CO_2H）化学位移也在 2.1～2.4ppm。酸的特征峰是 COO**H** 在 11.0～12.0ppm 出现的较宽峰，该区没有其他类型氢出现，因此，在这个区域出现的峰，大多情况下可判断是羧酸类化合物。羧酸类化合物有时不易溶在 $CDCl_3$ 中，经常用 D_2O 来测羧酸样品的氢谱，羧酸氢可与 D_2O 发生交换：

$$R—COOH + D_2O \rightleftharpoons R—COOD + DOH$$

使羧酸氢消失而观测不到 11.0～12.0ppm 的吸收峰，而在 4.8ppm 附近出现一组新峰（DOH）。

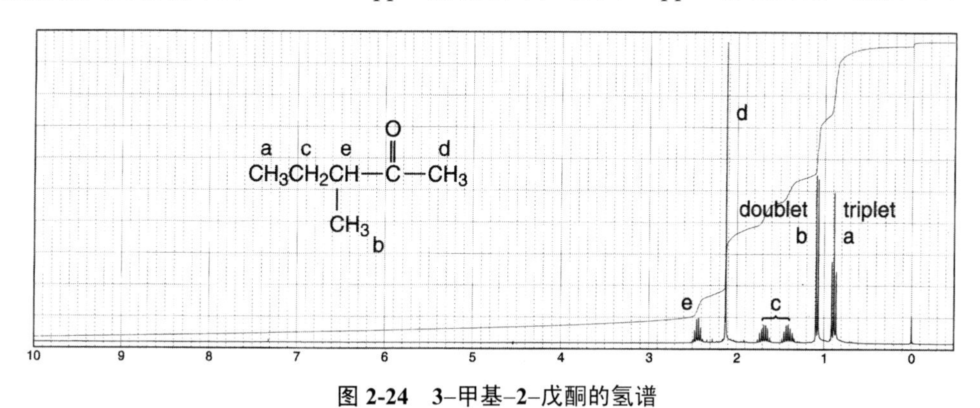

图 2-24　3–甲基–2–戊酮的氢谱

13. 酰胺

酰胺的氢谱常出现三组峰：一组是 CON**H** 质子，其化学位移是可变的，一般在 5.0～9.0ppm 范围内出现 1～2 个宽峰，峰位置与温度和溶剂有关，对于伯酰胺，由于 N 原子上的孤对电子与羰基有共轭作用，限制了 C—N 键旋转，使 NH_2 的 2 个 H 的化学位移不相等，而显现两个不同的吸收峰；另一组峰是与酮酯类似的α 氢（C**H**—CONH），其化学位移也在 2.1～2.5ppm；第三组峰是若 N 原子上有取代基，与 N 相连的碳氢（CON—C**H**），其化学位移在 2.2～2.9ppm。

丁酰胺的氢谱见图 2-25 所示，在 6.6ppm 和 7.2ppm 出现 2 个 NH 质子峰（d），在 2.1ppm 出现的三重峰是丁酰胺羰基的α–H（H_c）。

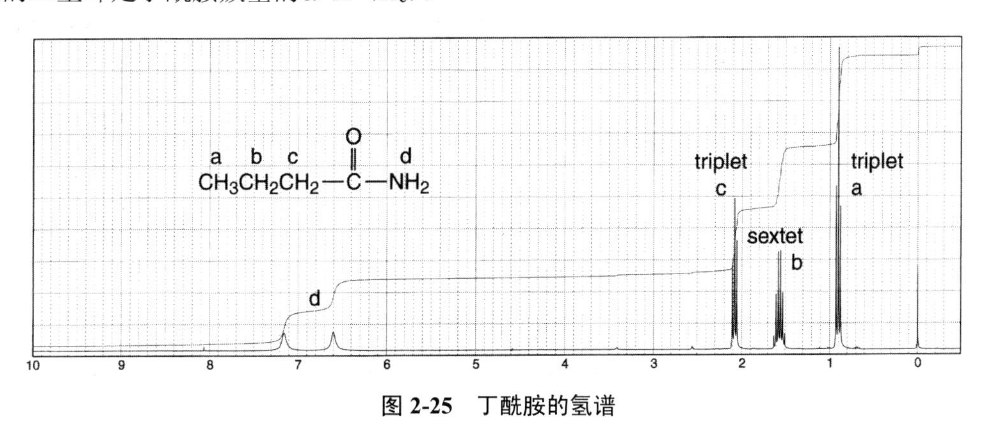

图 2-25　丁酰胺的氢谱

14. 环状化合物的化学位移

环状化合物与开链化合物有很大不同，取代基的种类以及取代基的位置与环上氢核有着复杂的立体化学关系。考虑它们的化学位移时，只能与结构类似的模型化合物进行比较，以免得出错误结论，表 2-11 列出一些环状化合物的化学位移值。

表 2-11　一些环状化合物的化学位移

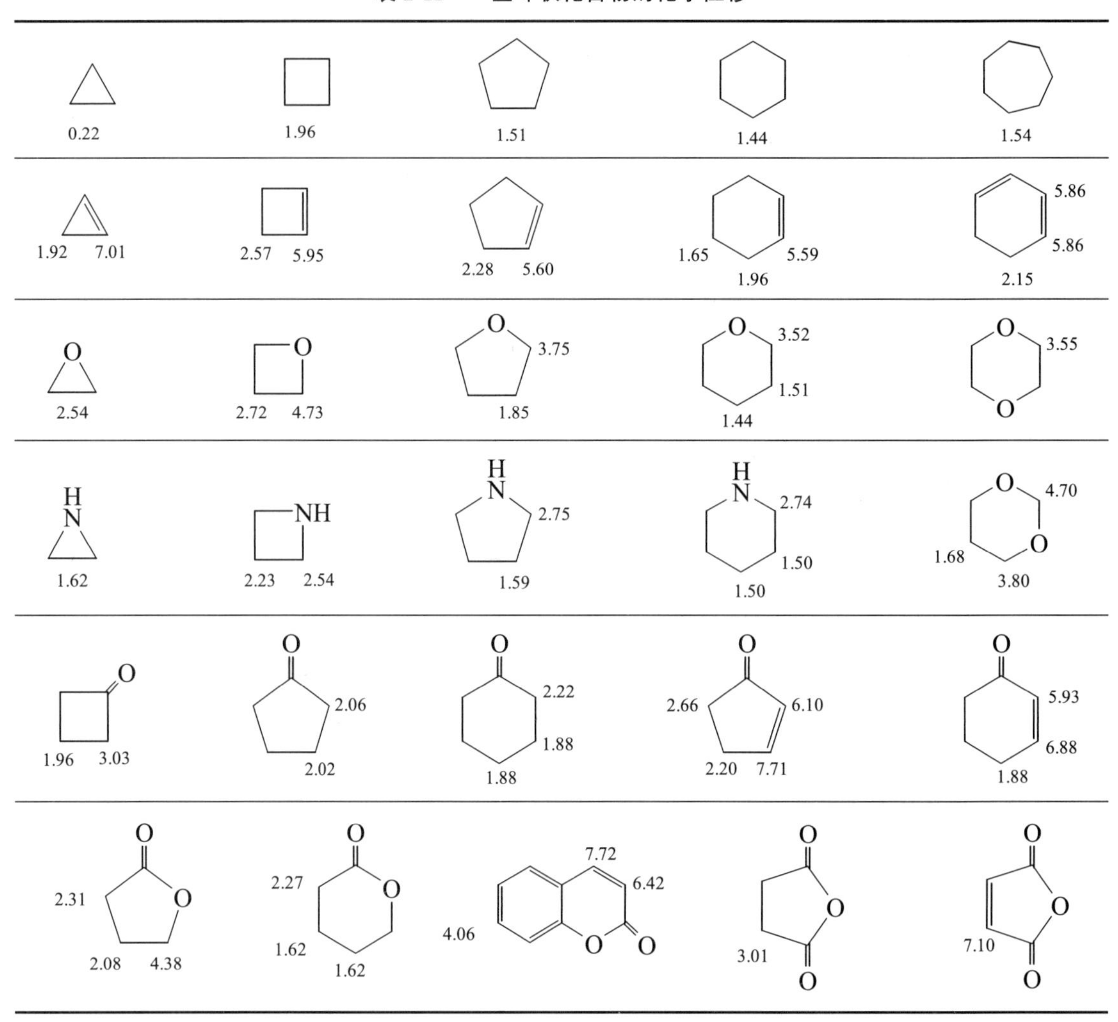

15. 活泼氢的化学位移

常见的活泼氢如—OH，—NH，—SH，由于它们在溶剂中存在相互交换，并受氢键、温度、浓度等因素影响很大，化学位移值很不固定，各种活泼氢δ值的大致范围总结如表 2-12 所示。

表 2-12　各种活泼氢的δ值

化合物类型	δ（ppm）	化合物类型	δ（ppm）
醇	0.5～5.5	RSO_3H	11～12
酚（分子内缔合）	10.5～16	ArSH	3～4
其他酚	4～8	RNH_2	0.4～3.5
烯醇（分子内缔合）	15～19	ArNHR	2.9～4.8
羧酸	10～13	RCONHR	6～8.2
肟	7.4～10.2	RCONHAr	7.8～9.4
硫醇	0.9～2.5	Si—H	3.8

2.4 偶合常数

2.4.1 自旋偶合与自旋裂分

自旋核与自旋核之间的相互干扰（也称“相互作用”）称为自旋－自旋偶合，简称自旋偶合。由自旋偶合引起的谱峰分裂、谱线增多的现象称为自旋裂分。

在 1,1,2–三氯乙烷（$CHCl_2CH_2Cl$）分子中有两组不同的质子，质子之间的自旋偶合使两组质子分别裂分为二重峰（$\delta = 3.96$ppm 附近）和三重峰（$\delta = 5.78$ppm 附近），如图 2-26 所示。

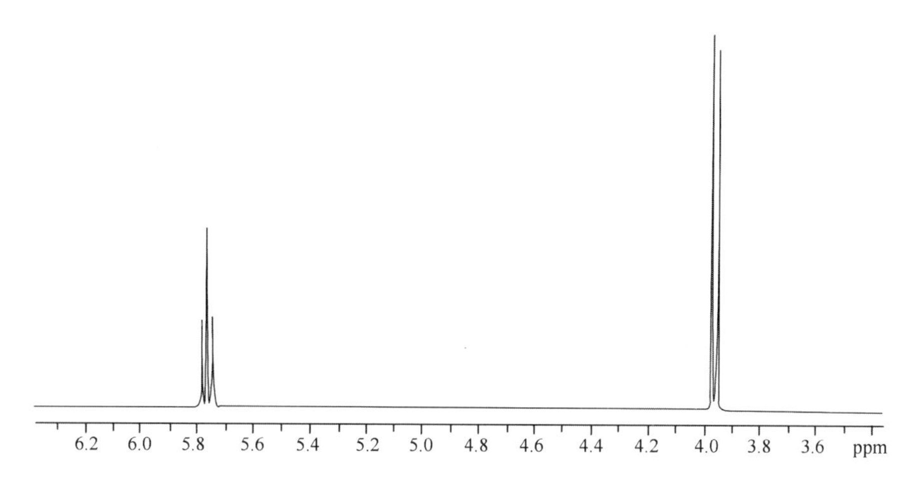

图 2-26 1,1,2–三氯乙烷氢谱（300MHz）

为讨论问题方便，以 —CH_a—CH_b— 为例，说明氢核的偶合和裂分情况。当 H_a 和 H_b 无偶合作用时，H_a 应只出现一个单峰。当 H_a 和 H_b 存在偶合作用时，由于 H_b 核在外磁场 B_0 中产生两种不同的取向（$m = \pm 1/2$），一种和外磁场方向大体平行（同向），另一种和外磁场方向大体反平行（反向），这两种取向在它周围产生加强和削弱外磁场的效果。同向（↑，表示 $m = +1/2$ 的核磁取向）使 H_a 核实际受到的磁感强度比 B_0 稍稍增强，相当于去屏蔽作用，其化学位移向低场移动；反向（↓，表示 $m = -1/2$ 的（反向）核磁取向）使 H_a 核实际受到的磁感强度比 B_0 稍稍减弱，相当于屏蔽作用，其化学位移向高场移动。H_b 核中两种取向的几率几乎相等，使 H_a 核的吸收峰在 NMR 谱上由一个峰裂分为两个强度相等的双峰。同样，H_a 核对 H_b 核也会发生同样的作用，H_b 核也被 H_a 核裂分成双峰。

B_0　H_a H_b C—C　B' ↑　与　H_a H_b C—C　B' ↓　没有裂分（H_a和H_b没有偶合）　J　裂分（H_a和H_b有偶合关系）

由裂分所产生的裂距称为偶合常数（coupling constant），用符号 J 表示，单位为赫兹（Hz），其大小反映了两个核相互偶合作用的强弱。相互偶合的两个核，其偶合常数相等，$J_{ab}=J_{ba}$。因此在分析 NMR 谱时，可以根据 J 值是否相同判断哪些核之间可能存在相互偶合关系。偶合常数的大小只由核之间的偶合及分子本身结构决定，与磁场强度 B_0 无关，因此，为了判断相邻吸收峰是由其他质子引起的还是由自旋－自旋偶合作用引起的，可通过改变磁场强度 B_0 加以确定。

偶合常数反映有机结构的信息，特别是立体化学的信息，其绝对值的大小一般可以从 NMR 谱图中找出。

2.4.2 n+1 规律

上述自旋偶合及自旋裂分现象可以推广到一般情况。若有 n 个全同核与所讨论的核存在偶合作用，每个核的磁矩均有 $2I+1$ 个取向，则这 n 个核共产生 $2nI+1$ 种取向分布，因此所研究核的谱线被裂分为 $2nI+1$ 条。核磁共振所研究的核最常见的是 $I=1/2$ 的核，如 ^{1}H，^{13}C，^{19}F，^{31}P 等，则自旋－自旋偶合产生的谱线分裂为 $2nI+1=n+1$ 条，这就是 n+1 规律。

由此我们不难分析 2.4.1 节中 1,1,2–三氯乙烷（$CHCl_2CH_2Cl$）的 ^{1}H NMR 谱，对于 $CHCl_2CH_2Cl$ 分子中的两组氢（$CH^XCl_2CH_2{}^ACl$），标记 A（CH_2）和 X（CH）。A 的两个氢核处在 X 核的两种不同的环境中（同向↑和反向↓），因而裂分为两个强度相等的双峰。而 X 核受到两个 A 核的偶合，两个 A 核自旋磁场方向有四种可能的组合（↑↑，↑↓，↓↑，↓↓），其中，中间两种组合是相同的，因此 X 核的吸收峰裂分为三重峰，它们的强度比为 1∶2∶1，见图 2-27 所示。

图 2-27　1,1,2–三氯乙烷 ^{1}H NMR 谱偶合解释

对于化合物乙醚（$CH_3CH_2OCH_2CH_3$），碳上氢的个数增加，谱图也变得复杂，如图 2-28 所示。甲基（CH_3）被亚甲基（CH_2）裂分成三重峰（1∶2∶1），而亚甲基受到甲基中 3 个氢核的偶合效应，这 3 个氢核有八种可能的自旋取向组合，其中↑↓↓、↓↑↓和↓↓↑组合等价，↓↑↑、↑↓↑和↑↑↓组合等价，如图 2-29 所示，这八种组合的几率是相等的，故亚甲基被甲基裂分成四重峰，峰强度比为 1∶3∶3∶1。

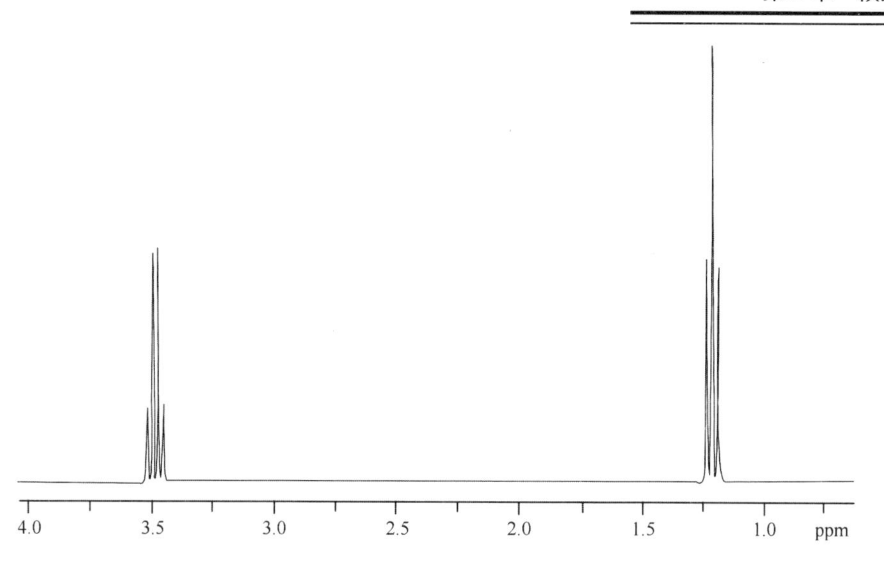

图 2-28　乙醚的氢谱（300MHz）

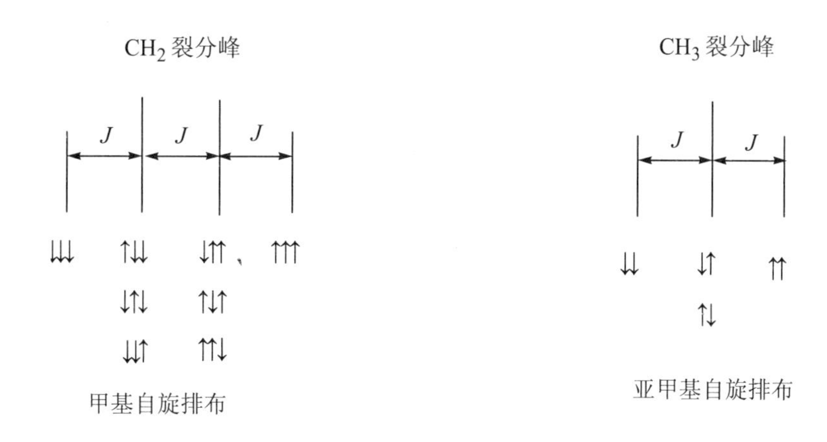

图 2-29　乙醚 ^{1}H NMR 谱偶合解释

由此类推，与 n 个全同氢偶合，则产生 n+1 个峰，被裂分所产生的各峰相对强度之比等于二项式$(a+b)^n$的展开式各项系数之比，见表 2-13 所示。

表 2-13　与 n 个氢核偶合产生的峰强比和峰数

n	峰强度比	峰的总数
0	1	1
1	1∶1	2
2	1∶2∶1	3
3	1∶3∶3∶1	4
4	1∶4∶6∶4∶1	5
5	1∶5∶10∶10∶5∶1	6
6	1∶6∶15∶20∶15∶6∶1	7

多重峰的形状有时可用来判断峰组的偶合关系。每个峰组的两个外围谱线强度经常不相同，内侧高，外侧低。如在 CH—CH_2 的偶合体系中，CH 被裂分成三重峰，谱线 3 要比谱线 1 高一点，使这三重峰有个坡度，箭头所指方向往往能找到与之偶合的另一峰组 CH_2 的位置。

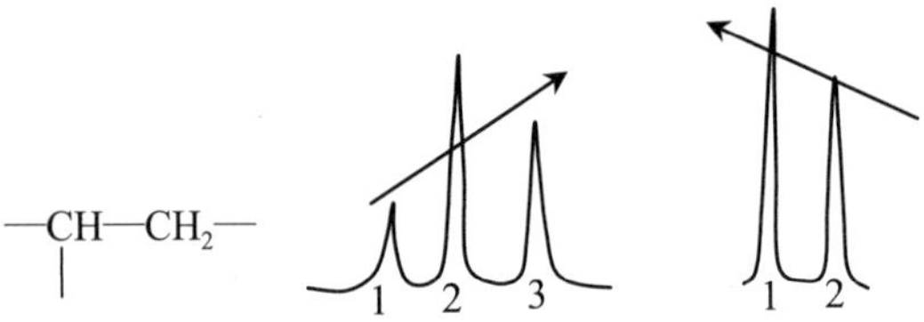

—CH—CH_2—

1 2 3 1 2

2.4.3 化学等价和磁等价

1. 化学等价

化学等价又称化学位移等价，是立体化学中的一个重要概念。若分子中两相同原子（或两相同基团）处于相同化学环境，它们就是化学等价的。如 CH_2=CH_2 中 4 个氢的化学位移相等，则称它们为化学等价的氢核。又如以下几种化合物上的氢都是化学等价的：

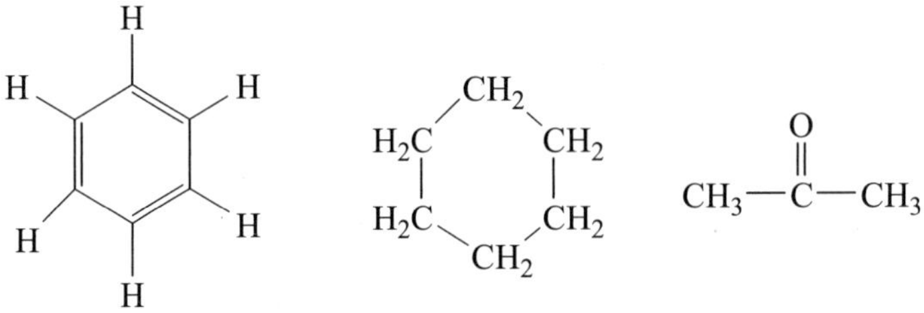

CH_3—C(=O)—CH_3

化学不等价的两个原子或基团，在化学反应中可以反映出不同的反应速度，在波谱的检测中，可能有不同的结果，因而可用波谱学来研究化学等价性。化学等价的氢有等位氢和对映氢两种。

（1）以同碳上两个氢（—CH_2—）为例，说明化学等价性的判断。根据同碳原子上两个取代基的种类可分为以下三种情况：

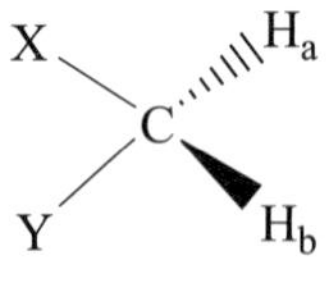

①两个取代基完全相同（X＝Y）时，H_a 和 H_b 可以通过 C_2 轴互换，这两个氢称为“等位”（homotopic）氢，具有相同的化学位移，无论在何种溶剂中，共振频率都相同，如 CH_2Cl_2。

②两个取代基不相同（X ≠ Y）时，没有对称轴，但 H_a 和 H_b 可以通过对称面而相互交换或者通过二次旋转反演轴 S_2 使二者互换，则 H_a 和 H_b 称为“对映”（enantiotopic）氢。在通

常溶剂中对映氢是化学等价的，但在手性试剂中，它们是“非等频”的，不再是化学等价的，如 $CH_3C\mathbf{H}_2OH$，$C\mathbf{H}_2BrCl$ 等。

③当分子中 X ≠ Y ，而且 H_a 和 H_b 不能通过任何对称操作而互换时，它们称为“非对映”氢，化学位移值不同，是化学不等价的，并且彼此分裂，形成 AB 体系出现四重峰或被邻近的氢进一步裂分成多重峰。

判断 H_a 和 H_b 是否化学不等价的一个简单方法，是看 X、Y 两个取代基中是否有一个不对称碳原子与 CH_2 相连。这里的不对称碳原子是指三个取代基不同，并非一定指手性碳原子。1,2–二氯丙烷氢谱见图 2-30 所示，谱图显示同碳 H_A 和 H_B 的化学位移明显不等，它们是化学不等价的。

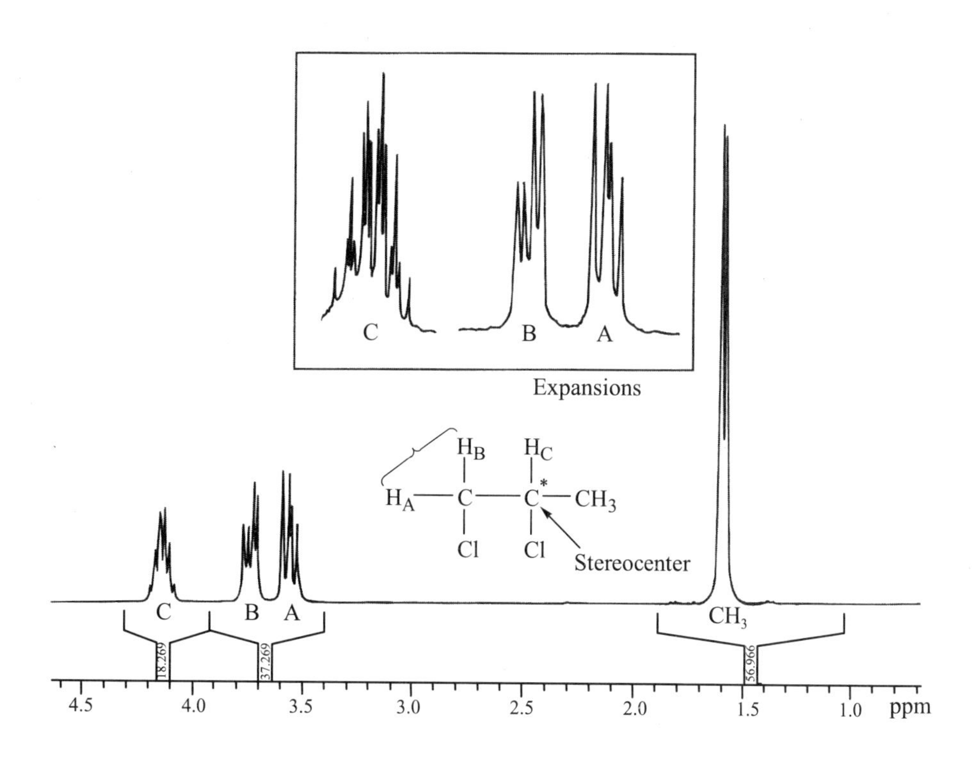

图 2-30　1,2–二氯丙烷氢谱（300MHz）

下列化合物的 H_a 和 H_b 也是化学不等价的：

$$Ph-C(H_a)(H_b)-CH(Br)Cl \qquad CH_3-CH(OH)-C(H_a)(H_b)-CO_2H$$

（第三个化合物：1,3-二氢异苯并呋喃的 1 位碳上连有两个 $-C(H_a)(H_b)Ph$ 基团）

共振频率相同的氢核，称为等频氢，共振频率不相同的氢核称为异频氢，则化学等价的氢核必然是等频氢。需要注意的是化学不等价的氢也可以偶然是等频，例如，在一定温度和浓度下，甲醇的羟基质子和其甲基是等频的。通常解决化学不等价却是等频氢的办法是改用其他的溶剂（如 C_6D_6），把本来巧合相同的化学位移区别开来。

非对映氢不仅仅对原子而言，对基团也适用，如在下列环境中同碳上的两个甲基（a 和 b）是化学不等价的。

（2）前面讨论了有关化学等价的判断原则及方法，下面对一些具体情况加以讨论。

① 甲基上的三个氢（或三个相同的基团，如叔丁基）是化学等价的，这是因甲基的旋转所致。

② 固定环上的 CH_2 的两个氢是化学不等价的，在分析谱图时常见到。

③ 单键不能快速旋转时，同一原子上的两相同基团是化学不等价的，如：

在 DMF 分子中，由于 C—N 单键具有部分双键性质，不能自由旋转，N 上的两个甲基在分子内受到的屏蔽作用不同，因此两个甲基呈现 2 个峰（高温的只出现 1 个峰）。

④ 与不对称碳相连的 CH_2 的两个氢是化学不等价的。

⑤ 与不对称碳相连的烷氧基（RCH_2O—），CH_2 虽不直接与不对称碳相连，但它们也可能是化学不等价的。如二乙基缩乙醛的化合物中乙氧基中 CH_2 的 H_A 和 H_B 两个氢是化学不等价的，产生 AB 体系的 4 条谱线，它们再受相邻甲基 CH_3 进一步裂分。因此，在谱图中每个氢最多可观察到 8 条谱线，如图 2-31 所示。

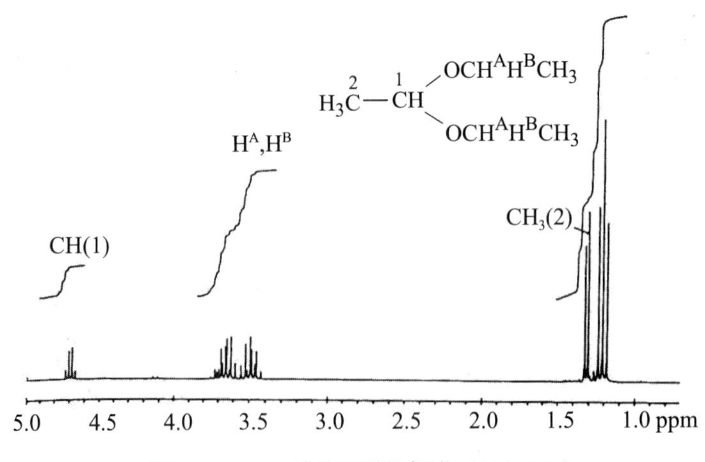

图 2-31　二乙基缩乙醛的氢谱（250MHz）

2. 磁等价

分子中某组核，其化学位移相同，且对自旋体系内其他任何一个磁性核的偶合常数都相同，则这组核称为磁等价（magnetic equivalence）。因此，两个核或基团的磁等价必须同时满足两个条件：

（1）它们是化学等价的。

（2）它们对分子中与之有偶合的任意另一核的偶合常数相同（包括数值和符号）。

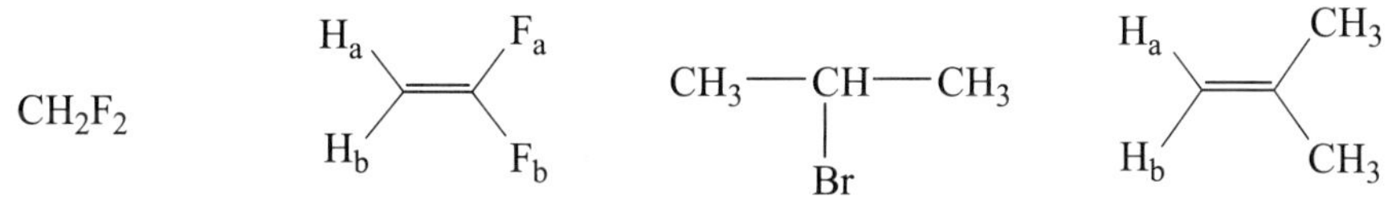

CH_2F_2 **22**　　$H_aH_bC{=}CF_aF_b$ **23**　　$CH_3—CH(Br)—CH_3$ **24**　　$H_aH_bC{=}C(CH_3)_2$ **25**

例如，二氟甲烷（**22**）的2个氢，很明显，是化学等价和磁等价的，2个F也是化学等价和磁等价的。而对于1,1–二氟乙烯（**23**），从分子对称性可以看出H_a和H_b是化学等价的，2个F也是化学等价的。但对某一指定的F（如F_a）考虑，H_a和F_a是顺式偶合，H_b和F_a是反式偶合，顺式偶合常数不等于反式偶合常数，不符合条件（2），因此，H_a和H_b是化学等价而不是磁等价，同理2个F也是磁不等价的。故所有磁等价的核一定是化学等价的，但所有化学等价的核未必是磁等价的。

类似的分析，2–溴丙烷（**24**）甲基上6个氢是化学等价和磁等价的，而2–甲基丙烯（**25**）的2个甲基是化学等价而不是磁等价的，因为它们与H_a或H_b的偶合常数不相等。为加深对化学等价和磁等价的理解，再举一个例子。

在乙醇的各种构象中，构象（I）的甲基上的3个氢中，H_1和H_2是化学等价，但磁不等价；H_3与H_2、H_1是化学不等价的；H_4与H_5是化学等价的，由于$J_{2,4}\neq J_{2,5}$，所以H_4和H_5是化学等价而不是磁等价。但由于分子内部运动（如分子绕碳碳键高速旋转）使甲基的3个氢处于三种构象的机会均等，甲基3个氢在这种均化的环境中不仅表现为化学等价也表现为磁等价。同样，H_4和H_5也表现为化学等价和磁等价，谱图由原先多种偶合作用也变成了只表现出一种偶合常数J_{AB}，当甲基旋转变慢时，H_4和H_5可变成磁不等价。

CH_3CH_2OH（A B）

I：H_3, H_5, H_4, H_1, H_2, OH　　II：H_1, H_5, H_4, H_2, H_3, OH　　III：H_2, H_5, H_4, H_3, H_1, OH

苯环对位二取代的衍生物（A）中，H_A和$H_{A'}$是化学等价的，因分子通过二重轴（该二重轴通过两个取代基）旋转可互相交换，但它们对H_B或$H_{B'}$来说，一个是邻位偶合（^3J），另一个是对位偶合（^5J），因此H_A和$H_{A'}$是磁不等价的。而在对称三取代苯环（B）中，H_A和$H_{A'}$化学等价且磁等价（X、Y均为非磁性核），因为它们对H_B都是间位偶合，偶合常数^4J相同。

X, H_A, $H_{A'}$, H_B, $H_{B'}$, Y

A

H_B, X, X, H_A, $H_{A'}$, Y

B

磁等价的核之间也有偶合常数，但在氢谱中观测不到谱线裂分现象，外观与 $J=0$ 的情况相同。如 CH_4 分子中 4 个氢是磁等价的，谱图只出现一个单峰，虽没有裂分，但是并不等于它们之间没有偶合，可以通过特殊的实验技术，如氘代法，测出磁等价核之间的偶合常数。

2.4.4 一级谱和二级谱

核磁共振氢谱根据谱图的复杂程度可分为一级谱和二级谱。

1. 一级谱

可用 $n+1$ 规律解析的图谱称为一级谱。获得“一级谱”必须满足两个条件：

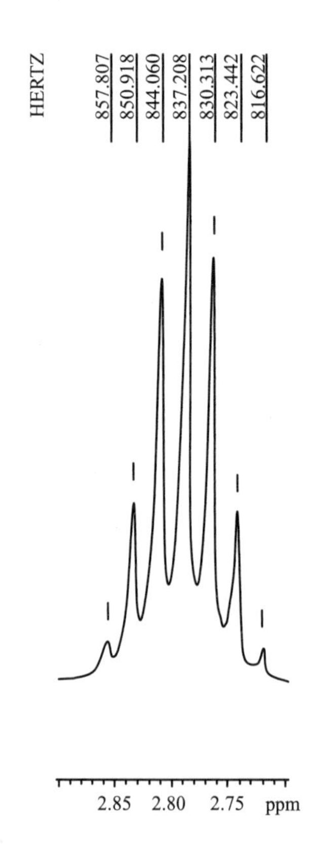

图 2-32 以 ppm 和 Hz 为单位的某共振峰（300MHz）

（1）两组相互偶合的氢化学位移之差（$\Delta\nu$）远大于它们之间的偶合常数（$\Delta\nu>6J$）。

（2）同一组核（化学位移相同）的每个质子均为磁等价的。

对于条件（1），随着$\Delta\nu/J$比值的不断减小，相互偶合的两组共振峰彼此逐渐靠近，结果内面峰强度逐渐增加而外面峰强度逐渐减小。当$\Delta\nu/J$值很小时，$n+1$ 规律不再适用，这时谱图十分复杂，需作进一步解析。在极限$\Delta\nu=0$ 时，二组偶合的共振峰合二为一，出现单峰。

一级谱的偶合常数可直接从谱图中读出。在 300MHz 共振仪，如果谱图的峰位以 ppm 为单位，只要测出相邻两裂分峰的距离，再乘 300（Hz）就得到它们之间的偶合常数。谱图也可以 Hz 为单位给出每个峰位，这样可直接算出相邻两裂分峰的距离。如图 2-32 所示，图的下方是以 ppm 为单位，图的上方是以 Hz 为单位。从图的上方数据中可直接算出相邻峰间距，从左到右分别是 6.889，6.858，6.852，6.895，6.871，6.820Hz，数据间的误差是不可避免的，与仪器性能等其他因素有关。在大多数情况下，测得的 J 值误差范围允许在 0.2～0.5Hz。对于图中的裂分，六者平均值是 6.864Hz，一般取 J 值为 6.9Hz。

若偶合体系有两个或两个以上的偶合常数，裂分情况明显与上例（只存在一个 J 值）不一样。这里按谱线裂分情况（峰形）讨论 dd 体系（四重峰）、dt 体系（六重峰）、ddd 体系（八重峰）和 tt 体系（九重峰）的偶合常数的测量，而每组峰的中心位置就是它们的化学位移。

（1）dd 体系　dd 体系有两个不同的 J 值，其测量方法如图 2-33 所示。谱线 1 和 2 或谱线 3 和 4 之间距离都是 J_2，两双峰中心距离表示 J_1 值。根据对称关系，J_1 值可直接测量谱线 1 和 3 或谱线 2 和 4 之间距离。

（2）dt 体系　与 dd 体系一样，dt 体系也有两个 J 值，其测量方法如图 2-34 所示。谱线 1 和 2 或谱线 2 和 3 之间距离表示 J_2 值，两个强峰（谱线 2 和 5）之间距离表示 J_1 值。

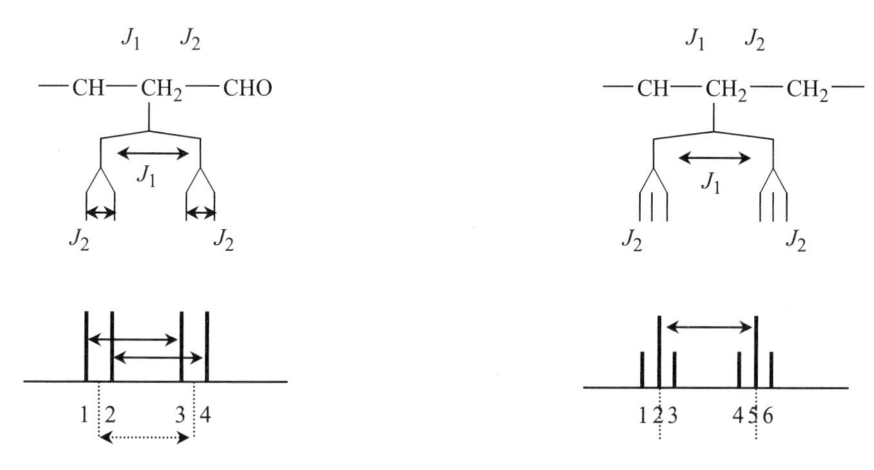

图 2-33　dd 体系的偶合常数的测量

图 2-34　dt 体系偶合常数的测量

（3）ddd 体系　两个 dd 偶合体系即组成了 ddd 体系，它有三个 J 值，其测量方法类似 dd 体系，如图 2-35 所示。谱线 1 和 2 或 3 和 4 之间距离为 J_3，两个双峰中心间的距离为 J_2，也可根据对称关系，直接测量谱线 1 和 3 的距离。另一个 dd 四重峰（谱线 5，6，7，8），用同样的方法也能找到 J_3 和 J_2。两组 dd 峰的中心距离为 J_1，J_1 值也能直接测量谱线 1 和 5 的距离。

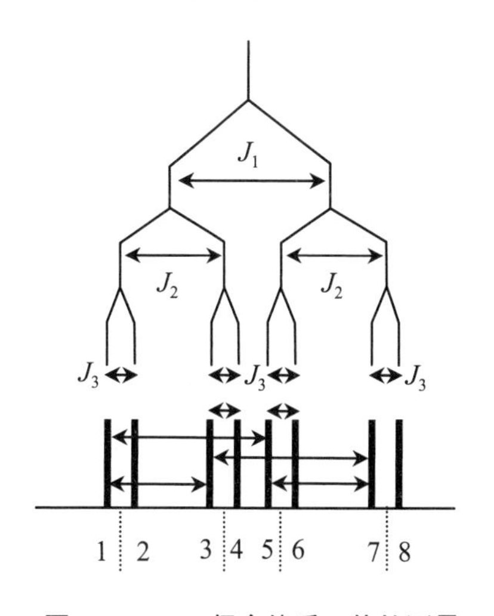

图 2-35　ddd 偶合体系 J 值的测量

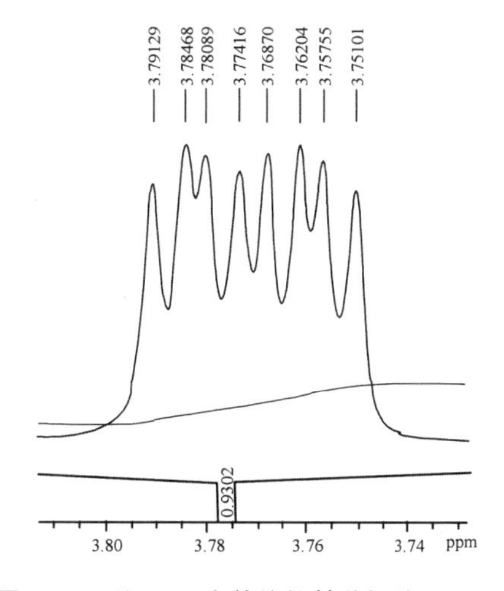

图 2-36　以 ppm 为单位的某共振峰（400MHz）

图 2-36 所示为以 ppm 为单位的某共振峰（400MHz），图中显现八重峰，属于 ddd 体系，因此有三个 J 值。测出相邻两裂分峰的距离再乘 400 即得出相邻峰间距（Hz），从左到右分别是 2.644，1.516，2.692，2.184，2.664，1.796，2.611Hz。根据 ddd 体系的 J 值测量方法可得到 J_1、J_2 和 J_3 值分别为 9.0、4.2 和 2.6Hz。

（4）tt 偶合体系　tt 偶合体系有两个 J 值。在直链化合物（$—CH_2^A—CH_2^B—CH_2^C—$）中常见到，H_B 被 2 个 H_A 裂分成三重峰，又进一步被 2 个 H_C 裂分成 3 个三重峰。当 $J_{AB} = J_{BC}$ 时，每个裂分距离相同，第二次裂分的一些谱线重叠在一起，在谱图中只表现出五重峰，符合 $n+1$ 规律，任意两相邻峰线的距离即是它们的偶合常数 J 值。然而实际分子 J_{AB} 与 J_{BC} 总是有微小差别，第二次裂分的谱线不可能完全重叠，使谱线变宽。当 J_{AB} 与 J_{BC} 差别增大时，就不仅仅是 5 条谱线了，可能出现 9 条谱线（如图 2-37 所示），谱图变成 tt 偶合体系，偶合常数 J_{AB} 和 J_{BC} 的测量如图中所示。

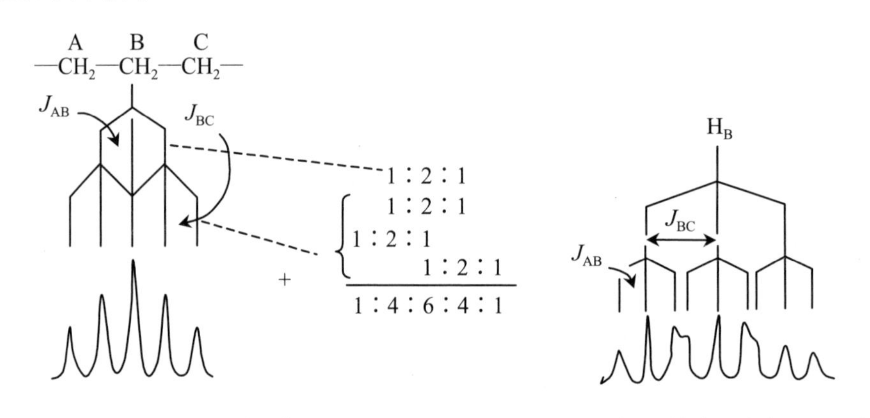

(a)　$J_{AB} = J_{BC}$ 时 H_B 的裂分峰形　　(b)　$J_{AB} \neq J_{BC}$ 时 H_B 的峰形变宽至出现九重峰

图 2-37　tt 偶合体系 J 值的测量

2. 二级谱

一级谱可用 $n+1$ 规律来解析，但是，有些谱图用 $n+1$ 规律却解释不了其裂分情况。这时可采用数学分析，用计算机和相关软件来解析图谱，这样较复杂的氢谱称为二级谱图或高级谱图。

当两组相互偶合的氢化学位移之差（$\Delta\nu$）和它们的偶合常数值接近时，常表现出二级谱图。也可这样理解，二级谱图是化学位移非常接近却不相等的氢之间偶合的谱图。如果相互偶合的氢化学位移相差较大，则它们表现出一级谱图。常用 $\Delta\nu/J$ 的比值来判断谱图，当 $\Delta\nu/J>6$ 时，为一级谱图；当 $\Delta\nu/J$ 值接近 6 时，此时近似为一级谱图，仍可以用解析一级谱图的方法来处理；当 $\Delta\nu/J$ 值进一步减小至 $\Delta\nu/J<2$ 时，产生的谱图与一级谱图有很大差别，即表现为二级谱图。一级谱图 $\Delta\nu/J$ 值大，称为弱偶合体系，二级谱图 $\Delta\nu/J$ 值小，称为强偶合体系。

偶合常数 J 值由分子本身结构决定，不随外加磁场强度的改变而改变，但 $\Delta\nu$ 随着磁场强度 B_0 的增大而增大。当增大核磁共振仪的磁场强度时，$\Delta\nu/J$ 值会增大，谱图逐渐简化成一级谱。因此，加大 NMR 仪的 B_0，可使在低磁场的 NMR 仪上不符合 $n+1$ 规律的复杂图形变为简单的符合 $n+1$ 规律的图形，为此人们力图制造出尽可能大磁场强度的 NMR 仪。

二级谱与一级谱的区别在：

（1）一般情况下，峰的数目超过由 $n+1$ 规律所计算的数目。

（2）峰组内各峰之间相对强度关系复杂。

（3）化学位移值和偶合常数值一般不能直接从谱图中读出。

因此，二级谱不能用一级谱图解析的方法来处理，必须对常见二级谱进行讨论。通常将相互偶合的核组分成不同的自旋体系，分别研究它们的谱图特点和规律。

2.4.5　自旋体系

分子中相互偶合的许多核组成一个自旋体系，体系与体系之间是隔离的，体系内部的核相互偶合，但并不要求体系内部的一个核与其他所有核都偶合。根据互相偶合的核所处环境差异，彼此偶合的强弱，可把核磁共振谱表示为若干体系。命名应遵循的原则为：

（1）化学位移相等的核构成一个核组，以一个大写英文字母标注，如 A。

（2）核组内的核若磁等价，则在大写字母右下角用阿拉伯数字注明核组中核的数目。如一核组有 4 个磁等价核则可用 A_4 标注。

（3）若核组内核是磁不等价则用上角标“′”加以区别。如，AA′A″表示三个氢核化学等价而磁不等价。

（4）几个核组之间分别用不同的字母标注，若化学位移相近，标注用的字母在字母表中的距离也相近，可用 A，B；若化学位移相差较远，可用 A，M 表示；若化学位移相距更远，则用 A，X 表示。

根据以上的命名原则，一些常见化合物的自旋体系分类见表 2-14 所示。

表 2-14　一些常见化合物的自旋体系

$CH_2{=}CCl$ A_2	$CH_2{=}CHCl$ ABX	$CH_3CH_2NO_2$ A_3X_2	环氧丙烷（H, H, O, CH—CH_3） $ABCX_3$
1,2,3-三氯环丙烷（Cl, Cl, Cl, H, H, H） A_3	环丙烷（Cl, Cl, Cl, H, H, H） ABX	环丙烷（H, Cl, H, H, Cl, H） AA'XX'	
苯环（H, H, H, H, NO_2, COOH） ABCD	苯环（H, H, H, H, Cl, Cl） AA'BB'	环丙烯（H, H, H, H） A_2X_2	

以上分类基本上是根据$\Delta\nu$和 J 值的大小相比较而划分的。当$\Delta\nu >> J$ 时，偶合核之间的干扰很弱，如 AX，AMX 等体系，可作为一级谱图处理；当$\Delta\nu \approx J$ 或$\Delta\nu \leqslant J$ 时，核间干扰强烈，如 AA′BB′，AA′XX′等体系，可作为二级谱图处理，其δ 值和 J 值不能从谱图中直接读出，必须进行繁琐的计算或者对有关图谱进行解析才可得到。

1．二旋体系

对于二旋体系（—CH_A—CH_B—），根据$\Delta\nu/J$ 值的大小，可分 AX、AB 和 A_2 体系，如图 2-38 所示。当 H_A 和 H_B 的化学位移相距离很远时（$\Delta\nu > 10J$），则表现出 AX 体系；随着两氢核逐渐靠近，$\Delta\nu/J$ 比值的变小，谱图变成 AB 体系；当 H_A 和 H_B 的化学位移相等时，$\Delta\nu/J = 0/J = 0$，谱图不出现裂分，两个氢核共同表现一个单峰，为 A_2 体系。

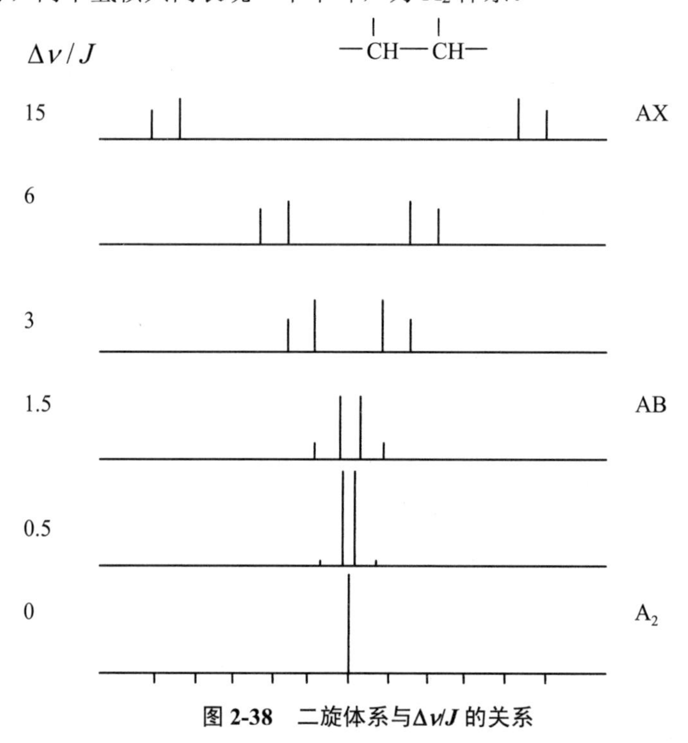

图 2-38　二旋体系与$\Delta\nu/J$ 的关系

（1）AX 体系

AX 体系是由 4 条强度相等的谱线组成，谱图符合 $n + 1$ 规律，可用一级谱图分析。每个氢裂分为 2 条谱线，化学位移在 2 条谱线的中心，偶合常数为 2 条谱线的距离，如图 2-39 所示。

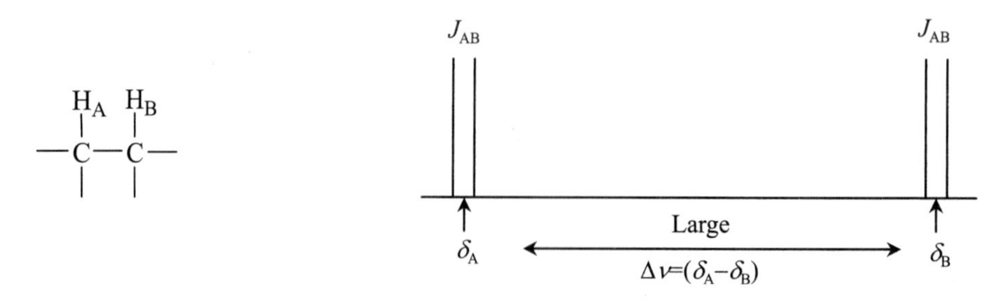

图 2-39　AX 体系（$\Delta\nu$很大）

（2）AB 体系

AB 体系是二旋体系中最常见的，如环上孤立的 CH_2、二取代乙烯、四取代苯等。AB 体系共有 4 条谱线，A、B 各占 2 条，峰强度不等且左右对称，如图 2-40 所示。偶合常数 J 可直接从谱图中读出（每组双峰的距离为 J_{AB}），而 A、B 的化学位移 δ_A 和 δ_B 不能简单地取所属两条谱线的中心，而是通过式（2.15）和（2.16）计算求得。

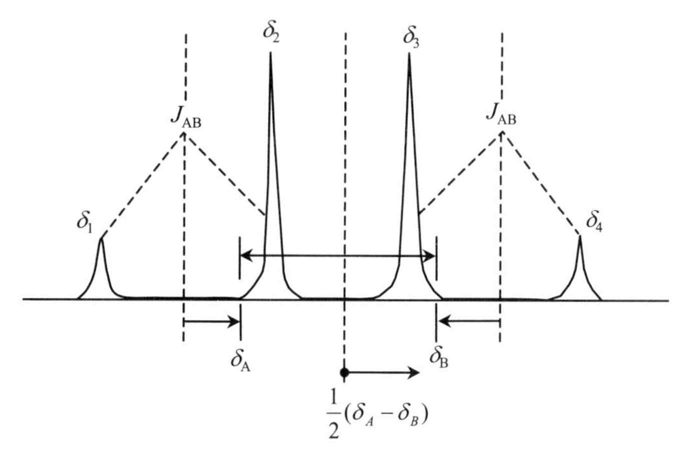

图 2-40　AB 体系

AB 体系各参数关系如下：

$$J_{AB}=\delta_1-\delta_2=\delta_3-\delta_4 \tag{2.15}$$

$$\Delta\nu=\delta_A-\delta_B=\sqrt{(\delta_1-\delta_4)(\delta_2-\delta_3)} \tag{2.16}$$

$$\delta_A=\frac{1}{2}(\delta_1+\delta_4)+\frac{1}{2}\Delta\nu$$

$$\delta_B=\frac{1}{2}(\delta_1+\delta_4)-\frac{1}{2}\Delta\nu$$

实际上，δ_A 约在 A 的两条谱线的重心处，δ_B 约在 B 的两条谱线的重心处。

（3）A_2 体系

磁等价的 2 个氢核，只有一条谱线，谱图不出现裂分。

随着 $\Delta\nu/J$ 的减小，谱图从一级谱图（AX 体系）过渡到二级谱图（AB 体系），但当 $\Delta\nu=0$ 时，变成一条谱线。这种变化趋势以及 $\Delta\nu=0$ 时众多谱线变成一条谱线的规律，对其他自旋体系也同样适用。

2. 三旋体系

三旋体系可分为：AX_2，AMX，ABX，ABC，AB_2 和 A_3 等偶合体系。前两者（AX_2，AMX）可用 n+1 规律来解析谱图，ABX、ABC 和 AB_2 体系属于二级谱图，偶合常数和化学位移往往要通过计算才能得到。

（1）AX_2 体系

AX_2 体系是 2 个磁等价的氢核与第 3 个氢核的偶合，且 A 和 X 的化学位移相差很远。谱图近似一级谱，符合 n+1 规律，共 5 条谱线，如 $CH_2ClCHCl_2$。

（2）AB_2 体系

当 AX_2 体系中的 A 和 X 核的化学位移逐渐接近，两组核偶合变强，谱线复杂，谱图变成 AB_2 体系。A 核的三重峰变成四重峰，X 核的二重峰裂分成四重峰，最多可观测到 9 条谱线，其中 1～4 条为 A 组，5～8 条为 B 组，第 9 条为综合峰，强度较弱，常常观测不到。谱线的位置变化与$\Delta\nu/J$ 的关系见图 2-41 所示。

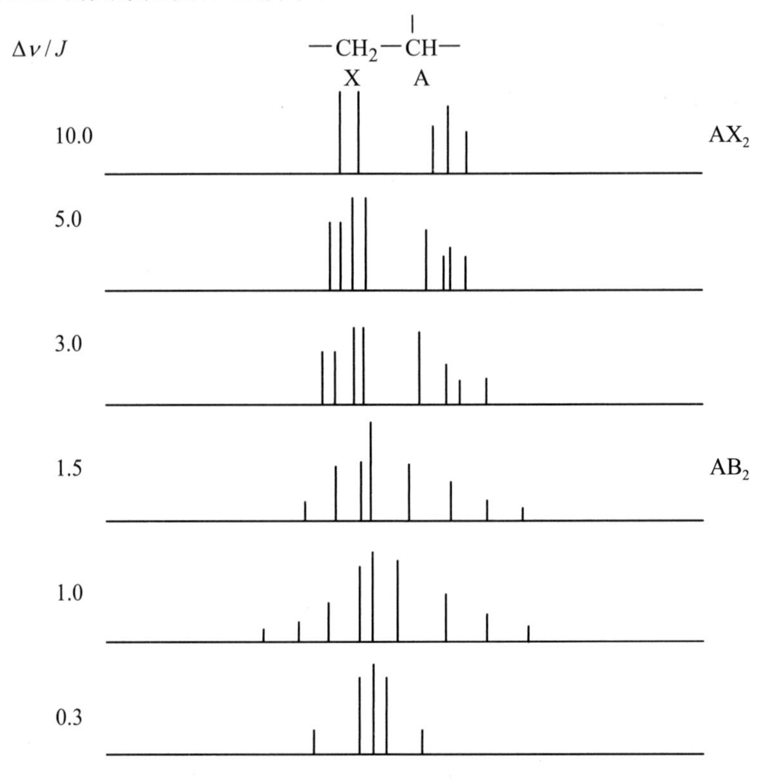

图 2-41　三旋体系（—CH_2—CH—）与$\Delta\nu/J$ 的关系

AB_2 体系属于二级谱图，常见于苯环对称三取代、吡啶环对称二取代、—CH—CH_2—等。偶合常数和化学位移可通过计算得到，图 2-42 所示为典型 AB_2 体系的谱峰。

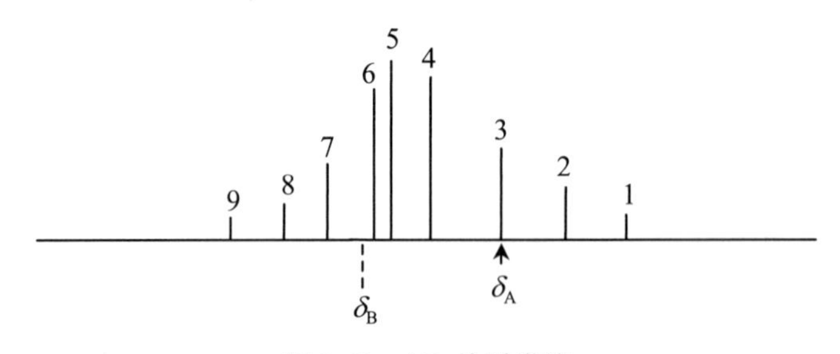

图 2-42　AB_2 体系谱峰

谱线间有以下关系：

$$\delta_1-\delta_2=\delta_3-\delta_4=\delta_6-\delta_7 \qquad (2.17)$$

$$\delta_1-\delta_3=\delta_2-\delta_4=\delta_5-\delta_8 \qquad (2.18)$$

图中各条谱线的标号顺序是从右到左，即$\delta_B>\delta_A$。若取$\delta_B<\delta_A$，则谱线标号需从左到右，第 5、6 条谱线往往很靠近。A 和 B 的化学位移以及二者的偶合常数的计算如下：

$$\delta_A = \delta_3 \tag{2.19}$$

$$\delta_B = 1/2(\delta_5 + \delta_7) \tag{2.20}$$

$$J_{AB} = 1/3[(\delta_1-\delta_4) + (\delta_6-\delta_8)] \tag{2.21}$$

A 核的化学位移取第 3 条谱线的位置，B 核的化学位移取第 5 和第 7 条谱线的中间位置。式中$\delta_1-\delta_4$表示 A 核的谱线裂分宽度，$\delta_6-\delta_8$近似为 B 核的谱线裂分宽度（因第 6 条谱线经常很接近第 5 条谱线，第 9 条谱线是综合谱线且一般很弱），现在互相偶合的核共有三个，故前面除以 3。（这样叙述只是为了帮助记忆 J_{AB} 的表达式）

掌握AB_2体系的解析方法对推测结构有利。如某二取代吡啶衍生物其氢谱见图 2-43a 所示，从谱图形状可知为典型的 AB_2 体系，因此可推断该化合物为 2,6–二甲基吡啶，这就加速了推测结构的进程。

当使用高磁场的 NMR 仪时，AB_2 体系的谱图也能简化成 AX_2 体系。如上述的 2,6–二甲基吡啶在 60MHz 核磁共振仪表现为 AB_2 体系，在 300MHz 核磁共振仪所测谱图（如图 2-43b 所示）中已经简化成 AX_2 体系了，可近似一级谱图处理。

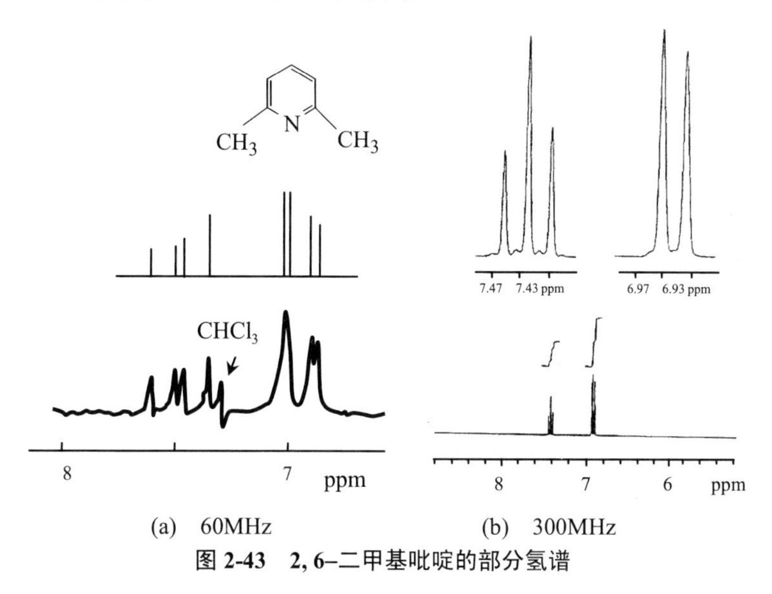

(a) 60MHz　　(b) 300MHz

图 2-43　2, 6–二甲基吡啶的部分氢谱

（3）AMX 体系

AMX 体系是最简单的三核自旋偶合体系，它的谱图是一级谱，共有 12 条谱线，每一个氢被其他两个核裂分为双二重峰（dd)，共振峰的强度相等。3 个氢核的化学位移和 3 个偶合常数 J_{AM}、J_{AX} 和 J_{MX} 均可从谱图中读出。双二重峰的两个不同的裂距即为两个偶合常数，中心位置即为该氢核的化学位移δ，如图 2-44 所示。

（4）ABX 体系

ABX 体系是很常见的二级谱体系，这是因为其他体系如 AB_2 体系要求分子有对称性，AMX 体系要求三个核的化学位移相差较大。

在 ABX 体系中 A、B 核的化学位移相近，它们属于强偶合体系。X 核的化学位移与 A、B 核相距较远，故 X 核与 A、B 核的偶合作用弱，X 核被 A、B 两核裂分成 dd 四重峰，可参照图 2-33 所示的解析方法，得到 J_{AX} 和 J_{BX} 以及 X 核的化学位移。ABX 体系的 AB 部分为 8 条谱线，是两个 AB 体系的组合。AB 部分有一个 J_{AB}，根据谱线间距的特点和已确定的 J_{AX} 和 J_{BX}，较易找出 J_{AB} 的等间距。A、B 核的化学位移要通过复杂的计算才能确定。ABX 体系有时还可能出现 2 条较弱的综合谱线，所以 ABX 最多有 14 条谱线。

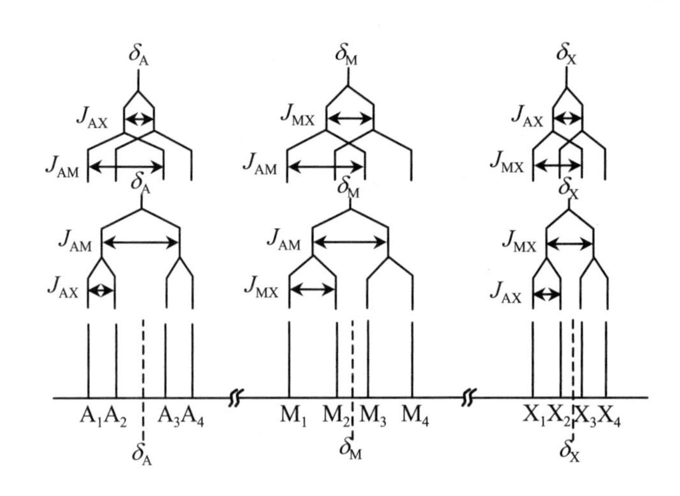

图 2-44　AMX 体系

ABX 体系 AB 部分的示意图如图 2-45 所示，从高场向低场对 8 条谱线进行标注，1，3，5，7 和 2，4，6，8 分别构成两个 AB 体系亚谱，其特征是：

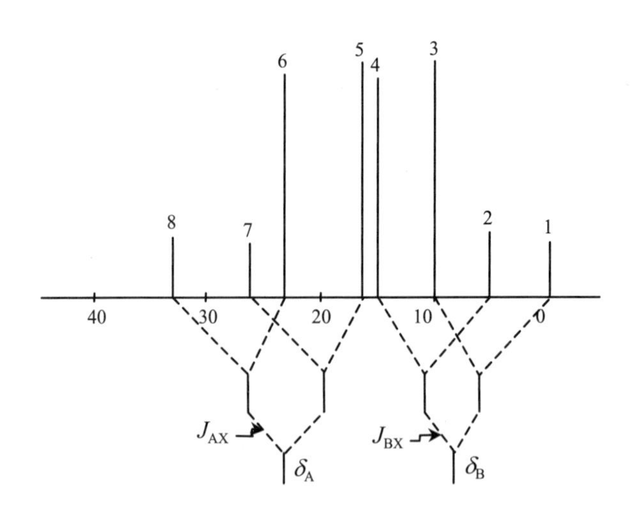

图 2-45　ABX 体系的 AB 部分

① 四个等间距：1～3；5～7；2～4；6～8。

② 两两等高：1，7；2，8；3，5；4，6

AB 之间只有一个偶合常数 J_{AB}，上述的四个等间距即为 J_{AB}。化学位移 δ_A 和 δ_B 通过计算可以确定。对 X 部分的谱图分析，与 AMX 体系一样，δ_X 在 X 核 4 条谱线的中心位置。

在 ABX 体系中，当 A 和 B 的化学位移之差较大时，即为 AMX 体系；或使用高磁场的 NMR 仪时，ABX 体系的谱图也可能简化成 AMX 体系。如苯基环氧乙烷在 60MHz 谱图中，H_A、H_B 和 H_C 显示 ABX 体系，而在 300MHz 核磁共振仪所测谱图可近似一级谱图处理（AMX 体系），每个氢被另两个氢偶合裂分成四重峰（dd），峰线的强弱差别不大（这一点很重要），偶合常数和化学位移可从图谱中直接读出（如图 2-46 所示）。须注意的是，对于三元环的化合物，相邻氢的顺式偶合 $^3J_{BC}$ 大于反式偶合 $^3J_{AC}$。

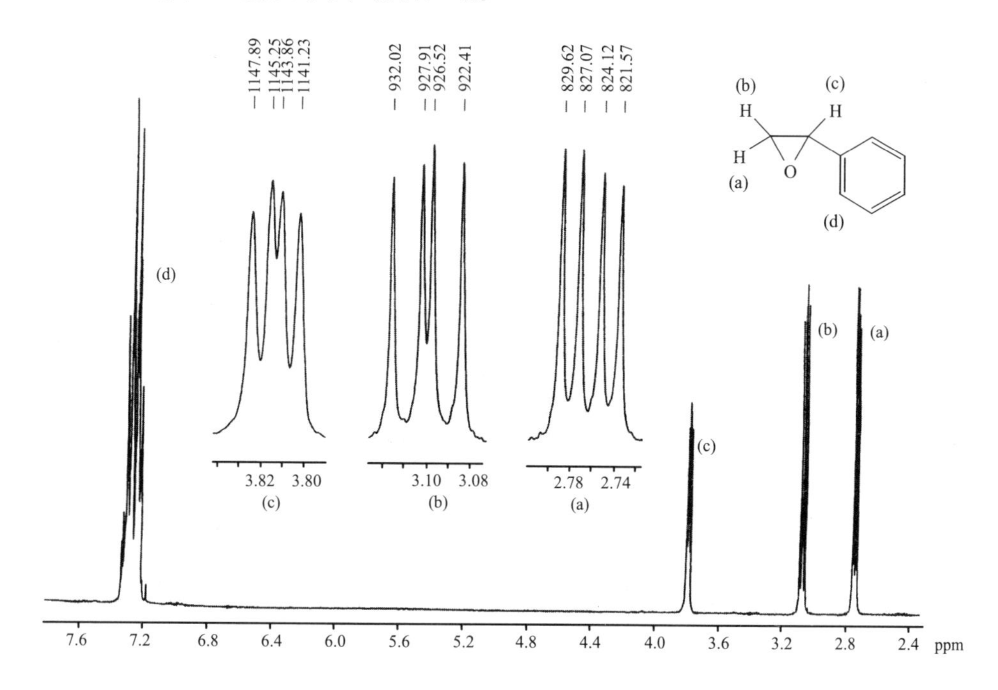

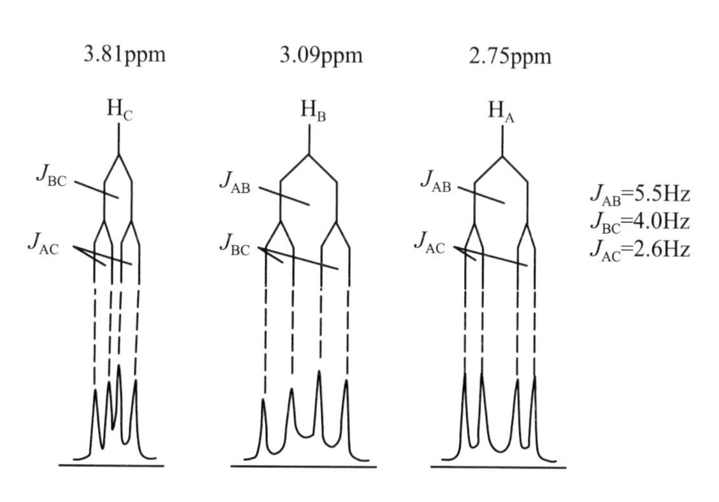

图 2-46　苯基环氧乙烷的氢谱和裂分解析

（5）A_3体系

A_3体系的谱图是单峰，如 CH_3Cl。

（6）ABC 体系

ABC 体系是更为复杂的三旋系统，最多可出现 15 条谱线。由于三个核化学位移较近，所以 15 条谱线强度的分布是中间高、两侧低。若三个核化学位移完全一样，三个核只产生 1 条谱线成为 A_3 体系。丙烯腈（CH_2═CH—CH）的氢谱（60MHz）如图 2-47a 所示，3 个烯氢形成 ABC 偶合体系，产生 15 条谱线，但在 300MHz 的 NMR 谱中可近似地作 AMX 体系处理，如图 2-47b 所示。

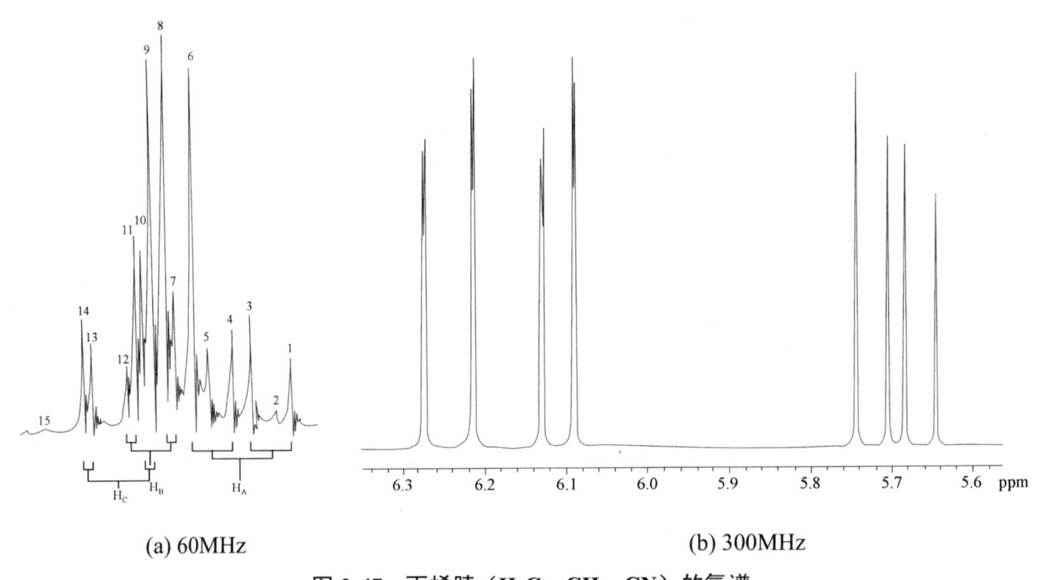

(a) 60MHz　　(b) 300MHz

图 2-47　丙烯腈（H_2C═CH—CN）的氢谱

3. 四旋体系

（1）A_2X_2体系

A_2X_2体系的谱图近似一级谱，符合 n+1 规律，有 6 条谱线。可按一级谱规律读出化学位移和偶合常数，如 CH_3O—CH_2—CH_2—Br。

（2）A_2B_2或 AA′BB′体系

当 A_2X_2体系中 A 核与 X 核的化学位移靠近时（$\Delta\nu < 6J_{AX}$），即构成 A_2B_2体系，如图 2-48 所示。A_2B_2谱图理论上有 14 条谱线，左右两边对称，每边 7 条，分别代表 A 和 B。A 的化学位移在 A 组峰的第 5 条处，B 的化学位移在 B 组峰的第 5 条处。A_2B_2体系中只表现一个偶合常数 J_{AB}，其计算式为 $J_{AB} = (\delta_1 - \delta_5)/2$。随着化学位移差 $\Delta\nu$ 和偶合常数的变化，谱图外形有所改变，但始终保持左右对称的特征，典型 A_2B_2体系的谱图见图 2-49a。

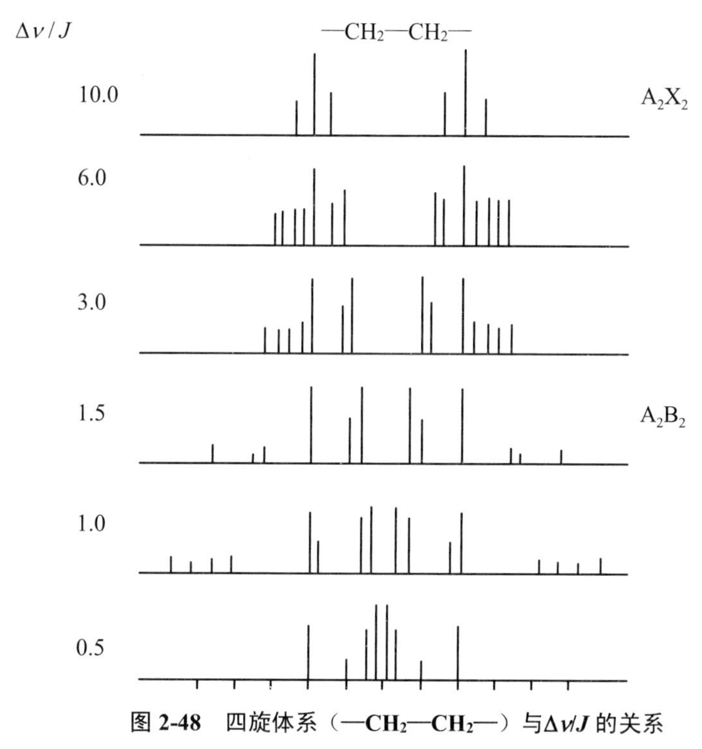

图 2-48　四旋体系（—CH_2—CH_2—）与 $\Delta\nu/J$ 的关系

AA′BB′体系是一个比较复杂的体系，按理论计算 AA′BB′体系有 28 条谱线，AA′和 BB′部分各占 14 条谱线，谱图的特点是左右对称。而实际上由于峰重叠或峰强度太小，只看到少数几个谱峰。图 2-49b 为邻二氯苯的 ^{1}H NMR 谱，苯环上 4 个氢构成了 AA′BB′体系，谱线对称，可用作调节仪器分辨率的样品。

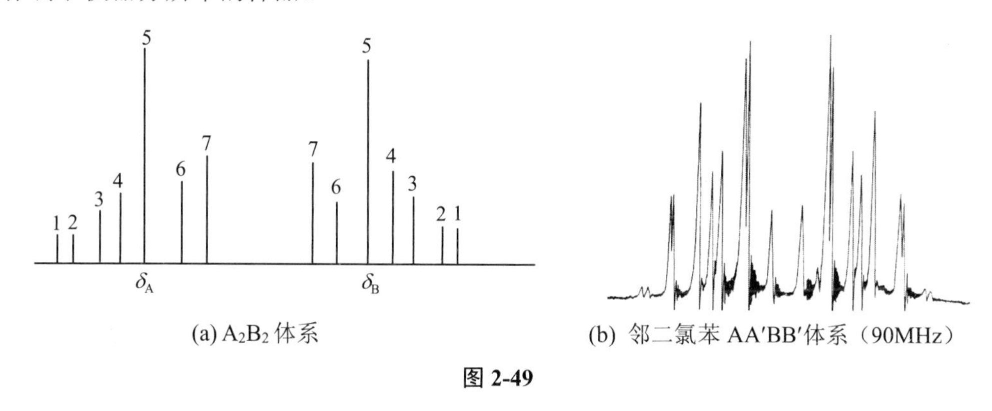

(a) A_2B_2 体系　　(b) 邻二氯苯 AA′BB′体系（90MHz）

图 2-49

（3）ABCD 体系

ABCD 体系由于四个核的化学位移靠近，谱图复杂，一般情况下有 32 条峰。

2.4.6　偶合常数与结构的关系

影响偶合常数的因素大体上有原子核的磁性和分子的结构两个部分。原子核的磁性大，偶合常数也大。核磁旋比实际上是核的磁性大小的度量，因此偶合常数与磁旋比有直接关系。分子的结构对偶合常数的影响可概括为两个基本因素：几何构型和电子结构。几何构型包括键长、键角两个因素；电子结构包括核周围电子云密度和化学键的电子云分布两个因素。影响化学键电子云分布的因素有：单键，双键，取代基的电负性，立体化学，内部或外部因素的极化作用等。因此，偶合常数 J 值的大小与有机化合物分子结构有着密切关系，常常根据 J 值的大小来判断有机化合物的分子结构，尤其是对立体化学的研究很有用。本节将讨论分子结构与偶合常数的关系。

偶合作用是通过核与核之间的成键电子对传递的。J 值的大小与它们间隔键的数目有关，随键的数目增加偶合常数迅速下降。一般超过 4 根化学键的偶合作用已经很小（J<1Hz），常常不能分辨。根据两个自旋核之间进行偶合通过的化学键数目可分为 ^1J，^2J，^3J 和 ^4J，一些典型化合物的各偶合常数如表 2-15～2-17 所示。

表 2-15　同碳氢（H—C—H）的偶合常数 ^2J

化合物	J（Hz）	化合物	J（Hz）
CH_4	−12.4	CH_2=CH_2	+2.3
$(CH_3)_4Si$	−14.1	CH_2=O	+40.2
CH_3COCH_3	−14.9	CH_2=NOH	+9.9
CH_3CN	−16.9	CH_2=CHF	−3.2
$CH_2(CN)_2$	−20.4	CH_2=$CHNO_2$	−2.0
CH_3OH	−10.8	CH_2=CHBr	−1.8
CH_3Cl	−10.8	CH_2=CHCl	−1.4
CH_2Cl_2	−7.5	CH_2=$CHCH_3$	+2.1
CH_3I	−9.2	CH_2=CHPh	+1.1
环己烷	−12.6	CH_2=CHLi	+7.1
环戊、环丁烷衍生物	−11～−16	CH_2=C=CH_2	−9.0
环丙烷	−4.3	环氧乙烷	+5.5

表 2-16 相邻碳氢（H—C—C—H）的偶合常数 ^3J

化合物	J（Hz）	化合物	J（Hz）
CH_3CH_3	8.0	CH_2=CH_2（cis, trans）	11.5, 19.0
CH_3CH_2Ph	7.6	CH_2=CHF（cis, trans）	19.3, 23.9
CH_3CH_2CN	7.6	CH_2=CHCN（cis, trans）	11.7, 17.9
CH_3CH_2Cl	7.2	CH_2=CHPh（cis, trans）	11.5, 18.6
CH_3CH_2OAc	7.0	CH_2=CHCOOH（cis, trans）	10.2, 17.2
CH_3CH_2Li	8.9	CH_2=$CHCH_3$（cis, trans）	10.0, 16.8
CH_2ClCH_2Cl	5.9	CH_2=$CHOCH_3$（cis, trans）	7.0, 14.1
环丙烷（cis, trans）	8.97, 5.58	环丙烯（1–2）	1.3
环氧乙烷（cis, trans）	4.45, 3.10	环丁烯（1–2），（2–3）	2.9, 1.0
环丁烷（cis, trans）	10.4, 4.9	环戊烯（1–2），（2–3）	5.3, 2.3
环戊烷（cis, trans）	7.9, 6.3	环戊烯（3–4: cis, trans）	9.3, 5.7
环己烷（a, a）	12.5	环己烯（1–2），（2–3）	8.8, 2.1
环己烷（a, e 和 e, e）	3.7	环己烯（3–4: cis, trans）	2.9, 8.9
四氢呋喃（α–β：cis, trans）	7.9, 6.1	苯	7.5

注：cis 表示“顺式”，trans 表示“反式”

表 2-17　其他一些化合物的 H—H 偶合常数

化合物	J（Hz）
C=CH—CH	4～11（7）
>CH—CHO	1～3
C=CH—CHO	5～8（6）
C=CH—CH=C	9～13
HC=C—CH	0.5～3
HC≡C—CH	2～3
CH—C=C—CH	0～3
CH—C≡C—CH	2～3
>CH—OH	4～10（5）
>CH—NH	4～10（5）

化合物	J（Hz）
4 3 5 O 2	$J_{2,3}$ =1.7 $J_{3,4}$ =3.4 $J_{2,4}$ =0.9 $J_{2,5}$ =1.6
4 3 5 N 2 H	$J_{2,3}$ =2.6 $J_{3,4}$ =3.4 $J_{2,4}$ =1.4 $J_{2,5}$ =2.1
4 5 3 6 2 N	$J_{2,3}$ =5.5 $J_{3,4}$ =7.5 $J_{2,4}$ =1.9 $J_{2,5}$ =0.9 $J_{3,5}$ =1.5
4 3 5 S 2	$J_{2,3}$ =5.2 $J_{3,4}$ =3.6 $J_{2,4}$ =1.3 $J_{2,5}$ =2.7

1．^1J

氢核的 ^1J 只有在氢核和有磁矩的异核直接相连时才表现出来，最重要的是 $^1J_{C—H}$，而由于 ^{13}C 的天然丰度很低，所以 ^{13}C 与 ^1H 偶合而产生的二重峰常消失在 ^1H NMR 谱的噪音中无实用价值。$^1J_{C—H}$ 在碳谱中的应用将在第三章中讨论。

2．^2J

氢核的 ^2J 最常见的为同碳二氢的偶合常数，这样的偶合也称为同碳偶合（geminel coupling），标记为 $^2J_{同}$ 或 $^2J_{gem}$。^2J 偶合机制如图 2-50 所示，⇧表示氢核的自旋方向，↑表示该氢核的成键电子自旋方向。我们知道，价电子倾向于配对，且自旋方向彼此相反，系统能量最低。同样，核和电子也倾向于配对，当核的自旋和其电子自旋彼此反向时，势能降低处于有利的能级。因此，同碳二氢的核自旋方向倾向于如图 2-50 所示的同向。一般认为，两个自旋偶合的核，当两核自旋方向相同时，它们的偶合常数为负值，当两核自旋方向相反时，偶合常数为正值。所以，通常 ^2J 为负值，但不总是为负值。

当同碳二氢是化学不等价时，^2J 值可以从谱图中直接测出，如 AM 或 AB 体系；当同碳二氢是化学等价而磁不等价时，如 AA′ 体系，其偶合常数 ^2J 必须通过复杂计算才能得出；当同碳二氢既是化学等价又是磁等价时，谱图不出现裂分（单峰），^2J 值就不会在谱图中反映出来，但可以利用一些特殊的实验方法测出它们之间的偶合常数，例如，氘取代的二氯甲烷 $CHDCl_2$，一个 H 被 D 裂分成三重峰，并根据 $J_{HH} = 6.51 \times J_{HD}$，即算出二氯甲烷的同碳氢的偶合常数 ^2J。

同碳二氢的偶合常数 ^2J 范围从−20～+40Hz。下面对 ^2J 的影响因素加以讨论。

（1）键角对 ^2J 的影响

^2J 的大小与键角α的关系如图 2-51 所示。一般来说，^2J 值随键角减小而增大，因键角减小，两个碳氢σ成键轨道相互靠近，电子自旋作用增强。需说明一点，图中所表现 ^2J 与α的关系是一种趋势而不是精确关系。

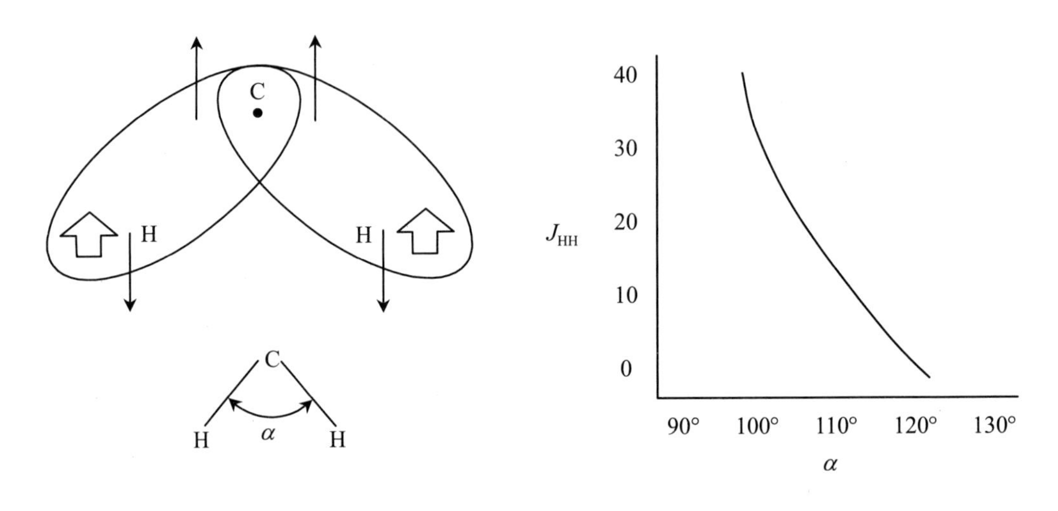

图 2-50　^2J 偶合机制　　图 2-51　偶合常数 ^2J 与键角α的关系

一般饱和碳氢化合物的 ^2J 值在−5～−20Hz 之间，烯氢的 ^2J 值在+3～−3Hz 之间（或不计符号 0～3Hz）如：

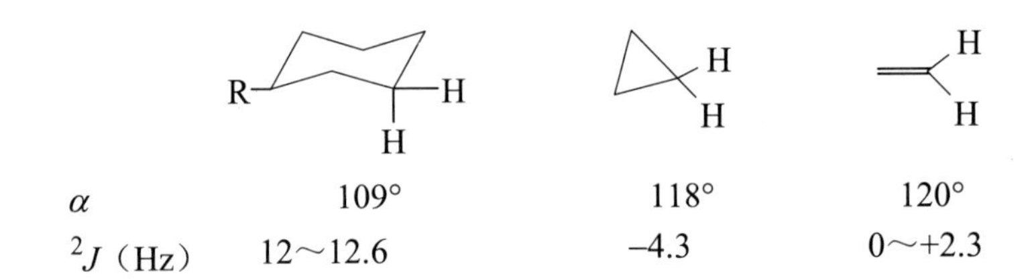

α	109°	118°	120°
^2J（Hz）	12～12.6	−4.3	0～+2.3

（2）取代基的影响

取代基在一定程度上影响 ^2J 的代数值。当取代基的电负性增大时，^2J 向正方向变化（或不计符号时，吸电子基团使 ^2J 值减小），如：

饱和化合物	CH_4	CH_3OH	CH_3Cl	CH_3F	CH_2Cl_2
^2J（Hz）	−12.4	−10.3	−10.8	−9.6	−7.5

若取代基通过共轭π 键或超共轭作用，使 ^2J 负值增加，如：$CH_3—C\equiv N$，$^2J= -16.9$Hz；$CH_2(CN)_2$，$^2J= -20.4$Hz。由于三重键有很强的π 键吸电子效应，使 ^2J 的负值增加。杂原子的孤电子对产生的超共轭作用使 ^2J 值向正方向变化，如甲醛（+42Hz）和乙烯（+2.3Hz）以及下例：

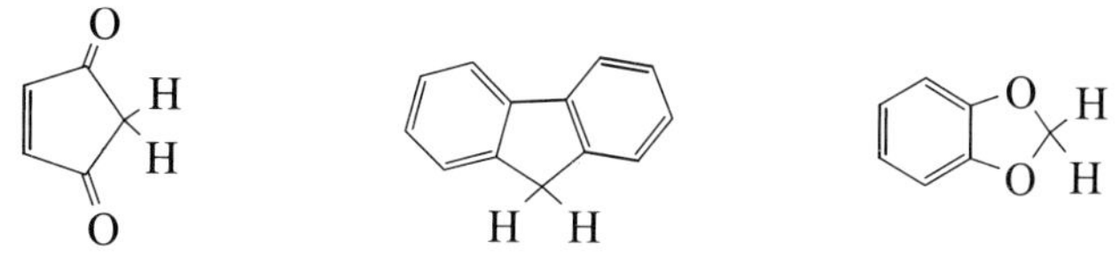

^2J（Hz）	−21.5	−22.3	+ 1.5

（3）环的大小

随着环数的增加，^2J 的绝对值也增大，这是由于键角α随环增大而减小之故。

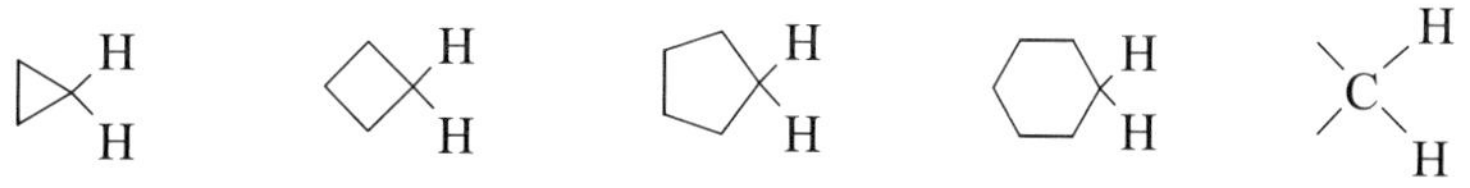

^2J（Hz）	−4	−9	−11	−13	−9～−15

在分析同碳氢的偶合关系时，值得注意的一点是自旋偶合是始终存在的，由它引起峰的裂分只有当相互偶合的二氢化学位移值不相等时才能表现出来。而在许多直链化合物中观测不到 ^2J 引起的裂分，这是由于键的旋转使同碳氢 CH_2 表现化学等价。在构象固定的环类化合物中，环上的 CH_2 因键不能旋转而导致两个氢的化学位移不相等，^2J 可以在谱图上反映出来。

3．^3J

^{1}H NMR 谱中，同碳二氢的δ值常相等，^2J 在谱图中往往反映不出来。邻碳二氢的δ值不等，^3J 能在谱图中反映出来。^4J 又较小，在谱图上不出现裂分，因此，^3J 在氢谱中显得尤为重要。最常见的 ^3J 标记为 $J_{邻}$ 或 J_{vic}，表示邻位偶合（vicinal coupling）的偶合常数。^3J 广泛用于有机化合物的立体化学分析，是 ^{1}H NMR 谱成为有机化合物结构鉴定的一个重要工具的原因之一。^3J 偶合机制如图 2-52 所示，氢核的自旋和其电子自旋彼此反向，与氢相连的碳核无自旋方向（^{12}C 的 $I=0$），但形成碳碳σ键的电子是成对的。这样通过电子和核的自旋配对，可以推出相邻碳的两个氢核自旋方向相反，在能级上是处于有利的自旋取向，^3J 符号为正。

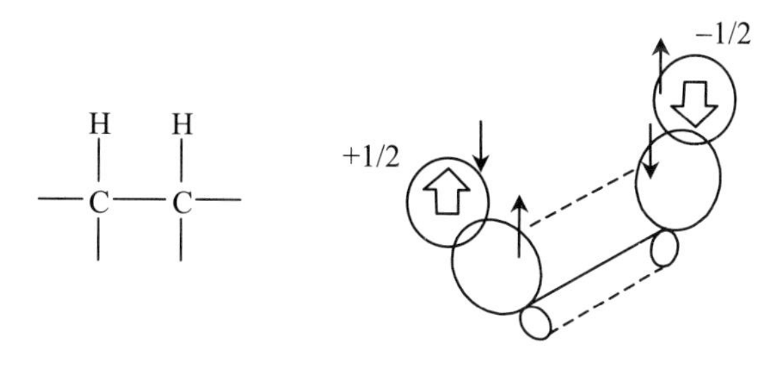

图 2-52　^3J 偶合机制

下面分几种情况讨论 ^3J 的影响因素。

（1）饱和碳原子体系

在饱和碳原子体系中，当可以自由旋转时 ^3J 值约为 7Hz，当构象固定时 ^3J 值在 0～18Hz 之间。影响因素有下列几点：

① 二面角α的影响　二面角α是指 H_A 和 H_B 以及相连的两个碳原子组成的二面夹角，如图 2-53 所示。

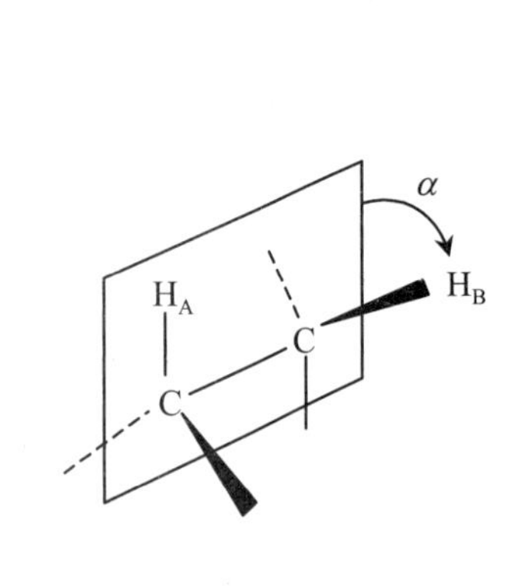

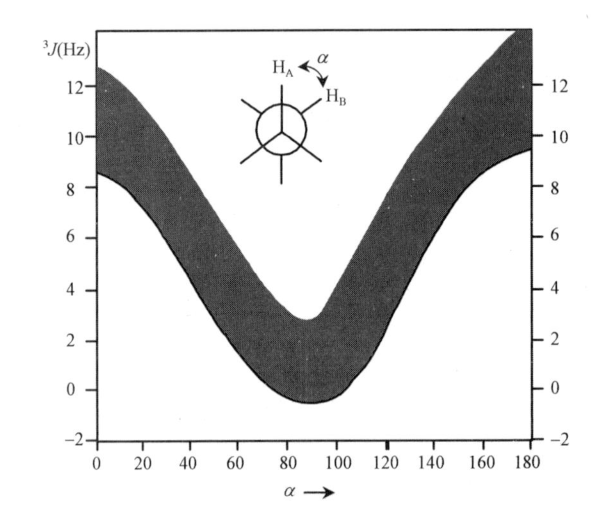

图 2-53　^3J 与二面角α的关系

Karplus 首先研究了 ^3J 与二面角α的关系，可用以下方程式表示：

$$^3J = A + B\cos\alpha + C\cos2\alpha$$

式中：A，B，C 均为常数，A = 7，B = −1，C = 5。

也有一些研究小组对上式的参数进行了修饰，使计算结果更接近实验值，如：

$$^3J = 8.5\cos^2\alpha - 0.28 \qquad (\alpha = 0° \sim 90°)$$

$$^3J = 11.5\cos^2\alpha - 0.28 \qquad (\alpha = 90° \sim 180°)$$

Karplus 公式可用图 2-53 表示，从图中可以看出α= 0°～30°或 150°～180°时，^3J 值很大，而α= 60°～120°时 ^3J 值很小，特别是α= 90°时，^3J 值近似为 0。对于 ^3J 与二面角α的这种关系，可以理解为：当二面角α = 0°或 180°时，组成 C—H 的σ键两轨道电子云交盖程度最大，表明 H_A 和 H_B 两核之间相互作用强，^3J 显示最大；当二面角α = 90°时两轨道电子云交盖程度最小，相互作用最弱，^3J 显示最小，如图 2-54 所示。

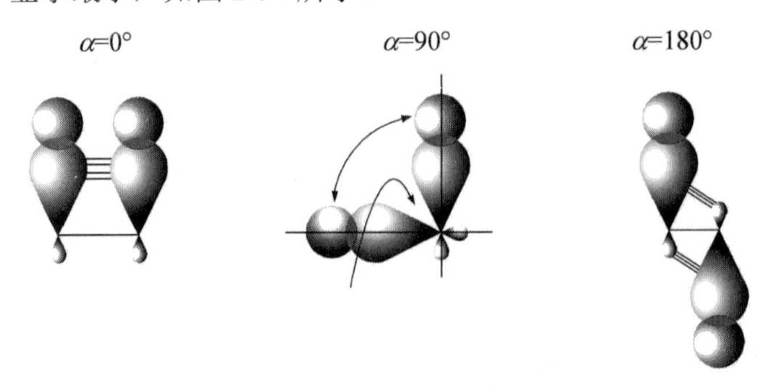

图 2-54　相邻两 C—H 的σ键的电子轨道示意图

实验数据与 Karplus 公式的计算结果有较好的吻合，但是，^3J 值不仅与二面角α 有关，还与其他因素（键长、键角以及取代基的电负性）有关，使计算的 ^3J 值与实际值出现偏差，波动范围由图的阴影部分表示。

在环己烷的椅式构象中，相邻 C_1 和 C_2 的氢处于直立键位置（H_a），两氢二面角$\alpha_{aa}=180°$，$^3J_{aa}$ 值最大，约 10Hz，考虑到取代基及取代数目的影响，$^3J_{aa}$ 值范围为 8～12Hz；当两氢都处于平伏键位置（H_e），$\alpha_{ee}=60°$，$^3J_{ee}$ 值很小，约 2.5Hz，一般 $^3J_{ee}$ 范围为 1～3Hz；一个氢处于直立键，另一个氢处于平伏键，则$\alpha_{ae}=60°$，$^3J_{ae}$ 值也很小，一般在 2～4Hz。因此，通过研究 ^3J 值的大小，可以判断六元环化合物的立体构型。

【练习 2.2】 某葡萄糖样品含有α 和β 两种异构体，通过氢谱（图 2-练 2）可确定这两种异构体含量。

解析　C_1 与两个氧原子相连，该碳上的氢（H_1）应处于最低场。在氢谱的低场范围 4.65ppm 和 5.24ppm 分别出现两个二重峰，偶合常数 $^3J_{(H_1,\ H_2)}$ 分别为 7.9Hz 和 3.7Hz。偶合常数较大的化合物应该是 H_1 和 H_2 都处于直立键位置的β 异构体，偶合常数较小的化合物应归属于α 异构体。根据积分面积可算出含有 40%的α 异构体和 60%的β 异构体。

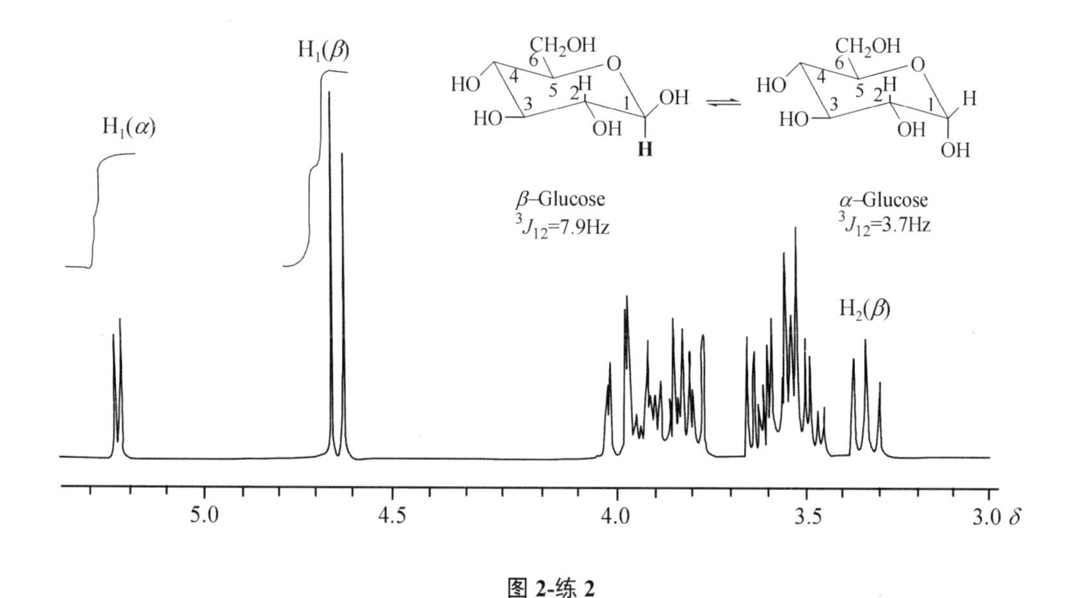

图 2-练 2

② 取代基电负性的影响　二面角是影响 ^3J 的主要因素，取代基的电负性对 ^3J 值也有很大的影响，其规律是随着取代基电负性的增加，^3J 值下降，如：

化合物	CH_3CH_2Li	$CH_3CH_2SiR_3$	CH_3CH_2CN	CH_3CH_2Cl	$CH_3CH_2OCH_2CH_3$
^3J（Hz）	8.9	8.0	7.6	7.2	7.0

在环状化合物中，取代基的空间取向也会影响 ^3J 值的大小。虽然二面角 α 都约为 60°，当取代基 X 处在平伏键时，J_{ae} = 5.5Hz，当 X 在直立键时，J_{ae} 就变为约 2.5Hz。

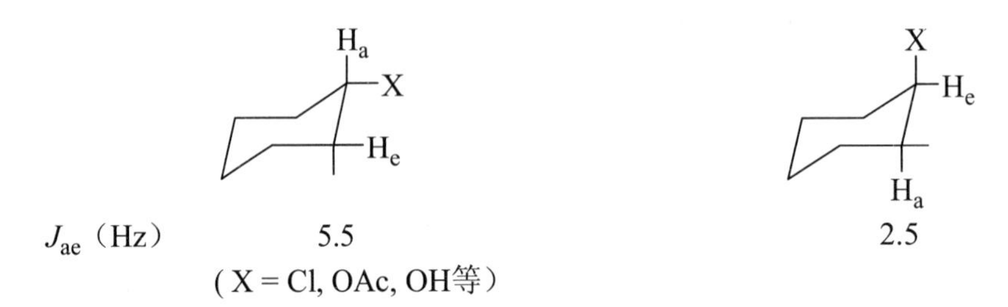

③ 环的大小对 ^3J 的影响　在三元环结构中，$^3J_{顺}$（α = 0°）总是大于 $^3J_{反}$（α = 120°），如环丙烷 $^3J_{顺}$ = 8.97Hz，$^3J_{反}$ = 5.58Hz；四元环的 $^3J_{顺}$（10.4Hz）也通常是大于 $^3J_{反}$（4.9Hz）；但是，五元环的 $^3J_{顺}$和 $^3J_{反}$大小要根据取代基而定，环戊烷的 $^3J_{顺}$（7.9Hz）大于 $^3J_{反}$（6.3Hz），当有取代基时，二面角会改变，$^3J_{反}$往往也能大于 $^3J_{顺}$；六元环的 $^3J_{aa}$ 大于 $^3J_{ae}$ 和 $^3J_{ee}$。一些环状化合物的 ^3J 偶合常数见表 2-16 所示。

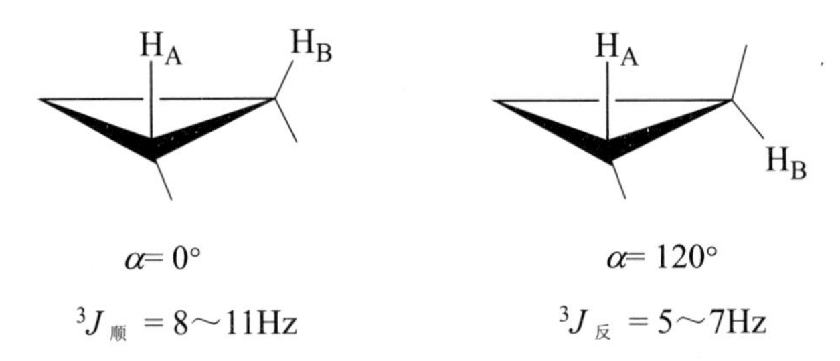

（2）烯烃化合物

烯烃化合物影响 ^3J 值的因素主要有：

① 化合物的立体化学　烯氢的 ^3J 值与化合物的立体化学有很大关系，顺式烯烃的 ^3J 值为 7～11Hz，而反式烯烃的 ^3J 值要比顺式烯烃的 ^3J 值大，其大致范围在 12～18Hz，这是由反式烯氢的两轨道电子云交盖程度比顺式烯氢的大导致的。

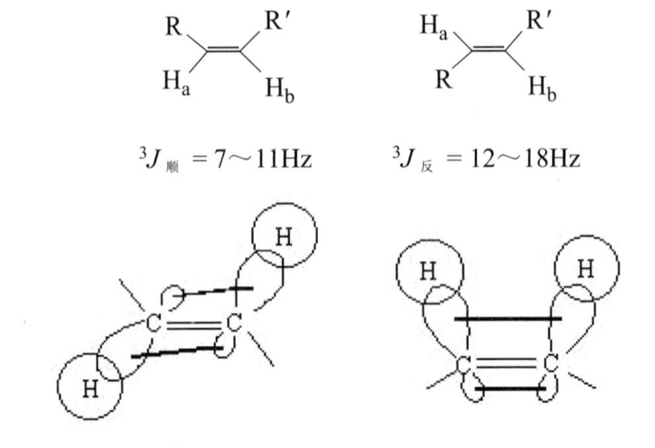

我们可以根据这一规律来确定化合物的顺、反异构体。如，某一化合物的可能结构为：

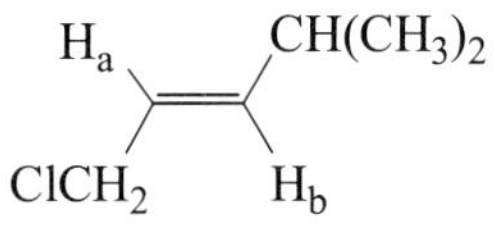

H_a　$CH(CH_3)_2$ / $ClCH_2$　H_b
(E)

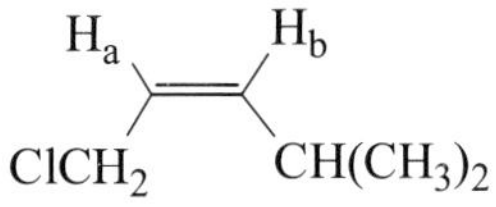

H_a　H_b / $ClCH_2$　$CH(CH_3)_2$
(Z)

从 ^{1}H NMR 的一级谱中读出 $^3J_{ab}$ 值为 15.3Hz，所以可以判定化合物的结构为反式（E 型）。

② 取代基的电负性　随着取代基电负性的增大，烯氢的 ^3J 值下降，且与饱和体系的 ^3J 值相比下降较快，如：

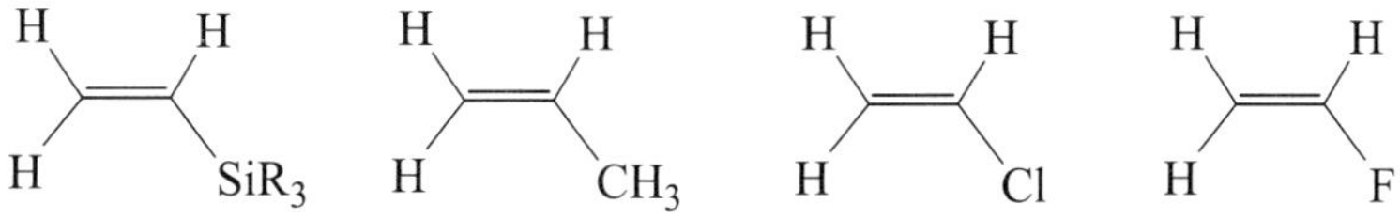

	$H_2C=CH-SiR_3$	$H_2C=CH-CH_3$	$H_2C=CH-Cl$	$H_2C=CH-F$
$^3J_{顺}$（Hz）	19.3	10.0	7.3	4.7
$^3J_{反}$（Hz）	20.4	16.8	14.6	12.8

③ 环的大小对 ^3J 的影响　环烯化合物中，烯氢的 ^3J 值与环的大小有直接关系。随着环数增加，^3J 值增加。但八元环、九元环的 ^3J 值增加很少，这可能是因为内角张力越来越小的缘故，如：

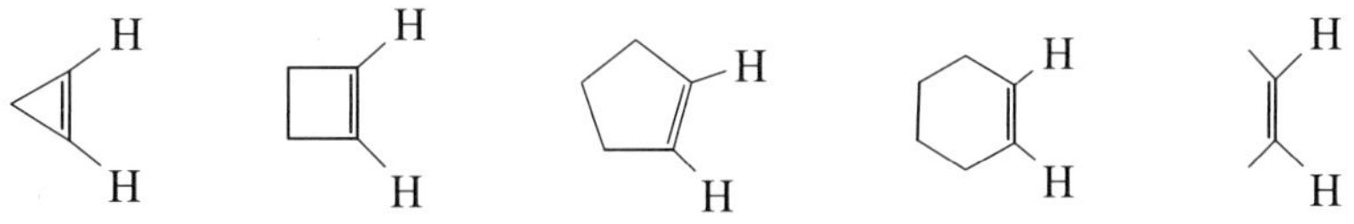

	环丙烯	环丁烯	环戊烯	环己烯	开链顺式烯
^3J（Hz）	0～2	2～4	5～7	8～11	7～11

乙炔的 $^3J = 9.8$Hz，对立体化学没有实际意义。

（3）苯环化合物与杂芳环化合物

苯环氢 ^3J 和烯氢的 $J_{顺}$和 $J_{反}$均不相同，苯环氢的 ^3J 数值在 6～9Hz。

萘环化合物由于双键共轭程度不同，每个碳碳键的键长也有差别，键长较短能增加电子传递的作用，^3J 值也较大。

杂芳环中由于杂原子的存在，^3J 与所考虑的氢相对杂原子的位置有关，紧接杂原子的 ^3J 较小，远离杂原子的 ^3J 较大，这是由杂原子的电负性和不同双键的影响所致，一些常见杂芳环化合物的偶合常数见表 2-17 所示。

4. 远程偶合的 J

跨越 4 根键及更多键的两个氢间的偶合作用称为远程偶合(long-range coupling)。饱和体系中的 J 值随偶合跨越的键数增加而很快下降。一般当 J 值很小时，不足以引起 ^{1}H NMR 谱中谱线的裂分，只能使谱线稍有加宽，但下面三种情况有较大的远程偶合 J 值。

（1）“W”型的 ^4J 值

在饱和体系中，当 4 个单键共处同一个平面而构成伸展的折线“W”型时，^4J 值可达 1～

2Hz，如：

$^4J_{ab}$（Hz）　1.4～2.2　1.2～1.6　4～10　6～8

（2）跨越空间偶合

跨越空间偶合是由场效应引起，表现在一些笼式化合物中，如：

$^5J_{ab} = 0.3$ Hz

$^5J_{bc} = 1.1$Hz

（3）不饱和体系中由于π电子的存在，使偶合作用能够传递到较远的距离，下列几种情况就有较强远程偶合。

① 丙烯型体系　丙烯型体系（H—C＝C—C—H）的 ^4J 值在 0～3Hz。当丙烯型体系所有核共平面时，即二面角为 0°或 180°时，烯丙位的 C—H 键与双键的交盖最少，相互作用就最弱，^4J=0；当烯丙位的 C—H 键垂直于 C＝C 键平面时，即二面角为 90°时，C—H 键与双键的π键电子云交盖最多，相互作用最强，^4J=3Hz。

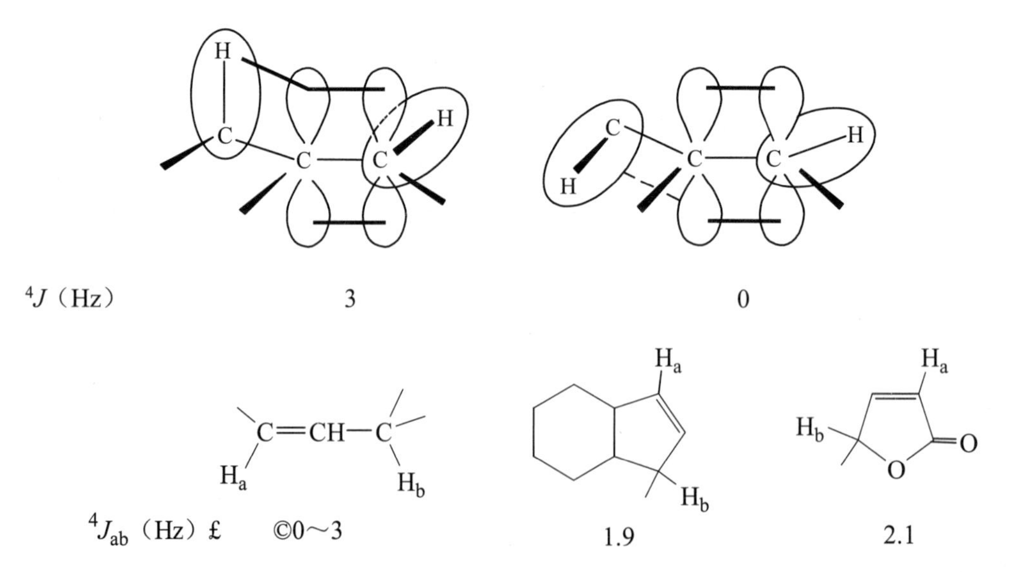

② 高丙烯型体系　在高丙烯型体系（H—C—C＝C—C—H）中，由于两端饱和 C—H 键均可和双键的π键发生超共轭作用，故存在远程偶合，$^5J = 0$～3Hz。

③ 炔和累积双烯体系　这类体系有 H—(C≡C)$_n$—H、H—C—(C≡C)$_n$—H 和 H—C═C═C—H，典型例子如下：

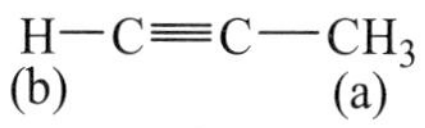

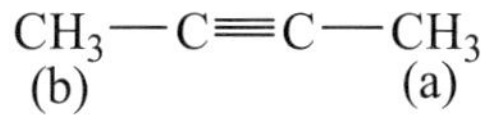

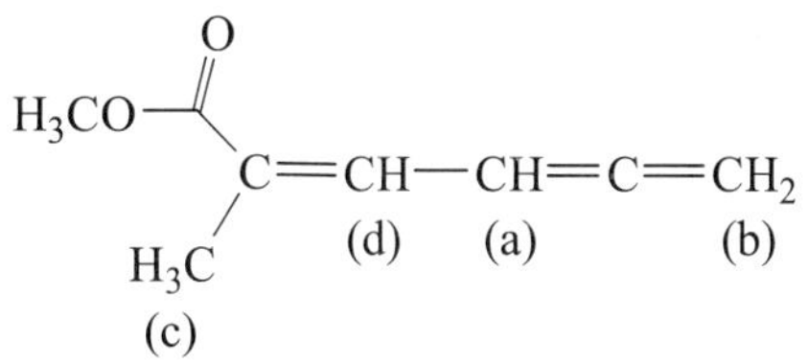

H—C≡C—CH_3 (b) (a)　$^4J_{ab}$ = 2.9Hz

CH_3—C≡C—CH_3 (b) (a)　$^5J_{ab}$ = 2.7Hz

H_3CO—C(=O)—C(—H_3C (c))═CH—CH═C═CH_2 (d) (a) (b)　$^4J_{ab}$ = 6.5Hz　$^5J_{bd}$ =1.1Hz　$^7J_{bc}$ =1.3Hz

④ 芳香体系　由于芳香化合物是大π共轭体系，除了 ^3J 偶合外，还存在远程偶合，间位二氢的 ^4J=1～3Hz，对位二氢的 ^5J=0～1Hz。因此，根据 J 值不同可以识别不同位置取代的苯环化合物的异构体。

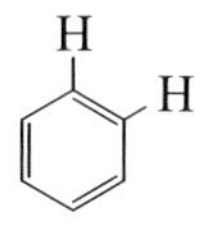

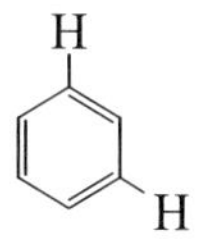

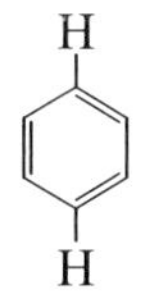

7.5Hz　1.5Hz　0.7Hz

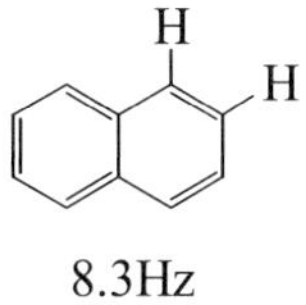

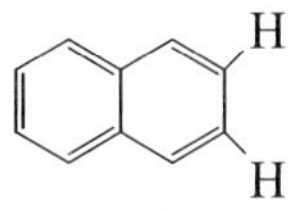

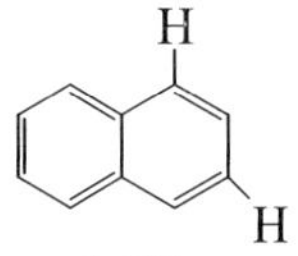

8.3Hz　7.0Hz　1.3Hz

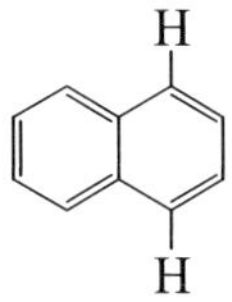

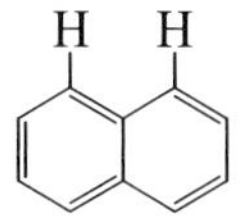

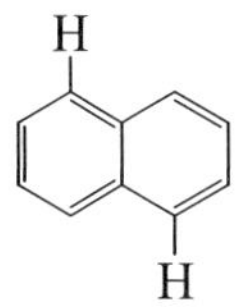

0.7Hz　0.7Hz　0.8Hz

芳环氢与侧链氢仍然有 0～1Hz 的远程偶合。

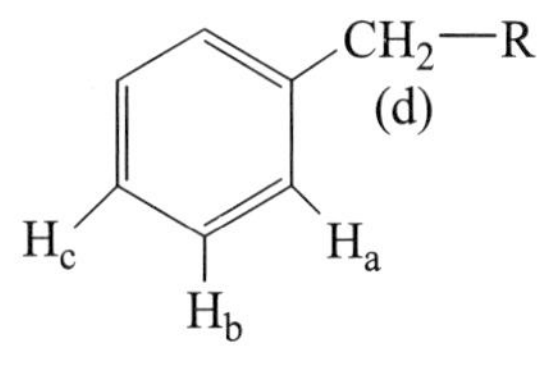

CH_2—R (d)　H_a　H_b　H_c

$^4J_{ad}$ = 0.6～0.9Hz
$^5J_{bd}$ = 0.3 Hz
$^6J_{cd}$ = 0.5 Hz

一般说来，不饱和体系的远程偶合 J 值比饱和体系的远程偶合 J 值大。当远程偶合 J 值较小时，不易从 ^{1}H NMR 谱图中见到由此而引起的裂分，这时只能从峰的半高宽的加宽发现远程偶合的存在。

【练习 2.3】 1–甲氧基–3–炔–1–丁烯的 ^{1}H NMR 谱如图 2-练 3 所示，确定各氢的偶合关系。

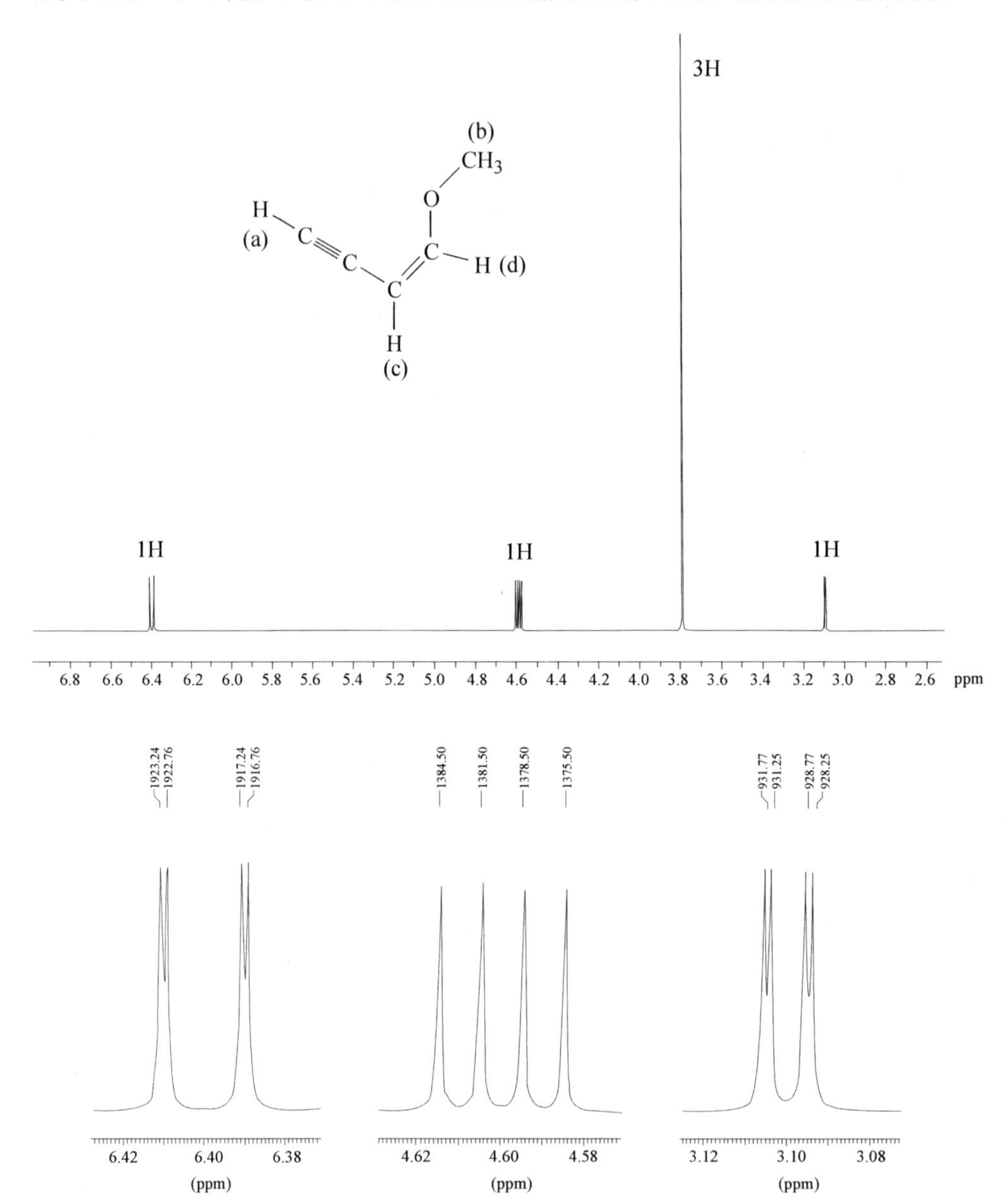

图 2-练 3　1–甲氧基–3–炔–1–丁烯的 ^{1}H NMR 谱

解析　甲氧基很容易从谱图中识别，即是位于 3.8ppm 的一个尖锐单峰。与氧相连的烯氢 H_d，由于电负性氧的诱导效应，应归属最低场 6.4ppm。H_c 粗看是二重峰，但实际上是 dd 四重峰（从放大的图中可以看出），H_d 不仅与 H_c 有顺式偶合（$^3J_{顺}$），还与炔氢 H_a 存在远程偶合（$^5J_{ad}$）。从放大的图中可以直接读出它们的偶合常数：

$$^3J_{cd} = 1923.24–1917.24 = 6.0\text{Hz} \qquad ^5J_{ad} = 1923.24–1922.76 = 0.48\text{Hz}$$

另一个烯氢 H_c 的化学位移在 4.6ppm，同样也被裂分成 dd 四重峰，从谱图中读出偶合常数：

$$^3J_{dc} = 1384.50-1378.50 = 6.0\text{Hz} \qquad ^4J_{ac} = 1384.50-1381.50 = 3.0\text{Hz}$$

这样已经得到三个氢（H_a、H_c 和 H_d）之间所有的偶合常数。最高场的一个氢（3.10ppm）很明显是炔氢 H_a，它的 dd 四重峰偶合关系为：

$$^4J_{ca} = 931.77-928.77 = 3.0\text{Hz} \qquad ^5J_{da} = 931.77-931.25 = 0.52\text{Hz}$$

与上面结果是一致的。

5. 氢核与其他核的偶合

氢核除了存在与氢核的偶合之外，还存在着与其他自旋核（如 ^{13}C，^{19}F，^{31}P 等）的偶合。^{1}H—^{13}C 的偶合强度很小，这将在碳谱中详细讨论。而 ^{1}H 与 ^{19}F、^{31}P 的偶合常数 J 值很大，尤其是 $^2J_{H-F}$ 更大，甚至高达 90Hz 左右。F 取代的乙烯化合物，与同碳氢的偶合常数 ^2J=85Hz，与另两个烯氢的偶合常数 $^3J_{反}$和 $^3J_{顺}$分别为 52Hz 和 20Hz；F 取代的饱和烷烃化合物，与同碳氢的 ^2J 值在 45～50Hz 之间，与邻碳氢的 ^3J 值与分子构象有关，自由旋转时，^3J=25Hz，构象固定时，H 与 F 处于反位的 ^3J 值在 10～45Hz，二者处于旁位的 ^3J 在 0～12Hz。

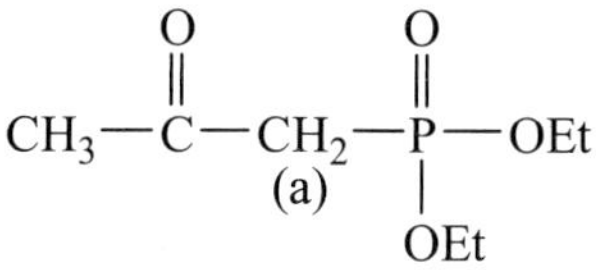

$CH_3-CO-CH_2(a)-P(O)(OEt)_2$　$^2J_{a-P} = 23\text{Hz}$

$>CH(a)-O-P<$　$^3J_{a-P} = 5\sim7\text{Hz}$

$CH_3(a)-N-P<$　$^3J_{a-P} = 8\sim10\text{Hz}$

$CH_3(c)-CH_2(b)-CH_2(a)-F$　$^2J_{a-F} = 46.7\text{Hz}$，$^3J_{b-F} = 25.2\text{Hz}$，$^4J_{c-F} = 1\text{Hz}$

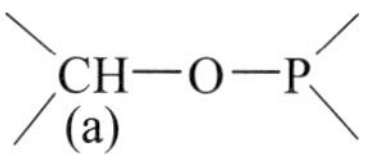

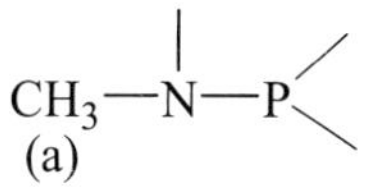

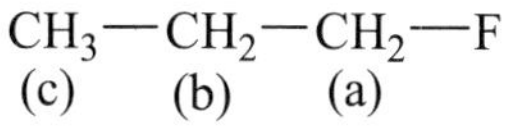

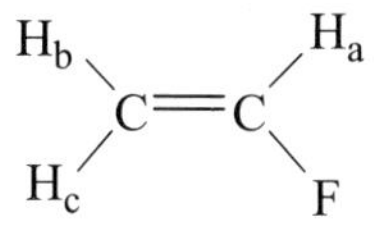

$H_bH_cC{=}CH_aF$　$^2J_{a-F} = 85\text{Hz}$，$^3J_{b-F} = 52\text{Hz}$，$^3J_{c-F} = 20\text{Hz}$

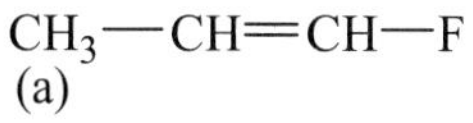

$CH_3(a)-CH{=}CH-F$　$^4J_{a-F} = 3\text{Hz}$

氟苯（H_a、H_b、H_c）　$^3J_{a-F} = 6\sim10\text{Hz}$，$^4J_{b-F} = 4\sim8\text{Hz}$，$^5J_{c-F} = 0\sim2\text{ Hz}$

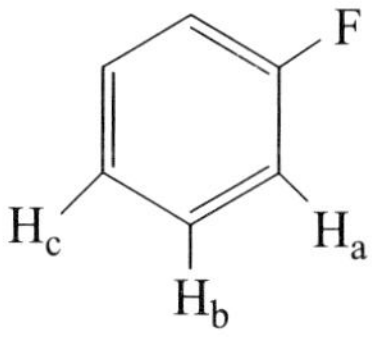

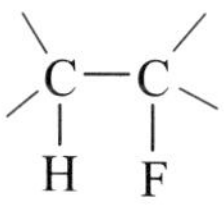

H—C—C—F　$^3J_{H-F} = 0\sim45\text{ Hz}$，anti =10～45Hz，gauche =0～12Hz

2.5　常见官能团的一些复杂图谱

上一节从自旋体系的角度讨论了一些常见的二级谱，^{1}H NMR 谱图的直接对象是官能团，所以这节将对一些常见官能团的复杂谱图进行讨论，以提高分析谱图的能力。

2.5.1 取代苯环

1. 单取代苯环

在谱图的苯环区内，当从积分曲线得知有 5 个氢存在时，可判定苯环是单取代的。从前面的知识可以知道，核磁共振的复杂性取决于$\Delta\nu/J$的比值。苯环的偶合常数J值随取代基的变化影响并不大，因此取代基的性质（它使邻、间、对位氢的化学位移偏离于苯）决定了谱图的复杂程度以及峰的形状和位移。根据取代基的电子效应，把取代基分成三类来讨论单取代苯环的氢谱，从而能迅速判别谱图类型，确定可能的取代基团。

（1）第一类取代基团　对邻、间、对位氢的δ值影响均不大，它们的峰拉不开，总体来看是一个中间高两边低的大峰，但是用高磁场 NMR 仪测量时，谱峰可以在一定范围内拉开。乙基苯的部分氢谱见图 2-55a 所示。

属于这类基团的有：$—CH_3$，$—CH_2—$，$—CH=CHR$，$—C\equiv CR$，—Cl，—Br 等。

（2）第二类取代基　有机化学中使苯环活化的邻、对位定位基，这类基团含有饱和杂原子，由于饱和杂原子的孤电子对和苯环的离域π电子有$p-\pi$共轭作用使邻、对位氢的电子云密度明显增高，δ值移向高场。间位氢也向高场位移，但移动幅度不如邻、对位氢大。因此苯环上剩余的 5 个氢的谱峰分成两组：较高场的 3 个氢的峰组和相对低场的间位 2 个氢的峰组。由于间位氢两侧都有邻碳氢，且^3J大于^4J和^5J，因而在谱图上常显示^3J引起的三重峰，如苯甲醚的部分氢谱见图 2-55b 所示。

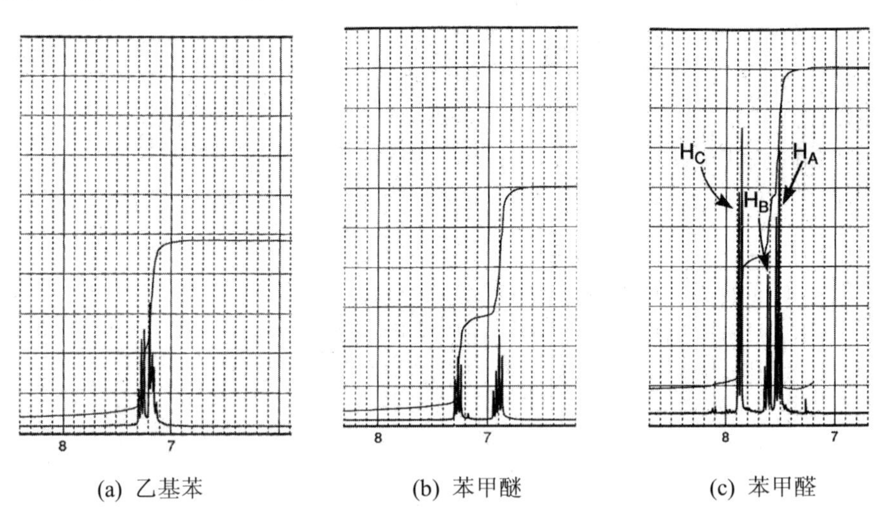

(a) 乙基苯　　(b) 苯甲醚　　(c) 苯甲醛

图 2-55　几种单取代苯的部分氢谱（300MHz）

属于这类取代基的有：—OH，—OR，$—NH_2$，—NRR′等。

（3）第三类取代基　有机化学上使苯环钝化的间位定位基。这类基团与苯环形成大的共轭体系使苯环电子云密度降低，尤其是邻位，因此苯环氢的谱峰都向低场移动而邻位二氢移动最明显。因邻位氢只有一侧的邻碳氢与之偶合，且^3J大于^4J和^5J，所以在^1H NMR 上苯环区的相对低场处，显示因^3J引起的双重峰。如苯甲醛的部分氢谱见图 2-56c 所示，醛基对邻位二氢（H_C）影响最大，向低场位移最多，其化学位移在最低场，峰形粗看为双峰，间位二氢（H_A）向低场位移最少，其化学位移在最高场。

属于第三类取代基的有—CHO，COR，COOR，CONHR，—NO_2，—C=NH(R)，—SO_3H 等。

知道了上述三类取代基对谱图的影响，对于推断化合物结构有很大帮助。如未知物谱图苯环部分低场两个氢的δ值靠近 8ppm，粗看是双重峰，高场三个氢的δ值略大于 7.3ppm，由此可知苯环为单取代的，属于第三类取代基。因此在分析单取代苯环化合物时，要从偶合裂分的峰形和δ值来综合考虑。

2. 对位二取代苯环

对位二取代苯有二重旋转轴，苯环上剩余的 4 个氢构成 AA′BB′体系，其谱图是左右对称的。由于对位取代苯上仅剩余隔离的两对相邻氢，因此它们的谱图远比同是 AA′BB′体系的相同基团邻位二取代苯环谱图简单。它粗看是左右对称的四重峰，中间一对峰强，两边一对峰弱，每个峰可能还有各自小的卫星峰（以某谱线为中心，左右对称的一对强度低的谱峰），这是所有取代苯的谱图中最易识别的特点，如图 2-56 所示。

若取代基和苯环邻位二氢有远程偶合，则远程偶合使谱线半高宽加大，高度降低。若两取代基性质相近（如羟基和甲氧基）则两组氢的化学位移δ值相近，此时谱图类似于 AB 体系的谱图，即中间二谱线强度高，距离近，外侧二峰强度很低，如图 2-57 所示。

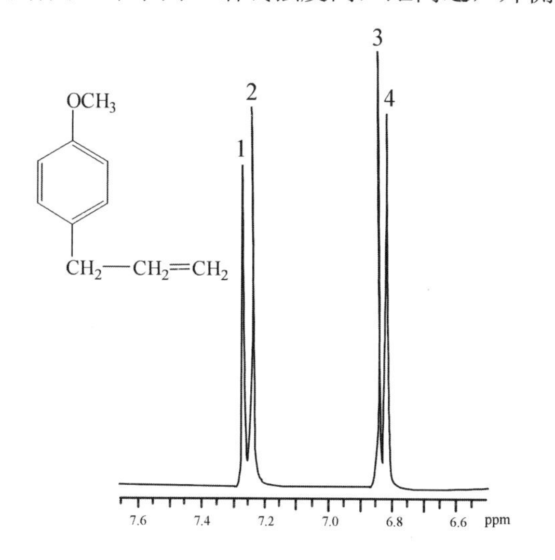

图 2-56　对烯丙基苯甲醚的部分氢谱（300MHz）

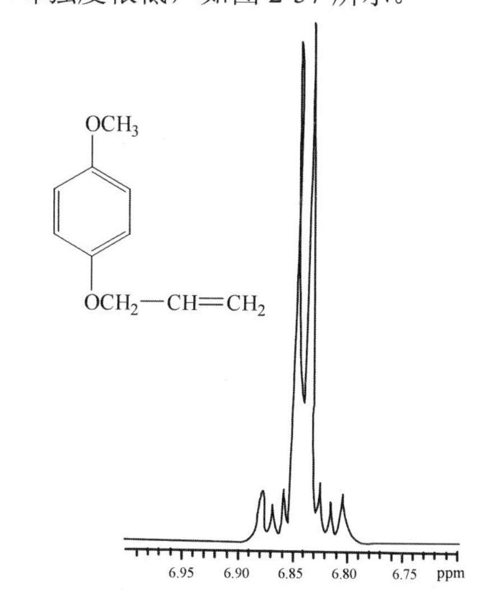

图 2-57　对甲氧基苯基烯丙基醚的部分氢谱（300MHz）

3. 邻位二取代苯环

相同基团邻位取代的苯环，此时形成典型的 AA′BB′体系。其谱图左右对称，它们的谱图一般比脂肪族 X—CH_2—CH_2—Y 的 AA′BB′体系谱图复杂。不同基团邻位取代的苯环，此时形成 ABCD 体系，其谱图最为复杂。如果两个取代基性质差别很大（如分属于第二、第三类取代基），或二者性质差别虽不很大，但 NMR 仪器的频率高，苯环上每个氢的谱线可解析为首

先按 ^3J 裂分，然后再按 ^4J 和 ^5J 裂分，取代基两侧的氢粗看为二重峰，另两个氢粗看为三重峰。

如，邻硝基苯酚的 4 个氢，形成 ABCD 体系（如图 2-58 所示）。粗看为双重峰的两组峰（8.12ppm, 7.16ppm）应属于取代基邻位氢 H_3 和 H_6，与吸电子的硝基相邻的 H_3，其化学位移应在低场，而与供电羟基（OH）相邻的 H_6 化学位移应在高场。因此，H_3 和 H_6 的化学位移分别为 8.12ppm 和 7.16ppm。粗看为两组三重峰的（7.60ppm 和 7.00ppm）应是苯环上的 H_4 和 H_5。硝基对间位和对位氢的影响差别不大，均向低场位移；而 OH 对其对位氢（H_4）影响很大，明显向高场位移，对间位 H_5 的影响不大。综合这两取代基的影响，在高场的三重峰应归属 H_4，另一组三重峰即是 H_5。由于苯环上存在远程偶合 ^4J，每个谱线又被进一步裂分，每组峰的偶合常数如图 2-58 所示。

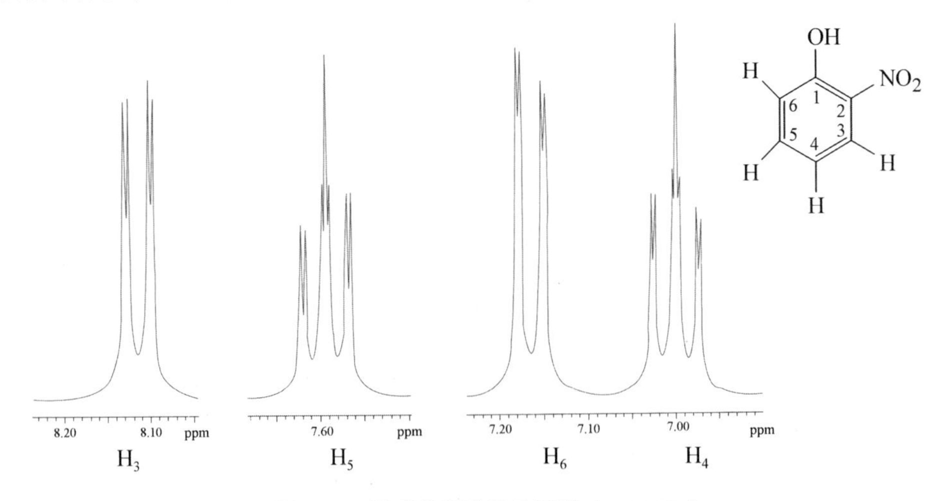

图 2-58　邻硝基苯酚部分氢谱（300MHz）

4. 间位二取代苯环

相同基团间位二取代，苯环上 4 个氢形成 AB_2C 体系，若两个基团不同则形成 ABCD 体系。间位二取代苯环的谱图一般也是相当复杂的，但两个取代基中间的氢因无 ^3J 偶合，经常显示粗略的单峰。当该单峰不与别的峰组重叠时，由该单峰可以判断间位取代苯环的存在。当该单峰虽与别的峰组重叠，但从中仍然看出有粗略的单峰时，由此仍可估计间位取代苯环的存在。间硝基苯甲醛的 4 个氢中 H_2 无 ^3J 偶合粗看为单峰，但它与 H_4 和 H_6 有 ^4J 偶合关系，应为 dd 四重峰，偶合常数分别为 3.0Hz 和 2.5Hz，处在最低场（8.73ppm）。与强吸电基团硝基相邻的另一氢 H_4 应处在次低场，化学位移为 8.50ppm，它与 H_5 有 ^3J 偶合（7.5Hz），与 H_6 和 H_2 有 ^4J 偶合，偶合常数分别为 3.0Hz 和 2.5Hz。两吸电子取代基对其间位氢影响较小，因此处在最高场的氢应是 H_5，它被 H_4 和 H_6 裂分为 dd 四重峰，但 $^3J_{4,5}={}^3J_{5,6}=7.5$Hz，中间两条谱线重叠而成为 3 条谱线，4 组峰的裂分情况如图 2-59 所示。

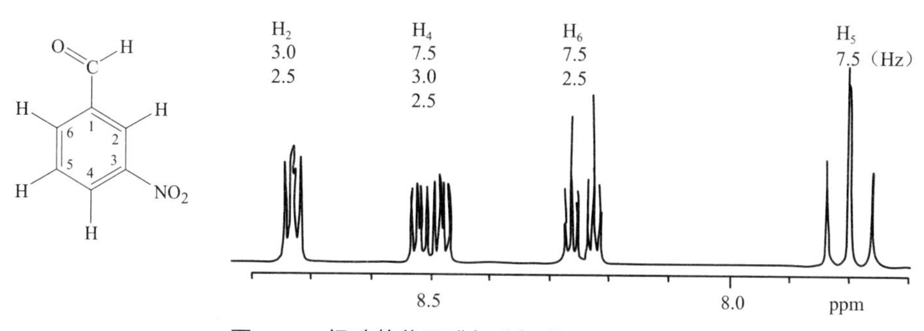

图 2-59　间硝基苯甲醛部分氢谱（300MHz）

5. 多取代苯环

苯环上三取代时所余的三个苯环氢构成 AMX 或 ABX，ABC，AB_2 体系；苯环上四取代时，苯环上所余二氢构成 AB 体系；五取代时苯环上所余孤立氢产生不分裂的单峰。

综上所述，对苯环谱图的分析归纳为下列几点：

（1）取代基可分为三类，它们对其邻位、间位、对位氢的δ值影响不同。

（2）苯环上剩余的氢之间δ值相差越大，或所用核磁仪器的频率越高，其谱图越可近似地按一级谱分析，反之则为典型的二级谱。

（3）当按一级谱近似分析时，^3J 起主要作用，所讨论氢的谱线主要被其邻碳上的氢分裂。

2.5.2 取代杂芳环

由于杂原子的存在，杂芳环上（相对杂原子）不同位置的氢的化学位移已拉开一定距离，取代基效应使之更进一步拉开，因此取代的杂芳环的氢谱经常可按一级谱图近似分析。但分析谱图时，需注意偶合常数的数值与所讨论的氢相对杂原子位置有关，呋喃甲醇的部分氢谱见图 2-60 所示。

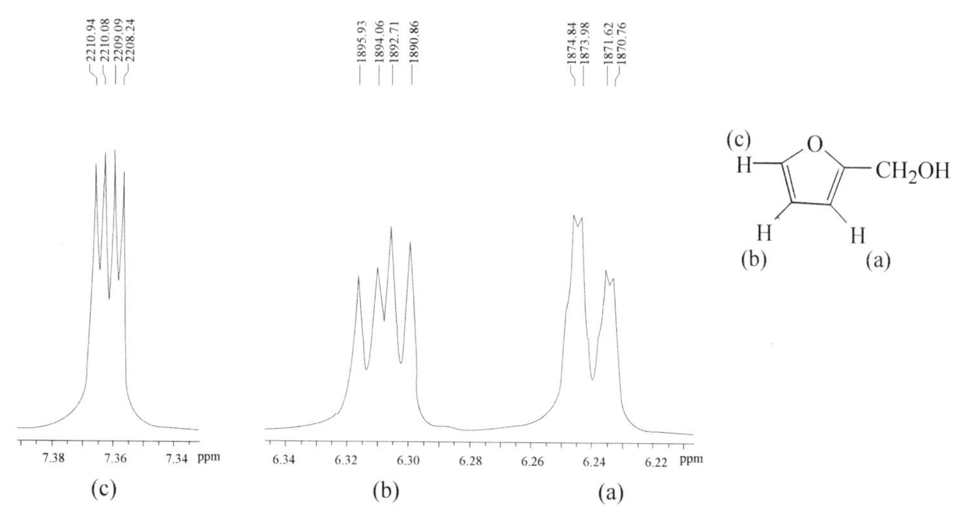

图 2-60　呋喃甲醇的部分氢谱

由于氧原子的诱导效应，H_c的化学位移在最低场，与H_b和H_a偶合出现dd四重峰。对H_b和H_a的化学位移归属，应从峰形来识别。H_b与H_a、H_c偶合均是^3J偶合，且$^3J_{ab}>^3J_{cb}$，因此，H_b应显示dd四重峰。而H_a不仅与H_b（^3J）和H_c（^4J）偶合，还与亚甲基（CH_2）有远程偶合（没有裂分但峰形变宽），H_a粗看应是一组宽的双峰。

2.5.3 单取代乙烯

单取代乙烯的烯氢存在着顺式、反式和同碳氢的偶合，它们与取代的烷基还有^3J或远程偶合，因此谱线很复杂。首先讨论只存在烯氢偶合的化合物，如乙酸乙烯酯的氢谱如图2-61所示。

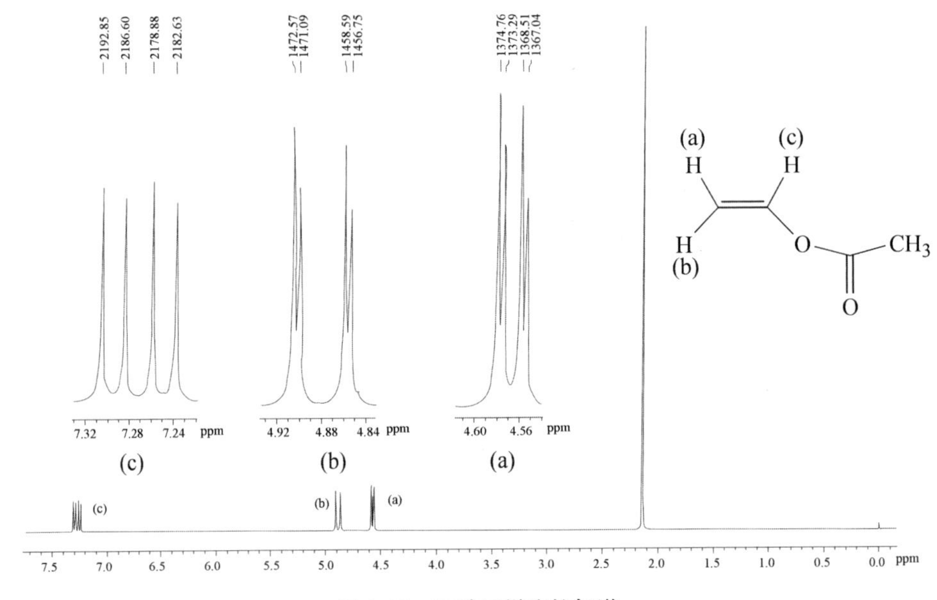

图 2-61 乙酸乙烯酯的氢谱

甲基以单峰形式出现在最高场2.1ppm。三个烯氢的化学位移和裂分距离都不一样，每个氢被另两个氢裂分成dd四重峰。与氧原子相连的碳氢（H_c），其化学位移应处在最低场7.27ppm。对于H_a和H_b的归属，可从偶合常数来着手。H_a与H_c是顺式偶合，H_b与H_c是反式偶合，$^3J_{ac}$应小于$^3J_{bc}$，因此，化学位移在4.57ppm的dd四重峰应归属于H_a，其双峰的裂分距离明显小于在4.88ppm的dd峰，偶合常数按dd体系读出，见图2-33所示。解析烯氢谱图时要注意$^3J_{反}>^3J_{顺}>^2J_{同}$，$^2J_{同}$一般很小（0～2Hz）。图中H_a和H_b的四重峰中裂分距离较小即是^2Jab偶合的结果，只有在放大的谱图中才清晰地显现出来。

对甲氧基苯基烯丙基醚氢谱如图2-62所示。在最高场3.78ppm的单峰是苯环上甲氧基，在最低场6.84ppm是对二取代的苯环氢，因二取代基性质相近，两对氢的化学位移δ值也相互靠近。烯丙基上的氢分别标以a，b，c，d。基团OCH_2（H_a）的峰位（4.48ppm）容易从烯氢的峰组里区别开来，因为它的积分高度表示2个氢原子。此外，在化学位移上也不同，它是与氧原子连接的亚甲基，与烯氢相比应在高场。比甲氧基的化学位移值大，是由于它不仅与氧原子相连，还连有碳碳双键基团。它的放大部分如图 2-63 所示，从外形来看，H_a 似乎是 dt 六重峰，但从分子结构来分析，OCH_2（H_a）应是 ddd 八重峰，它首先被 H_d（$^3J_{ad}$）裂分成 d 双峰，然后又被 H_b（$^4J_{ab}$）裂分，最后被 H_c（$^4J_{ac}$）裂分。若无谱线重叠，H_a 的峰组应观测到八重峰。从峰组的每个谱线位置（positions of peaks）算出峰线间的距离（differences）即为偶合常数值。其中，裂分距离大的应归属于 ^3J（$^3J > ^4J$），三种偶合常数值分别为 $^3J_{ad} = 5.15\text{Hz}$、$^4J_{ab} = 1.47\text{Hz}$ 和 $^4J_{ac} = 1.47\text{Hz}$。由于 $^4J_{ab}$ 值恰巧等于 $^4J_{ac}$ 值，裂分的谱线重叠，使八重峰变为六重峰。

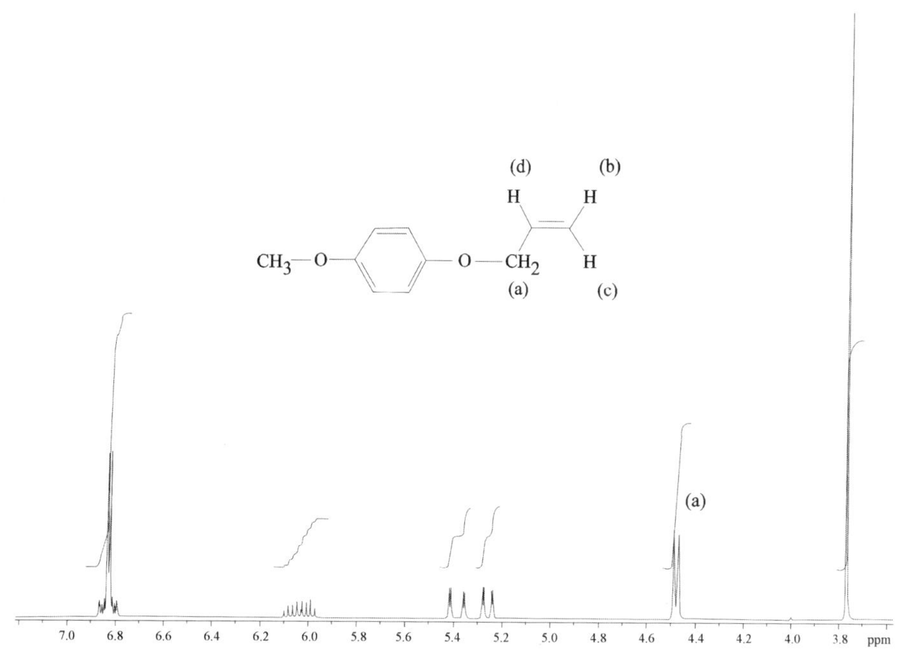

图 2-62　对甲氧基苯基烯丙基醚氢谱（300MHz）

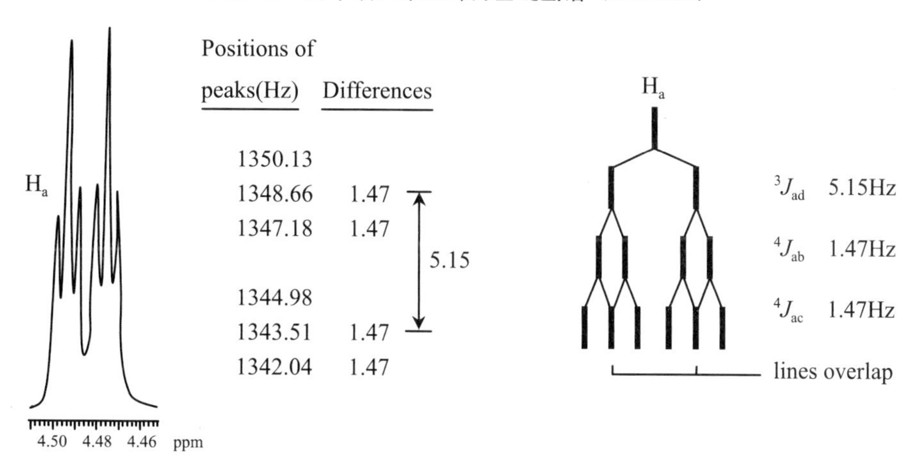

图 2-63　H_a 的放大和解析图

至于 H_b，其放大图见 2-64 所示。从峰形来看，是 dq 八重峰。但实际上，H_b 与 H_d 的顺式偶合 $^3J_{bd}$，产生最大的裂分距离（d 双峰），又与同碳 H_c 偶合（$^2J_{bc}$）使每个谱线裂分 dd 四重峰，最后与 OCH_2 的远程偶合（${}^4J$ab）进一步使每个谱线裂分为三重峰。因此，H_b 最后裂分成 ddt 十二重峰。同 H_a 一样，谱图中有谱线重叠，只显现 8 条谱线。由谱线的位置可算出三种偶合常数值为 ${}^3J_{bd} = 10.3$Hz、${}^2J_{bc} = 1.47$Hz 和 ${}^4J_{ab} = 1.47$Hz。这里同碳偶合常数 ${}^2J_{bc}$ 值刚好等于远程偶合常数 ${}^4J_{ac}$ 值，而使谱线重叠。

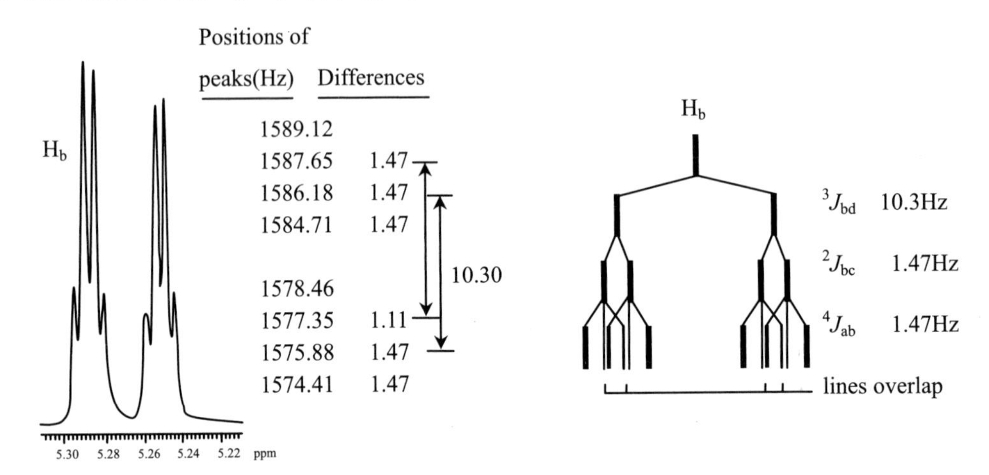

图 2-64　H_b 的放大和解析图

H_c 与 H_b 一样也应该是 ddt 体系出现十二重峰，谱图中出现的 dq 峰，其解析同 H_b。最大的裂分距离应归属于烯氢的反式偶合 ${}^3J_{cd}$（17.3Hz），偶合关系如图 2-65 所示。

这样，得到 6 种偶合常数：

${}^3J_{cd} = 17.3$Hz　　${}^3J_{bd} = 10.3$Hz　　${}^3J_{ad} = 5.5$Hz

${}^2J_{bc} = 1.47$Hz　　${}^4J_{ab} = 1.47$Hz　　${}^4J_{ac} = 1.47$Hz

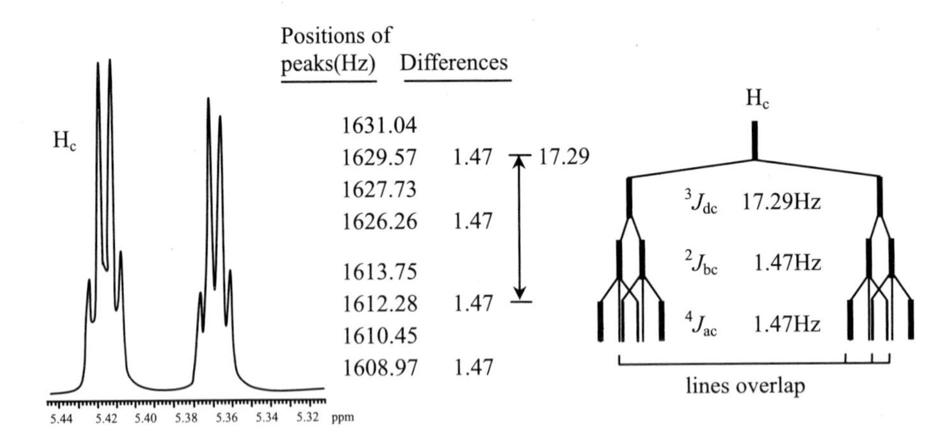

图 2-65　H_c 的放大和解析图

H_d 的放大图如图 2-66 所示，该氢的峰形应为 ddt，分别对应三个偶合常数：${}^3J_{cd}$、${}^3J_{bd}$ 和 ${}^3J_{ad}$。谱图中有 2 条谱线重叠，因此只出现 10 条谱线。类似的解析方法得到的偶合常数值（见图中数据）与上述解析的偶合常数一致，说明了这种解析方法是正确的。

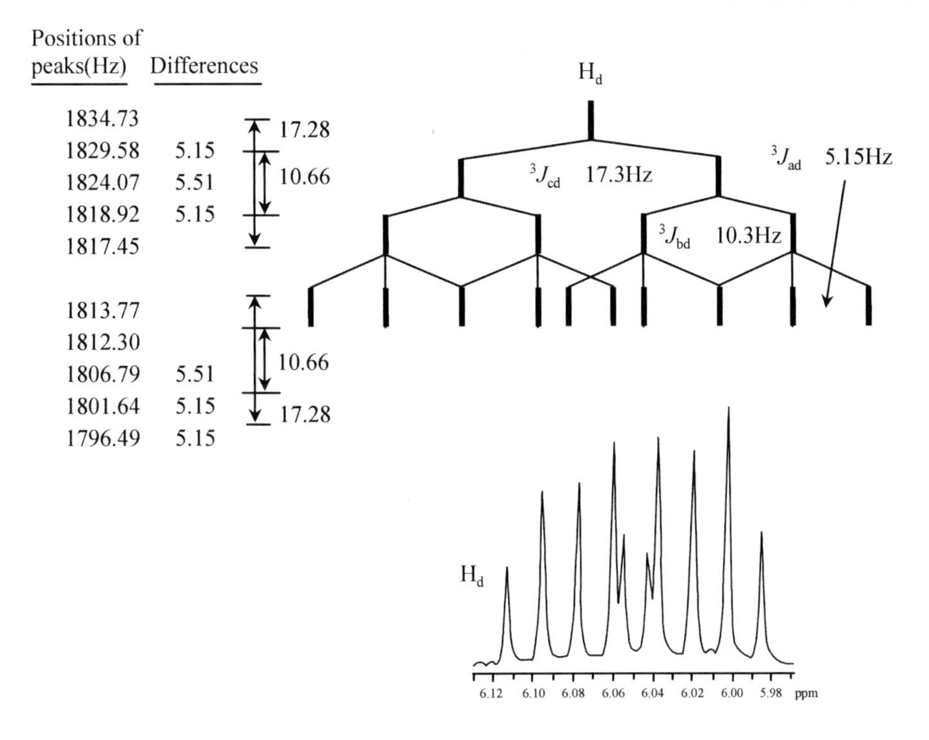

图 2-66　H_d 的放大和解析图

解析氢谱要先从最简单的偶合峰形入手，画出“树形”偶合关系图，得到相关的偶合常数。然后，解析较复杂的峰，同样的步骤得到有关的偶合常数。比较偶合常数是否一致（在实验误差范围内），如果不一致，可能某个方面出了问题，必须重新找出偶合关系，再来解析第三组峰形，这时可利用已得到的偶合常数来归属每条谱线的偶合裂分。如果第三组谱线也能得到合理的归属并且裂分距离与偶合常数相吻合，即验证了解析过程是可行的。最后，要注意的是每个裂分距离并不完全相同，如 H_b 的裂分距离中出现 1.11Hz，但仍然选取 1.47Hz 作为 $^4J_{ac}$ 值，这种差别可能与偶合体系中存在二级谱的偶合作用有关。同样，H_d 的偶合裂分中，以 5.15Hz 代替了 5.51Hz。此外，在本例中出现 $^2J_{bc} = {}^4J_{ab} = {}^4J_{ac}$，这属于巧合，也可能是其他因素影响所致，使用更高磁场的 NMR 有助于弄清问题的真实情况。

2.5.4　正构长链烷基

饱和长碳链也是常遇见的结构单元，其通式为 X—$(CH_2)_n$—CH_3。在常见的有机化合物中，各种取代基相对烷基而言都是吸电子基。因此，X 基团α–位的氢谱峰移向低场，β–位的氢谱峰也移向低场，但移动距离较前者小得多。位数更高的 CH_2 基团的化学位移很相近，约在δ=1.25ppm。因它们的δ值相差很小，而且偶合常数 ^3J 值也几乎相等（6～7Hz），易形成强偶合体系，峰形极为复杂，其所有谱线集中，故粗看为一单峰，如正辛烷的氢谱（如图 2-16 所示）。

根据 n+1 规律可预测：端甲基与一个 CH_2 基团相邻，应呈现三重峰且处在高场。但连接端甲基的 CH_2 基团还与若干个 CH_2 基团相连，它们共同形成一个大的强偶合体系，使端甲基的三重峰出现畸变，左外侧峰呈钝形（谱线变宽）。这可能是端甲基不仅与其相邻的 CH_2 基团

有 ^3J 偶合关系，还与其他 CH_2 基团的氢也有偶合关系，但实际上 ^4J 和 ^5J 都等于零，这种现象称之为虚假远程偶合。

一般来说，对于一个—CH_A—CH_B—CH_X—体系，相邻碳上氢之间存在着 ^3J 偶合，而远程偶合 $^4J_{AX}$＝0，若 H_A 和 H_B 间的化学位移之差足够大，符合｜$\delta_A-\delta_B$｜＞$3J_{AB}$，这时不会产生所谓的虚假远程偶合。当δ_a与δ_b靠近时，二者的化学位移之差小于 $3J_{AB}$ 时 H_A 和 H_B 变成强偶合体系，H_A 与 H_X 的谱线出现进一步裂分，似乎 H_A 与 H_X 也有偶合关系，即出现所谓的虚假远程偶合。因此，只要存在强偶合体系，就可能表现出虚假远程偶合，在脂肪氢、芳香氢中都有可能找到虚假偶合的例子。当采用高频谱 NMR 仪时，虚假远程偶合现象常减弱或消失。

2.6 辅助谱图解析方法

二级图谱有时十分复杂，难于解析，但可以使用一些辅助方法使谱图简化而得到解析。

2.6.1 使用高磁场的核磁共振仪器

前已述及，$\Delta\nu/J$ 决定了谱图的复杂程度，J 的数值反映了核磁矩间相互作用能量的大小，它是分子固有的属性，不因作图条件的改变而发生变化。化学位移以 ppm 为单位是相对值，不随仪器的频率而改变，但以赫兹（Hz）计的$\Delta\nu$却与仪器的频率成正比。当加大仪器的磁场强度时，$\Delta\nu$增大。例如，化学位移之差$\Delta\delta$为 0.15ppm 时，在 60MHz 的仪器所作的谱图上，它相当于$\Delta\nu = 0.15\times 60 = 9$Hz；而在 400MHz 的仪器所作的谱图上，它相当于$\Delta\nu = 0.15\times 400 = 60$Hz。设偶合常数 $J = 7$Hz，用 60MHz 仪器作图，$\Delta\nu/J = 9/7 = 1.3$，得到的是二级谱；用 400MHz 仪器作图，$\Delta\nu/J = 60/7 = 8.6$，所得谱图近似为一级谱，因此谱图大为简化。

2.6.2 介质效应

苯、吡啶等分子，它们具有强的磁各向异性效应，在样品的溶液中加入少量的此类物质，会对样品分子的不同部位产生不同的屏蔽作用。如在氢谱测定时，最常采用氘代氯仿（$CDCl_3$）作为溶剂。若这时有些峰组相互重叠，可滴加少量氘代苯（C_6D_6），重叠的峰组有可能分开，便于谱图解析。

2.6.3 重氢交换

重氢交换最经常使用重水 D_2O。与 O，N，S 等原子相连的氢是活泼氢，在溶液中它们可以进行不断的交换，交换反应速度的顺序为—OH＞—NH＞—SH。如果样品分子中含有这些基团，在作完谱图后滴加几滴重水，振荡，然后重新作图，此时活泼氢已被氘取代，相应的谱峰消失，由此可以确定活泼氢的存在。

醇、酚、羧基、胺、芳胺等因氢键作用，活泼氢的δ值各自有一定的变化范围，再加上峰形可能有所不同，因此可以相互区分。胺基除有时显示尖锐峰外，常显现较钝的峰形，这是由于交换速度不够快及 ^{14}N 存在四极矩的结果所致。羟基氢交换速度快，常显现尖锐的单峰。

重氢氧化钠 NaOD 可以把羰基的α–氢交换掉，在 ^{1}H NMR 谱中α–氢的峰组消失，便于解析其化学位移附近的谱峰，但同时也增加了羰基的β–氢的谱线个数（因为重氢 D 的自旋量子数 $I=1$）。

重氢氧化钠 NaOD 很容易由少量的金属钠与 D_2O 反应制得。

$$D_2O + Na \longrightarrow NaOD + D_2$$

$$RCH_2-\overset{\overset{\displaystyle O}{\|}}{C}-R' + NaOD \rightleftharpoons RCD_2-\overset{\overset{\displaystyle O}{\|}}{C}-R' + NaOH$$

$$NaOH + D_2O \rightleftharpoons NaOD + HOD$$

2.6.4　位移试剂

一些过渡金属的络合物，具有能把各种氢核信号分开的功能，加入到样品的溶液中时，使样品分子中各种氢的化学位移发生不同程度的变化，这种络合物称为化学位移试剂。化学位移试剂是在 1969 年发现的，此后，其在有机结构分析应用中发展很快。

1. 镧系位移试剂

化学位移试剂最常用镧系元素中的铕（Eu）或镨（Pr）的β–二酮络合物，如 $Eu(DPM)_3$、$Pr(DPM)_3$ 和 $Eu(FOD)_3$，其相应结构式如下：

$[(CH_3)_3C-C(=O)-CH=C(-O)-C(CH_3)_3]_3M^{+3}$

M $(DPM)_3$

$M = Eu^{+3}, Pr^{+3}$

$[F_3C-CF_2-F_2C-C(=O)-CH=C(-O)-C(CH_3)_3]_3M^{+3}$

M $(FOD)_3$

$M = Eu^{+3}$

通常顺磁性的金属络合物使邻近的氢核向低场位移，抗磁性的金属络合物使邻近的氢核向高场位移，一般铕试剂使氢核的化学位移δ值向低场位移，而镨试剂使δ值向高场移动，其中铕的络合物较镨用得广泛。铕使氢谱中质子信号发生低场位移是由于铕与样品分子中的孤对电子形成络合物，金属离子的未配对电子有顺磁矩，通过空间作用影响样品分子中各个有磁矩的原子核。化学位移改变大小与所讨论氢核和作用点的空间距离有关，随空间距离增加这种作用衰减很快。因此，位移试剂对样品分子中孤对电子基团（形成络合物的作用点）处的氢核化学位移影响最大。含孤对电子的基团与位移试剂作用强弱顺序为：

$$—NH_2 > —OH > C=O > —O— > —CN$$

另一影响化学位移改变大小的因素是位移试剂的浓度。位移试剂的浓度与化学位移的变化成正比，当位移试剂浓度达到某一值后，化学位移不再改变，所以在使用位移试剂的氢谱中要说明样品和位移试剂的用量。

2B: + Eu(DPM)$_3$ ⇌ (B:)$_2$Eu(DPM)$_3$

B:¨K, B:¨J — Eu — DPM, DPM, DPM

例如，正己醇中的 4 个 CH_2 的δ值差不多，谱线相互重叠在一起，如图 2-67a 所示，加入位移试剂 Eu(DPM)$_3$ 后，各组峰的δ值变化不一，直接与氧相连的羟基质子位移最大达 20ppm 以上，4 个 CH_2 谱线相互拉开成四组峰，如图 2-67b 所示。

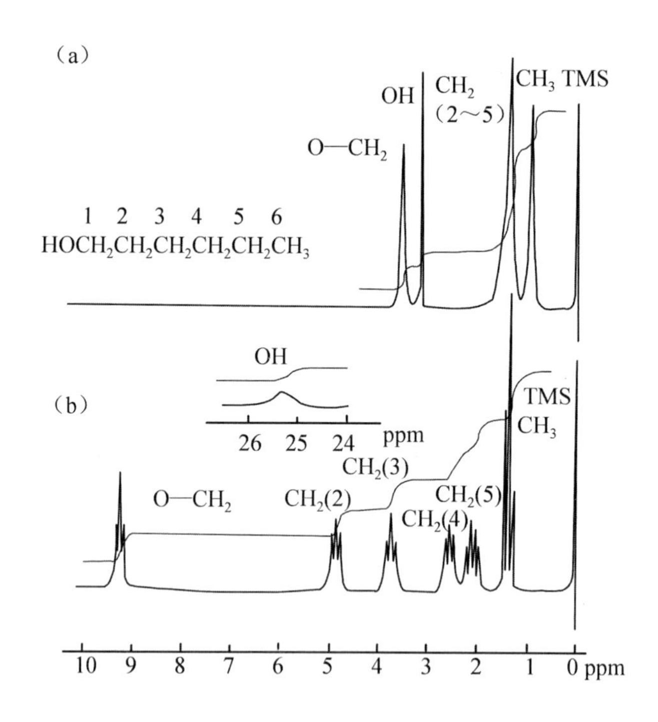

(a) 正己醇的氢谱 (b) 加入 Eu(DPM)$_3$ 的正己醇氢谱

图 2-67

Eu(DPM)$_3$ 是最先被报道并商品化的位移试剂，其缺点是溶解度小（一般最好的溶剂是 CCl_4，其次是苯和 $CDCl_3$），当浓度大时造成样品谱线明显加宽。其优点是 Eu(DPM)$_3$ 的谱峰在$\delta=-1\sim-2$ppm之间，对谱图无干扰。$Eu(FOD)_3$比$Eu(DPM)_3$溶解性好，对弱碱性物质（如醚、酯）有较强的作用，位移作用大，样品谱线加宽不明显，因此应用也很广泛。

必须注意的是：位移试剂容易潮解而影响使用效果，所以必须保存在装有P_2O_5的真空干燥器中。同时，位移试剂遇酸后即分解，不可用于酸或酚类样品。

2. 手性镧系位移试剂

正常情况下，核磁共振氢谱无法区分溶液状态中的对映异构体，因为在非手性条件下，各种对映体的氢核是化学等价的。然而，依靠对映体与手性位移试剂的相互作用，可以用核磁共振氢谱来测定对映体过量（*ee*值）。对映体过量可通过下式计算：

$$ee\% = \frac{R-S}{R+S}\times 100\%$$

当样品分子中含有羟基、胺基、酯、酮或亚砜等基团时，手性镧系位移试剂易于与这些基团中的孤对电子络合，生成非对映络合物。若样品分子以S表示，S(+)和S(–)表示样品S的两种构型。手性位移试剂以L(–)表示，两者作用形成一对非对映异构体络合物：

$$\mathrm{S(+)} + \mathrm{L(-)} \rightleftharpoons \mathrm{S(+)L(-)}$$

$$\mathrm{S(-)} + \mathrm{L(-)} \rightleftharpoons \mathrm{S(-)L(-)}$$

由于这对非对映异构体络合物的几何结构不同，就可能引起某氢核的δ值位移程度不同，因而在氢谱中显示化学不等价。1–苯乙胺在没有手性位移试剂条件下，其氢谱如图2-68a所示。当加入手性位移试剂（$Eu(TFC)_3$）**26**后，谱图发生了变化，除各氢核向低场位移外，次甲基（CH）上的氢核出现两个四重峰，峰积分面积1∶1，它们代表50%D–型的1–苯乙胺和50%L–型的1–苯乙胺的次甲基（CH），如图2-68b所示。甲基由原先的二重峰成为三重峰，很明显，是由两个二重峰组成，中间两条峰重叠成一个峰。图2-68c所示是80%L–型苯乙胺和20%的D–型苯乙胺组成的样品在手性位移试剂$Eu(TFC)_3$作用下的氢谱。从谱峰的积分面积显示，^1H NMR可测定其对映体过量。

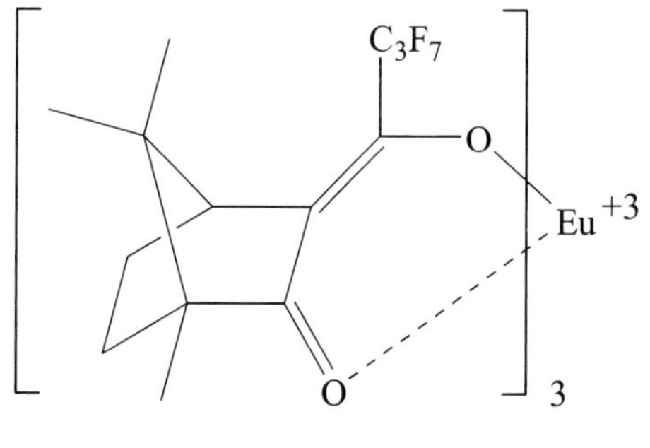

$Eu(TFC)_3$

26

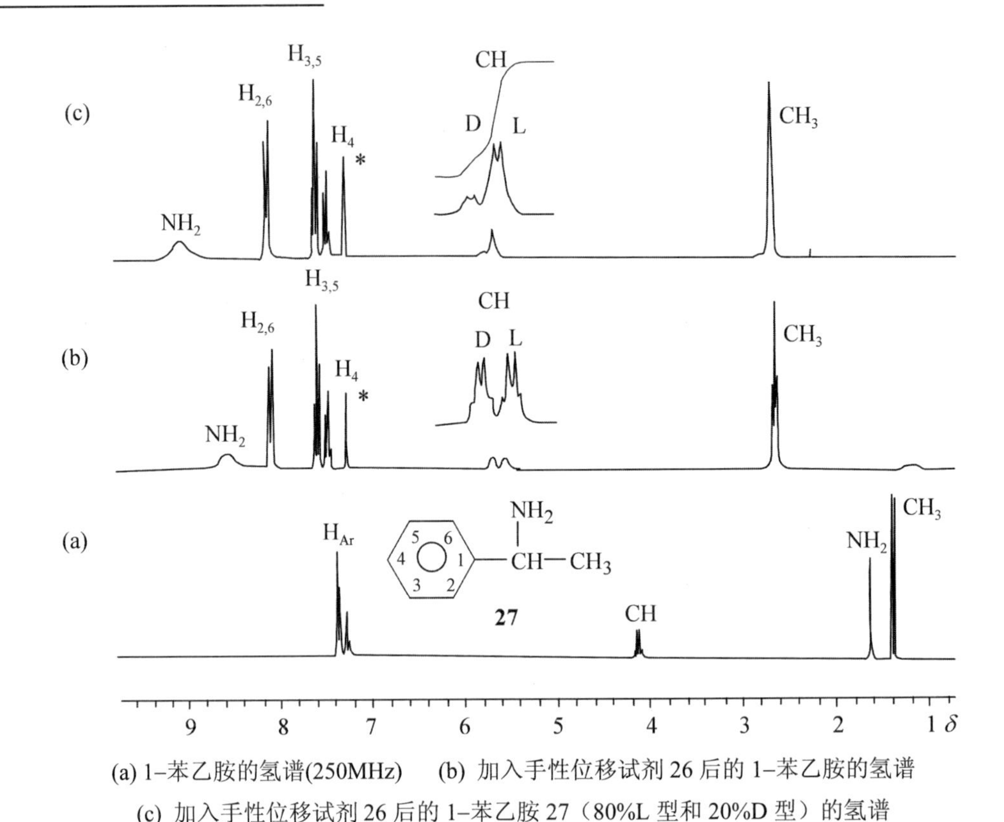

(a) 1–苯乙胺的氢谱(250MHz)　(b) 加入手性位移试剂 26 后的 1–苯乙胺的氢谱

(c) 加入手性位移试剂 26 后的 1–苯乙胺 27（80%L 型和 20%D 型）的氢谱

图 2-68

2.6.5 双照射

在现代核磁共振仪中除了恒定磁场 B_0 和激发作用的射频场 B_1 以外，还可以将一些射频场 B_2、B_3 以与 B_0 垂直的方向加到样品上，完成多重共振实验。如使 ^{1}H、^{13}C 和 ^{15}N 核同时发生共振的三重异核共振实验。这里只介绍双共振实验。

双照射又叫双共振（double resonance），就是在扫描磁场 B_1 对图谱进行扫描时，再加上另一电磁波 B_2 来照射相互偶合的某一核，即用两个不同的磁场频率作用于该偶合体系。采用双照射技术可以确定某多重峰组的化学位移以及核与核之间的偶合关系。按照被照射的核和被观察的核相同与否，可分为同核双照射和异核双照射。

双照射的符号用 A{X}表示，把被检测的 A 核写在大括号之前，被照射的 X 核写在大括号内。如 ^{13}C{^{1}H}就是指把射频场 B_2 加在质子上，观察 ^{13}C 信号。本章介绍 ^{1}H{^{1}H}同核双照射，下一章将讨论 ^{13}C{^{1}H}异核双照射。

按照电磁波 B_2 照射的强度 ν_2 不同，产生的实验结果不同，可以把双照射分为四类，以 AX 体系为例，如表 2-18 所示。当照射 X 核的射频强度足够大时，可产生自旋去偶，A 核的谱线简化为单峰。当照射强度小于被照射谱线的半高宽度时，A 核谱线强度发生变化，称为核的 NOE 效应。

表 2-18　A{X}双照射的各种类型

B_2 照射频率 ν_2	实验现象	名称
$>>J_{AX}$	核谱线简化为单峰	自旋去偶
$\approx J_{AX}$	核谱线部分简化	选择性自旋去偶
$\approx J_{AX}/2$	核谱线小分裂	自转微扰
$<J_{AX}/2$	核共振谱中强度发生变化	NOE 效应

下面讨论最常用的两种双照射技术：自旋去偶和核 NOE 效应。

1. 自旋去偶（spin decoupling）

现以 AX 体系为例加以讨论。对于发生自旋偶合的 AX 体系的 H_A 和 H_X，因为 H_X 有两种自旋取向，使 H_A 谱线发生分裂。若 H_A 被一射频 ν_1 照射而共振的同时，又用另一射频 ν_2 来照射 H_X，使 H_X 核发生共振且 H_X 核在两个自旋状态（↑和↓）间快速往返（称为自旋饱和现象），以致 H_A 核无法分辨其能级的差异时，在 H_A 核处产生的附加局部磁场平均为零，破坏了发生偶合的条件，即去掉了 H_X 对 H_A 的偶合作用，这就称为自旋去偶。

自旋去偶是双共振中常使用的也是重要的实验方法。自旋偶合引起的谱线分裂可以提供结构信息，但谱线分裂常常很复杂，造成谱图解析的困难，采用自旋去偶可简化谱图，发现隐藏的信号，确定去偶质子的化学位移，并进一步了解结构上的许多信息。

如图 2-69a 所示是常规的 1–溴丙烷氢谱，选择某频率照射 α–CH_2 的质子，使 α–CH_2 的质子达到共振饱和。去掉 α–CH_2 对 β–CH_2 的偶合，这样，β–CH_2 只与另一侧的甲基发生偶合裂分，谱线由原先的六重峰变成了四重峰，裂分变得简单，如图 2-69b 所示。而甲基不与 α–CH_2 偶合，经双照射后，峰形没改变。图 2-69c 和 2-69d 所示分别是双照射 β–CH_2 和 γ–CH_3 所得到的氢谱。

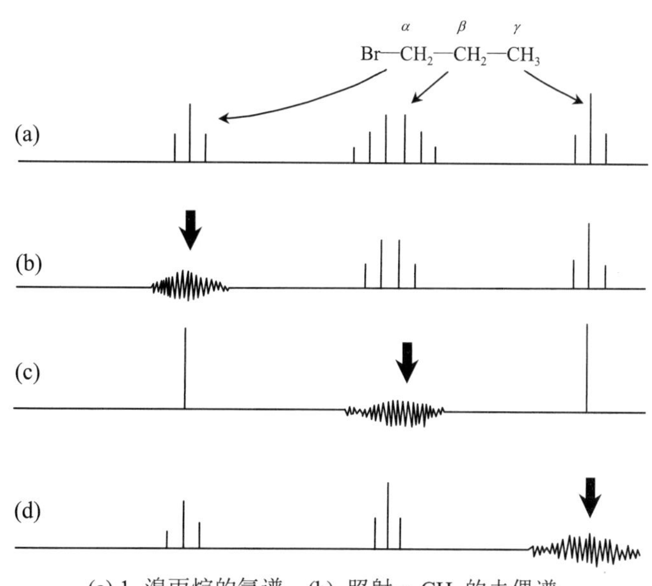

(a) 1–溴丙烷的氢谱　(b) 照射 α–CH_2 的去偶谱
(c) 照射 β–CH_2 的去偶谱　(d) 照射 γ–CH_3 的去偶谱

图 2-69

双照射自旋去偶在解析复杂的氢谱时，是一个非常有用的简化谱图的方法。只要精心地选择好双照射的频率，就会得到满意的谱图。

反式–2–丁烯酸乙酯氢谱如图 2-70 所示，H_A 和 H_B 均是 dq 体系，若无谱线重叠，每个氢最多可出现八重峰。选择 1.8ppm 的甲基进行双照射，两组峰都变成了简单的 d 双重峰，这是因为去掉了甲基的偶合作用，使 H_A 与 H_B 变成了 AB 体系。

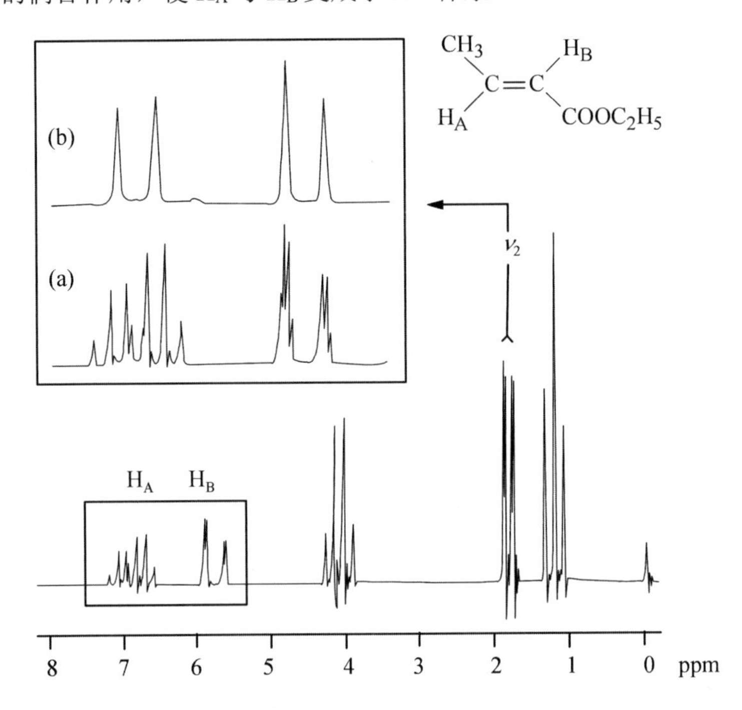

(a) 部分放大图 (b) 双照射 1.8ppm 的甲基

图 2-70 反式–2–丁烯酸乙酯氢谱

【练习 2.4】 甘露糖三醋酸酯的核磁氢谱如图 2-练 4 所示（3 个 AcO 的甲基不在谱图中）。

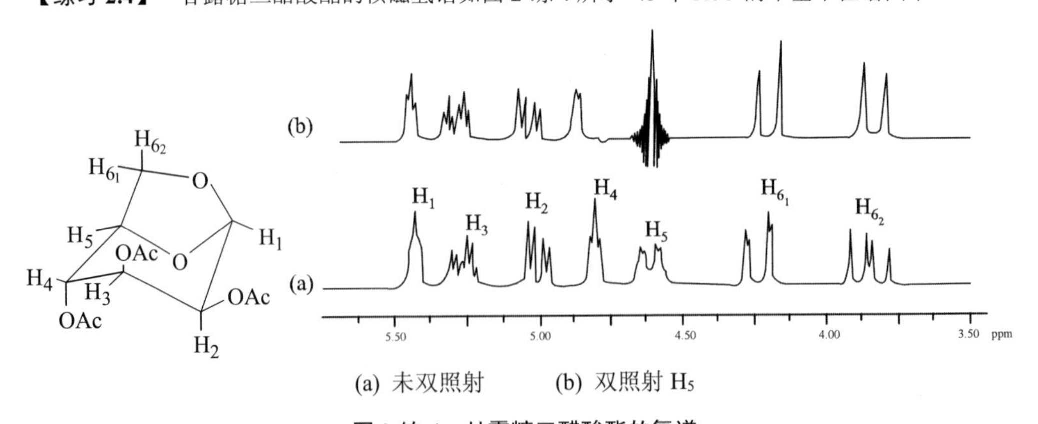

(a) 未双照射 (b) 双照射 H_5

图 2-练 4 甘露糖三醋酸酯的氢谱

解析 从化合物的结构来看，H_1 上的碳连接 2 个氧，它的化学位移应在最低场，即 δ= 5.4ppm，两个 H_6 应在最高场，属于 AB 体系，但其他的氢就不容易从谱图中归属了。双照射频率选择照射 δ= 4.6ppm 的质子，得到的双照射谱如图 2-练 4b 所示。两个 H_6（δ= 3.75～4.25ppm）由原来的八重峰变为 AB 四重峰，从结构式可以推出，受双照射的质子(δ= 4.6ppm)应是 H_5。此外，图中δ= 4.8ppm 的峰从三重峰变为二重峰，说明该质子与 H_5 是相邻的，可以推断δ= 4.8ppm 是 H_4。用双照射法照射其他的峰，可把整个波谱解释清楚。

另外，对比两图还可以发现，在双照射 H_5 的时候，H_1 与 H_3 的峰形都略有变化，裂分变得更加清晰。这是因为 H_5 和 H_1 或 H_3 都有远程偶合，但 J 值很小，约为 1Hz 左右，这种 W 型的远程偶合在双照射 H_5 时消失，H_3 和 H_1 只受邻近的氢偶合，峰形变得简单。

2. 核 Overhauser 效应（Nuclear Overhauser Effect，NOE）

在解析氢谱时，能确定氢核在分子中的空间取向是很有用的。例如，烯类化合物常要确定取代基之间是顺式还是反式关系，环状化合物的取代基是处于 exo 还是 endo 取向等等。这些问题只分析化学位移或偶合常数往往还不能完全解决，解决这类问题的一个有效方法是 NOE 差示谱。

1953 年，Overhauser 研究金属钠的液氨（顺磁）溶液，当用一个高频场使电子自旋发生共振并达饱和时，^{23}Na 核自旋能级粒子数的平衡分布被破坏，核自旋有关能级上粒子数差额增加很多，共振信号大为加强。1965 年 Overhauser 又发现在核磁共振中，当对某一核进行双照射而使之达到饱和时，与其相偶合的另一核的共振信号强度也发生变化（增加或减弱），这即是核 Overhauser 效应。

核 Overhauser 效应不是通过成键电子作用的，而是通过空间相互作用，即是通过核与核之间的偶极－偶极作用的。前面讨论的偶合常数 J，表示通过化学键相连的磁性核（如 ^{1}H）之间的自旋－自旋偶合，称为标量偶合或 J 偶合，这种偶合作用是通过分子化学键传递的。而磁性核都具有一定的磁矩，每个磁性核可视为一个偶极子，两个磁性核在一定范围内（空间距离小于 0.5nm）有相互作用。由于这种作用是通过磁性核的磁矩发生的，因而称为偶极－偶极偶合，偶极－偶极偶合作用不导致谱线裂分。由于 NOE 效应只有在短距离（通常是 0.2～0.4nm）才可以被观测到，它按两核距离的六次方之倒数迅速减弱，偶极－偶极作用强度与两核间距 r 的 $1/r^6$ 成正比。因此，发生核 Overhauser 效应的充分条件是两核空间距离相近，而与它们相隔的化学键的数目无关。空间相距很近的核（不管它们是否有直接的键合关系），照射一核时，另一核的共振信号会增强。反之，若两者距离较远，则无 NOE 效应。因此，NOE 成为研究立体化学的重要手段。在有机结构分析的内容上，NOE 效应得到空间质子之间的信息，而 J 偶合得到相邻质子之间的信息，二者彼此互补。

NOE 效应常用 NOE 差示谱来表现，在计算机中，从被双照射所得的自由感应衰减信号减去正常条件下所得到的自由感应衰减信号就得到一维 NOE 差示谱。所有未受影响的信号会简单地被减去而在差示谱中消失，差示谱中只显示信号增强或减弱的部分。图 2-71a 所示为黄体酮化合物 **28** 的部分氢谱，图 2-71b 所示是照射 19 位的甲基所得到的 NOE 差示谱。从差示谱可以看出，19 位的甲基周围有 5 个氢出现 NOE 增强效应，分别为 $H_{11\beta}$，H_8，H_6，$H_{2\beta}$和 $H_{1\beta}$。$H_{2\alpha}$并不靠近 19 位的甲基，却显示部分负 NOE 效应。

假设 A、B 和 C 三种核，若 A 与 B 相距较近存在偶极－偶极作用，B 与 C 相距较近，也有偶极－偶极作用，A 与 C 在空间距离较远，无偶极－偶极作用，即无 NOE 效应。当照射 A 核时可增加 B 核的 Boltzmann 分布，因而增强 B 核的峰强度。B 核的峰强度增加却降低 C 核的 Boltzmann 分布，使 C 核的峰强度减弱，结果，C 在差示谱中表现负峰。在这个例子中，A 就是 19 位的甲基，B 是 $H_{2\beta}$，C 是 $H_{2\alpha}$。

再来看几个例子从而进一步熟悉 NOE 效应。

在化合物 **29** 中，照射 H_A 时，H_B 信号强度增加 45%，照射 H_B 时，H_A 信号强度也增加 45%，这说明 H_A 与 H_B 是空间相邻的。若 H_A 和 CH_3COO—基团交换空间位置，则 H_A 与 H_B 无 NOE 现象。在化合物 **30** 中，照射与醛氢处于顺式的甲基，醛氢峰强度增加 18%，但照射与醛氢处于反式的甲基，醛氢的峰强度减少 2%，说明产生了负 NOE 效应，在化合物 **31** 中也有类似的 NOE 效应。

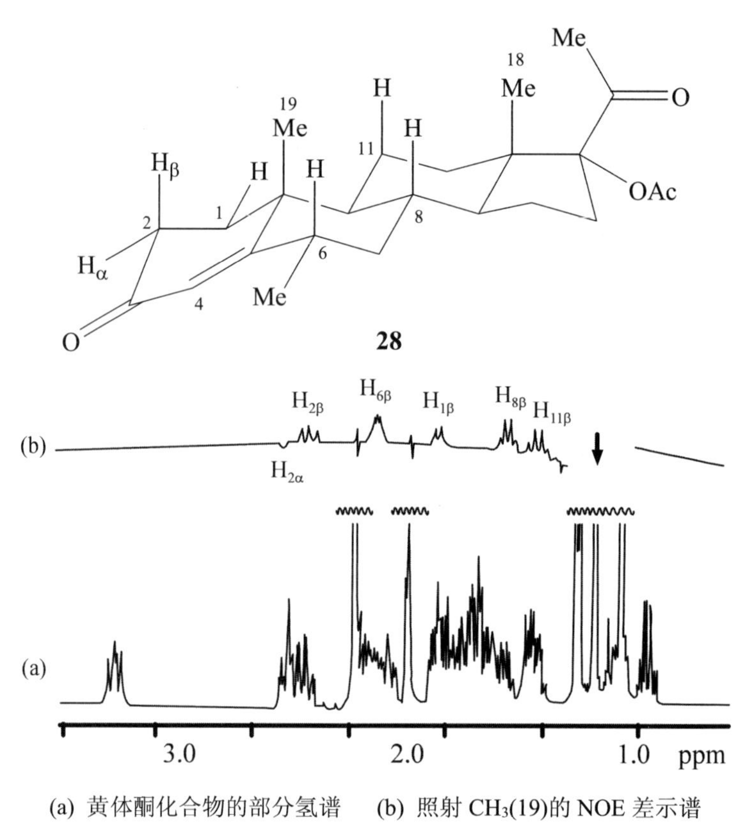

(a) 黄体酮化合物的部分氢谱　(b) 照射 $CH_3(19)$的 NOE 差示谱

图 2-71

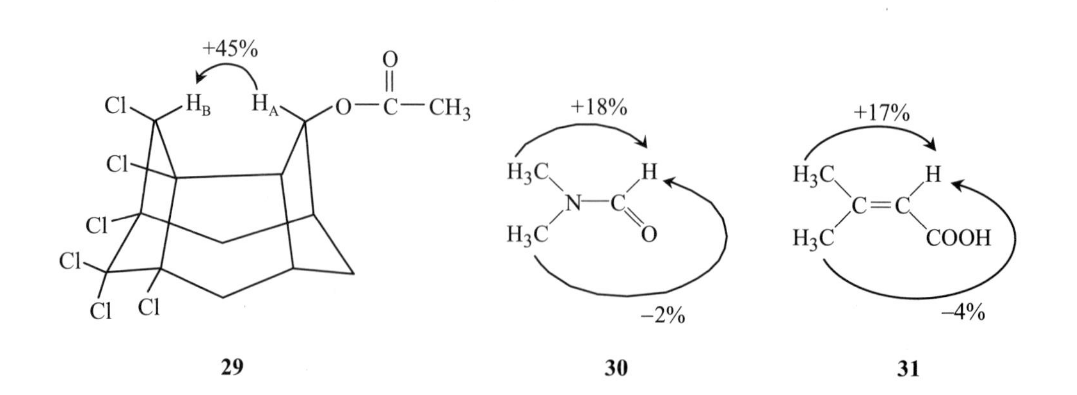

在化合物 **32** 中，甲基质子和 H_a 离得近，应有 NOE 效应，而化合物 **33** 中，甲基与 H_a 处于双键的反应，无 NOE 效应。当对甲基质子进行双照射时，图谱上 H_a 的信号增强，则必为 **32**，若 H_a 信号不改变的则为 **33**。可见通过双照射，可方便地区分烯烃顺反异构体。要注意的是，在照射 **32** 的甲基时，H_a 一般不显示负 NOE 效应，这一点与化合物 **30** 或 **31** 不同。

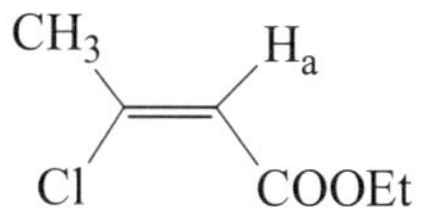

CH_3　H_a　　CH_3　COOEt

Cl　COOEt　　Cl　H_a

32 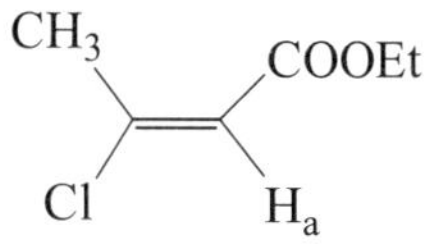　　**33**

应用 NOE 时必须注意：

（1）只有吸收强度改变大于 10%时，才能肯定两个氢空间邻近。

（2）即使观察不到 NOE 效应，也不能否定两个氢空间邻近，可能是存在其他干扰而掩蔽了 NOE 效应。

2.6.6　酸酐酯化

某些醇化合物，特别是糖类分子，与氧原子相连的碳氢（CH—OH）的化学位移相差很小，难以对谱图进行归属，可以采用酸酐酯化法使不同位置的碳氢（CH—OH）化学位移发生一些变化，从而便于对峰进行归属。

2.6.7　计算机模拟谱图

除上述方法简化谱图外，还可以应用计算机模拟谱图法，对某一偶合体系输入一组数值（J，δ），可得到一个计算出的谱图，改变这些参数，使之逐渐逼近实验谱，直到与谱图相符，此时便找到了偶合体系的 J 值和 δ 值。需要注意的是，在模拟高级谱时，有可能不是一组解，改变 J 的符号，可能有另外参数的组合。

2.7　核磁共振与反应动力学现象

动态核磁共振实验是核磁共振波谱学中有一定独立性的一个分支。它是借助核磁共振仪研究一些反应动力学过程，得到动力学和热力学的参数。

核磁共振仪的时标（time scale）相当于照相机快门速度，当动力学过程远快于仪器时标时，仪器测量的是一个平均结果；当动力学过程远慢于仪器时标时，仪器测量的结果不反映变化的全过程而只是一个瞬间的写照。很多动力学过程的速度变化范围是从快到慢的过程，与核磁共振的时标相一致，就可用核磁共振对这些过程进行研究。下面对一些动力学过程进行讨论。

2.7.1 活泼氢（OH，NH）的图谱

—OH、—NH 是最常见的活泼氢基团，存在着快速交换反应，如：

$$ROH_a + R'OH_b \rightleftharpoons ROH_b + R'OH_a$$

在谱图上质子之间的快速交换的表观化学位移可用相应的公式计算出δ值：

$$\delta_{观测} = N_a\delta_a + N_b\delta_b$$

式中：$\delta_{观测}$为在谱图中观测到的活泼氢的化学位移值，N_a和N_b分别为 H_a、H_b两种活泼氢的摩尔分数，δ_a、δ_b分别为 H_a、H_b两种活泼氢的δ值。

当体系中存在多种活泼氢时，如样品同时含有羧基、胺基、羟基时，在它们均进行快速交换的条件下，其核磁共振谱也只显示一个综合的、平均的信号，这时$\delta_{观测}$值的公式演变为：

$$\delta_{观测} = \sum N_i\delta_i$$

式中：N_i为第 i 种活泼氢的摩尔分数，δ_i为第 i 种活泼氢的δ值。

如乙酸和水的混合物含有两个 OH，^{1}H NMR 谱显示的既不是水，也不是乙酸活泼氢的信号，只在酸和水的活泼氢（化学位移）之间出现一个综合峰，如图 2-72 所示。很明显，这是两类活泼氢之间的快速交换，使它们处于一个均化的环境中。

$$RCOOH_a + HOH_b \rightleftharpoons RCOOH_b + HOH_a$$

需要注意的是，活泼氢交换速度的顺序为 OH＞NH，在它们进行快速交换反应时，除有一个“表观”的化学位移外，由于快速交换反应的存在，活泼氢和相邻的含氢基团的谱线不再有偶合裂分。 巯基（SH）质子交换速度较慢，通常与碳氢一样可与邻位氢发生偶合而裂分。

下面对羟基、胺基进一步讨论。

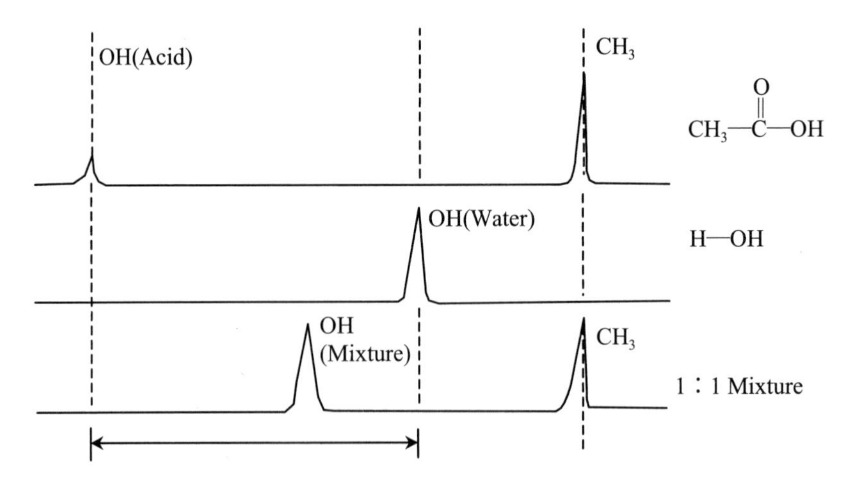

图 2-72　乙酸、水以及两者混合物（重量比 1∶1）的氢谱

1. 羟基（OH）

醇、酚和羧酸的质子交换反应速度均很快，通常在谱图中呈现尖锐的单峰。当存在氢键缔合时，质子交换速度变慢，会呈现锐峰，甚至“馒头峰”，它们的化学位移δ值都有较大的变化范围，具体测出的δ值与当时的实验条件（如样品浓度、温度、所用溶剂）有关。若样品很纯，不含微量的酸或碱，交换反应变慢，往往能观察到羟基和邻碳氢之间的偶合裂分。当含有痕量的酸和碱时，可催化质子之间的交换反应，使质子交换速度变快，则显示综合的、平均的活泼氢信号而表现尖峰。

例如，普通乙醇在室温下，亚甲基（CH_2）与羟基没有观测到偶合裂分，羟基质子在2.4ppm附近表现一个单峰，亚甲基被甲基裂分成四重峰，其氢谱如图2-73a所示。显然，在这个样品中羟基质子的交换速度很快，而表现去偶现象。当乙醇样品经纯化（特别是除去微量的酸和水）后，即可观测到羟基与亚甲基（CH_2）的偶合裂分。羟基被亚甲基（CH_2）裂分成三重峰（3.3ppm附近），而亚甲基（CH_2）由原先的四重峰裂分成dq八重峰。一般$^3J_{HO-CH}$为5Hz左右，见图2-73b所示。

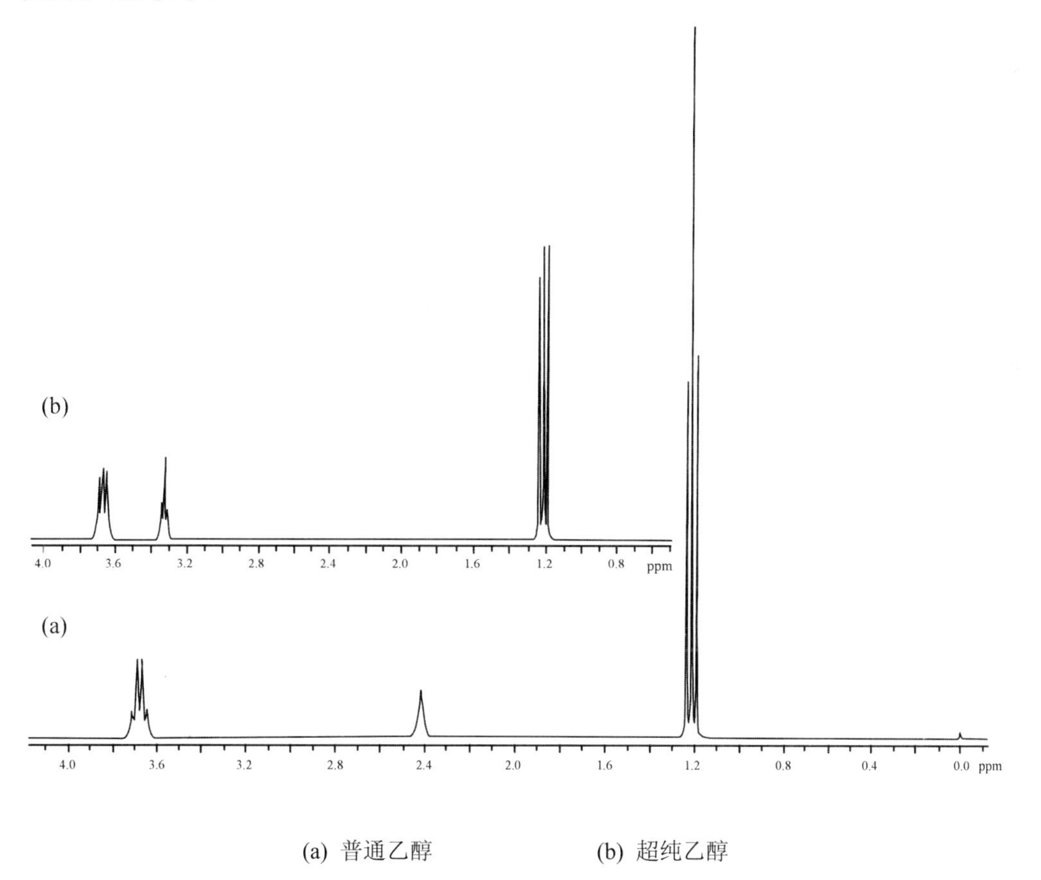

(a) 普通乙醇　　　(b) 超纯乙醇

图2-73　乙醇的氢谱（300 MHz）

用含活泼氢的样品作核磁谱图之后，加几滴重水并振荡，羟基的质子被氘取代，再作图时，原来的羟基峰消失，在4.5～5.0ppm出现另一个新峰（这是由于交换生成的DOH）。这是判断羟基（包括醇、酚、羧酸）存在的好方法，比红外、质谱的检测更可靠。羟基质子与重水 D_2O 交换，一般需要几分钟到几十分钟，因此，有时需要滴加一滴酸或碱作为催化剂，这是因为碱适合作羧酸和酚的催化剂，而酸适合作为醇和胺的催化剂。

$$RCOOH + D_2O \xrightleftharpoons{\text{碱}} RCOOD + DOH$$

$$ArOH + D_2O \xrightleftharpoons{\text{碱}} ArOD + DOH$$

$$ROH + D_2O \xrightleftharpoons{\text{酸}} ROD + DOH$$

$$RNH_2 + D_2O \xrightleftharpoons{\text{酸}} RND_2 + DOH$$

当用二甲亚砜（DMSO）作为溶剂时，羟基可与溶剂形成稳定的氢键，质子交换速度大大降低，有时可观测到羟基质子与邻碳氢发生偶合裂分。此外，在低温下，氢交换速度变慢，也能观测到羟基质子与邻碳氢发生偶合裂分的现象。如 CH_3OH 的氢谱，如图 2-74 所示，在 −14℃时，由于质子交换速度很慢，可观察到 CH_3 与 OH 的偶合，OH 被 3 个甲基氢偶合裂分为四重峰，而 CH_3 被羟基质子偶合裂分为二重峰。在 15℃时，由于 OH 质子交换速度变快，观察不到 CH_3 与 OH 的偶合作用，CH_3 与 OH 在图上显示单峰。

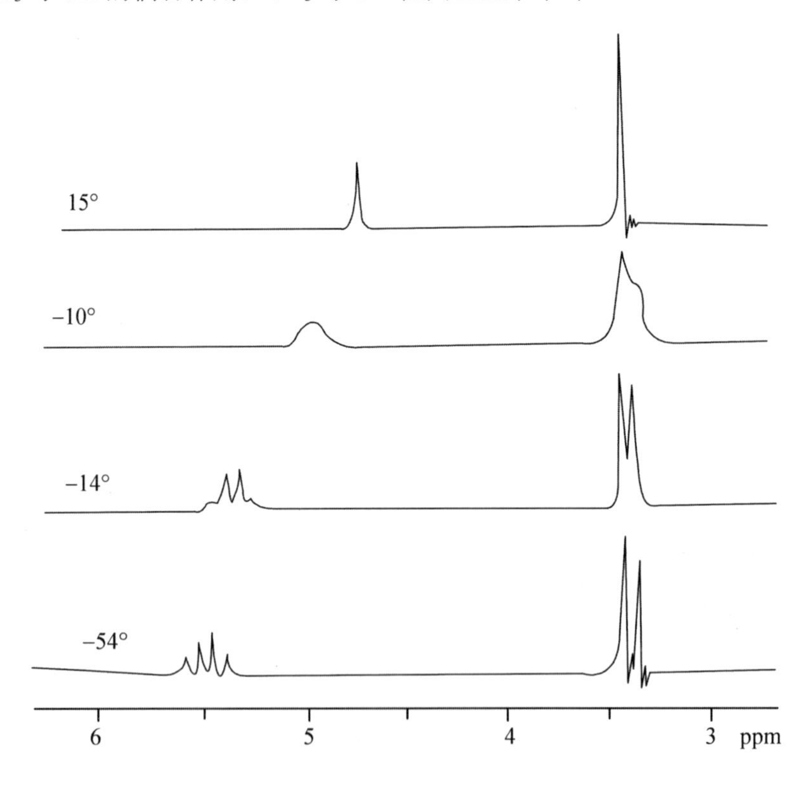

图 2-74　CH_3OH 在不同温度下的氢谱

当观测到羟基质子与邻碳氢发生偶合裂分时，具有下列优点：

（1）由于质子交换速度特别慢，可观察到与邻位氢的偶合现象。

（2）可分别观测到羟基和水的信号。

（3）可观测到多元醇样品中不同羟基的信号。

（4）溶液为中性时，可观测到羟基被邻碳氢偶合裂分的现象，从而区别伯、仲和叔醇。

一般样品和氘代溶剂很少是非常纯净的，羟基质子受酸碱等杂质的影响，质子交换速度很快，常呈现尖锐的单峰而观测不到与邻碳氢发生偶合裂分的情况。

2. 胺基（NH）

NH的质子峰受到交换反应和N四极矩弛豫两方面的影响。以—NH为例，首先考虑交换反应。当交换反应很快时，—NH呈尖锐的单峰（暂不考虑四极矩弛豫的影响）；当交换反应很慢时，出现1∶1∶1的三重峰，因^{14}N天然丰度为99.6%，$I=1$，故与N相连的氢裂分为三重峰，$^{14}N—^{1}H$的偶合常数较大（$^{1}J_{NH}$约为50Hz）。而$^{2}J_{N—C—H}$或$^{3}J_{N—C—CH}$引起的裂分很少见，偶合常数近似为零，可忽略不计。

再来讨论四极矩的影响。具有电四极矩的核都有其特殊的弛豫方式，当其核外电子云的分布为非球形对称时，样品分子在溶液中会不断翻滚运动，产生波动电场，此电场产生一力矩作用于具有四极矩的原子核，导致核在磁场中作定向改变，从而使有四极矩的原子核得到弛豫，这就是四极矩弛豫机制。当这种机制作用加强时，核的弛豫速度很快，它对邻近的核只产生一个平均的自旋“环境”，不发生偶合裂分作用。反之，若四极矩弛豫很慢，则类似于无四极矩的原子核，对邻近的核产生正常的偶合分裂。因此，若^{14}N四极矩弛豫很快，—NH为尖锐的单峰（不考虑交换反应使峰变宽的影响）；反之，^{14}N四极矩弛豫慢时，—NH应呈尖锐三重峰；如处于中间状态，—NH应呈现较宽的单峰。

综合考虑交换反应及四极矩弛豫两方面的因素，一级和二级胺多为尖的单峰。在酸性溶液中胺成盐后，铵离子的质子交换速度大为降低，—NH则变为宽峰，甚至出现裂分。如甲基胺的酸性（pH＜1）溶液的氢谱（如图2-75所示），NH_3^+的质子被N偶合裂分成三重峰，每重峰又被甲基裂分成四重峰。同样，甲基也被NH_3^+的质子裂分成四重峰，$^{3}J_{CH—NH}$约为5Hz。

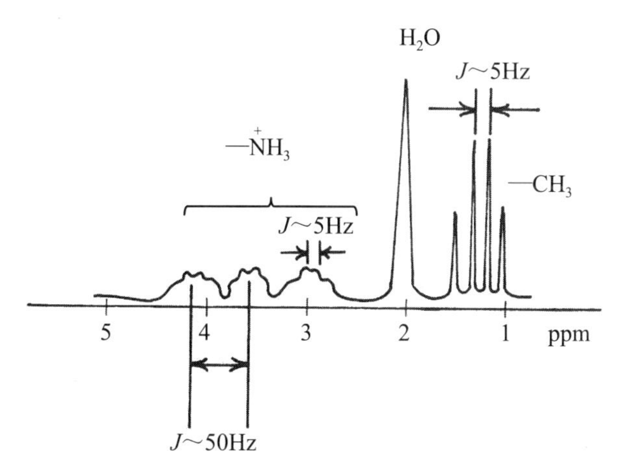

图2-75 $CH_3NH_3^+$的酸性溶液氢谱（PH＜1）

酰胺的—NH一般在5.0～8.5ppm出现宽峰，如氯代乙酰胺（$ClCH_2CONH_2$）氢谱如图2-76

所示，在 7.3～7.6ppm 处出现 2 个宽的 NH_2 峰，宽峰是由于四极矩或交换反应影响所致。C—N 单键具有部分双键的性质，自由旋转受到限制，N 上两个氢表现化学不等价而出现 2 个单峰。

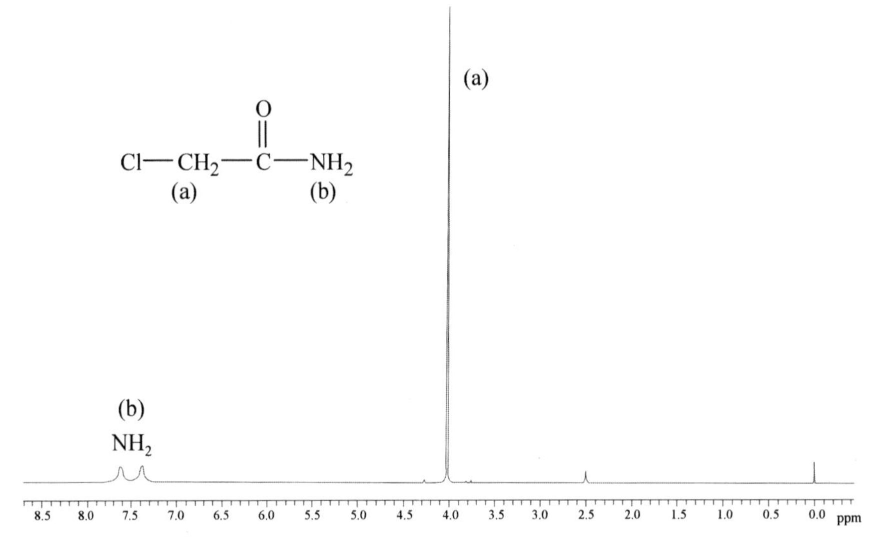

图 2-76　氯代乙酰胺氢谱

2.7.2　其他动力学过程

动力学过程还有若干种类，下面讨论受阻旋转、构象互变等一些主要的动力学过程。

1. 受阻旋转

以化合物 DMF 为例来讨论受阻旋转。由于分子内 C—N 单键具有部分双键的性质，不能自由旋转，N 上两个甲基不是化学等价的（如氯代乙酰胺的 NH_2），各自有其 δ 值，在室温下作图可观察到两个单峰，如图 2-77 所示。随着温度的升高，C—N 旋转加快，在相对于时标快速旋转的情况下，两个甲基各自的平均效果是一样的。因此，随温度的升高，核磁信号有如图 2-78 中所示从左到右的变化，温度达到 150℃时变成一个尖锐单峰。

从图 2-78 中可以看出，在图的左端（室温）或图的右端（相当高的温度），核磁信号都是尖锐的，中间部分信号则较钝。当两个宽的峰会合，两个峰间的凹处正好消失时的温度称作融合温度（T_c），它是动态核磁实验的一个重要参数，由 T_c 可求出一些重要的动力学和热力学参数。

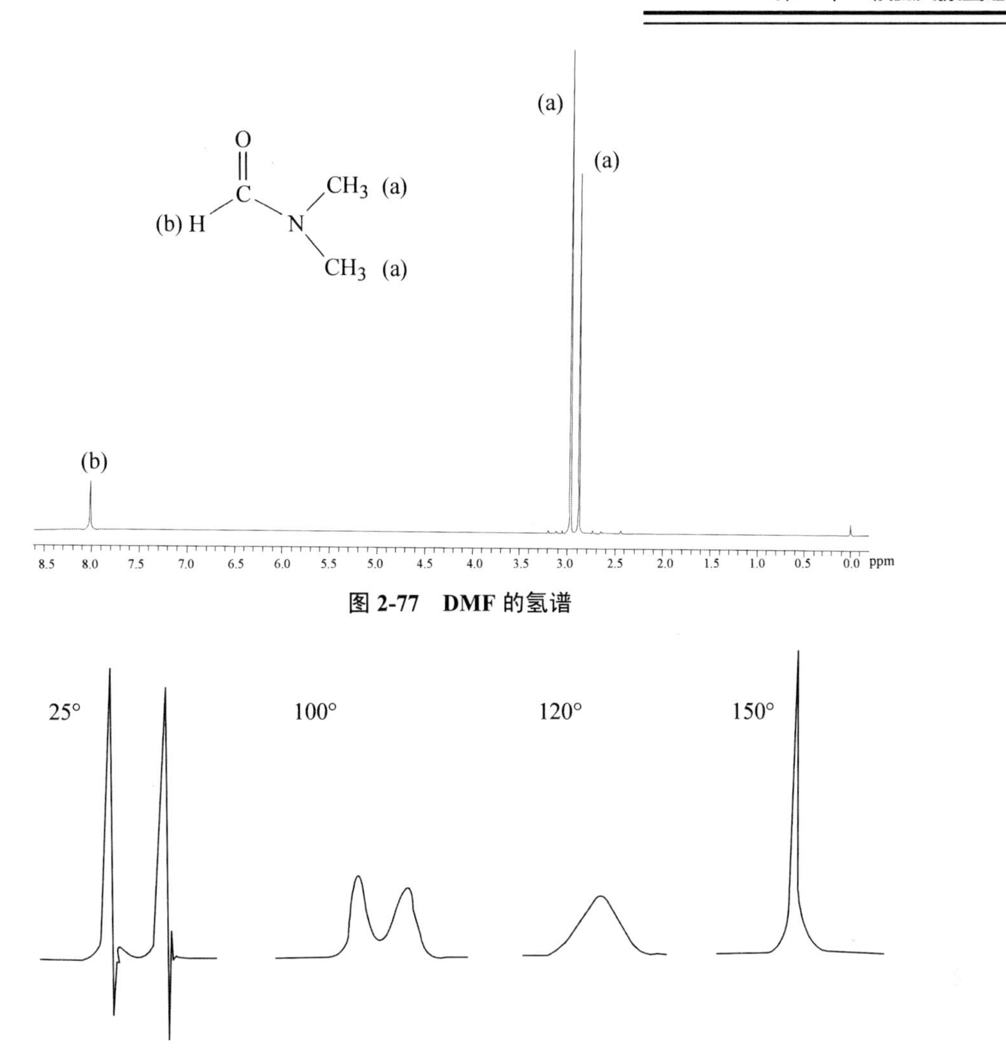

图 2-77　DMF 的氢谱

图 2-78　DMF 的两个甲基随温度变化的核磁信号

单键自由旋转可使谱图简化，反之，当单键由于空间作用旋转受到阻碍时，谱图复杂化。如，溴化苄的亚甲基（CH_2Br）由于单键自由旋转，两个氢表现为化学等价和磁等价的 A_2 体系，而在化合物 **34** 中，亚甲基的 2 个氢由于单键旋转受到阻碍而表现为 AB 体系，化合物 **35** 中两个甲基的化学位移也不相同，呈现两个双峰。

CH_2Br

CH_2Br　CH_2Br

34

CH_3　$CH—CH_3$　H_3COOC

35

2. 构象互变

构象互变的过程类似于受阻旋转，以环己烷的两个椅式构象互变为例。常温下，环己烷的椅式构象互变速度快，即 H_a 和 H_e 的互变速度很快，所以在氢谱中只观察到一个单峰，随温度降低环翻转速度减慢，峰逐渐加宽，最后变为两个分立的峰，表明 H_a 和 H_e 的互变速度变慢，显现化学不等价。下列的环状化合物也有类似的构象互变过程。

3. 酮—烯醇互变异构

β-二酮可以形成稳定的烯醇结构，如乙酰丙酮，^{1}H NMR 谱可以确定酮和烯醇两组分之比，如图 2-79 所示。OH 的化学位移由于氢键作用大大移向低场，δ=15.5ppm，烯氢（=CH）的化学位移δ=5.5ppm，烯醇结构的甲基δ=2.0ppm，酮式结构的甲基（2.2ppm）峰强度要比烯醇结构的甲基峰弱得多。同样，酮式的 CH_2 化学位移在 3.6ppm 峰强度也很弱。通过两结构的甲基的积分之比，可得出烯醇和酮含量之比。

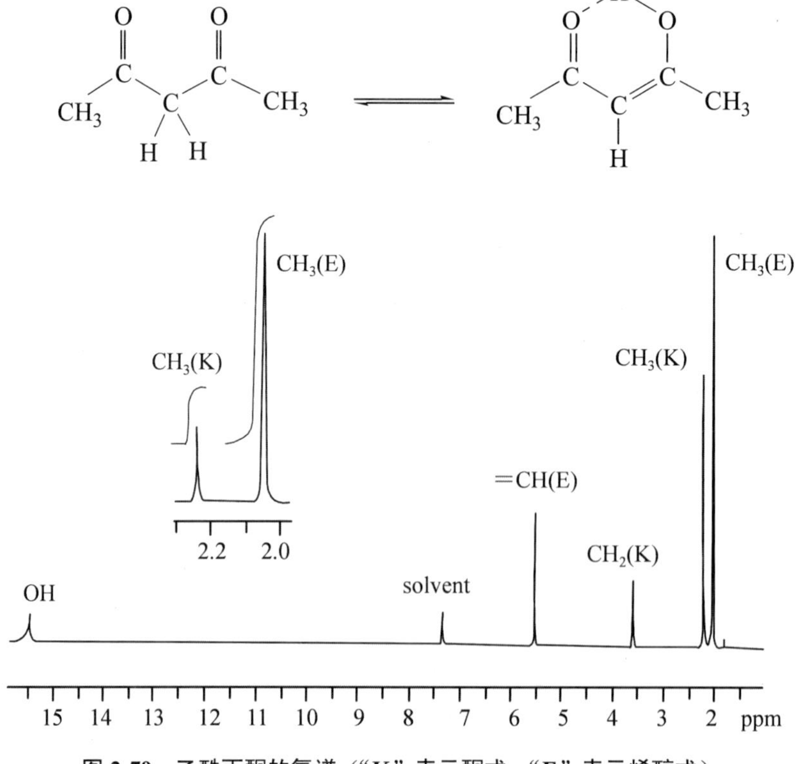

图 2-79 乙酰丙酮的氢谱（“K”表示酮式；“E”表示烯醇式）

2.8 核磁共振氢谱解析

氢谱可以提供丰富的有机结构信息，当从几种可能结构中选择出一个时，氢谱往往起着举足轻重的作用，下面对氢谱的解析加以介绍。

2.8.1 样品的配制及作图

1. 溶剂选择及溶液配制

选择溶剂主要看其对样品的溶解度。制样时一般采用氘代试剂作溶剂，它不含氢，不产生干扰信号。$CDCl_3$ 是最常用的溶剂，其价格便宜、易得，但不适用于强极性样品。极性大的化合物可采用氘代丙酮、重水等。

对一些特定样品，要采用相应的氘代试剂：氘代苯用于芳香化合物，氘代二甲基亚砜用于某些一般溶剂难溶的样品，氘代吡啶用于难溶的酸性或芳香性物质。做低温检测时，应采用凝固点低的溶剂，如氘代甲醇等。另外还要注意样品溶液要有低的粘度，否则会降低谱峰分辨率。

2. 作图

（1）作图时应考虑有足够的谱宽，特别是当样品可能含羧基、醛基时。

（2）谱线重叠时，可加少量磁各向异性溶剂使谱线分开。

（3）作积分曲线可得出各基团含氢数量的比例。

（4）适当考虑双照射（特别是自旋去偶），简化谱图，得到偶合体系的信息等。

（5）用重水交换来证实是否有活泼氢存在。

2.8.2 解析步骤

在解析 NMR 图谱时，一般由简到繁，先解析易确定的基团和一级谱，再解析难确认的基团和高级谱，解析 NMR 图谱的一般步骤如下：

（1）区分出杂质峰、溶剂峰、旋转边带。杂质峰与样品峰的积分面积没有简单的整数比关系，据此可将杂质峰区别出来。溶剂峰是不可避免的，因为氘代试剂总不可能达到 100%的氘取代，如最常用的 $CDCl_3$ 中的微量 $CHCl_3$ 在 7.25ppm 出现一个单峰。

（2）根据分子式计算不饱和数，当化合物的不饱和数大于 4 时，应考虑到它可能存在一个苯环（或吡啶环）。

（3）对每个峰的δ值进行分析，根据每个峰组的δ值，推断该峰组可能归属的基团，并估计其相邻基团。如果δ在 6.5～8.0ppm 范围内有信号则暗示有芳香质子存在。对于化学位移较宽的—OH、—NH 和—SH 基团信号，必要时可以通过改变温度、添加重水（D_2O）和变换溶剂等操作改变其化学位移从而确定它们的存在。

（4）确定谱图中各峰组所对应的氢原子的数目，对氢原子进行分配。根据氢谱的积分谱线可求出各种峰组所对应的氢原子的数目的比例关系。当知道元素组成式即知道该化合物共有多少个氢原子，由积分曲线便可确定各峰（组）所对应的氢原子的数目。若不知道元素组成式，但从谱图中能判断氢原子数目的峰组（如甲基、羟基、单取代苯环等），以此为基准也可以找到化合物各峰组所对应的氢原子的数目。对一些复杂的谱图，峰组重叠，各峰组对应的氢原子数目不很清楚，对氢原子的分配需仔细考虑。若对氢原子的分配有误，将会使推测结构工作误入歧途。

（5）考虑分子对称性，当分子具有对称性时，会使谱图出现的峰组数减少（分子具有局部对称性时也是如此），某些基团在同一处出峰，使该处峰的强度相应增加。

（6）对每个峰组的 J 值进行分析，对峰组的峰形进行分析，关键之处在于观察是否存在等间距。每种间距对应于一个偶合常数，通过对峰组的分析找出不同的 J 值，并找出相应的偶合关系。当一个峰组内有几个等间距存在时，为使分析明了，不易出错，建议读者先分析小的等间距，然后逐步分析较大、更大的等间距。当从裂分间距计算 J 值时，应注意谱图是多少兆周的仪器作出的，有了仪器的工作频率才能从化学位移之差 $\Delta\delta$（ppm）算出 $\Delta\nu$（Hz）。

（7）若谱图复杂，则可采用更高磁场的 NMR 仪、双照射去偶或位移试剂等辅助方法使谱图简化，便于解析。

（8）组合可能的结构式，根据对各峰组化学位移和偶合关系的分析，推出若干结构单元，最后组合成几种可能的结构式，每一可能的结构式不能和谱图有大的矛盾。

（9）对推出的结构进行“指认”，以确定其正确性。每个官能团均应在谱图上找到相应的峰组，峰组的 δ 值及偶合裂分（峰形和 J 值大小）都应该和结构式相符。如存在较大的矛盾，则说明所设结构式不合理，应予以去除，进而找出最合理的结构式。应该强调的是：“指认”是推测结构的一个必不可少的环节。

例 题 二

【例题 2.1】 某化合物的分子式为 $C_{10}H_{15}N$，根据氢谱（图 2-例 1）推断结构。其中 3.5ppm 的峰可以被 D_2O 交换。

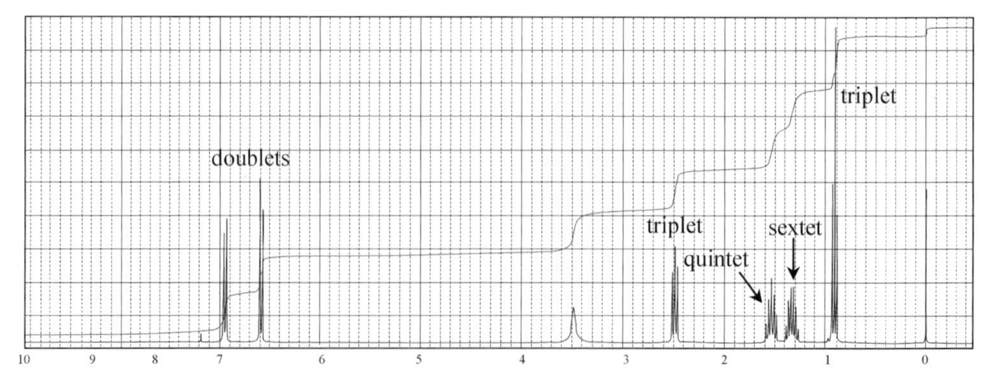

图 2-例 1

解析 从分子式计算不饱和数 UN = 4，推测该化合物可能有一个苯环或吡啶环结构。谱图出现 7 组峰，由低场到高场，积分比为 2∶2∶2∶2∶2∶2∶3，其数据之和与分子式中氢原子数目一致。

在 3.5ppm 的一个宽峰，对应两个活泼氢，分子式中只有氮杂原子，说明化合物有 NH_2 基团。这样就排除了吡啶环结构，说明该化合物是苯环衍生物。

芳香区的两对双峰是对二取代的苯环特征峰，两对双峰的化学位移都明显移向高场，说明苯环上有供电取代基，因此，NH_2 是连在苯环上的。

高场的 4 组峰（2.5～0.8ppm）分别对应 CH_2，CH_2，CH_2，CH_3，化合物的结构单元有：

H_2N—⟨苯环⟩—　　　—CH_2—（3个）　　　—CH_3

因为没有次甲基（CH），3 个亚甲基以及甲基只能连成直链，所以该化合物的结构为：

H_2N—⟨苯环⟩—CH_2—CH_2—CH_2—CH_3

（D　C　B　A）

对结构进行指认：甲基 A 的化学位移在最高场 0.9ppm，被 B 偶合成三重峰；亚甲基 B 与 A、C 的偶合常数近似相等 ${}^3J_{AB} = {}^3J_{CB}$，所以 B 的裂分可按 $n+1$ 规律处理，出现在 1.3ppm 的六重峰为 B；同样，在 1.5ppm 的五重峰为 C；在 2.5ppm 的三重峰即是 D。

【例题 2.2】　某化合物的分子式为 $C_{10}H_{10}O_3$，根据氢谱（图 2-例 2）推断结构。

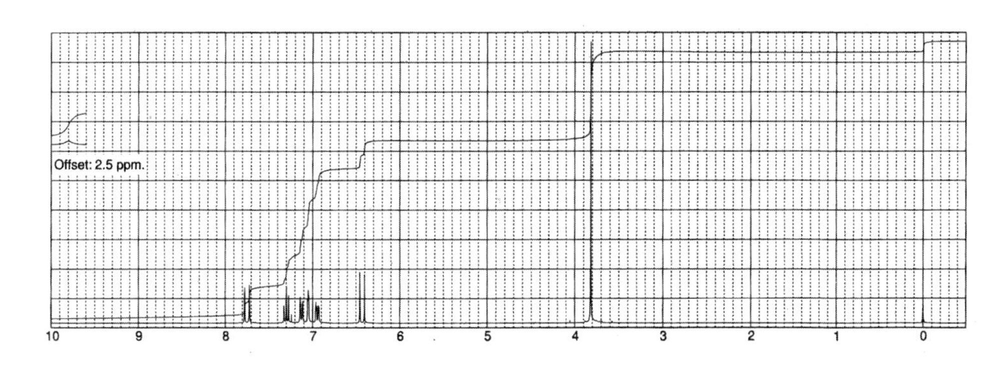

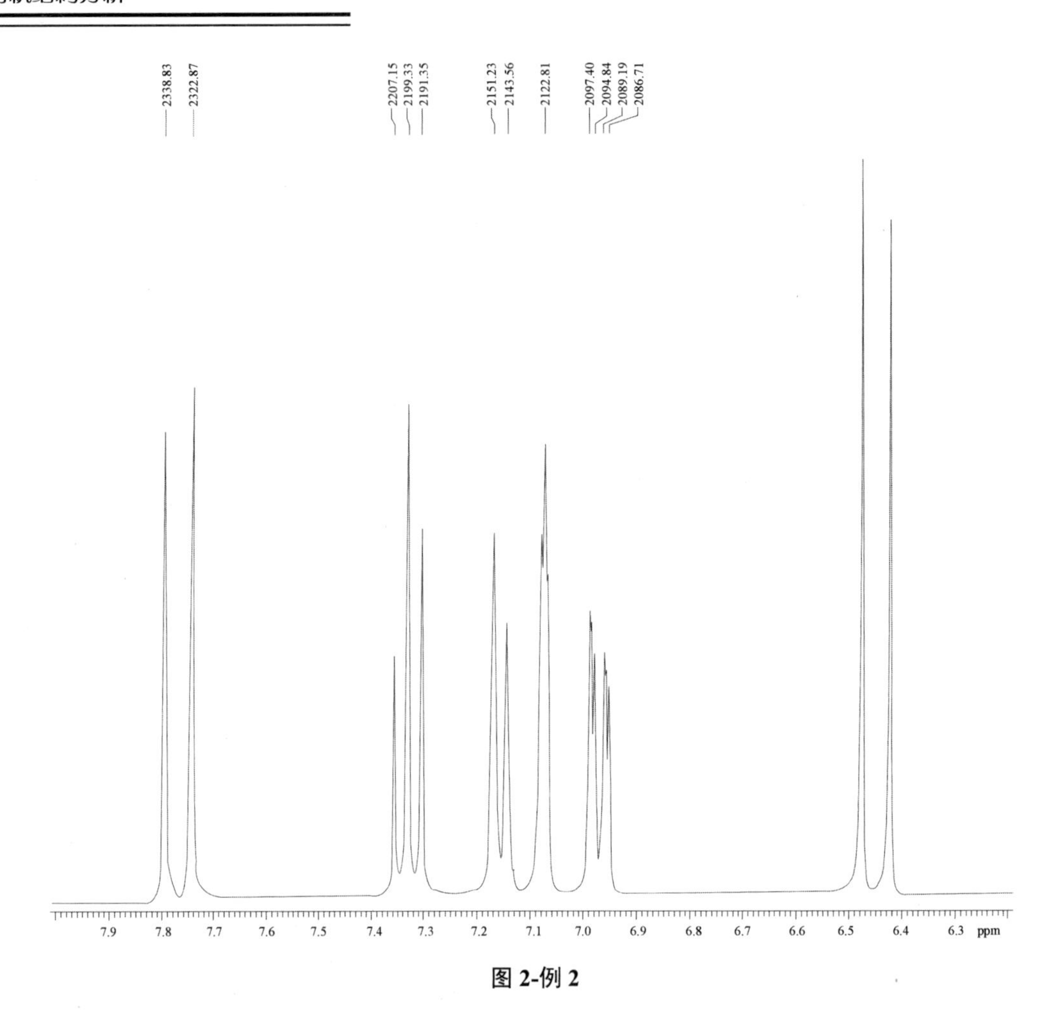

图 2-例 2

解析 从分子式计算不饱和数 UN = 6，推测该化合物可能有一个苯环和一个双键或一个环。谱图出现 8 组峰，由低场到高场，积分比为 1∶1∶1∶1∶1∶1∶1∶3，其数据之和与分子式中氢原子数目一致。

在低场 12.5ppm 一个宽峰应是羧酸质子，该化合物含有—COOH。

在 7.9～6.3ppm 出现 6 组峰，对应 6 个 H，进一步表明含有一个苯环和一个 C＝C 双键。烯氢在如此低场，说明 C＝C 双键与其他基团有共轭关系。在 7.78ppm 的双峰裂分距离为 15.96 Hz，该峰组不可能属于苯环上的氢，因为苯环上氢的偶合常数一般不会超过 10 Hz 以上，可以推断位于 7.78ppm 的双峰是烯氢，且是反式二烯取代，从裂分距离可以找到另一烯氢在 6.45ppm。

在 7.4～6.9ppm 出现的 4 组峰，属于苯环氢，说明是二取代苯。在 7.08ppm 的峰粗看是单峰，推测是间二取代苯。

最高场 3.8ppm 附近一个强单峰，对应 3 个 H，应是甲基 CH_3，从其化学位移可推断是与杂原子氧相连的甲基 OCH_3。

从上面的分析推出该化合物含有以下结构单元：

H　H　—COOH　—OCH_3

它们可以组成两种结构式：

H　COOH　H　H　OCH_3　A

H　OCH_3　H　COOH　B

在谱图中位于 7.08ppm 的单峰，相对于苯的化学位移 7.26ppm 向高场位移，说明苯环连有供电基团，所以 A 为该化合物的结构。

【例题 2.3】　某化合物的分子式为 $C_6H_{10}O$，根据氢谱（图 2-例 3）推断结构。

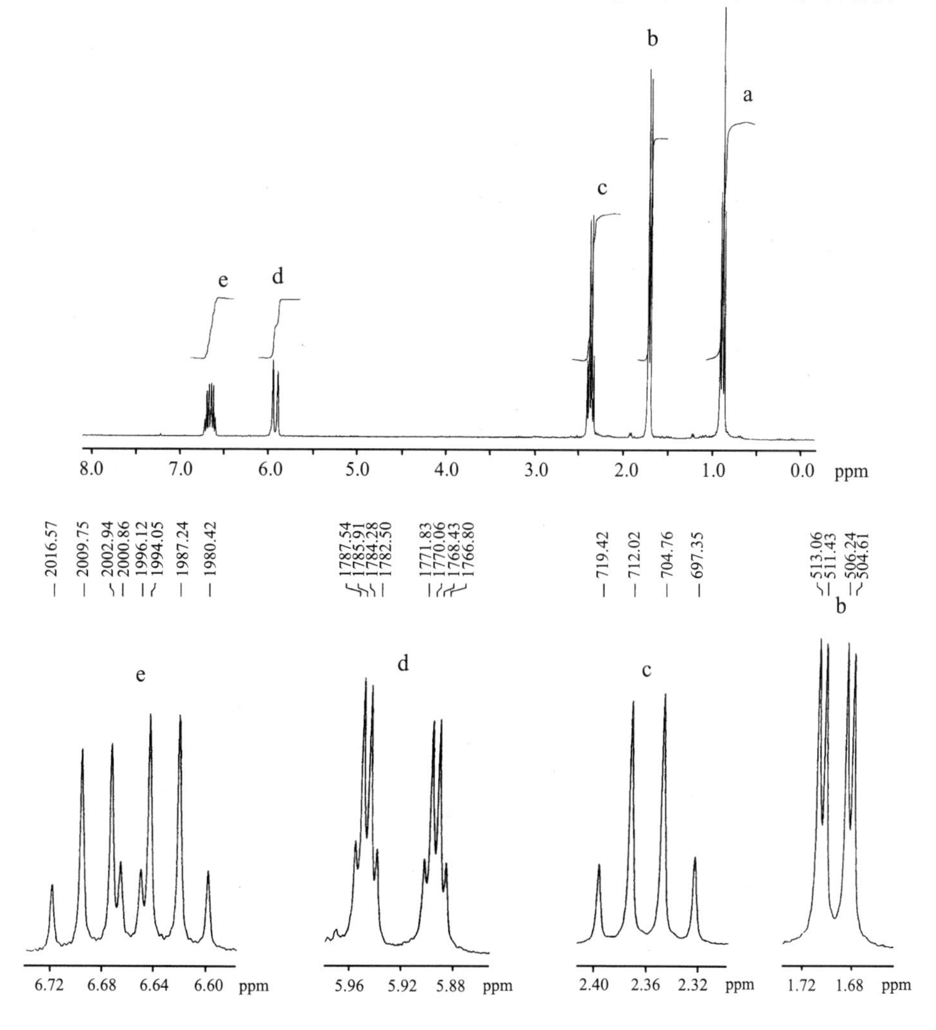

图 2-例 3

解析　从分子式计算不饱和数 UN = 2，即该化合物具有一个双键或一个环。谱图出现 5 组峰，由低场到高场，积分比为 1∶1∶2∶3∶3，其数据之和与分子式中氢原子数目一致，故积分比等于质子数目之比。

下面对各个峰组进行分析。在低场（5.8～6.8ppm）出现的 2 个氢，应是双取代的烯氢（$C{=}CH_2$ 或 $CH{=}CH$），从 5.92ppm 的双峰裂分距离较大（$^3J = 15.8Hz$），可排除 $C{=}CH_2$，因为同碳二氢的偶合常数很小（$^2J < 3Hz$），可以推断是 $CH{=}CH$，而且是反式结构。

在最高场 0.88ppm 的三重峰（3H）和 2.36ppm 的四重峰（2H）应是相连的，即含有—CH_2—CH_3。1.69ppm 的 3 个氢，粗看是两重峰，应是与 CH 相连的甲基 CH_3。

从分子式中扣除 $CH{=}CH$、—CH_2—CH_3 和—CH_3 结构单元，得到剩下的元素组成 CO，并有一个不饱和键，因此 CO 是酮羰基。

综合以上分析，推断该化合物的结构为：

$$\underset{(b)}{CH_3}-\underset{(e)}{CH}{=}\underset{(d)}{CH}-\overset{O}{\overset{\|}{C}}-\underset{(c)}{CH_2}\underset{(a)}{CH_3}$$

对氢核间的偶合关系进行验证：H_e 核被 H_d 偶合裂分成双峰（$^3J_{de} = 15.7Hz$）又被甲基（b）进一步裂分成四重峰（$^3J_{be} = 6.8Hz$），故 H_e 最多可出现八重峰。同样 H_d 也显现八重峰，与甲基（b）是远程偶合（$^4J = 1.6Hz$）。H_c 被甲基（a）裂分成四重峰，偶合常数 $^3J_{ac} = 7.4Hz$。同样方法对 H_b 和 H_a 的进行分析，进一步验证了该结构式是正确的。

习　题　二

【习题 2.1】　二甲基吡啶的两种异构体（a）和（b）的氢谱（300MHz）如图 2-习 1 所示，根据氢谱推断结构。

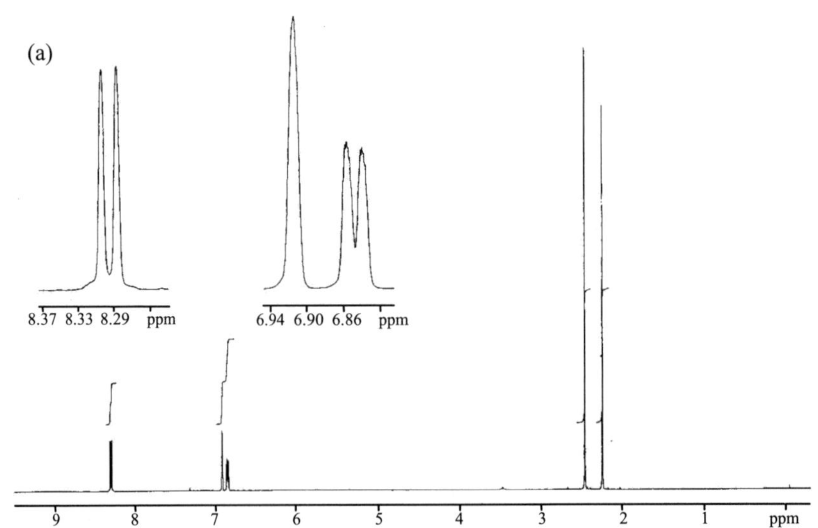

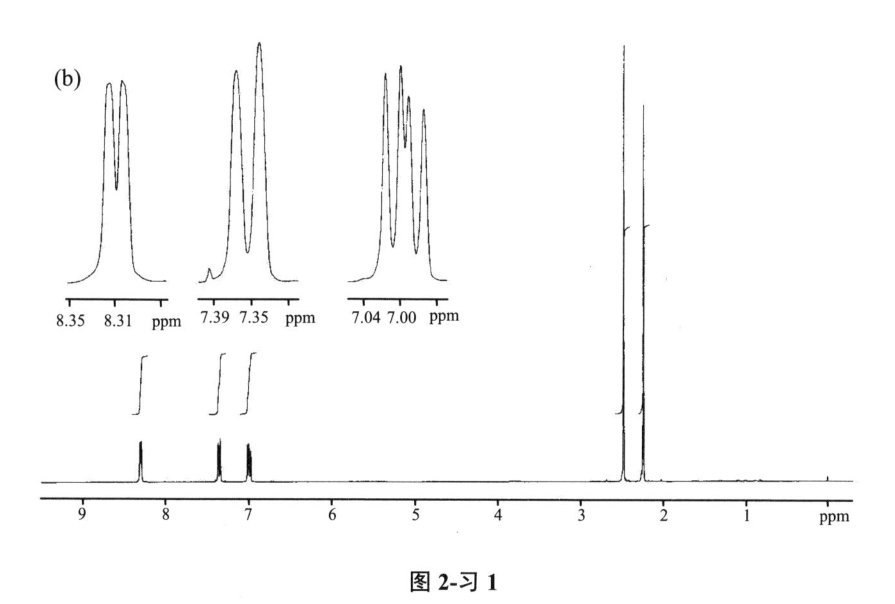

图 2-习 1

【习题 2.2】 二氯苯酚的两种异构体（a）和（b）的氢谱（300MHz）如图 2-习 2 所示，根据氢谱推断结构。

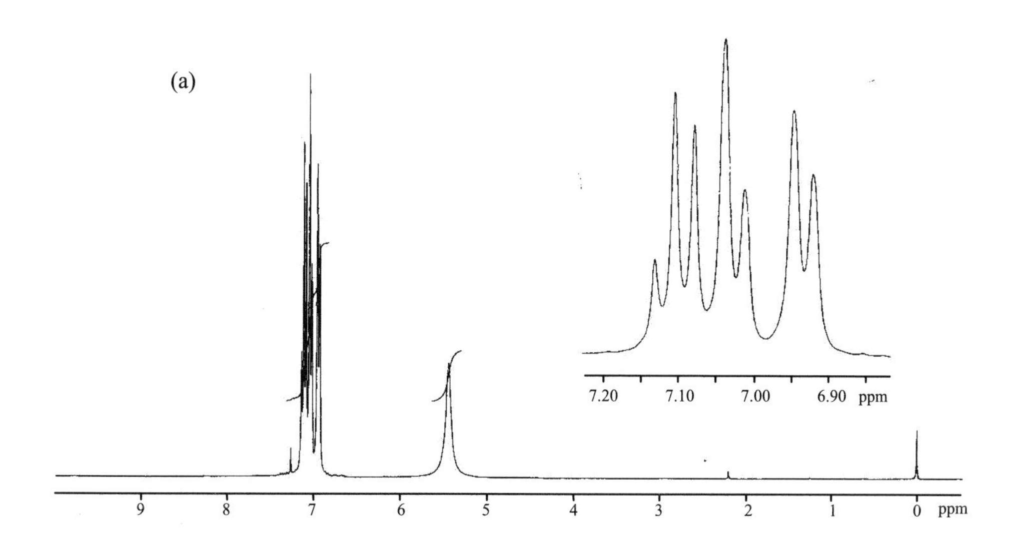

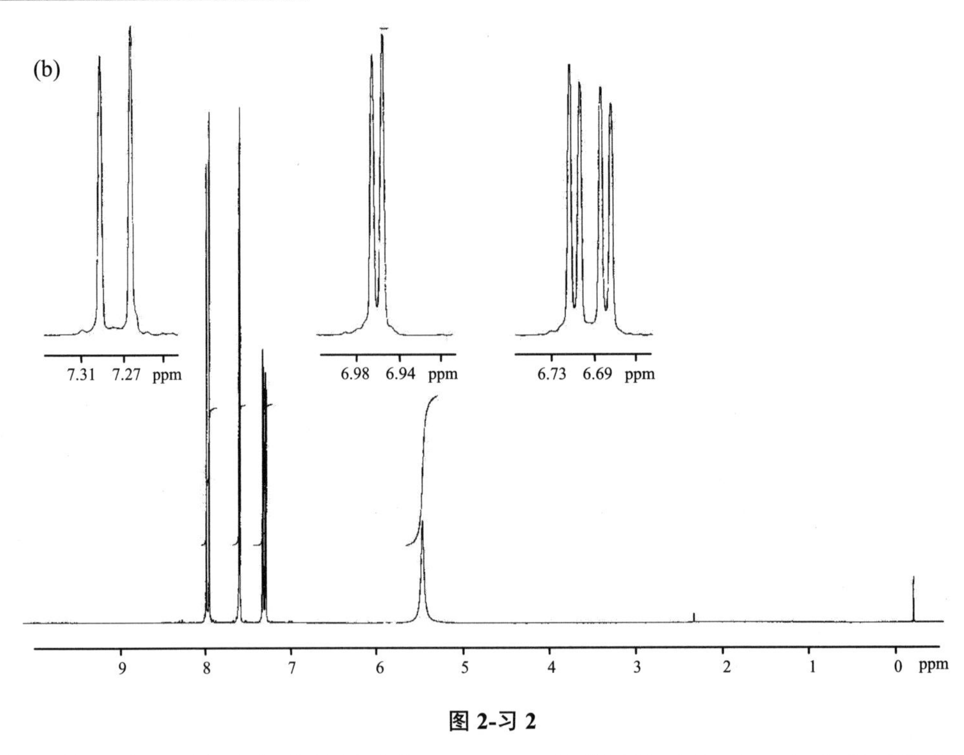

图 2-习 2

【习题 2.3】 某化合物的分子式为 C_5H_9ON，根据氢谱（图 2-习 3）推断其结构

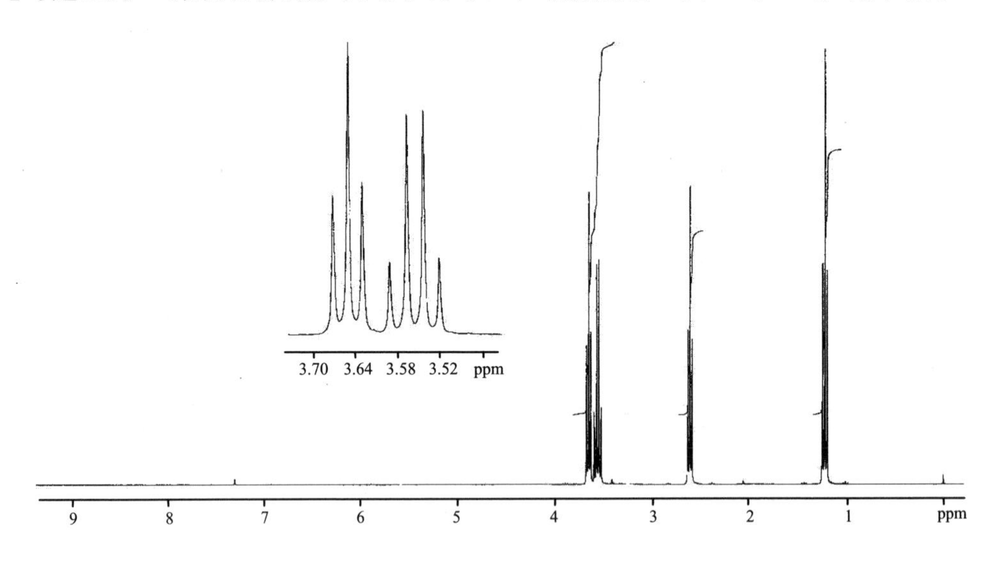

图 2-习 3

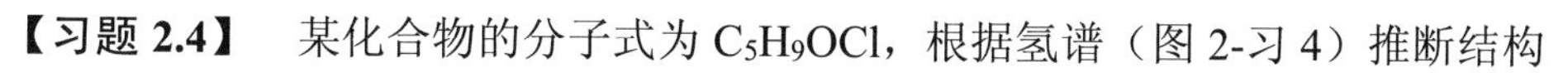

【习题 2.4】 某化合物的分子式为 C_5H_9OCl，根据氢谱（图 2-习 4）推断结构

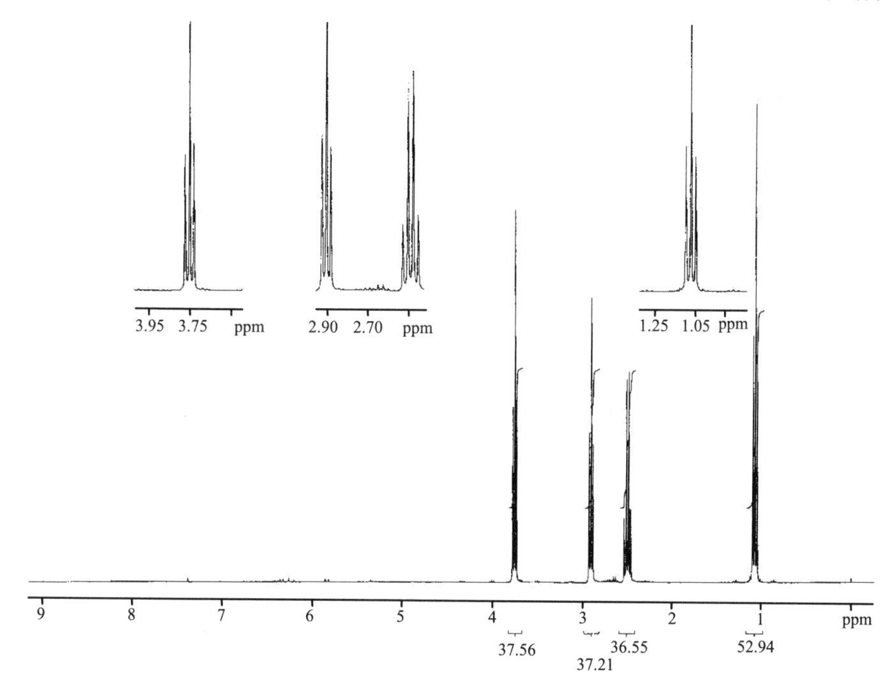

图 2-习 4

【习题 2.5】 某化合物的分子式为 $C_4H_8O_2$，根据氢谱（图 2-习 5）推断结构

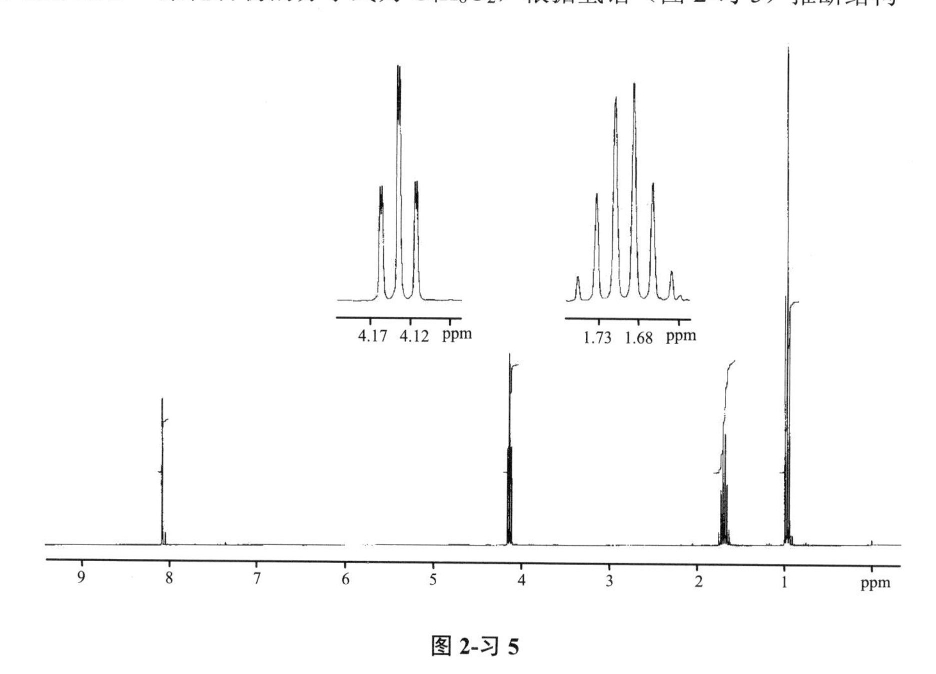

图 2-习 5

【习题 2.6】 某化合物的分子式为 $C_9H_{12}O$，根据氢谱（图 2-习 6）推断结构。其中，位于 2.1ppm 的一个单峰可以被 D_2O 交换而消失。

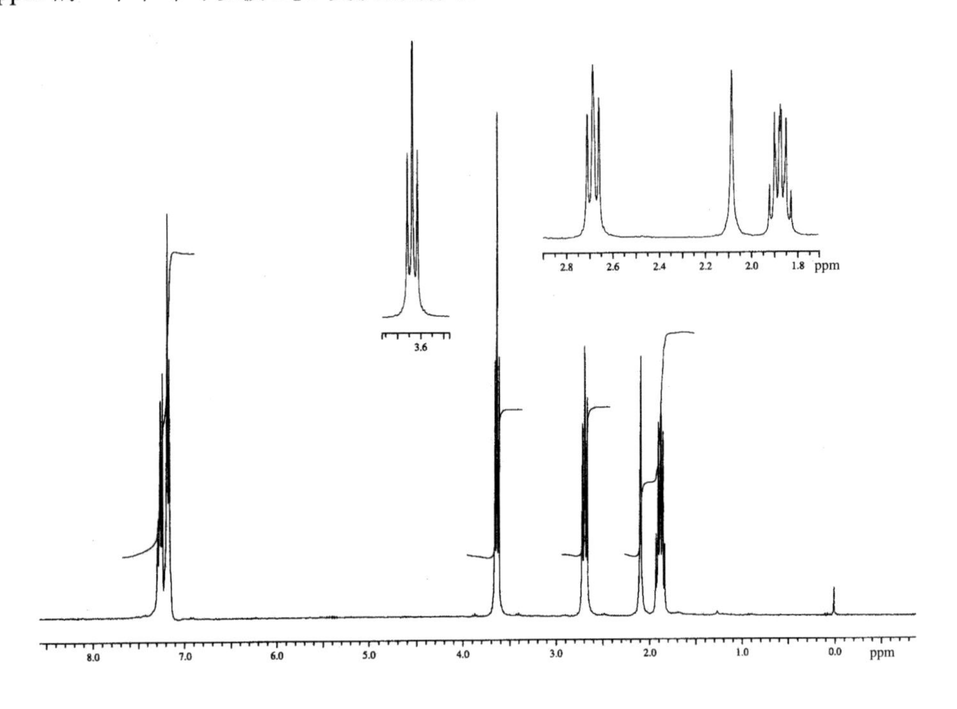

图 2-习 6

【习题 2.7】 某化合物的分子式为 $C_8H_7BrO_3$，根据氢谱（图 2-习 7）推断其结构。其中 δ=12ppm 处有一个宽峰（1 个 H），δ= 2.05ppm 为氘代丙酮峰。

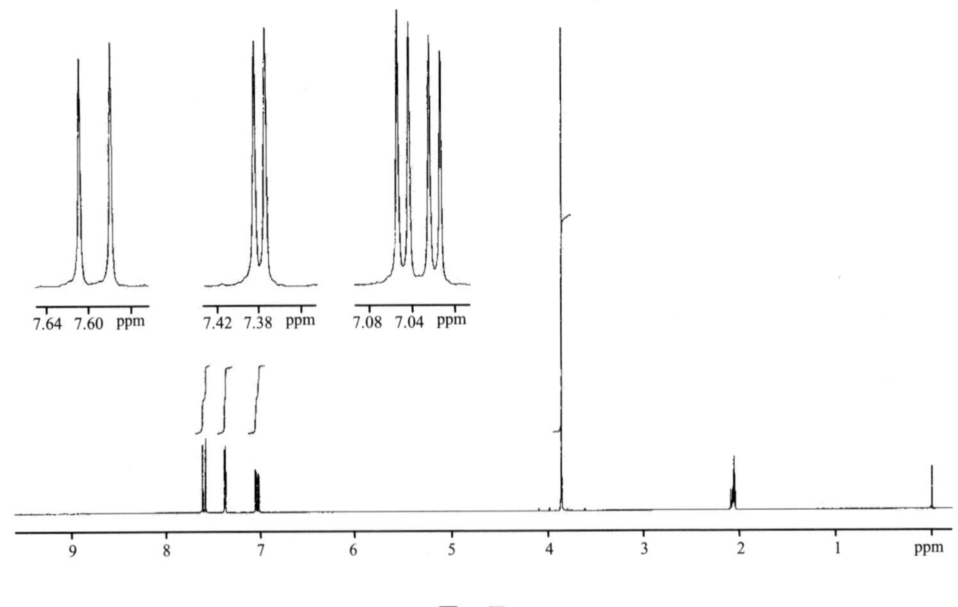

图 2-习 7

【习题 2.8】　某化合物的分子式为 C_6H_5BrO，根据氢谱（图 2-习 8）推断结构。

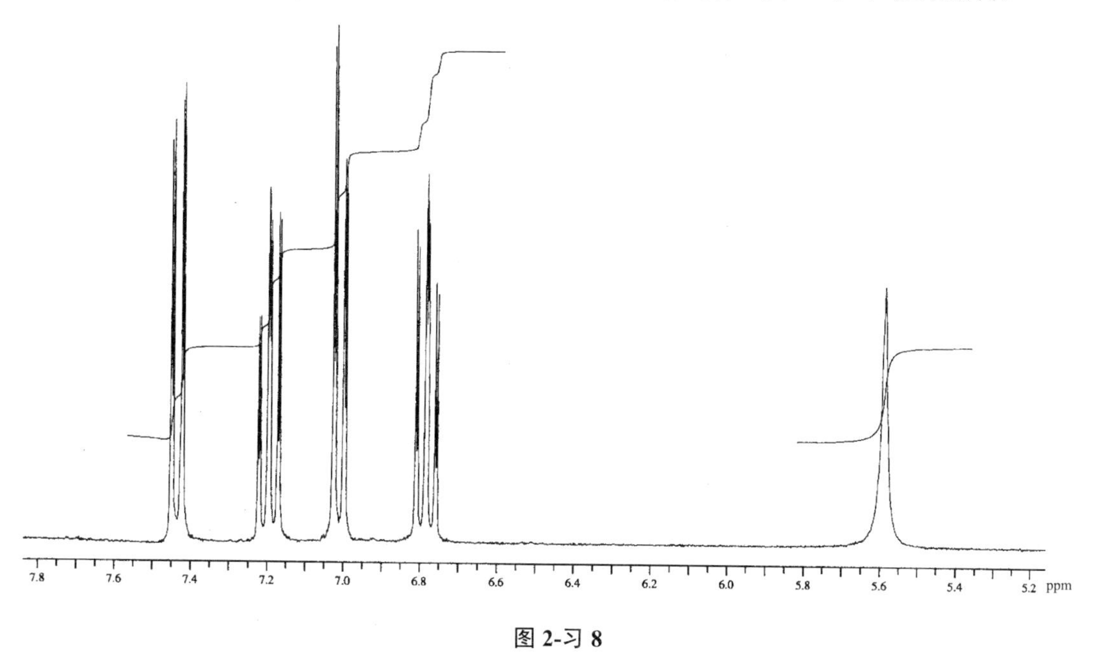

图 2-习 8

【习题 2.9】　某化合物的分子式为 $C_6H_5NCl_2$，其氢谱如图 2-习 9 所示，在 $\delta = 4.0$ppm 处出现一个单峰（2 个 H），可以被 D_2O 替换，根据下列谱图推断其结构。

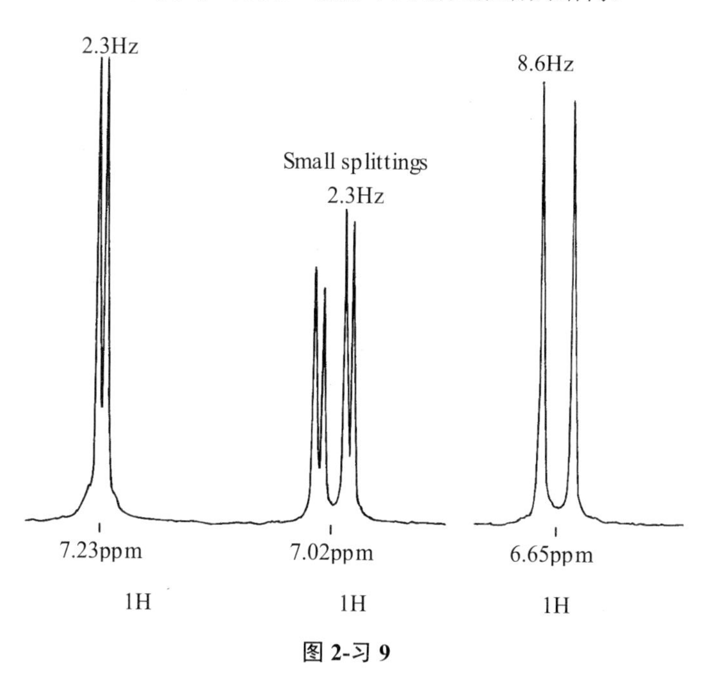

图 2-习 9

【习题 2.10】 某化合物的分子式为 $C_9H_8F_4O$，根据氢谱（图 2-习 10）推断其结构

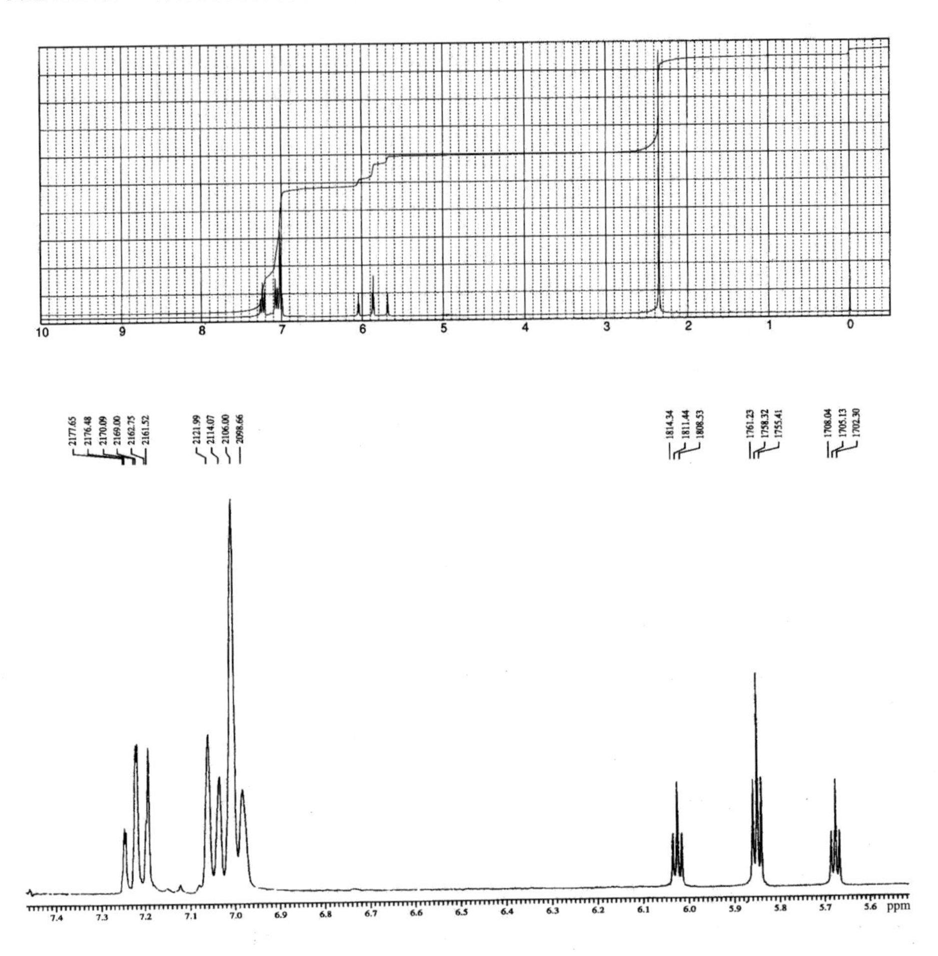

图 2-习 10

【习题 2.11】　某化合物的分子式为 C_5H_8O，根据氢谱（图 2-习 11）推断其结构。

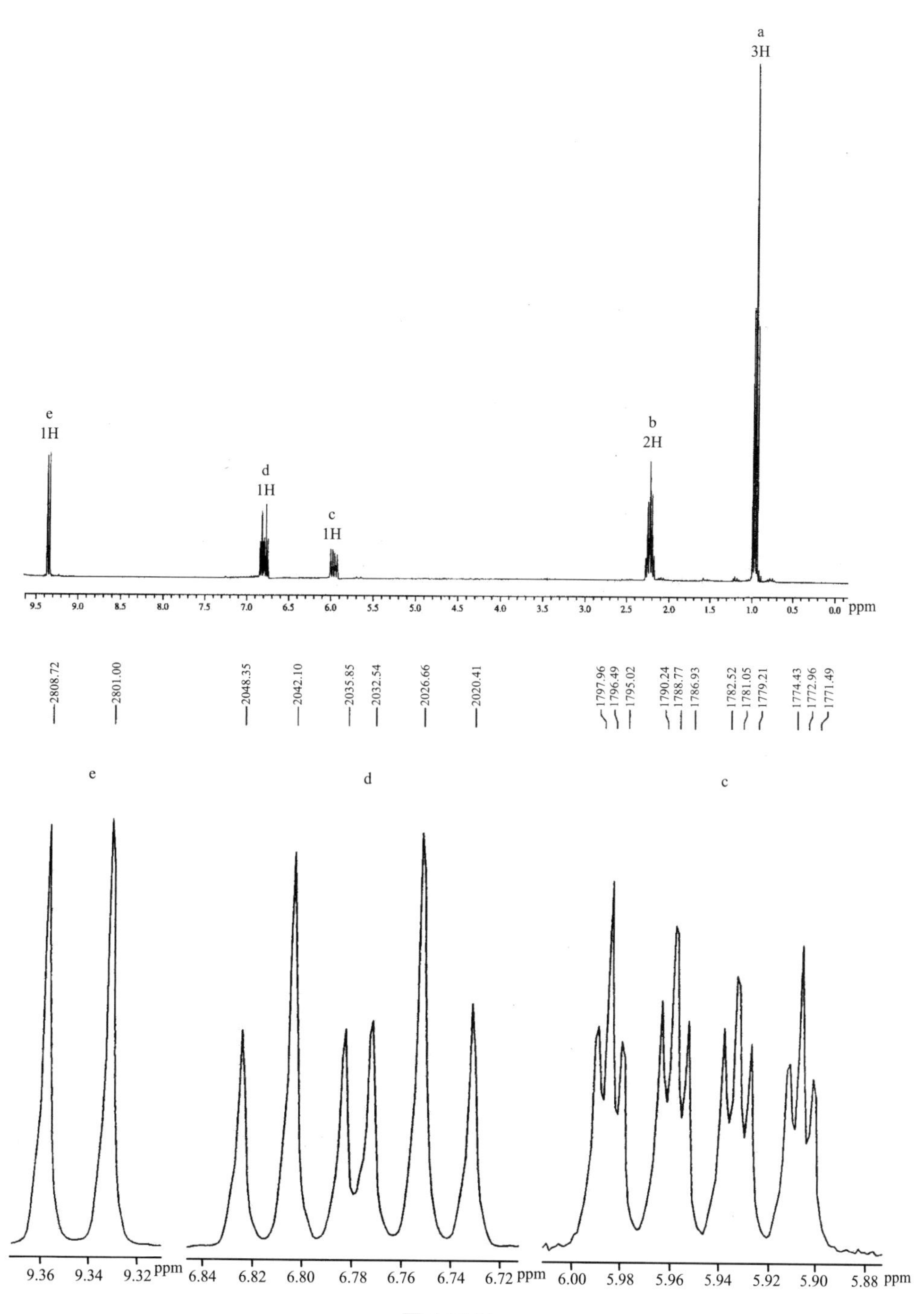

图 2-习 11

第 3 章

核磁共振碳谱

3.1 碳谱的特点

自旋量子数为 1/2 的核，其核磁共振研究和应用最多的除 ^{1}H NMR 外，还有 ^{13}C NMR。碳原子构成了有机化合物的分子骨架，核磁共振碳谱提供了分子骨架最直接的信息，因而碳谱对有机化合物结构鉴定也具有重要意义。

3.1.1 碳谱的优点

（1）化学位移范围宽。^{1}H NMR 常用δ值范围在 0～10ppm（有时可达 16ppm）；^{13}C NMR 常用δ值范围为 0～220ppm，约是氢谱的 20 倍，其分辨率远高于 ^{1}H NMR，因此，化合物分子结构上的精细变化，可以在碳谱上表现出来。

（2）^{13}C NMR 可以给出不与氢相连的碳的共振吸收峰。季碳、C＝O、C≡C、C≡N 以及 C＝C 等官能团中的碳原子，没有与氢直接相连，在 ^{1}H NMR 中不能得到直接的信息，只能依据分子式及其对相邻基团δ值的影响来判断。而在核磁共振碳谱中，均能给出各自的特征峰。

（3）碳谱有多种实验方法，可以找到 ^{1}H NMR 某峰与 ^{13}C NMR 某峰之间的对应关系的方法；还有一种能在碳谱中显示与碳原子数目成比例的方法；近来也发展了几种区别碳原子级数（伯、仲、叔、季）的方法，较之于氢谱信息丰富、结论清楚。

（4）碳原子弛豫时间较长，能被准确测定，由此可以帮助对碳原子进行指认，特别是对结构复杂、季碳较多的分子中碳原子的识别非常有用。

3.1.2 提高碳谱灵敏度的方法

^{13}C NMR 的信号早在 1957 年就被发现，但碳谱的发展比氢谱约晚了 20 年。这是因为 ^{13}C 核的磁旋比γ 仅为 ^{1}H 的 1/4，^{13}C 核的天然丰度也仅为 1.1%。已知核磁共振的灵敏度与磁旋比的三次方（γ^3）成正比，所以 ^{13}C NMR 与 ^{1}H NMR 的灵敏度比值为 $(\frac{1}{4})^3 \times \frac{1.1}{100} = \frac{1}{5800}$，因而利用常规方法测定 ^{13}C NMR 是很困难的。早期 ^{13}C 核磁共振的研究，都采用富集 ^{13}C 来提高灵敏度。

对于核磁共振碳谱，提高灵敏度的方法有：

（1）通过对被测化合物的 ^{13}C 富集，可以增加磁铁均匀区域内 ^{13}C 核的数目。

（2）增加给定体积下样品的浓度，或给定浓度下样品的体积。前者受到溶解度的限制，后者受到磁铁空间间隙的限制。

（3）从 Boltzmann 分布式可知，降低样品温度（T），或增加磁场强度（B_0），可增加核磁共振碳谱的灵敏度。

（4）只要弛豫效应对恢复平衡是充分的，则增加射频功率，信号强度也可以增强，但这种方法受到弛豫饱和的限制。

（5）采用多次扫描，并将每次扫描的结果存储到计算机中，由计算机累加平均。由于噪音背景累加的结果是相互抵消的，而信号却是不断增加，从而大大提高了信噪比（S/N）。S/N 随着累加扫描的次数 n 的增加而按式 $(S/N)_n=(S/N)_1\sqrt{n}$ 增大。这种方法的缺点是测试一个样品所需时间太长，仪器必须在长时间内保持稳定。

（6）增加灵敏度的最经济和最有效的方法是与去偶（例如质子宽带去偶和偏共振去偶）方法相结合的脉冲 Fourier 变换（Pulse Fourier Transform，PFT）技术，这些方法将在 3.3 节中讨论。自脉冲傅立叶变换核磁共振仪问世之后，核磁共振碳谱才成为常规有机结构分析的实验技术，各种研究也随之蓬勃发展起来。

3.2　^{13}C NMR 的实验方法

3.2.1　脉冲 Fourier 变换核磁共振技术（PFT–NMR 技术）

在脉冲核磁共振实验中，用短而强的射频脉冲照射样品，使磁化强度矢量 M_0 转动一个 θ 角。结果产生了磁化强度矢量的横向分量 M_y'，其大小为：

$$M_y' = M_0\sin\theta$$

当射频脉冲过后，横向磁化强度经自旋－自旋弛豫以时间常数 $1/T_2$ 指数衰减到零。由 M_y' 衰减而产生的核感应电流，可被射频接收器检测到，称为自由感应衰减（Free Inductive Decay，FID）信号。当 FID 衰减至接近零时，仪器指令射频振荡器再发出一个新的脉冲（一般相隔 1～5s），这样由数千以至数万个脉冲引起的 FID 信号都存入计算机内，累加起来，再经过傅立叶变换把 FID 信号转变为常见的核磁共振碳谱。

使用 PFT–NMR 仪器主要有如下几个优点：

（1）在脉冲作用下，所有的 ^{13}C 核同时发生共振。

（2）脉冲作用时间短，为微秒（10～50μs）数量级。若脉冲需要重复使用，时间间隔一般仅几秒，所以在对样品进行累加测量时，大大节约了时间。

（3）PFT–NMR 仪的灵敏度高，样品用量可大为减少。

（4）可以实现多脉冲序列实验。

3.2.2　^{13}C NMR 化学位移参照标准与试样制备

和氢谱一样，碳谱作为内标的基准物质一般为四甲基硅烷（TMS），其 $\delta_C=0$，在它的左边（低场）为正，右边（高场）为负。

由于 ^{13}C 核的测试灵敏度很低，因此样品大都是在浓溶液中测定的。为减少扫描次数，缩短累加时间，只要样品来源和溶解度允许，用于测试的样品量越多越好。例如，分子中具有10～20个碳原子的样品，用量10～30mg测宽带去偶谱一般需0.5～1h。如果要将信噪比（*S*/*N*）提高一倍，就需要将累加的时间增加四倍。在使用偏共振去偶时，由于峰裂分为多重峰，强度分散，所以样品量要求更多或扫描时间更长。

3.2.3 氘锁和溶剂

要得到一张较好的碳谱谱图，通常要经过几百次乃至上万次的扫描，这就要求在计算机容量允许的范围内，磁场绝对稳定。如果磁场发生漂移，信号的位置改变，就会导致谱线变宽、分辨率降低，甚至谱图无使用价值。

PFT–NMR仪均采用锁场的方法来稳定磁场，只要不失锁，磁场稳定性就好，即使累加几昼夜也是可行的。采用氘内锁的方法是比较方便的，方法是用氘代溶剂或含一定量氘代化合物的普通试剂，通过仪器操作，把场锁在强而窄的氘代信号上。当发生微小的场频变化，信号产生微小漂移时，通过氘锁通道的电子线路将补偿这种微小的漂移，使场频仍保持固定值，以保证信号频率的稳定性，即使长时间累加也不至于使分辨率下降和谱峰变形。

所选溶剂应具备的条件是：不能与样品反应并且溶解能力要大。大部分氘代试剂都有碳原子，也会出现^{13}C NMR信号，而且在常规的质子宽带去偶谱中，D与^{13}C的偶合裂分仍然存在，并被D裂分成$2n+1$条谱线。如：$CDCl_3$在δ76.9ppm处出现三重峰，CD_3COCD_3在δ29.8ppm处出现七重峰，氘代吡啶在δ122～153ppm范围内出现三组三重峰。因此，在选择溶剂时，和氢谱一样也要考虑溶剂信号对样品峰的干扰。但是在碳谱中化学位移的范围比氢谱中要大得多，样品峰被溶剂干扰的可能性是相当少的。重水（D_2O）不含碳，在^{13}C NMR谱中无干扰，是理想的极性溶剂。为节约价格昂贵的氘代溶剂，或避免样品与氘代溶剂间发生氘氢交换的可能，也可采用外锁法，即在核磁管内放入一个装有氘代溶剂的封口毛细管。通常10mm核磁管，可采用1mm的封口毛细管，只要毛细管的同心度好，轴线方向不变，锁场的效果也很好。

在分析^{13}C NMR谱时，要先识别出溶剂的吸收峰，常用溶剂^{13}C的δ值（以δ_C表示）如表3-1所示。

表3-1　常用溶剂的δ_C（ppm）及$^1J_{CD}$（Hz）

溶剂	质子溶剂	氘代溶剂	$^1J_{CD}$
氯仿	77.2	76.9	27
甲醇	49.9	49.0	21.5
DMSO	40.9	39.7	21
苯	128.5	128.0	24
乙腈	1.7, 116.7	1.3, 116.2	
乙酸	20.9, 178.4	20.0, 178.4	20
丙酮	30.7, 206.7	29.8, 206.5	
DMF	30.9, 36.0, 167.9	30.1, 35.2, 167.7	
CCl_4	96.0		
CS_2	192.8		

3.3 ^{13}C NMR 去偶技术

由于 ^{13}C 的天然丰度仅为 1.1%，在观测 ^{1}H 谱时，^{13}C 对 ^{1}H 的偶合不会造成显著干扰，可忽略不计。但是反过来，所有 ^{13}C 信号都要受到 ^{1}H 偶合裂分影响，而且 $^{1}J_{CH}$ 很大，一般在 100～200Hz，再加上许多较小的远程偶合 $^{2}J_{CH}$ 和 $^{3}J_{CH}$，使 ^{13}C 核的信噪比降低，再加上 ^{13}C 的灵敏度太低，因此 ^{13}C 信号常相互交错，使谱图复杂化，不利于解析。所以在多数场合则需要消除偶合以获得简明的 ^{13}C NMR 谱，这种消除偶合效应的过程就称为去偶。但是有时也利用核间偶合，给结构解析带来新的信息。^{13}C NMR 谱的去偶技术通常有质子宽带去偶、偏共振去偶、质子选择性去偶、门控去偶和反门控去偶，下面分别加以讨论。

3.3.1 质子宽带去偶法

质子宽带去偶（Proton Broad Band Decoupling）谱为 ^{13}C NMR 的常规谱，是一种双共振技术，记作 $^{13}C\{^{1}H\}$。这种异核双照射的方法是在用射频场（B_1）照射各种核时，使其激发产生 ^{13}C 核磁共振吸收的同时，附加另一个射频场（B_2，又称去偶场），使其覆盖全部质子的共振频率范围（200 MHz 仪器，2KHz 以上）且用强功率照射使所有的质子达到饱和，则与其直接相连的碳或邻位、间位碳感受到平均化的环境，从而使质子对 ^{13}C 的偶合全部去掉，结果得到相同环境的碳均以单峰出现（非 ^{1}H 偶合谱例外）的 ^{13}C NMR 谱，这样的谱称为质子宽带去偶谱，如图 3-1a 所示。

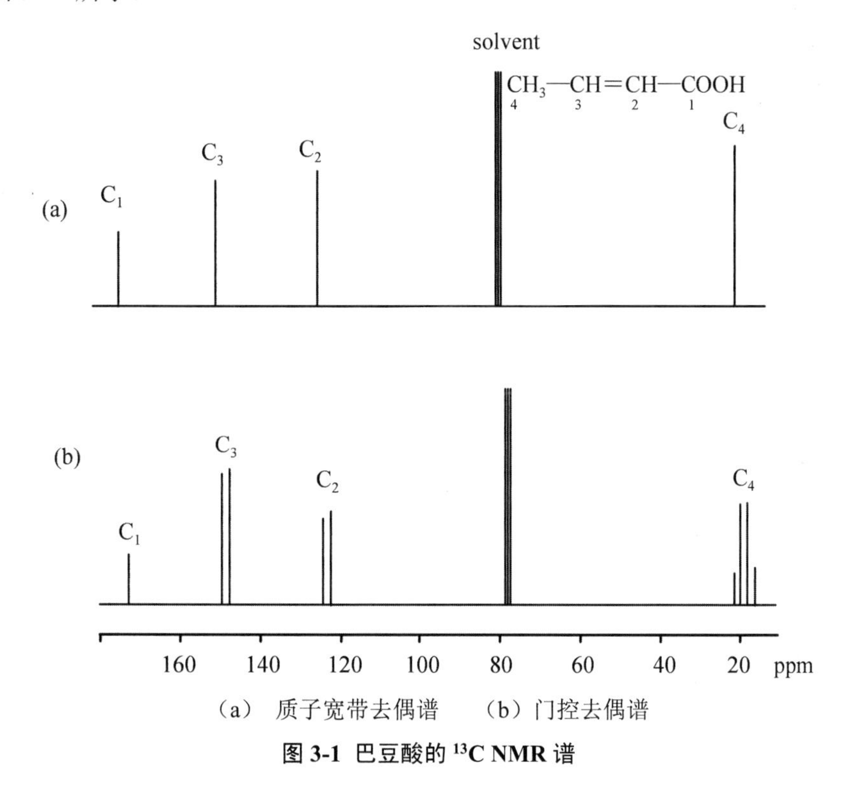

（a） 质子宽带去偶谱 （b）门控去偶谱

图 3-1 巴豆酸的 ^{13}C NMR 谱

质子宽带去偶谱不仅使 ^{13}C NMR 谱大大简化，而且由于偶合的多重峰的合并，使其信噪比提高，灵敏度增大。然而灵敏度增大程度远大于峰的合并程度，这种灵敏度的额外增强是NOE效应影响的结果。

NOE效应是由于分子中偶极－偶极弛豫过程引起的，一个自旋核就是一个小小的磁偶极。分子中两类自旋核（如 ^{13}C，^{1}H）之间可以通过波动磁场（分子中移动、振动和转动运动所导致）传递能量。在质子宽带去偶实验中观察 ^{13}C 核的共振吸收时，照射 ^{1}H 核使其饱和。由于干扰场（B_2）非常强，同核弛豫过程不足以使其恢复到平衡，经过异核之间的偶极－偶极作用，^{1}H 核将能量传递给 ^{13}C 核，^{13}C 核吸收到这部分能量后，犹如本身被照射而发生弛豫。这种由双共振引起的附加异核弛豫过程，使 ^{13}C 核在低能级上分布的核数目增加，共振吸收信号的增强称为NOE效应。信号增强因数 $f_{^{13}\mathrm{C}}(^{1}\mathrm{H})$ 主要取决于两者的磁旋比：

$$f_{^{13}\mathrm{C}}(^{1}\mathrm{H})=\frac{\gamma_{^{1}\mathrm{H}}}{2\gamma_{^{13}\mathrm{C}}}=1.989$$

可见，在双照射 ^{13}C{^{1}H}谱中可观测的最大NOE增强因数约为2，而在双照射 ^{1}H{^{13}C}谱中，核磁共振氢谱的信号增强因数 $f_{^{1}\mathrm{H}}(^{13}\mathrm{C})$ 仅仅是0.126，因此在测试氢谱实验中一般不采用 ^{1}H{^{13}C}这种双照射技术。

3.3.2 质子偏共振去偶法

质子宽带去偶虽大大提高了 ^{13}C NMR 的灵敏度，简化了谱图，但同时也失去了很多有用的结构信息。如无法识别伯、仲、叔、季不同类型的碳，在这种情况下可以使用质子偏共振去偶法。

偏共振去偶（Off Resonance Decoupling）是采用一个频率范围很小，比质子宽带去偶功率弱很多的射频场（B_2），其频率略高于待测样品所有氢核的共振吸收位置（如在TMS的高场0.1～1KHz范围），使 ^{1}H 与 ^{13}C 之间在一定程度上去偶，消除 ^{2}J～^{4}J 的弱偶合而且使 ^{1}J 也减小到 J_r（$J_r<J$），J_r 称表观偶合常数。J_r 与 ^{1}J 的关系式为：

$$J_r=\frac{^{1}J_{\mathrm{C-H}}\times\Delta\nu}{B_2\cdot\gamma/2\pi} \tag{3.1}$$

式中：$\Delta\nu$ 为偏共振去偶频率 ν_2 与质子共振频率 ν_0 之差，B_2 为去偶场的强度。

采用偏共振去偶，既避免或降低了谱线间的重叠，具有较高的信噪比，也保留了与碳核直接相连的质子的偶合信息。根据 $n+1$ 规则，在偏共振去偶谱中 ^{13}C 分裂为 n 重峰，表明它与 $n-1$ 个质子直接相连。

偏共振去偶的频率（ν_2）可以选在氢谱的高场一侧，也可以选在氢谱的低场一侧。如果选在氢谱的低场一侧，在偏共振去偶的碳谱中，愈是处于低场的峰，裂分间距愈小，反之亦然，如图3-2d和e所示。

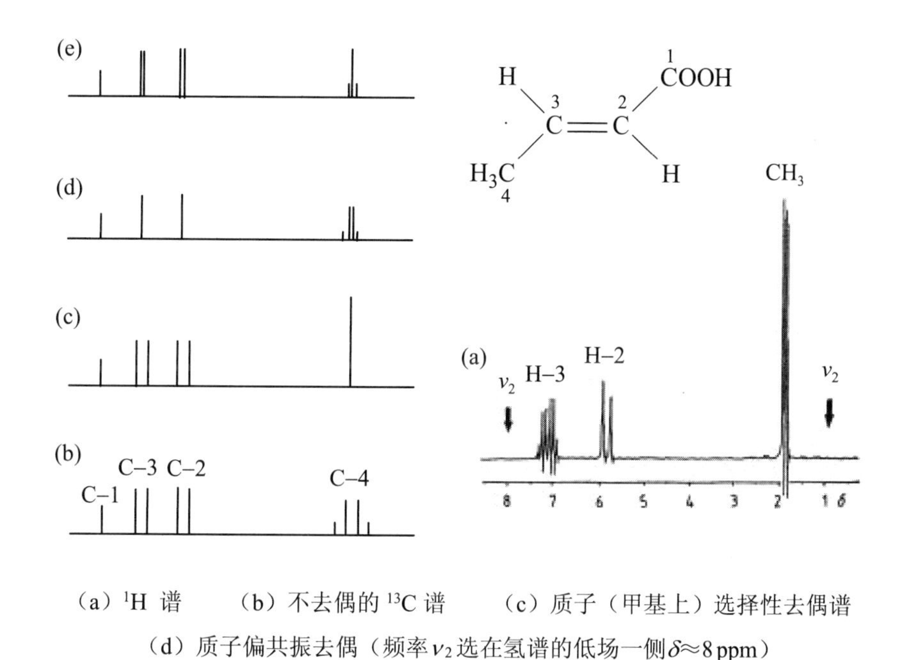

（a）^{1}H 谱 （b）不去偶的 ^{13}C 谱 （c）质子（甲基上）选择性去偶谱

（d）质子偏共振去偶（频率 ν_2 选在氢谱的低场一侧 $\delta\approx 8$ ppm）

（e）质子偏共振去偶（频率 ν_2 选在氢谱的高场一侧 $\delta\approx 1$ ppm）

图 3-2 巴豆酸的 ^{13}C NMR 谱

3.3.3 质子选择性去偶法

质子选择性去偶（Proton Selective Decoupling）是偏共振去偶的特例，当准确知道某个化合物的 ^{1}H NMR 各峰的 δ_H 值及其归属时，就可采用质子选择性去偶碳谱，以确定碳谱谱线的归属。

当调节去偶频率（ν_2）使其恰好等于某质子的共振吸收频率，且 B_2 场功率又控制到足够小（低于宽带去偶采用的功率）时，则与该质子直接相连的碳会发生全部去偶而变成尖锐的单峰，并因 NOE 而使谱线强度增大。对于分子中其他的碳核，仅受到不同程度的偏移照射（$\Delta\nu\neq 0$），产生不同程度的偏共振去偶。如此测得的 ^{13}C NMR 谱称为质子选择性去偶谱。图 3-2c 为巴豆酸照射甲基质子的选择性去偶 ^{13}C 谱，与不去偶的 ^{13}C 谱相比（图 3-2b），被照射后的甲基 ^{13}C 信号强度明显增大，峰形由原来的四重峰变为单峰，其他 ^{13}C 信号几乎没有改变。

在结构复杂的分子中，若 ^{1}H NMR 及 ^{13}C NMR 某些谱线都难以确认时，通过选择性去偶，可以找出 ^{1}H NMR 某峰与 ^{13}C NMR 某峰之间的对应关系，以便确认它们。

3.3.4 门控去偶法

质子宽带去偶失去了所有的偶合信息，偏共振去偶保留了 ^{13}C 与 ^{1}H 之间的部分偶合信息，在谱图中只能测得表观偶合常数 J_r。为了测定真正的偶合常数，必须得到不去偶的 ^{13}C NMR 谱。然而测定不去偶的 ^{13}C NMR 谱需要很长的检测时间。为此可采用特殊脉冲技术，即门控去偶法（Gated Decoupling），测得的 ^{13}C NMR 谱既保留了 ^{13}C 与 ^{1}H 之间的偶合信息，得到真

正的偶合常数 $^1J_{CH}$，又有 NOE 增强效应，可节省测试时间。

门控去偶的实验方法是：在 ^{13}C 观测脉冲之前，先加上去偶脉冲，在 ^{13}C 脉冲和取 FID 信号时，去偶脉冲关闭，就可测得 NOE 增强的偶合核磁共振碳谱，如图 3-1b 所示。用同样的脉冲间隔和扫描次数，门控去偶谱的峰强度比未去偶共振谱峰的强度增强近一倍。

3.3.5 反门控去偶法

反门控去偶（Inverse Gated Decoupling）又称抑制 NOE 的门控去偶。对发射场和去偶场的脉冲发射时间关系稍加变动，即可得消除 NOE 的宽带去偶谱。它是一种能在图谱中显示碳原子数目正常比例的方法，可用于定量实验。

反门控去偶实验的特点是关闭射频脉冲的同时，开启去偶脉冲场（B_2）与接受 FID 信号同时进行，并且延长发射脉冲的时间间隔 T，满足 $T>T_1$（T_1 为测试样品中各 ^{13}C 核中最长纵向弛豫时间），使所有的碳核都能充分有效地弛豫，达到平衡分布状态，得到利于碳核定量的全去偶谱。在接受 FID 的同时，氢核对碳核的偶合由于去偶脉冲的照射而去掉。此时 NOE 效应增益很少，因去偶时间被控制为最短，NOE 效应刚刚产生随即被中止，得到的谱线高度正比于碳原子的数目。

3.4 ^{13}C 化学位移的影响因素

^{13}C 的化学位移是 ^{13}C NMR 谱的重要参数，由碳谱所处的化学环境决定。^{13}C 的共振频率 ν_C 及化学位移的计算式分别为：

$$\nu_C = \frac{\gamma_C}{2\pi} B_0 (1-\sigma_i) \tag{3.2}$$

$$\delta_C = \frac{\nu_C - \nu_0}{\nu_0} \times 10^6 \tag{3.3}$$

式中：σ_i 为碳核的屏蔽常数，ν_0 为标准样品四甲基硅（TMS）的 ^{13}C 共振频率，γ_C 为碳核的磁旋比，B_0 为外磁场强度。

由式可以看出，不同环境的碳，受到的屏蔽作用不同，σ_i 值不同，其共振吸收频率 ν_C 也不同。σ_i 值越大，屏蔽作用越强，$(1-\sigma_i)$值就越小，化学位移 δ_C 值越小，越向高场位移。

3.4.1 屏蔽原理

原子核的屏蔽是指原子核外围电子（包括核本身的电子及周围其他原子的电子）环流对该核所产生屏蔽作用的总和。屏蔽常数 σ_i 可表示为：

$$\sigma_i = \sigma_{dia} + \sigma_{para} + \sigma_n + \sigma_{med} \tag{3.4}$$

σ_{dia} 为核外局部电子环流产生的抗磁屏蔽，即在外磁场 B_0 的诱导下，产生与 B_0 场方向相反的局部场，σ_{dia}值随核外电子云密度的增加而增加。

Lamb 指出：σ_{dia}与核和环流电子间的平均距离（r）成反比，这样 s 电子产生比 p 电子强的抗磁屏蔽。对于只有 s 电子的 ^{1}H 核，σ_{dia}为主要影响因素；而对于 ^{13}C 核，σ_{dia}并不是最主要的影响因素。

σ_{para}为非球形各向异性的电子（如 p 电子）环流产生的顺磁屏蔽（去屏蔽），它与σ_{dia}方向相反。除 ^{1}H 核外的其他各种核，都以σ_{para}项为主。因此，^{13}C 核屏蔽常数（σ_i）的决定因素是顺磁屏蔽项σ_{para}。根据 Karplus–Pople 公式（3.5），σ_{para}与电子激发能（ΔE）、$2p$ 电子与核间的平均距离（r_{2p}）以及非微扰分子轨道表达式中电荷密度及键序矩阵元 Q 有关。Q 包括核的 $2p$ 轨道电子云密度 Q_{NN}和多重键 Q_{NB}。

$$\sigma_{para} = -\frac{e^2h^2}{2m^2c^2}(\Delta E)^{-1}(r_{2p})^{-3}(Q_{NN} + \sum_{B\neq N} Q_{NB}) \tag{3.5}$$

由式（3.5）可知，顺磁屏蔽作用σ_{para}与电子平均激发能（ΔE）和 $2p$ 电子与核间距离三次方成反比。在有机分子中电子由低能级跃迁到高能级所需的能量ΔE 按$\sigma\rightarrow\sigma^*$，$\pi\rightarrow\pi^*$，$n\rightarrow\pi^*$ 跃迁的顺序降低，δ_C依次增大（σ_{para}负值增大，即去屏蔽效应增强），这就是羰基碳的化学位移在低场的原因。碳核 $2p$ 轨道上每增加一个 $2p$ 电子，相当于扩大了 $2p$ 轨道，即 r_{2p}增大，导致顺磁屏蔽效应降低，δ_C值减小，信号向高场位移。

σ_n为核的邻近原子或基团的电子环流产生的磁各向异性对该核的屏蔽作用，与邻近原子或基团的性质及立体结构有关，此项对 ^{13}C 核的影响也较小。

σ_{med}是介质的屏蔽作用。溶剂的种类、溶液的浓度、pH 值等对碳核的屏蔽也可产生一定的影响。如在苯溶剂中，运动自由的链端 CH_3正处于苯环的屏蔽区时，其δ_C向高场位移。分子中含有—OH、—NH_2、—COOH 等基团时，δ_C值随浓度、pH 值变化较大，有时可达 10ppm 以上。

组成屏蔽常数σ_i的各项可用来计算各类碳的化学位移δ_C值或推测其范围，它们对化学位移的影响具体体现在化合物的结构因素中，下面对最主要的影响因素进行讨论。

3.4.2 影响δ_C的因素

1．碳原子的杂化轨道

^{13}C 的杂化轨道（sp^3，sp^2，sp）在很大程度上决定着 ^{13}C 的化学位移范围。杂化效应在 ^{13}C NMR 中和在 ^{1}H NMR 中相似。以 TMS 为基准物，sp^3杂化的碳原子化学位移一般在 0～60ppm，sp^2杂化的碳原子在 100～200ppm，sp 杂化的碳原子在 60～90ppm。由于多重键的贡献，炔碳的化学位移比烯碳处于较高场，其$\sum Q_{NB}=0$。羰基比烯碳处于较低场，是由于其电子跃迁类型为 $n\rightarrow\pi^*$，平均激发能ΔE 值较小之故。

2. 碳原子的电子云密度

碳的化学位移与其核外围电子云密度有关，核外电子云密度增大，屏蔽效应增强，δ_C值向高场位移。碳正离子δ_C值出现在较低场是由于碳正离子电子短缺，强烈去屏蔽作用所致。如：

	$(CH_3)_3C^{\oplus}$	$(CH_3)_3CH$	$(CH_3)_3CLi$
δ（ppm）	330	24	10.7

在有机分子中，影响碳原子电子云密度的两个常见因素为共轭效应和诱导效应。

共轭效应 由于共轭引起电子云分布不均匀，导致δ_C向低场或高场位移。例如，在巴豆醛分子中，其羰基碳原子的δ_C值相对于乙醛（201ppm）向高场位移至191.4ppm。另一方面，共轭效应使C=C双键的α–碳原子核外电子云密度稍增大且处于高场，却使β–碳核外电子云密度稍减少而处于较低场。

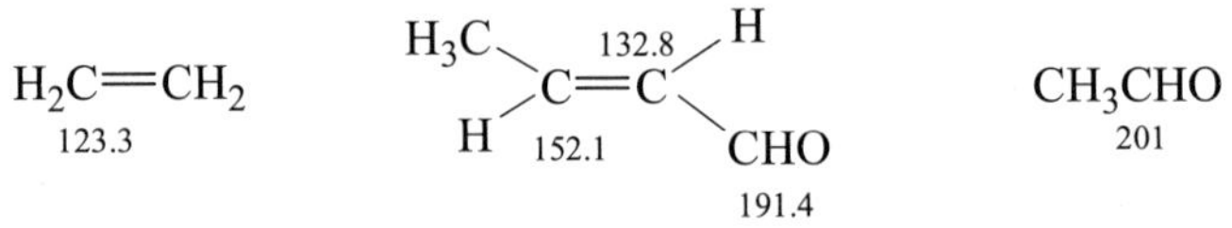

$H_2C{=}CH_2$ 123.3　　H_3C(H)C=C(H)CHO 152.1 132.8 191.4　　CH_3CHO 201

共轭羰基化合物，羰基碳的化学位移移向高场，δ_C值减小，当由于空间阻碍破坏共轭作用时，将恢复羰基原来的δ_C值。例如，苯乙酮的羰基碳的δ_C值为195.7ppm，当邻位有甲基取代时，降低了羰基与苯环的共轭程度，使羰基碳的δ_C值向低场移动；当邻二甲基取代时，由于空间阻碍，羰基与苯环难以继续处于同一平面，破坏了共轭作用，使羰基恢复到普通酮的δ_C值为205.5ppm（如丙酮206.7ppm）。

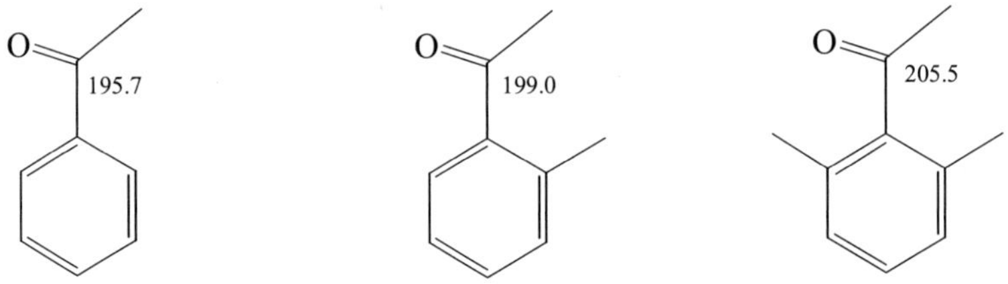

O 195.7　　O 199.0　　O 205.5

共轭双键化合物，中间碳原子因键级减小，δ_C值减小，移向高场。例如，在丁二烯分子中，如果只考虑取代基的诱导效应，乙烯基应大于乙基，丁二烯的C_2化学位移值应大于140.2ppm，而实际上由于共轭效应使C_2的化学位移向高场移动，为137.2ppm。

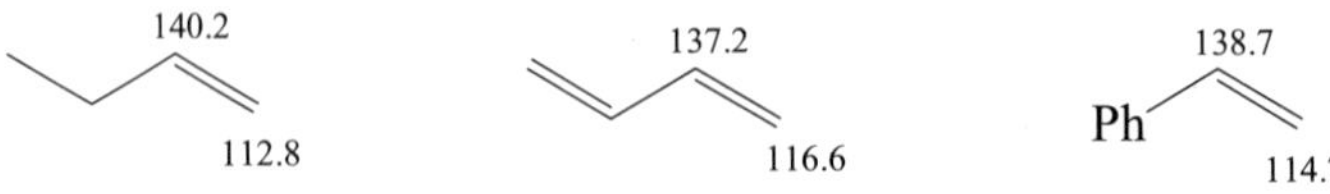

140.2 112.8　　137.2 116.6　　Ph 138.7 114.7

诱导效应 与电负性取代基相连，使碳核外围电子云密度降低，δ_C值增大，向低场位移，取代基电负性愈大，低场位移愈明显。如：

	CH_3I	CH_3Br	CH_3Cl	CH_3F
δ（ppm）	–20.7	20.0	24.9	80

同样，电负性元素数目的增加，使得δ_C值也增大，但屏蔽的杂原子（如碘）的数目增多，

则δ_C值反而减小，这是因为碘原子外围有丰富的电子，众多的电子对与其相连的碳核产生抗磁性屏蔽作用，足够与由其电负性引起的诱导作用互相抵消，引起δ_C向高场位移，这称为重原子效应。如：

	CH_4	CH_3X	CH_2X_2	CHX_3	CX_4	
δ（ppm）	−2.3	27.8	52.8	77.2	95.5	（X=Cl）
		−21.8	−55.1	−141.0	−292.5	（X=I）

诱导效应是通过成键电子沿键轴方向传递的，随着与取代基距离的增大，该效应迅速减弱，如表 3-2 所示。F，Cl，Br 对α–CH_2的化学位移影响最明显，β–CH_2次之，γ–CH_2的化学位移反而向高场移动，显示了立体效应对δ_C的影响。

表 3-2　卤代正己烷的化学位移变化$\Delta\delta$（ppm）

$$\underset{\alpha}{X—CH_2}—\underset{\beta}{CH_2}—\underset{\gamma}{CH_2}—\underset{\delta}{CH_2}—\underset{\varepsilon}{CH_2}—CH_3$$

X		α–CH_2	β–CH_2	γ–CH_2	δ–CH_2	ε–CH_2	CH_3
H	δ	13.7	22.8	31.9	31.9	22.8	13.7
I	$\Delta\delta$	−7.2	10.9	−1.5	−0.9	0.0	0.0
Br	$\Delta\delta$	19.7	10.2	−3.8	−0.7	0.0	0.0
Cl	$\Delta\delta$	31.0	10.0	−5.1	−0.5	0.0	0.0
F	$\Delta\delta$	70.1	7.8	−6.8	0.0	0.0	0.0

3. 立体效应

δ_C对分子的构型十分敏感，碳核与碳核或与其他核相隔几个键时，其间的相互作用会大大减弱。但若空间接近，彼此会强烈影响。在 van der Waals 距离内紧密排列的原子或原子团会互相排斥，将核外电子云彼此推向对方核的附近，从而增加屏蔽作用，使化学位移向高场移动。

（1）取代烷基的密集性　当碳原子上的氢被烷基取代后，其δ_C值也就相应增大。另外，取代的烷基越大、越具分支，则碳原子的δ_C值也越大。在下列系列中，δ_C值从左到右逐渐增大。

	CH_3R	CH_2R_2	CHR_3	CR_4	($R = CH_3$)
δ（ppm）	5.7	15.4	24.3	31.4	

（2）γ–旁位效应　电负性基团使α–、β–碳原子的化学位移δ_C值移向低场，却使γ–碳原子的δ_C值移向高场。这种影响称γ–邻位交叉效应或γ–旁位效应（γ–gauche effect），该效应在链烃（如表 3-2 中所示γ–CH_2向高场移动）或六元环化合物中普遍存在。

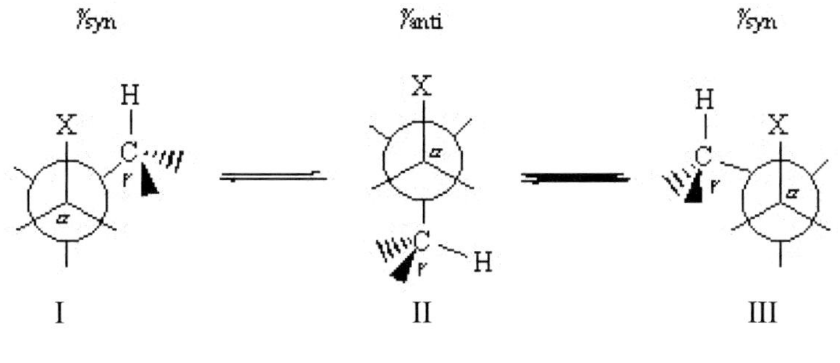

γ_{syn}　　　γ_{anti}　　　γ_{syn}

I　　　II　　　III

γ–旁位效应可用空间效应来解释。对于自由旋转的脂肪链，从 Newman 投影图可以看出，当 X 基团与γ–碳处于旁位构象时(I 和 III)，X 基团挤压γ–位的氢原子，使该 C—H 键的电子移向碳原子，电子云密度增加，故δ_C值移向高场，经时间平均效应之后，仍向高场位移。对构象确定的六元环化合物，γ–旁位效应就更加显著，取代基为直立键时，其γ–位的碳原子的δ_C向高场位移约 5.0ppm。如 1,4–二甲基环己烷的两种异构体中，由于顺式异构体的一个甲基处于直立键，与γ–位的氢原子紧密靠近，产生γ–旁位效应，使该碳化学位移向高场移动。

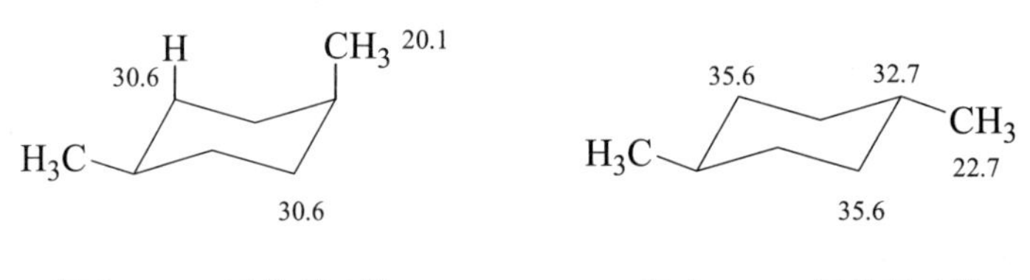

顺式 1,4–二甲基环己烷　　　　反式 1,4–二甲基环己烷

在其他顺反异构体中也有类似的现象，如顺式 2–己烯分子中，双键一端的甲基与另一端的亚甲基在空间相互靠近，其δ_C值要比反式 2–己烯的甲基小 5.1ppm。在 DMF 分子中，与羰基处于同一侧的甲基也因空间作用向高场位移。

从以上所述可以看到碳谱的δ_C值对立体结构的变化很敏感，因此，碳谱δ_C值是研究立体化学的一个重要手段。

【练习 3.1】 图 3-练 1 所示为顺、反–4–叔丁基–环己醇的反门控去偶。在图下方的两排数据中，第一排数据为反式异构体的各碳的化学位移值，第二排数据为顺式异构体的各碳化学位移值。利用碳谱确定顺反异构体的含量。

解析 顺式异构体的羟基处于直立键，产生γ–旁位效应，使 C_1 和 C_3 的化学位移分别向高场移动 –5.6ppm 和–4.8ppm。根据反门控去偶谱可以定量的特点，对谱线强度积分，可以测出顺反异构体的含量（顺∶反 =28∶72）。

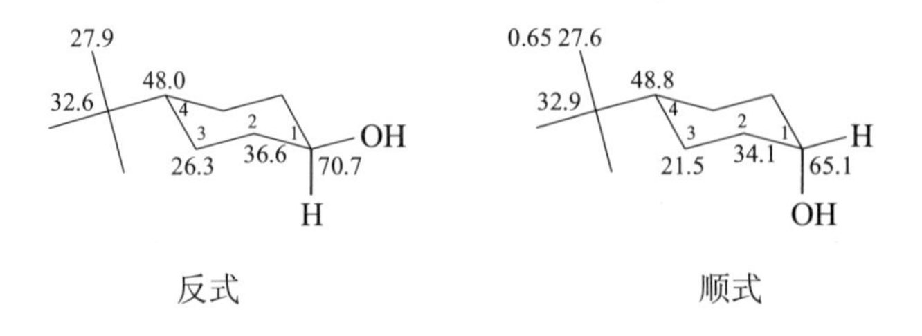

反式　　　　顺式

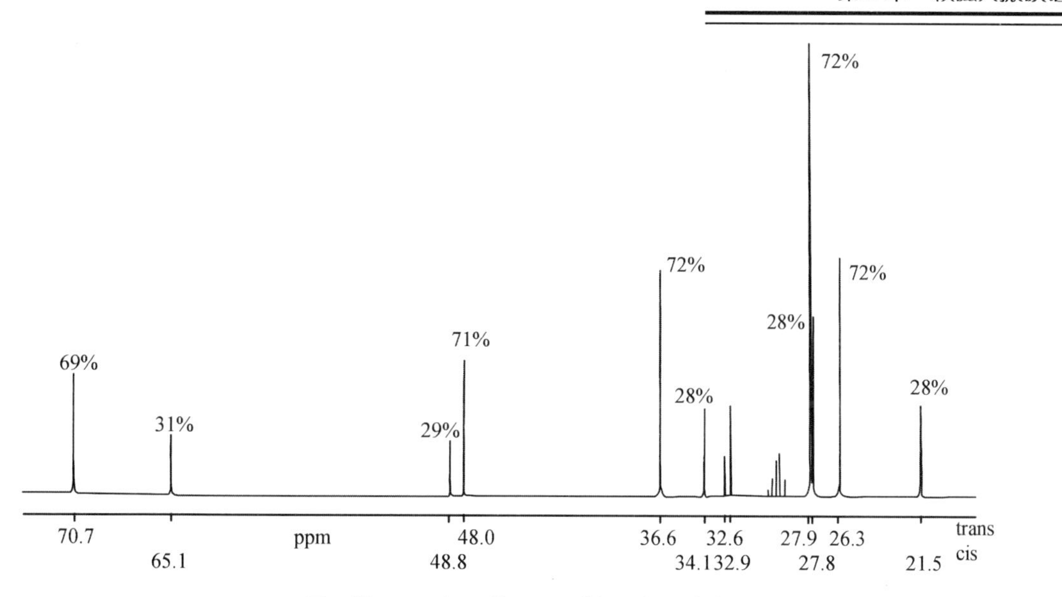

图 3-练 1　4–叔丁基–环己醇的反门控去偶

4. 其他因素对δ_C值的影响

（1）氢键　氢键包括分子内氢键和分子间氢键，其影响主要表现在羰基化合物分子中。分子内氢键的形成使 C＝O 中碳核电子云密度降低，$\delta_{C=O}$值向低场位移，分子间氢键的作用与上类似。如：

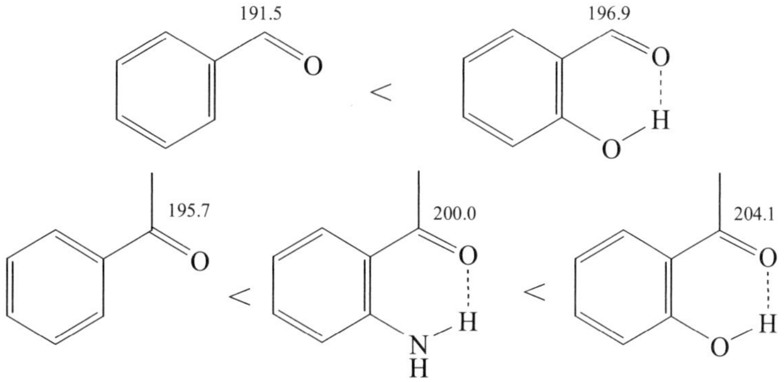

191.5 < 196.9

195.7 < 200.0 < 204.1

（2）溶剂　不同溶剂测试的 ^{13}C NMR 谱，δ_C值可改变几个至十几个 ppm。以苯胺为例，不同溶剂中的δ_C值见表 3-3 所示。

表 3-3　溶剂对苯胺化学位移的影响（δ_C，ppm）

溶剂	C_1	C_2，C_6	C_3，C_5	C_4
CCl_4	146.5	115.3	129.5	118.8
$(CD_3)_2CO$	148.6	114.7	129.5	117.0
$(CD_3)_2SO$	149.2	114.2	129.0	116.5
CD_3COOD	134.0	122.5	129.9	127.4

（3）温度　温度的改变可使δ_C值有几个 ppm 的位移。当分子有构型、构象变化或有交换过程时，谱线的数目、分辨率、线型都将随温度变化而发生明显改变。

（4）同位素效应　例如氘取代氢可使顺磁屏蔽项减小，引起δ_C值向高场位移。

3.5　各类碳核的化学位移

^{13}C的化学位移变化范围一般是从0～220ppm，各种碳的化学位移见表3-4所示。

表3-4　^{13}C的化学位移变化范围

基团	δ_C，ppm	基团	δ_C，ppm
R— CH_3	8～30	CH_3— O	40～60
R_2CH_2	15～55	CH_2— O	40～70
R_3CH	20～60	CH— O	60～75
C—I	0～40	C—O	70～80
C—Br	25～65	C≡C	65～90
C— Cl	35～80	C=C	100～150
CH_3—N	20～45	C≡N	110～140
CH_2—N	40～60	芳香化合物	110～175
CH—N	50～70	酸、酯、酰胺	155～185
C—N	65～75	醛、酮	185～220
CH_3—S	10～20	环丙烷	–5～5

3.5.1　链状烷烃及其衍生物

1．链状烷烃

（1）烷烃　δ_C = –2.6～60ppm，C_1～C_{10}直链烃的δ_C值见表3-5所示。

表3-5　C_1～C_{10}直链烃的δ_C值（ppm）

烷烃	C_1	C_2	C_3	C_4	C_5
CH_4	–2.6				
C_2H_6	5.7				
C_3H_8	15.4	15.9			
C_4H_{10}	13.1	24.9			
C_5H_{12}	13.7	22.6	34.6		
C_6H_{14}	13.7	22.8	31.9		
C_7H_{16}	13.8	22.8	32.2	29.3	
C_8H_{18}	13.9	22.9	32.2	29.5	
C_9H_{20}	13.9	22.9	32.2	29.7	30
$C_{10}H_{22}$	14.0	22.8	32.3	29.8	30.1

（2）δ_C的经验估算　根据已经积累的^{13}C化学位移资料，人们已经总结了许多预测δ_C值的经验规律。主要方法是将^{13}C屏蔽看作是其本身性质与周围各种原子及取代基对其各部分屏蔽影响的总和，因此可以将核周围环境的影响用取代基化学位移常数表示，简称取代基常数（SCS），而周围各种SCS的加和值就是此^{13}C的δ_C预测值。

开链烷烃第 i 个 C 原子的位移加和计算式：

$$\delta_{C(i)} = -2.6 + 9.1n_\alpha + 9.4n_\beta - 2.5n_\gamma + 0.3n_\delta \quad (3.6)$$

式中：$\delta_{C(i)}$为第 i 个碳原子的化学位移，9.1，9.4，−2.5，0.3 分别为相对于α−，β−，γ−，δ−的 SCS 参数，n_α为与第 i 个碳直接相连的碳数目，n_β、n_γ和 n_δ为与第 i 个碳相隔一个、二个和三个键的碳原子数，基数（−2.6）是 CH_4 的δ_C 值。

以正己烷为例，结果可预测如下：

$$\underset{1}{CH_3}—\underset{2}{CH_2}—\underset{3}{CH_2}—CH_2—CH_2—CH_3$$

$$\delta_{C_1} = -2.6 + 9.1 + 9.4 + (-2.5) + 0.3 = 13.7\ (13.7)$$
$$\delta_{C_2} = -2.6 + 9.1 \times 2 + 9.4 + (-2.5) + 0.3 = 22.8\ (22.8)$$
$$\delta_{C_3} = -2.6 + 9.1 \times 2 + 9.4 \times 2 + (-2.5) = 31.9\ (31.9)$$

这些值和实测值非常相符。

为了计算支链烷烃的化学位移，需要附加校正项 S，其数据见表 3-6 所示。

如：2−甲基丁烷中 C_1 的 ^{13}C 化学位移。（δ ppm，括号内为实测值）

$$\overset{1}{H_3C}—\overset{2}{HC}(CH_3)—\overset{3}{CH_2}—\overset{4}{CH_3}$$

$$\delta_{C_1} = -2.6 + 9.1 \times 1 + 9.4 \times 2 + (-2.5) + (-1.10) = 21.7\ (21.9)$$
$$\delta_{C_2} = -2.6 + 9.1 \times 3 + 9.4 \times 1 + (-3.7) = 30.4\ (29.7)$$
$$\delta_{C_3} = -2.6 + 9.1 \times 2 + 9.4 \times 2 + (-2.5) = 31.9\ (31.7)$$
$$\delta_{C_4} = -2.6 + 9.1 \times 1 + 9.4 \times 1 + (-2.5) \times 2 = 10.9\ (11.4)$$

表 3-6　计算支链烷烃δ_C 的校正项 S（ppm）

不同的分子构型	校正参数 S
1°(3°)与叔碳邻接的甲基	−1.10
1°(4°)与季碳邻接的甲基	−3.53
2°(3°)与叔碳邻接的仲碳	−2.50
2°(4°)与季碳邻接的仲碳	−7.5
3°(2°)与仲碳邻接的叔碳	−3.7
3°(3°)与叔碳邻接的叔碳	−9.5
4°(1°)与甲基邻接的季碳	−1.5
4°(2°)与仲碳邻接的季碳	−8.35

2. 取代链状烷烃

在计算烷烃δ_C 值的基础上，链状烷烃衍生物各碳原子的δ_C 值可用如下公式进行计算。

$$\delta_{\mathrm{C}}(k)=\delta_{\mathrm{C}}(k,\mathrm{RH})+\sum_{i} Z_{ki}(\mathrm{R}_i) \tag{3.7}$$

式中：$\delta_{\mathrm{C}}(k)$为相对于取代基 R_i 在 k 位置（$k=\alpha$，β，γ，…）的碳原子的δ_{C}值，$\delta_{\mathrm{C}}(k, \mathrm{RH})$为在未取代的烷烃中 k 碳原子的δ_{C}值，$Z_{ki}(\mathrm{R}_i)$为取代基 R_i 对 k 碳原子的位移增量。

取代基在烷基链端或在烷基链侧的位移增量是不同的，可查阅表 3-7 中数据。

在用式（3.7）进行计算时，应首先计算无取代基时的烷烃（参考化合物）各碳原子的δ_{C}值（或查表找出参考化合物各碳原子的δ_{C}值），然后用式（3.7）及表 3-7 中的参数进行计算。

表 3-7 计算取代链状烷烃δ_{C}值的经验参数

(n: ε δ γ β α —R; iso: δ β α (R) γ)

R	Z_α		Z_β		Z_γ	Z_δ	Z_ε
	n	iso	n	iso			
—F	70	63	8	6	−7	0	0
—Cl	31	32	10	10	−5	−0.5	0
—Br	20	26	10	10	−4	−0.5	0
—I	−7	4	11	12	−1.5	−1	0
—O—	57	51	7	5	−5	−0.5	0
—$OCOCH_3$	52	45	6.5	5	−4	0	0
—OH	48	41	10	8	−5	0	0
—SCH_3	20.5	—	6.5	—	−2.5	0	0
—S—	10.5	—	11.5	—	−3.5	−0.5	0
—SH	10.5	11	11.5	11	−3.5	0	0
—NH_2	28.5	24	11.5	10	−5	0	0
—NHR	36.5	30	8	7	−4.5	−0.5	−0.5
—NR_2	40.5	—	5	—	−4.5	−0.5	0
—NH_3	26	24	7.5	6	−4.5	0	0
—NR_3	30.5	—	5.5	—	−7	−0.5	−0.5
—NO_2	61.5	57	3	4	−4.5	−1	−0.5
—NC	27.5	—	6.5	—	−4.5	0	0
—CN	3	1	2.5	3	−3	0.5	0
>C=NOH（顺式）	11.5	—	0.5	—	−2	0	0
>C=NOH (反式)	16	—	4.5	—	−1.5	0	0
—CHO	30	—	−0.5	—	−2.5	0	0
>C=O	23	—	3	—	3	0	0

续表 3-7

R	Z_α		Z_β		Z_γ	Z_δ	Z_ε
	n	iso	n	iso			
—$COCH_3$	29	23	3	1	−3.5	0	0
—COCl	33	28	2	2	−3.5	0	0
—COO^-	24.5	20	3.5	3	−2.5	0	0
—$COOCH_3$（或 C_2H_5）	22.5	17	2.5	2	−3	0	0
—$CONH_2$	22	—	2.5	—	−3	−0.5	0
—COOH	20	16	2	2	−3	0	0
—Ph	23	17	9	7	−2	0	0
—$CH{=}CH_2$	20	—	6	—	−0.5	0	0
—$C{\equiv}CH$	4.5	—	5.5	—	−3.5	0.5	0

【练习 3.2】　计算 1–丁醇化合物各碳的δ_C值。

解析　首先利用式（3.6）计算无—OH 取代基时，4 个碳的化学位移δ_C值，再计算出取代基对各碳原子的影响。

$$\overset{1}{C}H_2(OH)—\overset{2}{C}H_2—\overset{3}{C}H_2—\overset{4}{C}H_3$$

丁烷	13.4	25.0	25.0	13.4
取代基 C_1 的—OH	48	10	−5	0
δ_C 计算值	61.4	35.0	20.0	13.4
δ_C 实测值	61.4	35.0	19.1	13.6

【练习 3.3】　计算 1,3–丁二醇各碳的δ_C值。

$$\overset{1}{C}H_2(OH)—\overset{2}{C}H_2—\overset{3}{C}H(OH)—\overset{4}{C}H_3$$

解析

丁烷	13.4	25.0	25.0	13.4
取代基 C_1 的—OH	48	10	−5	0
取代基 C_3 的—OH	−5.0	8	41	8
δ_C 计算值	56.4	43.0	61.0	21.4
δ_C 实测值	60.0	40.6	66.3	23.4

3．环烷烃及取代环烷烃

一些环烷烃、杂环烷烃的δ_C值列于表 3-8 中。由表中数据可以看出，当环烷烃有张力时，δ_C值位于较高场。环丙烷的δ_C值位于 TMS 以上的高场端（−2.8ppm），五元环以上的环烷烃，δ_C值都在 26ppm 左右，相应的杂环化合物，由于受杂原子电负性的影响，δ_C值向低场位移。

表 3-8　环烷及杂环化合物的δ_C值（ppm）

化合物	δ_C	化合物	δ_C	δ_C
环丙烷	−2.8	环氧乙烷	39.5	
环丁烷	22.1	环硫乙烷	18.7	
环戊烷	25.3	环氮乙烷	18.2	
环己烷	26.6	氧杂环丁烷	72.6	22.7
环庚烷	28.2	氧杂环戊烷	68.4	26.5
环辛烷	26.6	硫杂环戊烷	31.7	31.2
环壬烷	25.8	氮杂环戊烷	47.1	25.7
环癸烷	25.0	二氧六环	66.5	

O 69.5 27.7 24.9　　S 29.1 27.8 26.6　　H N 47.9 27.8 25.9　　92.8 O O 65.9 26.6

前面已提过，取代烷基的引入，使环烃的α–C 和β–C 的δ_C值向低场位移，γ–C 的δ_C值向高场位移。环己烷的δ_C值为 26.6ppm，对于有取代基的环己烷，取代基处于直立键（a 键）或平伏键（e 键）对环的δ_C值有不同程度的影响，见表 3-9 所示。

表中的数据表明，取代基使 C_1 的δ_C值位移显著，位移程度与取代基的电负性有关。C_2、C_6 的δ_C值也稍向低场位移，但在绝大多数情况下，对于 C_3、C_5 以及 C_4 的δ_C值，均向高场位移。多取代环己烷的δ_C值与取代基的键型及相对位置有关。

取代环己烷化学位移经验计算公式为：

$$\delta_{C_i} = 26.6 + \sum A_i \tag{3.8}$$

式中：A_i 为取代基的经验参数，见表 3-9 所示。

表 3-9　环己烷（基值 26.6 ppm）的取代基经验参数 A_i（ppm）值

取代基	C_1		C_2，C_6		C_3，C_5		C_4	
	a	e	a	e	a	e	a	e
CH_3	1.4	6.0	5.4	9.0	−6.4	0	0	−0.2
OH	39	43	5	8	−7	−3	−1	−2
OCH_3	47	52	2	4	−7	−3	−1	−2
OAC	42	46	3	5	−6	−2	0	−2
F	61	64	3	6	−7	−3	−2	−3
Cl	33	33	7	11	−6	0	−1	−2
Br	28	25	8	12	−6	1	−1	−1
I	11	3	9	13	−4	3	−1	−2

【练习 3.4】 计算环己醇的δ_C值（ppm，括号内为实测值）。

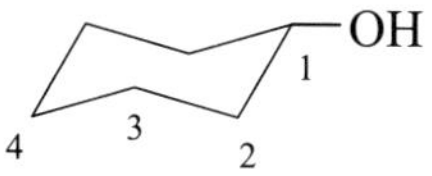

$$\delta_{C_1} = 26.6 + 43 = 69.6\text{（69.5）}$$
$$\delta_{C_2} = 26.6 + 8 = 34.6\text{（35.5）}$$
$$\delta_{C_3} = 26.6 + (-3) = 23.6\text{（24.4）}$$
$$\delta_{C_4} = 26.6 + (-2) = 24.6\text{（25.9）}$$

解析

3.5.2　烯烃

1．烯烃δ_C值的几个特点

（1）乙烯的δ_C值为 123.3ppm，取代烯烃一般在 100～150ppm。在氢谱中，苯环的环电流效应使苯环的氢比链烯的氢共振位置明显移向低场；而在碳谱中，核的磁各向异性效应对碳的化学位移影响较弱，因此烯与苯环中的碳大致在同一范围内出峰。

（2）取代烯烃，大致有$\delta_{C=} > \delta_{CH=} > \delta_{CH_2=}$。端位烯碳（$=CH_2$）的$\delta_C$值比有取代基的烯碳原子的$\delta_C$值小 10～40ppm，大约在 110ppm 附近。

（3）烯对分子中饱和碳原子的化学位移影响不大。双键的β–、γ–、δ–、ε–碳原子和对应烷烃的碳原子的δ_C值一般相差在 1ppm 之内，使α–碳原子往低场位移也只有 4～5ppm。因此，烯烃除α–碳原子以外其他饱和碳原子均可按烷烃计算。

（4）顺、反式烯烃的烯碳化学位移很接近，一般只差 1ppm，但双键的α–碳原子化学位移差别较大，顺式烯烃的α–碳原子向高场位移约 5ppm。例如，反式丁二烯的甲基δ_C为 17.6ppm，顺式丁二烯的甲基因空间位阻向高场移至 12.1ppm。

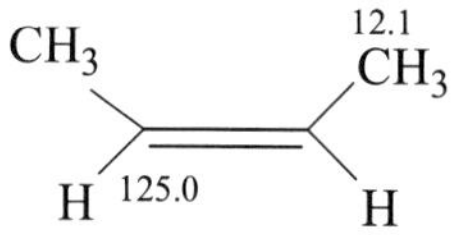

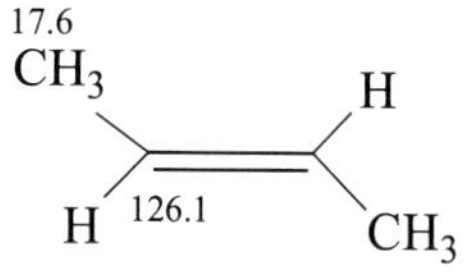

（5）共轭双键的中间两个烯碳δ_C值处于较低场。

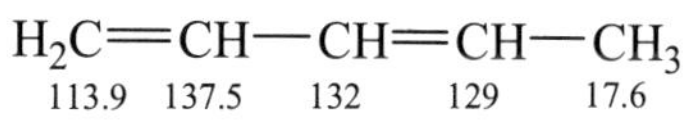

$$\underset{113.9}{H_2C}=\underset{137.5}{CH}-\underset{132}{CH}=\underset{129}{CH}-\underset{17.6}{CH_3}$$

（6）累积双烯的中间 sp 杂化碳的 ^{13}C 化学位移值在很低场，为 200ppm 左右，而两端 sp^2 杂化碳却移向高场，为 80ppm，这是由于相同碳上两个定域π 键引起的顺磁屏蔽增加的结果。乙烯酮分子中的亚甲基碳由于氧原子的共轭效应带有部分负电荷，化学位移明显向高场位移，为 25ppm。

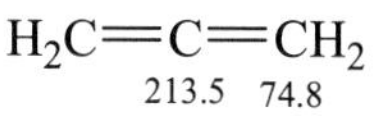

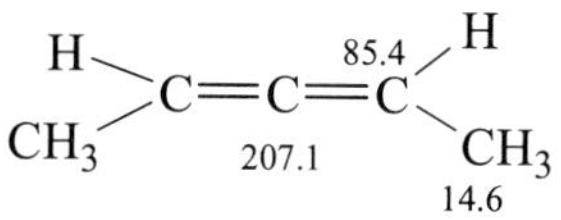

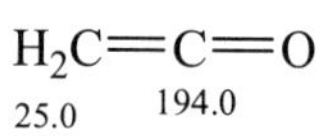

$$H_2C=\underset{213.5}{C}=\underset{74.8}{CH_2}$$

$$\underset{25.0}{H_2C}=\underset{194.0}{C}=O$$

2．取代烯烃δ_C值的近似计算

以乙烯δ_C＝123.3ppm 为基值，烯碳δ_C值可按 Roberts 公式计算：

$$\delta_{C_i}=123.3+\sum Z_1+\sum Z_2+\sum S \tag{3.9}$$

式中：Z_1和Z_2分别表示双键两边取代基常数（SCS），见表 3-10 所示，S表示取代基的立体相互作用的修正项。对于所讨论的烯碳化学位移δ_C值，同侧的取代基标注为α，β，γ，…，另一侧标注为α'，β'，γ'，…。

表 3-10　取代烯烃δ_C的计算式的参数和修正值

—CH₂CH₂CH₂—CH＝CX—CH₂CH₂CH₂—

γ'　β'　α'　　　　　　　α　β　γ

取代基	α	β	γ	α'	β'	γ'	修正值（S）		
C	10.6	7.2	−1.5	−7.9	−1.8	1.5			
$C(CH_3)_3$	25	—	—	−14	—	—	$\alpha\alpha'$	(trans)	0
C_6H_5	12	—	—	−11	—	—		(cis)	−1.1
OH	—	6	—	—	−1	—	$\alpha\alpha$		−4.8
OR	29	2	—	−39	−1	—	$\alpha'\alpha'$		2.5
OCOR	18	—	—	−27	—	—	$\beta\beta$		2.3
$COCH_3$	15	—	—	6	—	—			
CHO	13	—	—	13	—	—			
COOH	4	—	—	9	—	—			
COOR	6	—	—	7	—	—			
Cl	3	−1	—	−6	2	—			
Br	−8	—	—	−1	2	—			
I	−38	—	—	7	—	—			
CN	−16	—	—	15	—	—			

【练习 3.5】　计算下列两化合物的δ_C值。（ppm，括号内为实测值）

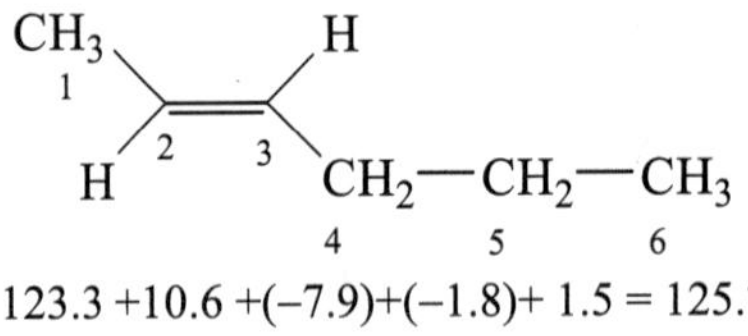

CH_3(1)–CH(2)＝CH(3)–CH_2(4)–CH_2(5)–CH_3(6)（顺式：CH_3与H同侧，C2、C3上各一H）

解析　δ_{C_2}＝123.3＋α＋α'＋β'＋γ'＝123.3＋10.6＋(−7.9)＋(−1.8)＋1.5＝125.7（124.7）

δ_{C_3}＝123.3＋α＋β＋γ＋α'＝123.3＋10.6＋7.2＋(−1.5)＋(−7.9)＝131.7（131.5）

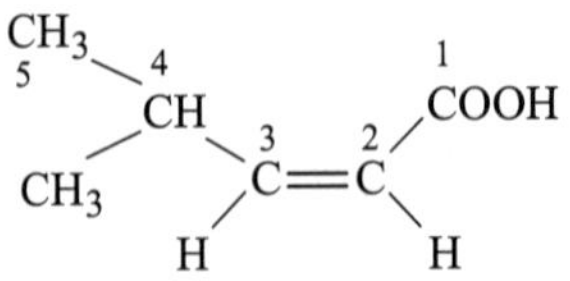

$(CH_3)_2$CH(4, 5)–CH(3)＝CH(2)–COOH(1)

δ_{C_1}＝123.3＋4＋(−7.9)＋(−1.8)×2＋(−1.1)＝114.7（116.4）

δ_{C_2}＝123.3＋10.6＋7.2×2＋9＋(−1.1)＋(2.3)＝158.5（158.3）

3.5.3 炔烃

炔烃δ_C值的特点：

（1）炔烃的化学位移范围较窄，一般在 60～90ppm。

（2）与炔烃相连的饱和碳原子的化学位移向高场移动 10～15ppm。在 3-己炔化合物中，与三键相连的亚甲基化学位移大大向高场移动，为 12.1ppm。这是由于三键的丰富电子云具有强烈的屏蔽作用，使相连的碳原子处于屏蔽区之故。

$CH_3CH_2CH_2CH_2CH_2CH_3$
13.7　22.8　31.9

$CH_3CH_2C \equiv CCH_2CH_3$
14.4　12.1　79.9

（3）炔烃与极性基团相连时，相连的炔碳移向低场，不相连的炔碳移向高场。如：

$HC \equiv C—O—CH_2CH_3$
23.2　89.4

$Ph—C \equiv CH$
83.3　77.7

（4）共轭双炔中间两个炔碳的δ_C值接近，但小于两侧炔碳。如：

$Ph—C \equiv C—C \equiv C—CH_2OH$
80.8　72.2　73.5　78.3

腈类化合物因受氮的电负性影响，使氰基碳较炔碳的化学位移位于低场（110～140ppm）。如：

CH_3CN
1.3　116.7

$H_2C=CH—CN$
117.5

$C_6H_5—CN$
109.4；126.9；129.8　129.8；115.9

一些烯烃和炔烃化合物的δ_C值如表 3-11 所示。

表 3-11　一些烯烃和炔烃化合物的δ_C值（ppm）

$CH_2=CH_2$ 123.3	$HC \equiv CH$ 71.9	$CH_2=CH—CH_3$ 113.3　140.2
$CH_2=CH—Br$ 115.0 122.0	$CH_2=CH—Cl$ 117.4　126.1	$HC \equiv C—CH_3$ 66.9　79.2　2.2
$CH_2=CH—OCH_3$ 84.2　153.2	$CH_2=CH—OAc$ 96.4　141.7	$CH_3—C \equiv C—OCH_3$ 28.0　88.4
$CH_2=CH—CHO$ 192.1 136.0　136.4	$CH_2=CH—COCH_3$ 196.9 129.3 138.5	$CH_2=CH—CN$ 117.5 137.8 107.7
环丁烯 30.2 137.2	环戊烯 22.1 32.6 130.8	环己烯 22.1 24.5 127.3
环庚烯 32.7 28.0 29.6 132.7	2-环戊烯酮 O 209.0 105.1 133.8	2-环己烯酮 O 198.0 129.3 150.7

3.5.4 芳烃

1. 芳烃δ_C值的特点

（1）苯环δ_C = 128.5ppm，若苯环上的氢被其他基团所取代，被取代的C_1的δ_C值有明显变化，最大幅度可改变35ppm。邻、对位碳原子δ_C值也可能有较大变化，其变化幅度可达16.5ppm，间位碳原子几乎不改变δ_C值。供电子取代基（如—NH_2、—OH等）使邻、对位碳原子的δ_C值移向高场，吸电子取代基（如—CN、—COOR等）使邻、对位碳原子的δ_C值移向低场。

（2）取代基电负性对C_1的δ_C值影响很有规律性，大多数取代基使C_1化学位移向低场移动，取代基电负性越大，越往低场位移，只有少数屏蔽效应较大的取代基使C_1化学位移向高场移动，如C≡C、C≡N以及I、Br等取代基使C_1的化学位移向高场移动，见表3-12所示。

（3）取代烷基的分支越多，使C_1的δ_C值增加越明显。如：

取代基团	—H	—CH_3	—CH_2CH_3	—$CH(CH_3)_2$	—$C(CH_3)_3$
相对苯的位移（ppm）	0	+9.3	+15.6	+20.2	+22.4

2. 取代苯环δ_C值的近似计算

对取代苯环δ_C值的近似计算式为：

$$\delta_C(k) = 128.5 + \sum_i Z_{K_i}(R_i) \quad (3.10)$$

式中：$Z_{K_i}(R_i)$表示取代基R对其取代位置（Z_1）、邻位（Z_2）、间位（Z_3）以及对位（Z_4）的碳化学位移影响经验参数，见表3-12所示。

表3-12 计算取代苯环δ（ppm）值的经验参数

取代基R	Z_1	Z_2	Z_3	Z_4
—H	0.0	0.0	0.0	0.0
—CH_3	9.3	0.6	0.0	-3.1
—CH_2CH_3	15.7	-0.6	-0.1	-2.8
—$CH(CH_3)_2$	20.1	-2.0	0.0	-2.5
—$CH_2CH_2CH_2CH_3$	14.2	-0.2	-0.2	-2.8
—$C(CH_3)_3$	22.1	-3.4	-0.4	-3.1
—▽	15.1	-3.3	-0.6	-3.6
—CH_2Ph	12.6	-0.1	0.4	-2.5
—CH_2Cl	9.1	0.0	0.2	-0.2

续表 3-12

取代基 R	Z_1	Z_2	Z_3	Z_4
$—CH_2Br$	9.2	0.1	0.4	–0.3
$—CF_3$	2.6	–3.1	0.4	3.4
$—CH_2OH$	13.0	–1.4	0.0	–1.2
环氧乙基（O）	9.2	–3.1	–0.1	–0.5
$—CH_2NH_2$	14.9	–1.6	–0.2	–2.0
$—CH_2CN$	1.6	–0.7	0.5	–0.7
$—CH{=}CH_2$	7.6	–1.8	–1.8	–3.5
$—C{\equiv}CH$	–6.1	3.8	0.4	–0.2
$—C{\equiv}N$	–16.0	3.5	0.7	4.3
—Ph	13.0	–1.1	0.5	–1.0
—F	35.1	–14.3	0.9	–4.4
—Cl	6.4	0.2	1.0	–2.0
—Br	–5.4	3.3	2.2	–1.0
—I	–32.3	9.9	2.6	–0.4
—OH	26.9	–12.8	1.4	–7.4
$—O^-$	39.6	–8.2	1.9	–13.6
$—OCH_3$	30.2	–14.7	0.9	–8.1
—OPh	29.1	–9.5	0.3	–5.3
$—OCOCH_3$	23.0	–6.4	1.3	–2.3
$—NH_2$	19.2	–12.4	1.3	–9.5
$—NHCH_3$	21.7	–16.2	0.7	–11.8
$—NO_2$	19.9	–4.9	0.9	6.1
—CHO	9.0	1.2	1.2	6.0
$—Si(CH_3)_3$	13.4	4.4	–1.1	–1.1

【练习 3.6】 计算对硝基苯酚的δ_C值。（ppm，括号内为实测值）

O_2N—(4) 苯环 (1)—OH（碳编号 1、2、3、4）

解析

$$\delta_{C_1} = 128.5 + 26.9 + 6.1 = 161.5\ (161.5)$$
$$\delta_{C_2} = 128.5 - 12.8 + 0.9 = 116.6\ (115.9)$$
$$\delta_{C_3} = 128.5 + 1.4 - 4.9 = 125.0\ (126.4)$$
$$\delta_{C_4} = 128.5 - 7.4 + 19.9 = 141.0\ (141.7)$$

3. 稠环及芳杂环的δ_C值

稠环及芳杂环的化学位移分布在同一范围。一些典型芳香化合物中各 ^{13}C 核的δ_C值（ppm）

见表 3-13 所示。

表 3-13　一些芳香化合物的δ_C值（ppm）

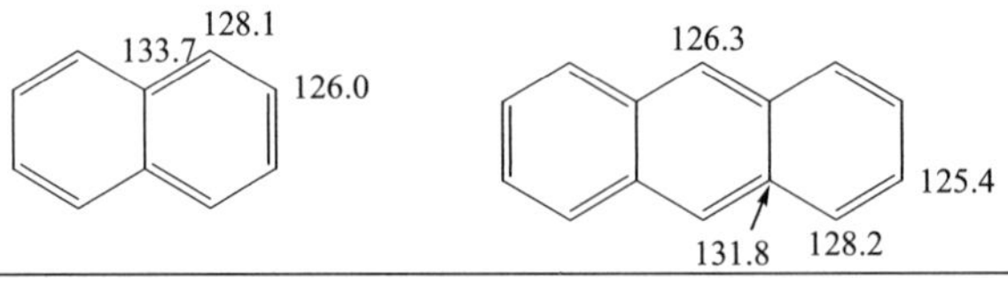

133.7　128.1　126.0

126.3　125.4　131.8　128.2

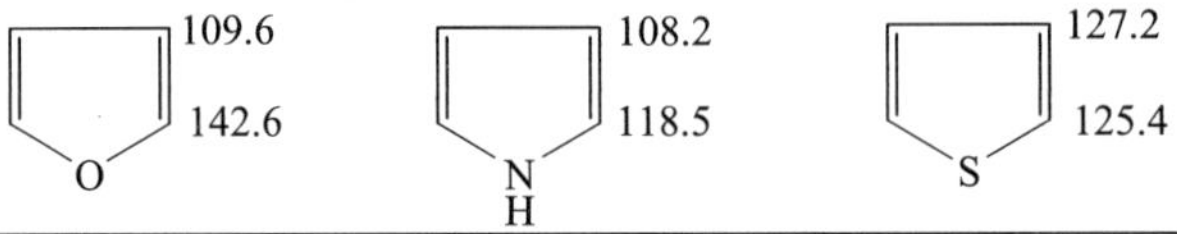

109.6　142.6　O

108.2　118.5　N H

127.2　125.4　S

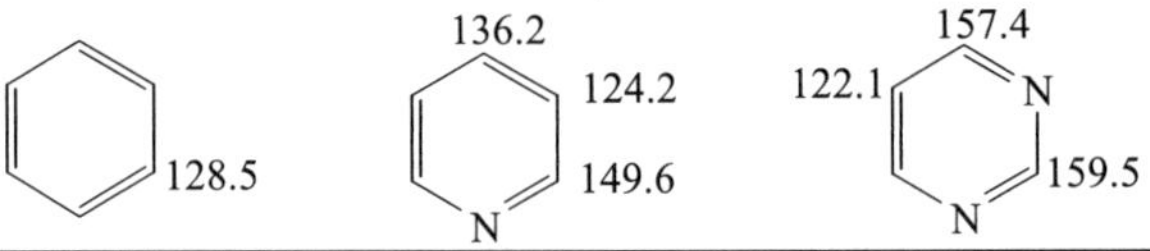

128.5

136.2　124.2　149.6　N

157.4　122.1　N　159.5　N

3.5.5　羰基化合物

在常见官能团中，由于羰基的碳原子共振位置在低场，因此很易被识别。羰基碳原子共振之所以在最低场，是因为羰基碳原子缺少电子的缘故。若羰基与杂原子（具有孤电子对的原子）或不饱和基团相连，羰基碳原子的电子短缺得以缓和，因此δ_C移向高场。由于上述原因，酮、醛共振位置在最低场，一般$\delta_C>195$ppm，如表 3-14 所示；酰氯、酰胺、酯、酸酐等相对于酮、醛，共振位置明显的移向高场方向，一般$\delta_C<185$ppm，如表 3-15 所示；α–、β–不饱和酮、醛由于共轭效应，羰基碳原子向高场位移 5～10ppm，β–烯碳则向低场位移。

表 3-14　醛酮的羰基δ_C（ppm）

化合物	δ（C_1）	δ（C_2）	δ（C_3）	δ（C_4）
3 2 1 $(CH_3)_2CH—CHO$	204.6	41.1	15.5	
3 2 1 $(CH_3)_3C—CHO$	205.6	42.4	23.4	
3 2 1 $H_2C═CH—CHO$	193.3	136.0	136.4	
4 3 2 1 $(CH_3)_2CHCOCH_3$	27.5	212.5	41.6	18.2
4 3 2 1 $(CH_3)_3C—COCH_3$	24.5	212.8	44.3	26.5
3 2 1 $(CH_3)_3C—COC(CH_3)_3$	28.6	45.6	218.0	
2 1 $Cl_3CCOCCl_3$	90.2	175.5		
1 2 3 4 $H_2C═CH—COCH_3$	128.0	137.1	197.5	25.7

表 3-15 羧酸及其衍生物的羰基δ_C（ppm）

化合物	δ（C_1）	δ（C_2）	δ（C_3）	δ（C_4）
CH_3COOH	176.9	20.8		
CH_3COO^-	182.6	24.5		
$\overset{3}{(CH_3)_2}\overset{2}{CH}—\overset{1}{COOH}$	184.1	34.1	18.1	
H_2NCH_2COOH（D_2O）	171.2	41.5	（pH = 0.45）	
	182.7	46.0	（pH = 12.05）	
$HOCH_2COOH$（D_2O）	177.2	60.4		
$ClCH_2COOH$	173.7	40.7		
$\overset{3}{H_2C}=\overset{2}{CH}—\overset{1}{COOH}$	168.9	129.2	130.8	
PhCOOH	168.0			
$\overset{2}{CH_3}\overset{1}{CO}O\overset{3}{CH}=\overset{4}{CH_2}$	167.9	20.5	141.5	97.5
$\overset{2}{CH_3}\overset{1}{CO}N(CH_3)_2$	170.4	21.5	35.0	38.0

（1）醛　化学位移在 190～208ppm 范围内，在偏共振碳谱中羰基碳为双峰。

CH_3CHO（31.2, 200.5）　CH_3CH_2CHO（5.2, 36.7, 202.7）　PhCHO（192）

（2）酮　化学位移在 200～220ppm 范围内，当与双键或芳环共轭时，向高场位移，一般δ_C值小于 200ppm。

CH_3COCH_3（30.7, 206.7）　$CH_3CH_2COCH_2CH_3$（211.4）　$CH_3CH=CHCOCH_3$（142.5, 132.2, 196.2）

28.5 56.6 201.1 ～20%　⇌　99.0 22.5 190.5 ～80%

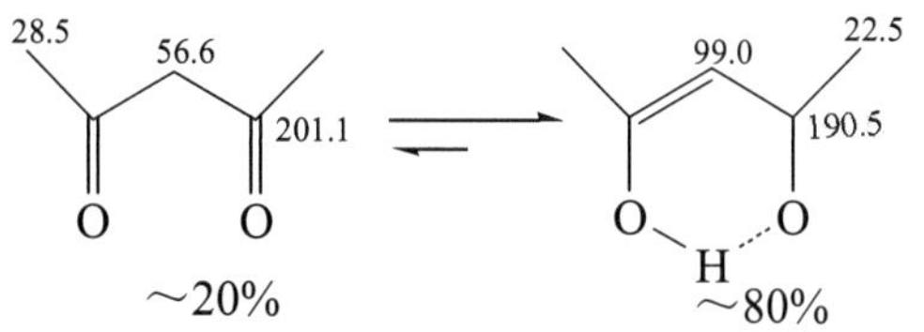

（3）羧酸、酯、酰氯、酰胺　化学位移在 155～185ppm 范围内。

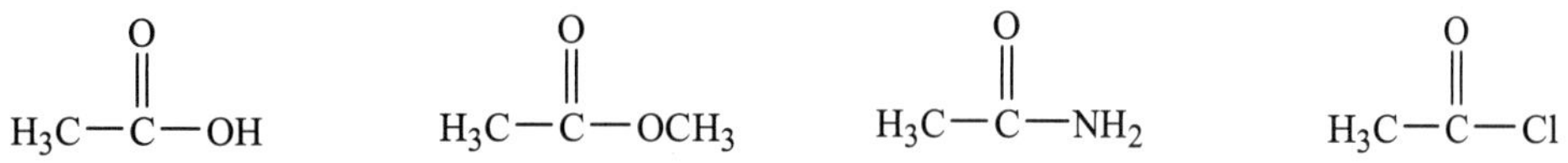

	$H_3C—C(=O)—OH$	$H_3C—C(=O)—OCH_3$	$H_3C—C(=O)—NH_2$	$H_3C—C(=O)—Cl$
羰基δ_C（ppm）	177	171.3	172.7	170

（4）环酮　环酮类羰基碳化学位移与环大小有关。

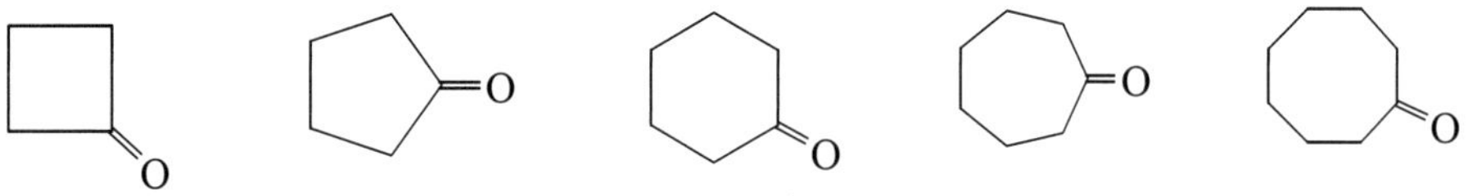

	环丁酮	环戊酮	环己酮	环庚酮	环辛酮
羰基δ_C（ppm）	207.9	213.6	208.5	211.4	215.6

3.6 碳谱中的偶合常数

除了碳的化学位移δ_C之外，^{13}C—^{1}H 的偶合常数也能提供重要的信息。^{13}C NMR 的自旋偶合有 C—H，C—C，C—X（X=D，F，P），其中 ^{13}C—^{13}C 自旋偶合由于 ^{13}C 的天然丰度仅为 1.1%，因此出现两个 ^{13}C 核相连的几率非常小，故通常忽略不计。^{14}N 的 $I=1$，四极矩影响严重，弛豫很快，谱线很宽，谱图的分辨率不好，因此，^{13}C 与 ^{14}N 的偶合常数也表现不出来。^{15}N 的丰度虽小，只有 0.37%，但因 $I=1/2$，故 NMR 氮谱常用 ^{15}N 谱，^{15}N 与 ^{13}C 的偶合，因 ^{15}N 核的丰度低，一般也不易观测到。

偶合的 ^{13}C NMR 谱和 ^{1}H NMR 谱类似，对于 $I=1/2$ 的自旋核，偶合裂分也符合 $n+1$ 规律。但偶合常数在碳谱中的应用不如氢谱广泛，这里仅简单介绍 ^{13}C 与 ^{1}H 的偶合以及 ^{13}C 与杂原子 F、P 的偶合。

3.6.1 ^{1}H 与 ^{13}C 的偶合

1. 一键碳氢的偶合常数（$^{1}J_{CH}$）

与碳直接相连的氢与碳的偶合用 $^{1}J_{CH}$表示，这里研究最多也最重要的是 ^{13}C 偶合常数。$^{1}J_{CH}$值较大，一般在 120～320Hz 范围内。影响 $^{1}J_{CH}$值变化的有两种结构因素：一种为碳原子杂化轨道的 s 电子成分；另一种为碳原子与电负性取代基相连时，取代基的电负性愈大，碳原子上电荷密度愈低，其 $^{1}J_{CH}$值就愈大。一些特征化合物的一键碳氢偶合常数 $^{1}J_{CH}$值如表 3-16 所示。

表 3-16 一些特征化合物的 $^{1}J_{CH}$（Hz）

杂化方式	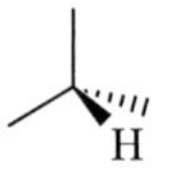 125	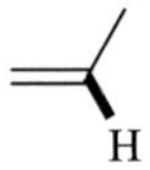 160	250	
电负性	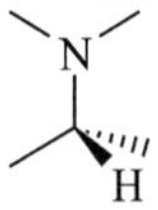 140	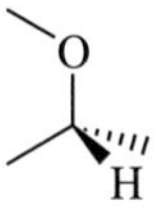 145	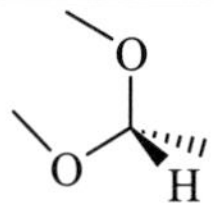 170	
	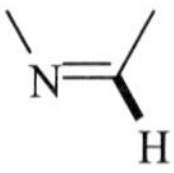 180	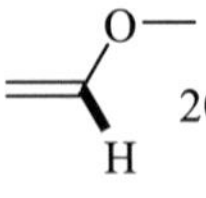 200	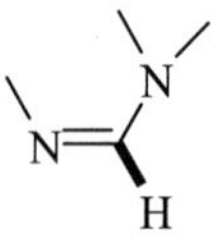 205	
环的张力	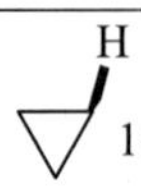 161	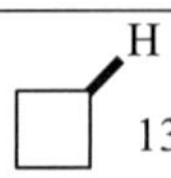 134	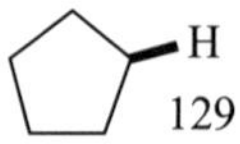 129	 125
	 176	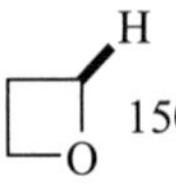 150	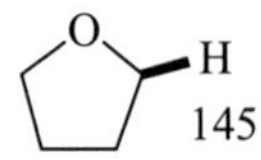 145	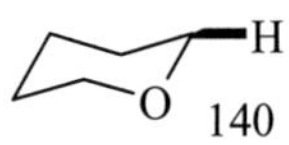 140

（1）s 电子成分的影响　C—H 键的 s 电子成分是影响 $^1J_{CH}$ 值的主要因素，其大小可由碳原子杂化轨道中 s 电子成分近似计算：

$$^1J_{CH} = 5 \times s\% \quad (\text{Hz})$$

举例如下（括号内为实测值，单位 Hz）：

$CH_3—CH_3$	sp^3	$s\% = 25$	$^1J_{CH} = 5 \times 25 = 125$（124.9）
$CH_2{=}CH_2$	sp^2	$s\% = 33$	$^1J_{CH} = 5 \times 33 = 165$（156.2）
C_6H_6	sp^2	$s\% = 33$	$^1J_{CH} = 5 \times 33 = 165$（159.0）
$HC{\equiv}CH$	sp	$s\% = 50$	$^1J_{CH} = 5 \times 50 = 250$（249.0）

一般 sp^3 杂化的碳原子：$^1J_{CH} = 120 \sim 130$Hz；sp^2 杂化的碳原子：$^1J_{CH} = 150 \sim 180$Hz；sp 杂化的碳原子：$^1J_{CH} = 250 \sim 270$Hz。

（2）取代基的影响　诱导效应使 $^1J_{CH}$ 值增大。

	CH_4	CH_3NH_2	CH_3OH	CH_3Cl	CH_2Cl_2	$CHCl_3$
$^1J_{CH}$（Hz）	125	133	141	150	178	209

诱导效应是通过成键电子传递的，取代基对 $^1J_{CH}$ 的影响随取代基与碳原子间距离的增大而减小。如单取代苯 $^1J_{CH}$（邻）$>$ $^1J_{CH}$（间）$>$ $^1J_{CH}$（对）

（3）环张力的影响　$^1J_{CH}$ 与环张力有关，环张力增大，$^1J_{CH}$ 值也增大。因此，$^1J_{CH}$ 值还可给出环大小的信息。

例如：

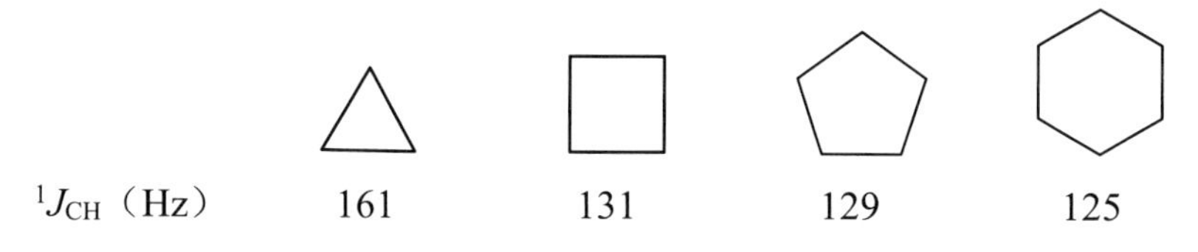

2. 二键、三键、四键碳氢的偶合常数（$^2J_{CH}$，$^3J_{CH}$，$^4J_{CH}$）

（1）$^2J_{CH}$ 值在 5～60Hz 范围，难以估算，与碳原子的杂化方式、取代基电负性以及构型有关。$^2J_{CH}$ 值的变化趋势与 $^1J_{CH}$ 相似，s 电子成分越多，$^2J_{CH}$ 值越大，与杂原子相连时，也使 $^2J_{CH}$ 值增大。一些特征化合物的二键碳氢偶合常数 $^2J_{CH}$ 值如表 3-17 所示。

H H / Cl Cl：$^2J_{CH} = 16$Hz

H Cl / Cl H：$^2J_{CH} = 0.8$Hz

H (o)、H (m)、H (p)：$^2J_{CH} = 0 \sim 4$Hz；$^3J_{CH} = 7 \sim 10$Hz；$^4J_{CH} = 0 \sim 2$Hz

（2）直链烃的 $^3J_{CH}$ 值在 0～30Hz 范围；芳烃、杂芳烃的 $^3J_{CH}$ 值在 7～15Hz，一般 $^3J_{CH} >$ $^2J_{CH}$。如苯环碳与邻位氢核的 $^2J_{CH}$ 在 0～4Hz，而与间位氢核的 $^3J_{CH}$ 在 7～10Hz。

表 3-17　一些特征化合物的 $^2J_{CH}$（Hz）值

键角	CO_2H H −6.2	Me CO_2H H H 3.1	H CO_2H Me H 3.4	
电负性	O H −11.0	H N H −8.7	S H −7.6	
	N H 7～9	O H 25	O H 25～30	
C—X 和 C=C	F H −4.9	Cl H −3.4	Br H −3.4	I H −2.5

3.6.2　^{13}C 与杂原子之间的偶合

常见的 ^{13}C 谱为质子宽带去偶谱，但是它只去除了 ^{13}C 与 ^1H 之间的偶合，当化合物中含有 $I\neq0$ 的其他核，如 ^{19}F、^{31}P 或氘时，那么在 ^{13}C 质子宽带去偶谱中还将包括 ^{13}C 与这些核之间的偶合信息。它们都以一定的偶合常数发生自旋偶合关系，使谱线增多，了解这些核与碳的偶合情况，将有助于解析常规质子宽带去偶的 ^{13}C NMR 谱图。

1. 氘（D）与 ^{13}C 的偶合

在普通化合物的 ^{13}C NMR 谱中 D 的偶合裂分来源于样品测试时使用的氘代试剂，在对谱图解析时要注意识别氘代试剂峰。J_{CH} 和 J_{CD} 有如下关系：$J_{CH}/J_{CD}=\gamma_H/\gamma_D=6.51$，因此，$^1J_{CD}$ 约在 20～30Hz 范围，比 $^1J_{CH}$ 小很多。$^2J_{CD}$ 就更小了，通常忽略不计。因氘的自旋量子数 $I=1$ 使 ^{13}C 信号分裂为 $2n+1$ 峰，如氘代丙酮 CD_3COCD_3 在碳谱的 29.2ppm 处出现七重峰。

2. ^{19}F 与 ^{13}C 的偶合

$^1J_{CF}$ 值很大，一般在 150～350Hz 范围，其偶合裂分符合 $n+1$ 规律。$^2J_{CF}$ 约 20～60Hz，$^3J_{CF}$ 约为 4～20Hz，$^4J_{CF}$ 约为 0～5Hz。^{19}F 与 ^{13}C 的偶合常数的典型值如表 3-18 所示。

3. ^{31}P 与 ^{13}C 的偶合

^{31}P 与 ^{13}C 的偶合一般在−14～150Hz，并且磷的价态不同，对偶合的值亦不同。5 价 P：^1J 在 50～180Hz，^2J、^3J 在 4～15Hz；3 价 P：^1J 在 20～50Hz，^2J、^3J 在 3～20Hz。^{31}P 对 ^{13}C 的偶合裂分符合 $n+1$ 规律。^{31}P 与 ^{13}C 的偶合常数的典型值如表 3-19 所示。

表 3-18　一些化合物的 ^{19}F 与 ^{13}C 的偶合常数 J_{CF}（Hz）值

化合物	$^1J_{CF}$	$^2J_{CF}$	$^3J_{CF}$	$^4J_{CF}$
CH_3F	−157.5	—	—	—
CF_3CH_3	−271.0	41.5	—	—
CF_3CH_2OH	−287.0	35.3	—	—
$F_2CHCOOC_2H_5$	−243.9	29.1	—	—
CF_3COOH	−283.2	44	—	—
$CH_3(CH_2)_2CH_2F$	−165.4	19.8	4.9	<2
$CF_2{=}CH_2$	−287	—	—	—
$CF_3CH{=}CH_2$	−270	37.5	4	—
C_6H_5F	−245.3	21.0	7.7	3.3
p-$FC_6H_4OCH_3$	−237.6	22.8	7.8	1.7

表 3-19　一些化合物的 ^{31}P 与 ^{13}C 的偶合常数 J_{CP}（Hz）值

化合物	$^1J_{CP}$	$^2J_{CP}$	$^3J_{CP}$	$^4J_{CP}$	$^5J_{CP}$
$(CH_3O)_2P(O)CH_3$	144	6.3	—	—	—
$(C_2H_5O)_2P(O)C_2H_5$	143.4	7.3	6.9	—	6.2
$(C_6H_5)_3P{=}O$	105	10	—	—	—
$(C_6H_5O)_3P{=}O$	—	—	7.6	12	5
$C_6H_5P(O)H(OH)$	100	14.6	—	12.3	—
$P(CH_3)_3$	−13.6	—	—	—	—
$P(C_6H_5)_3$	−12.4	19.6	—	6.7	—

3.6.3　偶合常数的应用

一般来说，碳谱中偶合常数的应用不如氢谱中广泛，但从谱线的裂分情况及偶合常数的大小，可以帮助标识谱线，确定碳原子与周围基团的连接关系。

【练习 3.7】　香草醛的宽带去偶碳谱和全偶合碳谱如图 3-练 7 所示，对碳原子进行归属。

解析　在谱图最低场的 192.45ppm 应是醛羰基，被醛氢偶合裂分为两重峰，$^1J_{CH}=173.0$Hz，每一条谱线又被 H_2、H_6 进一步裂分成三重峰，$^3J_{CH}=4.8$Hz。在最高场 56.45ppm 的甲氧基碳也非常容易辨认，甲氧基碳被其 3 个氢裂分成四重峰，$^1J_{CH}=145.1$Hz。芳香区的 6 条谱线对应苯环上 6 个碳原子，从峰的强度和谱线裂分距离可以看出，较高场区的 3 条谱线应是没有被取代的 3 个碳（C_2，C_5，C_6）。其中，C_2、C_5 处于供电子取代基氧的邻位，应在较高场，其中，110.15ppm 的谱峰以 160.7Hz 裂分成 2 个多重峰，应是 C_2 的共振峰，它与 H_6 的 $^3J_{CH}=7.3Hz$，与醛氢的 $^3J_{CH}=3.2Hz$；在 115.55ppm 的谱峰以 163.0Hz 裂分成两重峰，看不到与邻位的 H_6 的 $^2J_{CH}$ 偶合以及没有间位氢的偶合裂分，应归属 C_5。在 128.2ppm 的谱峰只能属于 C_6，它以 162.1Hz 裂分成两重峰，又进一步被 H_2 的 $^3J_{CH}=7.3Hz$ 和醛氢 $^3J_{CH}=1.8Hz$ 的偶合裂分。剩下 3 条谱峰较弱，应是被取代的 C_1，C_3，C_4，其中，C_3 和 C_4 与杂原子氧相连，化学位移处于较低场，因此，在 130.55ppm 的弱峰应是 C_1，它与醛氢的 $^2J_{CH}=23.8Hz$，同时还受到 H_5 的 $^3J_{CH}=7.8Hz$ 和 H_2、H_6 的 $^2J_{CH}=1.3Hz$ 的偶合裂分。位于 153.15ppm 的芳碳表现复杂的偶合关系，应归属 C_4，它与间位的 H_2、H_6 的 $^3J_{CH}$ 分别为 9.6Hz 和 7.3Hz，以及邻位 H_5 的 $^2J_{CH}$ 为 2.7Hz。位于 148.45ppm 的峰比较宽，表现为不易分辨的多重峰，应归属 C_3，该碳不仅与 H_2、H_6 有偶合，还与甲氧基氢核存在远程偶合。

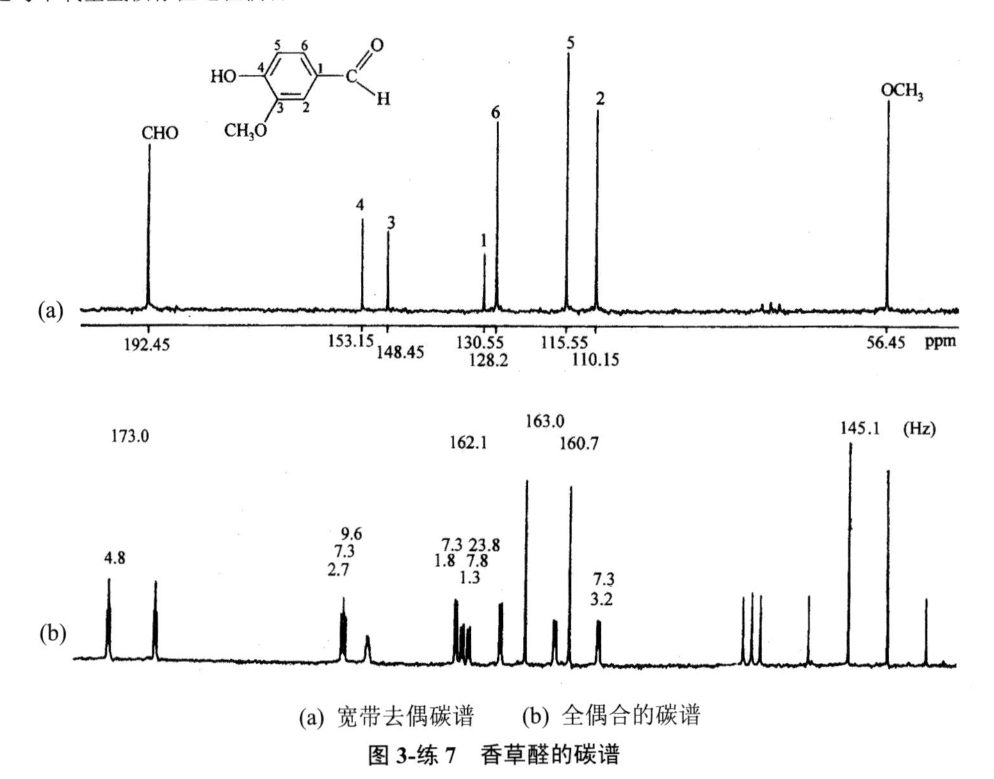

(a) 宽带去偶碳谱　　(b) 全偶合的碳谱

图 3-练 7　香草醛的碳谱

【练习 3.8】　三氟乙酸甲酯的 ^{13}C NMR 偶合谱见图 3-练 8 所示，对谱图中各峰进行归属。

解析　图中位于 206.3ppm 的单峰和位于 29.9ppm 的七重峰分别为氘代丙酮的羰基和甲基碳共振峰。位于 159.0ppm 的四重峰应为酯羰基的共振峰（$^2J_{C-C-F}=41.9Hz$），从放大图中可以看出，该羰基碳又受远程的甲基氢核的偶合作用，使四重峰的每一条谱线又进一步裂分成四重峰（$^3J_{C-O-C-H}=4.4Hz$）。位于 116.5ppm 的四重峰偶合常数很大，应为 CF_3 基团的碳共振峰（$^1J_{C-F}=264.6Hz$）。位于 55.2ppm 的四重峰为 OCH_3 基团的碳共振峰（$^1J_{CH}=150.0Hz$）。

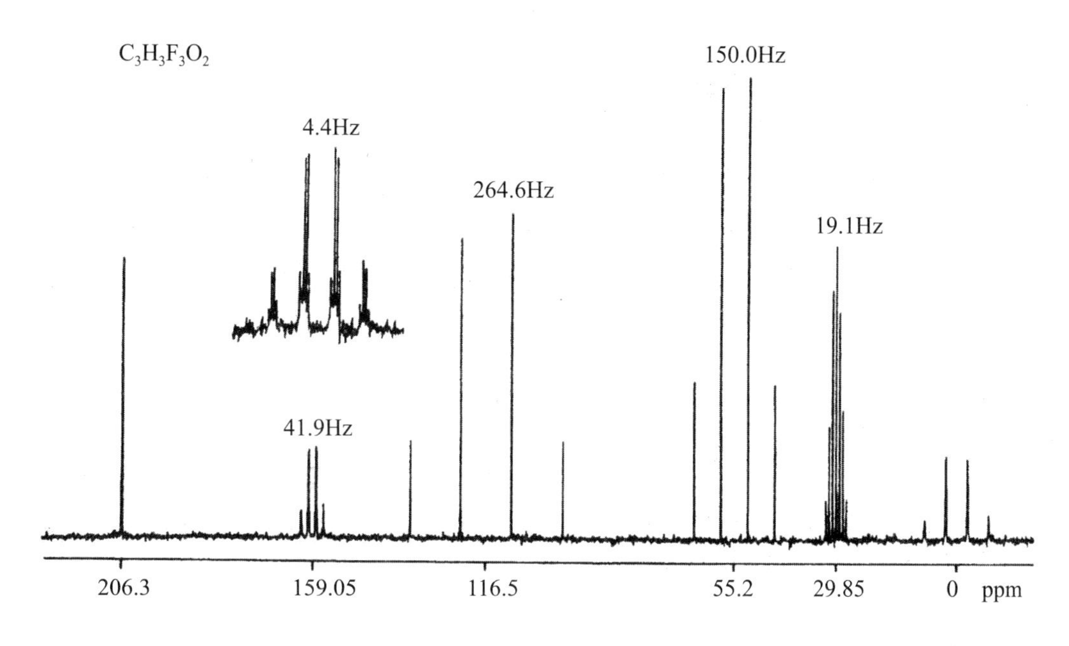

图 3-练 8　三氟乙酸甲酯的 ^{13}C NMR 偶合谱（溶剂：CD_3COCD_3）

3.7　碳原子级数的确定

确定碳原子级数（碳原子上直接相连氢原子的数目），对于鉴定有机化合物的结构具有十分重要的意义。如果作全质子偶合的 ^{13}C 谱，由于 $^1J_{CH}$ 较大，使谱线重叠严重难以指认。质子偏共振去偶可以通过碳谱峰的多重性而确定碳原子上氢的数目，但对于复杂的化合物（C_{20} 以上），经常出现谱线之间的重叠；同时，由于分子内质子间的偶合，偏共振谱又会产生二级谱，使 S/N 降低。这样给图谱的解析带来了困难。近年来，发展的多脉冲核磁共振实验技术，可以有效地确定碳原子的级数。例如，APT 实验可以根据碳上连接氢的数目不同将 ^{13}C 信号分成两类。

3.7.1　一维多脉冲核磁共振实验

前面讨论的脉冲 Fourier 变换核磁共振碳谱实验是单脉冲实验，即在一个 90°脉冲作用下产生横向磁化矢量后直接检测得 FID 信号。多脉冲实验是在两个或两个以上的脉冲作用下，在预备期和检测期之间引入演化期，这样可以得到一些特殊信息。预备期是使自旋体系处于初始热平衡状态，演化期是根据实验的需要施加不同的脉冲使自旋体系进行演化，演化期完成以后进行数据采集称为检测期，如图 3-3 所示。根据实验目的不同，脉冲可以是 90°脉冲、180°脉冲或者任何其他的角度，脉冲之间可以设置不同的时间长度。下面介绍三种多脉冲实验技术在确定碳原子级数方面的应用。

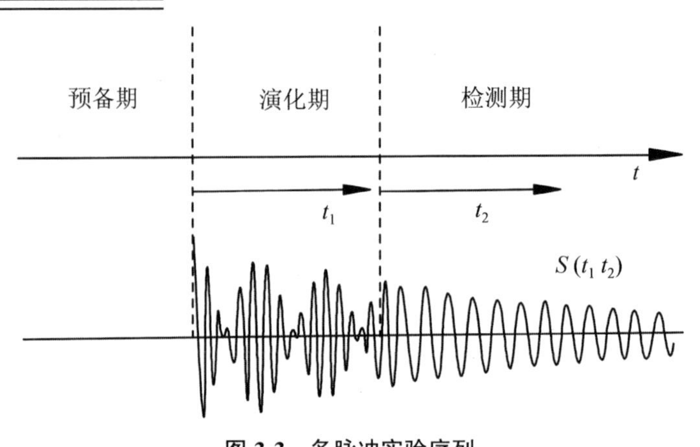

图 3-3 多脉冲实验序列

3.7.2 APT 法

APT（Attached Proton Test）法是通过 ^{13}C 核与 ^{1}H 核之间的标量偶合（J_{CH}）作用，对质子宽带去偶的 ^{13}C 信号进行调制而实现的。在演化期内，碳多重峰的不同组分以它们独特的频率进动，当去偶器又打开时，这些组分再结合，产生相长干涉和相消干涉，因而使各种不同类型的 ^{13}C 信号的强度和符号产生差异。当 $\tau = 1/J$ 时，季碳和 CH_2 产生正信号，CH 和 CH_3 产生负信号，各级碳原子被分成了方向相反的两组峰，这样有利于碳谱的归属。图 3-4 所示为 APT 法的一个实例。

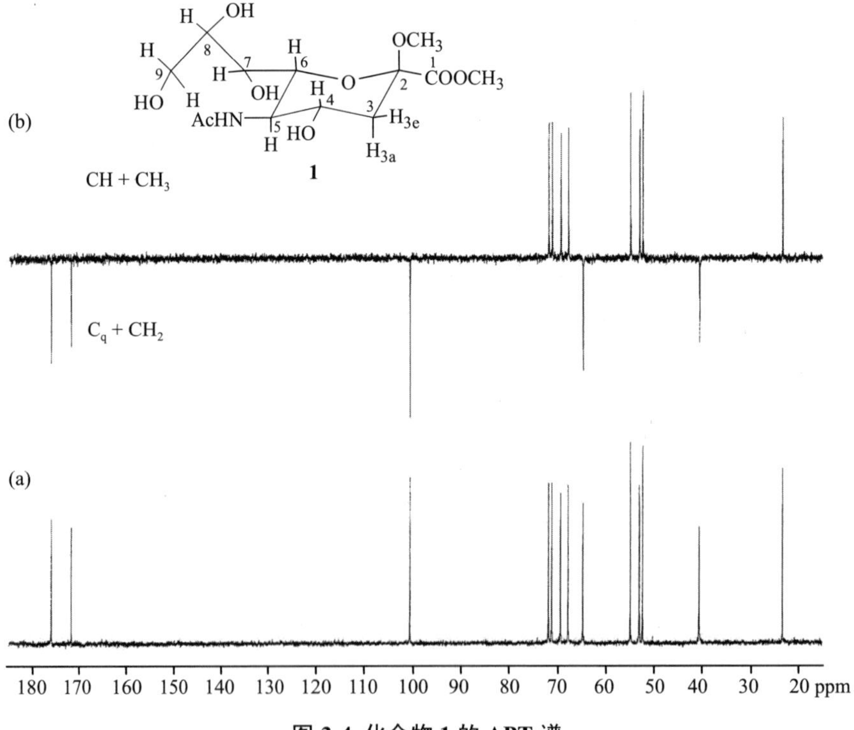

图 3-4 化合物 1 的 APT 谱

3.7.3 INEPT 法

INEPT（Insensitive Nuclei Enhanced by Polarization Transfer）法可译为“低灵敏核的极化转移增强”。在自旋体系中，可以把高灵敏核（^1H 核）的自旋极化传递到低灵敏核（^{13}C）上去，这样由 ^1H 到与之偶合着的 ^{13}C 核的完全极化传递可将 ^{13}C 核的两种自旋状态的粒子数差提高 4 倍，从而使低灵敏的 ^{13}C 核的信号强度增强 4 倍。

研究 ^{13}C 磁化矢量在延迟期间的行为，发现 CH、CH_2 和 CH_3 的信号强度与延迟Δ有一定关系。当$\Delta = 1/8J$ 时，CH、CH_2 和 CH_3 的峰均为正峰；当$\Delta = 1/4J$ 时，仅出现正的 CH 峰；$\Delta = 3/8J$ 时，CH 和 CH_3 为正峰，而 CH_2 为负峰。因此，INEPT 实验可有效地区别 CH、CH_2 和 CH_3。由于该实验中的极化转移是由偶合着的 C—H 键完成的，季碳没有极化转移，在 INEPT 谱中不出现峰，如图 3-5 所示。

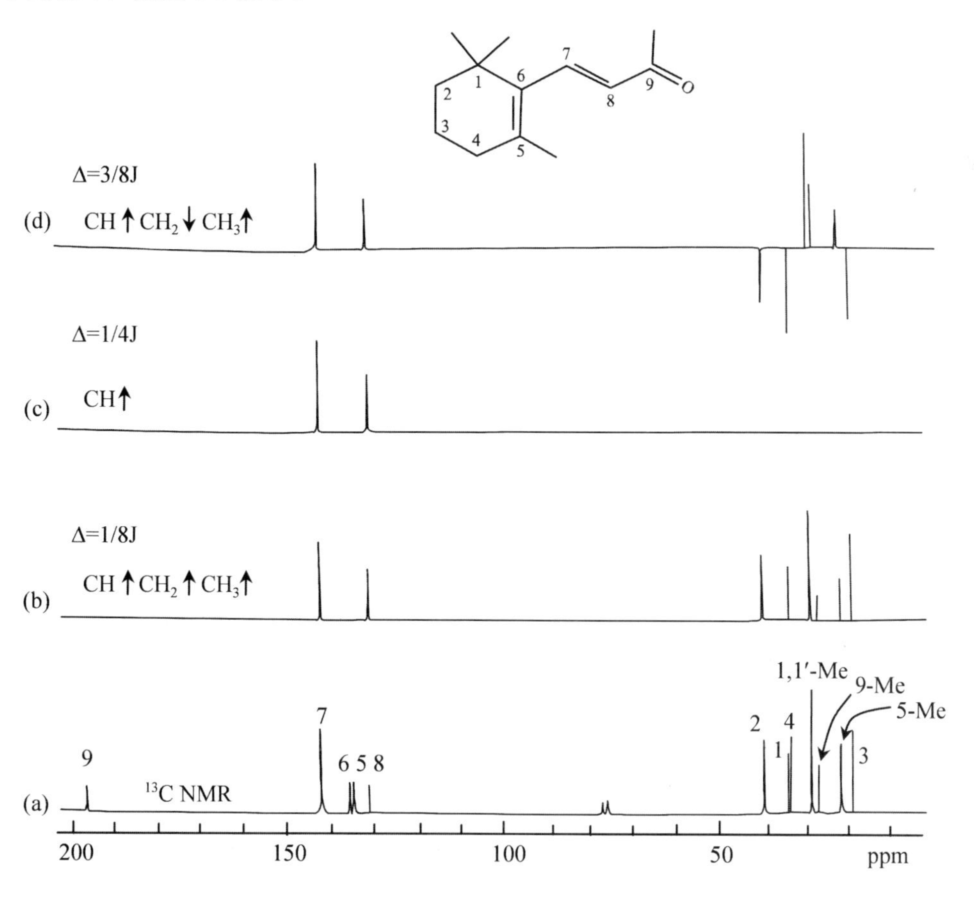

图 3-5 β-紫罗兰酮的 ^{13}C 谱和 INEPT 谱

用于常规测试中的 INEPT 脉冲序列引入了 7 个脉冲，其序列如图 3-6 所示。

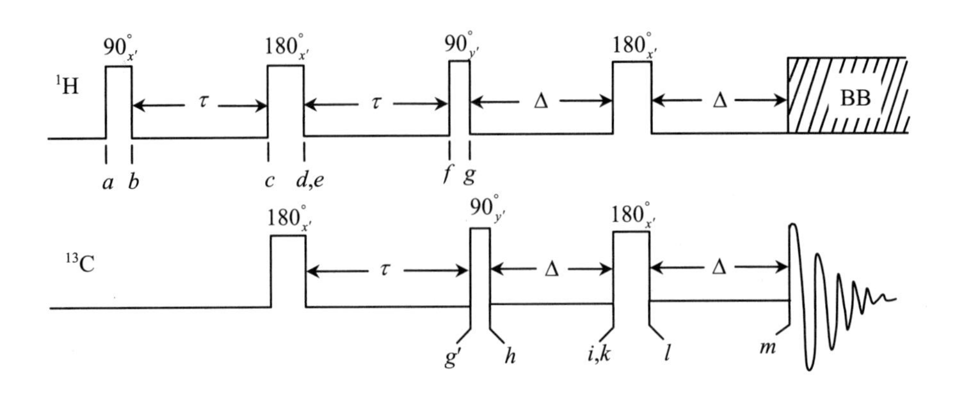

图 3-6　INEPT 脉冲序列

3.7.4　DEPT 法

DEPT（Distortionless Enhancement by Polarization Transfer）法译为“无畸变极化转移增强”，其脉冲序列如下：

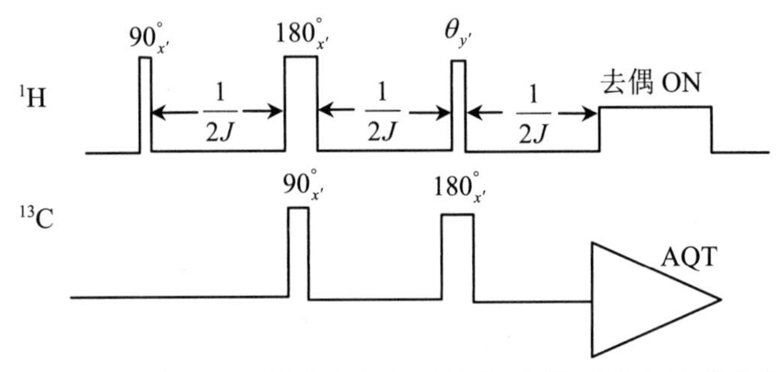

DEPT 脉冲序列较 INEPT 短，可明显减少由于横向弛豫而损失的磁化矢量，同时也克服了 INEPT 法引起的强度比和相位畸变的缺点。在 INEPT 法中，^{13}C 信号依赖于 $^{1}J_{CH}$ 与延迟Δ的乘积，而化合物分子中各种碳的 $^{1}J_{CH}$ 值总是具有差别，很难选择一个最佳的Δ值，因而导致信号强度和相位畸变。而 DEPT 法将 ^{1}H 的第二个 90°脉冲改用可变的θ脉冲作用，降低了 J 值对三种不同碳的多重谱线的影响，使其信号强度仅与θ 脉冲有关。只要分别设置θ发射脉冲为 45°、90°和 135°做三次实验，得到三张谱图，就可区分 CH、CH_2 和 CH_3。

DEPT-45° 谱　除季碳不出峰外，其余的 CH_3、CH_2 和 CH 都出峰，并为正峰。

DEPT-90° 谱　除 CH 出正峰外，其余的碳均不出峰。

DEPT-135° 谱　CH_3 和 CH 显示正峰，CH_2 显示负峰，季碳不出峰。

薄荷醇的 DEPT 谱如图 3-7 所示。

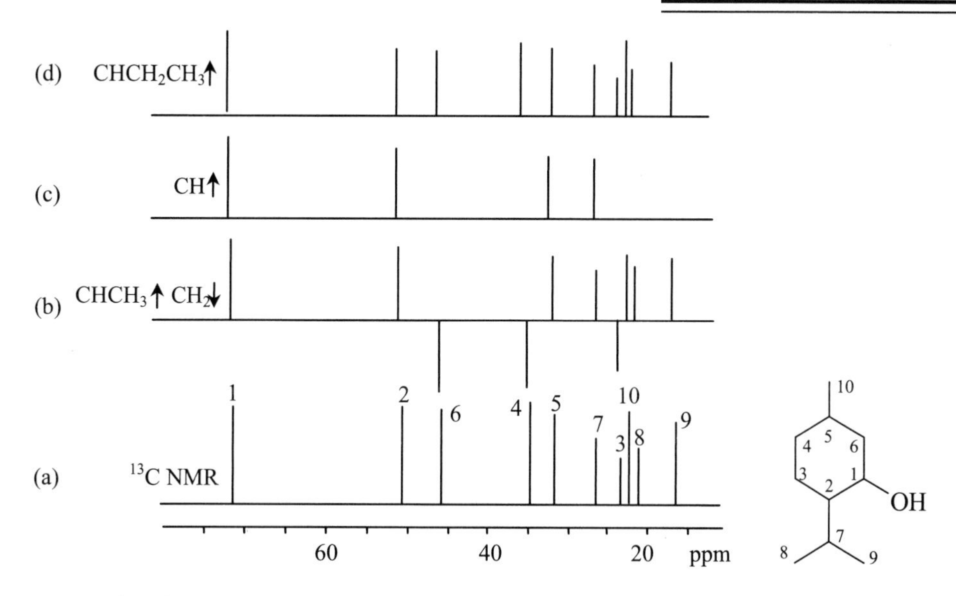

(a) 常规宽带去偶 ^{13}C 谱　(b) DEPT−135° 谱　(c) DEPT−90°谱　(d) DEPT−45°谱

图 3-7　薄荷醇的 DEPT 谱

APT、INEPT 和 DEPT 三种方法的比较：

（1）APT 法　脉冲序列最简单，能产生季碳原子信号，这两点是它的优点。其缺点是 CH 和 CH_3 的分辨有一定困难，$^1J_{CH}$ 值的差别对此法也不利。

（2）INEPT 法　脉冲序列较复杂，无季碳信号，$^1J_{CH}$ 值的变化对此法也不利。其优点为信号增强与 γ_H/γ_X 成正比，因此适宜测定磁旋比小的核。

（3）DEPT 法　此法的优点为 $^1J_{CH}$ 值在一定范围内的变化对谱图测定结果影响不大，且具有极化转移增强。脉冲序列也不复杂，虽无季碳信号，若配合宽带去偶碳谱可清楚地鉴别各种碳原子的级数，因而该方法被普遍采用。

3.8　弛　　豫

在 ^{1}H NMR 谱中对弛豫时间的应用介绍很少，主要是 ^{1}H 的弛豫时间很短，在实际中用处不大。而在 ^{13}C NMR 谱中 ^{13}C 的弛豫时间很长，特别是自旋—晶格弛豫时间（T_1），是 ^{13}C NMR 的又一重要参数，与分子结构有密切关系。若 ^{13}C NMR 谱线过分拥挤，采用去偶实验方法难以标识时，T_1 就显得更为重要。早期因测试困难，数据不多，未能显示威力。自 PFT 技术和计算机在 ^{13}C NMR 实验中应用后，T_1 的测试变得简单易行，利用 T_1 研究分子结构及分子运动的某些动态过程日益增多。由于自旋－自旋弛豫时间（T_2）在 ^{13}C 中用处不大，这里不做介绍，本节主要介绍自旋—晶格弛豫时间（T_1）。

3.8.1　自旋－晶格弛豫机制

自旋－晶格弛豫是激发态的核将其能量传递给周围环境，回到低能态重建 Boltzman 分布的过程。在含有大量分子的体系中，某激发态的核受其他核磁矩提供的瞬息万变的局部磁场作用，该局部磁场有各种不同的频率，当某一频率恰好与某一激发态核的回旋频率一致时，即可能发生能量转移而产生弛豫。

能提供起伏的局部场就能引起核弛豫，起伏的局部场来源为：核在空间的相互作用（偶极－偶极弛豫，Dipol–Dipole，DD），核的自旋－转动（Spin Rotation，SR），化学位移各向异性（Chemical Shift–Anisotropy，CSA）以及标量偶合（Scalar Coupling，SC）等。一般观测到的弛豫速率（$1/T_1$）是上述各种起伏的局部场共同作用的结果，可用式（3.11）表达。

$$\frac{1}{T_{1(测)}}=\frac{1}{T_{1(DD)}}+\frac{1}{T_{1(SR)}}+\frac{1}{T_{1(CSA)}}+\cdots \tag{3.11}$$

1. 偶极－偶极弛豫机制（DD 弛豫）

高能级的核依赖与其他核之间的偶极－偶极相互作用形成起伏局部场而产生的弛豫为 DD 弛豫。运动着的分子每一个核自旋都可产生一个局部磁场，可以把直接键合的 ^{13}C 和 ^{1}H 核看作是两个小的磁偶极子。这两个小磁偶极存在相互作用，这样 ^{13}C 核不仅受到外磁场 B_0 的作用，而且也受到这个 ^{1}H 核的局部磁场的作用，使 ^{13}C 核的激发能转移给 ^{1}H 核而进行弛豫。显然，DD 弛豫与相关氢核的距离（r）及与该碳直接相连的氢核数目（n）有关。弛豫速率与 r^6 成反比，即随着两个偶极核之间距离的增加，弛豫速率快速地减小，^{13}C 核的 T_1 增大。在其他弛豫机制贡献很小的情况下，^{13}C 核的 T_1 与其直接相连的氢核数 n 成反比，即与碳核直接相连的氢核数越多，弛豫越快，T_1 越小。

对 $I=1/2$ 的核（包括 ^{13}C 在内）来说，偶极－偶极弛豫是最重要的纵向弛豫机制，^{13}C 的弛豫以此项占优势。

不同类型碳的 T_1 值大致有以下规律：C＝O＞季碳＞叔碳＞仲碳、伯碳。

2. 自旋－旋转弛豫机制（SR 弛豫）

自旋转动弛豫来自分子磁矩转动所产生的波动磁场和核磁矩的作用，分子磁矩是由分子内的电荷分布引起的。当分子整体或分子某片断转动时，核外电子也要转动，使分子磁矩随着转动产生起伏的局部磁场作用于激发态的核，引起弛豫。这种自旋－转动相互作用的效应，正比于转动速率，反比于分子的惯量。SR 弛豫速率随温度升高而增加，虽然转动速度增加，$T_{1(SR)}$减小，但总的效果是 T_1 反而增大了。这是因为 DD 弛豫通常是占支配地位，SR 弛豫速率增加往往限制着 DD 弛豫的有效性，从而使总的弛豫时间 T_1 增大。由于 SR 弛豫不产生碳信号的 NOE 增强效应，SR 弛豫占较大程度的 ^{13}C 核所产生的核磁共振信号强度较低。

由于 SR 机制的较大作用，烷烃的端甲基、支链甲基及甾体类的角甲基，因能较自由的转动，故 T_1 较长。而高分子化合物因分子链较长，转动不易，它们的 T_1 都较短。

3. 化学位移各向异性弛豫机制（CSA 弛豫）

在外磁场中，由于化学键的磁各向异性，分子的布朗运动，仅有一个平均的化学位移值表现出来，但是分子运动时，磁各向异性的化学键会产生一个起伏的局部磁场，使受各向异性屏蔽的原子核产生弛豫，该项贡献与核所处的外磁场强度的平方成正比。在大部分情况下，

此机制对 ^{13}C 弛豫作用不大。

CSA 弛豫对一般化合物并不重要，但对某些圆柱形分子，尤其是不与氢相连的碳，$T_{1(CSA)}$ 占很大比重，如下列化合物β–碳 $T_{1(CSA)}$ 占 T_1 的 90%。

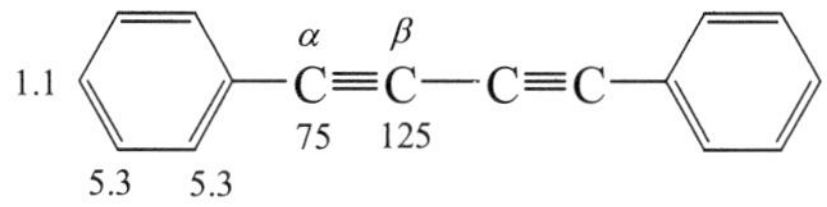

1.1　α　β
C≡C—C≡C
75　125
5.3　5.3

4. 标量偶合弛豫（SC 弛豫）

相互偶合或交换的 AB 核，当 A 核快速弛豫或交换时，能使 B 核也加快弛豫，这是因为 A 核快速弛豫或交换，使 B 核感受到磁场起伏，故加速弛豫。在有机分子中，SC 弛豫一般不大，是二级效应，在整个弛豫中不可能占优势。但对于与四极矩的核（如 Br）相连的碳，SC 弛豫的贡献相当大。$I>1/2$ 的核都具有大小不等的四极矩，在均匀电场中，这些核并没有点偶极矩，当存在电位梯度时，则造成起伏电场，引起弛豫。$I>1/2$ 的核，T_1 都很短，这是由四极矩弛豫起主导作用导致的。

5. 顺磁物质的作用

顺磁物质的存在会影响到所研究的核的弛豫。就其本质讲，仍属于偶极－偶极作用。顺磁物质有未成对电子，而电子的磁矩比碳核的磁矩大三个数量级，因此产生很强的局部磁场，即产生很强的弛豫作用，如 Fe^{3+}，Co^{2+}，Ni^{2+}，Mn^{2+}等离子均可导致此种弛豫。氧（O_2）也是一种顺磁性物质，故样品在去氧前后测得的 T_1 值有时会相差很远，如苯乙炔在除氧气的条件下测得的 T_1 值要比正常条件下（一般溶液均含有微量的氧气）测得的大。（括号内的数据是在正常条件下测得的 T_1 值，括号外的数据是在除氧的条件下测的。）特别是对季碳原子的影响很明显，即顺磁物质的存在使核自旋弛豫加速，弛豫越慢的核影响越大。

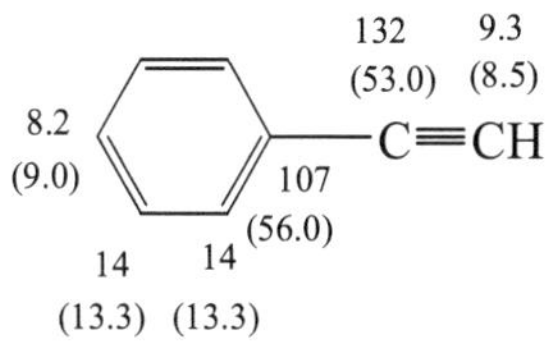

132　9.3
(53.0)　(8.5)
8.2
(9.0)　C≡CH
107
(56.0)
14　14
(13.3)　(13.3)

3.8.2 T_1的应用

现代核磁共振仪具有自动测定 T_1 的程序，根据测量的 T_1 值可得到哪些种类的化学信息呢？^{13}C 核的 T_1 值范围较宽，对于高聚物和生物分子，T_1 很短在 10^{-3}～1s。对分子量在 1000 以下的有机分子，T_1 值在 0.1～300s 之间，其中对质子化的碳，T_1 值在 0.1～10s 之间，非质子化碳和小的高度对称分子中 ^{13}C 的 T_1 值 10～300s 之间。与化学位移和偶合常数不同，T_1 值是依赖于分子的重新取向的。因此，T_1 值能提供分子间或分子内运动的大量信息，这些信息有助于碳谱信号的指定或用来研究分子的阻碍旋转、绕轴旋转、部分运动、缔合和络合等。

1. 区别 CH_3，CH_2，CH 及季碳

一般而言，^{13}C 信号的强度与它的 T_1 值成反比，T_1 值越大，^{13}C 信号强度越弱。而在刚性分子内部，相关时间 τ_C 对所有的碳原子都是相等的，而且几乎所有的有机化合物的 C—H 键长都近似为 $\gamma_{CH} = 0.109nm$。在此条件下，以 DD 机制弛豫为主的 ^{13}C 核的 T_1 值，只取决于直接键合的氢原子数目 n，由于 $T_{1\,(DD)}$ = 常数/n，因此，以 DD 机制弛豫为主的 ^{13}C 核的 T_1 值与直接键合的质子数目成反比。由于 CH_3 基团内旋转（SR 机制），它不属于分子刚性骨架，这样如果忽略甲基碳，则同一分子中 CH 和 CH_2 基团的 T_1 值有 2∶1 的比例关系，但由于除 DD 弛豫外，还有其他弛豫影响着 T_1 值，有时候 CH 和 CH_2 基团的 T_1 值不完全为 2∶1，如：

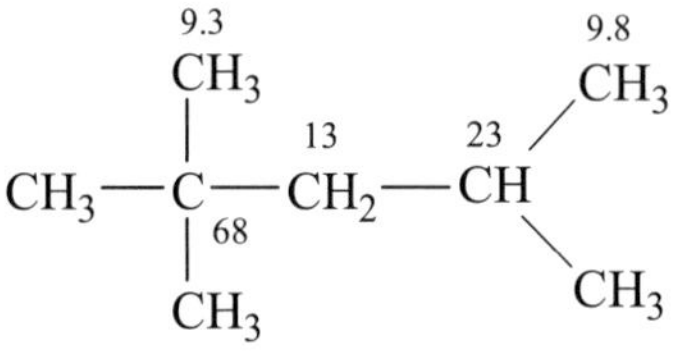

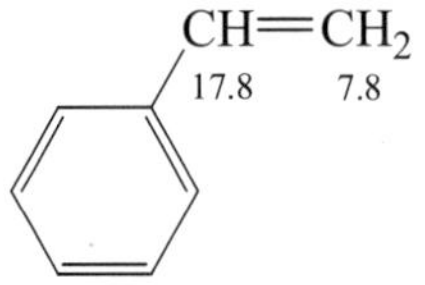

$$T_{1(CH)} : T_{1(CH_2)} = 23 : 13 \approx 2 : 1$$

要识别结构复杂、有较多季碳原子的分子，应用 T_1 值有时是惟一的方法。由于它们所连的邻碳上的氢的数目不同，T_1 值也就不同，由此可以识别它们。

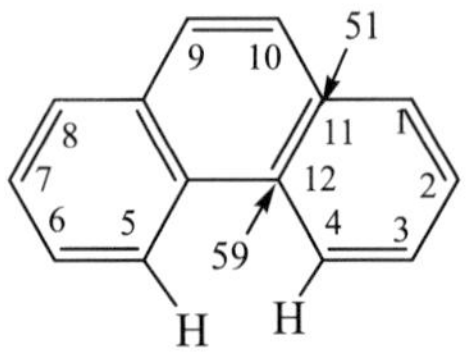

A 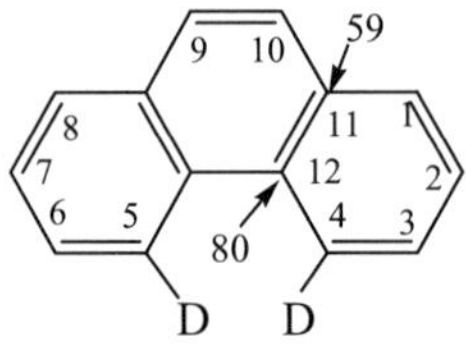　　　　B

例如，在化合物 A 中，C_{11} 和 C_{12} 的碳谱化学位移很靠近，不易归属，而实际上 C_{11} 的 T_1 值应比 C_{12} 的小，因为 C_{11} 邻碳上有两个氢核，而 C_{12} 只有一个，但是测得两者的 T_1 值相差不大（51s 和 59s）。在用氘置换 H_4 和 H_5 后（如 B），T_1 值分别增加到 59s 和 80s，距离氘近的 C_{12} 其 T_1 值的变化应该比较远的 C_{11} 的大，这样就更容易区别 C_{11} 和 C_{12} 了。

2. *研究分子运动*

T_1 可提供如下信息：分子的大小、分子运动的各向异性、分子内旋转、空间位阻、分子的柔韧性、分子（或离子）与溶剂的缔合等。

（1）分子的大小　小分子化合物比大分子化合物在溶液中运动速度快，小分子的碳原子弛豫时间比大分子的长。如环己烷的 $T_1 = 19 \sim 20s$，环癸烷的 $T_1 = 4 \sim 5s$。

（2）分子运动的各向异性　单取代苯环的对位碳原子弛豫时间 T_1 比邻、间位碳原子的 T_1 值短，这主要是苯环的分子运动各向异性所致。苯环以 1、4 位碳原子所构成的轴线旋转比较容易，发生这种旋转只会使邻、间位碳的 SR 弛豫增多，T_1 值变长，对 1、4 位碳的 T_1 值影响较小，因此，通过 T_1 值的比较，可把对位碳从邻、间位碳中区别出来。当苯环上的取代基限制苯环的自由旋转时，如 2,2′,6,6′–四甲基联苯，间位和对位碳原子的 T_1 值差别减小（分别为 3.0s 和 2.7s），取代的吡啶环也发生类似苯环运动的各向异性。

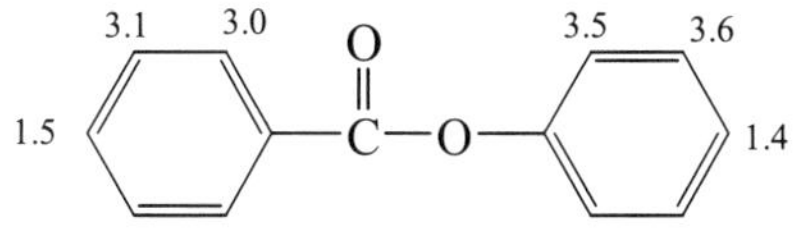

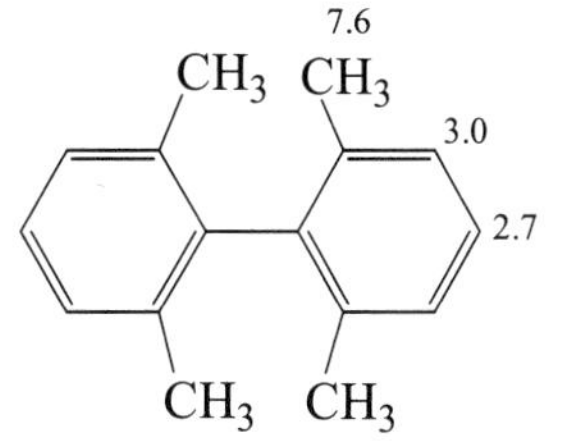

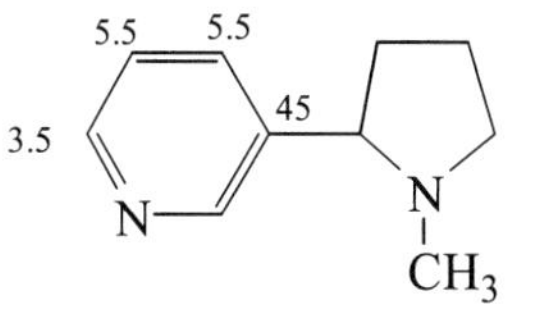

（3）分子内的部分旋转　无论连在刚性分子上或处于长链分子末端的基团（如甲基）都有较大的自由旋转活动性，它们碳核的 T_1 值比预料的大得多，主要由有相当多的 SR 机制所贡献。如正癸烷的甲基碳上有 3 个氢，却比相邻的亚甲基（CH_2）的 T_1 值大。当分子中有重原子取代时，则会降低分子的自由旋转，SR 机制减弱，T_1 值变小，且 T_1 值最小值将向重原子一端移动。如正溴癸烷，与溴相连的 CH_2 的 T_1 值由原来的 8.7s 降到 2.8s，且整个分子的 T_1 值均减小了。羟基或羧基等基团因能形成氢键，能有效地限制分子的旋转运动，T_1 值明显降低。如正癸醇的羟基形成分子间的氢键，T_1 值降低更显著。乙酸也因分子间的氢键旋转较弱，其 T_1 值比乙酸甲酯的要小。

$$\underset{8.7}{CH_3}-\underset{6.6}{CH_2}-\underset{5.7}{CH_2}-\underset{5.0}{CH_2}-\underset{4.4}{CH_2}-C_5H_{11}$$

$$Br-\underset{2.8}{CH_2}-\underset{2.7}{CH_2}-\underset{2.0}{(CH_2)_5}-\underset{3.1}{CH_2}-\underset{3.9}{CH_2}-\underset{5.6}{CH_3}$$

$$HO-\underset{0.7}{CH_2}-\underset{0.8}{CH_2}-\underset{0.8}{(CH_2)_4}-\underset{1.1}{CH_2}-\underset{1.6}{CH_2}-\underset{2.2}{CH_2}-\underset{3.1}{CH_3}$$

$$\underset{10.5}{CH_3}-\underset{29.1}{C}(=O)-OH \qquad \underset{16.3}{CH_3}-\underset{35.0}{C}(=O)-\underset{17.0}{OCH_3}$$

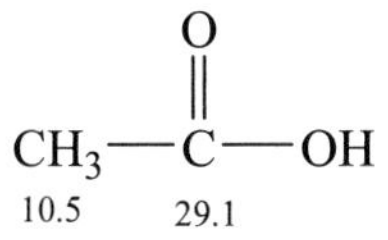

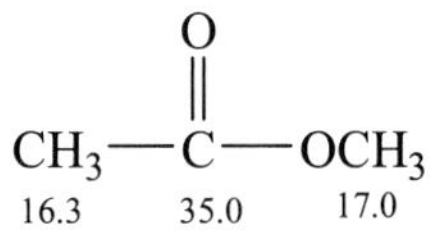

（4）空间位阻　若分子中有空间位阻存在，运动受阻时，SR 弛豫贡献减弱，T_1 值降低。如香醇系列化合物中与烯碳相连的两个甲基，处于顺位的总比反位的 T_1 值小一些。说明顺位甲基的旋转运动受到一定阻碍，而反位甲基受阻较小，旋转速度较快，T_1 值较大。

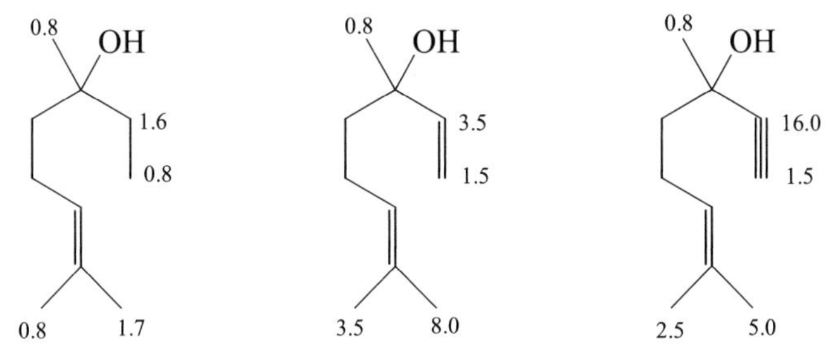

3.9　^{13}C NMR 谱图解析

^{13}C NMR 谱图解析的一般程序为：

（1）由分子式计算不饱和数。

（2）分析 ^{13}C NMR 谱的质子宽带去偶谱，首先识别出溶剂峰、杂质峰，排除干扰。若样品不含氟、磷，质子宽带去偶谱中每一条谱线对应于一种化学环境不同的碳。如果峰数目高于分子中碳原子的数目，可能有杂质峰的存在；若谱峰的数目与分子中的碳原子数目相等，则分子中无对称因素存在，每个碳的化学环境都不相同；反之，谱峰的数目少于分子中碳原子的数目，则分子中存在某种对称结构。样品中若含有氟或磷，要考虑氟或磷的偶合裂分，注意它们与 ^{13}C 之间不仅存在 ^{1}J，而且还存在 ^{2}J、^{3}J 等。

（3）由质子偏共振去偶谱，确定碳原子的级数，并推断可能的基团及与其相连的官能团。按照 $n+1$ 规律，季碳为单峰、叔碳为二重峰、仲碳为三重峰、伯碳为四重峰，由此可计算化合物中与碳原子相连的氢原子数目。若此数目小于分子式中的氢原子数，两者之差值为化合物中的活泼氢原子的数目，说明分子中可能含有—OH，—COOH，$—NH_2$，—NH—等官能团。

（4）分析各峰的 δ_C 值，分析 sp^3，sp^2，sp 杂化的碳各有几种，此判断应符合不饱和数。若某基团的 δ 值较正常值向低场位移较大，说明该碳与电负性大的氧或氮原子相连。由羰基 C=O 的 δ 值可判断为醛、酮类，还是酸、酯、酰胺类羰基。在 sp^2 杂化的芳香环区，由苯环碳吸收峰的数目和季碳数目，判断苯环的取代情况。

（5）综合以上分析，推导出可能的结构，并进行必要的经验计算以进一步验证结构。如有必要时进行偏共振谱的偶合分析及含氟、磷化合物宽带去偶谱的偶合分析。

（6）化合物结构复杂时，需其他谱（如 MS，^{1}H NMR，IR，UV）配合解析，必要时还可以查阅标准谱。

（7）化合物不含氟或磷，而谱峰的数目又大于分子式中碳原子的数目时，可能有以下情况存在：

①异构体　异构体的存在，会使谱峰数目增加。

②常用溶剂峰　样品在处理过程中常用到溶剂，若未完全除去，在 ^{13}C NMR 谱中会产生干扰峰，如残留的高沸点溶剂 DMSO 及 DMF 都会出峰，样品若经过进一步纯化处理，溶剂峰会减弱。

③杂质峰　样品纯度不够，有其他组分干扰。

例　题　三

【例题 3.1】　某未知化合物分子式为 C_7H_9N，碳谱数据如图 3-例 1 所示，试推导其结构。

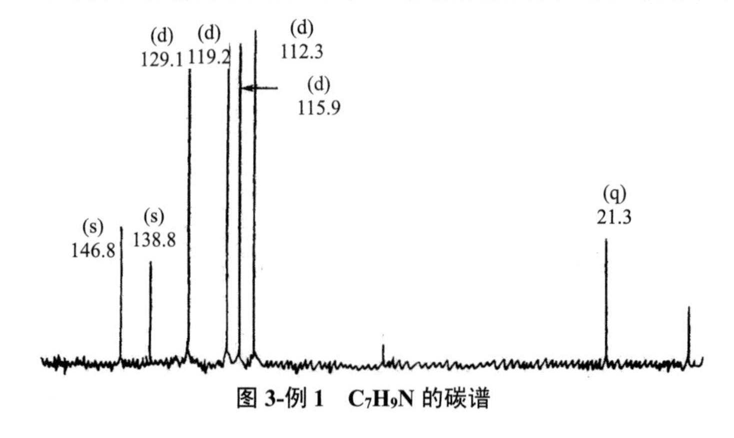

图 3-例 1　C_7H_9N 的碳谱

解析　从分子式计算其不饱和数为 4，可能含有苯环或吡啶环。

谱图出现 7 组峰，与分子式的碳数一致，无对称结构。最高场 21.3ppm，对应 3 个氢，应是甲基，以及低场区 4 组双峰（d）和 2 组单峰（s），共有 7 个氢原子，少 2 个氢原子应是活泼氢，对于本例只能是—NH_2。排除了吡啶环结构，只能是苯环衍生物。低场区的 2 个单峰说明是二取代的苯环，无对称性可知是邻位或间位取代。

由此，可推测该化合物结构为：

NH_2　　CH_3　　1　2

A

NH_2　　1　3　　CH_3

B

$\delta_{C_1} = 128.5 + 19.2 + 0.6 = 148.3$　　　$\delta_{C_1} = 128.5 + 19.2 + 0 = 147.7$

$\delta_{C_2} = 128.5 + (-12.4) + 9.3 = 125.4$　　　$\delta_{C_3} = 128.5 + 1.3 + 9.3 = 139.1$

用式（3.10）计算 A 和 B 碳原子δ_C值，可排除 A，该化合物结构为 B。

【例题 3.2】　某化合物分子式为 $C_5H_{10}O$，由其碳谱如图 3-例 2，推测其结构。

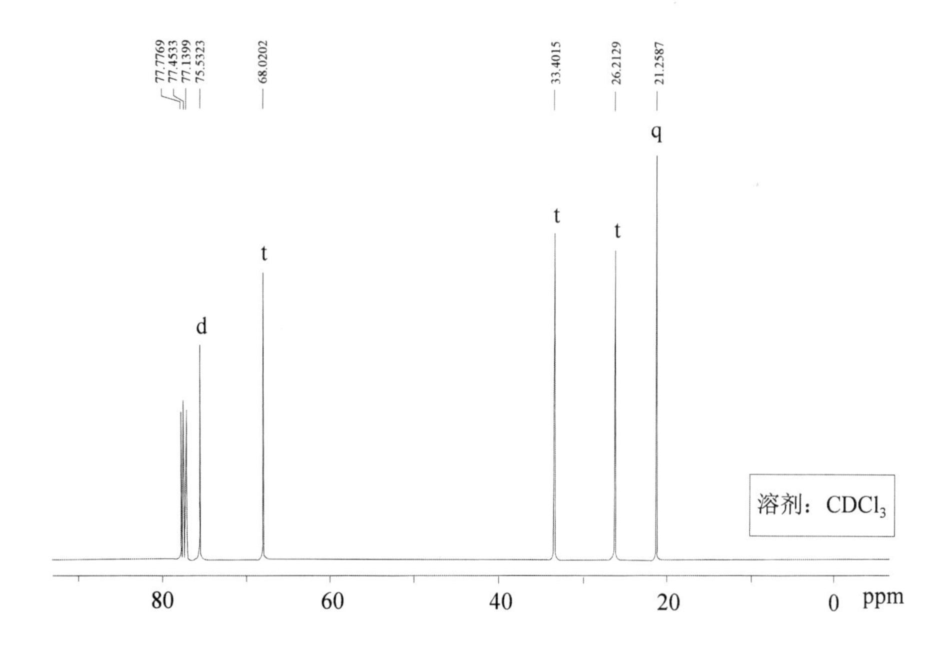

图 3-例 2　$C_5H_{10}O$ 的碳谱

解析　由分子式计算不饱和数为 1，可能有一个双键或环结构。

从碳谱可知，无对称结构也无活泼氢，100ppm 以上没有吸收峰，表明该化合物无 C=C 双键也无羰基官能团，由此推测不饱和数为环结构。

在低场 75.5ppm 和 68.0ppm 的—CH—和—CH_2—，它们只有与杂原子氧相连才有可能达到如此大的化学位移值，根据分子式中只有一个氧原子，可以确定它们与氧组成的结构单元为：—CH—O—CH_2—。高场的 3 组峰显示分子中具有的结构单元还有：—CH_2—，—CH_2—，—CH_3。

综合以上分析，化合物的结构单元有：—CH—O—CH_2—，—CH_2—，—CH_2—，—CH_3，根据成环特点，可推测化合物结构为：

CH_2—CH_2—CH_3 O A　　CH_2—CH_3 O B　　O CH_3 C

查阅表 3-8，对于三、四、五元环的氧杂脂环中，与氧相连的碳化学位移分别为 39.5ppm，72.6ppm，68.4ppm，可以看出只有五元环的化学位移与谱图更接近，因此推测化合物为 C。可用氢谱数据进一步确证。

【例题 3.3】 某化合物分子式为 $C_7H_{12}O_3$，由其氢谱和碳谱（图 3-例 3）推断结构。

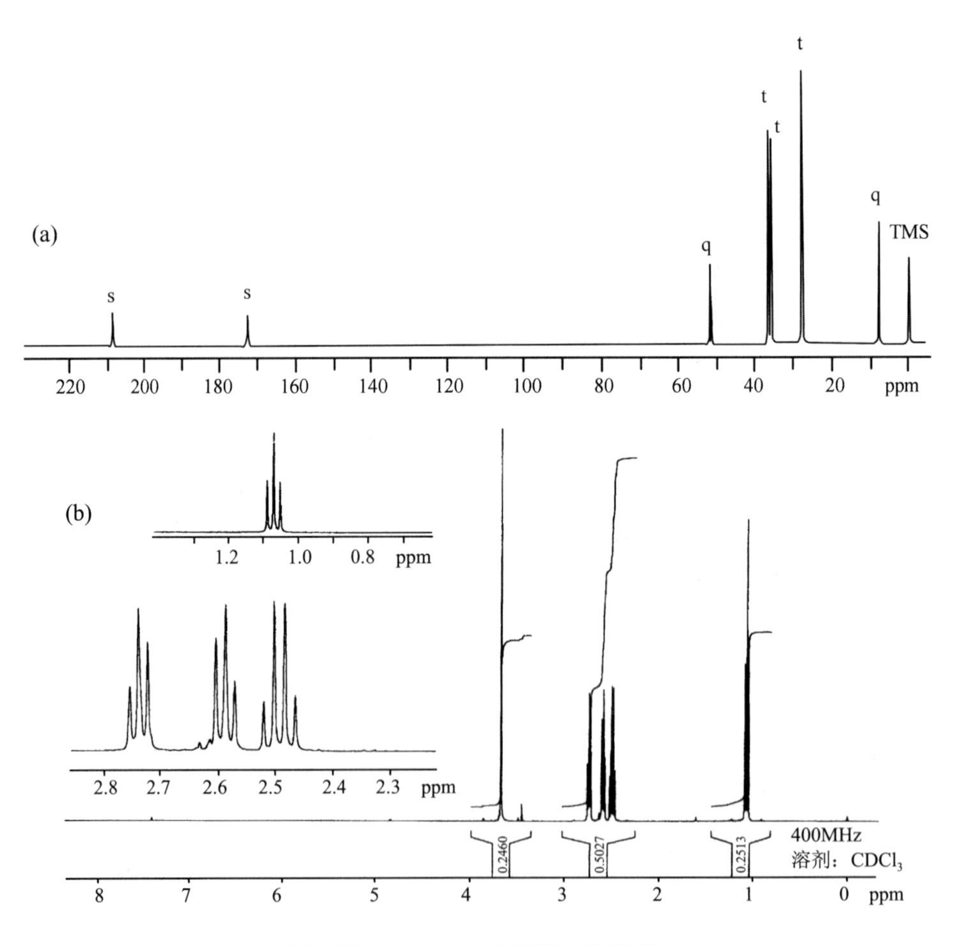

图 3-例 3　$C_7H_{12}O_3$ 的氢谱(b)和碳谱(a)

解析　由分子式计算不饱和数为 2。

从碳谱可以看出无对称结构也无活泼氢，位于 210ppm 的单峰应是酮羰基，位于 174ppm 的单峰是酯羰基，因此该化合物既含有酮（C=O）结构，又含有酯（—COO—）结构，氧原子个数与分子式一致，在高场区的碳谱显示还含有 2 个 CH_3 和 3 个 CH_2。

氢谱中位于 3.7ppm 的单峰，对应 3 个氢原子，应是与杂原子氧相连的甲基，可以进一步推断属于甲酯类化合物—$COOCH_3$。位于最高场 1.07ppm 的甲基显现三重峰，表明该甲基与一个 CH_2 相连构成 CH_3CH_2—。

由此可确定该化合物具有 CH_3CH_2—，—CH_2—，—CH_2—，—CO—，—$COOCH_3$ 结构单元。

在氢谱中位于 2.5ppm 的四重峰对应 2 个氢，即是与甲基相连的 CH_2，该 CH_2 不被进一步裂分，说明是与季碳相连，本例只能与酮羰基（—CO—）相连，因此该化合物结构为：

$$CH_3—CH_2—\overset{\overset{\displaystyle O}{\|}}{C}—CH_2—CH_2—\overset{\overset{\displaystyle O}{\|}}{C}—OCH_3$$

【例题 3.4】　某未知化合物分子式为 $C_{10}H_{10}O$，根据氢谱和碳谱（图 3-例 4），试推出其结构式。

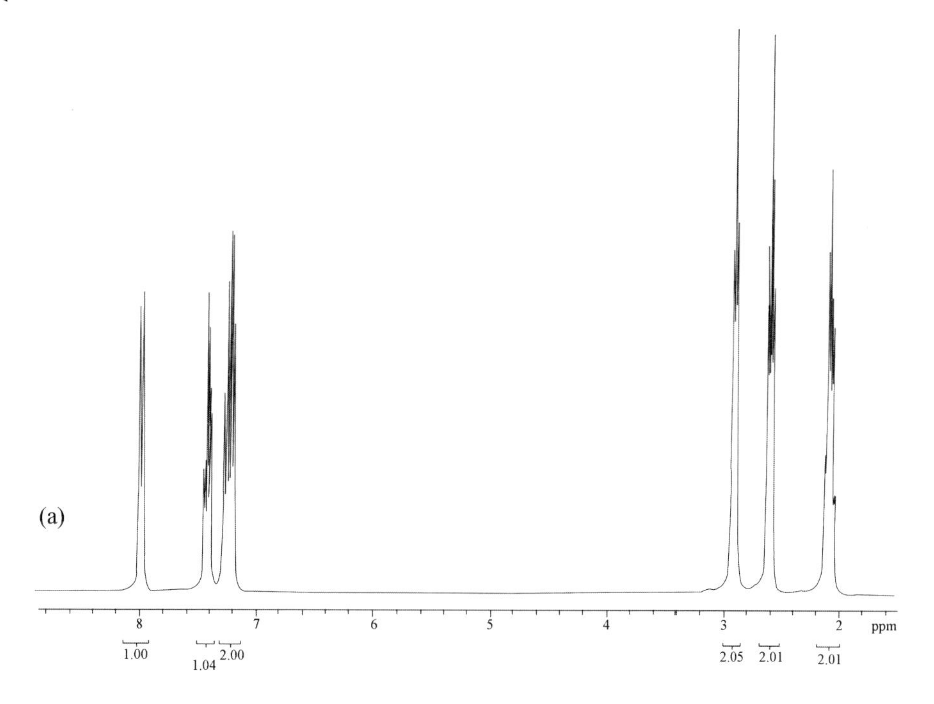

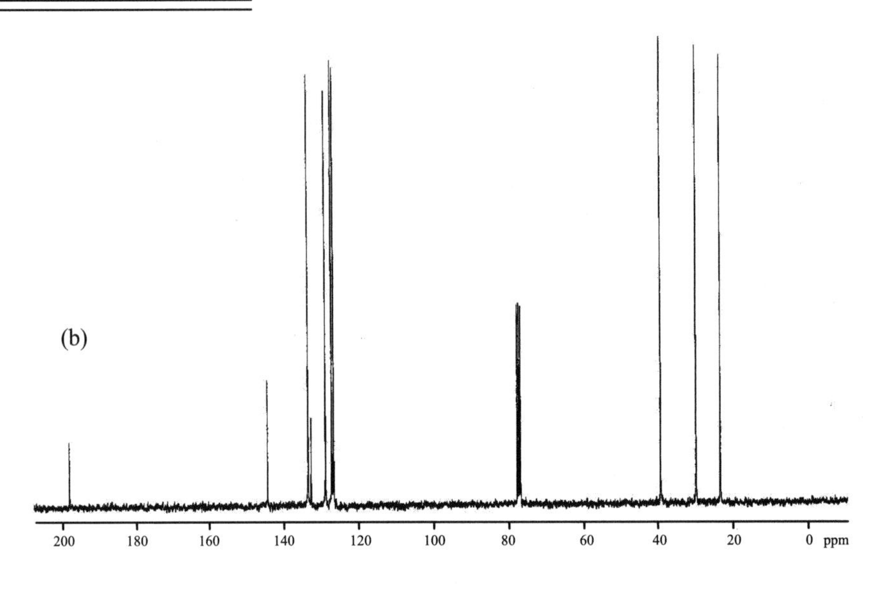

图 3-例 4　$C_{10}H_{10}O$ 的氢谱(a)和碳谱(b)

解析　从分子式计算其不饱和数为 6，可能含有苯环和双键结构。

根据碳谱的峰个数，表明无对称结构。在最低场 198ppm 的峰应是羰基吸收峰，氢谱中无醛氢峰，因此是酮羰基。其化学位移小于 200ppm，可推测羰基与其他基团有共轭效应。

氢谱和碳谱都显示有苯环结构，从氢谱芳香区的质子个数可以看出是二取代的苯。因无对称结构，可排除对二取代苯。在 7.5ppm 附近的 2 个氢出现多重峰，应是一个三重峰和一个二重峰重叠而起，以及 8.0ppm 的双峰，这些是典型的邻二取代苯的特征，可以推断是邻二取代苯。若是间二取代苯，两个取代基中间一个质子应呈现单峰峰形（粗看）。

碳谱的高场区出现 3 类饱和碳的信号，与氢谱的高场区 3 组峰相对应，可确定有 3 个 CH_2。

综合以上分析，该化合物的结构单元有：邻二取代苯、羰基 C=O 和 3 个 CH_2，C、H、O 数目与分子式一致。另一不饱和数应是环结构，因此可推测化合物结构为：

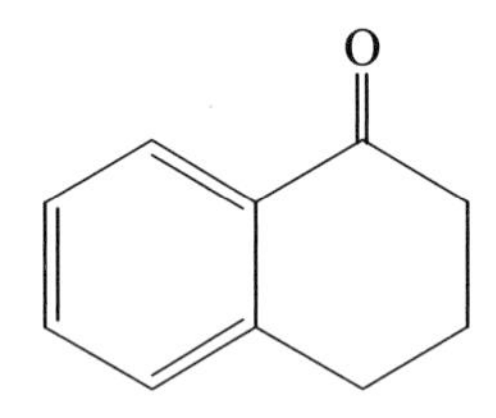

习　题　三

【习题 3.1】　已知化合物的分子式为 $C_{10}H_{12}O$，根据碳谱（图 3-习 1）推测结构。

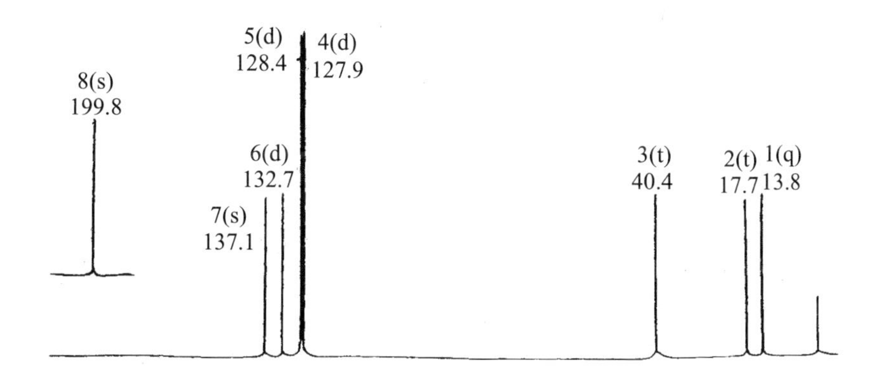

图 3-习 1　$C_{10}H_{12}O$ 的碳谱

【习题 3.2】　已知化合物的分子式为 $C_{16}H_{22}O_4$，根据氢谱和碳谱（图 3-习 2）推测结构。

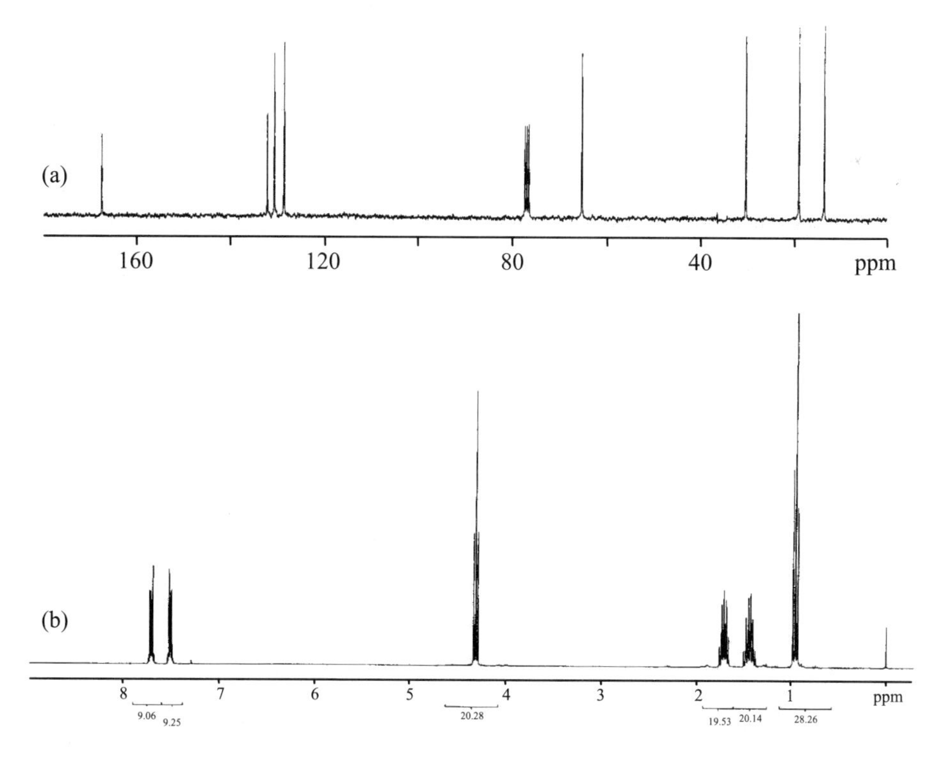

图 3-习 2　$C_{16}H_{22}O_4$ 的碳谱(a)和氢谱(b)

【习题 3.3】 已知化合物的分子式为 $C_7H_8O_2$，根据氢谱和碳谱（图 3-习 3）推测结构。

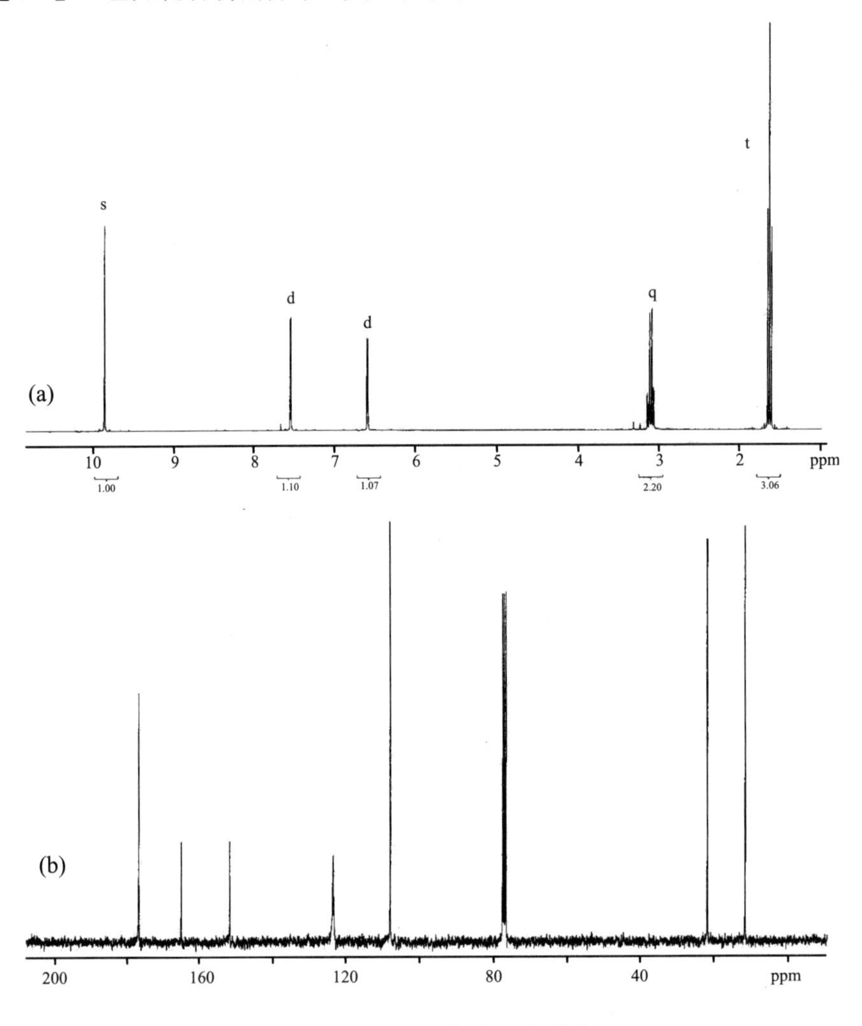

图 3-习 3 $C_7H_8O_2$ 的氢谱(a)和碳谱(b)

【习题 3.4】 已知化合物的分子式为 C_5H_9N，根据氢谱和碳谱（图 3-习 4）推测结构。

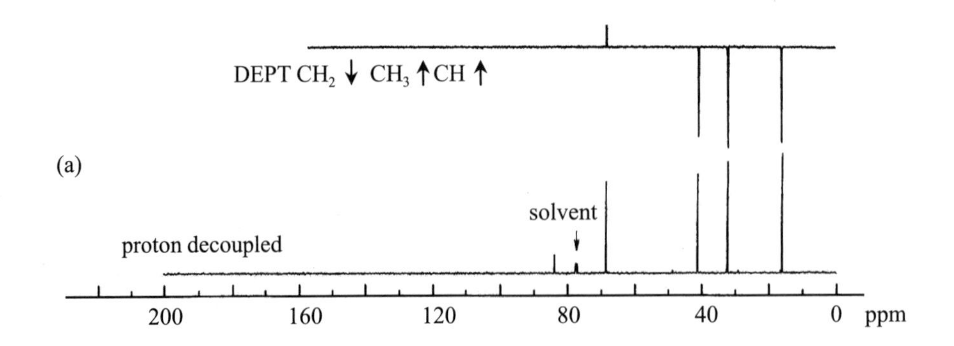

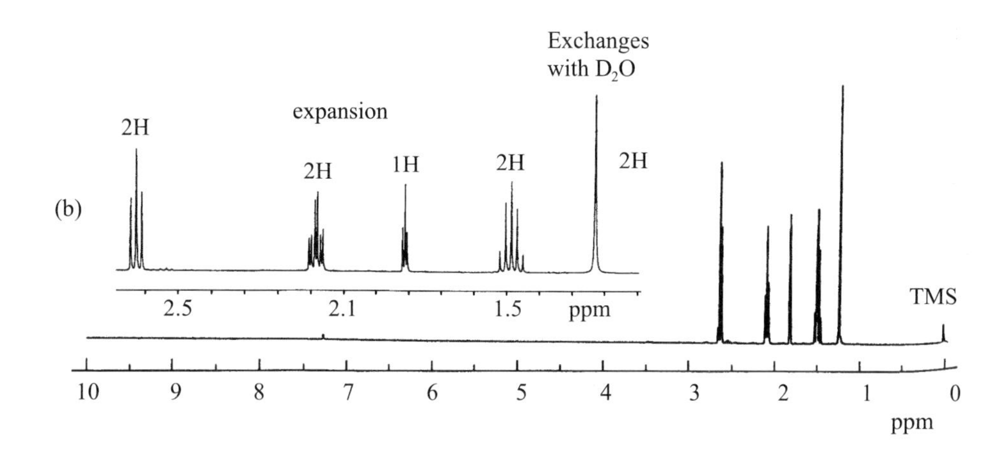

图 3-习 4　C_5H_9N 的碳谱(a)和氢谱(b)

【习题 3.5】　已知化合物的分子式为 $C_8H_{10}O$，根据氢谱和碳谱（图 3-习 5）推测结构。

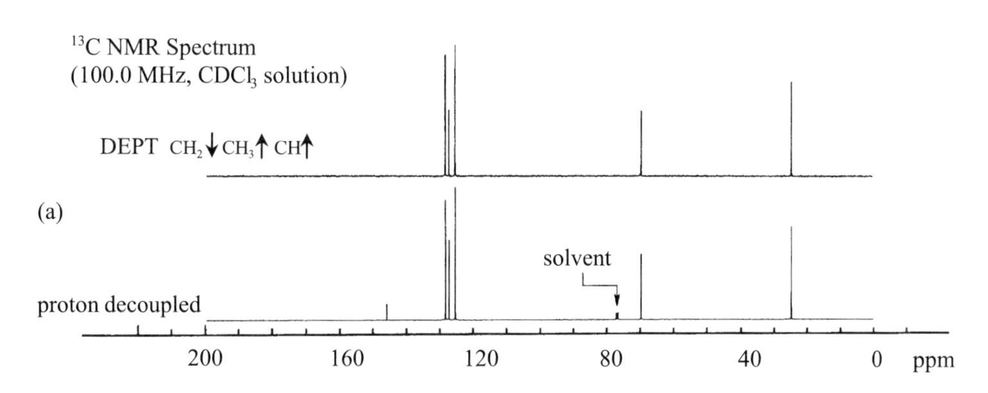

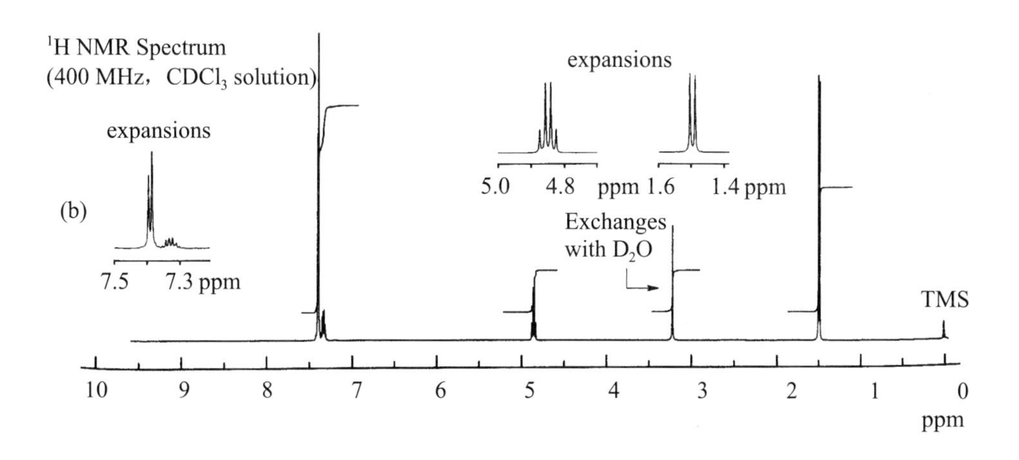

图 3-习 5　$C_8H_{10}O$ 的碳谱(a)和氢谱(b)

【习题 3.6】 已知化合物的分子式为 $C_5H_9BrO_2$，根据氢谱和碳谱（图 3-习 6）推测结构。

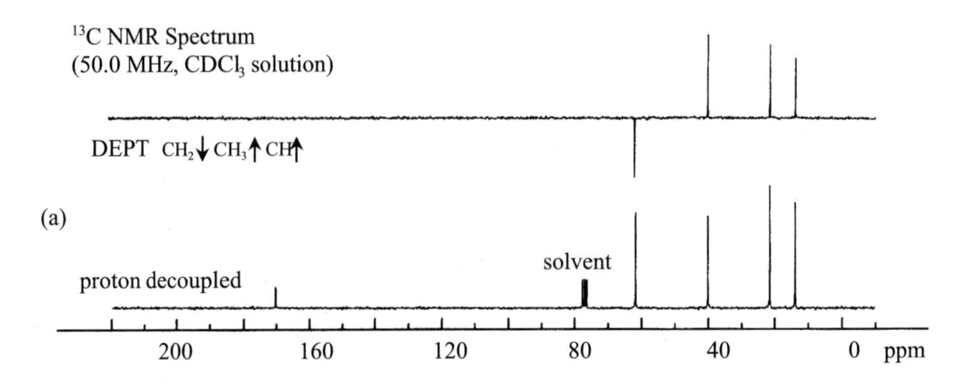

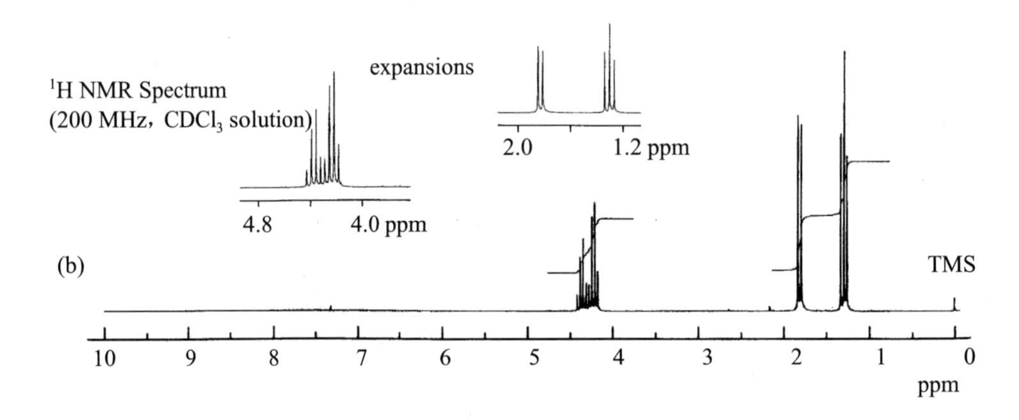

图 3-习 6 $C_5H_9BrO_2$ 的碳谱(a)和氢谱(b)

第 4 章

二维核磁共振谱

4.1 概 述

4.1.1 二维核磁共振谱的基本原理

1971 年，Jeener 首次提出了具有两个时间变量的核磁共振实验，导出了二维核磁共振（Two–Dimensional NMR，2D）的概念，但当时并未引起足够的重视。直到 Ernst 小组成功地实现了二维核磁共振实验后，才使二维核磁共振技术进入一个全新的时代。20 世纪 80 年代是二维核磁共振迅速发展的 10 年，各种各样的脉冲序列不断出现，使二维核磁共振谱在有机化合物结构鉴定以及溶液中分子的三维空间结构的测定和分子动态过程的研究等领域中得到广泛的应用，特别是近年来发展的多维核磁共振技术，已成为研究生物大分子（如蛋白质、核酸等）最有效的方法。

2D NMR 的特点是将化学位移、偶合常数等核磁共振参数展开在二维平面上，这样在一维谱中重叠在一个频率坐标轴上的信号分别在两个独立的频率坐标轴上展开，这样不仅减少了谱线的拥挤和重叠，还提供了自旋核之间相互作用的新信息。这些对推断一维核磁共振图谱中难以解析的复杂化合物结构具有重要作用。

通常的一维核磁共振实验，一个脉冲过后，就立即进行数据采集，得到 FID（自由感应衰减，Free Induced Decay）信号，它只是一个频率的函数，共振峰分布在频率轴横轴上，纵轴表示信号强度，可表示为 $S(F)$。如果一个脉冲过后，经过一段时间的延迟再进行下一个或多个脉冲，才开始数据采集，会得到自旋核之间一些有用的信息。二维 NMR 实验就是通过特殊的脉冲序列来获得自旋核之间各种信息的。

二维 NMR 实验的脉冲序列一般由四个区域组成：预备期 D_1（preparation），演化期 t_1（evolution），混合期 τ_m 和检测期 t_2（如图 4-1 所示）。

预备期（D_1） 使自旋体系恢复 Boltzmann 分布，而处于初始热平衡状态。理论上应取 $D_1 \geqslant 5T_1$（T_1 为纵向弛豫时间），但为节省时间，实验中一般取 $D_1=(2\sim3)T_1$。

演化期（t_1） 在预备期末，施加一个或多个 90°脉冲，使系统建立共振非平衡状态。演化时间 t_1 是以某固定增量 Δt_1 为单位，逐步延迟 t_1。每增加一个 Δt_1，其对应的核磁信号的相位和幅值不同。因此，由 t_1 逐步延迟增量 Δt_1 可得到二维实验中的另一维信号，即 F_1 域的时间函数。

混合期（τ_m） 由一组固定长度的脉冲和延迟组成。在混合期自旋核间通过相干转移，使 t_1 期间存在的信息直接影响检测期信号的相位和幅值。根据二维实验所提供的信息不同，也可以不设混合期。

检测期（t_2） 在检测期 t_2 期间采集的 FID 信号是 F_2 域的时间函数，所对应的轴通常是一维核磁共振谱中的频率轴，即表示化学位移的轴。但检测期 t_2 期间采集的 FID 信号都是演化期 t_1 的函数，核进动的磁化矢量具有不同的化学位移和自旋偶合常数，其 FID 信号是这些因素的相位调制的结果。因此，通过控制时间长度可使某期间仅表现化学位移的相位调制，而某期间又仅表现自旋偶合的相位调制，通过施加不同的调制就产生了各种不同的二维核磁共振谱。

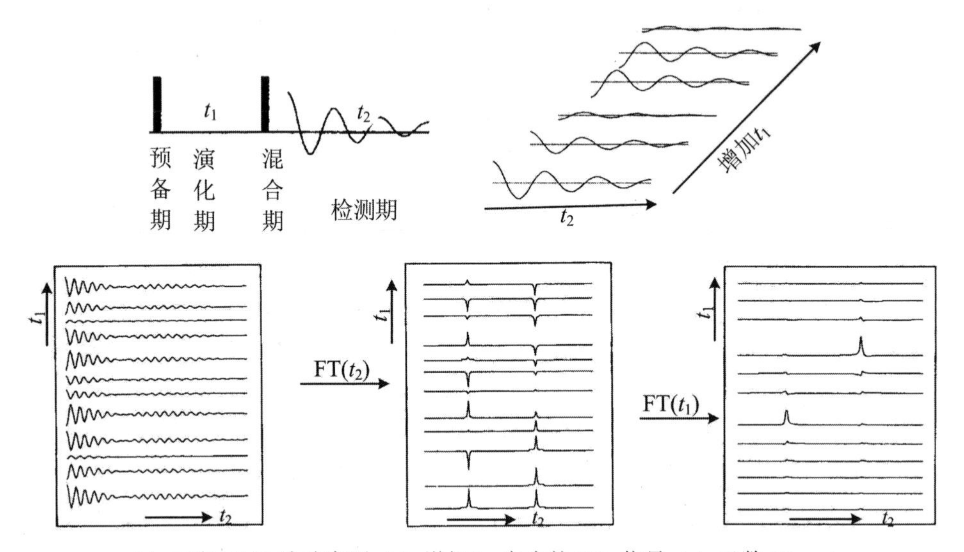

(a) 二维 NMR 脉冲序列; (b) 增加Δt_1产生的 FID 信号; (c) 函数 $S(t_1, t_2)$;

(d) 傅立叶转换对 t_2 进行变换; (e) 傅立叶转换对 t_1 进行变换

图 4-1 二维 NMR 实验的脉冲序列

二维核磁共振的关键是引入了第二个时间变量——演化期 t_1。二维谱学的原理可以这样理解，处于 Boltzmann 平衡态的宏观磁化矢量（或磁化强度）与 z 轴同向，以自旋态 I_z 表示。当样品中核自旋被一个 90°脉冲激发后，产生横向磁化强度（I_y 态），它以确定频率进动，并且这种进动行为将延续一段时间，表征这一特性的是横向弛豫时间 T_2。对液体来说，T_2 一般为几秒。然后横向磁化矢量通过弛豫回到平衡态，就是所谓的相干演化（coherence evolves）。通过检测期可以记录演化期 t_1 中核自旋的行为，即在演化期内从 $t_1 = 0$ 开始，用某个固定的时间增量Δt_1 逐步延迟时间 t_1 进行一系列实验，每增加一个Δt_1 产生一个单独的 FID，得到 N_i 个 FID。这样获得的信号表示成两个时间变量 t_1 和 t_2 的函数 $S(t_1，t_2)$，如图 4-1c 所示，再经两次 Fourier 变换，一次对 t_1，一次对 t_2，得到以两个频率为函数的二维核磁共振谱 $S(F_1，F_2)$。因此，二维核磁共振谱是通过记录一系列的一维核磁共振谱获得的，每个相邻的一维核磁共振谱的差别仅在于脉冲程序内引入时间增量Δt_1 所产生的相位和幅值的不同。

4.1.2 2D NMR 谱的分类

二维核磁共振谱可分为 J 分解谱、相关谱和多量子谱。

1. 二维 J 分解谱

二维 J 分解谱一般不提供比一维 NMR 谱更多的信息，只是将谱峰的化学位移和偶合常数分别在两个不同的坐标轴上展开，便于解析复杂谱峰的偶合常数。二维 J 分解谱不存在混合期 τ_m，在演化期利用自旋回波产生 J 调制，只保留不同的核在演化期 t_1 内的偶合进动。

二维 J 分解谱包括同核 J 分解氢谱和异核 J 分解碳谱。

2. 二维相关谱

二维相关谱是在演化期 t_1 中对某核进行标记，在混合期 τ_m 中把 t_1 期间的相干传递给另一个核的相干（是通过 J 偶合作用传递的），以供 t_2 期间的检测。二维相关谱是二维核磁共振谱的核心，它表明核磁共振信号之间的相关性。

3. 二维多量子谱

通常所测定的核磁共振谱为单量子跃迁（$\Delta m = \pm 1$），用特定的脉冲序列可以检测出多量子跃迁，得到多量子跃迁的二维核磁共振谱。

二维多量子跃迁实验可以得到天然丰度较低的 ^{13}C 核相互连接的信息。

4.1.3 二维核磁共振谱的表现形式

1. 堆积图

堆积图由很多条“一维”谱线紧密排列构成（如图 4-2a），这种图能直观地显示谱峰的强度信息，具有立体感。但对于复杂分子，强峰附近可能隐藏较弱小的峰，而不能被检测。此外，作图也耗时较多。

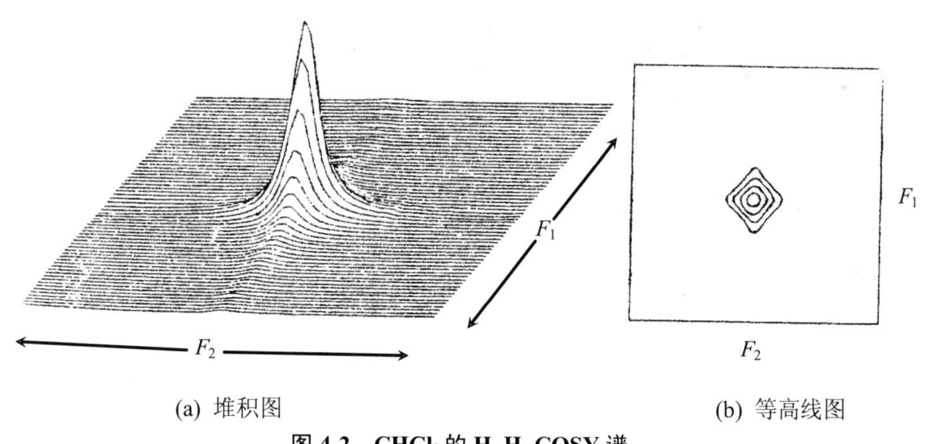

(a) 堆积图　　(b) 等高线图

图 4-2　$CHCl_3$ 的 H, H–COSY 谱

2. 等高线图

它是把堆积图用平行于 F_1 和 F_2 域的平面进行平切后所得（如图 4-2b），最中心的圆圈表示峰的位置，圆圈的数目表示峰的强度。等高线图所保留的信息量取决于平切平面的位置，如果选得太低，噪音信号被选入会干扰真实信号，如果选得太高，一些弱小的信号又被漏掉。这种图的优点是易于指认，绘图时间短，故广为采用。

3. 断面图

它是从二维堆积图中取出某一个谱峰作垂直于 F_1 和 F_2 域的截面而表现出的谱图。这种图易于准确读取偶合常数。

4. 投影图

它是一维谱形式，相当于宽带质子去偶的氢谱，用来准确读取化学位移值。

4.2 二维 *J* 分解谱

在一维核磁共振谱中，常常观察到谱峰密集地排布在一个较小的化学位移范围内，对偶合常数的测定以及对化合物结构的确定带来很大的困难。过去，一直致力于不断地提高磁场强度，希望使密集的谱峰达到分开的目的。而另一种途径，就是把复杂的图谱分解成较易解析的简单谱，二维核磁实验为谱的分解打开了新的局面。二维 *J* 分解谱（2D *J*–Resolved Spectroscopy）就是把化学位移与谱峰的裂分完全分开，在一维上（如 F_2 域）显示化学位移，在另一维上（如 F_1 域）表现该核被其他核偶合裂分的情况，这样可以清楚地读取核与核之间的偶合常数。所以，在二维谱的发展过程中，最早引起注意的就是分解谱，它包括同核二维 *J* 分解氢谱和异核二维 *J* 分解碳谱。

4.2.1 同核二维 *J* 分解氢谱

同核二维 *J* 分解氢谱（Homonuclear 2D *J*–Resolved ^{1}H NMR Spectroscopy）脉冲序列为：

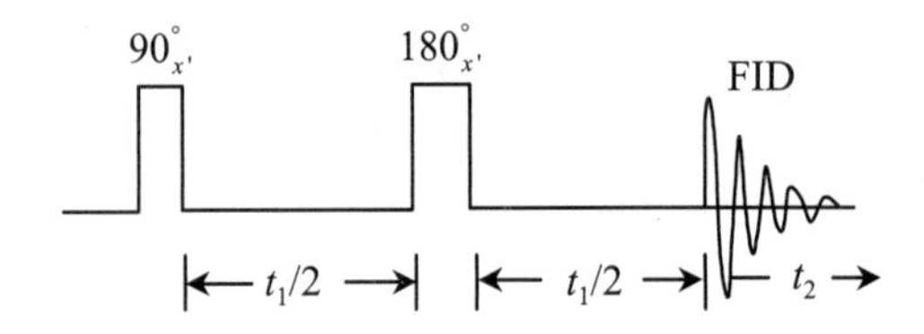

对于氢核 A 和氢核 X 组成的同核偶合 AX 体系，当一个 90°脉冲将 A 核的宏观磁化矢量作用到 *y* 轴上时，与其偶合作用的 X 核的两种取向（α态和β态）使 A 核分成两个磁化矢量，并在 *xy* 平面内进动，一种是快矢量 $\nu_A + J/2$，另一种是慢矢量 $\nu_A - J/2$（图 4-3b）。当加上 180°脉冲后，由于 180°脉冲没有选择性，A 核的 180°脉冲也同时作用在 X 核上，一方面使 A 核的磁化矢量翻转到对称位置上（如图 4-3c 所示），另一方面也使 X 核的自旋态反转，即原来的α态变成β态，β态变成α态，导致与其偶合的 A 核两分量彼此交换，原先快矢量变成慢矢量，慢矢量变成快矢量，这样便产生自旋回波。同核二维 *J* 分解氢谱实验就是根据 *J* 调制的自旋回波来分解化学位移与 *J* 偶合的。

在一维谱中，当化学位移相差不大时，谱带往往相互重叠，每种核的裂分峰形不能清楚地反映出来，偶合常数也不易读取。在同核二维 *J* 分解氢谱中，只要化学位移略有不同，谱带的重叠即可避免，就能从谱图中分辨出谱线的精细结构。

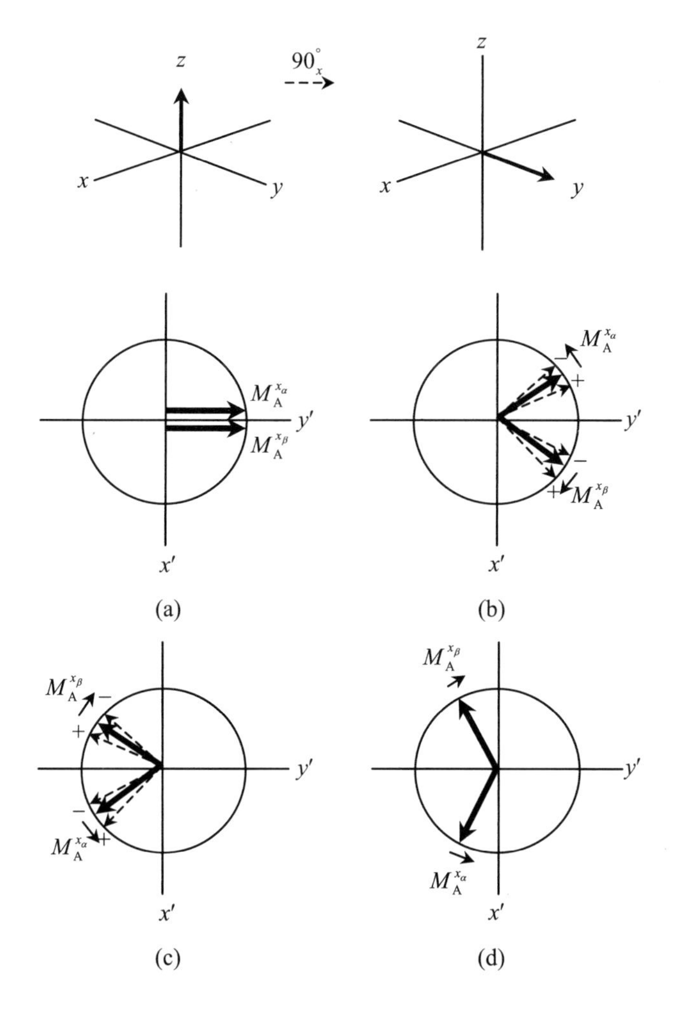

图 4-3　同核 AX 体系的自旋回波示意图

同核二维 J 分解氢谱的 F_2 域为 ^{1}H 化学位移，F_1 域为 J 偶合裂分，可从中读取偶合常数值。

图 4-4a 所示为紫草素 **1**（Semburin）的部分 ^{1}H NMR 谱，图 4-4b 所示为其二维 J 分解氢谱，以 ppm 为单位的 F_2 域为 ^{1}H 化学位移，以 Hz 为单位的 F_1 域表示 J 偶合裂分。在图 4-4a 中，化学位移δ=3.65～3.77ppm 的谱线重叠，无法得到细小的 J 值。但从二维 J 分解氢谱图 4-4b 中可以看出，重叠的峰在 F_1 域展开，很容易准确读出它们的化学位移的值（δ3.72ppm 和 δ3.69ppm）和精细的偶合裂分。如位于δ3.69ppm 的 H_{3eq}，在 F_1 域断面图中，清楚地读出属于 ddd 体系偶合成的八重峰，它是与同碳氢 H_{3ax}（^2J = 11.6Hz）、H_4（^3J = 5.5Hz）和 H_5（^4J = 1.5Hz）的“W”型远程偶合的结果。H_{7ax} 被同碳氢 H_{7eq} 和 6 位的两个氢偶合成八重峰（ddd），从图中读出 J 值分别为 11.6Hz，6.9Hz，4.2Hz。

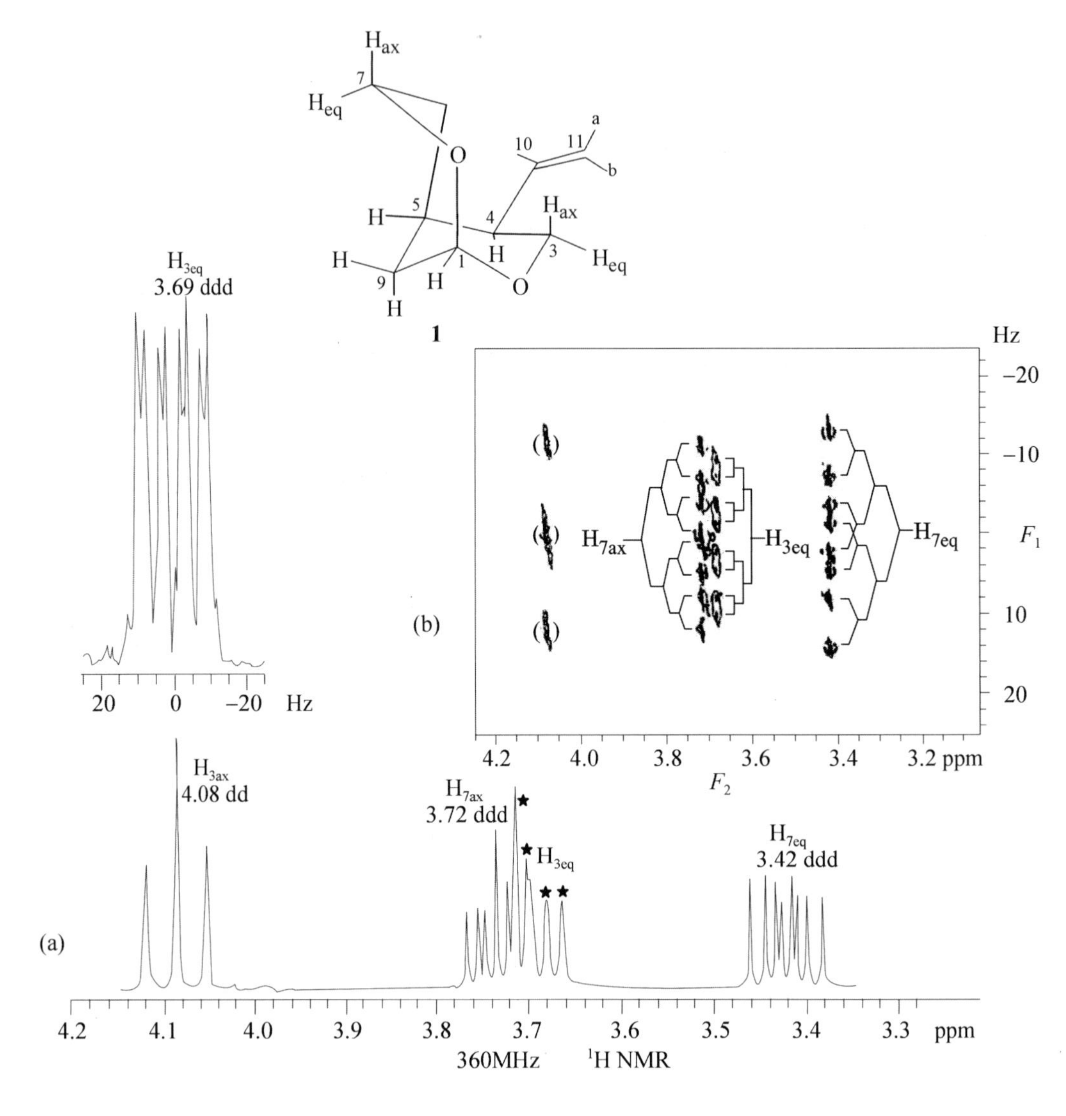

(a) 紫草素 1（Semburin）的部分 ^{1}H NMR 谱 (b) 二维 J 分解氢谱

图 4-4

图 4-5 所示为一种昆虫拒食激素 **2** 的同核二维 J 分解氢谱。图 4-5a 所示为部分 ^{1}H NMR 谱，质子的每组多重峰的化学位移都可以从投影图（图 4-5c）中准确读出；断面图 4-5d 清晰地显示了每组峰的精细裂分。如在图 4-5a 所示中不能解析 $H_{3'a}$ 的多重峰可从它的断面图 4-5d 所示上得到解析。

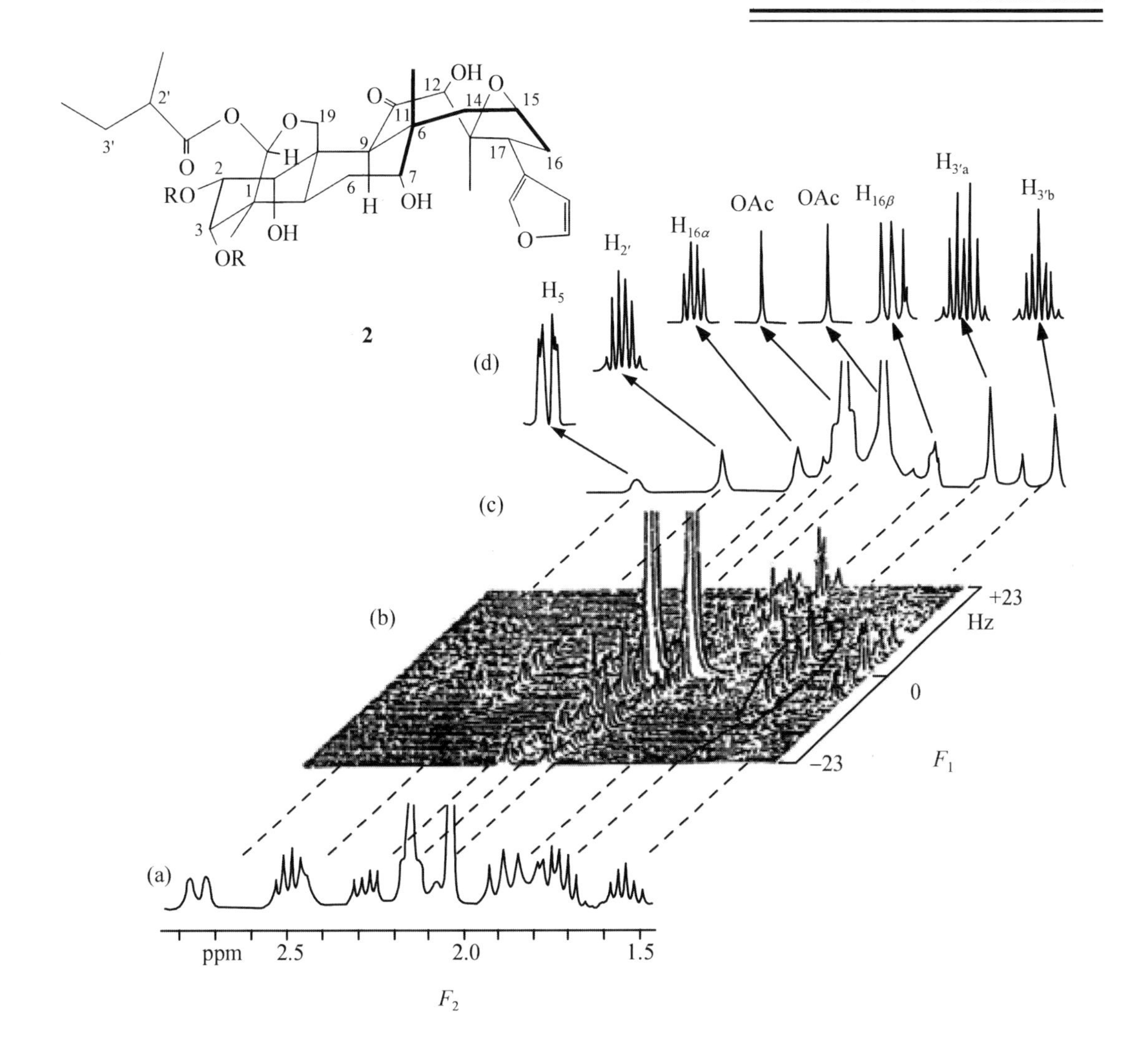

(a) 部分 ^{1}H NMR 谱　(b) 堆积图　(c) 投影图　(d) 断面图

图 4-5　化合物 2 的同核二维 *J* 分解氢谱

用二维 *J* 分解氢谱有一个前提条件，即谱图必须属于一级谱，才能清楚地显示各峰形。对于强偶合体系的二级谱，谱线复杂，即使在二维 *J* 分解氢谱中也达不到其典型的分解效果。如某 ABX 的二级谱中（图 4-6a），AB 属于强偶合体系，谱线不易归属。当磁场强度从 200MHz 增加到 600MHz 时，AB 两核的化学位移分开，谱图近似为一级谱，表现出 AMX 偶合体系，这时二维 *J* 分解氢谱中可清楚地反映出每个峰组的裂分情况，如图 4-6b 所示。

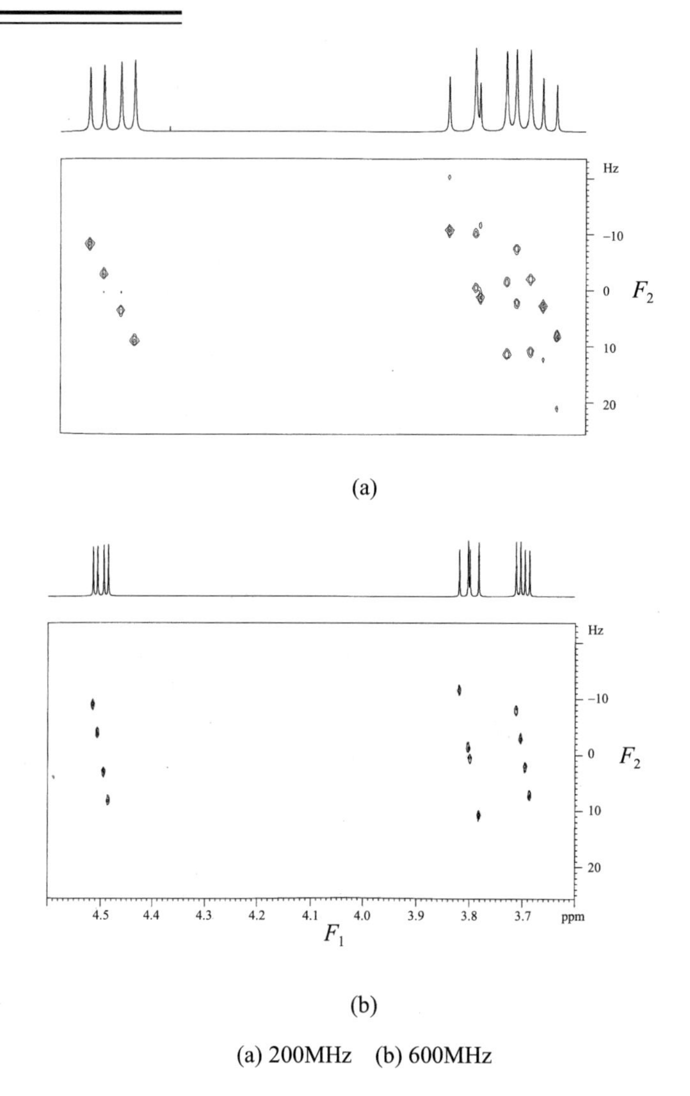

(a) 200MHz (b) 600MHz

图 4-6 某 ABX 体系的二维 *J* 分解氢谱

4.2.2 异核二维 *J* 分解碳谱

异核二维 *J* 分解碳谱（Heteronuclear 2D *J*–Resolved ^{13}C NMR Spectroscopy）的 F_2 域为 ^{13}C 化学位移，谱线为宽带去偶的表现形式。F_1 域是 ^{13}C 核被与该碳相连的 ^1H 核偶合裂分的多重结构，与一维 ^{13}C 谱中的偏共振去偶一致，即季碳是单峰，CH 是二重峰，CH_2 是三重峰，CH_3 是四重峰。因此，异核二维 *J* 分解碳谱将 ^{13}C 化学位移与 C—H 偶合峰完全分离，谱图清晰，并可测出 $^1J_{CH}$ 值。

图 4-7 所示为薄荷醇 **3** 的异核二维 *J* 分解碳谱，从 F_2 域可确定它的 ^{13}C 化学位移，F_1 域上可以看出 CH_3、CH_2 或 CH 基团的偶合多重度，同时可量出 $^1J_{CH}$ 偶合常数。例如，C_1 的化学位移因与氧原子相连应在最低场，为 71ppm，在 F_2 域的垂线上出现两处等高线圆圈图，表示 C_1 只有一个氢与之相连，两圆圈的中心距离为 $^1J_{CH}$ 值。通过 C_6 的 F_2 域的垂线上出现三个圆圈

图，表明该碳上有2个氢，为亚甲基 CH_2。

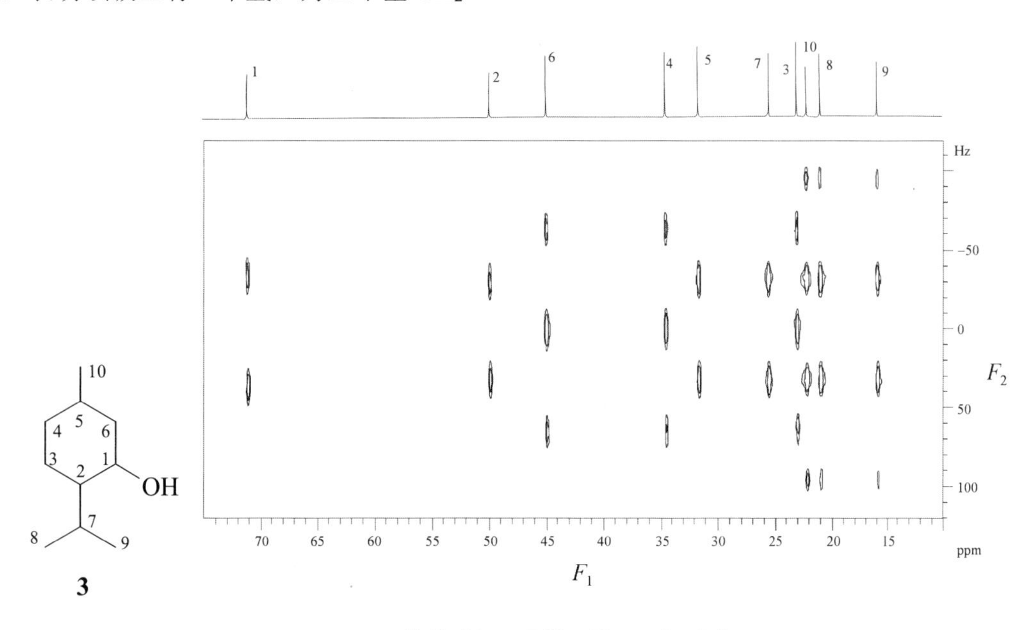

图 4-7　薄荷醇的 3 异核二维 *J* 分解碳谱

4.3　二维相关谱

在有机分子结构的解析中，二维相关谱（2D COSY, Correlation Spectroscopy）是最可靠、最常用的方法之一，它比二维 *J* 分解谱更重要，已成为化学、生物学工作者研究分子结构的常规技术。相关谱的特点是设有混合期，在混合期里相互作用的核之间会发生极化或相干转移，了解这种相干转移过程便是二维相关谱的核心问题。

自旋核之间的相干转移效率一方面取决于自旋体系的性质，如结构特点、动力学和分子化学特性等，另一方面也依赖于二维实验所用混合期的性质。在通常的二维核磁共振实验中，自旋体系主要存在两种相互作用影响相干转移的效率。一种作用是通过化学键的标量自旋－自旋偶合（*J* 偶合），这在 1D NMR 谱中已经很熟悉了，它引起了核的谱线裂分。这种偶合只是在相隔几个化学键的情况下才会产生，因此对研究有机化合物结构和说明分子中原子间的连接十分有用。此外，*J* 偶合的大小对单键和双键扭转角的改变很敏感，因此对分子的空间结构（构象分析）也提供重要信息。另一种相互作用是两自旋核通过空间进行的偶极－偶极偶合作用，空间相邻的自旋核因偶极－偶极作用而产生的相互弛豫，称为交叉弛豫，分子内的交叉弛豫产生核的 NOE 效应。NOE 效应的大小依赖于可发生交叉弛豫的两个核之间的距离，因而可以测定分子内的原子间的距离。实际上，在二维核磁共振实验中，*J* 偶合作用得到的信息即是 COSY 相关谱，偶极－偶极偶合作用产生的信息就是 NOSY 谱，在结构信息上两者相互补充。本节主要介绍由 *J* 偶合作用产生的 COSY 谱，它包括同核化学位移相关谱（氢－氢化学位移相关谱）和异核化学位移相关谱（碳－氢化学位移相关谱）。

4.3.1 氢－氢化学位移相关谱

氢－氢化学位移相关谱是指在同一个偶合体系中的质子之间的偶合相关性，以确定质子的连接顺序。它包括 H,H–COSY90°、H,H–COSY45°、相敏 COSY、双量子滤波 COSY 和远程 H,H–COSY 谱等，前四种 COSY 谱通过交叉峰揭示相邻碳氢偶合 $^3J_{HH}$ 以及不等价的同碳氢偶合 $^2J_{HH}$ 关系，后一种 COSY 谱通过增加延迟时间，得到的交叉峰可显示远距离的偶合关系。

1. H,H–COSY 90°谱

H,H–COSY 90°谱的脉冲序列：

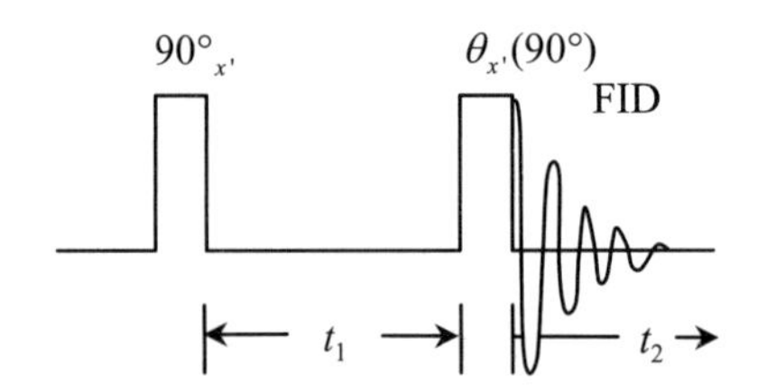

以 AX 自旋体系为例。在预备期末，加入一个 90°脉冲，使 AX 自旋体系产生四个横向磁化矢量，这是由于核 A 与核 X 有偶合关系（J_{AX}），故核 A 存在两个磁化矢量，同样核 X 也有两个磁化矢量。在演化期 t_1 内这四个磁化矢量在 x 轴和 y 轴组成的平面内绕 z 轴转动，转动的频率分别是：$\nu_A \pm J_{AX}/2$ 和 $\nu_X \pm J_{AX}/2$。随后的第二个 90°脉冲，使核 A 与核 X 的磁化矢量交换，进行极化转移。极化转移的强度决定于演化期 t_1 的转动频率，即与 ν_A、ν_X 和 J_{AX} 有关。此后检测期记录 FID 信号，再进行 FT 变换得到二维 H, H–COSY 90°谱。

图 4-8 所示是 AX 自旋体系的 H,H–COSY 谱的示意图，F_1 域和 F_2 域均为氢核的化学位移，在图中有两类谱峰，一类是落在对角线上的对角峰，另一类是偏离对角线以外的交叉峰。两组对角峰的中心位置即是（ν_A，ν_A）和（ν_X，ν_X），ν_A 和 ν_X 的值也就是核 A 和核 X 的化学位移，两组交叉峰的中心位置分别是（ν_A，ν_X）和（ν_X，ν_A）。由于核磁化作用是向着两个方向转移的，这两组交叉峰是以对角线互相对称，可与对角线上的两组对角峰连成正方形，并由此推测核 A 和核 X 具有偶合关系。因此，交叉峰的出现表示这两个核之间存在着标量偶合，说明分子中这两个氢核在结构上存在某种连接关系（一般是邻位氢或化学不等价的同碳氢）。

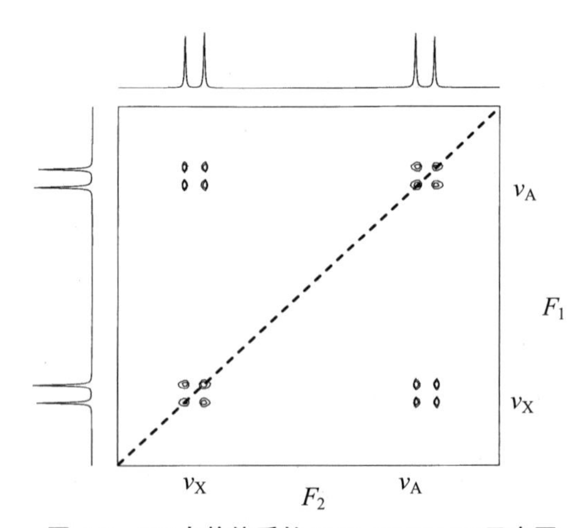

图 4-8　AX 自旋体系的 H,H–COSY 90°示意图

如果一个氢核与多个氢核有偶合关系，则形成数个正方形，这样，通过 H,H–COSY 谱就可以非常方便地确定与该氢有偶合关系的所有氢核位置。

图 4-9 所示为谷氨酸 **4**（glutamic acid）的 H,H–COSY 90°谱。谱图最上面和左边的峰是一维核磁共振氢谱。对角线上有三组峰，分别对应一维核磁谱上的三组谱峰。由对角峰和交叉峰画出两个正方形，进而可找到相互偶合的氢核的位置。位于低场δ3.80ppm 的三重峰是 C_2 上的氢，从 CH(2)入手，画出一个正方形交在对角线上的一组峰，即是与 C_2 相连的 CH_2(3)的位置，从 CH_2(3)的对角峰画出另一个正方形，可找出 CH_2(4)的位置。

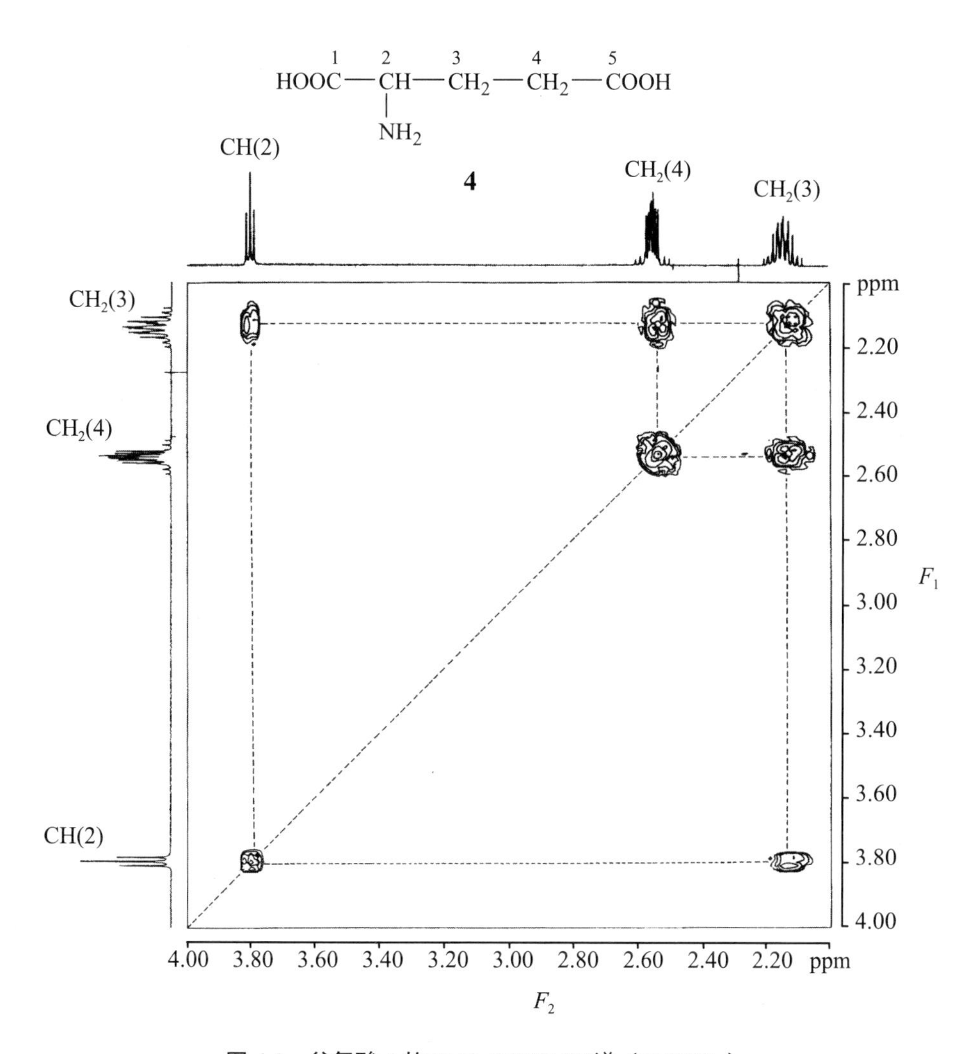

图 4-9　谷氨酸 4 的 H, H–COSY 90°谱（500MHz）

由于交叉峰是以对角线为对称的，也可以用一个垂线和一个水平线代替正方形来解析图谱。

图 4-10 所示为化合物 **5** 的 H,H–COSY 90°谱，根据偶合关系，H_2 应是典型的双重峰，在谱图的 4.7ppm 附近出现两个双重峰对应环 A 或环 B 的 H_2。从其中的一个双峰入手，通过交叉峰可找到该环上 H_3、H_4、H_5 和 H_6 的化学位移；从另一个双峰开始，同样可找到另一环上的 H_3、H_4、H_5 和 H_6 的化学位移。比较两环的结构可以看出，环 A 上 H_6 的每个质子显现 dd 四重峰，而环 B 上 H_6 的每个质子峰形明显与环 A 的不同，表明 H_6 与邻近的酰胺 NH 发生了

^3J偶合裂分，谱峰最多可出现 ddd 八重峰。因此，通过两个环上 H_6 的裂分峰形可归属上述每个氢所在的环。由于两个环的 H_5 化学位移非常接近，给谱图解析增加了一定的困难。

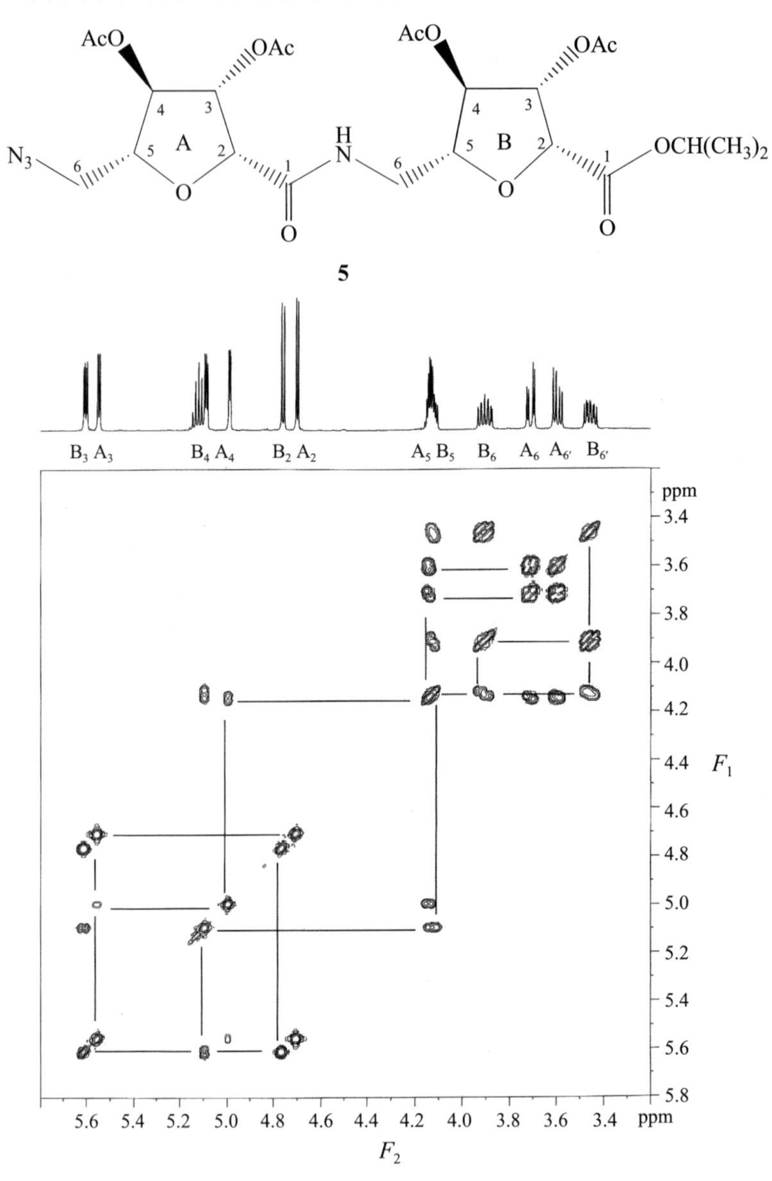

图 4-10　化合物 5 的 H, H–COSY 90°谱

2. H,H–COSY 45°谱

H,H–COSY 90°也有不足之处，如对于较大分子的样品，对角峰和交叉峰是由多个点组成的矩形图，在质子密集区这些矩形图往往彼此重叠，十分拥挤。特别对于化学位移相差很小的强偶合体系，其交叉峰常常靠近对角峰，甚至被对角峰所掩盖，不易分辨。

H,H–COSY 90°的脉冲序列由两个 90°的脉冲组成，如果减小第二个脉冲的宽度，则平行跃迁间的磁化转移强度也就减弱了，限制了多重峰内的间接跃迁，使自身相关峰减弱，因而使交叉峰和对角峰均得到一定程度的点阵简化。对角峰变窄，减小了对邻近交叉峰的干扰，有利于图谱的解析。交叉峰也由原来的矩形点阵变成有倾斜角度的峰形，利用峰形的倾斜方向，可以判断相关的两个氢核是同碳氢偶合还是邻碳氢偶合。第二个脉冲可选择 30°～60°范围之内，一般使用 45°脉冲，故称为 COSY 45°

图 4-11 所示为化合物 **6** 的部分 H,H–COSY 90°和 COSY 45°谱图。F_1 域和 F_2 域均为 ^{1}H 化学位移，图最上方为其 ^{1}H NMR 谱。对比两图可以看出，两图的峰形有明显区别，COSY 45°图谱点阵简化，全部交叉峰不再是 H,H–COSY 90°谱中的矩形点阵峰形，而呈现倾斜。当交叉峰的中心连线的倾斜方向，与对角线近似平行，表明为同碳氢的偶合，即由 ^2J 偶合产生的交叉峰，其偶合常数一般为负值，如 C_6 上二氢的偶合交叉峰中心连线（图 4-11b）。而由邻位氢的偶合产生的交叉峰，它们的中心连线与对角线近似垂直，其偶合常数为正值，如图 4-11b 所示的右图中 H_5 与 H_6、$H_{6'}$ 的偶合交叉峰的中心连线即与对角线近似垂直。

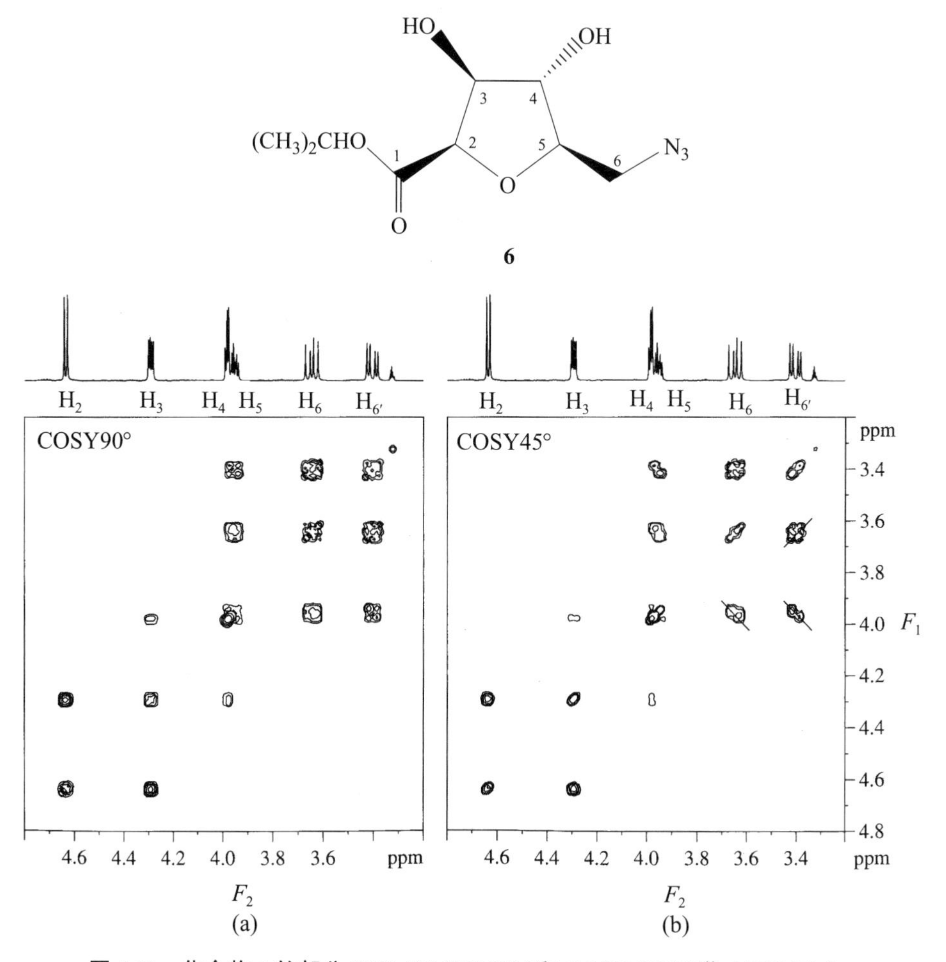

图 4-11　化合物 6 的部分 H,H–COSY 90°(a)和 COSY 45°(b)谱（400MHz）

图 4-12 为化合物 **7** 的 H,H–COSY 45°谱。从易识别的 H_{3a} 和 H_{3e} 入手，通过交叉峰，可立即在 δ4.0～4.05ppm 处找到 H_4 位置，由 H_4 画出的一个小正方形（图 4-13）可以找到 H_5 的化学位移。但是从 H_5 就很难画出下一个正方形，因为 H_5 和 H_6 的化学位移差别非常小，谱图重

叠严重。为能顺利解析图谱，最好从另外一处的化学位移着手。在δ3.6ppm 处的双峰可归属于H_7，通过交叉峰找到一个氢的化学位移，它可能是H_6或H_8的位置。没有其他的实验条件，一般很难确定取舍。不过从已有知识知道，$^3J_{(6,7)}$的偶合常数值一般很小，因此可推测H_7是被H_8偶合成双峰的，所以可以推断该交叉峰所对应的位置应归属H_8，再从H_8可找到$H_{9'}$和H_9。

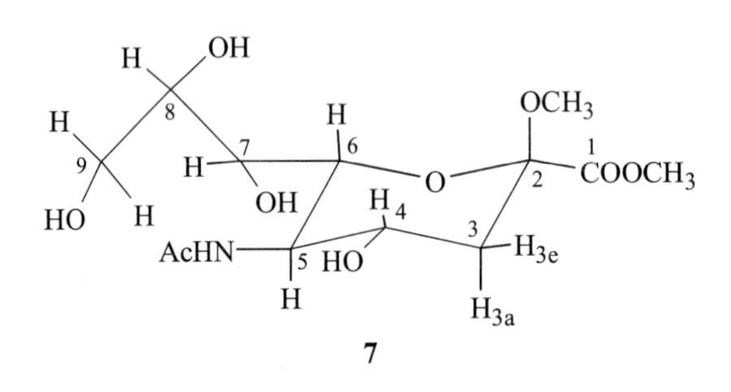

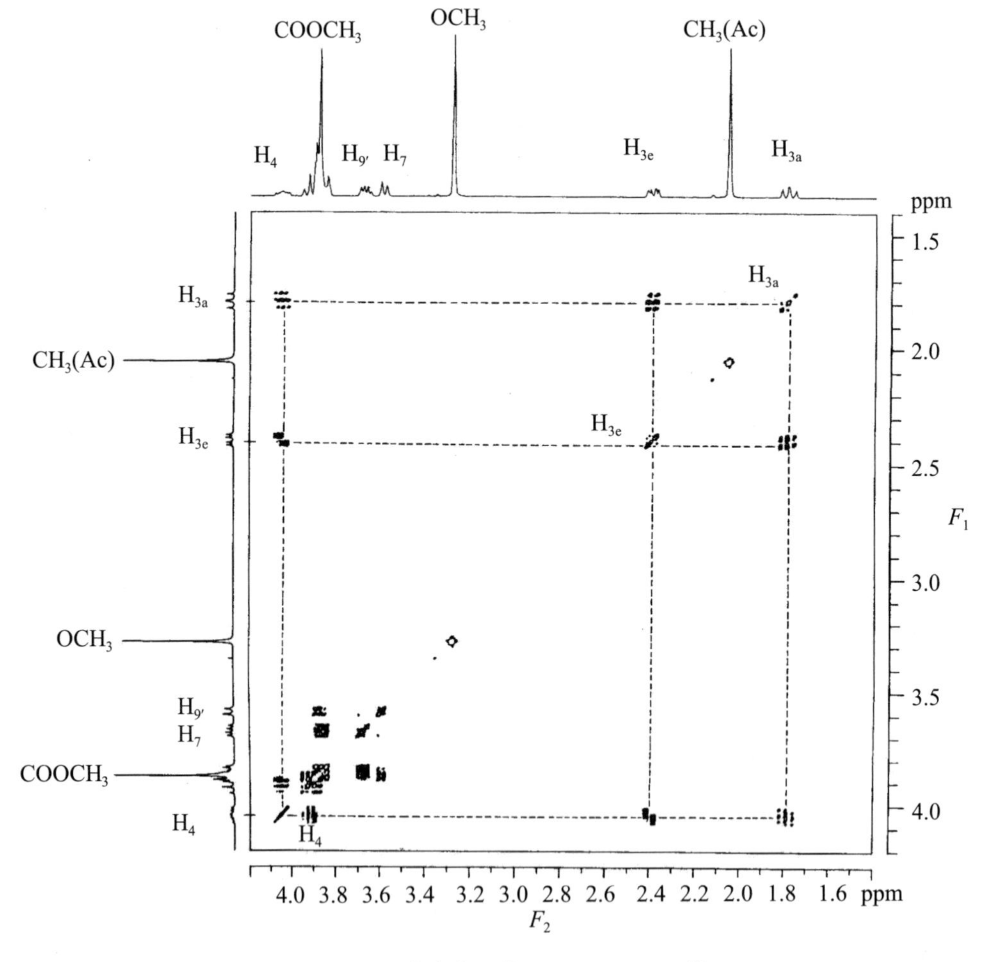

图 4-12 化合物 7 的 H,H–COSY 45°谱

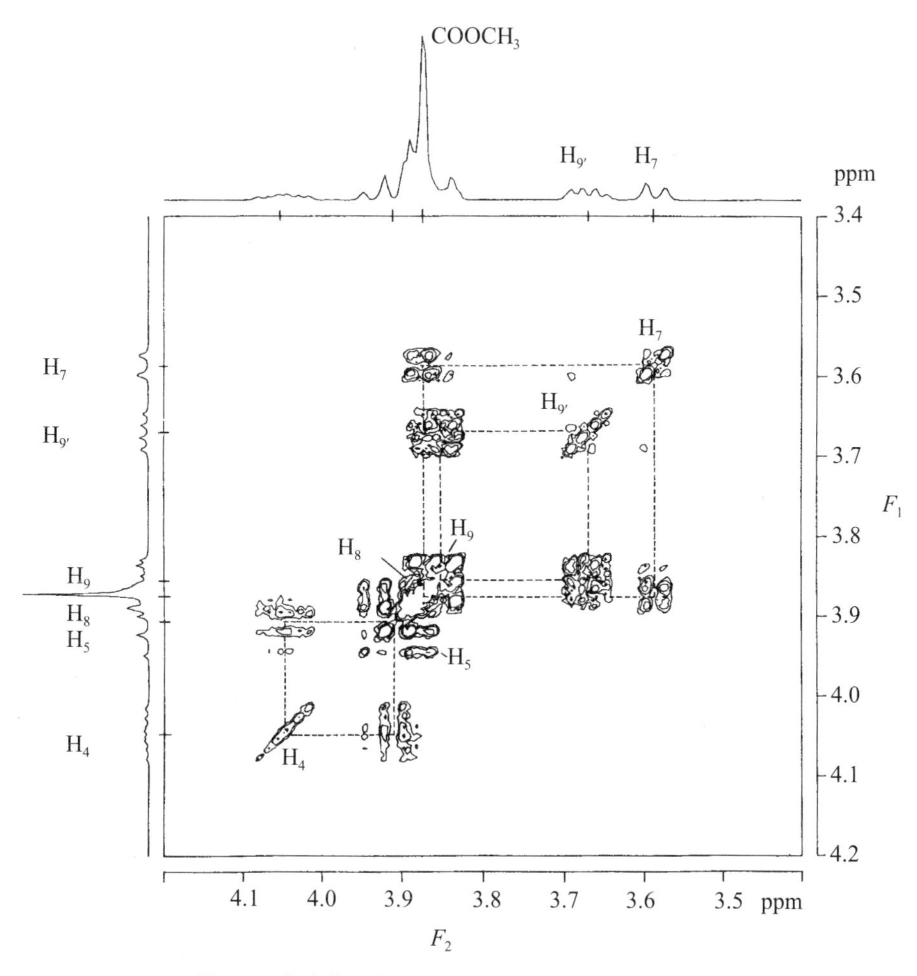

图 4-13　化合物 7 的 H,H–COSY 45°部分扩展图

3. PH–COSY 谱（相敏 COSY，Phase Sensitive COSY）

相敏 COSY 是另一类重要的 COSY 谱。

在叙述这一小节之前，先介绍一下相位循环的概念。在通常的单脉冲一维 NMR 实验中，发射脉冲的相位总是与接收器的相位相同。可是在二维实验中，最简单的实验也包含两个脉冲，这些脉冲的相位随着累加次数的变化而变化，当累加到一定次数时，又回到原始相位，这就叫相位循环。每个脉冲都可以取 4 种相位（$x, y, -x, -y$），因此，相位循环有非常多的变化，究竟取什么样的循环，要依据相位循环的目的而定。不同的相位循环可以达到三种不同目的：① 选择相干转移路径；② 消除轴峰；③ 消除镜像峰。相干转移是指横向磁化矢量的延伸和推广，相干转移路径的选择可通过脉冲和接收器的相位循环而实现。通过选择不同的相位循环，既可采集所需要的信号，也可消除一些不需要的信号。轴峰是指在演化期内因纵向弛豫而引起的纵向磁化矢量所产生的假峰。镜像峰是指在选择相干转移路径实验中，有互为镜像的两条路径，若对其中一条路径抑制不力，则会出现镜像信号。

在一般的 H,H–COSY 谱中，相位是采用绝对值的形式，没有正负之分，这样的谱图常因谱线组分色散而使交叉峰信号发生畸变拖尾现象。对蛋白质、糖类等复杂分子，许多峰化学位移非常接近，尽管有的核之间不存在偶合，但它们的交叉峰可能相互拥挤、重叠，不易读取化学位移。

相敏 COSY 谱（PH–COSY 谱）是通过调节相位循环，选择相干转移路径，将谱峰可能含有的吸收分量和色散分量调节为纯吸收信号，分辨率大为改善，使交叉峰的精细结构显现出来，便于读取化学位移和偶合常数。

相敏 COSY 的脉冲序列和 H,H–COSY90°一样，只是相敏 COSY 增加了相位的调节，相位循环有所改变。两者谱图形式也类似，F_1 和 F_2 域均表示 ^{1}H 化学位移，有对角峰和交叉峰。二者不同的是，相敏 COSY 的对角峰为纯色散型，交叉峰是正负交替的纯吸收型。

图 4-14 所示为 AMX 体系的相敏 COSY 谱的交叉峰。图中实线和虚线圆圈分别代表正、负吸收信号，圆圈的面积表示峰的强度。在分析图 4-14 之前，要先了解主动偶合和被动偶合的概念。所谓主动偶合是对于某交叉峰而言的，即产生该交叉峰的两个氢核之间的偶合，而这两个氢核与其他核之间的偶合称为被动偶合。在交叉峰的点阵里，主动偶合产生反相位吸收峰，被动偶合产生的则是同相位的吸收峰。如在 AMX 体系中 AX 两核产生的交叉峰（图 4-14a），两个相位相反（一正一负）的圆圈之间的距离表示主动偶合常数，即 J_{AX}；两个相位相同（同为正或同为负）的圆圈之间距离表示被动偶合常数，即 J_{MX} 和 J_{AM}。相敏 COSY 谱的交叉峰相位变化，对归属谱线和确定偶合常数都非常有用。

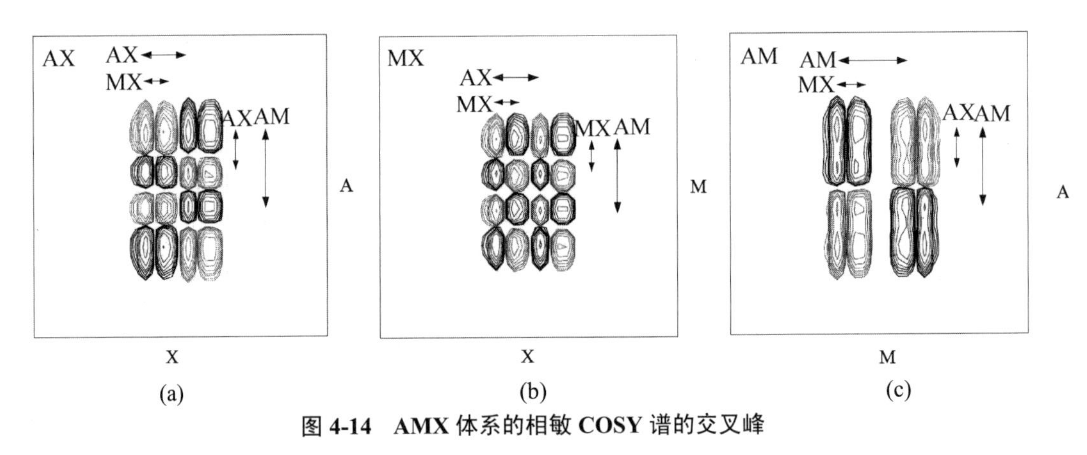

图 4-14　AMX 体系的相敏 COSY 谱的交叉峰

图 4-15 所示是 2,3–二溴丙酸的相敏 COSY 谱。图中对角峰是色散型，交叉峰是纯吸收型。实心点和空心点表示相位相反，代表正、负吸收信号。以 H_A 为例，除对角峰外，还出现两个交叉峰（a）和（c）。交叉峰（a）的某一断面图如图中箭头所示，正、负反相位吸收峰是由主动偶合（A，X）产生的，偶合常数 J_{AX} 如图中所示，同相位的吸收峰是由被动偶合（A，M）产生的，两相邻同相位的吸收峰距离即表示 J_{AM}。由此可见，这种交叉峰的相位关系对归属谱线，确定偶合常数都非常方便。

相敏 COSY 谱可以方便地读取偶合常数，特别对于复杂化合物的相关谱来说，采用相敏 COSY 谱图会清晰得多。

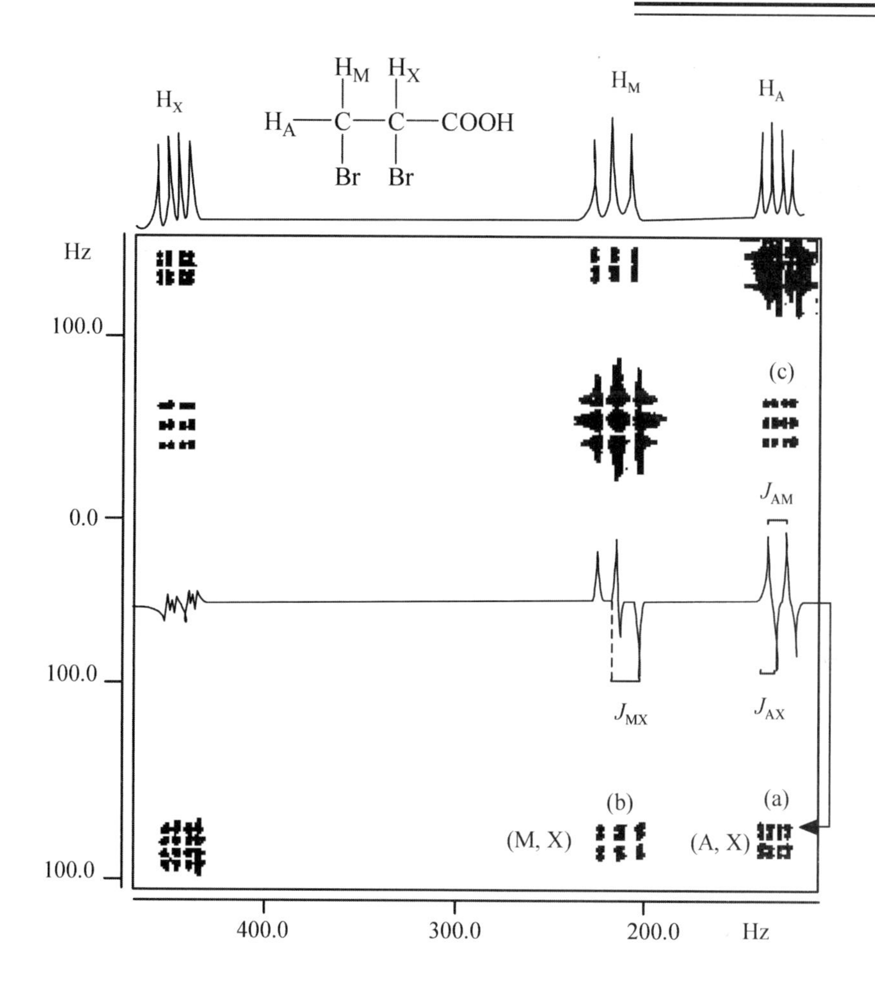

图 4-15　2, 3–二溴丙酸的相敏 COSY 谱

4. DQF–COSY 谱（双量子滤波相关谱，Double Quantum Filtered Correlation Spectroscopy）

当有机化合物含有叔丁基、甲氧基等官能团或水时，其氢谱会出现强的尖锐单峰。在 COSY 谱中这些强的单峰会影响周围的弱峰，使它们变得更弱，甚至检测不到。此时就不能作通常的 COSY 谱，而必须作 DQF–COSY 谱。

DQF–COSY 谱的脉冲序列：

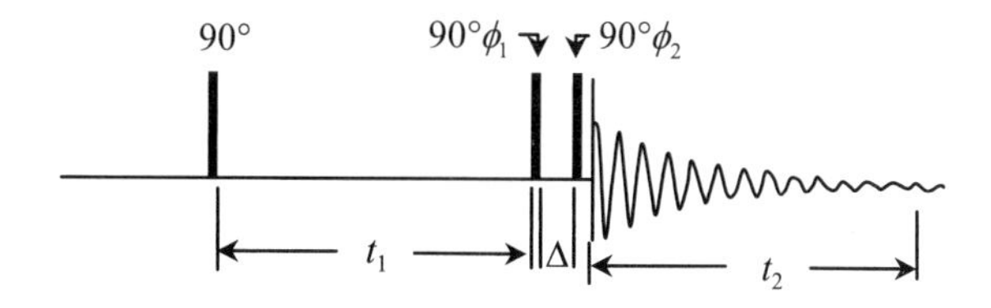

DQF–COSY 实际上是在 COSY 的第二个 90°脉冲之后加入一个很短的固定延迟（Δ = 10μs）以产生相干转移，然后再加上第三个 90°脉冲。由于第三个 90°脉冲相位的改变，变成

了独立的相循环，将单量子相干滤去，保留双量子和双量子以上的相干转移，再把保留的相干转移转变为可观测的单量子跃迁。磁等价的核间偶合不能产生多量子跃迁，只能产生单量子跃迁，经滤波后峰强大大减弱。叔丁基、甲氧基等官能团的质子是磁等价的，在谱图中只呈现单峰，水分子的两个质子也是磁等价的，通过 DQF–COSY 实验，可滤掉或减弱这些磁等价的单峰。

DQF–COSY 获得的是相敏谱，与相敏 COSY 谱的图形基本相同，还具有以下两方面的优点。

（1）抑制强峰　当化合物含有叔丁基、甲氧基等基团时，其氢谱中有强的尖锐单峰，往往掩盖了周围一些弱小峰组，甚至在谱图中观测不到。DQF–COSY 谱可以明显抑制这些强峰和溶剂峰，使弱小峰组强度大大提高。

（2）改善峰形　在相敏 COSY 谱中，交叉峰为吸收型，分辨清晰，但其对角线峰为色散型，在对角线旁的交叉峰则易受干扰。而 DQF–COSY 谱中对角线峰和交叉峰均为纯吸收型，分辨率较高，有利于解析对角线附近的交叉峰。

DQF–COSY 谱与相敏 COSY 谱的图形比较见图 4-16 所示。

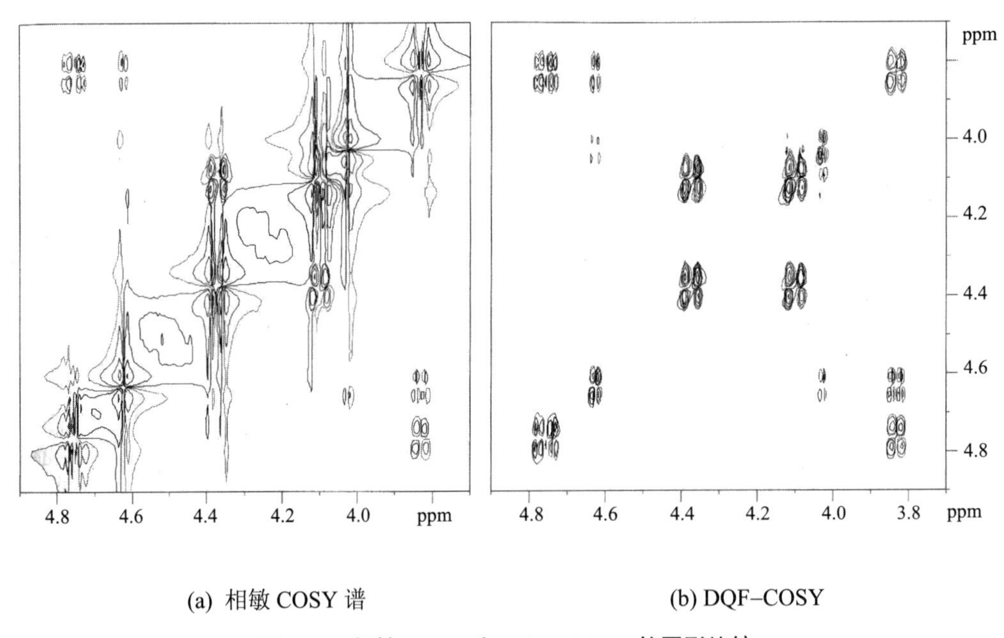

(a) 相敏 COSY 谱　　(b) DQF–COSY

图 4-16　相敏 COSY 和 DQF–COSY 的图形比较

5. LR–COSY 谱（Long Range–COSY，远程 H,H–COSY）

远程偶合的偶合常数一般较小，J 值在 0.1～0.5Hz 之间。在 J 值很小时，一维氢谱中仅表现为相应的峰宽稍有增加，此时并不能观察到该峰的进一步分裂，也就很难确定核与核之间的远程偶合关系。二维 LR–COSY 谱是检测远程偶合关系的有效方法，它甚至可测出相隔 5 根键的质子间的远程偶合。

LR–COSY 谱脉冲序列：

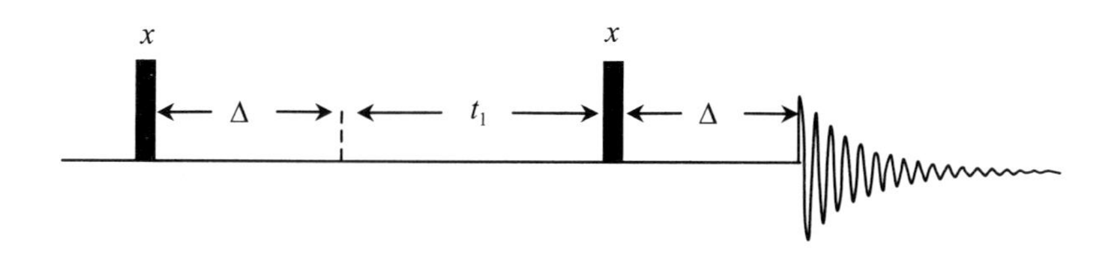

在演化期和检测期前均加进一个固定延迟（Δ = 0.2～0.5s），使演化期足够长，以便产生小 J 值的远程偶合的相干转移，有效地传递弱偶合作用。随着延迟Δ的增大，远程偶合交叉峰的强度增大，但使原相关峰（H, H–COSY90°）的强度有所减弱。

图 4-17 所示为化合物 **8** 的二维 H,H–COSY 谱和 LR–COSY 谱，比较两图可以看出，图 4-17b 中出现一些在通常 COSY 谱中观测不到的远程偶合交叉峰，如 H_c 与 H_a、H_b 的远程偶合相关峰，H_d 与 H_e 的远程偶合相关峰。在刚性或不饱和体系的结构中（如“W”型、烯丙基和高烯丙基型的结构），通过二维 LR–COSY 谱能观测到相隔四、五根键的质子间的远程偶合交叉峰，而这些偶合在一般氢谱中往往不显示出裂分。

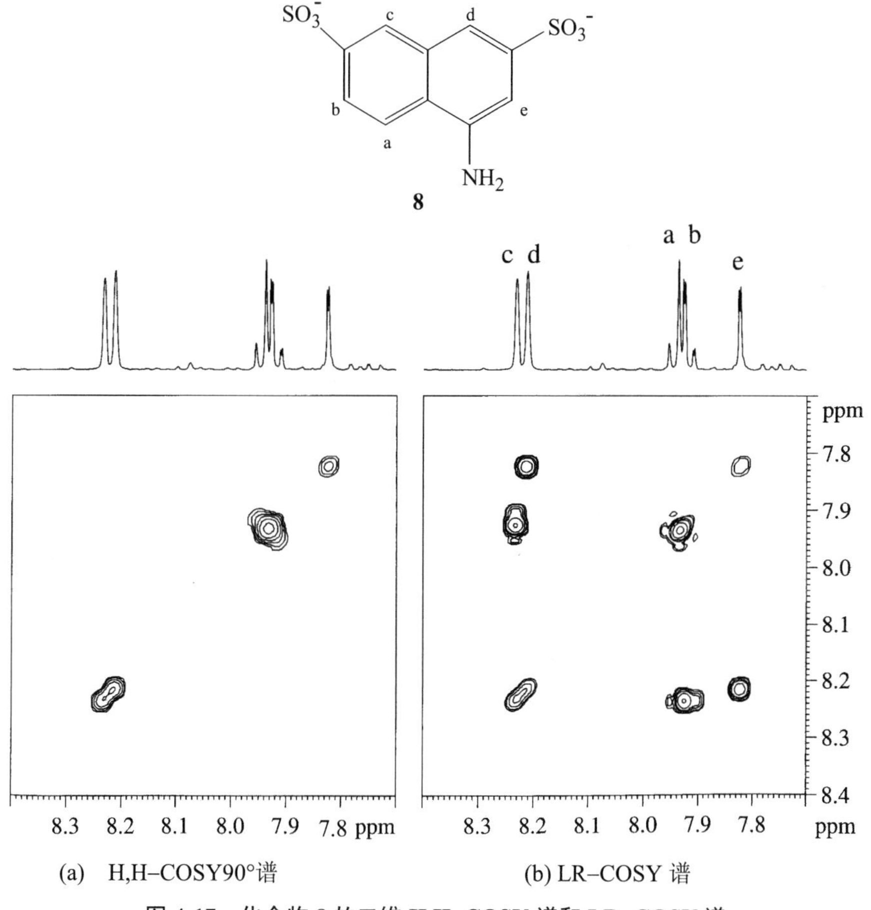

(a)　H,H–COSY90°谱　　(b) LR–COSY 谱

图 4-17　化合物 8 的二维 H,H–COSY 谱和 LR–COSY 谱

4.3.2 异核化学位移相关谱

两种不同核的 Larmor 进动频率间通过 J 偶合建立起的相关谱，统称为异核化学位移相关谱（2D Heteronuclear Correlated NMR Spectroscopy）。如 ^{13}C—^{1}H，^{31}P—^{1}H，^{15}N—^{1}H，^{11}B—^{1}H 等体系的相关谱均有报道，用得最广泛也是最重要的是 ^{13}C—^{1}H 偶合体系。本章的异核化学位移相关谱即指 ^{13}C—^{1}H 体系的相关谱。

1. C,H–COSY 谱（碳氢化学位移相关谱）

基本脉冲序列：

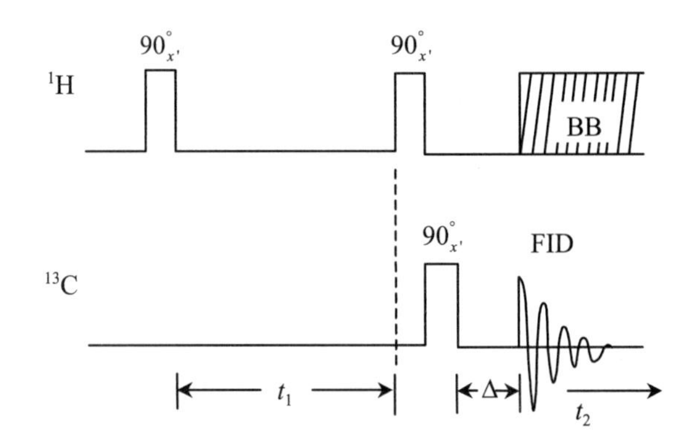

在第一个 90°脉冲之后，演化期 t_1 期间内，^{1}H 磁化矢量发展并标记各个 ^{1}H 核的自旋频率。t_1 结束时，在 ^{1}H 上加上另一个 90°脉冲后，紧跟着在 ^{13}C 上再加上一个 90°脉冲，使 ^{1}H 核的极化作用转移到 ^{13}C 核上。在检测期 t_2 前增加一个延迟时间Δ，它是 $^{1}J_{CH}$ 偶合常数的倒数调制的，因此，在二维 C,H–COSY 谱图中只表现直接键连的碳氢交叉峰，没有氢相连的季碳不出交叉峰，谱图中也没有对角峰。

C,H–COSY 谱 F_2 域是宽带去偶的碳 ^{13}C 谱，F_1 域是氢谱。利用交叉峰所表现出的碳与氢（$^{1}J_{CH}$）之间的偶合关系，可从一个已知的 ^{1}H 信号就可以找到与之相连的 ^{13}C 信号。反之，从一个已知的 ^{13}C 信号，通过 C,H–COSY 谱图中的交叉峰亦可找到与之相连的 ^{1}H 位置。

图 4-18 所示是化合物 **7** 的二维 C,H–COSY 谱，图上方 F_2 域是宽带去偶的 ^{13}C 谱，可以看到 10 个 ^{13}C 峰，它们是与氢直接键连的碳，三个季碳没有给出 ^{13}C 峰。图的左边是一维氢谱，从氢谱中较易辨认的 CH_3(Ac)，通过其交叉峰可以找到其 ^{13}C 的化学位移。同样，由 ^{1}H 谱中的 OCH_3（$COOCH_3$）可以找到相对应的甲基 ^{13}C 谱中化学位移。反之，从 ^{13}C 谱易确定的 C_3、C_5 和 C_7 出发，找到与它们键连的氢谱位置。通过 C,H–COSY 谱很容易找到同碳的两个化学不等价的质子的化学位移，如图中 C_3 和 C_9 上质子的归属。但二维 C,H–COSY 谱仍不能有效确认出 H_6、H_8、C_6 和 C_8 的化学位移，因为这些核的核磁共振谱（无论是 ^{1}H 谱还是 ^{13}C 谱）都不易分辨。

由于 C,H–COSY 谱的 F_2 域表示 ^{13}C 化学位移，其范围比 ^{1}H 化学位移宽得多，而且采集的是宽带质子去偶的单峰，即使是复杂的大分子，谱峰的重叠性也较小，因此 C,H–COSY 谱广泛应用于生物和天然产物的结构分析中。

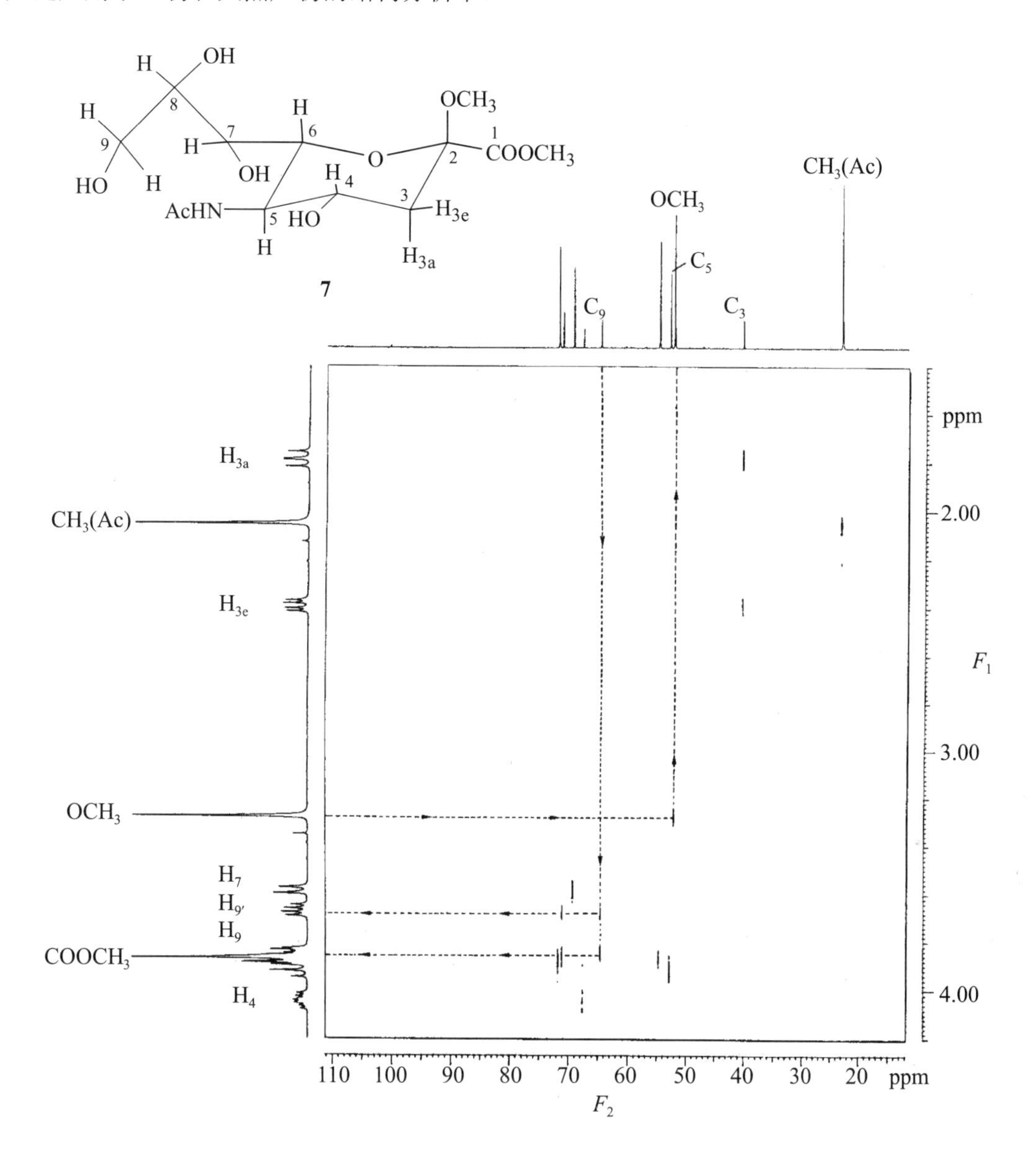

图 4-18　化合物 7 的二维 C,H–COSY 谱

2. COLOC 谱

COLOC（Correlation Spectroscopy via Long Range Couplings）也可称为远程碳氢化学位移相关谱，脉冲序列如下：

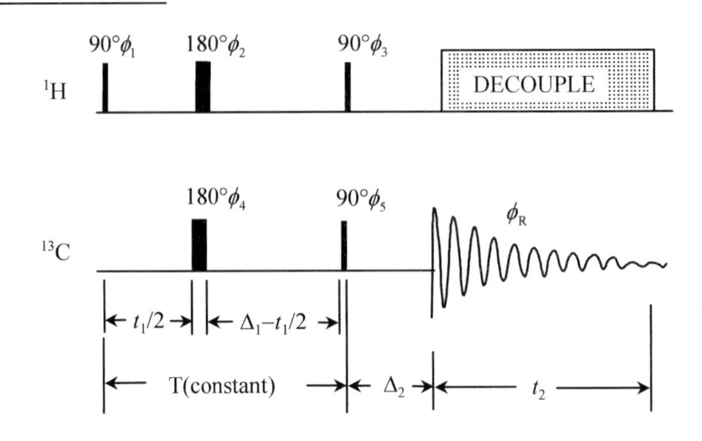

当演化期进行到 $t_2/2$ 时，在 ^{1}H 和 ^{13}C 上同时加入一个 180°的脉冲，以实现两域异核去偶和 F_1 域同核去偶。它能反映相隔两、三根化学键的 ^{13}C 和 ^{1}H 核之间的偶合关系，甚至能越过氧、氮等杂原子，因而对建立起 C—C 间的关联、确定分子骨架和推断结构很重要。特别是在要确定季碳原子的连接关系时，COLOC 谱尤为重要。因为季碳原子在 C,H–COSY 谱中不出现相关峰，在常规 H,H–COSY 谱中的偶合信息也得不到，而 COLOC 谱就可以克服这个问题。因此，COLOC 谱也是十分重要的常规 2D NMR 实验技术之一。

COLOC 谱图形式类似于 C,H–COSY 谱，F_1 域为 ^{1}H 化学位移，F_2 域为 ^{13}C 化学位移，无对角峰。在交叉峰中，除了出现碳氢远程偶合的相关峰外，还会出现强的 $^1J_{CH}$ 相关峰。解 COLOC 谱时要与 C,H–COSY 谱对照，以便扣除 $^1J_{CH}$ 交叉峰，得到远程偶合信息。

3. ^{1}H 检测的异核化学位移相关谱

异核化学位移相关谱 C,H–COSY 和 COLOC 是对 ^{13}C 采样的。因为 ^{13}C 核灵敏度比 ^{1}H 核低得多，所以在测试时要用较多的样品，累加较长的时间，才能得到一张好的图谱。若能把 C,H–COSY 谱由检测 ^{13}C 信号变为检测 ^{1}H 信号，将大大提高相关谱的灵敏度，对减少样品用量及累加次数具有显著的效果。把检测 ^{13}C 信号变为检测 ^{1}H 信号的异核化学位移相关谱实验称为反转实验（Inverse 实验）。

^{1}H 检测的异核化学位移相关谱包括 HMQC（^{1}H 检测的异核多量子相干实验）、HSQC（^{1}H 检测的异核单量子相干实验）和 HMBC（^{1}H 检测的异核多键相干实验）。

（1）HMQC

HMQC（Heteronuclear Multiple Quantum Correlation）是 ^{1}H 检测的异核多量子相干实验，谱图交叉峰显示 ^{1}H 核和与其直接相连的 ^{13}C 核的相关性，其作用相应于 C,H–COSY 谱。但二者不同的是，HMQC 的 F_2 域是 ^{1}H 化学位移，F_1 域是 ^{13}C 化学位移，与常规 C,H–COSY 谱正好相反。当然，另一不同的是作 HMQC 谱图的效率比作 C,H–COSY 谱图的大大提高，在样品量减少到原样品量 1/3 的情况下，累加时间也能缩短到原来的 1/6。

图 4-19 所示为薄荷醇 **3** 的 HMQC 谱，其氢谱 δ 0.7ppm 附近的峰重叠严重，即使位于 500MHz 的谱图也不易分辨清楚。但其碳谱的谱线却非常清晰，通过 HMQC 谱的交叉峰可帮助辨认重叠的氢谱。

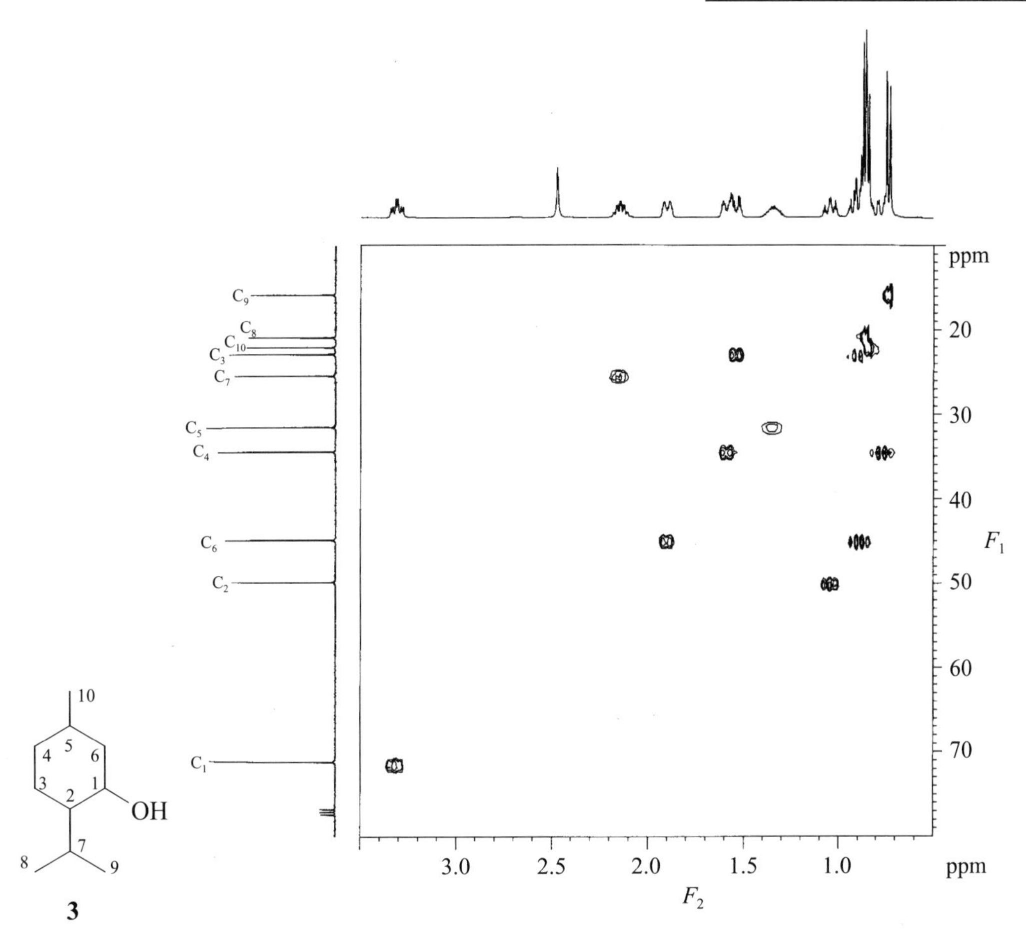

图 4-19　薄荷醇的 HMQC 谱

在二维核磁共振实验中，F_2 域的分辨率决定于检测期 t_2 所采数据点的数目，而 F_1 域的分辨率决定于演化期 t_1 的数目，前者往往远大于后者，使二维核磁谱中 F_2 域的分辨率比 F_1 域的分辨率好很多。F_1 域的 ^{13}C 谱分辨率差是 Inverse 实验的不足之处，因而若是样品量较多，时间允许，适宜作 C,H−COSY 或 COLOC 谱。

（2）HSQC

HSQC（Heteronuclear Single Quantum Correlation）是 ^1H 检测的异核单量子相干实验，谱图的形式与 HMQC 谱相同，即 F_2 域是 ^1H 化学位移，F_1 域是 ^{13}C 化学位移。二者差别在于 HSQC 谱的 F_1 域的分辨率比 HMQC 的高，谱图中 F_1 域的 ^{13}C 峰和相关峰的峰形得到一定程度的改善（见图 4-20 所示）。

HSQC 谱的不足之处是脉冲序列比 HMQC 复杂，特别是要使用 180°脉冲加在 ^{13}C 上，不仅带来样品受热问题，还影响磁化转移的效果。所以，作 HSQC 谱时要仔细地选择好延迟时间，使磁化转移的损失降到最低，以得到最佳传递。

（3）HMBC

HMBC（Heteronuclear Multiple Bond Correlation）是 ^1H 检测的异核多键相干实验，它也是一种多量子相干实验。实际上，任何两个异核（如 ^1H 和 ^{13}C）之间若具有弱偶合作用，它们的磁化转移都包含着多量子相干，可以把产生的异核多量子相干转化成单量子相干来检测。HMQC 就是通过异核多量子相干实验把 ^{1}H 核和与其直接相连的 ^{13}C 核关联起来，而 HMBC 则是通过异核多量子相干实验把 ^{1}H 核和远程偶合的 ^{13}C 核关联了起来，其作用类似于 COLOC 谱。与 COLOC 谱不同的是，HMBC 谱的 F_2 域是 ^{1}H 化学位移，F_1 域是 ^{13}C 化学位移，而且灵敏度比 COLOC 谱高，可以高灵敏地检测出相隔二、三根键的质子与碳的远程偶合（如 $^2J_{CH}$ 和 $^3J_{CH}$）。因此，HMBC 谱的相关峰表示 ^{1}H 核与 ^{13}C 核以 $^nJ_{CH}$（$n>1$）相偶合的关系，有时候 $^1J_{CH}$ 的交叉峰也可以看到。

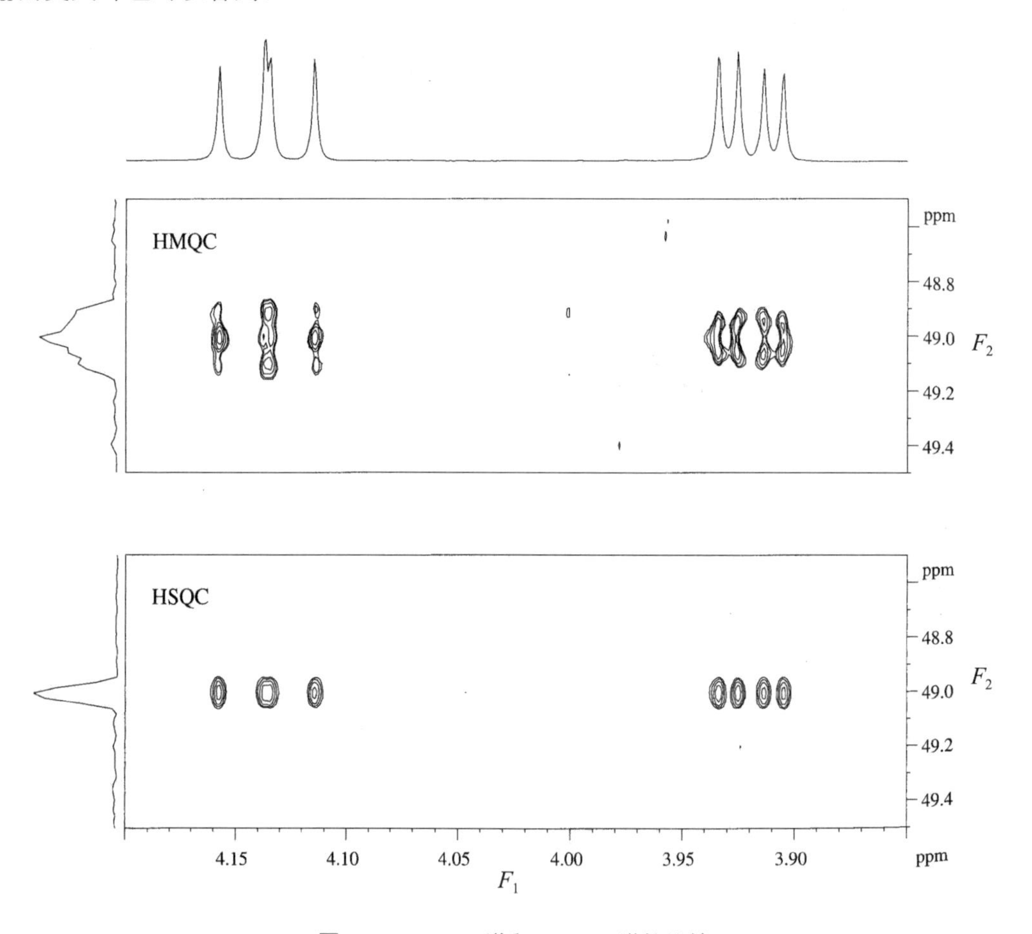

图 4-20　HSQC 谱和 HMQC 谱的比较

由于 Inverse 实验采用 ^{1}H 检测，其灵敏度比检测 ^{13}C 信号高很多，可节约 10 倍以上的测试时间。因此，比常规的 C,H–COSY 和 COLOC 实验具有更明显的优势，这足以抵消 Inverse 实验中 F_1 域 ^{13}C 谱的分辨率差所带来的缺点，它特别适合分子量大、样品量少的样品。

图 4-21 所示为化合物 **9** 的 HMBC 谱，解析该谱可确定分子的 C—C 骨架片段。例如，从 H_2 入手，在图中不仅可找到 H_2 与 C_9、C_{10} 的交叉峰，还出现了与 C_4、C_5 和 C_8 的交叉峰，它们是跨越 O、N 等杂原子的偶合相关峰。值得提出的是 H_2 与羰基 C_8 显现出相关峰，这类季碳在 C,H–COSY 和 HMQC/HSQC 谱中不出现相关峰。同时注意到在 93ppm 出现了一组双峰（见图中箭头所示），这是由于对 $^1J_{CH}$ 偶合的抑制不力，而出现的 $^1J_{CH}$ 偶合裂分峰。这些 $^1J_{CH}$ 偶合

裂分峰增加了谱图解析的复杂性，因此在解析 HMBC 谱时，最好对照 HMQC 谱（图 4-22）或 C,H–COSY 谱。对复杂分子结构的鉴定，一般要结合 H,H–COSY、HMQC/HSQC 和 HMBC 等谱综合分析。

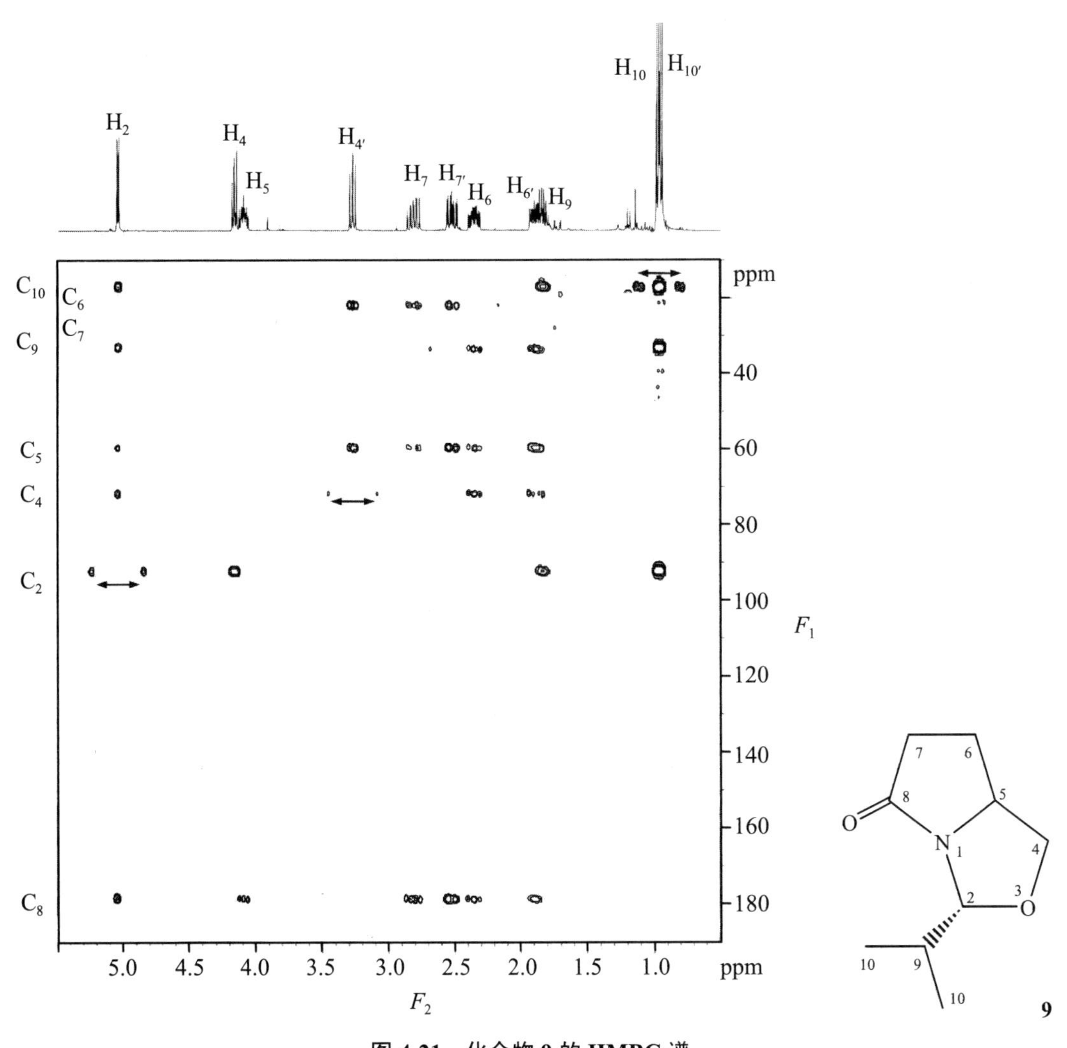

图 4-21　化合物 9 的 HMBC 谱

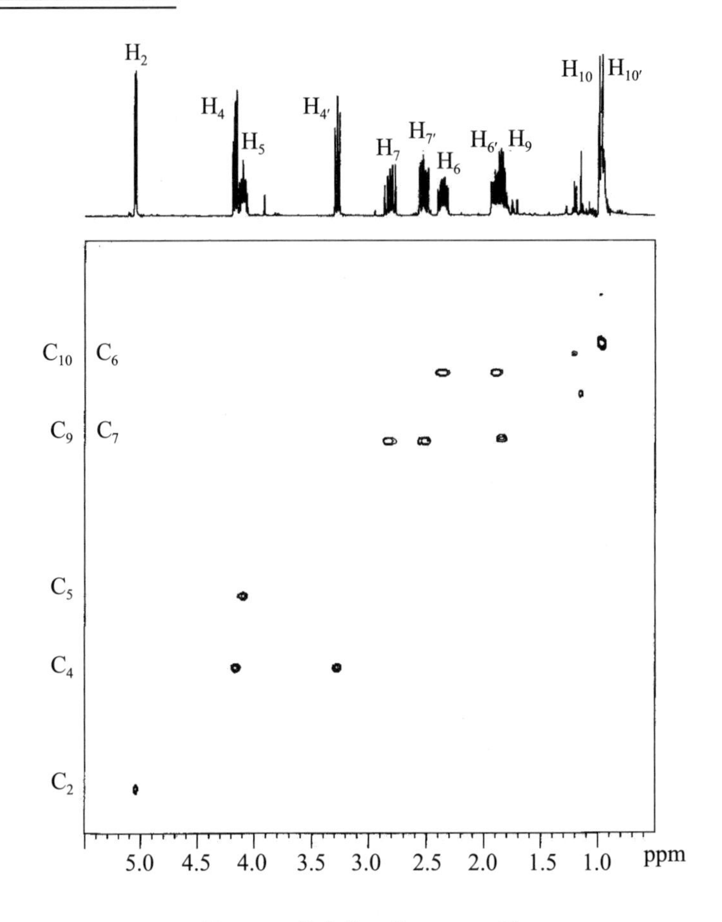

图 4-22　化合物 9 的 HMQC 谱

图 4-23 为化合物 **10**（lycoclaavanol）的 HMBC 谱。图中清楚地显示了 6 个甲基质子与其周围碳的远程偶合，据此可确定带有甲基的分子片段（分子结构式中的黑体线）。例如 $CH_3(23)$ 质子与 C_3、C_4、C_5 和 C_{24} 相关，$CH_3(25)$ 质子与 C_1、C_{10}、C_9 和 C_5 相关，因为这两个 CH_3 质子都与 C_5 相关，所以可将上述两个片段连接起来，而 $CH_3(26)$ 又与 C_8、C_7、C_{27} 以及 C_9 相关，那么又可将此片段与 $CH_3(25)$ 的片段相连接而得以扩展。以此类推，可以拼起全部分子骨架。

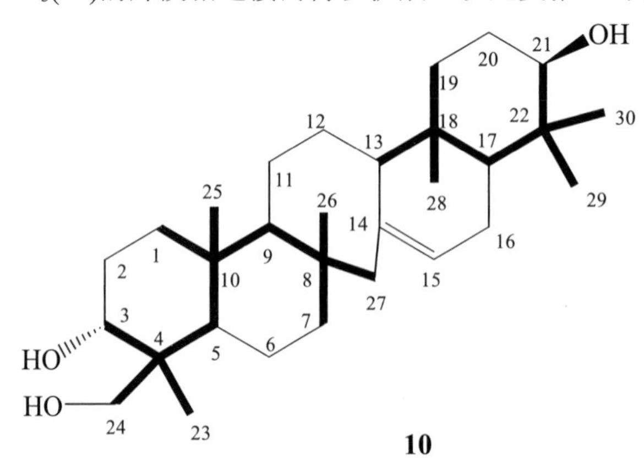

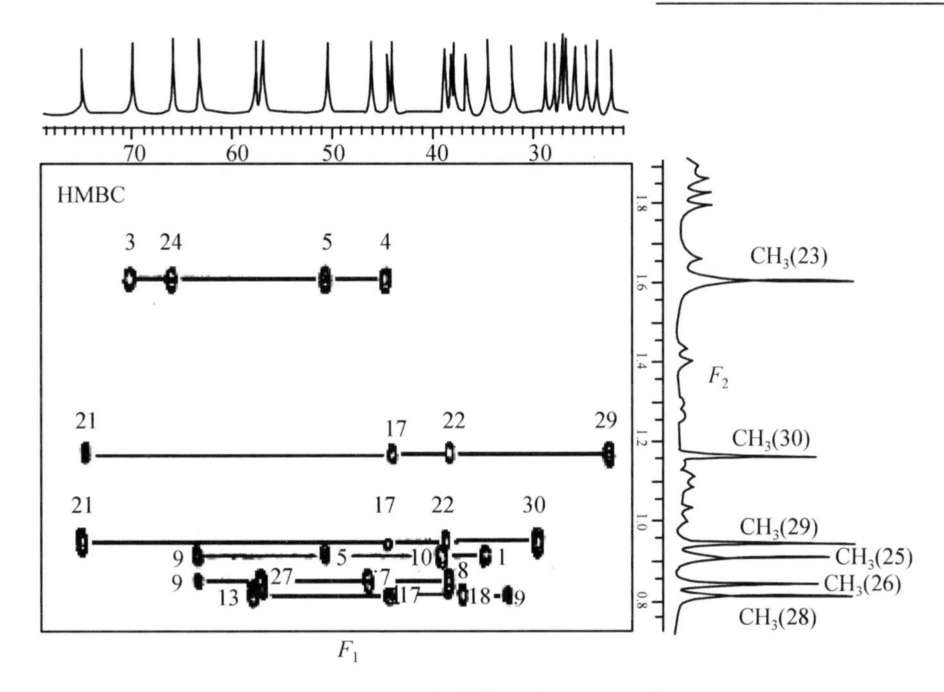

图 4-23　化合物 10 的 HMBC 谱

4.4　二维接力相关谱

二维接力相关谱的磁化矢量转移不是直接发生在两个核之间，而是经过第三个核的接力关系来实现磁化转移的。它有两种实验方法：氢接力的 H,H–COSY 谱（H–Relayed H, H–COSY）和氢接力的 C,H–COSY 谱（H–Relayed C,H–COSY），前者又称为“同核接力相关谱”，后者称为“异核接力相关谱”。

4.4.1　同核接力相关谱

H,H–COSY 谱（包括相敏 COSY，DQF–COSY）只能给出同碳和邻碳质子间的交叉峰，即通过 $^2J_{HH}$ 和 $^3J_{HH}$ 偶合的质子间的交叉峰，建立相隔二根键和三根键的质子间的关联。但对于超过三键以上的质子之间的关联，就可采用同核接力相关谱。

同核接力相关谱所测定的样品分子应该含有如下的结构单元：

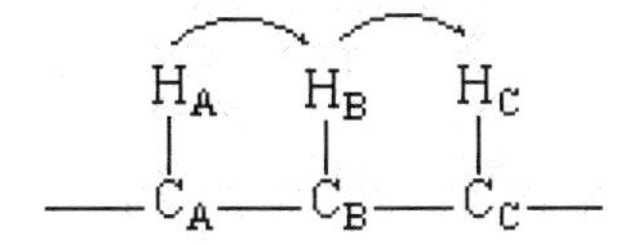

磁化矢量从 H_A 转移到 H_B，再由 H_B 转移到 H_C，通过接力传递，谱图将显示 H_A 和 H_C 的相关峰，尽管两者的偶合常数为零。同核接力相关谱的表现形式与 H,H–COSY 谱一样，F_1 域和 F_2 域皆为 ^1H 的化学位移，有对角峰和交叉峰，但交叉峰给出的是二、三、四甚至五根化学键连接的质子间相关性。

图 4-24 所示为化合物 **4**（glutamic acid）的同核接力相关谱，与其 H,H–COS90°谱（图 4-9 所示）相比，可以发现有两组新的交叉峰出现，其化学位移分别为(3.8ppm，2.5ppm)和(2.5ppm，3.8ppm)，这就是 H_2 与 H_4 的接力峰。实际上，在一维核磁谱上，即使在 500MHz 也没发现到它们之间的偶合，而通过同核接力相关谱的交叉峰把 H_2 和 H_4 关联起来，便于结构单元的连接和结构式的推断。

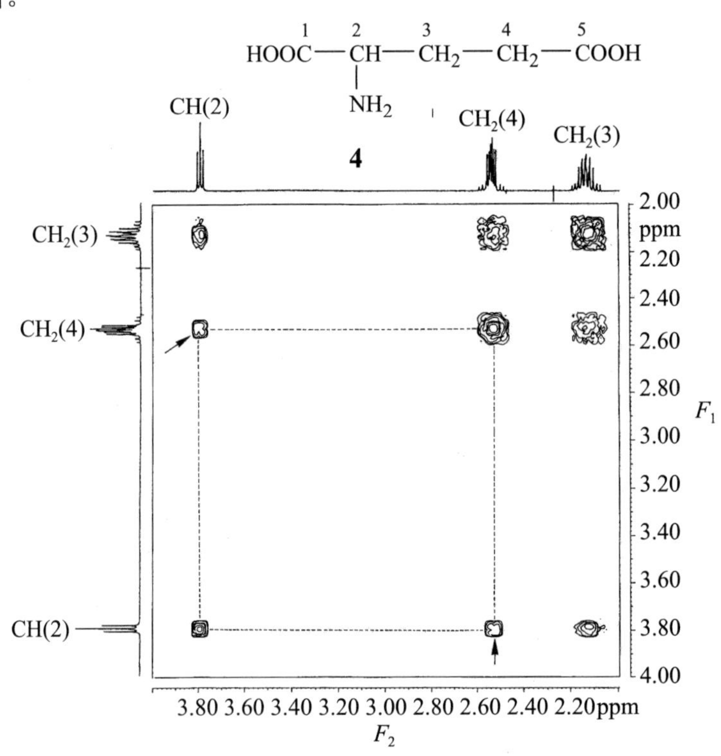

图 4-24　化合物 4 的同核接力相关谱

如果在脉冲序列中增加接力的级数，偶合相关的传递将逐渐增加。因此，从理论上讲，随着级数的不断增加，将显示自旋体系的全部相关峰。但接力级数增加，灵敏度下降很快，检测时间也会变得越来越长，限制了接力级数的增加。通过改变脉冲序列，优化混合期的时间变量，目前最多可以检测到跨越 6 根键（δ位）的氢核间的相关峰。

4.4.2　异核接力相关谱

常规的 C,H–COSY 谱和 COLOC 谱以及反转实验一般可以解决大部分有机分子的碳骨架连接问题，但对于重叠严重的氢谱或季碳较多的分子结构仍难以准确解析。异核接力相关谱是可以提供碳碳骨架信息的另一有效方法，它是 C,H–COSY 谱的延伸。

异核接力相关谱所检测的样品分子应该含有这样的结构单元：

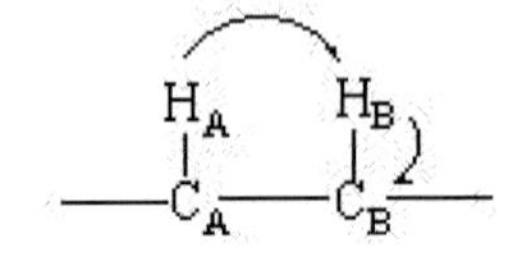

磁化矢量从一个 ^{1}H 核（H_A）磁化转移到邻位的另一个 ^{1}H 核（H_B）上，再通过 H_B 把磁化转移到与其相连的 C_B 的磁化矢量上，称之 $H_A \rightarrow H_B \rightarrow C_B$ 接力。如果已确认了 H_A，就可以通过 H_A 指认邻位 C_B 的化学位移，这就是异核接力相关谱提供的C—C骨架信息。

异核接力相关谱和常规C,H–COSY谱一样，F_1 域为 ^{1}H 的化学位移，F_2 域为 ^{13}C 的化学位移，没有对角峰，只有交叉峰。

图4-25所示是四个碳相连的分子片段的异核接力相关谱示意图。解析时，可以从最低场的 H_a 出发，由 $^{1}J_{(H_a, C_a)}$ 交叉峰指认 C_a，通过接力峰 $^{2}J_{(H_b, C_a)}$ 找到 H_b 的位置，由 H_b 通过 $^{1}J_{(H_b, C_b)}$ 交叉峰指认 C_b，由 C_b 通过接力峰 $^{2}J_{(H_c, C_b)}$ 找到 H_c，再通过 $^{1}J_{(H_c, C_c)}$ 交叉峰指认 C_c。相同的方法，可指认 H_d 和 C_d。这样，四个碳原子的连接关系被确定。

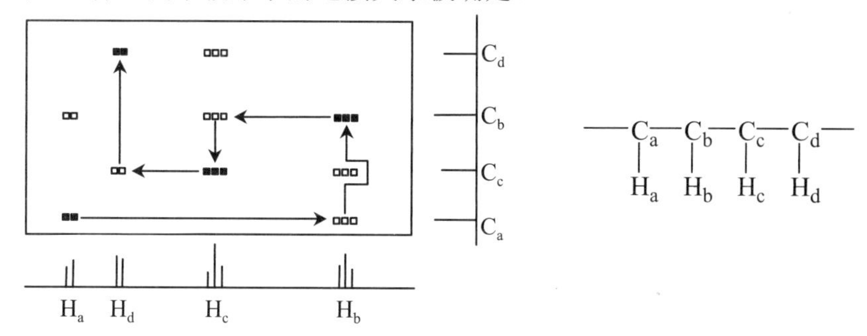

图4-25　异核接力相关谱示意图

图4-26d所示为3,3–二甲氧基丙烯的异核接力相关谱，标记“N”的峰为 $^{1}J_{CH}$ 偶合相关峰，标记“R”的峰为接力相关峰。从易确认的 H_D 峰入手，画平行于 F_2 域的直线，经过两组交叉峰，对比其C,H–COSY谱，很容易确定一组峰为 $^{1}J_{CH}$ 偶合相关峰，则另一组即为 H_D 与 C_2 的接力相关峰，由此找到 C_2 的化学位移。再由 C_2 出发，结合C,H–COSY谱确认 H_C。经 H_C 作平行于 F_2 域的直线，经过的两组交叉峰分别是 H_C 与 C_3 和 C_1 的接力相关峰。已知 C_3 的化学位移，就很容易确认 C_1 的位置了。$^{1}J_{(C_2, H_C)}$ 的相关峰在异核接力相关中被抑制而消失。

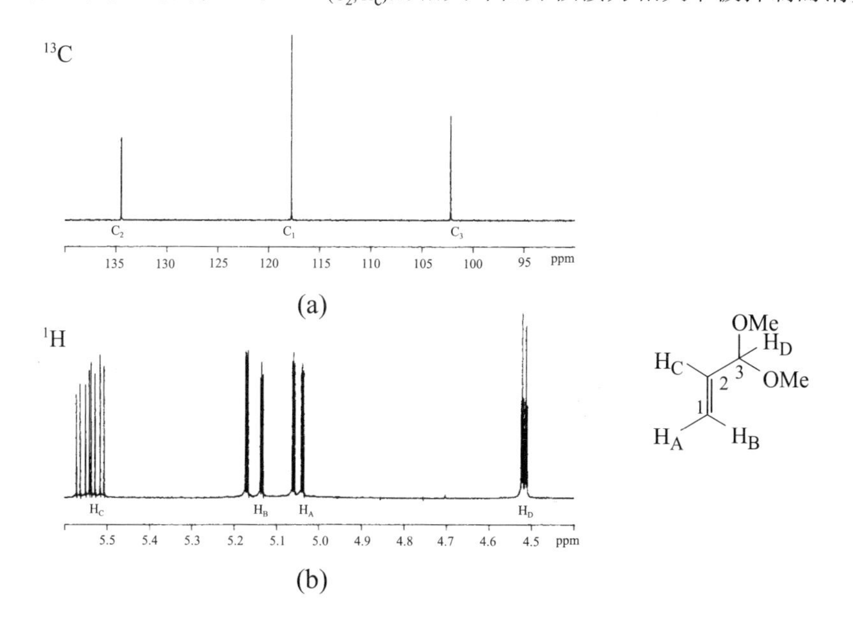

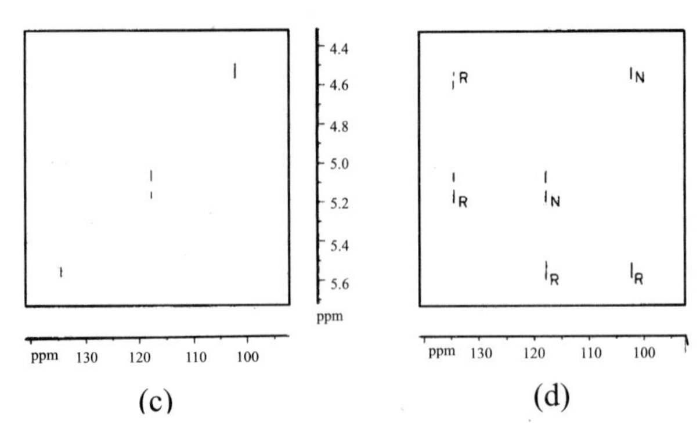

(a) 碳谱 (b) 氢谱 (c) C,H–COSY (d) 异核接力相关谱

图 4-26 3,3–二甲氧基丙烯的 NMR 谱

同核接力相关谱和异核接力相关谱主要应用在多肽和蛋白质的结构分析上，它有时也用来研究混合物，因为通过接力峰可以容易地对谱图上的峰组进行关联和归属。

4.5 总相关谱

从二维接力相关谱的讨论中可知，如果在脉冲序列中增加足够的接力级数，理论上将显示自旋体系的全部相关峰。毫无疑问，有了这样的全部相关峰的信息，我们可以从某个氢核的谱峰出发，找到与它处于同一偶合体系的所有氢核的谱峰（尽管它们之间的偶合常数可能为零），这种二维谱是很有用的。但在接力脉冲实验中，随着接力级数的增加，灵敏度下降很快，接力级数难以无限制地增加，因而必须采用新的实验途径，才有可能得到全部质子的相关峰。

总相关谱（Total Correlation Spectroscopy，TOCSY）是通过特殊的脉冲序列，实现从一个氢核的谱峰出发，找到与它处于同一偶合体系的所有氢核的相关峰。COSY 谱可给出二键、三键连接的质子间的交叉峰，同核接力谱能给出三键、四键以及五键连接的质子间的交叉峰。由此可见，能给出自旋体系所有质子间相关峰的 TOCSY 谱在二维谱中的重要性。

要使相干在自旋体系中的所有氢核间传递，必须去掉化学位移的影响。如使所有氢核的化学位移都为零，只留下 J 偶合，那么原先化学位移不为零时表现为弱偶合（$\Delta\nu>J$），在这里都成为强偶合（$J>>\Delta\nu$）。这时，偶合体系内各自旋的能级间隔相同，满足 Hartmann–Hahn 能量交换匹配条件，因而偶合体系内的所有自旋，包括直接偶合和非直接偶合的质子的相干都可以发生交换。

TOCSY 谱脉冲序列如下：

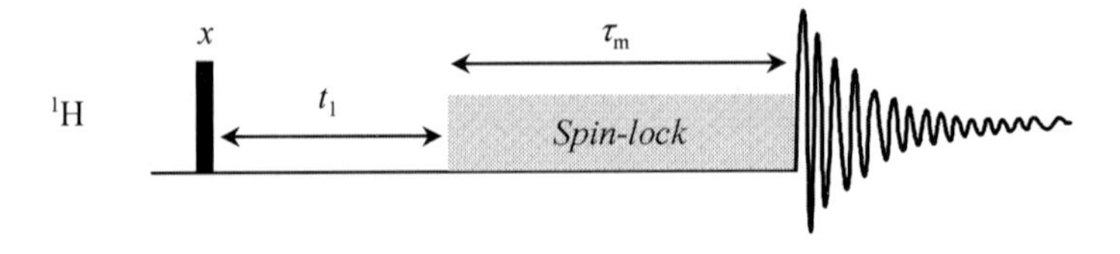

在演化期 t_1 末，加入一个自旋锁定期（spin–lock）或称为等频混合期。在自旋锁定期内，

所有氢核都表现同样的化学位移，即化学位移被暂时去除，质子间都变成强偶合作用。当等频混合期较短时，如小于 20ms，偶合作用只传递给有直接偶合关系的核（$J>0$），这时，TOCSY 谱相当于常规 H,H−COSY 谱；当等频混合期加长，偶合作用会进一步传递给非直接偶合关系的核，这时，TOCSY 谱相当于同核接力相关谱；当等频混合期延长至 50～100ms 时，偶合作用则会传递到整个自旋体系。这样从某一个氢核的谱峰出发，通过相关峰就能找到与它处于同一自旋体系的所有氢核谱峰，尽管该氢核和其他若干氢核之间的偶合常数可能为零。因此，TOCSY 谱被普遍用于氨基酸侧链的自旋系统识别。

图 4-27 所示为化合物 **6** 的 TOCSY 谱。F_1 域和 F_2 域皆为 ^{1}H 的化学位移，有对角峰和交叉峰。对角峰和交叉峰都是正的纯吸收峰，当然有时也会混有一些色散峰。与 H,H−COSY 谱相比（图 4-11 所示），TOCSY 谱中增加了许多交叉峰，显现了该化合物的环上所有质子的相关性。峰的强弱与相干传递的远近有关，从 H_2 入手，在 F_2 域的垂线上出现了四组交叉峰，其中，H_2 与 H_3 的交叉峰最强，与 H_4、H_5 以及 H_6 的两个质子的交叉峰强度渐弱。需指出 TOCSY 谱容易出现 COSY 型的假峰，干扰谱图的解析。

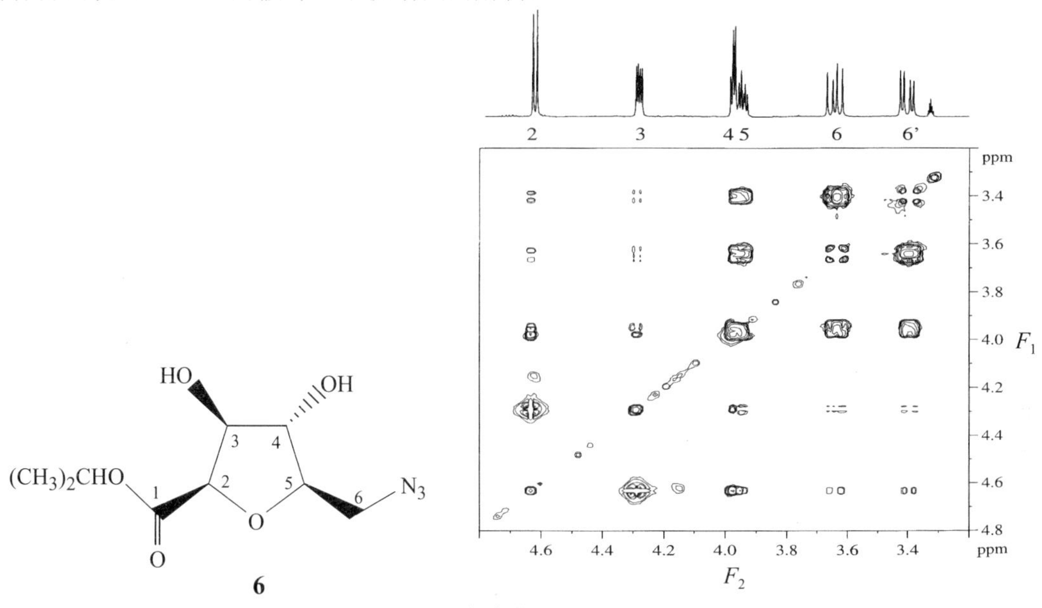

图 4-27　化合物 6 的 TOCSY 谱

4.6　二维 INADEQUATE 谱

通常的一维核磁共振实验只能检测$\Delta m = \pm 1$ 的单量子跃迁，而采用特殊的脉冲序列可以检测出多量子跃迁，得到多量子跃迁共振谱。多量子二维核磁共振谱可分为 2D INADEQUATE 实验和 ^{1}H 检测的 2D INEPT−INADEQUATE 实验。

4.6.1　2D INADEQUATE

2D INADEQUATE（Incredible Nature Abundance Double Quantum Transfer Experiment）实验是建立碳原子连接顺序，确定化合物的碳骨架结构的最有效方法。它是通过检测 ^{13}C 的双量

子跃迁来确定碳－碳连接关系的。

二维 INADEQUATE 实验的脉冲序列如下：

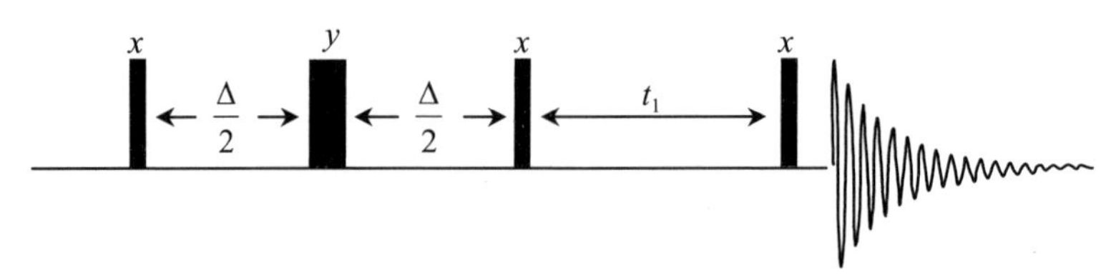

前面讨论的 C,H–COSY 谱和 H,H–COSY 谱，可以找出碳原子的相互连接关系，但化合物有季碳原子时，会对结构推断产生一定的困难。用接力相关谱也可以找出碳原子的连接顺序，但接力的传递有时未见得完全。总相关谱可以间接地确定碳－碳连接关系，但从方法学的角度来看，2D INADEQUATE 是确定碳－碳骨架信息最直接、最有效的方法。由于 ^{13}C 的天然丰度只有 1.1%，两个核相连的几率只有万分之一，使 INADEQUATE 实验的灵敏度很低，即使样品浓度很大（100mg 以上），实验累加时间仍然很长（2 天）。随着核磁共振仪频率的提高，以及实验方法的改进，对样品量及累加时间的要求将会有所降低。

二维 INADEQUATE 谱有两种形式：第一种形式是 F_2 域为碳原子的化学位移，F_1 域为双量子跃迁频率，相互偶合的两个碳原子作为一对双峰排列在平行与 F_2 域的同一水平线上。另一种形式是 F_1 与 F_2 域皆为 ^{13}C 的化学位移，谱图类似于 H,H–COSY 谱，但无对角峰，相互偶合的两个碳原子作为一对双峰出现在对角线两侧对称的位置上。

图 4-28 为 1–丁醇的二维 INADEQUATE 谱的第一种形式，F_2 域为 ^{13}C 谱，F_1 域为双量子跃迁频率。解谱时，最好是从一个可以归属的碳信号开始，在这里我们可以用信号 C_1，因为它带有一个羟基，所以处于最低场。从 C_1 出发，在 F_2 域的垂线上有一交叉峰（C_1，C_2），通过此交叉峰在 F_2 域的同一水平线上可找到另一交叉峰，该交叉峰所对应的 F_2 域的位置即是 C_2 的化学位移。同样的方法，从 C_2 可找到 C_3，再由 C_3 找到 C_4 的位置。

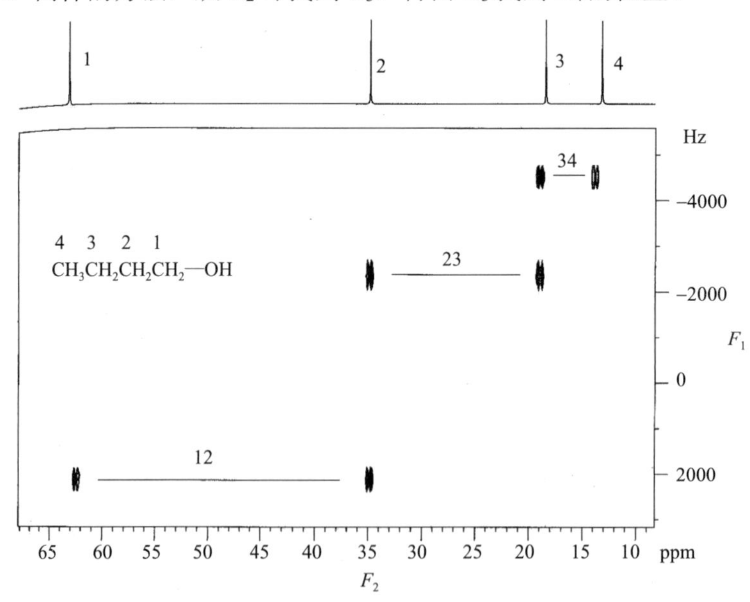

图 4-28 1–丁醇的二维 INADEQUATE 谱

图 4-29 所示为薄荷醇的 2D INADEQUATE 谱，F_1 域和 F_2 域均为 ^{13}C 化学位移，交叉峰表示碳与碳的键连关系，无对角峰，为了便于读图，对角线仍经常画于图中。C_1 的化学位移最易辨认，因为它与杂原子氧相连，应出现在最低场。由 C_1 出发，在 F_2 域的垂线上有两个交叉峰，它们是 C_1 与 C_2、C_6 的交叉峰。在对角线两侧对称的位置上有另两个交叉峰分别对应 F_2 域的位置，即是与 C_3 相连的 C_2 和 C_6 的化学位移。作为亚甲基（CH_2）的 C_6 应该比次亚甲基（CH）的 C_2 位于高场。同样方法，通过交叉峰可以依次找到 $C_6 \rightarrow C_5 \rightarrow C_4$（和 C_{10}）$\rightarrow C_3 \rightarrow C_2 \rightarrow C_7 \rightarrow C_8$ 和 C_9。

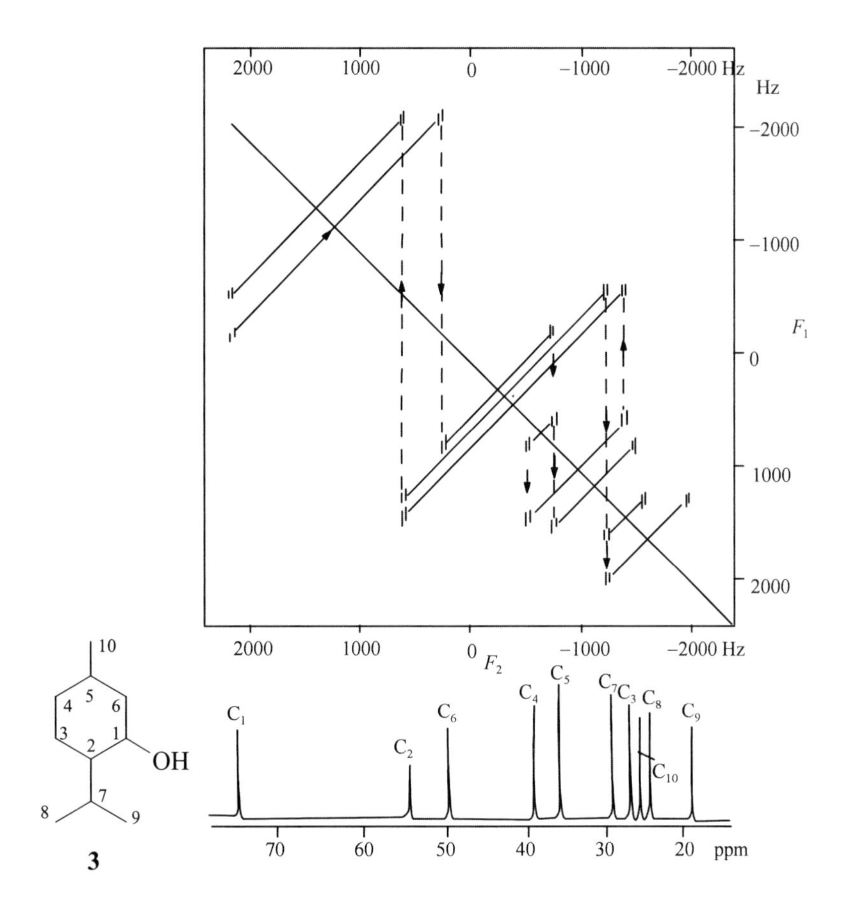

图 4-29　薄荷醇的 2D INADEQUATE 谱

在解析这类谱时，要注意夹在每一对交叉峰的中点有一条线（称对角线），它对于从噪声信号中识别交叉峰是很有用的。此外，碳链的终止也易判别，它们在 F_2 域的垂线上只出现一个交叉峰。

4.6.2　2D INEPT－INADEQUATE 谱

2D INADEQUATE 谱因灵敏度低、测试样品浓度大、实验累加时间长等缺点，使其应用受到很大限制。近年来，以 INADEQUATE 为基础发展了一些新的实验方法，以提高灵敏度。如通过极化转移和检测 ^1H 的方法，使灵敏度有较大提高的 2D INEPT–INADEQUATE 方法，它可用来确定相邻氢之间的关联。2D INEPT–INADEQUATE 谱图类似于 2D INADEQUATE 谱的第一种形式，只是 F_2 域改为 ^{1}H 的化学位移，F_1 域仍为 ^{13}C 双量子跃迁频率。相互偶合的氢核产生的交叉峰，作为一对双峰排列在平行与 F_2 域的同一水平线上，从这两个交叉峰分别往 F_2 域作垂线，可找到它们的化学位移。二者不同的是，2D INADEQUATE 谱是以 $^1J_{C-C}$ 的偶合作用来确定 C—C 连接关系的，而 2D INEPT–INADEQUATE 谱是以 $^3J_{HH}$ 偶合作用来确定相邻氢之间的相关性的。

图 4-30 所示为薄荷醇的 ^{1}H 检测的 2D INEPT–INADEQUATE 谱。该图是在 50mg 样品和累积 16 小时的条件下完成的。图中无对角线峰，不存在对角峰掩盖邻近的交叉峰的问题，图面干净，这是 INADEQUATE 谱的最大优点。

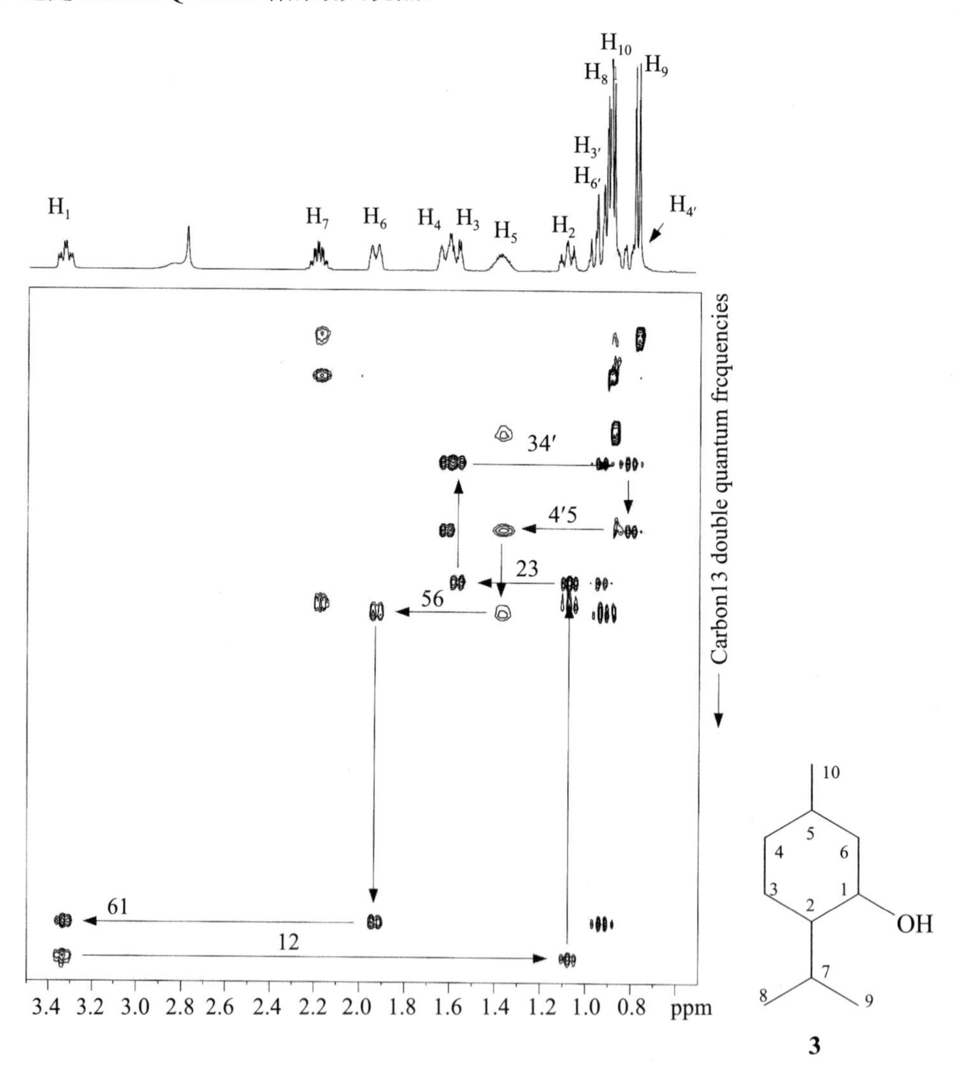

图 4-30 薄荷醇的 ^{1}H 检测的 2D INEPT–INADEQUATE 谱

一般来说，在化合物的结构确定过程中，当 H,H–COSY 和 C,H–COSY 等相关谱都无法解决问题时，才会考虑用 ^{1}H 检测的 2D INEPT–INADEQUATE 谱或 2D INADEQUATE 谱。

4.7　二维 NOE 谱

4.7.1　NOESY 谱

NOESY（Nuclear Overhauser Effect Spectroscopy）谱是表现分子中具有 NOE 效应的质子与质子之间的相关谱。前面讨论的同核化学位移相关谱和异核化学位移相关谱都是通过 J 偶合来建立核与核之间联系的。而 NOESY 谱是通过偶极－偶极作用来建立核与核之间关联的，即是通过空间相互作用，而不是通过成键电子作用的。由于 NOE 对确定有机化合物结构、构型、构象以及对生物大分子能提供重要信息，故 NOESY 在二维谱中占有重要的地位。

NOESY 脉冲序列如下：

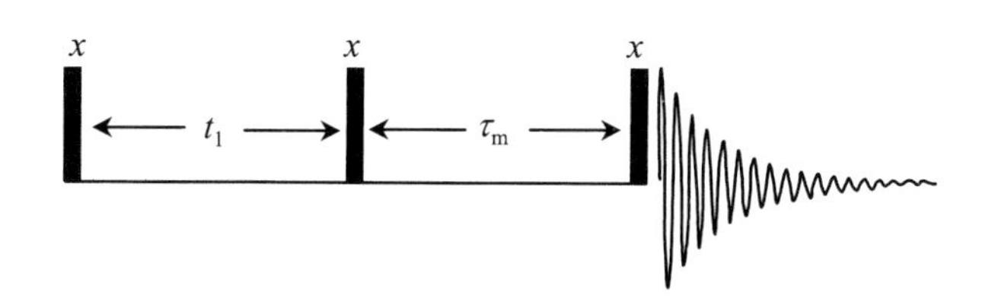

混合期 τ_m 的选取合适与否，决定了 NOESY 谱的好坏。混合时间越长，交叉峰越强，但 τ_m 过长，将出现自旋扩散，使一些峰强度降低，还会出现由自旋扩散而产生的假峰，这些假峰会干扰谱图的解析。由于这个原因，NOESY 实验要比前面讨论的 COSY 谱难作。

NOESY 谱类似于 H,H–COSY 谱，F_1 域和 F_2 域均为氢的化学位移，谱图有对角峰和交叉峰。不同的是 NOESY 获得的是相敏谱，对角峰和交叉峰皆为同相的纯吸收峰。交叉峰表示质子在空间邻近，一般距离在 0.5nm 以内的质子，可看到明显的交叉峰，交叉峰的强度正比于 τ_m/r^6。当质子之间的距离超过 0.5nm 时，就不易观察到 NOESY 的交叉峰。通过对交叉峰强度的测量，可以获得产生该交叉峰的质子与质子之间的距离。通常以亚甲基 CH_2 的两个质子的交叉峰强度作为参考，CH_2 的两个质子距离为 0.175 nm。

至少有三个方面的因素使 NOESY 谱的解析复杂化。第一，由于 J 偶合关系而出现的 H,H–COSY 交叉峰干扰了 NOESY 交叉峰的辨认。第二，小分子化合物显示 NOE 效应的速度较慢，理论上只能获得 50%的增强效应，由于质子可通过相邻的其他质子之间进行弛豫，使质子实际 NOE 增强效应远不足 50%。因此，对于中小体积分子的化合物，常不易观测到 NOESY 的交叉峰。对于大分子化合物，弛豫的主要途径是零量子跃迁呈现负的 NOE 效应，NOE 增强效应最大可达–100%，建立 NOE 效应的速率也很快。因此，NOESY 实验特别适合分析蛋白质、核酸类的大分子化合物的结构和构象问题。第三，磁化转移除了由一个质子 A 转移到邻近的质子 B 外，还可通过质子 B 转移到第三个质子 C，产生 NOESY 的交叉峰。第三个质子在空间接近第二个质子，但并不与第一个质子邻近。这种通过多步磁化转移而产生的交叉峰（如 A 与 C 的交叉峰），即自旋扩散所导致的假峰并不表示质子之间的真正空间邻近，使解析 NOESY 谱复杂化。一般把空间邻近的两个质子（如 A 和 B）产生的交叉峰称为直接 NOESY

效应，把通过中间质子的传递而产生的交叉峰（如 A 和 C）称为间接 NOE 效应。质子产生直接 NOE 效应的速率要比间接 NOE 效应的速率快。

图 4-31 所示为化合物 **11** 的 2D NOESY 谱。位于最低场 6.51ppm 的 H_a，除出现对角峰外，还有 3 个交叉峰，它们应是 H_a 与 H_q、$H_{m,n}$ 和 H_f 之间的 NOE 效应产生的交叉峰。

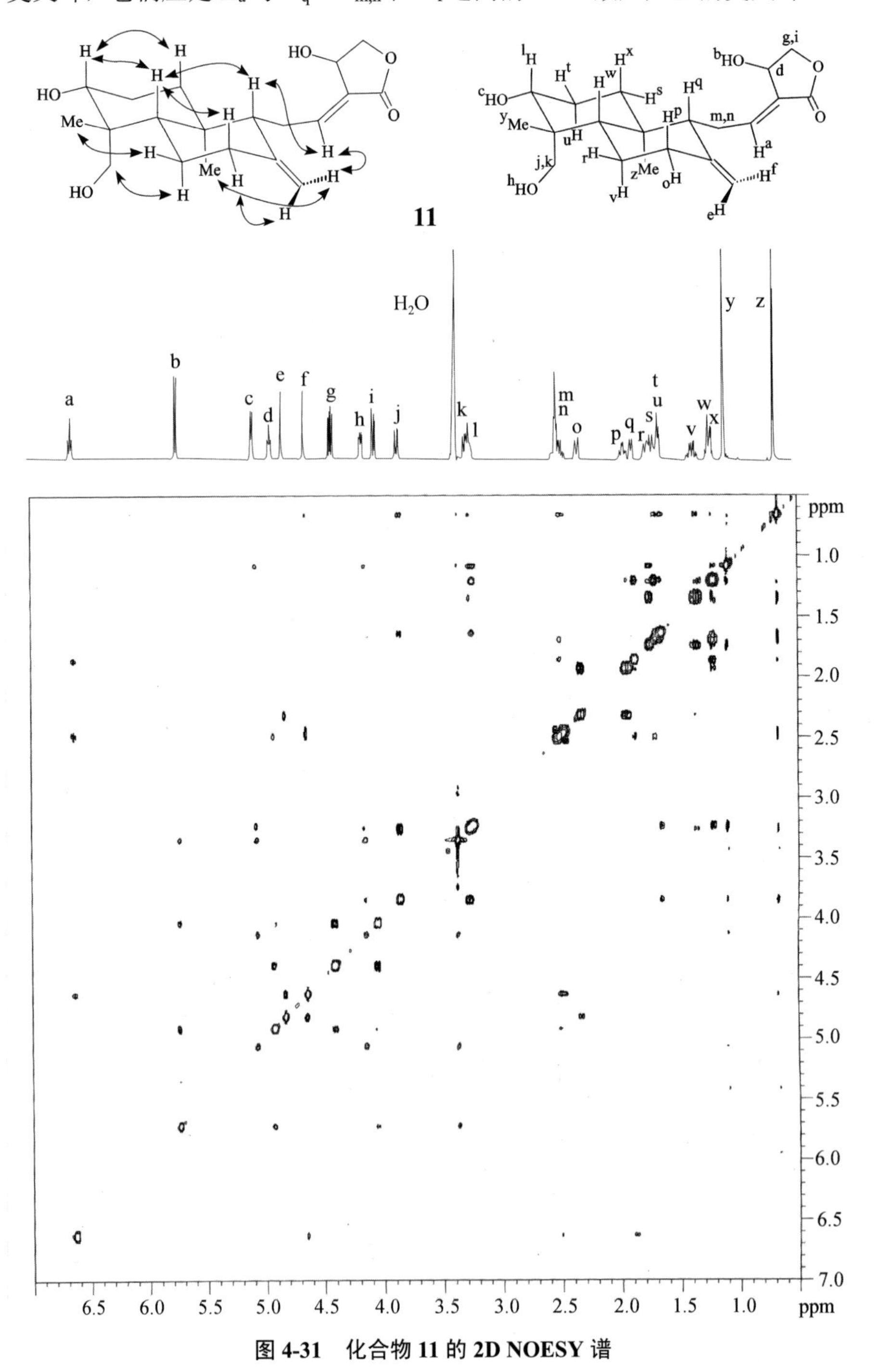

图 4-31　化合物 11 的 2D NOESY 谱

4.7.2 ROESY 谱

在 NOESY 实验里，中小分子的交叉峰一般很弱或为零，不利于中小分子 NOE 效应的检测。ROESY(Rotating Frame Overhauser Effect Spectroscopy)是旋转坐标系中的 NOESY 谱，能克服 NOESY 谱的这种缺陷，可以检测到中小分子的 NOE 效应。

NOESY 实验的脉冲序列如下：

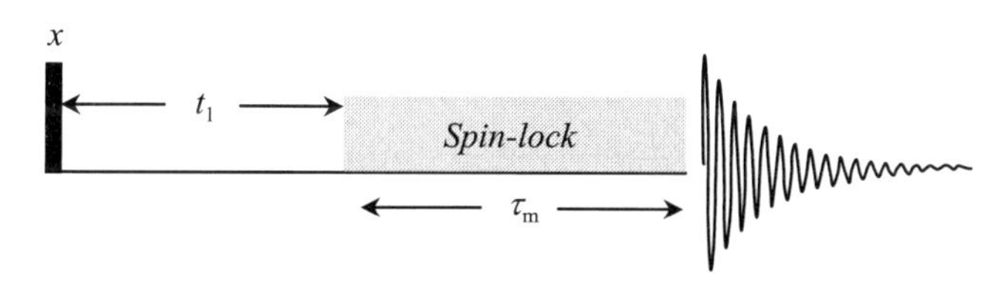

ROESY 谱与 NOESY 类似，F_1 和 F_2 域均为 ^{1}H 的化学位移，谱图有对角峰和交叉峰。

对于研究蛋白质核酸等生物大分子或高分子化合物，由于大分子在溶液里翻动较慢，偶极－偶极作用能够提供较强的交叉弛豫，NOE 效应强，特别适合作 NOESY 谱，它能有效地解决空间相关问题。而对于中小分子适合作一维 NOE 差示谱或二维 ROESY 谱。

4.8 脉冲梯度场

自 20 世纪 50 年代，人们开始认识了梯度场，并用于测量分子的自扩散系数。20 世纪 90 年代后，由于核磁成像技术的建立和发展，使脉冲梯度场在核磁共振实验中获得广泛的应用。

4.8.1 梯度场的概念

梯度场又可称为磁场梯度，即磁场强度在空间三维坐标轴（x，y，z）方向上的导数。磁场 B 的方向定义为 z 轴，在三个坐标轴上的磁场梯度分别表示为 dBz/dx，dBz/dy，dBz/dz。对 dBz/dz，磁场 B 方向与梯度方向相同，均指向 z 轴，称为纵向梯度，另两者的梯度方向与 z 轴垂直，称为横向梯度。在通常的 NMR 实验中，是以一对极性相反的线圈通以直流电产生磁场梯度的。当磁场梯度为线性梯度时，dBz/dz 的值为常数，记为 g，g 的大小与产生磁场梯度的线圈中的电流强度成正比，单位是 $T \cdot m^{-1}$ 或 $Gs \cdot cm^{-1}$（$Gs \cdot cm^{-1} = 0.01T \cdot m^{-1}$）。

4.8.2 梯度场对磁化强度的作用

在核磁管的磁场照射区，分别取 5 个截面，当磁场均匀时，沿 z 轴方向所有位置上的磁化强度在演化中保持同样的相位，如图 4-32 所示。当改用梯度场照射时，不同位置的核磁化强度旋进速率不同，在演化中不能保持相同的相位。这时，对整个样品的核磁化强度而言，就处于相位不同的散相过程。由于梯度场的作用时间短，仅在毫秒量级，样品照射区不同层面的磁化强度差别相对于总的磁场强度仍是一个很小量，所以采用脉冲梯度场，可以认为样品各层面的总磁场强度几乎不变，梯度场只是影响不同层面的正在旋进的磁化强度，加速散相过程。

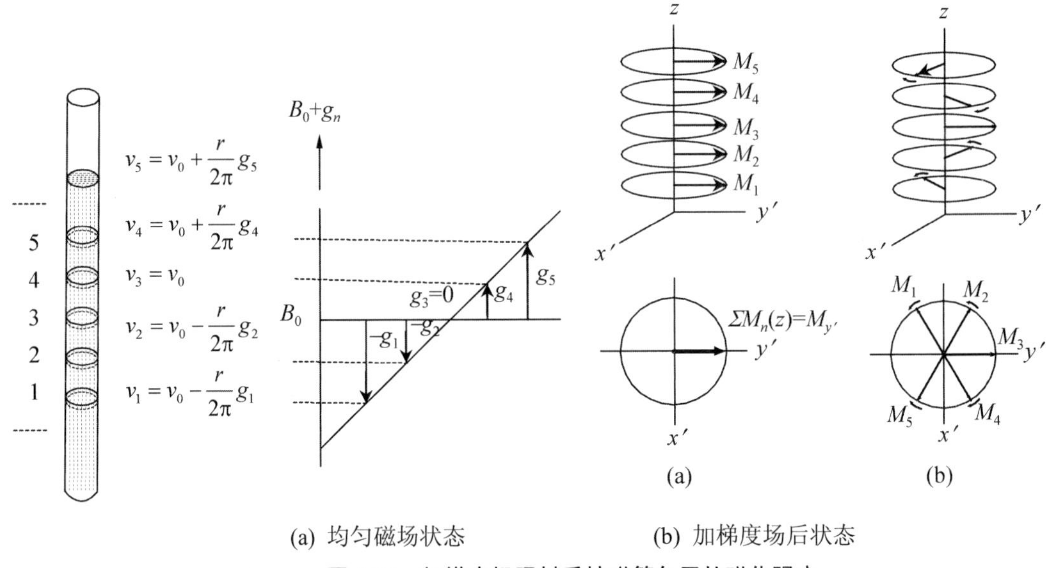

(a) 均匀磁场状态　　　　　　　(b) 加梯度场后状态

图 4-32　加梯度场照射后核磁管各层的磁化强度

4.8.3　梯度场的应用

在 NMR 波谱学方面，梯度场是用来抑制不需要的共振信号，例如，抑制生物样品中的水信号以及镜像峰与轴峰。此外，梯度场还可用来选择二维核磁实验中的相干转移路径。

在常规的 2D 核磁共振的脉冲序列中，每一个脉冲循环，必须要有一个延迟时间以便进行充分的弛豫，如果弛豫不充分，磁化强度没有恢复到平衡状态就进行下一个脉冲循环，则将会降低分辨率，在二维谱图上可能产生假峰。使用脉冲梯度场，加速散相过程，可减少或避免因弛豫不充分而带来的假峰，提高谱图的质量。

脉冲梯度场可以除去不需要的共振峰。在生物样品的 NMR 测试中，常用脉冲梯度场破坏溶剂的磁化转移，而达到抑制溶剂峰的目的。

脉冲梯度场可用来选择相干转移路径。二维核磁共振实验可以通过相循环来选择相干转移路径，但这种方法不仅费时，还可能因相位的控制不准而导致一些非选择性的相干产生的假峰。脉冲梯度场可以根据单、双量子相干在演化期的速率不同来选择相干路径，克服用相循环选择相干路径的不足（费时和产生假峰）。

脉冲梯度场除了在 NMR 波谱学方面的应用外，主要是应用在核磁共振成像（Magnetic Resonance Imaging, MRI）方面，无论是发展速度还是发展规模，都是近十几年来核磁共振领域最前沿的交叉学科。

4.9　二维核磁共振谱的解析

二维核磁共振谱包括了通常的一维核磁共振谱的信息，如化学位移、偶合常数与结构的关系，因此在一维谱中积累的解析经验可以加快对二维谱的解析过程。

对一些结构简单的化合物根据氢谱图中化学位移、偶合常数、峰形和积分面积找出一些特征峰，获得一些最明显的官能团或片段。其次，对照 ^{13}C 谱以及 DEPT 谱，确定碳原子的级数、各谱线所属区域以及活泼氢信息。最后，再配合质谱或红外等信息可以确定出最终结构式。这时，就没有必要再做二维核磁实验。但对于一些分子量大，结构较复杂的化合物，仅用一维谱来确定结构往往比较困难，这便要用二维谱来帮助解析。二维谱的解析步骤可归纳如下：

（1）利用一维核磁共振谱（如氢谱、碳谱、DEPT 等）确定未知物的基本信息以及部分结构片断。

（2）从最易识别的 ^1H 入手，利用 $^1H,^1H$–COSY 的 ^3J 偶合关系以及 C,H–COSY（或 HSQC，HMQC）建立 ^1H—^1H 之间的连接，进一步确定结构片断以及若干片断的连接关系，组成结构单元。对于结构不太复杂的化合物，可能已经推导出最终结构式，但对于季碳较多的化合物还需要再作相应的二维谱图。

（3）由于季碳原子不与氢原子直接相连，在 COSY 谱中没有与其对应的交叉峰，片断的连接关系就终止了。它们与其他碳氢基团的连接关系只能由 C、H 远程偶合谱来完成，最常用的远程偶合谱是 HMBC（或 COLOC），在该谱图中经常出现跨越三根键的 C、H 远程偶合信息，也可以跨越氧、氮等杂原子。有了 C、H 远程偶合信息，就可以把季碳原子与其他官能团连接起来，进一步延伸结构片断，扩大结构单元，推导出结构式。

（4）上述以氢谱、碳谱以及 DEPT 为基础，再结合 COSY 谱和 C,H–COSY 谱（或 HMQC，HSQC 谱），有时还需补充 HMBC 谱，对于无重叠或重叠不严重的氢谱，可以完成结构片断的推导，确定完整的结构式。但是对于重叠严重的氢谱，就无法辨认某一交叉峰到底是属于哪一峰组。这时，就要采用非常规测试手段来克服这个困难，如以 HMQC–TOCSY 谱或 2D INADEQUATE 谱为核心来准确地确定碳－碳之间的连接关系。

（5）利用 NOESY 谱来帮助确认几个结构片断之间的连接关系。另外，NOESY 谱对确定未知化合物的构型、构象具有重要作用。

（6）由上面的解析结果并结合 MS、IR、UV、元素分析等信息，确定化合物结构式。

例　题　四

【例题 4.1】　根据谱图（图 4-例 1）归属谷氨酸化合物各氢和碳的化学位移。

解析　除活泼氢外，C_2 与羧酸以及杂原子 N 相连，H_2 应在最低场，通过 H,H–COSY 的交叉峰可以找到与之相邻的 H_3，由 H_3 就可以找到 H_4 的位置。确定了各氢的化学位移，通过 HMQC 谱或 HSQC 谱就很容易找出 C_2、C_3 和 C_4 的化学位移。接下来，就是如何利用谱图来确定谷氨酸中两个羧酸碳的化学位移。对季碳原子的归属常用显示远程碳氢相关峰的 HMBC 谱。从我们已归属的 H_2 入手，在通过 3.82ppm 的一条垂线上可找到 H_2 与 C_3、C_4 的相关峰，以及没有被抑制的与 C_2 的 $^1J_{CH}$ 偶合峰。此外，在 173.7ppm 又出现一个相关峰，这应归属某个羧酸碳的化学位移。HMBC 谱通常只给出三键内的碳和氢的相关峰，从谷氨酸的结构可以看出，H_2 与 C_1 相隔二根键，而与 C_5 相隔五根键，毫无疑问，173.7ppm 的谱线应归属 C_1。如果从 2.16ppm 的 H_3 入手，可以找到 H_3 与 C_4、C_2 以及两个羧酸碳的相关峰。同样，如果从 2.55ppm 的 H_4 入手，可找到 H_4 与 C_3、C_2 以及在 177.0ppm 的另一个羧酸碳 C_5 的相关峰。

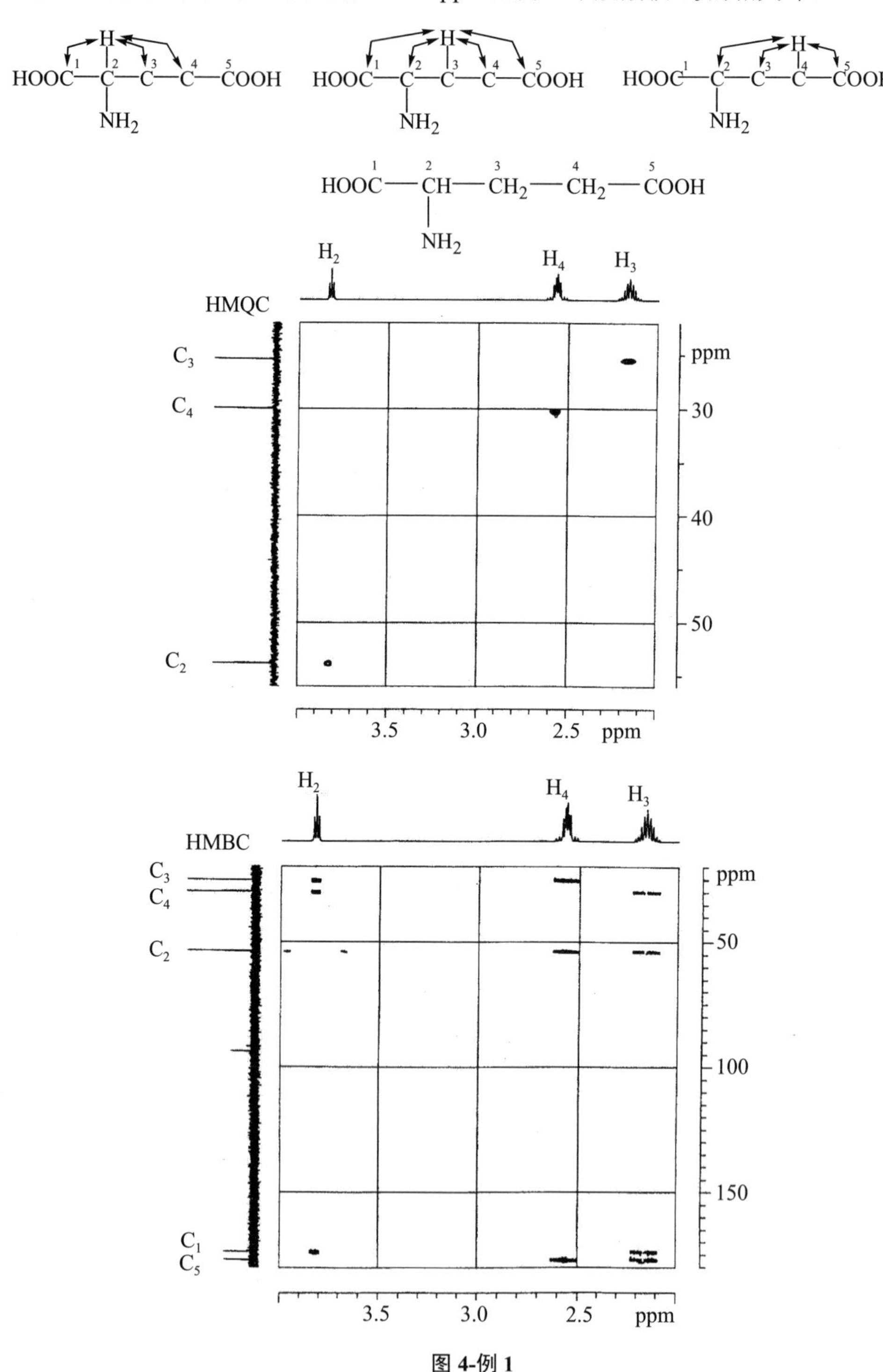

图 4-例 1

习 题 四

【习题4.1】 某化合物的分子式为 $C_{10}H_7OBr$，请根据下列各谱（图4-习1）推断结构。（溶剂：DMSO–d_6）。

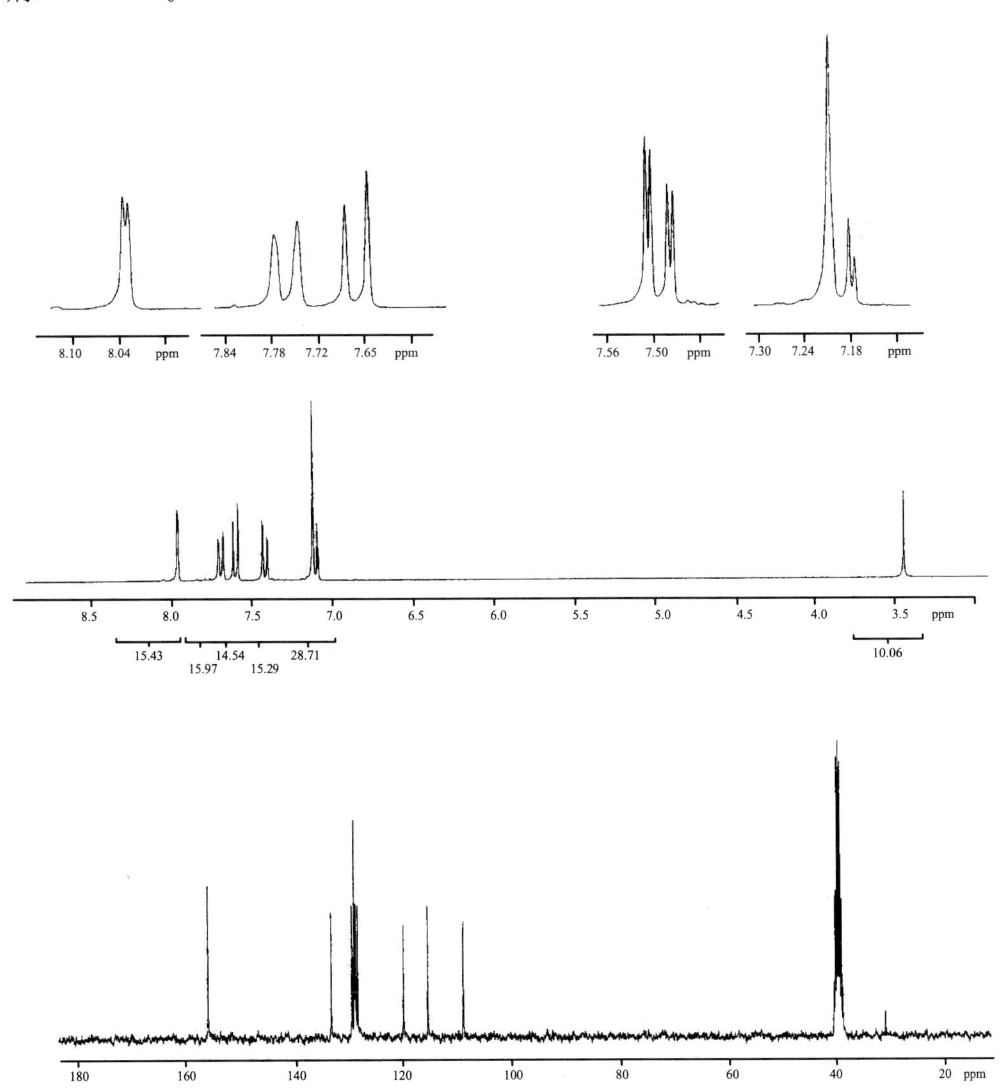

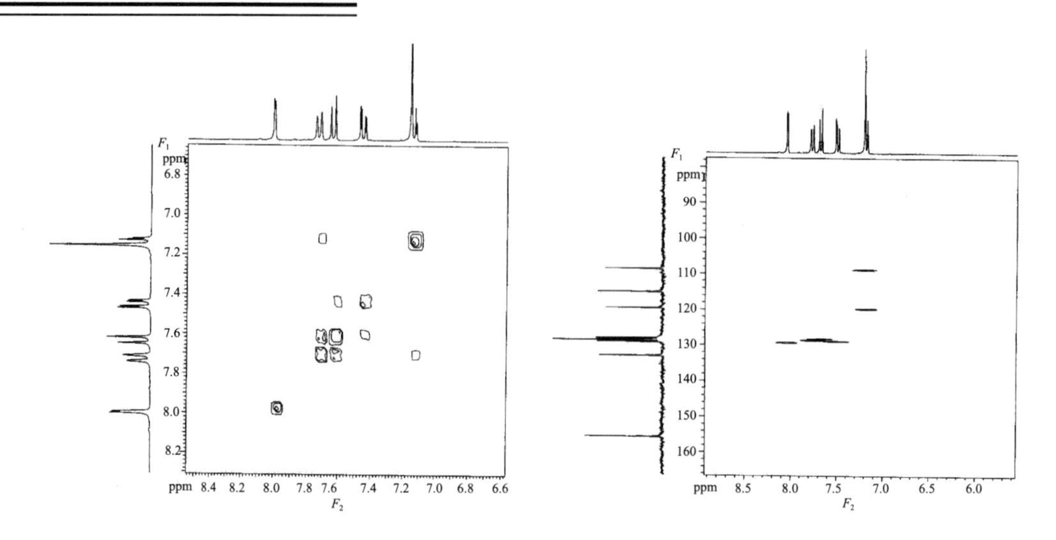

图 4-习 1　$C_{10}H_7OBr$ 的谱图

【习题 4.2】　某化合物的分子式为 $C_6H_{10}O$，请根据下列各谱（图 4-习 2）推断结构。

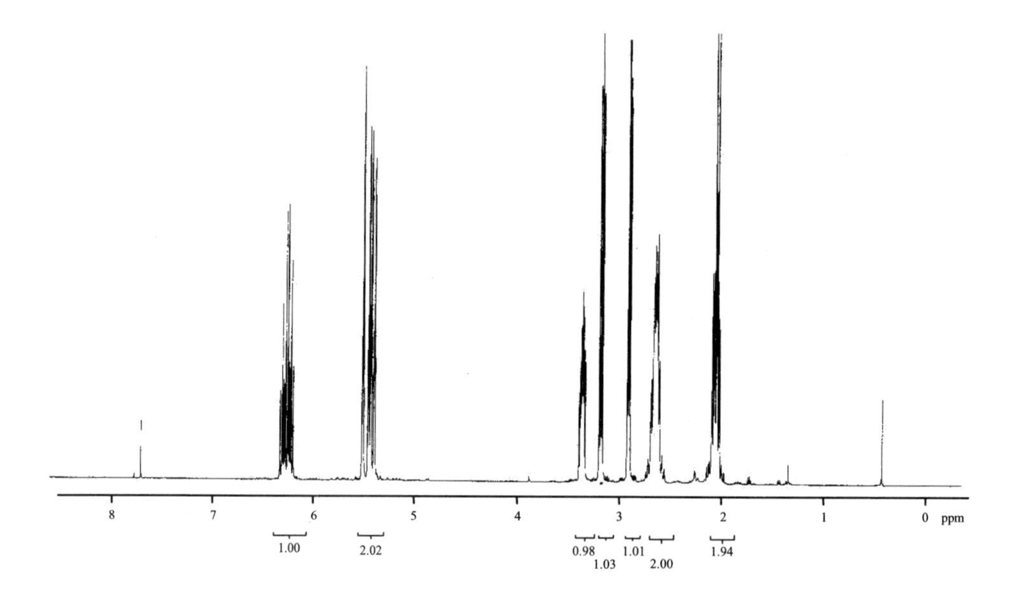

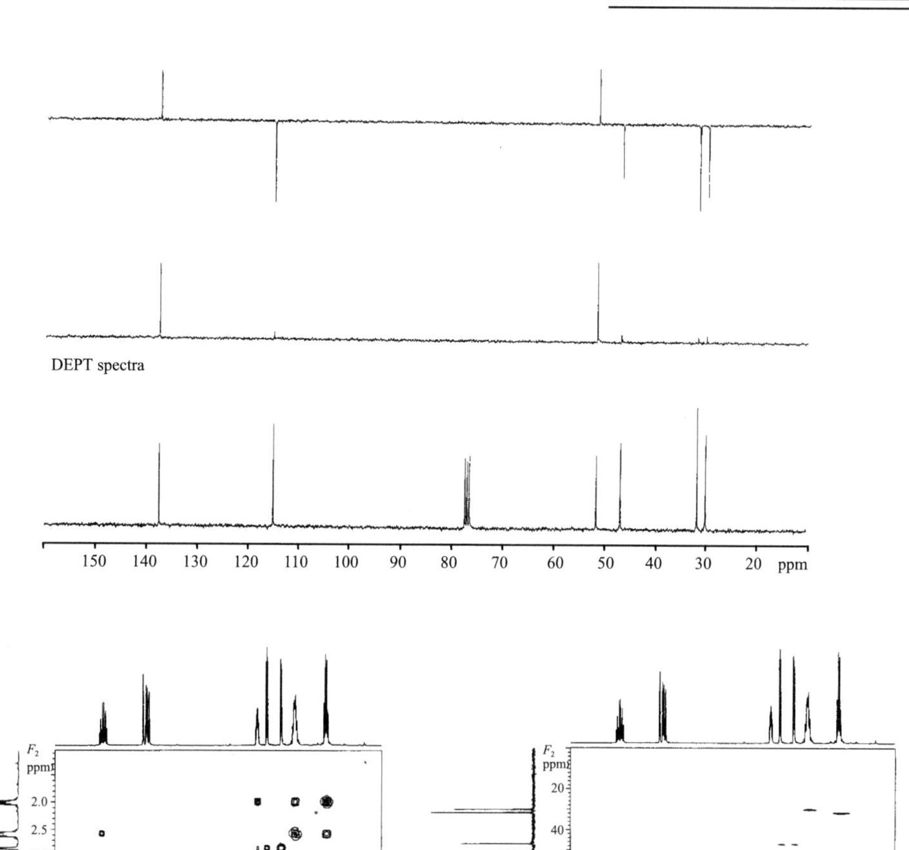

图 4-习 2　$C_6H_{10}O$ 的谱图

【习题 4.3】 某化合物的分子式为 $C_4H_8NO_2Cl$，请根据下列各谱（图 4-习 3）推断结构。

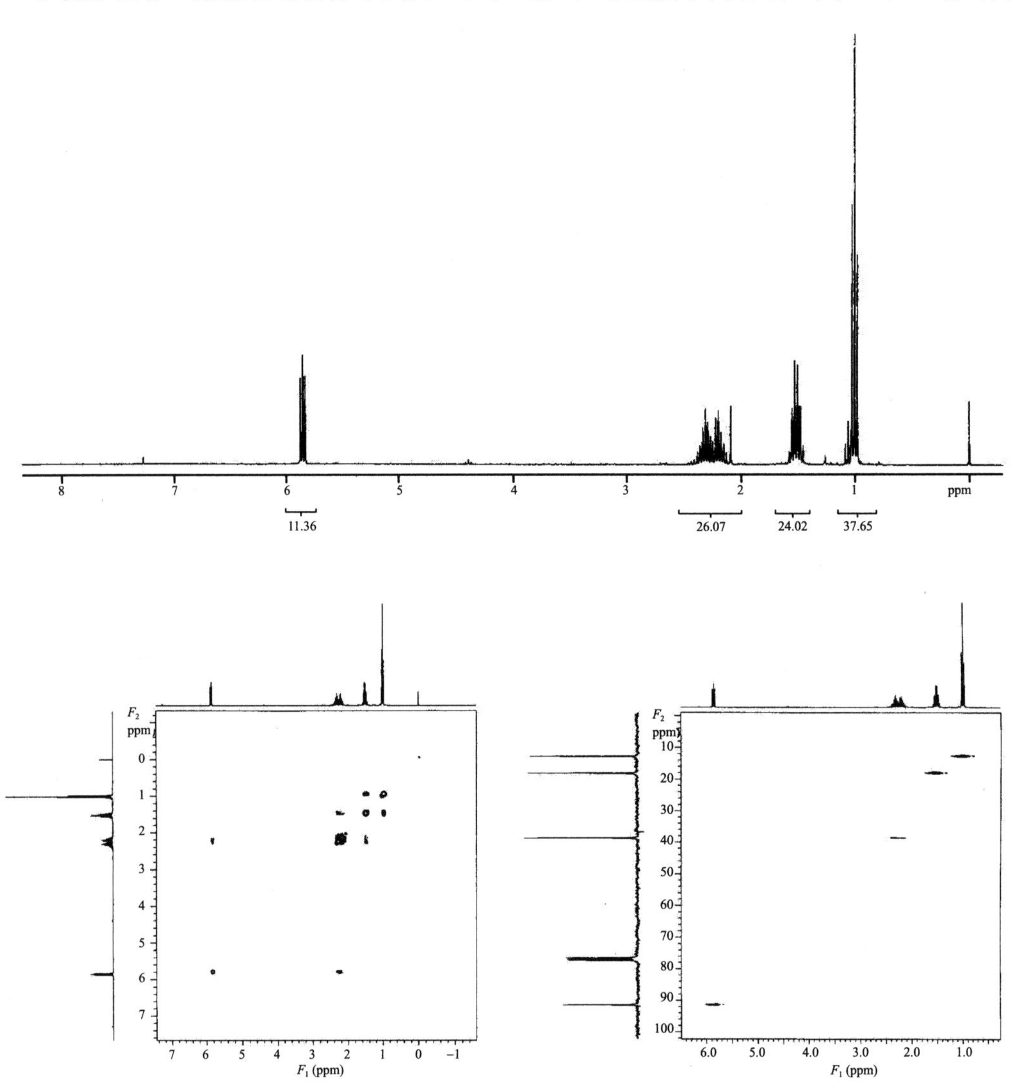

图 4-习 3　$C_4H_8NO_2Cl$ 的谱图

【习题 4.4】 某化合物分子式为 $C_6H_{12}O$，根据氢谱和 H,H–COSY 谱（图 4-习 4）推断结构。

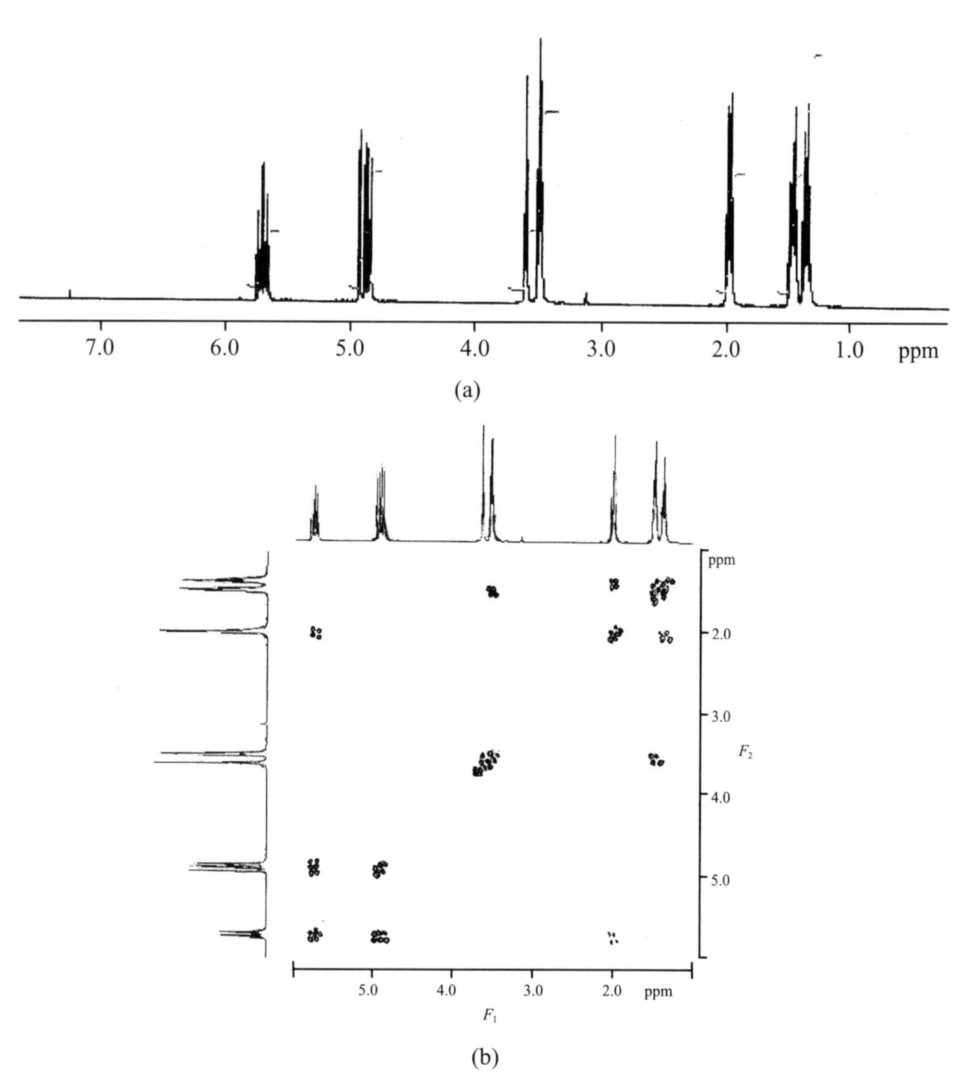

图 4-习 4　$C_6H_{12}O$ 的氢谱(a)和 H,H–COSY 谱(b)

【习题 4.5】 某酸类化合物的分子式为 $C_7H_{13}NO_3$，根据 H,H–COSY 和 C,H–COSY 谱（图 4-习 5）推断可能的结构（溶剂：CD_3OD）。

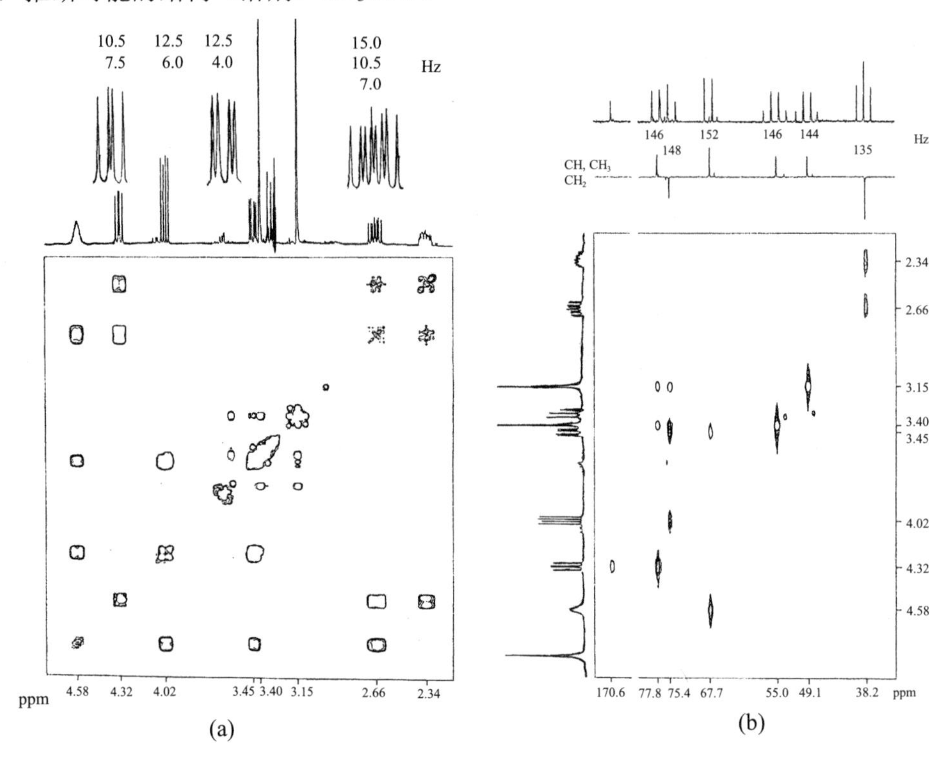

图 4-习 5 $C_7H_{13}NO_3$ 的 H,H–COSY 谱(a)和 C,H–COSY 谱(b)

第 5 章

红外光谱和拉曼光谱

红外光谱和拉曼光谱都是测量有机分子的振动光谱，尽管两者的理论基础不同，但得到的信息往往是可以互补的．从仪器的普及程度和谱图的积累程度来看，红外光谱较拉曼光谱占据更重要的地位．因此，本章将着重讨论红外光谱。

红外光谱研究开始于上世纪初期，1940 年商品红外光谱仪问世，并很快在有机化学研究中得到广泛的应用，特别是傅立叶变换红外光谱仪的问世以及一些新技术（如发射光谱，光声光谱等）的出现，使红外光谱得到更加广泛的应用。红外光谱的样品适应范围广，任何气体、液体、固体样品或者无机、有机、高分子化合物均可进行红外光谱测定，这是核磁共振谱、质谱以及紫外光谱等方法所不及的。

5.1 红外光谱的基本原理

5.1.1 红外光谱的波长范围

当红外光照射化合物分子时，部分红外光被吸收，引发偶极矩改变的分子振动或转动能级跃迁，由此而形成的分子吸收光谱称为红外光谱。

习惯上按红外光谱波长，将红外光谱分成三个区域：近红外区、中红外区和远红外区。这是根据在测量这些区的光谱时所用仪器的不同以及各个区域所得到的信息不同分类的。这三个区域所包含的波长及波数范围如表 5-1 所示。

表 5-1 红外波段的划分

波段名称	波长，μm	波数，cm^{-1}
近红外区	0.75～2.5	13300～4000
中红外区	2.5～25	4000～400
远红外区	25～1000	400～10

红外光谱除用波长λ表征外，更常用波数ν表征，如式（5.1）。波数是波长的倒数，它表示每单位（cm）光波长所含光波的数目。

$$\nu(\mathrm{cm}^{-1}) = \frac{10^4}{\lambda(\mu\mathrm{m})} \tag{5.1}$$

中红外区 是有机化合物红外吸收的最重要范围，这一区域的光波能量对应于分子中原子之间的振动和转动能级之间的跃迁，因此中红外区的吸收光波能够反映分子中各种化学键、官能团和分子整体结构特征，对化合物结构分析有重要用途。常用商品仪器波数范围为 4000～400cm^{-1}。

近红外区 波数在 13300～4000cm^{-1}，又称倍频区或泛频区，能量较高，能引起化合物分子产生两个以上振动能级的跃迁。常常在鉴别—OH，—NH，C—H 等基团是否存在时，要用倍频峰为佐证。例如，醇的—OH 基团伸缩振动吸收峰有时会与—NH_2 吸收峰重叠而难以分辨时，可进一步观察在 7150cm^{-1} 存在醇羟基倍频弱峰来确定。

远红外区 主要研究 400～10cm^{-1} 范围，是有机化合物分子纯转动跃迁和固体晶体中晶格振动跃迁吸收区。为了使分子的转动易于发生，常使化合物处于低压气相状态。

5.1.2 红外光谱的产生

当外界电磁波照射样品分子时，如果电磁波的能量与分子某能级差相等时，电磁波可能被分子吸收，从而引起分子对应能级的跃迁。样品分子吸收电磁波能量必须满足两个条件，即：

（1）电磁波应具有刚好能满足跃迁时所需的能量。

（2）电磁波与物质之间有偶合作用（相互作用）。

当一定能量的红外光照射分子时，如果分子中某个基团的振动频率和红外光波的频率一致时，就满足了第一个条件，为满足第二个条件分子必须有偶极矩的改变。

就整个分子而言，分子是呈电中性的，但由于构成分子的各原子价电子得失的难易各异，而表现出不同的电负性，分子也因此而显示不同的极性。通常可用分子的偶极矩μ来描述分子极性的大小，如式（5.2）所示。

$$\mu = q \cdot d \tag{5.2}$$

式中：q 表示正或负电荷电量，d 表示正负电荷中心距离。

H_2O 是极性分子，正、负电荷中心的距离为 d，三个原子在平衡位置总是不断地振动，在振动过程中，d 的瞬时值随着化学键的伸长或缩短而不断地发生变化，因此分子的偶极矩也发生相应的改变，分子也就具有确定的偶极矩变化频率。当电磁波的辐射频率与偶极矩变化频率相匹配时，分子才与辐射发生振动耦合，增加分子的振动能，振幅变大，即分子从原来的基态振动跃迁到较高的振动能级。CO_2 是对称分子，正、负电荷中心重叠，$d=0$，则$\mu=0$，因此 CO_2 是一个非极性分子。在振动过程中，如果两个化学键同时伸长或缩短（称为对称伸缩振动），则 d 始终为 0，偶极矩不改变，这种振动不产生红外吸收，称为非红外活性。如果 CO_2 分子在振动时，一个键伸长的同时，另一个键缩短（称为不对称伸缩振动），则分子的正、负电荷中心不再重叠，$d \neq 0$，偶极矩发生改变，这种振动将产生红外吸收，我们称这种振动为红外活性。可见并非所有的振动都会产生红外吸收，只有发生偶极矩变化的振动才能引起可观测的红外吸收谱带。

由此可见，当分子中某个基团的振动频率和红外光波的频率一样时，二者就会产生共振，此时光的能量通过分子偶极矩的变化而传递给分子，这个基团就吸收一定频率的红外光，产生振动跃迁。若用连续改变频率的红外光照射样品分子时就会得到样品中各基团所吸收的红外光谱图。

5.1.3 分子振动方式

上述提到分子内原子在平衡位置的不断振动，而引起分子偶极距的变化，才产生红外光谱。那么原子的振动与那些因素有关呢？先讨论最简单的双原子分子的振动方式。

1. 双原子分子振动

用经典力学方法可以把双原子振动，用两个刚性小球的弹簧振动来模拟，如图5-1所示。这个体系的振动频率 ν（以波数表示），由胡克定律可导出：

$$\nu = \frac{1}{2\pi c}\sqrt{\frac{K}{m}} \tag{5.3}$$

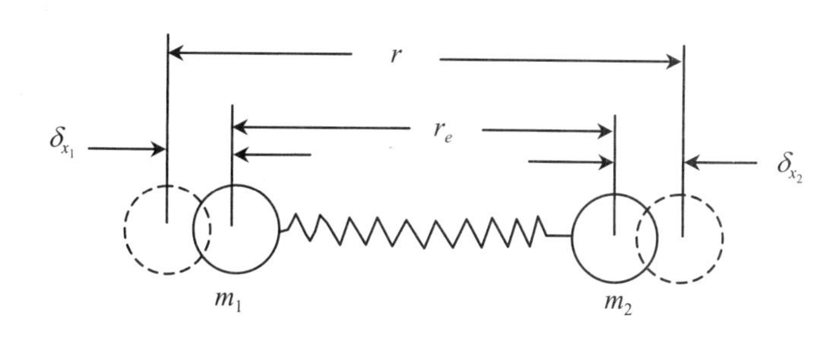

图5-1 双原子分子振动

式中：c 为光速 $2.998\times10^{10}\text{cm}\cdot\text{s}^{-1}$，$K$ 是弹簧的力常数，也即连接两原子的化学键力常数，m 是质量为 m_1 和 m_2 的两原子的折合质量：

$$m = \frac{m_1\times m_2}{m_1+m_2} \tag{5.4}$$

由式（5.3）和（5.4）可以看出，影响基本振动频率的直接因素是两原子质量和化学键的力常数。氢的原子量最小，故含氢原子单键的基本频率都出现在中红外的高频区约 3000cm^{-1}。若氢原子被其他原子取代，随着取代原子的质量增加，伸缩振动吸收峰向低波数位移。如：

C—H	C—C	C—O	C—Cl	C—Br	C—I
3000cm^{-1}	1200cm^{-1}	1100cm^{-1}	750cm^{-1}	600cm^{-1}	500cm^{-1}

同样，化学键的力常数大，基本振动频率也就大。如三重键的力常数大于双键和单键的力常数，它们的振动频率依次为（两原子的折合质量相同）：

C≡C	C=C	C—C
2150cm^{-1}	1650cm^{-1}	1200cm^{-1}

上述基团中 C—H 伸缩振动频率，因碳原子的杂化方式不同，C—H 键的力常数存在差别：

$sp>sp^2>sp^3$，如：

≡C—H	=C—H	—C—H
3300cm^{-1}	3100cm^{-1}	2900cm^{-1}

当然，化学键所连接的毕竟不是两个小球，而是微观粒子（原子），真实的微观粒子运动要用量子理论方法加以处理。在上述小球的振动体系中，其能量的变化是连续的，而真实分子的振动能量变化是量子化的。

2. 多原子分子的振动

对于多原子分子的振动，情况比较复杂，一个原子可能同时与好几个其他原子形成化学键，它们的振动彼此牵扯，不易直观地加以解释，但可以把它的振动分解为许多简单的基本振动。

设分子有 n 个原子组成，每个原子在空间（x，y，z 坐标中）都有三个自由度，因此 n 个原子组成的分子总共应有 $3n$ 个自由度，亦即 $3n$ 种运动状态。这些运动状态中包括三种沿 x，y，z 轴方向平移的运动和三种绕 x，y，z 轴转动的运动，这六种运动都不是分子的振动，故分子的振动形式应有 $3n-6$ 种。对于直线型分子，只能绕 y 轴和 z 轴转动，比上述少一种转动，只有五种运动不是分子的振动，因此直线型分子的振动形式为 $3n-5$ 种。

在各种振动形式中，链长改变而键角不变的称为伸缩振动。伸缩振动可分为两种：对称伸缩振动 ν_s 和不对称伸缩振动 ν_{as}。键长不变而键角改变的振动称为弯曲振动或变形振动 δ。一般来说，键长的改变比键角的改变需要更大的能量，因此，伸缩振动出现在高频区，而变形振动则出现在低频区。

二氧化碳分子的振动，可作为直线型分子振动的一个例子。它由三个原子组成，其基本振动数为 $3\times3-5=4$，故有四种基本振动形式。如图 5-2 所示，不对称伸缩振动在 2349cm^{-1} 出现吸收峰，而对称伸缩振动不发生分子偶极矩的变化，是非红外活性的，无红外吸收峰。两种变形振动（面内、面外）的能量刚好是一样的，故振动简并，只在 667cm^{-1} 观察到了一个吸收峰，所以 CO_2 只有两个红外基频谱带。

图 5-2　CO_2 分子的四种振动形式

水分子是由三个原子组成的非线性分子，共有 $3\times3-6=3$ 个振动形式，分别是不对称伸缩振动、对称伸缩振动和变形振动。这三种振动皆有偶极矩的变化，都是红外活性的。如图 5-3 所示。

图 5-3　水分子的振动形式

亚甲基（CH_2）的几种基本振动形式如图 5-4 所示。它包括对称伸缩振动 ν_s（2853cm^{-1}），不对称伸缩振动 ν_{as}（2926cm^{-1}），面内剪切振动 δ（1468cm^{-1}），面外扭曲振动 τ（1305cm^{-1}），面外摇摆振动 ω（1305cm^{-1}）和面内摇摆振动 ρ（720cm^{-1}）。

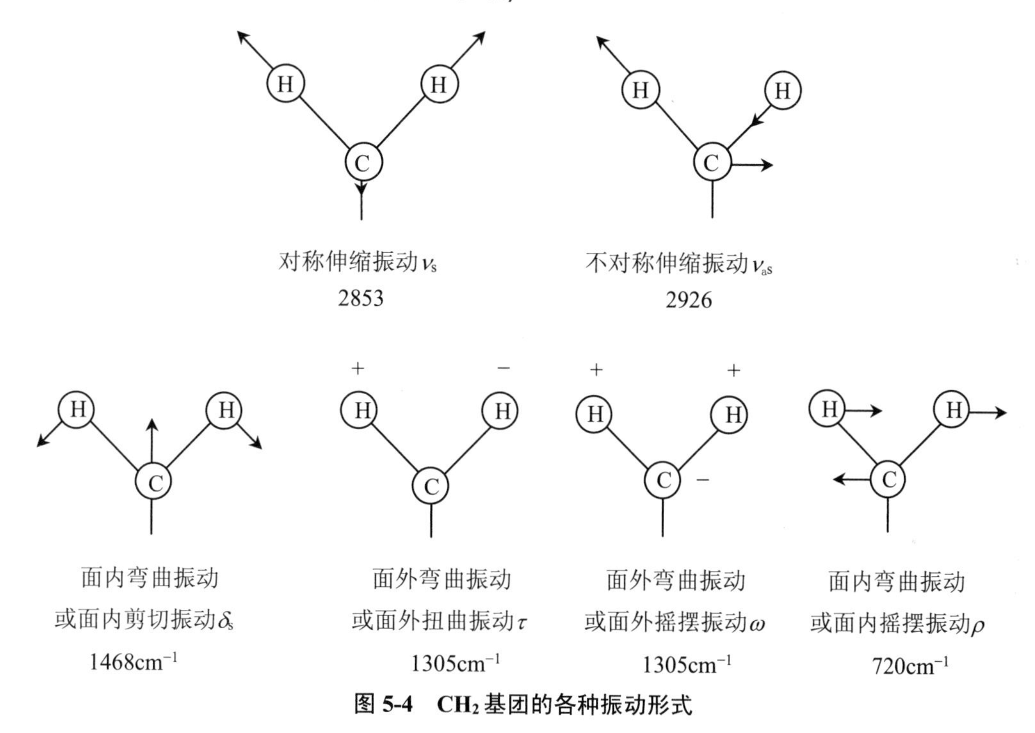

图 5-4　CH_2 基团的各种振动形式

综合以上各种基团的振动分析，分子的振动形式可分成以下两大类：

（1）伸缩振动　包括对称伸缩振动和不对称伸缩振动。

（2）变形振动　包括面内变形振动和面外变形振动。面内变形振动又包括剪式振动和面内摇摆振动；面外变形振动包括面外摇摆振动和面外扭曲振动。

上述每种振动形式都具有特定的振动频率，也具有相应的红外吸收峰。有机化合物一般由多原子组成，因此红外吸收光谱的谱峰也较多。

5.2　红外光谱仪

在 20 世纪初期出现的红外光谱仪是单光束手动式仪器。1947 年研制了双光束自动记录的红外光谱仪，当时是以棱镜作为色散元件的称为第一代红外光谱仪。1960 年以后，发展了以光栅作为色散元件的第二代红外光谱仪，该仪器所测量的红外波长范围增宽，分辨率也有所提高，对环境的要求也大为降低。20 世纪 70 年代发展起来的傅立叶变换红外光谱仪具有快速度、高分辨率和高灵敏度的优点，可以用于快速化学反应的研究，也可以与色谱联用，已成为主导仪器类型，是第三代红外光谱仪。

5.2.1 双光束红外光谱仪

双光束红外光谱仪由红外光源、单色器、检测器等部件组成。

红外光源 理想的红外光源是产生高强度、连续的红外光，目前使用较多的红外光源有硅碳棒和能斯特灯，具有发光面积大，寿命长等特点。

单色器 单色器是红外光谱仪的心脏，其优劣对仪器的性能影响极大。第一代红外光谱仪的单色元件是棱镜，由 KBr，NaF，LiF 等盐的单晶制成，此类单色器怕潮，分辨率低。第二代红外光谱仪的单色元件是衍射光栅，是一块刻有很多条平行线槽的反射镜，分辨率比棱镜高，一般刻线数越多，分辨率越高。第三代红外光谱仪是以迈克逊干涉仪作为单色元件的。

检测器 检测器是测量红外光强度并将其变为电信号的装置。常用真空热电偶作为检测器。

双光束红外光谱仪的工作原理：从光源发出的红外光分成两束，一束通过样品池，一束通过参比池，然后进入单色器。在单色器内先通过以一定频率转动的扇形镜，使两束光交替地进入单色器中的光栅，最后进入检测器。随着扇形镜的转动，检测器就交替地接受这两束光。当样品有选择性地吸收特定波长的红外光后，两束光的强度就有差别，在检测器上产生与光强差成正比的交流信号。通过放大器放大后，驱动参比光路上的光纤进行补偿，即减弱参比光路的光强，直至两束光强相等。样品对某一波数的红外光吸收越多，光纤也就越多地挡住参比光路，使参比光强同样程度地减弱。记录笔与光纤同步，因而描绘出样品的红外吸收情况，得到红外光谱图。

5.2.2 傅立叶变换红外光谱仪

傅立叶变换红外光谱仪由光学检测系统和数据处理系统组成。光学检测系统由迈克逊干涉仪、光源和检测器组成。它的工作原理就是迈克逊干涉仪的原理，如图 5-5 所示。当光源（L）发出的入射光进入干涉仪后被光束分裂器（BS）分成两束光，50%透射到达可移动镜（MM），被移动镜反射沿原路回到光束分裂器，并从光束分裂器反射到检测器；另外 50%反射到固定镜（FM），在那里被反射后沿原路回到光束分裂器，并透过光束分裂器到达检测器。到达检测器的两束光，由于光程差而产生干涉。通过改变移动镜（MM）的距离，可使到达检测器（D）的两束光有不同的光程差。在连续改变光程差的同时，记录下中央干涉条纹的光强变化，即得到干涉图。如果在相干光路中放有样品（s），由于样品分子吸收掉某些波数的能量，所得到的干涉图的强度即出现相应的变化。将干涉图进行傅立叶变换的数据处理，最后得到常规的红外光谱图。

傅立叶变换红外光谱仪不用狭缝分光，光通量大，从而使检测器接受到的信号强，信噪比高，因此有很高的灵敏度，有利于弱吸收峰的检测。扫描速度极快，能在很短时间内（＜1s）

获得全波段光谱信息，有利于研究样品的动态过程和瞬间变化。由于采用激光干涉条纹准确测定光程差，测定的波数准确度高，即分辨率高，通常能达到 0.01cm^{-1}。通过计算机可以选择不同的光束分裂器和光源，可研究 10000～10cm^{-1} 的光谱，测量光谱范围宽。另外，傅立叶变换红外光谱仪适合与色谱联用，大大提高了红外光谱仪在有机结构分析中的应用范围。

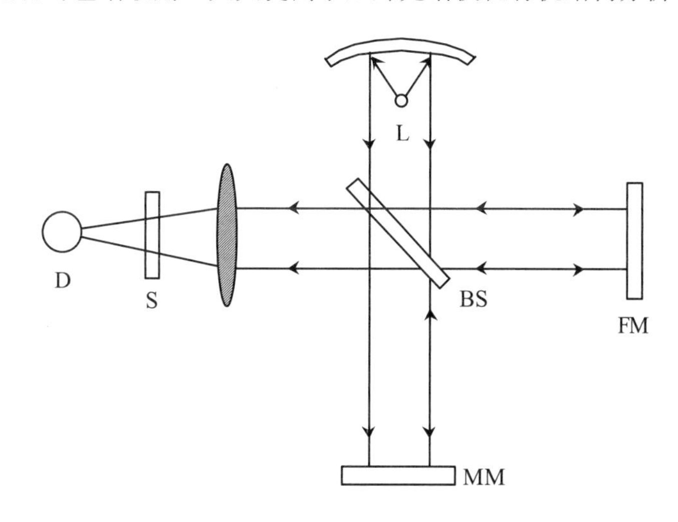

图 5-5　迈克逊干涉仪示意图

5.3　试样的制备

在红外光谱法中，试样的制备及处理占有重要的地位。如果试样处理不当，那么即使仪器的性能很好，也不能得到满意的红外光谱图。一般来说，在制备试样时应注意以下几点：

（1）试样的浓度和测试厚度应选择适当，以使光谱图中大多数吸收峰的透射比处于 15%～70%范围内。浓度太小，厚度太薄，会使一些弱的吸收峰和光谱的细微部分不能显示出来；过大、过厚，又会使强的吸收峰超越标尺刻度，彼此连成一片，而无法确定它的真实位置。有时为了得到完整的光谱图，需要用几种不同浓度或厚度的试样进行测绘。

（2）试样中不应含有游离水，水分的存在不仅会侵蚀吸收池的盐窗，而且水分本身在红外区有吸收，将使测得的光谱图变形。

（3）试样应该是单一组分的纯物质，多组分试样在测定前应尽量预先进行组分分离（如采用色谱法，蒸馏，重结晶法等），否则各组分光谱相互重叠，以致对谱图无法进行正确的解释。

根据其聚集状态可如下方式进行试样的制备：

1. 气态试样

气体样品一般使用气体吸收池进行测定，先将吸收池内空气抽去，然后吸入被测试样。用玻璃或金属制成的圆筒两端有两个可透过红外光的窗片，在圆筒两端装有两个活塞，作为气体的进出口。为了测得稀薄气体的振－转动吸收光谱，可以加入一定压力的惰性气体，如氮气、氩气，这样也便于保持池内的恒定压力。气体吸收池长度可以选择，普通光程为 10cm，在分析低浓度气体或检测空气污染时，需使用长光程的气体池，可以通过多重反射的长光路气体池来实现。

2. 液体和溶液试样

（1）沸点较高的液体试样，直接滴在两块盐片之间，形成液膜，即液膜法，配上垫片，旋紧螺丝，放在样品室内进行测量。垫片有厚有薄，可以随时拆换以控制光程的长度。对于吸收强度较大的样品，可不加垫片，把样品夹在两窗片之间，形成约 0.01mm 厚度的薄膜。

（2）沸点较低，挥发性较大的试样，可注入封闭液体池中，液层厚度一般为 0.01～1mm。

对于一些吸收性很强的液体，当用调整厚度的方法仍然得不到满意的谱图时，往往可配制成溶液以降低浓度来测绘光谱；量少的液体试样，为了能灌满液槽，需要补充加入溶剂。溶液试样在红外光谱分析中是经常遇到的，一些固体或气体以溶液的形式来进行测定，也是比较方便的。但是红外光谱法对所使用的溶剂必须仔细选择，一般来说，除了对试样应有足够的溶解度外，还应在所测光谱区域内溶剂本身没有强烈吸收，不侵蚀盐窗，对试样没有强烈的溶剂化效应等。原则上，在红外光谱法中，分子简单，极性小的物质即可用作试样的溶剂。例如，CS_2是在 1350～600cm^{-1}区域常用的溶剂，CCl_4用于 4000～1350cm^{-1}区域（在 1580cm^{-1}附近稍有干扰）。为了避免溶剂的干扰，当需要得到试样在中红外区的吸收全貌时，可以采用不同溶剂配成多种溶液分别进行测定。例如用试样的 CCl_4 溶液测绘 4000～1350cm^{-1} 区的红外光谱，再用试样的 CS_2 溶液测绘 1350～600cm^{-1} 区的红外光谱。也可以采用溶剂补偿法来避免溶剂的干扰，即在参比光路上放置与试样吸收池配对的、充有纯溶剂的参比吸收池，但在溶剂吸收特别强的区域，例如 CS_2 的吸收区（1600～1400cm^{-1}），用补偿法也不能得到满意的结果。

3. 固体试样

检测固体样品红外光谱可以用溶液法，更常使用的是压片法、石蜡糊法、薄膜法和溶液法。

（1）压片法

取试样 0.5～2mg，在玛瑙研钵中研细，再加入 100～200mg 磨细干燥的 KBr 或 KCl 粉末，混合均匀后，加入压膜内，在压力机中边抽气边加压，制成一定直径和厚度的透明片，然后将此薄片放入仪器光束中进行测定。压片法的优点是可用于大部分固体样品，并且获得的是纯样品的光谱图。压片法的不足之处是 KBr 等盐类容易吸水，产生水峰干扰。对于羧酸、胺等样品可能会发生离子交换而产生相应的杂质谱带。

（2）石蜡糊法

试样（细纷状）与石蜡油混合成糊状，压在两盐片之间进行测谱，这样测得的谱图包含有石蜡油（一种精制过的长链烷烃，不含芳烃、烯烃和其他杂质）的吸收峰（如图 5-6 所示）。当测定厚度不大时，只在四个光谱区出现较强的吸收，即位于 3000～2850cm^{-1} 区的饱和 C—H 伸缩振动吸收，位于 1468cm^{-1} 和 1379cm^{-1} 的 C—H 变形振动吸收，以及位于 720cm^{-1} 处的 CH_2 面内摇摆振动引起的宽而弱的吸收。

可见，当使用石蜡油作糊剂时，不能用来研究饱和 C—H 键的吸收情况。此时可用六氯丁二烯来代替石蜡油。

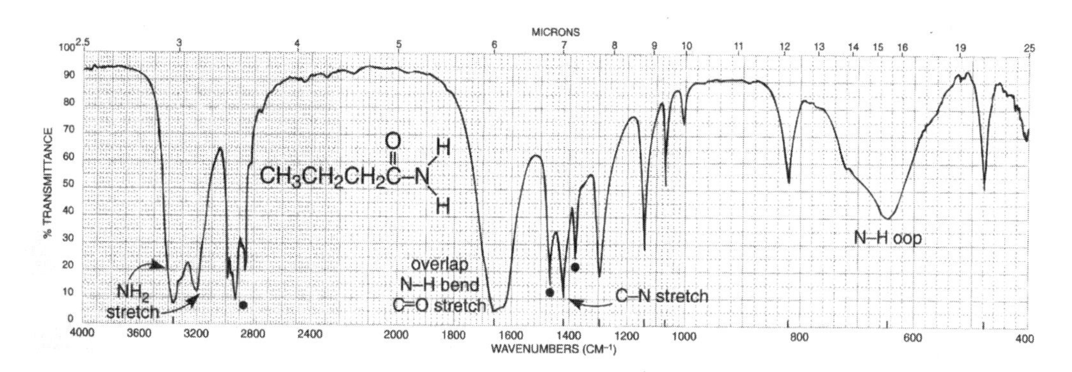

图 5-6　丁酰胺的红外光谱（石蜡糊法）

（3）薄膜法

对于那些熔点低，在熔融时不分解、升华或发生其他化学反应的物质，可将它们直接加热熔融后涂制或压制成膜。但对于大多数聚合物，可先将试样制成溶液，然后蒸干溶剂以形成薄膜。

（4）溶液法

将试样溶于适当的溶剂中，然后注入液体吸收池中进行测定。

5.4　红外谱图的峰数、峰位与峰强

5.4.1　红外谱图的峰数

由 n 个原子组成的有机化合物，就有 $3n-6$ 个振动形式，因此红外光谱的谱峰一般较多。但实际上，反映在红外光谱中的吸收峰有时会增加或减少。

1. 吸收峰数增多的原因

在中红外区除基频（基态 ν_0 跃迁到第一激发态 ν_1）谱带外，还有基态 ν_0 跃迁到第二激发态 ν_2，第三激发态 ν_3，…所产生的吸收谱带，它们称为倍频峰。在倍频谱带中，三倍频（ν_3）以上，因跃迁概率很小，一般很弱。除倍频谱带外，还有合频峰 $\nu_1+\nu_2$，$2\nu_1+\nu_2$，…差频谱带 $\nu_1-\nu_2$，$2\nu_1-\nu_2$，…倍频谱带、合频谱带及差频谱带统称为泛频谱带，由于泛频谱带存在，使光谱变得复杂，也增加了红外光谱对分子结构特性的表征。

2. 吸收峰数减少的原因

（1）前已述及，并不是所有的振动形式都能在红外区中观察到，只有分子的振动引起偶极矩的变化时才在红外光谱出现吸收峰。通常对称性强的分子不出现红外光谱或只出现弱吸收峰。

（2）有的振动形式虽不同，但它们的振动频率相等，因而产生简并（如 CO_2 的面内和面外变形振动）。

（3）吸收强度太弱，以致无法测定，或者被强峰覆盖等。

5.4.2 红外谱图的峰强

红外光谱峰的强度主要由两个因素决定：一是能级跃迁的概率。基频跃迁概率大，吸收峰较强；倍频跃迁概率很低，故倍频谱带很弱。二是分子振动时偶极矩变化的程度。分子振动时偶极矩的变化不仅决定该分子能否吸收红外光，而且还关系到吸收峰的强度。根据量子理论，红外光谱的强度与分子振动时偶极矩变化的平方成正比。如 C=O 和 C=C 基团，前者常常是红外谱图中最强的吸收带，而后者的吸收峰则有时出现，有时不出现，即使出现，相对来说强度也较弱。同样是双键，吸收峰强度差别如此之大，是因为 C=O 基团在伸缩振动时偶极矩变化很大，而 C=C 基团则在伸缩振动时偶极矩变化很小。偶极矩的变化与下列因素有关：

（1）原子的电负性　化学键两端连接的原子电负性差别越大，则伸缩振动时引起的吸收峰越强。

（2）分子的对称性　分子越对称，峰越弱。对称性差的振动偶极矩变化大，吸收峰强。

（3）振动形式　振动形式不同对分子的电荷分布影响不同，偶极矩变化也不同。通常，不对称伸缩振动吸收峰强度大于对称伸缩振动，伸缩振动的吸收峰强度比变形振动所产生的吸收峰强度大。

（4）其他因素　Fermi 共振以及氢键的形成都使吸收峰增强。

红外谱带强度最常用透射率 T 或吸收度 A 表示。它们与透过样品的出射光强度 I 和入射光强度 I_0 的关系为：

$$T = \frac{I}{I_0} \tag{5.5}$$

$$A = \lg\frac{I_0}{I} = \lg\frac{1}{T} \tag{5.6}$$

在一定的条件下（单色光和稀溶液），溶液的吸收可遵从 Beer–Lambert 定律，即吸收度 A 与溶液的浓度 c 和吸收池的厚度 l 成正比：

$$A = \varepsilon \cdot l \cdot c \tag{5.7}$$

式中：ε为摩尔吸收系数，c 为摩尔浓度（mol/L），l 为吸收池厚度（cm）。

当ε ＞100 时，很强峰，用 vs 表示；

ε在 20～100 时，强峰，用 s 表示；

ε在 10～20 时，中强峰，用 m 表示；

ε在 1～10 时，弱峰，用 w 表示。

5.4.3 红外光谱的峰位

红外吸收峰位置代表了样品分子的某种特征吸收，即分子内各种官能团的振动吸收峰只出现在红外光波谱的一定范围内，例如：C=O 的伸缩振动一般在 1850～1650cm^{-1}。基团的振动频率决定于原子的质量和化学键的力常数，那么相同原子和化学键组成的基团在红外光谱中的吸收峰位置应该是固定的。但事实上，同一种基团在不同化合物中的吸收峰位置往往不一样。例如脂肪族的乙酰氧基（CH_3CO_2R）的 $\nu_{C=O}$ 在 1724cm^{-1}，而芳香族的乙酰氧基（CH_3CO_2Ar）的 $\nu_{C=O}$ 在 1770cm^{-1}。同样都是羰基的伸缩振动，其频率相差近 50cm^{-1}，显然是由于基团的环境不同所引起的。

红外光谱的峰位不仅与化合物的结构、基团的性质等内在因素有关，还与样品制备方法、物态、溶剂、温度等外在因素有关。关于红外光谱峰位影响的内、外在因素将在 5.6 节中讨论。

5.5 有机化合物基团的红外特征吸收

红外光谱的最大特点是具有特征性，虽然受化学结构和外部条件的影响，基团的吸收谱带会发生位移，但仍可以从谱带的位置，谱带强度以及形状中反映出各种基团的存在与否。

5.5.1 烷烃

饱和碳氢化合物的特征峰有 CH_3，CH_2，CH 和碳碳骨架振动。

甲基主要有四条谱带：碳氢的不对称伸缩振动（ν_{as} 2960cm^{-1}），对称伸缩振动（ν_s 2870cm^{-1}），碳氢的不对称变形振动（δ_{as} 1465cm^{-1}）和对称变形振动（δ_s 1375cm^{-1}）。其中甲基的特征吸收谱带是其对称变形振动 δ_s 约在 1375cm^{-1} 出现的中等强度吸收峰，其他三条谱带经常与亚甲基 CH_2 的吸收带产生交盖。

同碳上两个甲基（称偕二甲基）的主要特征是在 1380cm^{-1} 附近（对称变形振动）出现强度几乎相等的双峰（1385cm^{-1} 和 1370cm^{-1}）。叔丁基的三个甲基则在 1380cm^{-1} 附近裂分成强度不等的双峰，1395cm^{-1}(m)和 1365cm^{-1} (s)。当甲基与 O、N 等杂原子相连时，峰强度增强，吸收峰位置向低频区位移。

亚甲基（CH_2）主要有位于 2926cm^{-1} 的不对称伸缩振动峰 ν_{as}，位于 2850cm^{-1} 的对称伸缩振动峰 ν_s，位置比较恒定，亚甲基的变形振动 δ 在 1465cm^{-1}。

次甲基（CH）的伸缩振动峰较弱，实用价值不大。有时在 2890～2880cm^{-1} 出现一个弱峰。

饱和碳氢化合物的碳碳骨架振动在指纹区 1250～720cm^{-1}。

正奎烷和环己烷的红外光谱见图 5-7 和 5-8 所示。

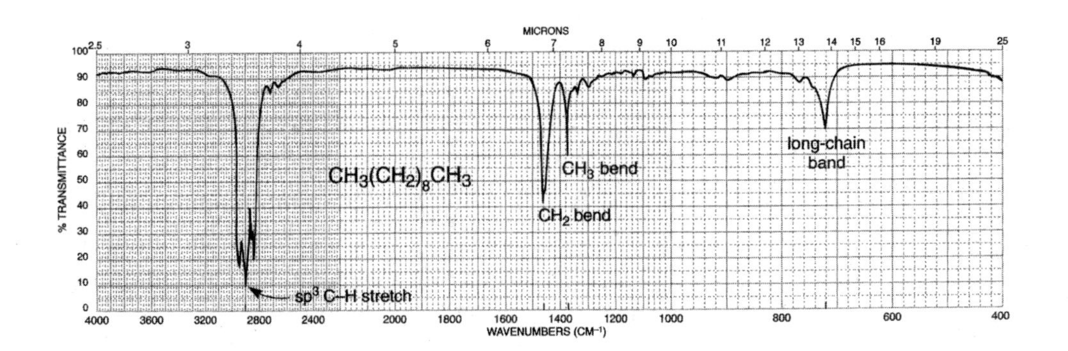

图 5-7 正奎烷的红外光谱图

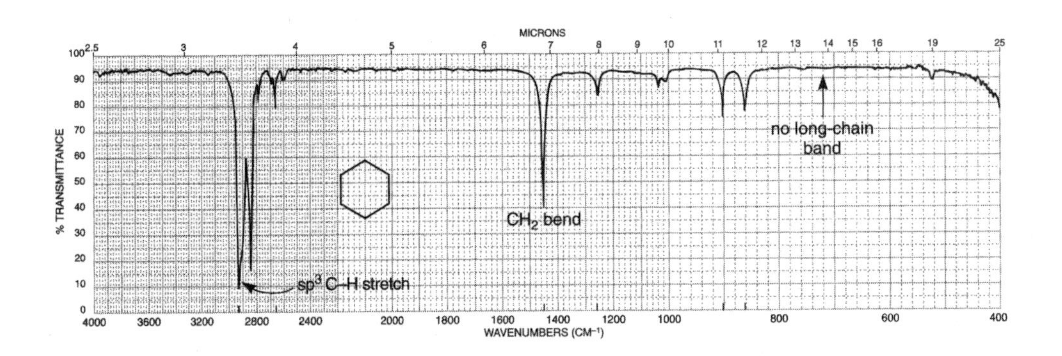

图 5-8 环己烷的红外光谱图

5.5.2 烯烃

烯烃除了有 CH_3、CH_2 等相应的各种特征峰外，还有三个特征吸收谱带：$\nu_{=C—H}$、$\delta_{=C—H}$ 和 $\nu_{C=C}$。

（1）＝C—H 伸缩振动峰（3100～3000cm^{-1}）

凡是未全部取代的双键在 3000cm^{-1} 以上波数应有＝C—H 的伸缩振动峰，这是不饱和碳上质子与饱和碳上质子的重要区别。饱和碳上质子的伸缩振动一般小于 3000cm^{-1}，只有环丙烷、环氧乙烷以及与卤素相连的 CH_2 的碳氢伸缩振动可达到 3050cm^{-1}。

（2）＝C—H 变形振动（1000～650cm^{-1}）

烯碳上质子的面内摇摆振动位于 1420～1290cm^{-1}，强度较弱，应用价值有限。其面外摇摆振动位于 1000～650cm^{-1}，峰强度较强，对判断烯氢的取代个数以及顺反异构体有很大帮助。

不同类型烯烃特征谱带见表 5-2 所示。

表 5-2　不同类型烯烃特征谱

取代烯烃	$\nu_{C=C}$，cm^{-1}	$\delta_{=C-H}$（面外），cm^{-1}
$RCH=CH_2$	1645 (m)	990 (s), 910 (s)
$R_1R_2C=CH_2$	1660～1640 (m)	890 (s)
$R_1CH=CHR_2$（顺式）	1660～1635 (m)	730～665 (m)
$R_1CH=CHR_2$（反式）	1675～1665 (w)	970 (s)
$R_1R_2C=CHR_3$	1690～1670 (w～m)	820 (s)
$R_1R_2C=CR_3R_4$	1670 (w～0)	

（3）C=C 伸缩振动（1680～1620cm^{-1}）

烯烃多数在 1650cm^{-1} 附近出现一个弱的 C=C 伸缩振动吸收峰。峰的位置和强度与双键的取代情况及分子对称性密切相关。随着烯碳上取代基增多，吸收谱带移向高频区。当与 C=C、C=O 和芳环等基团共轭时，峰位低频位移 30～10cm^{-1}，同时峰强度大大增强。双键两侧取代基的对称性越强，吸收强度越弱，完全对称的烯烃，甚至观测不到双键的伸缩振动吸收峰。

C=N 伸缩振动大多在 1690～1590cm^{-1}，与 C=C 十分相近。此类峰强度较弱，但在拉曼光谱中吸收极强，因此，对于亚胺（RCH=NH）、腙（$RCH=NNH_2$）、肟（RCH=NOH）等化合物用拉曼光谱鉴定比红外光谱可靠。

1–己烯和环己烯的红外光谱见图 5-9 和 5-10 所示。

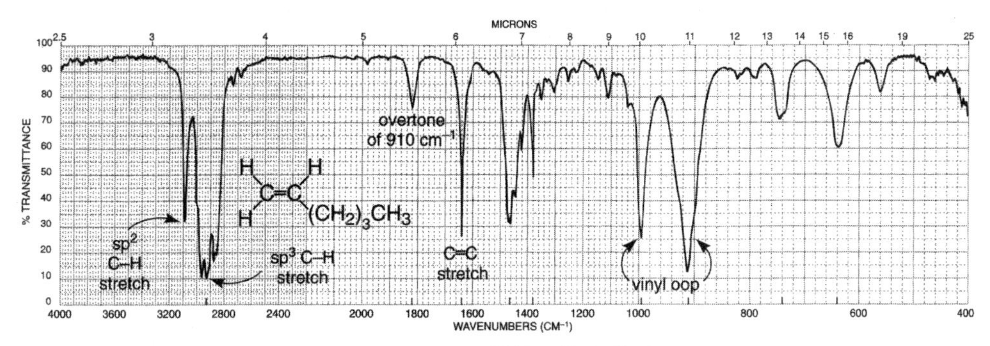

图 5-9　1–己烯的红外光谱图

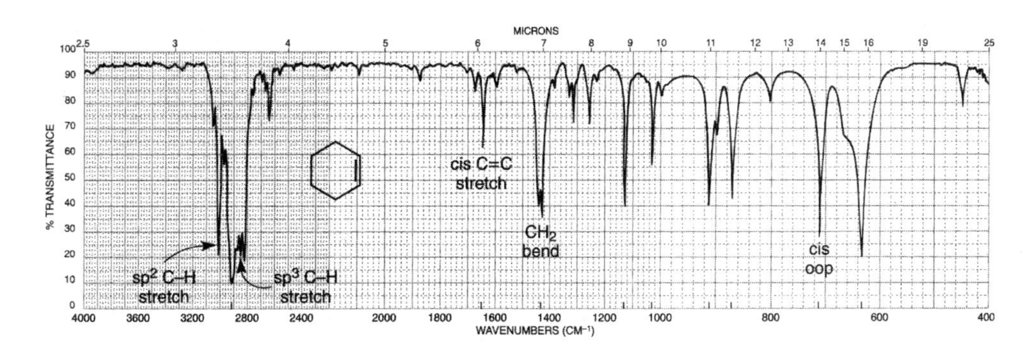

图 5-10　环己烯的红外光谱图

5.5.3 炔烃

炔烃也有三个特征吸收谱带：$\nu_{\equiv C-H}$、$\delta_{\equiv C-H}$和$\nu_{C\equiv C}$。≡C—H 伸缩振动在 3340～3260cm^{-1}出现尖而强的峰，≡C—H 变形振动在 700～610cm^{-1}出现宽强峰，C≡C 伸缩振动吸收峰在2150cm^{-1}附近可能出现中等强度峰。炔烃的最主要特征峰是 C≡C 伸缩振动，峰强度与$\nu_{C=C}$类似，随分子对称性而变弱，甚至观察不到。与其他基团共轭时，峰强度增强。

1–辛炔和 4–辛炔的红外光谱见图 5-11 和 5-12 所示。

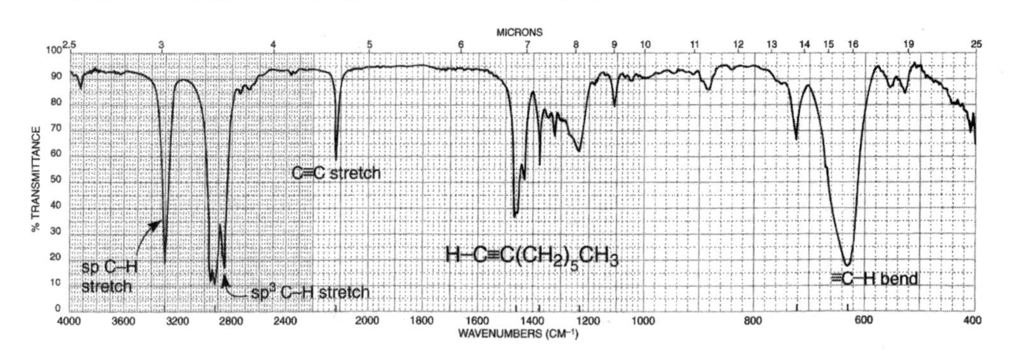

图 5-11　1–辛炔的红外光谱图

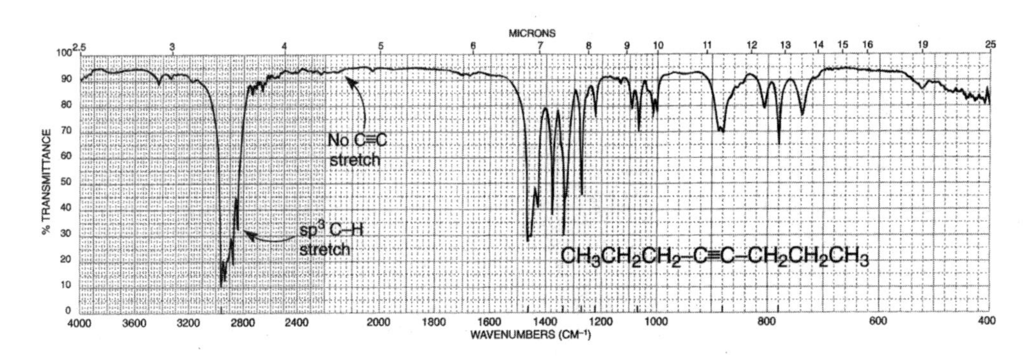

图 5-12　4–辛炔的红外光谱图

腈的 C≡N 伸缩振动频率在 2250～2200cm^{-1}，通常以中强峰出现，当共轭时会增强，且向低频移动。其他三重键（X≡Y）和积累双键（X=Y=Z）类化合物的特征吸收峰也在该范围内（2300～2000cm^{-1}），可能与$\nu_{C\equiv C}$ 有重叠吸收峰。一些重氮盐及累积双键的伸缩振动红外特征如表 5-3 所示。

表 5-3　重氮盐及累积双键伸缩振动

化合物	基团	谱带位置，cm^{-1}	强度
重氮盐	$-\overset{+}{N}\equiv N$	2280～2240	s
腈	—C≡N	2250～2240	s～m
异腈	$-\overset{+}{N}\equiv\overset{-}{C}$	2200～2100	s
丙二烯	—C=C=C	2100～1950	s～m

续表 5-3

化合物	基团	谱带位置，cm^{-1}	强度
烯酮	—C=C=O	2155～2130	vs
烯亚胺	—C=C=N	2050～2000	vs
异氰酸酯	—N=C=O	2280～2250	s
异硫代氰酸酯	—N=C=S	2140～1990	s
硫代氰酸酯	—S—C≡N	2180～2140	s
氰酸酯	—O—C≡N	2260～2200	s
叠氮类	$—\overset{-}{N}—\overset{+}{N}≡N$	2160～2120	s

丁腈和异氰酸苄酯的红外光谱见图 5-13 和 5-14 所示。

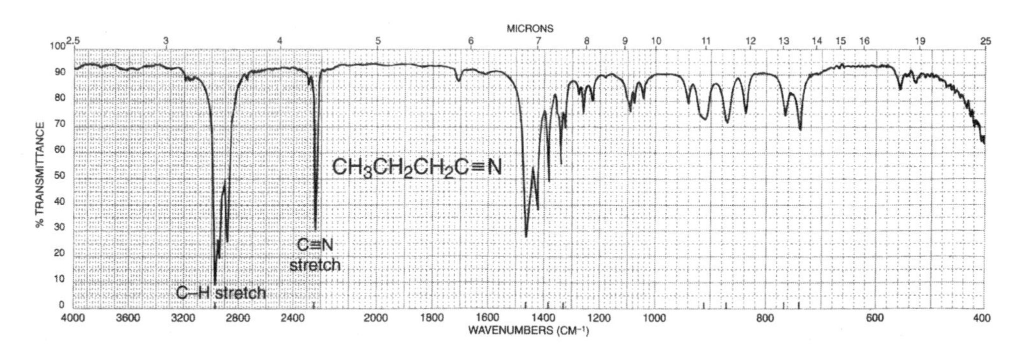

图 5-13　丁腈的红外光谱

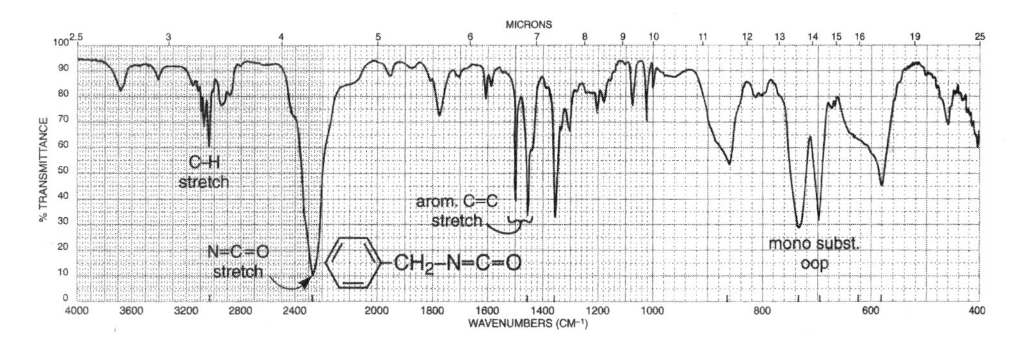

图 5-14　异氰酸苄酯的红外光谱

5.5.4　芳香烃

芳香族化合物的特征吸收带主要分布在四个波段范围：

（1）苯环上质子伸缩振动 $\nu_{=C—H}$ 出现在 3100～3000cm^{-1}，与烯碳上质子的伸缩振动易混淆。

（2）在 2000～1650cm^{-1} 出现很弱的吸收峰，来源于 1000～700cm^{-1} 的芳环=C—H 面外变形振动的倍频和合频，吸收强度较基频弱得多。但在拉曼光谱中较强，必要时，可用它来确定苯环。

（3）在 1600～1450cm^{-1} 的吸收峰，为芳香骨架振动特征峰。绝大多数芳香化合物均在此范围内出现两到四个强度不等的峰。

位于 1600cm⁻¹ 的峰一般强度中等，随着取代基极性增加吸收强度变大。

位于 1580cm⁻¹ 的峰通常很弱或观察不到，当苯环与其他π体系或未共享电子对共轭时，谱带显著增强，甚至比 1600cm⁻¹ 的峰还强。

位于 1500cm⁻¹ 的峰一般强度较大，当有—NO_2、—CO—、—SO_2—等强吸电子取代基时，该峰的强度大大削弱，有时观察不到。

位于 1450cm⁻¹ 的峰常与 C—H 变形振动吸收峰重叠，应用价值不大。

（4）在 900～650cm⁻¹ 出现较强的吸收峰是苯环上碳氢键作面外变形振动产生的，它的位置取决于环上相邻氢的数目，故为芳环取代类型的强特征峰，称为“定位峰”，见表 5-4 所示。

表 5-4　芳环取代类型的特征峰

取代类型	峰位置，cm⁻¹
单取代	770～730 (vs)和 710～690 (s)
邻二取代	770～730 (vs)
间二取代	810～750 (vs) 和 725～680 (s)
对二取代	860～800 (vs)
1,3,5–三取代	865～810 (s) 和 765～730 (s)
1,2,3–三取代	780～760 (s) 和 745～705 (s)
1,2,4–三取代	885～870 (s) 和 825～805 (s)

甲苯和苯乙烯的红外光谱见图 5-15 和 5-16 所示。

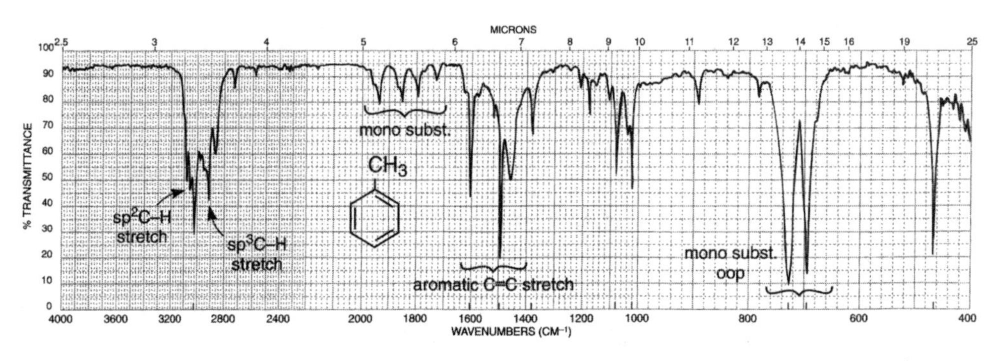

图 5-15　甲苯的红外光谱图

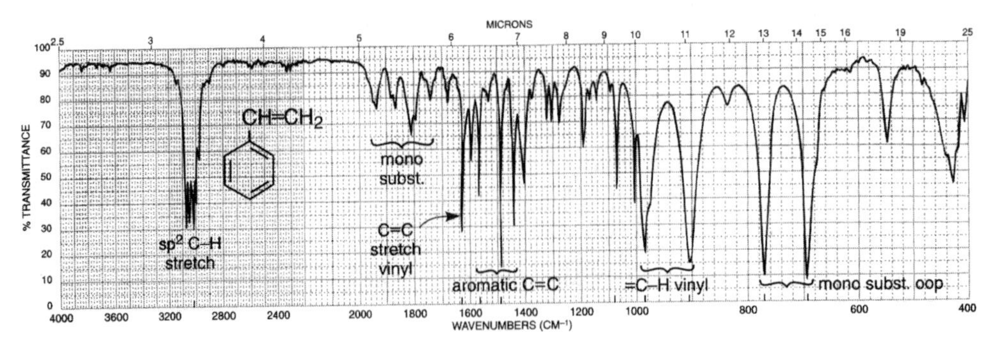

图 5-16　苯乙烯的红外光谱图

5.5.5　醇和酚类

醇和酚分子中均有 OH，因此它们都有三个特征吸收带：O—H 键的伸缩振动ν_{OH}、O—H 键的变形振动δ_{OH}和碳氧键的伸缩振动ν_{C-O}。

羟基的伸缩振动ν_{O-H}位于 3670～3230cm^{-1}，游离的羟基在 3600cm^{-1}附近出现一个尖的谱带，当形成分子内或分子间氢键时，谱峰大幅度向低频移动，同时强度增加，谱带变宽。例如某醇类化合物的部分红外光谱如图 5-17 所示，用纯样品的液膜法测得的羟基伸缩振动峰强而宽（图 5-17a），用 CCl_4 溶剂稀释的红外光谱（图 5-17b）在高频区可看到一个尖锐的谱带，是游离 OH 的伸缩振动峰，当进一步稀释时，宽而强的谱带逐渐减弱，直至只出现游离 OH 的伸缩振动峰（图 5-17c）。多年来，O—H 键的伸缩振动频率一直被用来检测氢键的强度，氢键越强，则 O—H 键越长，其伸缩振动频率越低，谱带也更宽更强。

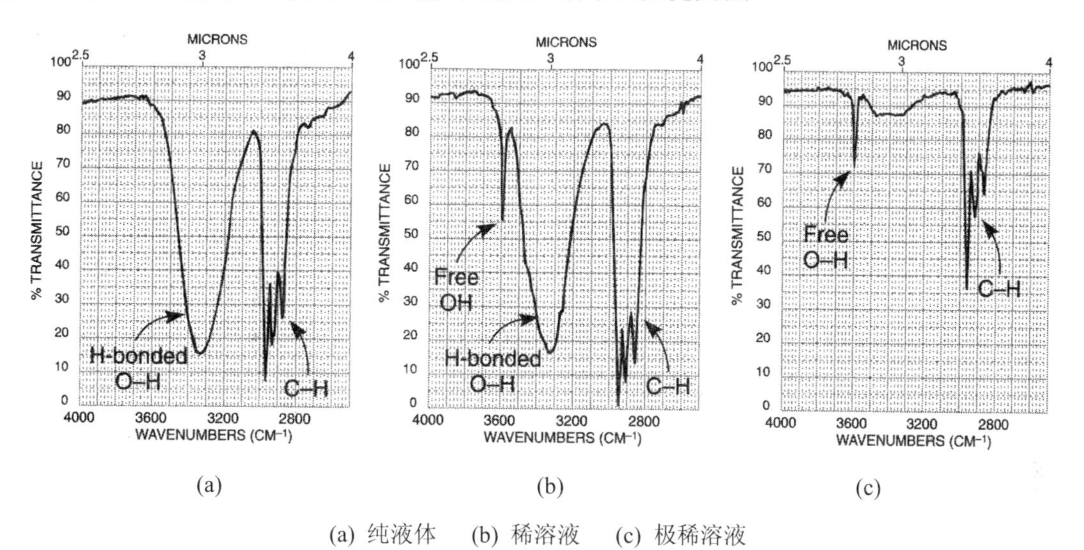

(a) 纯液体　(b) 稀溶液　(c) 极稀溶液

图 5-17　O—H 伸缩振动红外光谱

羟基的变形振动δ_{O-H}实际是指 C—O—H 基的面外变形振动，在 1420～1260cm^{-1}出现几个弱而宽的谱峰，对结构分析应用有限。

碳氧键的伸缩振动ν_{C-O}位于 1250～1000cm^{-1}，可以用来分辨各级醇：

一级醇（伯醇）	1050cm^{-1}
二级醇（仲醇）	1100cm^{-1}
三级醇（叔醇）	1150cm^{-1}
酚	1200cm^{-1}

2–丁醇和对甲基苯酚的红外光谱见图 5-18 和 5-19 所示。

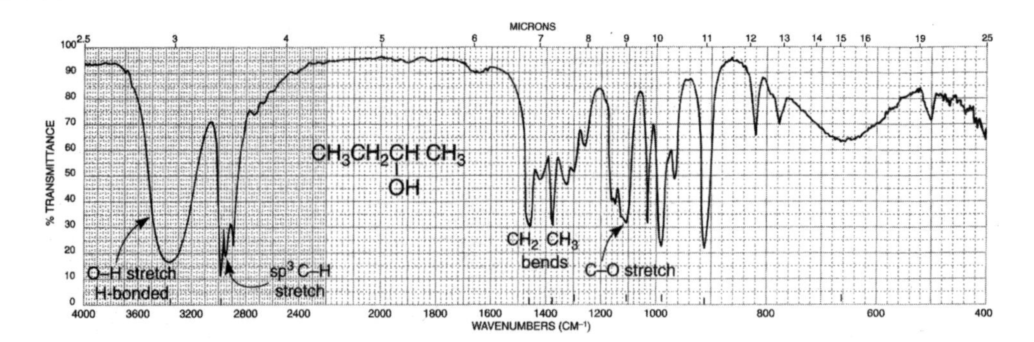

图 5-18　2–丁醇的红外光谱图

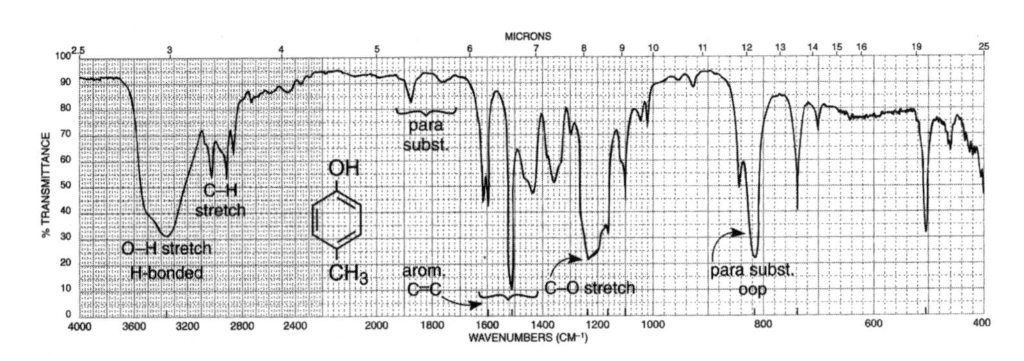

图 5-19　对甲基苯酚的红外光谱图

5.5.6　胺类

胺类化合物在红外光谱中的特征峰有 N—H 伸缩振动、N—H 变形振动和 C—N 伸缩振动三种。

1. N—H 伸缩振动

伯胺（R—NH_2）的 ν_{N-H} 在 3500～3200cm^{-1} 区域呈现两个尖中强谱带，为不对称伸缩振动峰和对称伸缩振动峰。仲胺（R_2NH）的 ν_{N-H} 在 3300cm^{-1} 附近出现一个中强峰，而叔胺氮上无质子，故此范围无吸收峰。由于 N—H 基团形成氢键的趋势比 O—H 要小得多，N—H 伸缩振动吸收通常更尖锐，峰强度较弱，有时被 O—H 的伸缩振动吸收所掩盖。当用液膜法或在极性溶剂中检测胺时，由于形成氢键，N—H 伸缩振动频率向低频位移。因此，伯胺或仲胺在红外光谱的高频区域可能出现几个 ν_{N-H} 吸收谱带，表明 N—H 存在几种不同的缔合状态。

当胺成盐时，N—H 伸缩振动峰大幅度向低频位移，在 3200～2200cm^{-1} 范围内形成宽而强的谱带，对此，可用形成无机盐的方法，使胺谱带发生显著移动和变形，而进一步确证胺类化合物。

2. N—H 变形振动

N—H 变形振动包括面内和面外两种：伯胺的面内变形（剪式）振动在 1650～1550cm^{-1}

出现中等强度吸收峰，而仲胺在 1500cm^{-1} 附近出现的吸收峰要弱得多，无实用价值。面外摇摆振动在 800cm^{-1} 附近出现宽峰，有时不易辨认。

3. C—N 伸缩振动

脂肪胺的 C—N 伸缩振动峰位于 1230～1050cm^{-1}，峰较弱，实用价值不大。芳香胺的 C—N 伸缩振动峰在 1360～1250cm^{-1} 出现中等强度的吸收峰，容易指认。

1–丁胺和 N–甲基苯胺的红外光谱见图 5-20 和 5-21 所示。

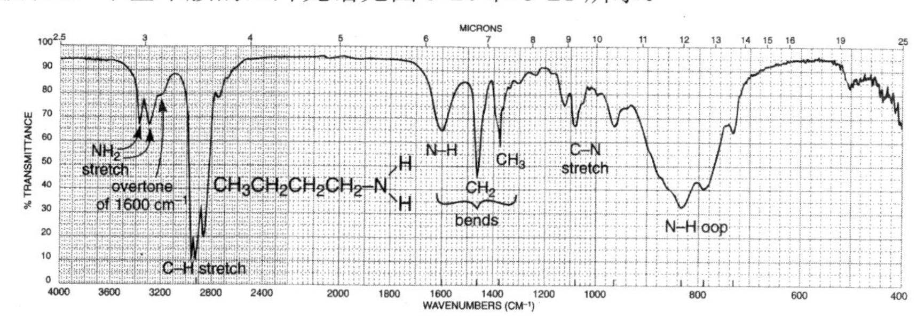

图 5-20　1–丁胺的红外光谱图

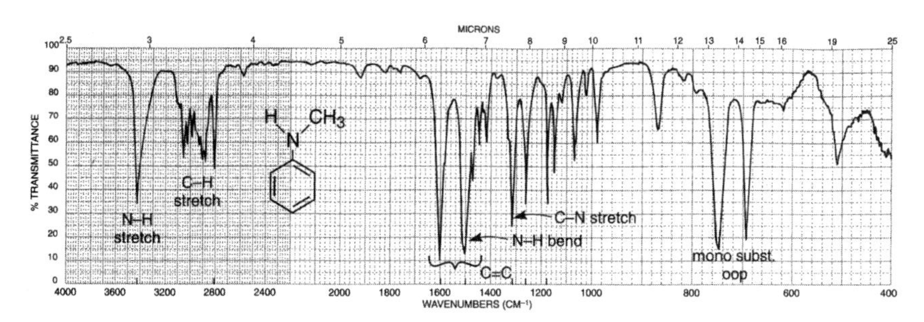

图 5-21　N–甲基苯胺的红外光谱图

5.5.7　醚类

醚的特征吸收为 C—O—C 键的伸缩振动，环氧化物、缩醛、缩酮与此相同，都在 1250～1000cm^{-1} 范围内有强的吸收峰。一般只凭红外光谱不易鉴定醚类，因为有机分子中，醇、羧酸、酯等化合物都有 C—O 伸缩振动，也在该区出现强的 $\nu_{C—O}$ 吸收。

苯甲醚的红外光谱见图 5-22 所示。

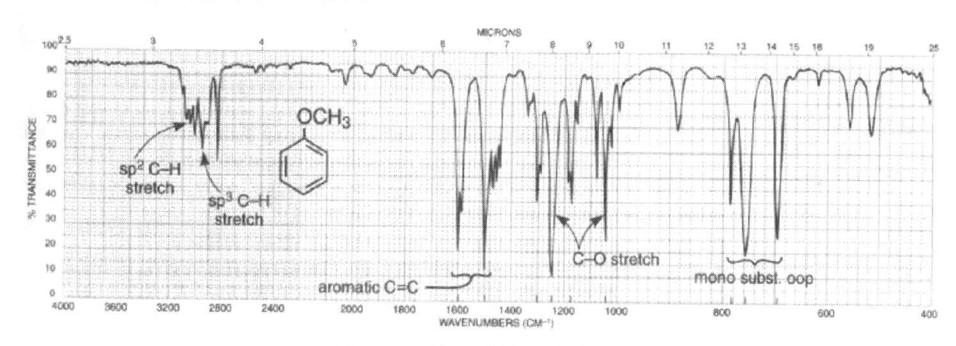

图 5-22　苯甲醚的红外光谱图

5.5.8 羰基化合物

羰基是红外光谱研究最多，也是最重要的。羰基的伸缩振动在红外光谱中出现很特征的吸收峰，基本上在 1850～1630cm^{-1} 范围内。由于羰基的电偶极矩较大，在红外光谱图中常常是以第一强峰出现。各羰基的红外光谱特征吸收带见表 5-5 所示。

表 5-5 各羰基的红外光谱特征

羰基类型	频率位置	峰强度	附注
酸酐	1850～1800cm^{-1} 1780～1740cm^{-1}	强	双峰，高频带更强，二峰间隔约 60cm^{-1}
酰氯	1810～1780cm^{-1}	强	ν_{C-Cl} 在 1000～910cm^{-1} 强宽峰
酯：五元环内酯 六元环内酯 直链酯 芳香和不饱和酯	1780～1760cm^{-1} 1750～1730cm^{-1} 1750～1730cm^{-1} 1730～1715cm^{-1}	强	高强度的 ν_{C-O-C} 有助于鉴定
醛：饱和醛 不饱和醛 芳香醛	1740～1720cm^{-1} 1705～1680cm^{-1} 1715～1695cm^{-1}	强	醛基氢的 ν_{C-H} 是醛典型特征峰
酮：饱和酮 不饱和酮 芳香酮	1725～1705cm^{-1} 1685～1665cm^{-1} 1700～1680cm^{-1}	强	
酸：饱和酸 不饱和酸 芳香酸	1725～1700cm^{-1} 1715～1690cm^{-1} 1700～1680cm^{-1}	强	单体在 1760cm^{-1} 附近，但很少能观测到。常以二聚体存在
酰胺	1680～1640cm^{-1}	强	酰胺 I 带，还有酰胺 II 带和 III 带

1. 醛

醛的羰基一般在 1725cm^{-1} 附近，与双键共轭时，低频位移。当α–位碳原子有卤素取代时，则向高频迁移。

R—CHO	C=C—CHO	Ar—CHO
1740～1720cm^{-1}	1700～1680cm^{-1}	1700～1660cm^{-1}

醛的另一特征峰是醛基质子的伸缩振动，在 2880～2650cm^{-1} 出现两个强度相近的中等强度吸收峰，这是由醛基质子的伸缩振动和其变形振动的倍频偶合，即费米共振产生的，是区别醛与酮的特征谱带。

1–壬醛和苯甲醛的红外光谱见图 5-23 和 5-24 所示。

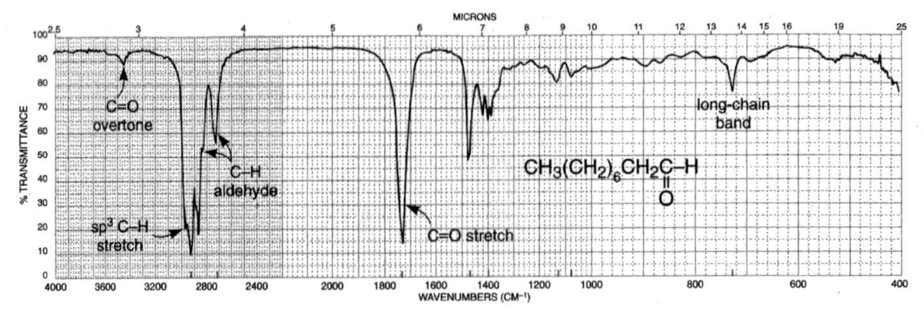

图 5-23 1–壬醛的红外光谱图

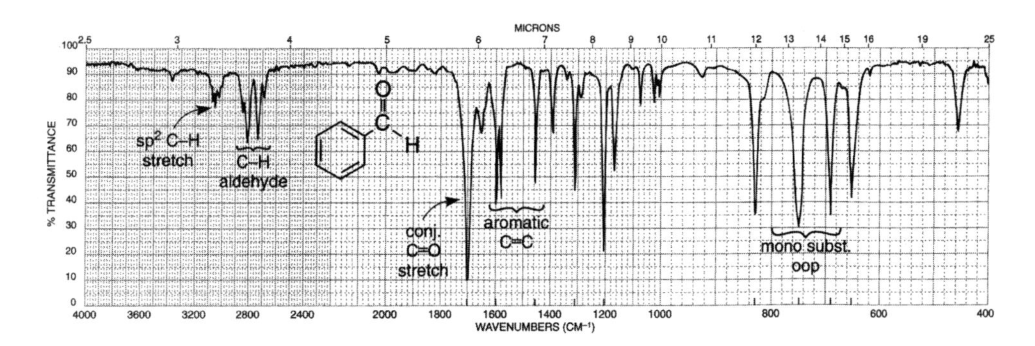

图 5-24　苯甲醛的红外光谱图

2. 酮

酮的红外特征峰是位于 1725～1705cm^{-1} 附近的羰基吸收峰。与醛一样，当与双键共轭时，酮羰基吸收峰向低频位移，当α–位碳原子有卤素取代时，则向高频迁移。

环酮化合物的羰基吸收峰随环张力增大向高频移动。如环己酮的$\nu_{C=O}$ 1720cm^{-1}，环戊酮的$\nu_{C=O}$ 1740cm^{-1}，环丁酮的$\nu_{C=O}$ 1780cm^{-1}。

α–二酮（1, 2–二酮）R—CO—CO—R′在 1730～1710cm^{-1} 有一强峰，当与双键共轭时，则向低频位移。如 CH_3—CO—CO—CH_3 的$\nu_{C=O}$ 1716cm^{-1}，而 Ph—CO—CO—Ph 的$\nu_{C=O}$ 1680cm^{-1}。

β–二酮（1,3–二酮）有酮式和稀醇式互变异构体，因此谱图较复杂。如 2,4–戊二酮的红外光谱（图 5-25），其酮式结构在 1723cm^{-1} 和 1706cm^{-1} 出现两个峰，分别是 C=O 基的不对称伸缩振动和对称伸缩振动吸收峰，烯醇式结构在 1622cm^{-1} 出现一个很强的$\nu_{C=O}$ 峰，此外在 3200～2400cm^{-1} 出现宽而弱的 O—H 伸缩振动吸收峰。

CH_3—CO—CH_2—CO—CH_3 ⇌ CH_3—C(=O)—CH=C(—O—H)—CH_3（分子内氢键 O⋯H—O）

酮式　　　　烯醇式

$\nu_{C=O}$ 双峰：1723cm^{-1}，1706cm^{-1}　　　　1622cm^{-1}

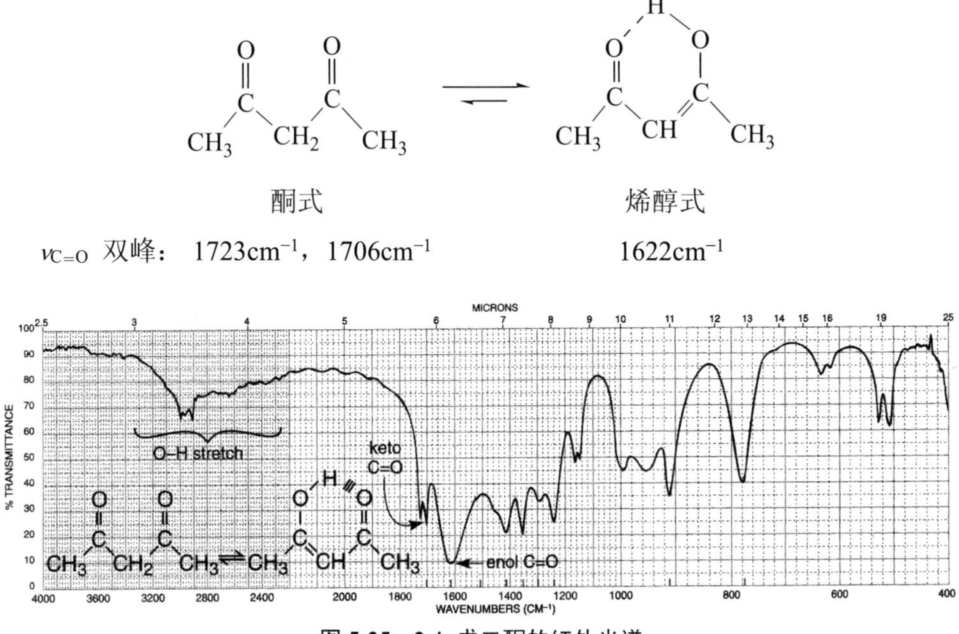

图 5-25　2,4–戊二酮的红外光谱

酮的 C—CO—C 结构在 1300～1100cm^{-1} 出现一个或几个中等或强吸收的谱带，是该基团的 C—C 键伸缩和变形振动引起的，可称为酮基的骨架振动，可以作为确定酮结构的辅证。脂肪酮的这类振动吸收峰位于 1220～1100cm^{-1}，芳香酮位于 1300～1220cm^{-1}。

异丙叉丙酮的红外光谱见图 5-26 所示。

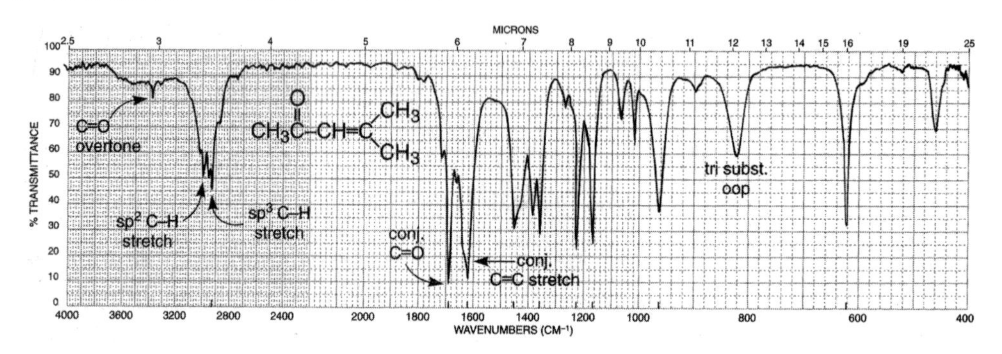

图 5-26　异丙叉丙酮的红外光谱

3. 羧酸

羧酸化合物只在高于 150℃的气态或极稀的非极性溶剂中以单体形式存在，在液体或固体状态，一般以二聚体形式存在：

$$\mathrm{R{-}\overset{\displaystyle O}{\overset{\|}{C}}{-}OH}$$

单体

$$\mathrm{R{-}C{\overset{O\cdots H{-}O}{\underset{O{-}H\cdots O}{\rightleftarrows}}}C{-}R}$$

二聚体

羧酸以单体存在时，—OH 的伸缩振动 ν_{O-H} 在 3550cm^{-1} 有一个尖峰，羰基 $\nu_{C=O}$ 在 1760cm^{-1} 附近有一个强峰。以二聚体存在时，ν_{O-H} 在 3200～2500cm^{-1} 范围内有一个宽峰，羰基 $\nu_{C=O}$ 吸收峰低频位移至 1710cm^{-1} 附近。

羧酸盐在红外光谱中无羰基峰，代之以两个等价 C$\overset{...}{=}$O 键，形成不对称伸缩振动和对称伸缩振动两种吸收峰，其中不对称伸缩振动在 1610～1560cm^{-1} 出现特强的吸收峰，对称伸缩振动位于 1440～1360cm^{-1}，稍弱于前者。

$$\mathrm{{-}C\langle^{O^-}_{O^-}}$$

ν_s 1400～1360cm^{-1}　　　　ν_{as} 1610～1560cm^{-1}

4. 酯

酯有两个特征吸收峰，即 $\nu_{C=O}$ 和 ν_{C-O-C}。酯的羰基峰（$\nu_{C=O}$）位于 1740cm^{-1} 附近，比酮($\nu_{C=O}$，1720cm^{-1}) 高，这是由于氧原子吸电子诱导效应大于其供电子效应，从而使其振动频率升高，如 2-甲基丙烯酸甲酯的红外光谱（见图 5-27）。羰基与双键共轭时，羰基峰（$\nu_{C=O}$）的振动频率降低。酯的氧原子与 C=C 双键共轭时，羰基峰（$\nu_{C=O}$）的振动频率升高，羰基峰和双键峰的强度都增强，如乙酸乙烯酯的红外光谱（见图 5-28）。

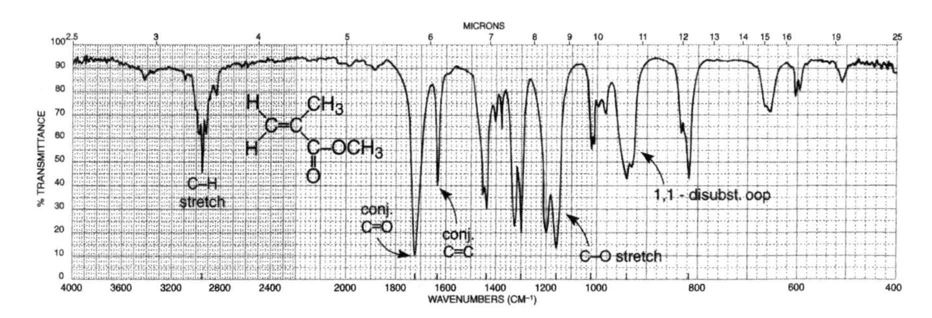

图 5-27　2–甲基丙烯酸甲酯的红外光谱

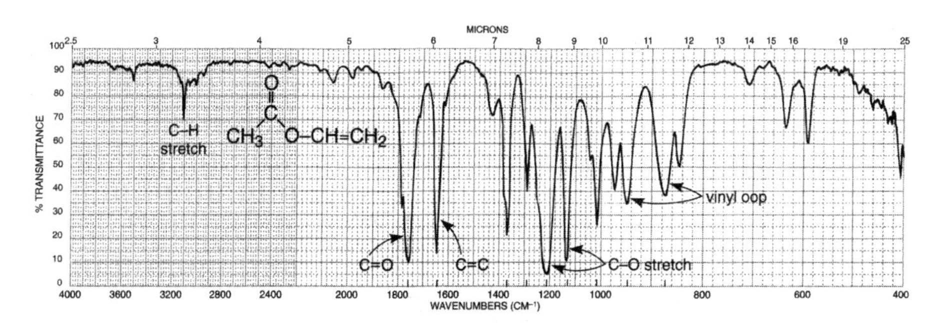

图 5-28　乙酸乙烯酯的红外光谱

酯的另一特征吸收在 1330～1000cm^{-1} 出现两个或以上的谱带，其中一个强而宽的谱带是 C—O—C 的不对称伸缩振动吸收峰（ν_{C-O-C}）。

内酯的羰基峰位置与环的大小和取代基团有关，如：

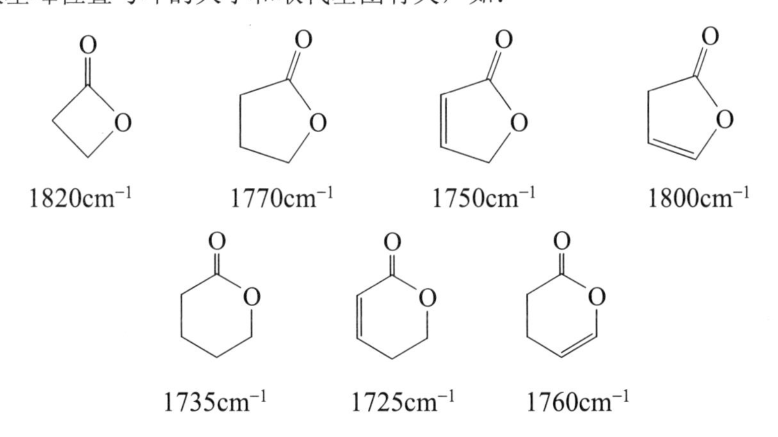

5．酰胺

酰胺的特征峰有三种：羰基伸缩振动（$\nu_{C=O}$）和 N—H 伸缩振动（ν_{N-H}）以及 N—H 变形振动（δ_{N-H}）。常把酰胺的 $\nu_{C=O}$ 称为“酰胺 I 带”，把 δ_{N-H} 称为“酰胺 II 带”。

酰胺的羰基伸缩振动 $\nu_{C=O}$ 位于 1690～1620cm^{-1}，伯、仲酰胺缔合强，酰胺 I 带受物态影响较大，而叔酰胺的 $\nu_{C=O}$ 几乎不受物态的影响。

酰胺的 N—H 伸缩振动（ν_{N-H}）位于 3540～3100cm^{-1}，伯酰胺在此区出现两个中等强度的尖峰，两峰强度相近，仲酰胺只有一个峰出现在 3300cm^{-1} 附近，叔酰胺无 ν_{N-H} 峰，故可按 ν_{N-H} 峰的多少区分它们。

酰胺的 N—H 变形振动，即酰胺 II 带，不同类型的酰胺吸收频率不同。伯酰胺的变形振动在 1650～1590cm^{-1} 之间，游离的伯酰胺的 N—H 变形振动在 1600cm^{-1}，缔合态时，高频位移至 1640cm^{-1} 附近，靠近酰胺 $\nu_{C=O}$ 峰，常被酰胺 I 带所覆盖；仲酰胺在 1570～1530cm^{-1} 出现酰胺 II 带，无论是游离态还是缔合态，都在 1600cm^{-1} 以下，一般不会被酰胺 I 带掩盖，仲酰胺有时还在 1335～1200cm^{-1} 出现 C—N 伸缩振动吸收峰，即酰胺 III 带；叔酰胺无 N—H 变形振动峰。

内酰胺的羰基伸缩振动频率 $\nu_{C=O}$ 随环数的减小而升高：

O / NH（四元环）	O / NH（五元环）	O / NH（六元环）
1745cm^{-1}	1705cm^{-1}	1660cm^{-1}

N–甲基乙酰胺的红外光谱见图 5-29 所示。

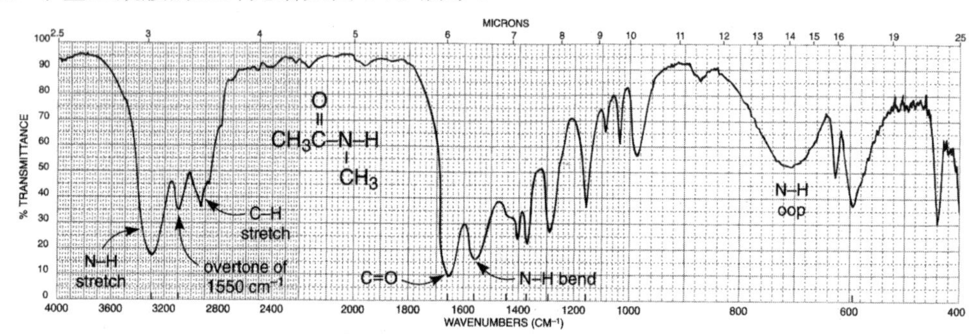

图 5-29　N–甲基乙酰胺的红外光谱

6. 酸酐

酸酐类化合物红外光谱特点是在 1820cm^{-1} 和 1780cm^{-1} 附近出现两个强的羰基伸缩振动吸收峰，在多数情况下，高频处的峰强度更大。另外，在 1100～1000cm^{-1} 之间还有一个强大而宽的 C—O—C 伸缩振动吸收峰，一起构成了酸酐的红外光谱特征。丙酸酐的红外光谱见图 5-30 所示。

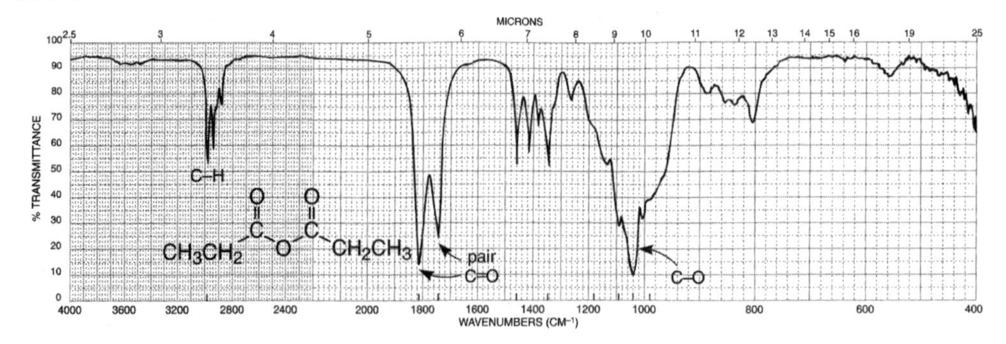

图 5-30　丙酸酐的红外光谱

7. 酰氯

酰氯有两个特征吸收带：羰基的伸缩振动$\nu_{C=O}$和 C—Cl 的伸缩振动ν_{C-Cl}。由于氯原子的吸电子效应，使$\nu_{C=O}$移向高波数，脂肪族酰氯在 1810～1770cm^{-1}之间有一个强吸收峰，共轭的酰氯在 1780～1750cm^{-1}出现更强的吸收谱带。C—Cl 伸缩振动在 730～550cm^{-1}出现一条或多条强谱带。乙酰氯的红外光谱见图 5-31 所示。

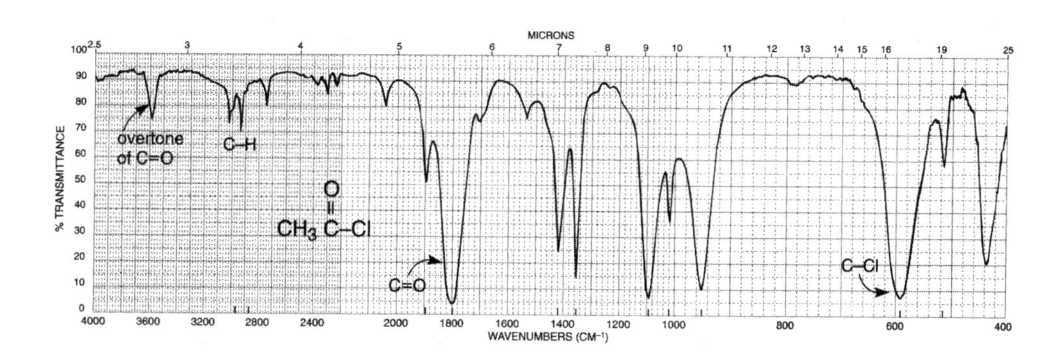

图 5-31 乙酰氯的红外光谱

5.5.9 硝基化合物

硝基化合物特征吸收是在 1565cm^{-1}和 1360cm^{-1}附近有两个很强的峰，分别是硝基不对称伸缩振动和对称伸缩振动，前者强于后者。硝基苯的红外光谱见图 5-32 所示。

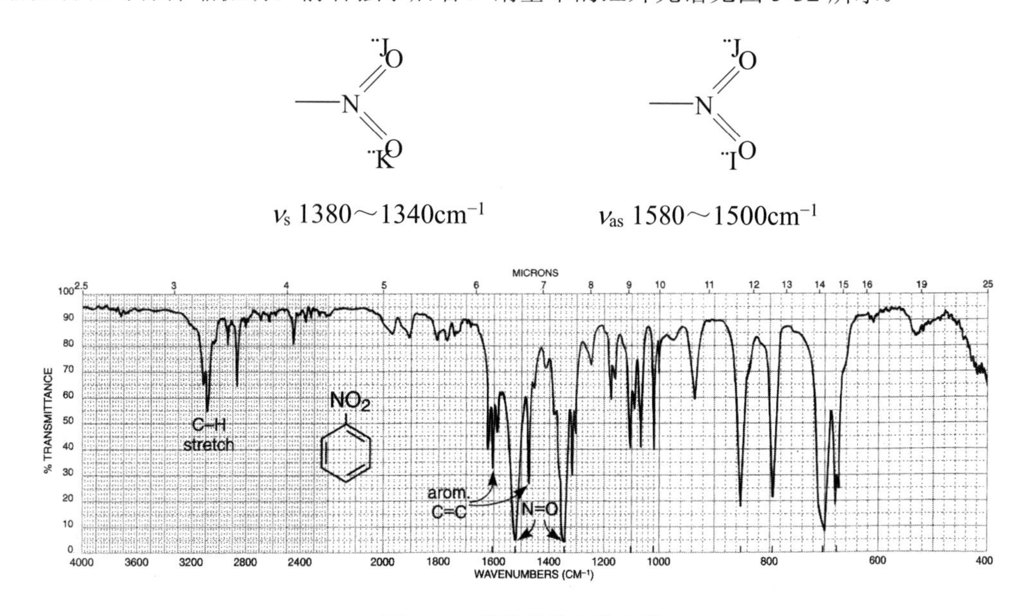

图 5-32 硝基苯的红外光谱

5.5.10 卤化物

含卤化合物由于卤原子较重，C—X 键的伸缩振动吸收峰在低频区。由于 C—X 键的极性大，其吸收峰的强度也大。各种卤化合物的红外吸收如表 5-6 所示。

表 5-6 碳卤键的红外特征吸收

C—X	ν_{C-X}，cm^{-1}	峰强度
C—F	1400～1000	很强
C—Cl	800～600	强
C—Br	650～510	强
C—I	600～485	强

5.5.11 含其他杂原子的化合物

（1）含硫、磷、硅等杂原子的有机化合物中，碳与这些杂原子的伸缩振动吸收强度一般较小，它们与氧形成的键振动吸收经常在 1400～1000cm^{-1} 区域内出现较强甚至特强的谱带。

（2）硫醇（—S—H）在 2550cm^{-1} 附近出现一个较弱的 S—H 伸缩振动吸收峰，在该区域出现的吸收峰一般很少，因此，较易识别 S—H 吸收峰。

（3）亚砜（—SO—）在 1070～1030cm^{-1} 处只有一个强吸收谱带，当亚砜与芳环相连时，吸收频率稍有降低。

（4）砜（—SO_2—）在 1350～1300cm^{-1} 和 1160～1120cm^{-1} 出现两个强谱带，分别由 S＝O 的不对称伸缩振动和对称伸缩振动引起。类似的磺酰氯（—SO_2Cl）的 S＝O 不对称伸缩振动和对称伸缩振动分别在 1375cm^{-1} 和 1185cm^{-1} 出现两个强吸收谱带。

（5）磺酸酯（—SO_3—）、硫酸酯 $(RO)_2SO_2$ 不仅在 1400～1300cm^{-1} 和 1160～1120cm^{-1} 出现两个 $\nu_{S=O}$ 强谱带，还在 1000～750cm^{-1} 出现几个 S—O 单键的伸缩振动吸收峰，谱带较强。

（6）磷酸酯$(RO)_3P=O$ 有三种吸收谱带：$\nu_{P=O}$ 在 1300～1240cm^{-1} 出现很强峰，ν_{P-O} 在 1050～1030cm^{-1} 有一个中等吸收峰，ν_{R-O} 在 1088～920cm^{-1} 出现一到两个强吸收带。氧膦化合物 $R_3P=O$ 在 1210～1140cm^{-1} 出现一个很强吸收峰

（7）硅酸及其酯的 Si—O 在 1100～1000cm^{-1} 出现强的吸收谱带。

（8）硼化合物的 B—O 基团在 1380～1310cm^{-1} 出现一个很强吸收峰，B—N 基团在 1550～1330cm^{-1} 出现一个很强吸收谱带，B—C 基团相对较弱，一般在 1240～700cm^{-1} 出现中强吸收谱带。

5.6 影响基团吸收位置的因素

在双原子分子中，其特征吸收谱带的位置由化学键力常数和原子质量决定。在复杂有机分子中，基团的吸收频率同时还要受到分子结构和外界条件的影响。因此，在解析红外光谱图时，不仅要知道红外特征谱带出现的位置和强度，而且还应了解影响它们的因素，只有这

样才能正确地进行分析。特别对于结构的鉴定，往往可以根据基团频率的位移和强度的改变，推断产生这种影响的结构因素。

目前对基团频率的位移，研究得比较成熟的是羰基的伸缩振动。现对影响羰基位移的外部和内部因素，作简要的介绍。

5.6.1 外部因素

1. 物态变化

同一样品在固态、液态和气态时的红外光谱之间往往有较大的差异。气态分子间距离较远，基本上可以视为游离的，不受其他分子的影响，有可能观察到分子振动－转动光谱的精细结构；在液态，分子间的相互作用较强，有的样品可以形成氢键，使相应谱带向低频位移。在固态时，分子间的作用力更强，分子按一定晶格排列，有的因晶格中发生各种振动偶合，谱带有所增减。

综上所述，一般气态时基团伸缩振动频率最高，液态、固态逐渐向低频位移。例如丙酮气态 $\nu_{C=O}$ 1740cm^{-1}，液态 $\nu_{C=O}$1718cm^{-1}。

2. 溶剂效应和氢键

当溶剂与溶质缔合时，可改变溶质分子吸收带的位置及强度。通常基团的伸缩振动频率随溶剂极性的增加向低波数位移，同时峰强度增加。

氢键的形成，使质子给予基团和接受基团的振动频率都发生变化，伸缩振动向低频位移，谱带变宽，强度增大。变形振动向高频位移，谱带变得更为尖锐。氢键可以在分子内形成，也可以在分子间形成。分子内的氢键不受溶剂的影响，而分子间的氢键对溶剂的种类、极性和溶液的浓度、温度都比较敏感。一个典型的变化是在惰性溶剂的稀溶液中，分子间的氢键可以完全被破坏而恢复到游离分子的红外光谱。所以，用稀释的方法，可以方便地区别是分子内氢键还是分子间氢键。

5.6.2 内部因素

1. 电子效应

包括诱导效应、共轭效应和偶极场效应，它们都是由于化学键的电子分布不均匀而引起的。

（1）诱导效应

取代基电负性的不同，引起分子中电子云分布的变化，从而改变化学键力常数，影响基团吸收频率，称为诱导效应。吸电子的诱导效应，会引起成键电子密度向键的几何中心接近，增加了 C=O 键中间的电子云密度，因而增加了此键的力常数，导致羰基伸缩振动吸收谱带移向高频。取代基的吸电子性越强，羰基伸缩振动频率升高越明显。

$CH_3-\overset{O}{\overset{\|}{C}}-CH_3$	$CH_3-\overset{O}{\overset{\|}{C}}-CH_2Cl$	$CH_3-\overset{O}{\overset{\|}{C}}-Cl$	$Cl-\overset{O}{\overset{\|}{C}}-Cl$
1715cm^{-1}	1724cm^{-1}	1806cm^{-1}	1828cm^{-1}

（2）共轭效应

共轭效应使共轭体系的电子云密度平均化，结果双键略有伸长，单键略有缩短，这样原来的双键伸长，力常数减小，所以振动频率降低。例如：

$$\underset{1715\text{cm}^{-1}}{CH_3-\overset{\overset{\displaystyle O}{\|}}{C}-CH_3} \qquad \underset{1677\text{cm}^{-1}}{CH_3-CH=CH-\overset{\overset{\displaystyle O}{\|}}{C}-CH_3} \qquad \underset{1665\text{cm}^{-1}}{Ph-\overset{\overset{\displaystyle O}{\|}}{C}-Ph}$$

当诱导效应和共轭效应共存时，谱带的位移方向取决于哪一个作用占主导地位。例如酰胺化合物，因氮原子的共轭作用大于诱导作用，使 C＝O 双键的力常数减小，频率降低为 1690cm^{-1}。与此相反，酰氯化合物中，氯原子的诱导效应大于共轭效应，羰基振动频率增大到 1800cm^{-1} 附近。

（3）偶极场效应

诱导和共轭效应是通过化学键传递作用的，而偶极场效应是通过空间相互作用，发生相互极化，引起相应基团的红外吸收谱带位移。如下列α–氯代酮的两种异构体，羰基的伸缩振动峰的波数明显不同，取代基氯处于平伏键的要比直立键的波数高。其原因是处于平伏键的氯原子和氧原子在空间接近，电子云相互排斥，使羰基上的电子云移向双键中间，增加了双键的电子云密度，力常数增加，振动频率升高。这类α–卤代酮的场效应使羰基振动频率升高，称为“α–卤代酮规律”。在甾体化合物的红外研究中，α–卤代酮场效应的现象很普遍。

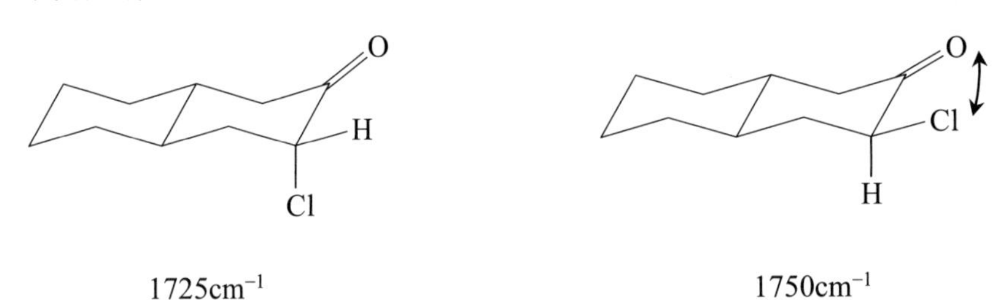

2. 键的张力

环的张力增大，环内双键削弱，伸缩振动频率降低，而环外双键增强，振动频率升高，强度也增强。通常的解释是：正常情况下羰基是 sp^2 杂化的，两取代基的夹角为 120°，没有张力，吸收谱带出现于正常的位置（如 1720cm^{-1} 附近）；随着环的缩小，环内角逐渐减小，环内形成 σ 键的 p 电子成分增加，而环外 σ 键的 p 电子成分相应减少，这样环外 s 电子成分增加，键长变短，使羰基的伸缩振动上升。可以预料，由于环的缩小，所有环外键的伸缩振动都应随着增加。如环丙烷的 C—H 伸缩振动超过 3000cm^{-1}，达到 3070cm^{-1}。

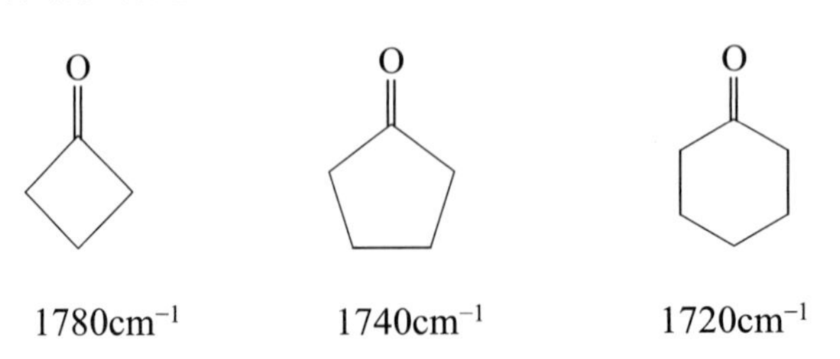

环外双键也有类似规律，如：

CH_2　　CH_2　　CH_2

$1680cm^{-1}$　　$1660cm^{-1}$　　$1650cm^{-1}$

环内双键却有相反的变化趋势，随环的缩小，键角逐渐减小，C＝C 的伸缩振动频率逐渐降低。

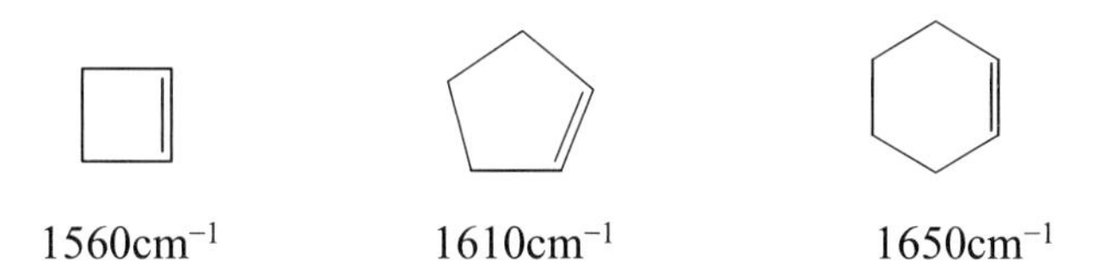

$1560cm^{-1}$　　$1610cm^{-1}$　　$1650cm^{-1}$

3. 振动偶合和费米共振

（1）振动偶合

同一分子邻近的两个基团具有相近的振动频率和相同对称性，它们之间可能会产生相互作用使谱峰裂分成两个吸收带，称为振动偶合。如丙酸酐的两个羰基，相互偶合产生两个吸收带。在 $1820cm^{-1}$ 和 $1750cm^{-1}$ 出现两个都相当强的谱带，前者是两个羰基不对称振动的偶合谱带，后者是对称的振动偶合谱带。

O↑　　O↑

CH_3CH_2—C　　CH_3CH_2—C

O　　O

CH_3CH_2—C　　CH_3CH_2—C

O↑　　O↓

ν_{as} $1820cm^{-1}$　　ν_s $1750cm^{-1}$

异丙基的两个甲基的变形振动也会相互作用产生偶合的两个谱带：$1385cm^{-1}$ 和 $1365cm^{-1}$，这两个特征吸收峰一般强度相同。此外，二元羧酸的两个羧基之间相隔 1～2 个碳原子时，也会出现两个 $\nu_{C=O}$ 吸收峰，相隔三个或以上的碳原子时则没有振动偶合，只出现一个 $\nu_{C=O}$ 吸收峰。此外，β–二酮、硝基也因发生振动偶合而出现两个吸收谱带。

$HOOCCH_2COOH$	$HOOC(CH_2)_2COOH$	$HOOC(CH_2)_3COOH$
$1740cm^{-1}$，$1710cm^{-1}$	$1780cm^{-1}$, $1700cm^{-1}$	只有一个羰基峰

（2）Fermi 共振

当一振动的倍频与另一振动的基频频率相近，并且具有相同的对称性时，由于相互作用也可能发生共振偶合，使原来很弱的倍频的强度显著地增加，称为 Fermi 共振。例如，大多数醛的红外光谱在 $2800cm^{-1}$ 和 $2700cm^{-1}$ 附近出现强度相近的双峰，是醛基的 C—H 伸缩振动及其变形振动的倍频之间发生 Fermi 共振的结果。苯甲酰氯在 $1773cm^{-1}$ 和 $1736cm^{-1}$ 的双谱带，是由于羰基伸缩振动与谱带 $875cm^{-1}$ 的倍频之间发生 Fermi 共振引起的（见图 5-33）。

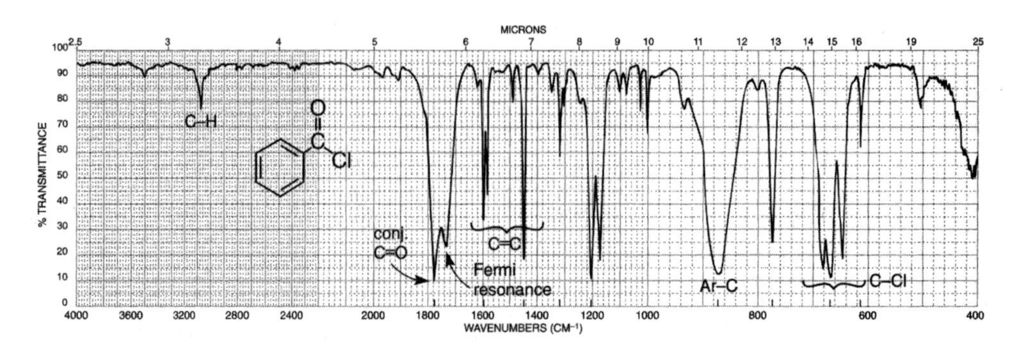

图 5-33　苯甲酰氯的红外光谱

4. 位阻效应

同一分子中各基团因空间障碍而产生对谱带位置的影响，称为位阻效应。共轭效应对空间障碍最为敏感，由于空间障碍而使羰基与双键之间的共轭受到破坏，羰基伸缩振动将移向高频，向接近孤立羰基振动频率的方向变化。

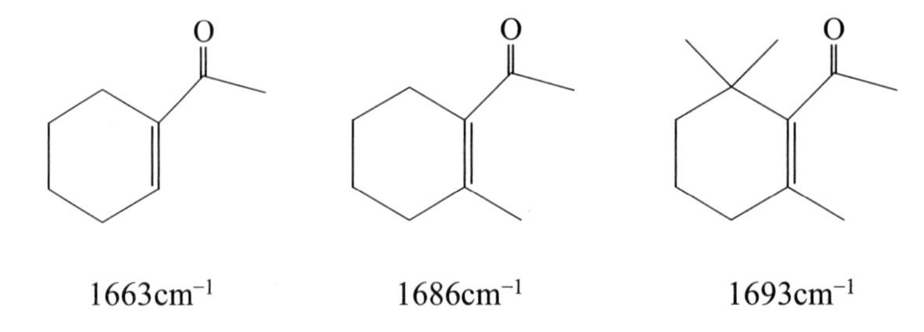

$1663cm^{-1}$　　$1686cm^{-1}$　　$1693cm^{-1}$

5. 跨环效应

跨环效应是通过空间发生的一种特殊的电子效应。例如，下列环状化合物的红外光谱中，羰基的振动吸收峰大幅度向低频位移，在 $1675cm^{-1}$ 出现 $\nu_{C=O}$ 吸收谱带，这是因为分子中胺基和羰基的空间位置接近而存在下列电子效应，使羰基的双键程度下降，$\nu_{C=O}$ 向低波数位移。

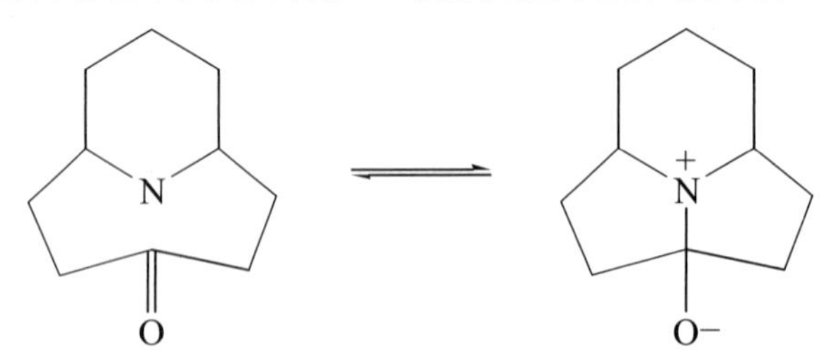

5.7　红外光谱在结构分析中的应用

红外光谱在结构分析中的典型作用是用来确定分子中所含基团及化学键的类型。每种结构的分子都有其特征的红外光谱，谱图上的每个吸收谱带代表了分子中某个基团或化学键的特定振动形式。因此，可以用特征谱带的位置、强度、形状确定所含基团或化学键的类型。当然，由于具体的分子结构和测试条件的差别，基团的特征吸收带会在一定范围内位移。

红外光谱用于有机化合物的结构鉴定主要有下列两种情况：

5.7.1　鉴定已知化合物的结构

方法比较简单，通常是：

（1）样品与标样在同样条件下测出红外光谱图，并进行对照（先观察最强峰位和峰形是否一致，后检查中等强度峰和弱峰能否对应），完全相同则可肯定为同一化合物（极个别例外，如对映异构体）。

（2）若无标样，则可找标准图谱（如 sadtler standard infrared spectra）进行对照，这时必须注意下面两点：

①所用仪器与标准图谱是否一致，仪器分辨率不同则某些峰的细微结构上会有差别。

②测试条件（指样品的物理状态、样品浓度及溶剂等）与标准图谱是否一致。若不同则图谱也会有差异，尤其是溶剂因素影响较大，因为溶剂常常在红外有吸收。

5.7.2　确定未知化合物的结构

未知化合物结构的确定是在“各基团都有自己的特征吸收峰”这个基础上进行的。结构测定比较复杂，至今没有一定的规则。对结构比较简单的未知物，可依靠红外光谱提供的信息和所给出的分子式，把它的结构推出来。对结构比较复杂的未知物，尚需配合 UV、NMR、MS、经典的降解与合成理论以及其他理化数据综合解析。

谱图解析主要依靠对光谱与化学结构关系的理解和经验积累，灵活运用基团特征吸收峰及其变迁规律，逐步推出正确的结构。一般解析时可按如下顺序进行：

（1）了解样品的来源，背景，通过分析反应物和反应条件来预测反应产物，以及谱图中可能出现的杂质峰，对于解谱会有很大帮助。样品经元素分析或高分辨率质谱分析，测定分子量，推出分子式，计算不饱和数，这些都将提供一定的结构信息。

（2）确定分子所含基团及化学键的类型，先观察高波数范围（1350cm^{-1} 以上）基团特征吸收峰，指定谱带的归属，并兼顾 1350～1000cm^{-1} 的谱带，检测出官能团，估计分子类型。这时特别要注意在观察某一官能团的特征谱带时，要同时考虑这一官能团的其他相关谱带。如在 1750～1650cm^{-1} 的 $\nu_{C=O}$ 若认定是羧酸的吸收带，需同时检查在 3200～2500cm^{-1} 有吸收峰作为佐证。若认定是酯，则需检查在 1330～1030cm^{-1} 有强的 $\nu_{as\,(C-O-C)}$ 和 $\nu_{s\,(C-O-C)}$ 两个谱带作为佐证。若认定是醛，则需检查在 2900～2700cm^{-1} 要有醛氢因 Fermi 共振而出现的两个吸收峰。

（3）观察位于1000～650cm^{-1}的C—H变形振动吸收峰，确定烯烃和芳香环的取代类型。若在这一区域没有强吸收带，通常表明为非芳香结构。

（4）红外光谱图上吸收峰并非要全部解释清楚，一般只要解释一些较强的峰，但是对一些特征性的弱峰也不能忽视。对归属不明显和有怀疑的有用谱带，可改变测试方法，或与化学反应相配合，反复考查，求得确证。

（5）在实际工作中对未知化合物结构的最后确定还要与标准样品的谱图或与标准谱图核对。特别要注意与位于1350～625cm^{-1}的指纹区谱带核对。在同样制样方法和测试条件下，只有特征谱带与指纹区光谱都与标准光谱一致（包括峰位、峰强和峰形），才能最后判断所研究的化合物结构与标准光谱相应的化合物是否相同。若未知化合物是新化合物，还需要氢谱和碳谱等其他谱图数据。

5.8 拉曼光谱

红外光谱和拉曼光谱都是研究分子振动和转动的光谱方法，但前者为吸收光谱，后者为散射光谱。两者在有机化合物的结构分析中是各有所长，相互补充的。

5.8.1 基本原理

拉曼辐射理论是1923年由德国物理学家A. Smekal首先预言的。1928年印度物理学家C. V. Raman首次观察到苯和甲苯的拉曼效应，以此为基础发展起来的光谱学称为拉曼光谱学。为此，拉曼获得了1930年度的诺贝尔物理学奖。

1. 拉曼散射

当频率为ν_0的单色光射到含有无灰尘的透明物质的样品池中时，大部分光透过而不受影响，只有小部分光（0.1%）与样品分子作用在各个方向上发生散射。在散射光中除了有与入射光频率相同的谱线外，还有与入射光频率不同（频率增加和减少）且强度极弱的谱线。前者是已知的瑞利散射光，称为瑞利效应，而后者是拉曼新发现的，称为拉曼散射或拉曼效应。

上述的单色光与样品分子相互作用所产生的散射现象可以用光量子（粒子）与样品分子的碰撞来解释。当单色光束的光子与分子相互作用时，可发生弹性碰撞和非弹性碰撞。在弹性碰撞过程中，光子与分子之间不发生能量交换，光子仅仅改变其运动方向，而不改变其频率（ν_0），这种散射过程称为瑞利散射。在非弹性碰撞过程中，光子与分子之间发生能量交换，光子不仅改变其运动方向，同时光子的一部分能量的传递给分子，成为分子的振动或转动能，或者光子从分子的振动或转动能中获得能量。光子从分子中得到能量，其散射光的频率增加，称为反斯托克斯线；另一情况是，光子失去能量传递给分子，则其散射光的频率减小，称为斯托克斯线。

光的拉曼散射过程可用能级跃迁图5-34表示。处于振动基态E_0的分子受入射光子$h\nu_0$的作用激发而跃迁到一个受激虚态。因为这个受激虚态是不稳定的能级（实际上是不存在的），所以分子立即跃迁回到基态E_0，此过程对应于弹性碰撞，为瑞利射线。处于虚态的分子也可

能跃迁到激发态 E_1，此过程对应于非弹性碰撞，光子的部分能量传递给分子，使光子的频率降低，为拉曼散射的斯托克斯线。同样处于激发态 E_1 的分子受入射光子 $h\nu_0$ 的激发而跃迁到受激虚态，因为虚态是不稳定的而立即跃迁回到激发态 E_1，此过程对应于弹性碰撞，为瑞利散射线。处于虚态的分子也可能跃迁回到基态 E_0，此过程对应于非弹性碰撞，光子从分子的振动态降低中得到部分能量，其频率增加，为拉曼散射的反斯托克斯线。斯托克斯线的频率比入射光的低，而反斯托克斯线的频率比入射光的高，二者分布在瑞利线的两侧。常温下分子大多处于振动基态，处于激发态的分子很少，因此，斯托克斯线强于反斯托克斯线。

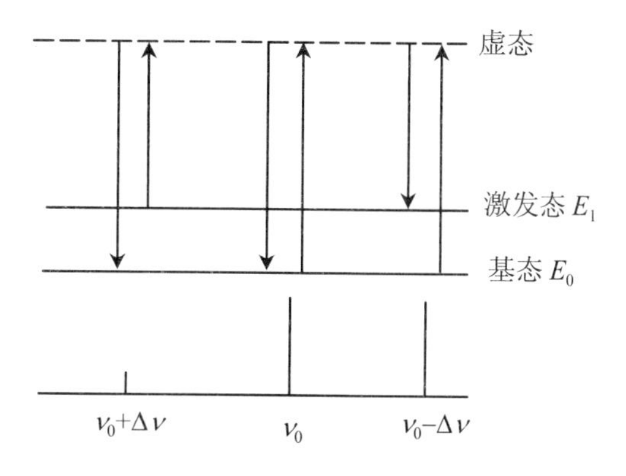

图 5-34　拉曼散射能级图

2. 拉曼光谱图

拉曼光谱和红外光谱都是分子的振动和转动光谱，但产生两种光谱的机理有本质的区别。红外光谱是分子对红外光的吸收所产生的光谱，拉曼光谱是分子对单色光的散射所产生的光谱。拉曼散射中散射光频率与入射光频率都有一个频率差 $\Delta\nu$，即为拉曼位移频率，其值取决于分子振动激发态与振动基态的能级差：E_1-E_0。而红外光谱的基频吸收带所表征的也正是分子振动激发态与振动基态的能级差，所以同一振动方式产生的拉曼位移频率和红外光谱的吸收频率是相同的，故用相对于瑞利线的位移（拉曼位移频率）表示的拉曼光谱波数与红外吸收光谱的波数相一致，便于两种光谱的比较。

拉曼光谱图纵坐标为散射强度，横坐标为拉曼位移频率（$\Delta\nu$），用波数（cm^{-1}）表示。瑞利线的位置为零点，位移为正的是斯托克斯线，位移为负的是反斯托克斯线，如四氯化碳的拉曼光谱图（见图 5-35）。由于斯托克斯线与反斯托克斯线是完全对称地分布在瑞利线的两侧，所以一般拉曼光谱只取强度较大的斯托克斯线，如丙酮的拉曼光谱（如图 5-36）。

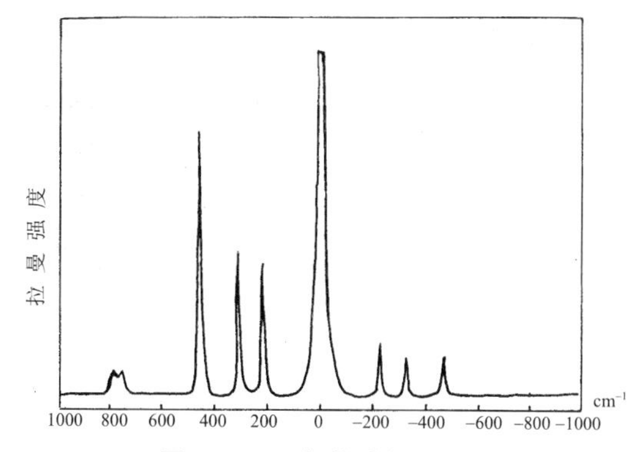

图 5-35　四氯化碳的拉曼光谱

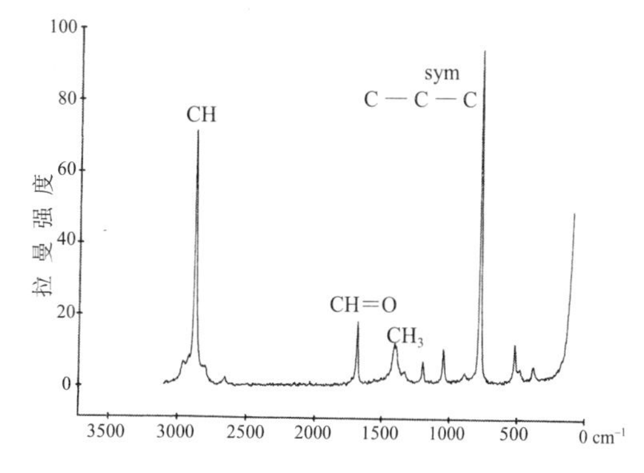

图 5-36　丙酮的拉曼光谱

3. 拉曼光谱选律

红外和拉曼光谱同属于分子振动光谱，但同一分子的红外和拉曼光谱不尽相同。分子中某一基团的振动是在红外光谱中出现谱带，还是在拉曼光谱中出现谱带，是由光谱选律决定的。光谱选律的直观说法是，分子振动时，如果分子偶极矩改变，则产生红外吸收光谱，如果分子极化度改变则产生拉曼光谱。所谓极化度就是分子在电场（电磁波）的作用下，分子中电子云变形的难易程度。

在分子中，某个振动可以既是拉曼活性，又是红外活性，也可以只是其一。判断是否为拉曼和红外活性的两个规则为：

互不相容规则 凡具有对称中心的分子，若是红外活性，则拉曼是非活性的；反之，若红外是非活性的，则拉曼是活性的。必须指出，具有对称中心的分子，也有少数分子的振动在拉曼光谱和红外光谱中都是非活性的。

相互允许规则 没有对称中心的分子，其红外和拉曼光谱可以都是活性的。多数有机化合物分子的对称性较低或没有对称性，其振动基频通常同时是红外和拉曼活性的。由于振动的强弱不同，有些振动虽然是红外和拉曼活性的，但不一定能在谱图中观测到这些振动所产生的谱带。

4. 拉曼光谱的强度

拉曼光谱的强度是由分子振动过程中分子的极化度变化所决定的。可以用一般规律来定性地预言各种基团的谱带强度。

（1）非极性或极性很小的基团振动有较强的拉曼谱带，而强极性基团振动有较强的红外谱带。如 OH 和 NH_2 是极性基团，在红外光谱中是强谱带，而在拉曼光谱中是很弱的谱带。

（2）具有对称中心的分子，任一振动形式的谱带不可能同时出现在拉曼和红外光谱中。

（3）C—C、N—N、S—S 和 C—S 等单键在拉曼光谱中产生强谱带，而在红外光谱中为弱谱带。

（4）C=C、C=N、N=N、C≡C、C≡N 和 X=Y=Z 等多重键的伸缩振动在拉曼光谱中多为很强的谱带，而在红外光谱中为中强或弱的谱带。而 C=O 伸缩振动在红外光谱中为很强的谱带，而在拉曼光谱中仅为中等强度的谱带。

（5）环状化合物在拉曼光谱中有一个很强的谱带，是环的对称振动（呼吸振动）的特征谱带，由环的大小和取代基决定。

5.8.2 拉曼光谱的应用

1. 拉曼光谱的特点

（1）拉曼光谱低波数方向的测定范围宽，其常规扫描范围为 4000～40cm^{-1}，有利于提供重原子的振动位置。

（2）拉曼光谱便于测定生物样品。生物样品常不能脱离水介质，水对红外造成强烈干扰，但在拉曼光谱中水的吸收很弱。因此，一些生物分子可用水作溶剂进行拉曼光谱测试。

（3）固体样品、高聚物、溶液等各种样品都可以作拉曼光谱，都可用于定性和定量分析。

2. 拉曼光谱在有机结构分析中的应用

前已述及，拉曼光谱与红外光谱的选律是不同的，对红外吸收很弱的 C=C、C≡C、C—S 和 X=Y=Z 等键的伸缩振动都有很强的拉曼散射强度。在有机结构中某些基团振动将产生强的拉曼谱带，而另一些基团振动则产生强的红外谱带，也有一些基团振动在两种光谱中都产生较强的谱带。因此，对某些基团的鉴别用拉曼光谱较为容易，而另一些基团则用红外光谱较容易鉴别。拉曼光谱和红外光谱相互配合，可以得到最大信息量，是有机化合物结构分析的重要工具。

如 1–甲基环己烯的红外和拉曼光谱（见图 5-37 所示），C=C 双键在红外光谱中很弱，容易与一些倍频谱带混淆。而在拉曼光谱的 1650cm^{-1} 附近有一个很强的由 C=C 双键产生的拉曼谱带，因此，用拉曼光谱来鉴定 C=C 双键是非常有效的。但拉曼光谱的仪器价格很贵，因此图谱的研究不如红外光谱广泛。有机化合物中常见基团的拉曼光谱特征谱带见表 5-7 所示。

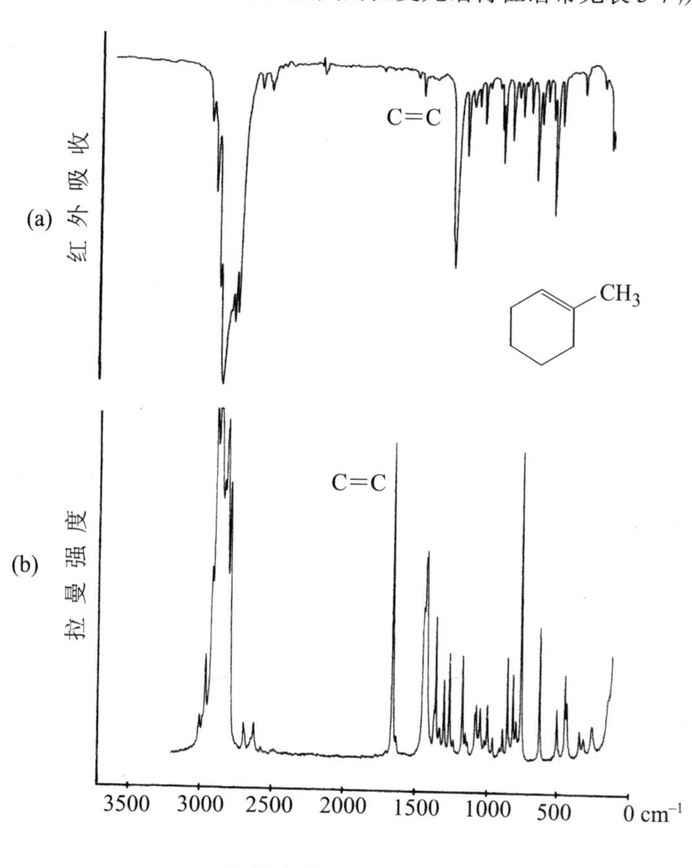

(a)红外光谱　　(b)拉曼光谱

图 5-37　1–甲基环己烯的红外和拉曼光谱

表 5-7　有机化合物中基团的特征频率和强度

基团类型	频率范围（cm^{-1}）	强度 拉曼	红外	基团类型	频率范围（cm^{-1}）	强度 拉曼	红外
ν(O—H)	3650～3000	w	s	$\delta(CH_2)$	1470～1400	m	m
ν(N—H)	3500～3300	m	m	$\delta_s(CH_3)$	1380	m～w	s～m
ν(≡C—H)	3300	w	s	ν(CC)(芳香)	1600, 1580	s～m	m～s
ν(=C—H)	3100～3000	s	m	ν(CC) (芳香)	1500, 1450	m～w	m～s
ν(—C—H)	3000～2800	s	s	ν(CC) (脂肪)	1300～600	s～m	m～w
ν(—S—H)	2600～2550	s	w	ν_{as}(C—O—C)	1150～1060	w	s
ν(C≡N)	2255～2220	m～s	s～0	ν_s(C—O—C)	970～800	s～m	w～0
ν(C≡C)	2250～2100	vs	w～0	ν_{as} (Si—O—Si)	1110～1000	w～0	vs
ν(C=O)	1820～1680	s～w	vs	ν_s (Si—O—Si)	550～450	vs	w～0
ν(C=C)	1900～1500	vs～m	w～0	ν(O—O)	900～845	s	w～0
ν(C=N)	1680～1610	s	m	ν(S—S)	550～430	s	w～0
$\nu_{as}(NO_2)$	1590～1530	m	s	ν(Se—Se)	330～290	s	w～0
$\nu_s(NO_2)$	1380～1340	vs	m	ν(C—S) (芳香)	1100～1080	s	s～w
$\nu_{as}(SO_2)$	1350～1310	w～0	s	ν(C—S) (脂肪)	790～630	s	s～w
$\nu_s(SO_2)$	1160～1120	s	s	ν(C—Cl)	800～550	s	s
ν(S=O)	1070～1020	m	s	ν(C—Br)	700～500	s	s
ν(C=S)	1250～1000	s	w	ν(C—I)	660～480	s	s

L–胱氨酸的红外和拉曼光谱见图 5-38 所示，在 3000cm^{-1} 附近红外光谱被 NH_3^+基团的 N—H 伸缩振动产生的很宽的谱带所覆盖，而拉曼光谱在此范围内出现两个很强的 C—H 伸缩振动带，表明分子含有 CH 或 CH_2 基团。在 1600cm^{-1} 附近，红外光谱出现两个强谱带，是 NH_3^+ 基团的 N—H 变形振动和羧酸根基团 CO_2^- 的不对称伸缩振动产生的，但在拉曼光谱中很弱。在 1400cm^{-1} 处红外和拉曼光谱都有一个羧酸根基团的对称伸缩振动产生的强谱带。在 510cm^{-1} 附近，拉曼光谱出现特征的 S—S 键伸缩振动所产生的强谱带，在红外光谱中这个谱带很弱。

2–乙酰氧基丙腈的红外和拉曼光谱见图 5-39 所示，在通常的情况下，极性基团—C≡N 在红外光谱的 2300～2100cm^{-1} 范围内有一个强谱带，但在该化合物中，由于乙酰氧基的强电负性的影响使基团—C≡N 的红外吸收减弱到难以观测到的程度。也正是乙酰氧基的影响，在拉曼光谱的 2250cm^{-1} 呈现—C≡N 基团的强谱带。因此，由两种光谱数据可得到更多的信息，更准确地判断化合物的结构。

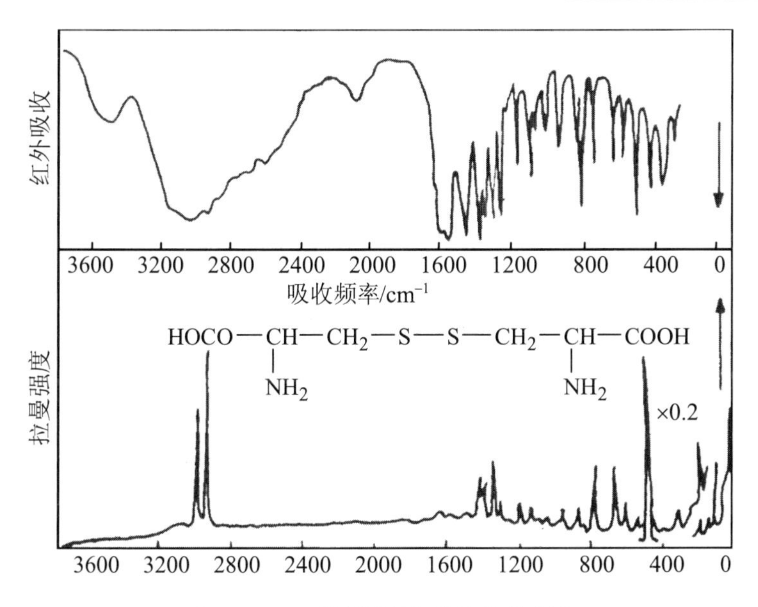

图 5-38　L–胱氨酸的红外和拉曼光谱

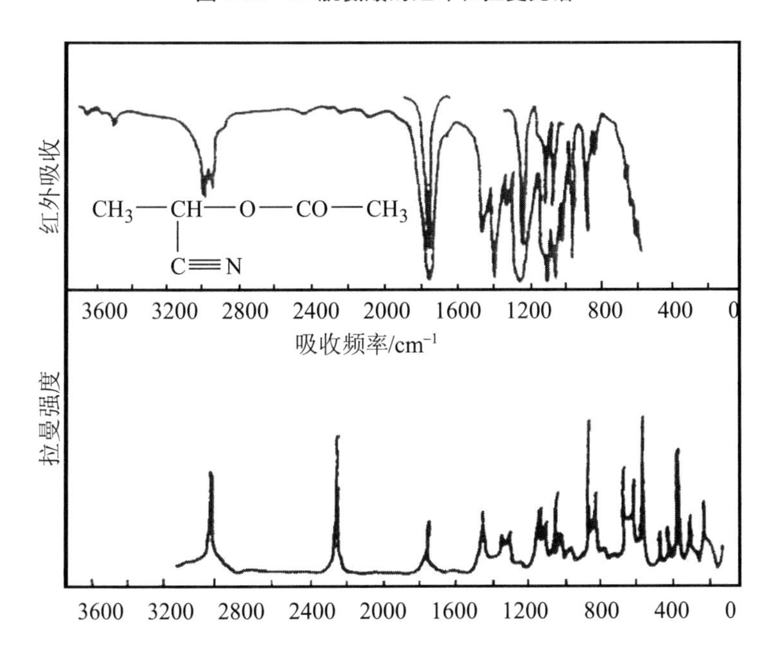

图 5-39　2–乙酰氧基丙腈的红外和拉曼光谱

硝基苯的拉曼光谱和红外光谱见图 5-40 所示，硝基的不对称伸缩振动和对称伸缩振动在红外光谱中产生非常强的两条吸收谱带，而在拉曼光谱中只出现很强的对称伸缩振动峰，不对称伸缩振动峰则几乎观测不到。通常，对称伸缩振动倾向于在拉曼光谱中产生强谱带，而不对称伸缩振动则在红外光谱中产生强谱带。图中另一特征峰是在 $1000cm^{-1}$ 附近出现很强的苯环呼吸振动谱带，在红外光谱中却很弱。对环状化合物的拉曼光谱，最典型和最有价值的就是这类环呼吸振动谱带。

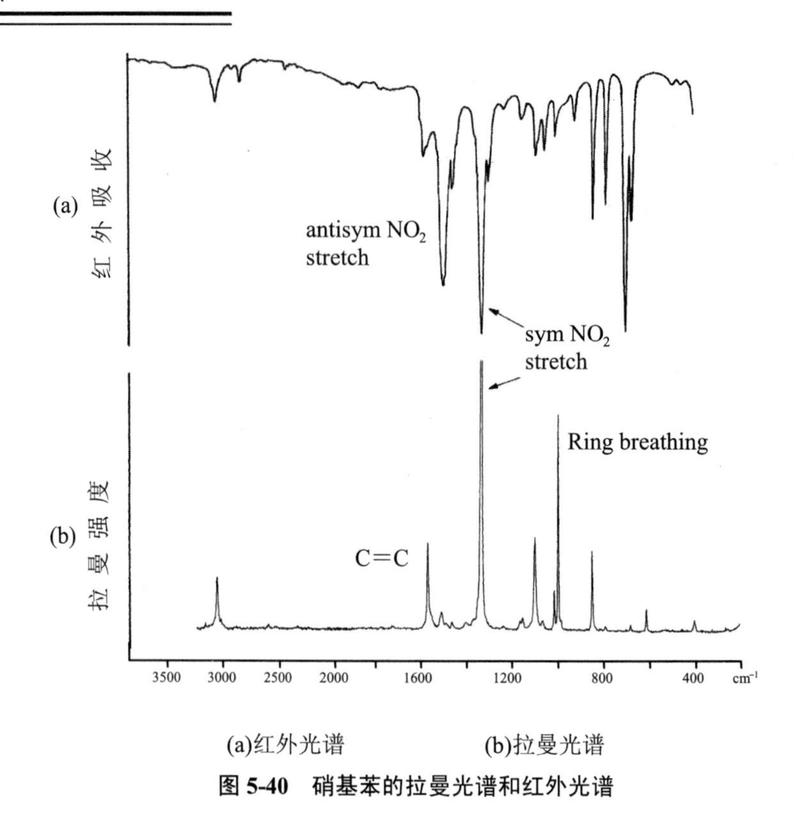

(a)红外光谱　　　(b)拉曼光谱

图 5-40　硝基苯的拉曼光谱和红外光谱

3. 用于聚合物的分析

拉曼光谱可以用于聚合物的构型和构象研究，立体规整性的研究，以及高分子化学组成的测定等。例如，对于碳–碳、硫–硫和氮–氮等同核单键或多重键，已经建立起高分子结构和谱带频率之间的对应关系，可利用拉曼光谱测量碳链的长度，研究石油组分。双键在拉曼光谱中有很强的谱带，可用来研究丁二烯橡胶、异戊间二烯橡胶的不饱和数。同样碳–硫和硫–硫键也具有很强的特征拉曼谱带，用拉曼光谱可以研究高聚物的硫化度。

4. 用于生物大分子的研究

水的拉曼散射极弱，因此，拉曼光谱特别适用于水溶液的研究。例如蛋白质、酶、核酸等生物活性物质常需在水溶液中接近生物体内环境下研究其一些性质，此时拉曼光谱比红外光谱更合适。近年来逐渐用拉曼光谱研究这些生物大分子的结构以及它们在水溶液中的构型随 pH 值、离子强度及温度的变化情况。

例 题 五

【例题 5.1】 某化合物的分子式为 C_9H_8O，根据红外光谱（图 5-例 1）推断其结构。

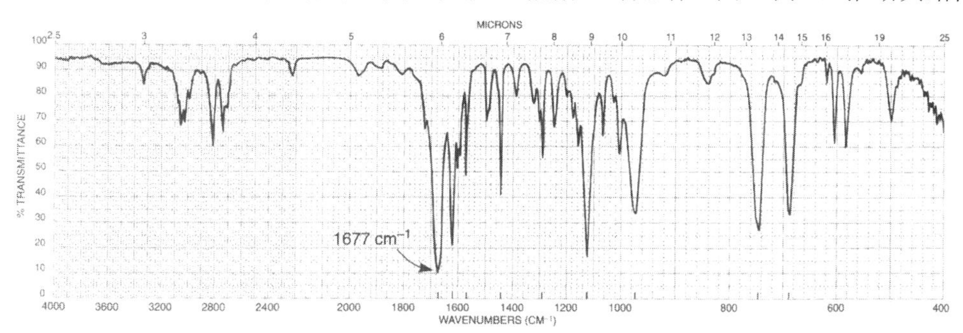

图 5-例 1 C_9H_8O 的红外光谱

解析 从分子式求得不饱和数 UN＝6，估计有苯环结构。

在 1677cm^{-1} 处有一个很强的吸收峰，可能是醛或酮，在 2820cm^{-1} 和 2720cm^{-1} 附近有两个中等强度的吸收峰，应是醛基 ν_{C-H} 和 δ_{C-H} 的倍频因 Fermi 共振产生的双峰，因此，该化合物含有醛基 CHO。

在 1600cm^{-1}、1580cm^{-1} 和 1500cm^{-1} 处的吸收峰应是苯环特征峰，而低波数的 680cm^{-1} 和 740cm^{-1} 的两个峰进一步说明是单取代的苯。剩下的一个不饱和数不可能是环结构，应该是一个 C＝C 双键，1620cm^{-1} 的谱带较强，表明是共轭的双键，975cm^{-1} 附近的强峰说明双键是反式二取代的结构。综合以上分析，推出可能的结构为：

H　　CHO

Ph　　H

【例题 5.2】 某化合物的分子式为 $C_6H_{10}O$，根据红外光谱（图 5-例 2）推测可能的结构。

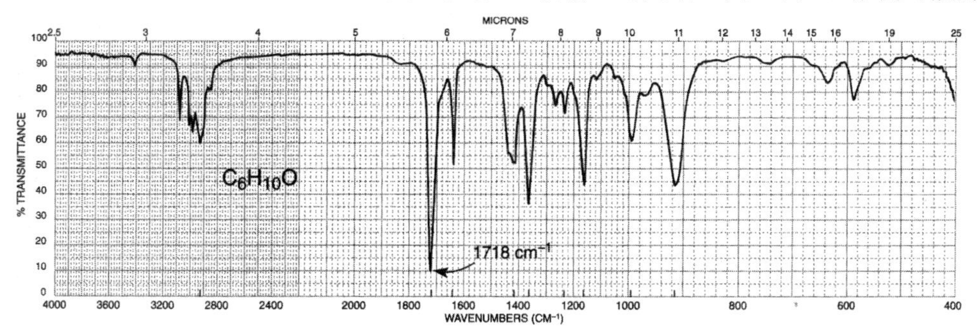

图 5-例 2 $C_6H_{10}O$ 的红外光谱

解析 从分子式求得不饱和数 UN＝2，估计有双键 C＝C 或 C＝O 结构。

位于 1718cm^{-1} 的强吸收带表明有羰基存在，在 2820cm^{-1} 和 2720cm^{-1} 附近没有 Fermi 共振现象，一般应为酮羰基。出现在 1160cm^{-1} 的谱带为酮的骨架振动，是酮存在的辅证。

位于 1640cm^{-1} 附近的中等吸收峰为 C=C 双键伸缩振动峰，而位于 917cm^{-1} 和 995cm^{-1} 的两个峰可推测是单取代的烯结构。

从酮羰基的吸收位置可推测 C=C 双键不与羰基共轭，若它们共轭，则该羰基的伸缩振动峰一般低于 1700cm^{-1} 。此外，从 C=C 双键的伸缩振动峰较弱也进一步说明了它们没有发生共轭。因此，根据 C=C 双键不与羰基共轭的信息，可推测出这个化合物的可能结构为以下三种：

(A) $CH_2{=}CH{-}CH_2{-}C({=}O){-}CH_2{-}CH_3$

(B) $CH_2{=}CH{-}CH_2{-}CH_2{-}C({=}O){-}CH_3$

(C) $CH_2{=}CH{-}CH(CH_3){-}C({=}O){-}CH_3$

只有红外光谱数据，还不能有效区别这三种化合物，尚需其他谱图数据，如核磁等。实际该化合物为（B）。

【例题 5.3】 下列反应可能生成 A 或 B，如何利用红外光谱确定目标产物。

OTMS　OTMS　+ PhCHO $\xrightarrow{TiCl_4}$ Ph O O O O Ph O (A) + Ph O O O O O Ph (B)

解析 这两个异构体用 ^{1}H NMR 谱分析，它们的化学位移都一样，不能分辨。质谱 MS 的分子离子峰也一样，同样不能有效鉴别这两个异构体。然而，对上述反应产物用红外光谱观测时，在 1775 cm^{-1} 附近只有一个吸收峰，所以该反应的目标产物是化合物 B。若是 A，属于酸酐类化合物，应在 1775 cm^{-1} 附近有两个吸收峰。

【例题 5.4】 已知青霉素的水解产物结构为 A，可以推测青霉素的可能结构为 B 或 C，试根据红外光谱确定青霉素的结构。

Ph—CH$_2$—C(=O)—NH　HOOC　S　CH$_3$　CH$_3$　HN　COOH

（A）

（B）　　　　　　　　（C）

解析　青霉素结构的确定工作开始于第二次世界大战，当时红外光谱刚刚开始应用于有机结构的测定。青霉素的红外光谱在 1770 cm^{-1} 和 1700 cm^{-1} 出现两条强吸收带，后者应是羧酸羰基的伸缩振动峰，前者可能是四元环内酰胺（B）的羰基伸缩振动峰，也可能是五元环的内酯（C）的羰基伸缩振动峰。为了解释产生 1770 cm^{-1} 峰可能的结构，合成了下列三种小分子模拟物 D、E 和 F，并测出它们的红外光谱。化合物（F）的羰基伸缩振动 1770 cm^{-1} 与青霉素的相吻合，因此，可以确定青霉素的结构是（B），而不是（C），这个结构后来通过其他谱图也得到了证实。

1800 cm^{-1}（D）　　1740 cm^{-1}（E）　　1770 cm^{-1}（F）

习　题　五

【习题 5.1】　分子式为 $C_8H_{11}N$ 的两未知物 A 和 B，红外光谱如图 5-习 1 所示，试推测它们的结构。

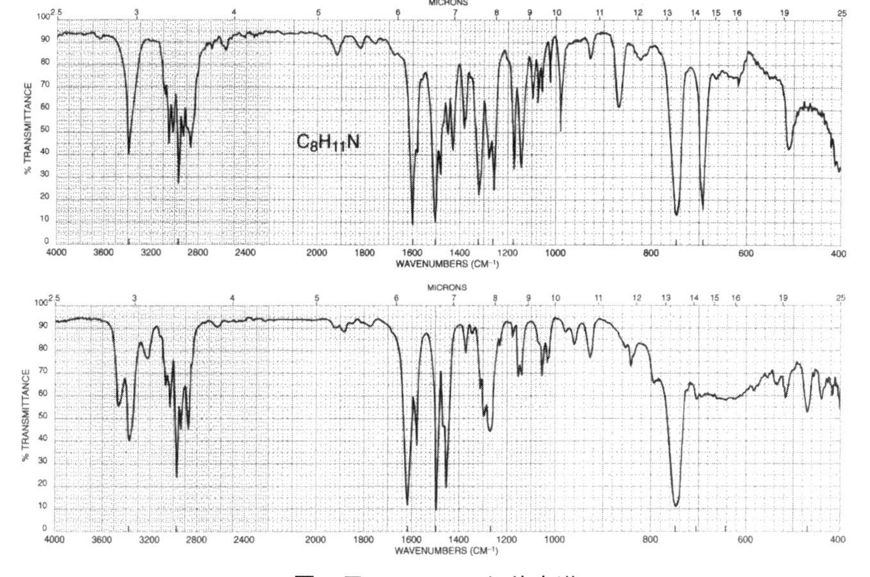

图 5-习 1　$C_8H_{11}N$ 红外光谱

【习题 5.2】 分子式为 C_7H_8O 的未知物，其红外光谱如图 5-习 2 所示，试推测结构。

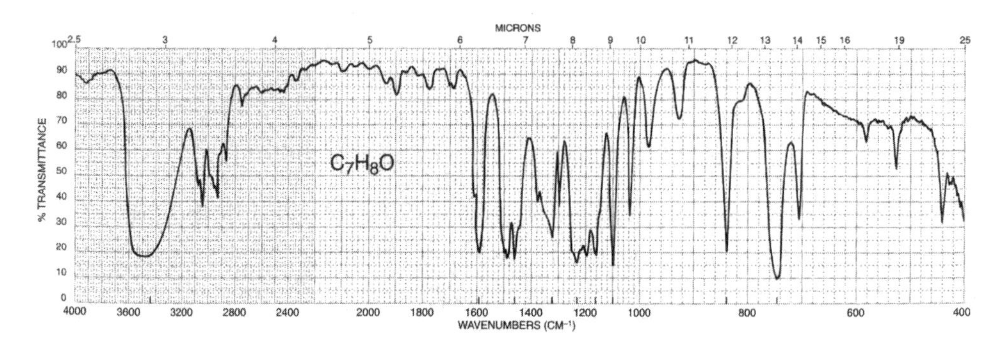

图 5-习 2 C_7H_8O 的红外光谱

【习题 5.3】 分子式为 $C_5H_{12}O$ 的未知物，其红外光谱如图 5-习 3 所示，试推测结构。

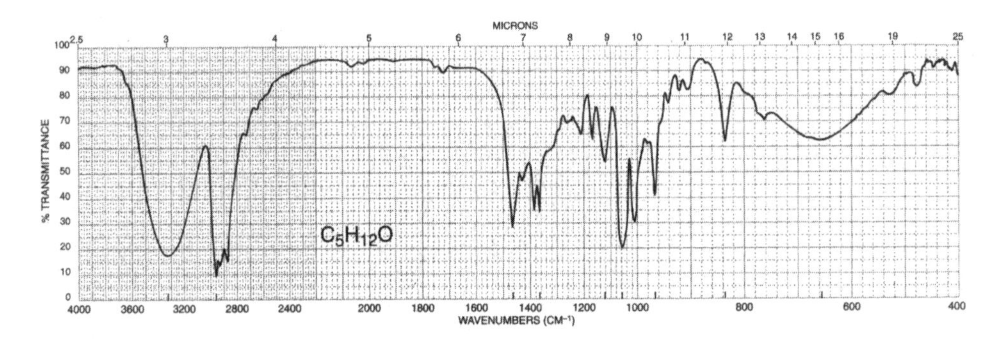

图 5-习 3 $C_5H_{12}O$ 的红外光谱

【习题 5.4】 分子式为 $C_9H_{10}O$ 的未知物，其红外光谱如图 5-习 4 所示，试推测结构。

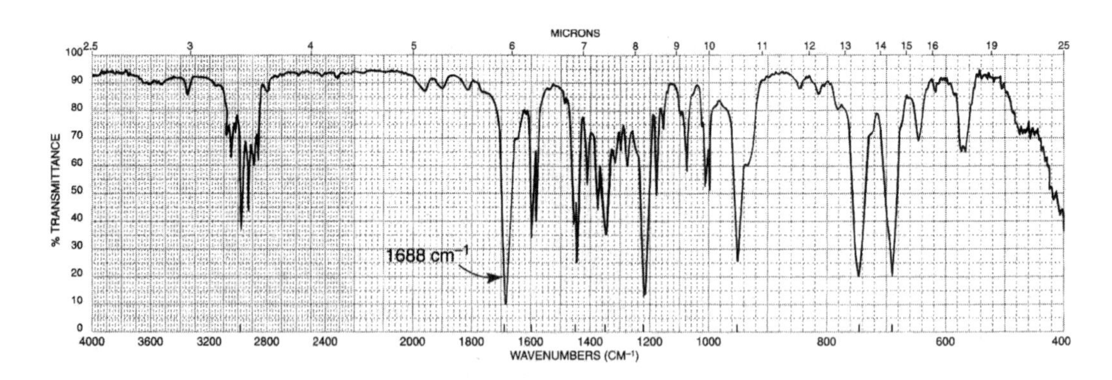

图 5-习 4 $C_9H_{10}O$ 的红外光谱

【习题 5.5】 分子式为 C_8H_{16} 的未知物，其红外光谱如图 5-习 5 所示，试推测结构。

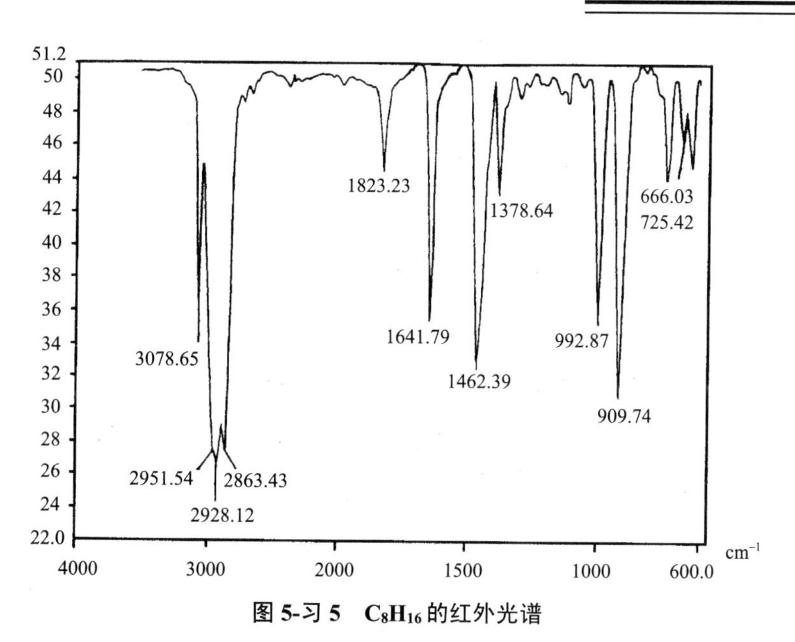

图 5-习 5　C_8H_{16} 的红外光谱

【习题 5.6】　某化合物的分子量为 71，有 C、H、O 和 N 元素组成，根据红外和拉曼光谱（图 5-习 6）推导结构。

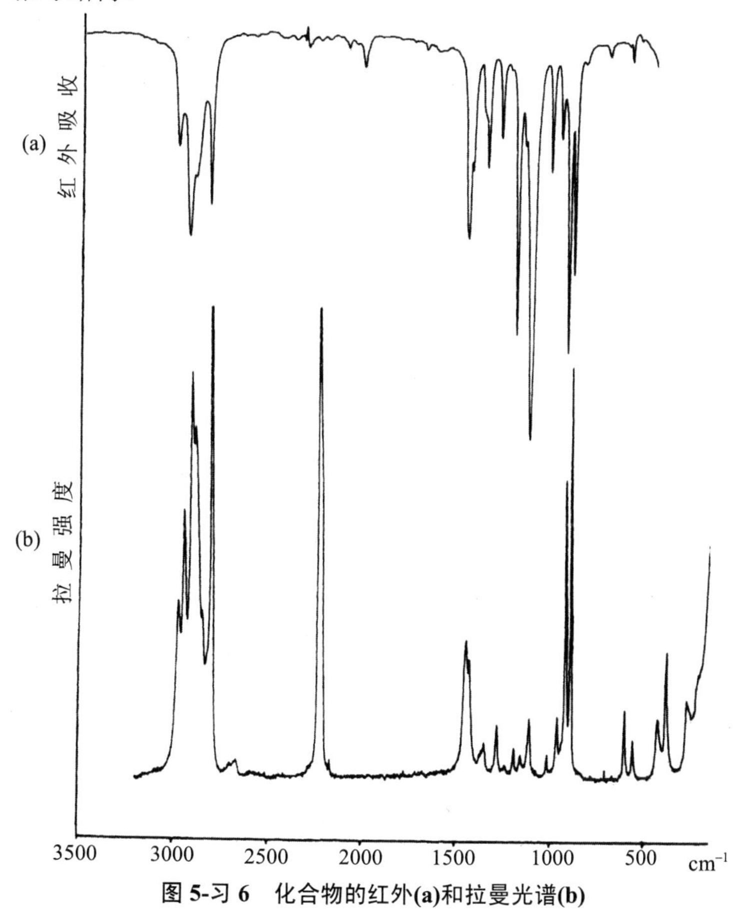

图 5-习 6　化合物的红外(a)和拉曼光谱(b)

第 6 章

紫外光谱

物质内部存在多种形式的微观运动，每一种微观运动都有许多种可能的状态，不同的状态具有不同的能量，属于不同的能级。一定频率或波长的电磁波与物质分子、电子或原子核等相互作用，物质吸收电磁波的部分能量，从低能级跃迁到高能级，从而产生吸收光谱。分子吸收电磁波的能量不是连续的，而是具有量子化的特征，即分子只能吸收等于两个能级之差的能量。不同分子的内部能级间的能量差是不同的，因而分子的特定跃迁能与分子结构有关。利用物质对电磁波的选择性吸收来进行物质结构解析的方法称为波谱（或光谱）分析。

为便于研究，人们根据波长大小将电磁波划分为若干个区域（表 6-1），不同区域的电磁波对应于分子内不同层次的能级跃迁。

表 6-1　电磁波的区域和跃迁能级

区域	波　长	原子或分子的跃迁能级
γ 射线	0.001～0.1nm	原子核
X 射线	0.1～10 nm	内层电子
紫外	10～400 nm	外层价电子
可见光	400～760 nm	外层价电子
红外	0.75～50 μm	分子振动和转动
远红外	50～1000 μm	分子振动和转动
微波	0.1～100 cm	分子转动
无线电波	1～1000 m	核磁共振

6.1　紫外光谱的基本原理

紫外光谱又称电子吸收光谱，用于研究分子中电子能级的跃迁。一般有机分子中存在的化学键主要有σ 电子和π 电子，另外还有未参与成键的 n 电子，正是这些电子的跃迁形成了有机化合物的电子吸收光谱。

紫外光谱是最早应用于有机结构鉴定的物理方法之一，它在确定有机化合物的共轭体系中具有独到之处。由于紫外光谱具有许多优点：测量灵敏度和准确度高，能测定很多金属和非金属元素及其化合物，能定性或定量地测定有机化合物，仪器操作简便、快速等。所以至今它仍是有机化合物结构鉴定的重要工具之一。

6.1.1　紫外光谱的波长范围

紫外光谱的波长范围可分为三个区域：

远紫外区　10～190nm

紫外区　190～400nm

可见区　400～800nm

远紫外区又称真空紫外区，这个区域的辐射易被空气中的 O_2、N_2 所吸收，因此必须把紫外分光光度计保持在真空状态才可以测定。这对仪器要求很高，所以使用受到限制，对该区域的光谱研究较少。紫外区和可见光区，空气无吸收，所以在有机结构分析中最为有用。一般的紫外光谱仪可观察范围为 200～800nm，也有的宽至 190～1000nm，包括了紫外区和可见光区，故而有时也把紫外光谱称为紫外－可见光谱。

6.1.2　紫外光谱的产生

紫外光谱是化学键的成键电子跃迁产生的吸收光谱。假定分子由 A、B 两个不同的原子组成，分子中电子的状态可用分子轨道理论来描述。A、B 两原子轨道线性组合形成两个分子轨道：一个是成键轨道，比原来的原子轨道能量低，对应的能级为 E_0；另一个为反键轨道，比原来的原子轨道能量高，对应的能级为 E_1，如图 6-1 所示。每个轨道最多只能容纳两个自旋相反的电子，而且电子总是首先填充在能级较低的成键轨道中。这样成键的两电子通常在基态，反键轨道是空着的，当一定波长的紫外光通过样品分子时，分子从紫外光中吸收能量，即电子从 E_0 跃迁到另一个具有高能态 E_1 的反键轨道，称为电子跃迁，此时产生的吸收光谱称为紫外吸收光谱。

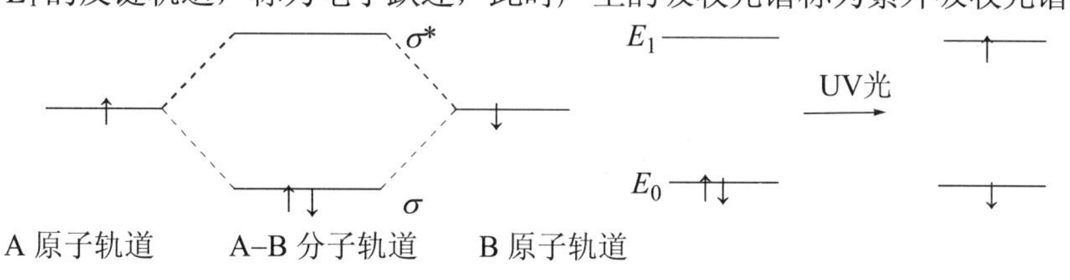

图 6-1　双原子分子的 σ 轨道能级和跃迁

电子跃迁主要是最高占有轨道的价电子吸收相应能量而发生的跃迁。通常有机分子的价电子有 σ 电子和 π 电子，另外还有未参与成键的 n 电子。分子的各种轨道能量不同，其能级次序如图 6-2 所示。它们之间可能发生的跃迁类型有：$\sigma\rightarrow\sigma^*$、$\pi\rightarrow\pi^*$、$n\rightarrow\sigma^*$ 和 $n\rightarrow\pi^*$ 等跃迁，跃迁能量依次减弱。

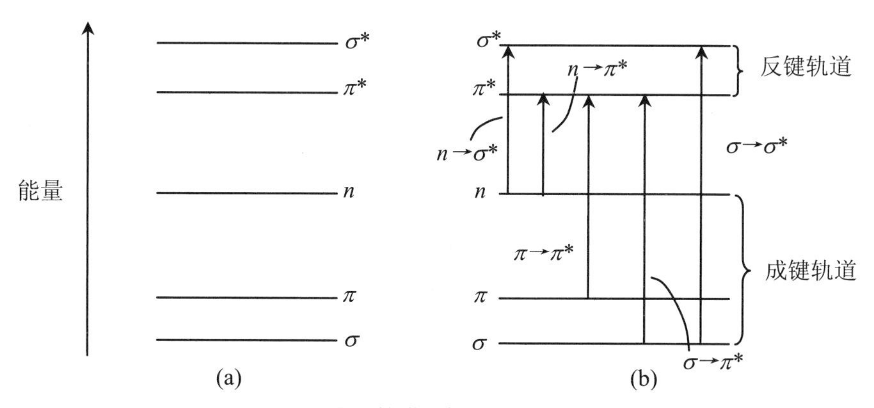

图 6-2　电子轨道能级和跃迁示意图

1. $\sigma\rightarrow\sigma^*$跃迁

σ 电子能级很低，一般不易被激发，产生$\sigma\rightarrow\sigma^*$跃迁需要吸收很大能量，故吸收谱带的波长短，$\lambda_{max}<150nm$。饱和碳氢化合物只有$\sigma$键，仅在真空紫外区才能观测到它们的紫外吸收谱带。

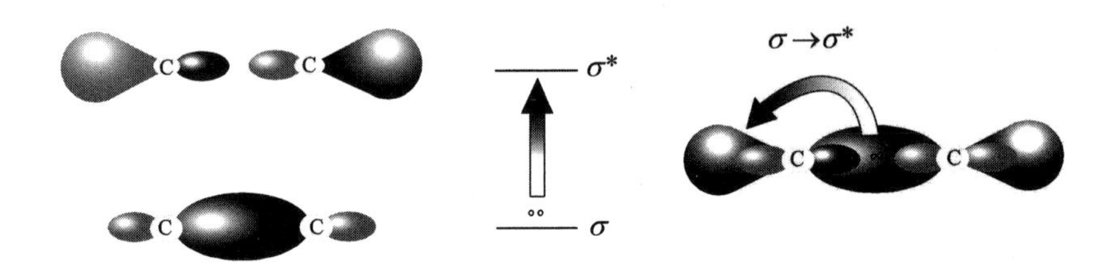

2. $n\rightarrow\sigma^*$跃迁

含氧、氮、卤素和硫等杂原子的饱和烃化合物，有一对非键电子（n 电子），它们除了$\sigma\rightarrow\sigma^*$跃迁外，还有 $n\rightarrow\sigma^*$ 跃迁。非键轨道能级较高，比较容易激发，所以 $n\rightarrow\sigma^*$ 跃迁产生的吸收谱带一般比$\sigma\rightarrow\sigma^*$ 跃迁产生的吸收谱带波长要长，在 200nm 左右。

3. $\pi\rightarrow\pi^*$跃迁

π 电子容易跃迁到反键轨道π^*上，对应的吸收波长较长。非共轭双键体系的$\pi\rightarrow\pi^*$跃迁比 $n\rightarrow\sigma^*$ 跃迁产生的波长短一些，波长范围一般在 160～190nm。两个或两个以上π 键共轭，$\pi\rightarrow\pi^*$ 跃迁能量降低，谱带向长波方向移动。

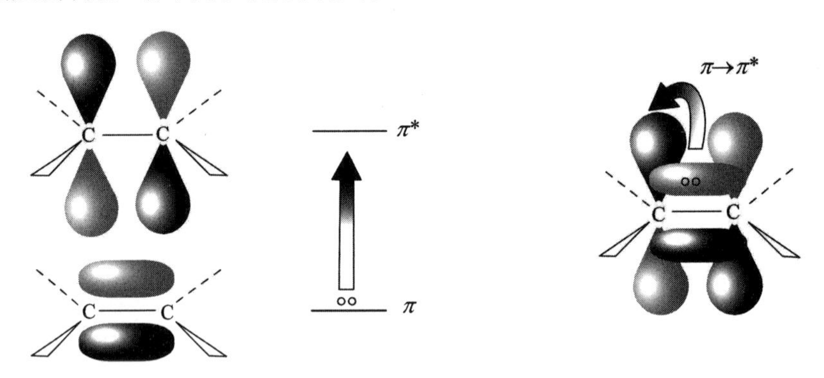

4. $n\rightarrow\pi^*$跃迁

含杂原子的双键，如 C=O，C=S，N=O 等基团，杂原子上的非键电子可激发到双键π^* 反键轨道，称为 $n\rightarrow\pi^*$ 跃迁。由于 n 轨道的能级高，$n\rightarrow\pi^*$ 跃迁的吸收谱带较长。如饱和醛、酮类化合物，$\pi\rightarrow\pi^*$ 跃迁约在 180nm，而 $n\rightarrow\pi^*$ 跃迁在 270～290nm，前者是允许跃迁，出现强谱带，后者为禁阻跃迁，谱带较弱。

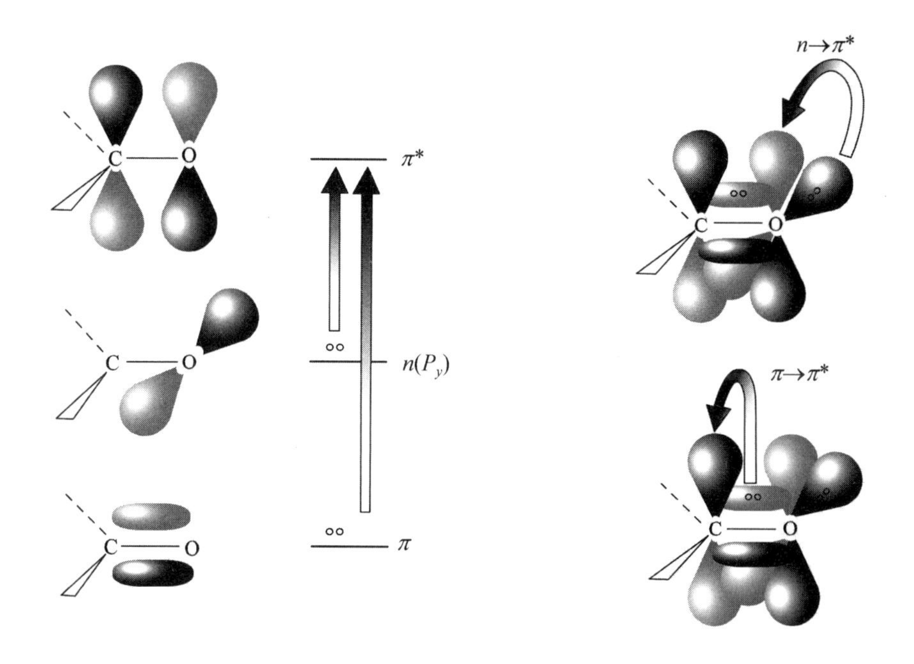

5. 电荷转移跃迁

当分子形成络合物或分子内的两个大π体系相互接近时，可以发生电荷由一个部分跃迁到另一部分而产生电荷转移吸收光谱。例如，黄色的四氯苯醌与无色的六甲基苯形成深红色的络合物就是电荷转移跃迁的结果。

（黄色） （无色） （深红色）

6. 配位体微扰的 $d\rightarrow d^*$跃迁

在过渡金属配位形成络合物的过程中，原来能级简并的 d 轨道在配位体的作用下发生能级分裂，若 d 轨道是未充满的，则可能吸收电磁波，电子由低能级的 d 轨道跃迁到较高能级空的 d 轨道，即发生 $d\rightarrow d^*$ 跃迁，产生吸收光谱。由配位场引起的 d 轨道能级相差很小，所以这类跃迁的谱带多出现在可见光区。如 $Ti(H_2O)_6^{3+}$的配位场跃迁吸收谱带λ_{max}为 490nm，显橙黄色。

6.1.3 电子跃迁选择定则

在电子光谱中，电子跃迁的几率有高有低，形成的谱带有强有弱。允许跃迁，则跃迁几率大，峰吸收强度大；禁阻跃迁，则跃迁几率小，峰强度小，甚至观察不到。在介绍电子跃迁选择定则之前，首先了解电子自旋多重性。

1. 自旋多重性

根据 Pauli 原理，处于分子同一轨道的两个电子自旋方向相反，自旋量子数 $I=\pm 1/2$，其代数和的绝对值 $s=0$，此时自旋多重性 $2s+1=1$，称单重态，用“S”表示（singlet）。当电子由一个分子轨道（基态）（如π轨道）激发到另一个能量较高的激发态（如π^*轨道）时，它的自旋方向可以不变，也可以反转。电子自旋方向保持不变的跃迁，$s=0$，仍然是单重态；自旋方向反转的跃迁，两个自旋同向，此时自旋量子数之和的绝对值 $s=1$，自旋多重性 $2s+1=3$，为三重态，用“T”表示（triplet）。第一激发态用 S_1 或 T_1 表示，更高的激发态用 S_2、S_3 或 T_2、T_3 表示。单重态 S_1 的能级高于三重态 T_1 的能级。

2. 电子跃迁选择定则

电子自旋允许跃迁 允许的跃迁要求电子的自旋方向不变，$s=0$，即在激发过程中，电子只能在自旋多重性相同的能级之间发生跃迁，如：$S_0 \leftrightarrow S_1$，$T_1 \leftrightarrow T_2$ 等之间的跃迁为允许跃迁；$S_0 \rightarrow S_1$ 的跃迁几率很大，产生强的紫外吸收光谱；而 $S_1 \rightarrow S_0$ 的跃迁也很容易发生，这种发射光谱称为荧光光谱；由 $T_1 \rightarrow S_0$ 的跃迁产生的发射光谱称磷光光谱，该跃迁属禁阻跃迁，几率小，强度弱。

对称性允许跃迁 对称性允许的跃迁，几率很高，吸收强度大，如：$\sigma \rightarrow \sigma^*$、$\pi \rightarrow \pi^*$ 跃迁是对称性允许的；$n \rightarrow \pi^*$ 跃迁为对称性禁阻跃迁，吸收强度较弱。

6.1.4 谱线的精细结构和 Franck–Condon 原理

分子内部的微观运动表现为三种形式：电子相对于原子核的运动、原子核在其平衡位置附近的振动以及分子本身绕其重心的转动，因此，分子的能量 E 为这三种运动能量的总和：

$$E = E_e + E_v + E_r \tag{6.1}$$

式中：E_e 为电子的能量，E_v 为分子振动能量，E_r 为分子转动能量。分子的每一种微观运动都是量子化的，都有一定的能级，分子具有电子能级、振动能级和转动能级。以最简单的双原子分子为例，它们的能级图如图 6-3 所示。

在图 6-3 中，S_0 代表电子的单重基态，S_1、S_2 代表电子的第 1、2 单重激发态，T_1、T_2 代表电子的第 1、2 三重激发态，V 代表各振动态，J 代表各转动态。从图中可以看出在同一电子能级中有若干个振动能级，在同一振动能级中还有若干个转动能级。电子能级之间的间隔最大，振动能级的间隔比电子能级的间隔要小得多，转动能级间隔则更小。在通常条件下，分子处于单重态 S_0 的最低振动和转动能级为 V_0 和 J_0。在图中所示的能级跃迁中，①是转动能级间的跃迁，②和③是振动能级间的跃迁，这三种跃迁产生红外光谱，④和⑤是电子能级的跃迁，这两者产生紫外光谱。当分子从紫外光中吸收能量发生电子跃迁时，体系是从电子的单重基态、振动基态或某个转动态出发，跃迁到电子的第一个单重激发态（S_1）、振动的某个激发态中的某个转动能级上。此时，电子可能发生两种情况：一种是体系很快散失一部分能量，转到电子第一个单重激发态的振动基态，体系以发射光的形式返回到电子基态，将产生荧光光谱（Fluorescence, F），则所发射的荧光波长应比所吸收的光波长要长一些，因为能级间的相差已经减小。另一种是电子可能从单重态窜越到三重态 T_1，再从 T_1 回到电子基态 S_0，产生磷光光谱（Phosphorescence, P）。荧光谱和磷光谱都是电子发射光谱。

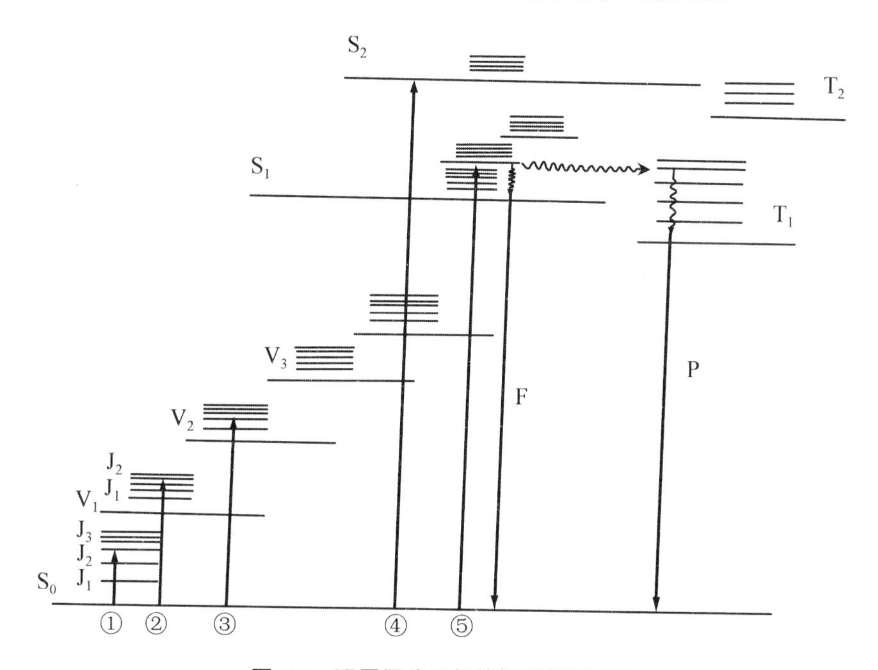

图 6-3 双原子分子的能级跃迁示意图

电子从基态跃迁到激发态，一定伴随着振动能级和转动能级的跃迁，即

$$\Delta E = \Delta E_e + \Delta E_v + \Delta E_r \tag{6.2}$$

所以，紫外光谱并不是一个纯电子光谱，而是电子－振动－转动光谱。因此，电子跃迁所需能量也在一定范围内变化，所以一般紫外光谱都呈现宽的吸收谱带。由于ΔE_e比ΔE_v和ΔE_r大得多，伴随振动和转动能级跃迁的电子能级跃迁能量总稍有差别，这种能量上的差别表现在紫外吸收谱图上就成为谱线的精细结构。但只有在气态或惰性溶剂的溶液中测得的紫外光谱，才可以看到振动甚至转动能级跃迁的精细结构。对于一般的溶液来说，只需考虑电子能级的跃迁，因为样品在溶液中存在分子间的相互作用，使光谱的振动跃迁结构变得模糊，从而连成一个宽的谱带。

电子从基态跃迁到激发态时，判断电子跃迁到激发态的哪个振动能级概率最大，应根据 Franck–Condon 原理。Franck–Condon 认为：电子跃迁过程非常迅速，在电子激发的瞬间，电子状态发生变化，但核的运动状态（核间距和键的振动速度）保持不变。也就是说，一个电子受激发跃迁时所包含的振动能级跃迁的最大几率是在核间距不变的情况下发生的。在一般情况下，激发态的平衡核间距 r_0'也比基态的平衡核间距 r_0 长，两者的势能曲线如图 6-4a 所示。图中表示跃迁的最大几率是在原子核间距不变的情况下进行的（即所谓“垂直跃迁”），可从基态的平衡位置向激发态作一垂线，交于激发态中某一振动能级的振动波函数最大处，则在这个振动能级跃迁几率最大。

在图 6-4b 中 0→3 表示电子从基态 S_0 和其振动基态 V_0 跃迁到电子第一激发态 S_1 中的振动第三激发态 V_3，该能级间的电子跃迁几率最大，谱带的强度也最强，其他的 0→2、0→1、0→0 跃迁的强度依次降低，构成了紫外光谱的精细结构。但在一般情况下，由于分子间存在相互作用，导致谱带的精细结构消失。

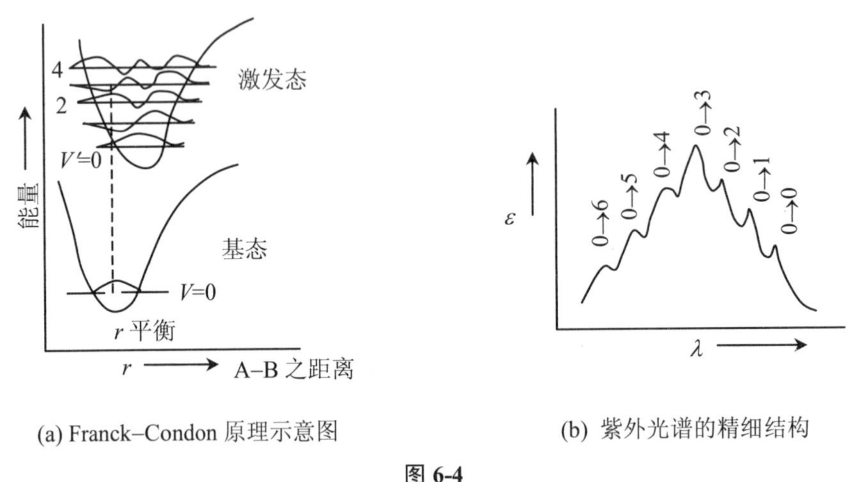

(a) Franck–Condon 原理示意图

(b) 紫外光谱的精细结构

图 6-4

6.1.5 紫外光谱表示方法

紫外光谱是由分子中电子能级的跃迁产生的，而有机化合物中电子能级跃迁的种类很少，同时，还有一部分跃迁能量太大，吸收波长位于远紫外区，不能被一般的紫外光谱仪所检测，这就决定了紫外光谱的吸收谱带很少。此外，在电子能级跃迁的同时会伴随着多种振动能级和转动能级的跃迁，这造成了紫外光谱的吸收谱带很宽。

紫外光谱主要通过谱带位置和吸收强度提供有机分子的结构信息。

1. 紫外吸收谱带的强度

紫外光谱中吸收带的强度标志着电子能级跃迁的几率，它遵守朗伯－比耳定律：

$$A = \lg \frac{I_0}{I} = \varepsilon \cdot c \cdot l \tag{6.3}$$

式中：A 为吸光度，I_0、I 分别为入射光和透射光的强度，ε为摩尔吸光系数，l 为光池厚度，c 为摩尔浓度。ε 值在一定波长下相当稳定，它的大小表示电子从低能级的分子轨道跃迁到高能级的分子轨道的可能性。ε 值大于 10^4 是属于完全允许的跃迁，ε 值小于 100，则是禁阻跃迁。当测试条件一定时，ε为常数，是鉴定化合物及定量分析的重要依据。

2. 紫外吸收的位置

紫外光谱的谱带较宽，通常以最大吸收强度所对应的波长为谱带的吸收位置，以λ_{max}表示，对应的吸收强度为ε_{max}。因此，一个紫外谱带的主要特征是它的最大吸收位置（λ_{max}）和最大吸收强度（ε_{max}）。

紫外光谱图常用波长（nm）作横坐标，纵坐标可用吸光度 A、摩尔吸光系数ε或摩尔吸光系数的对数值（$\log\varepsilon$）表示，如苯甲酸的紫外光谱见图 6-5 所示。

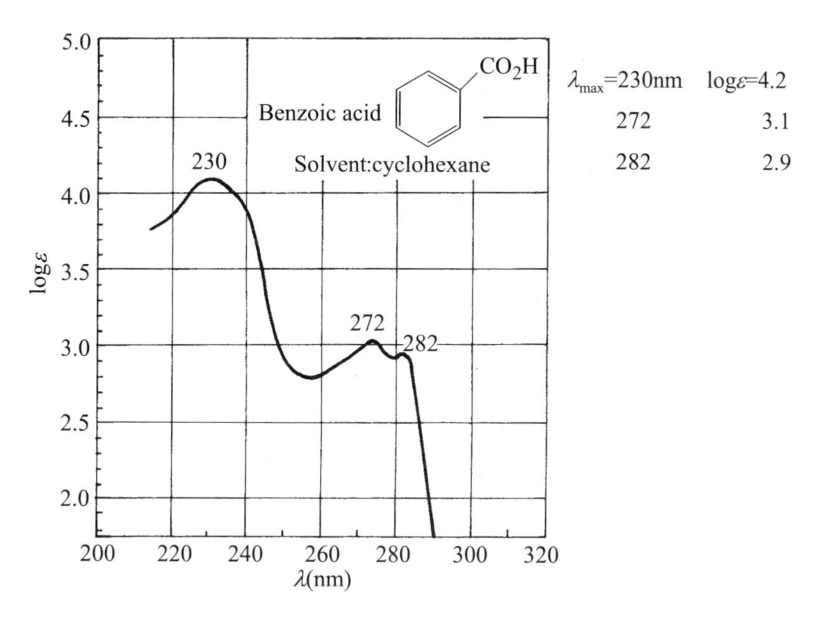

图 6-5 苯甲酸的紫外光谱

6.1.6 紫外光谱常用术语

生色团 基团本身产生紫外吸收称为生色团。生色团的结构特征是都含有π 电子，如 C=C，C=O，C≡N 等基团。

助色团 基团本身不一定发生紫外吸收光谱，但当它们连在生色团上时，能使生色团的吸收谱带明显地向长波移动，而且吸收强度增加。助色团的结构特征是含有 n 电子，例如—OH，—OR，—SR，—NR_2，—Cl，—NO_2 等。当助色团与生色团相连时，助色团的 n 电子与生色团的π电子产生 p-π共轭效应导致生色团的$\pi\rightarrow\pi$ * 跃迁能量降低，吸收谱带向长波移动。

红移 由于基团取代或溶剂的影响，谱带向长波方向移动，λ_{max} 值增大。

蓝移 由于取代基或溶剂的影响，λ_{max} 值减小，谱带向短波方向移动。

增色效应 由于助色团或溶剂的影响，使紫外吸收强度增大的效应。

减色效应 由于取代基或溶剂的影响，使吸收强度减小的效应。

6.2 紫外光谱仪

目前通用的紫外光谱仪为自动记录式光电分光光度计，这种仪器以平衡型为多，可以检测紫外和可见光两部分吸收光谱，可测波长范围为 200～1000nm，因此又可称紫外－可见分光光度计。

紫外光谱仪的结构主要由光源、单色器、样品池、检测器和记录装置等几个部分组成。

光源有钨丝灯及氢灯（或氘灯）两种，可见光区（360～1000nm）使用钨丝灯，紫外光区则用氢灯或氘灯。由于玻璃要吸收紫外光，因此单色器要用石英棱镜（或光栅），现代分光光度计均采用全息光栅。盛溶液的吸收池也要用石英制成。检测器使用两只光电管，一个是氧化铯光电管，用于625～1000nm的波长范围；另一个是锑铯光电管，用于200～625nm的波长范围。检测器也常用光电倍增管，其灵敏度比一般的光电管高。

图6-6所示是一种双光束、自动记录式紫外及可见光分光光度计的光程原理图。这类仪器不仅可以自动描绘出欲测物质在紫外及可见光波长范围内的吸收光谱，因而可以迅速地得到欲测物质的定性数据。而且它能够消除或补偿由于光源、电子测量系统不稳定等因素所导致的误差，所以其测量的精确度很高。

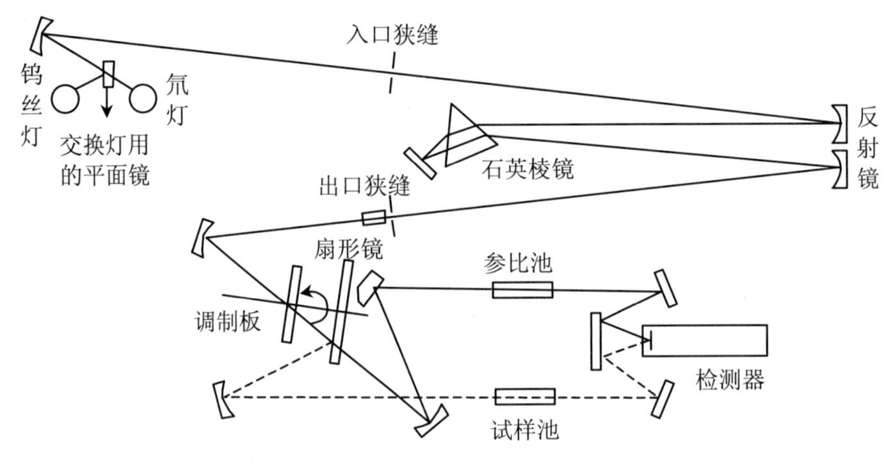

图6-6　一种双光束、自动记录式紫外光谱仪示意图

由光源（钨丝灯或氘灯，根据波长而变换使用）发出的光经入口狭缝及反射镜反射后至石英棱镜或光栅，色散后经过出口狭缝得到所需波长的单色光束。然后由反射镜反射至由马达带动的调制板及扇形镜上。当调制板以一定转速旋转时，时而使光束通过，时而挡住光束，因而调制成一定频率的交变光束。之后扇形镜在旋转时，将此交变光束交替地投射到参比溶液（空白溶液）及样品溶液上，后面的光电倍增管接收通过参比溶液和被样品溶液所减弱的交变光通量，并使之转变为交流信号。此信号经适当放大并用解调器分离及整流后，以电位器自动平衡此两直流信号的比率，并被记录器记录而绘制吸收曲线。现代仪器在主机中装有微处理器或外接微型计算机，控制仪器操作和处理测量数据，组装有屏幕显示、打印机和绘图仪等。

6.3　紫外光谱的影响因素

6.3.1　溶剂

溶剂的极性可以引起谱带形状的变化。一般在气态或非极性溶剂（如正己烷）中，尚能观察到振动跃迁的精细结构。但改为极性溶剂后，由于溶剂与溶质分子的相互作用增强，使谱带的精细结构变得模糊，以至完全消失成为平滑的吸收谱带。例如，苯酚在正庚烷溶液中显示出振动跃迁的精细结构，而在乙醇溶液中，苯酚的吸收带几乎变成了平滑的曲线，如图 6-7 所示。

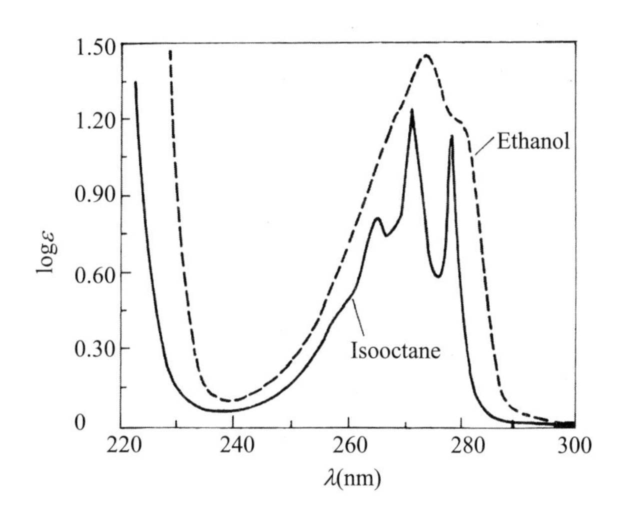

一实线：正庚烷溶液　----虚线：乙醇溶液

图 6-7　苯酚的紫外光谱

溶剂对吸收谱带的另一种重要影响是可能改变吸收峰的最大吸收位置（λ_{max}）。这种影响对 $n\rightarrow\sigma^*$、$n\rightarrow\pi^*$ 和 $\pi\rightarrow\pi^*$ 跃迁是不同的。通常随着溶剂极性增加，$n\rightarrow\sigma^*$ 和 $n\rightarrow\pi^*$ 跃迁谱带向短波方向移动，而 $\pi\rightarrow\pi^*$ 跃迁向长波方向移动，这可能是溶剂对溶质分子基态和激发态的稳定化作用不同而引起的。

在发生 $n\rightarrow\sigma^*$ 和 $n\rightarrow\pi^*$ 跃迁的分子中，由于非键 n 电子的存在，基态极性比激发态大，因此，极性大的基态与溶剂作用强，能量下降较大，而激发态能量下降较小，故总效果是两能级之差增大，跃迁能量增加，吸收谱带向短波方向移动（图 6-8）。而在 $\pi\rightarrow\pi^*$ 跃迁的情况下，激发态的极性比基态大，溶剂使激发态的能级降低的比基态多，使 $\pi\rightarrow\pi^*$ 跃迁所需能量变小，吸收峰向长波移动（图 6-9）。

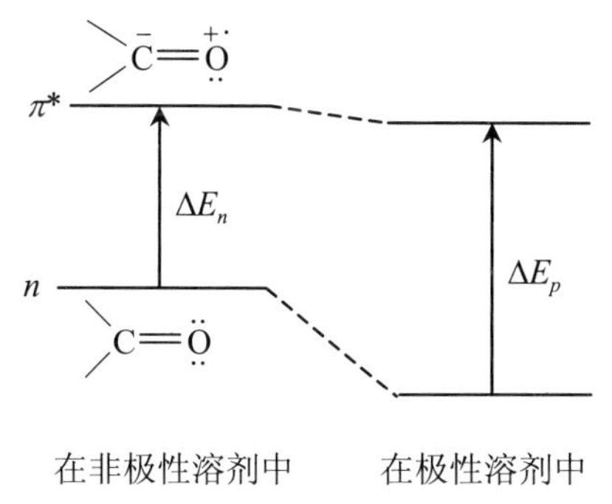

图 6-8　$n\rightarrow\pi^*$ 跃迁的溶剂效应

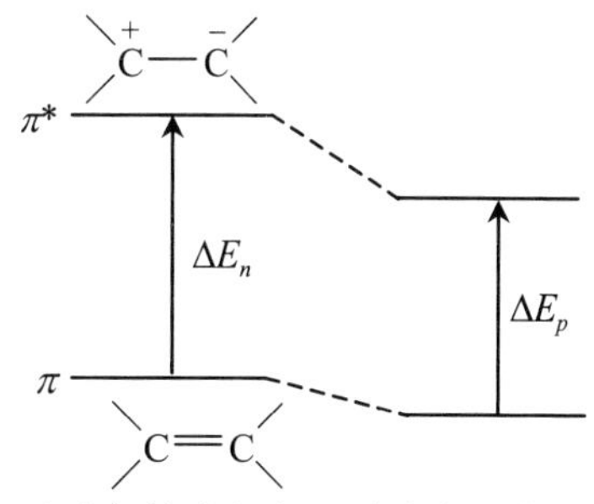

图 6-9　$\pi\rightarrow\pi^*$ 跃迁的溶剂效应

例如，异丙叉丙酮$(CH_3)_2C=CH—CO—CH_3$ 分别在正己烷和水中的紫外光谱见图 6-10 所示，与正己烷的结果相比，在水溶液中$\pi \to \pi^*$跃迁谱带向长波移动 13.5nm，而$n \to \pi^*$跃迁谱带向短波移动 22nm。一些常用溶剂对异丙叉丙酮紫外光谱的影响见表 6-2。

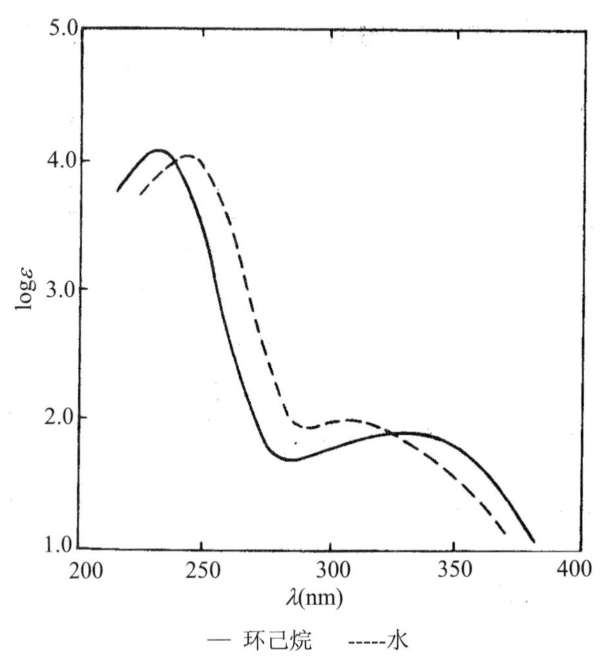

— 环己烷 -----水

图 6-10 异丙叉丙酮的紫外光谱

表 6-2 异丙叉丙酮紫外光谱的溶剂效应

溶剂	$\pi \to \pi^*$ 跃迁		$n \to \pi^*$ 跃迁	
	λ_{max}（nm）	ε_{max}	λ_{max}（nm）	ε_{max}
环己烷	229.5	12600	327	97.5
乙醚	230	12600	326	96
乙醇	237	12600	325	78
甲醇	238	10700	312	74
水	244.5	10000	305	60

由于溶剂对紫外光谱影响很大，所以在记录紫外光谱数据时要特别注明所使用的溶剂。此外，紫外光谱对溶剂的纯度要求也很高。如在非极性溶剂中测量一个极性化合物的紫外光谱，溶剂中含有少量极性的组分时，由于极性基团的相互作用，其中少量的极性溶剂将聚集在样品分子的极性基团周围，导致所测得光谱将与在极性溶剂中测得的相似。

6.3.2 立体结构的影响

1. 位阻效应

由于邻近基团的存在影响共轭体系的共轭程度，而导致紫外光谱发生变化称为位阻效应。如联苯的两个苯环在同一平面，易发生共轭，结果λ_{max}和ε_{max}都较大。但在 2,2′–二甲基联苯中因存在甲基的位阻效应，使两个苯环不能共平面，两者之间共轭程度降低，谱带蓝移，且强度减弱（表 6-3），故其紫外光谱并不像联苯，却类似于甲苯的紫外光谱。

表 6-3　邻位取代基对联苯光谱的影响

化合物	λ_{max}（nm）	ε_{max}
联苯	249	14500
2–甲基联苯	237	10500
2,2′–二甲基联苯	227	6800

2. 顺反异构

双键的取代基在空间的排布不同而形成的异构体称顺反异构，一般反式异构体的$\pi\rightarrow\pi^*$跃迁谱带比相应的顺式异构体处在较长波位置，吸收强度也较大。如反式 1,2–二苯基乙烯为平面型可发生共轭，而顺式结构由于两个苯环为非平面共轭体系，导致λ_{max}蓝移，而且吸收强度也大为降低。

反式 1,2–二苯基乙烯 (H, Ph / Ph, H)	顺式 1,2–二苯基乙烯 (H, H / Ph, Ph)
λ_{max} 295nm	λ_{max} 280nm
ε_{max} 27000	ε_{max} 13500

3. 跨环共轭效应

分子中没有直接共轭的两个基团，由于它们在空间位置上的接近，分子轨道可以相互交盖而在紫外光谱中显示类似共轭作用的特性，称为跨环共轭效应。

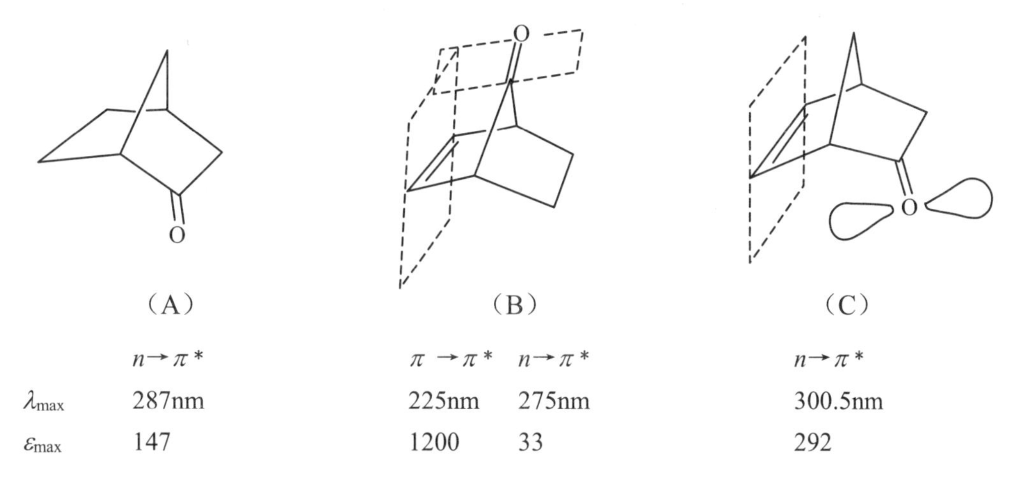

化合物（B）中，C=C 双键和 C=O 双键的π轨道间相互交盖，使$\pi\rightarrow\pi^*$跃迁谱带明显红移，而对$n\rightarrow\pi^*$跃迁影响很小。化合物（C）中两个π轨道相距较远，不能发生π轨道间相互交盖，$\pi\rightarrow\pi^*$跃迁的吸收光谱发生在真空紫外区，而不能被检测；但羰基氧原子的 $2p$ 轨道向 C=C 双键的π轨道方向伸展，产生 p–π共轭作用，与化合物（A）相比，其$n\rightarrow\pi^*$跃迁的谱带红移，且吸收强度增加一倍。

跨环效应也可在下列化合物中发生，在化合物（D）中，烯键和羰基的π电子轨道相互靠近重叠，在 214nm 附近出现新的谱带，类似于α,β–不饱和酮的紫外光谱。在化合物（E）中，羰基的$\pi\rightarrow\pi^*$跃迁吸收谱带红移至λ_{max}238nm，这是因为羰基的π轨道与硫的n轨道部分重叠引起的。

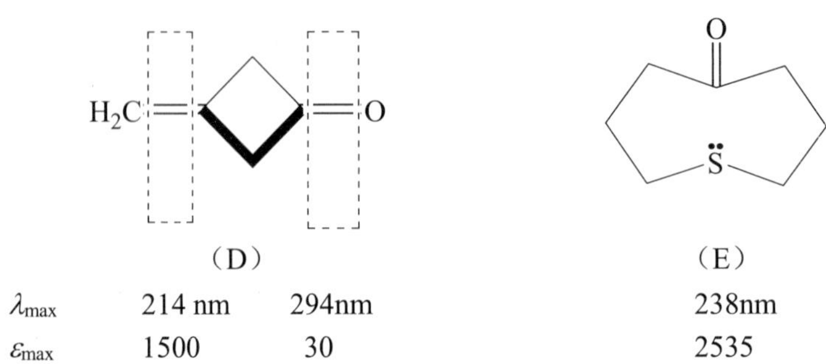

6.4 非共轭有机化合物的紫外光谱

6.4.1 饱和烷烃化合物

饱和烷烃的$\sigma\rightarrow\sigma^*$跃迁所需能量高，$\lambda_{max}$出现在 190nm 以下的真空紫外区。如甲烷$\lambda_{max}$ 125nm，乙烷λ_{max} 135nm，环丙烷λ_{max} 190nm。

烷烃碳原子上的氢由杂原子（O，N，S，X）取代时，产生较$\sigma\rightarrow\sigma^*$跃迁能量低的$n\rightarrow\sigma^*$跃迁，这种跃迁为禁阻跃迁，吸收弱。同一碳原子上杂原子数目愈多，λ_{max}愈向长波移动，如 CH_3Cl λ_{max} 173nm、CH_2Cl_2 λ_{max} 220nm、$CHCl_3$ λ_{max} 237nm、CCl_4 λ_{max} 257nm。典型含杂原子的饱和烃化合物的紫外吸收见表 6-4 所示。

表 6-4 非共轭有机化合物的紫外吸收

化合物	跃迁	λ_{max}，nm	$\log\varepsilon$
R—OH	$n\rightarrow\sigma^*$	180	2.5
R—O—R	$n\rightarrow\sigma^*$	180	3.5
R—NH	$n\rightarrow\sigma^*$	190	3.5
R—SH	$n\rightarrow\sigma^*$	210	3.0
C=C	$\pi\rightarrow\pi^*$	175	3.0
C≡C	$\pi\rightarrow\pi^*$	170	3.0
C≡N	$n\rightarrow\pi^*$	160	<1.0
N=N	$n\rightarrow\pi^*$	340	<1.0
$R—NO_2$	$n\rightarrow\pi^*$	271	<1.0
R—CHO	$\pi\rightarrow\pi^*$	190	2.0
	$n\rightarrow\pi^*$	290	1.0
RCOR′	$\pi\rightarrow\pi^*$	180	3.0
	$n\rightarrow\pi^*$	280	1.5
RCOOH	$n\rightarrow\pi^*$	205	1.5
RCOOR′	$n\rightarrow\pi^*$	205	1.5
$RCONH_2$	$n\rightarrow\pi^*$	210	1.5
RCOCl	$n\rightarrow\pi^*$	240	1.5

6.4.2 烯、炔及其衍生物

非共轭烯烃除了$\sigma\rightarrow\sigma^*$跃迁外，还有$\pi\rightarrow\pi^*$跃迁，其$\lambda_{max}$位于190nm以下的真空紫外区。当然$\pi\rightarrow\pi^*$跃迁要比$\sigma\rightarrow\sigma^*$跃迁的能量低，紫外吸收波长要长一些。当烯碳上烷基取代数目增加时，λ_{max}红移，这是σ-π超共轭效应引起的。一般双键上每增加一个烷基，吸收谱带就向长波移动5nm，逐渐接近仪器测量的范围，如乙烯λ_{max}165nm（ε15000）、$(CH_3)_2C=C(CH_3)_2$的λ_{max}197nm（ε11500）。因此取代的非共轭烯烃在谱图上大多不出现最大吸收峰，仅能观测到吸收曲线的末端出现较强的吸收，称为“末端吸收”，如图6-11所示。过去在不饱和甾体化合物的研究中，利用它们在紫外光谱中出现强的末端吸收，可获得一些双键上的取代烷基信息，对双键周围结构环境的研究起到了一定的作用。

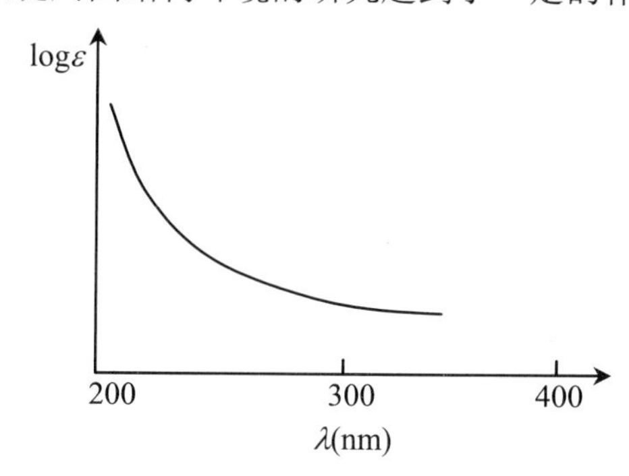

图6-11　烯烃的末端吸收

杂原子O，N，S，Cl与C=C相连，由于杂原子的助色效应，λ_{max}红移。其中，N、S的影响较O原子大，Cl更次之，如：

	$CH_2=CHCl$	$CH_2=CHOCH_3$	$CH_2=CHSCH_3$
λ_{max}	185nm	190nm	228nm
ε_{max}	10000	10000	8000

C=C、C≡C虽为生色团，但若不与强的助色团N、S等杂原子相连，$\pi\rightarrow\pi^*$跃迁的吸收谱带仍位于真空紫外区。

6.4.3 含杂原子的双键化合物

含杂原子的双键化合物除了$\sigma\rightarrow\sigma^*$跃迁外，还有$\pi\rightarrow\pi^*$跃迁、$n\rightarrow\sigma^*$跃迁和$n\rightarrow\pi^*$跃迁，只有$n\rightarrow\pi^*$吸收带一般出现在紫外光区。

1. 饱和羰基化合物

醛、酮类化合物C=O有四种跃迁：$\sigma\rightarrow\sigma^*$跃迁$\lambda_{max}$在120～130nm，$\pi\rightarrow\pi^*$跃迁$\lambda_{max}$在160nm附近，$n\rightarrow\sigma^*$跃迁$\lambda_{max}$在180nm附近，这些跃迁产生的谱带位于真空紫外区，因此饱和羰基化合物研究最多的是$n\rightarrow\pi^*$跃迁，其吸收谱带λ_{max}在270～300nm，$\varepsilon<100$。$n\rightarrow\pi^*$跃迁为禁阻跃迁，吸收谱带弱，称R带（R源于德文Radikalartig），呈平滑宽带形，谱带位置对溶剂很敏感。

一般酮的 R 带在 270～280nm，而醛略向长波移动，在 280～300nm 范围。酮羰基 $n\to\pi^*$ 跃迁较醛羰基蓝移，是烷基的超共轭效应使π–轨道能级降低，π^*–轨道能级升高，n–轨道能级无明显变化，致使 $n\to\pi^*$ 跃迁能量增大。酮类化合物α–位碳原子上烷基取代数目增多，λ_{max} 红移，如 2–丁酮在乙醇溶剂中，λ_{max} 277nm（ε20）和 2,2,4,4–四甲基戊酮在乙醇中λ_{max} 295nm（ε20）。所有醛和酮在 270～300nm 都有一个弱吸收峰，峰强度ε 在 20～50。因此，在结构鉴定中，这类吸收谱带对鉴定醛、酮类羰基的存在很有用。

羧酸、酯、酰氯、酰胺类化合物中，极性杂原子的引入，使 $n\to\pi^*$ 跃迁的λ_{max} 显著蓝移。这是由于杂原子上未成键电子对，通过共轭效应和诱导效应影响羰基。杂原子上未成键电子对 C=O 中π 电子的共轭作用同与 C=C 双键相连时的 p–π共轭相仿，最高占有轨道和最低空轨道的能量均有所升高，但对 C=O 中 n–轨道能级一般无明显影响，导致 $n\to\pi^*$ 跃迁能量升高，λ_{max} 蓝移。例如，CH_3COOH 在乙醇溶剂中λ_{max} 205nm（ε 40），CH_3COCl 在庚烷溶剂中λ_{max} 240nm（ε40）。

因此可以用紫外光谱鉴别酮和醛的结构，而且可以与羧酸、酯、酰氯、酰胺类化合物区分开来。

α–取代的环己酮有两种构象，即取代基可分别处于直立键和平伏键。当取代基为卤素、羟基、苯环等基团时，它们在直立键或平伏键将对羰基的 $n\to\pi^*$ 跃迁产生不同的影响，如下列化合物：

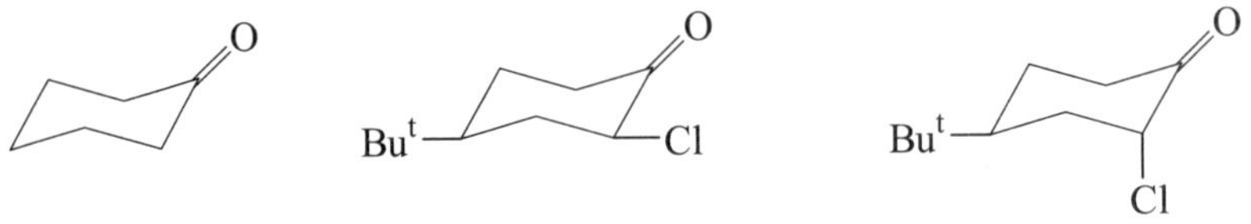

	O (环己酮)	Bu^t, Cl（平伏键）	Bu^t, Cl（直立键）
λ_{max}（nm）	288	286	306
ε_{max}	15	17	49

当氯处于平伏键时，两个基团距离较近，存在反极化作用，使羰基的 $n\to\pi^*$ 跃迁能量稍有增加，谱带略向短波移动。当氯处于直立键时，氯原子的 p 轨道与羰基的π 轨道发生作用，降低了羰基的反键轨道π^* 的能量使其 R 带明显地向长波方向移动，同时导致羰基的分子轨道变形，增加了 R 带的吸收强度。这类α–取代的环己酮在紫外光谱中的差别，对研究甾体类化合物的构象起着重要作用。

2. 硫羰基化合物

C=S 较 C=O 同系物中 $n\to\pi^*$ 跃迁的λ_{max} 红移，这是因为 S 原子的未成键电子对在 3p 轨道上，较 2p 轨道电子能级提高，而 C=S 中π^* 轨道能级较 C=O 中π^* 轨道能级提高不多，故 C=S 中 $n\to\pi^*$ 跃迁能量较低，有利于 n 电子的激发，λ_{max} 约为 500nm。硫羰基化合物的$\pi\to\pi^*$ 和 $n\to\sigma^*$ 跃迁也发生红移，例如$(C_3H_7)_2C$=S 在正己烷溶剂中，$n\to\pi^*$ 跃迁λ_{max} 503nm（ε9），$\pi\to\pi^*$ 跃迁λ_{max} 230nm（ε6300）。

3. 氮杂生色团

氮杂生色团如亚胺、腈、偶氮化合物和硝基化合物，它们具有与羰基相似的电子结构。

简单的亚胺类（C═N）化合物和腈类（C≡N）化合物可能出现两个吸收谱带：一个在172nm附近，对应的是$\pi\rightarrow\pi^*$跃迁；另一个在244nm附近，强度ε100左右，对应于$n\rightarrow\pi^*$跃迁。

偶氮（N═N）化合物的$n\rightarrow\pi^*$跃迁引起的特征吸收带在360nm附近，故一些偶氮化合物主要表现为黄色。偶氮化合物还有两个吸收谱带在真空紫外区，分别在165nm和195nm附近。偶氮化合物的特征吸收峰强度与几何结构有关，反式结构为弱吸收，顺式结构吸收强度较大，如$CH_3N{=}NCH_3$水溶液中，$n\rightarrow\pi^*$跃迁，反式结构的λ_{max}343nm（ε25），顺式结构的λ_{max} 353nm（ε240）。

硝基化合物（N═O）出现两个吸收谱带，一个在200nm附近由$\pi\rightarrow\pi^*$跃迁引起的高强度吸收带，另一个是约在275nm附近由$n\rightarrow\pi^*$跃迁产生的低强度的吸收带，如CH_3NO_2 λ_{max}279nm（ε16），202nm（ε4400）。

6.5　共轭有机化合物的紫外光谱

6.5.1　共轭烯烃

一个分子中如有多个双键组成共轭多烯体系，则吸收光谱将发生较大幅度的红移。对于π-π共轭体系，随着共轭多烯双键数目增加，最高占有轨道（HOMO）能级逐渐升高，最低空轨道（LUMO）能级逐渐降低，所以π电子跃迁所需的能量ΔE也逐渐降低（图6-12），相应吸收谱带逐渐向长波移动，吸收强度也随着增加，且出现多条谱带，如乙烯λ_{max} 165nm（ε15000）、1,3-丁二烯λ_{max} 217nm（ε21000）、1,3,5-己三烯λ_{max} 267nm（ε35000）。几种共轭多烯双键化合物的紫外光谱如图6-13所示。

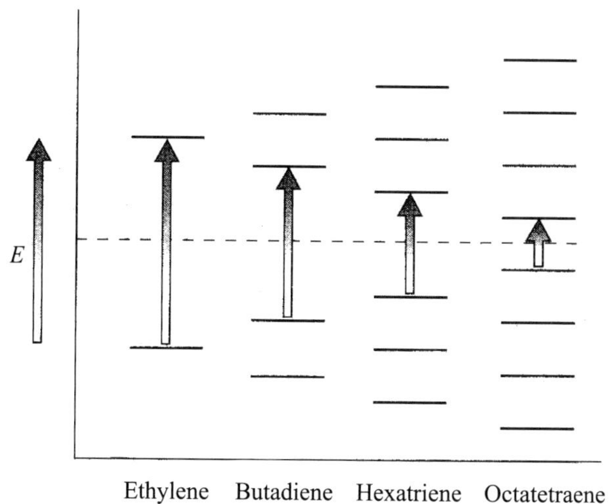

图6-12　共轭多烯分子轨道能级示意图

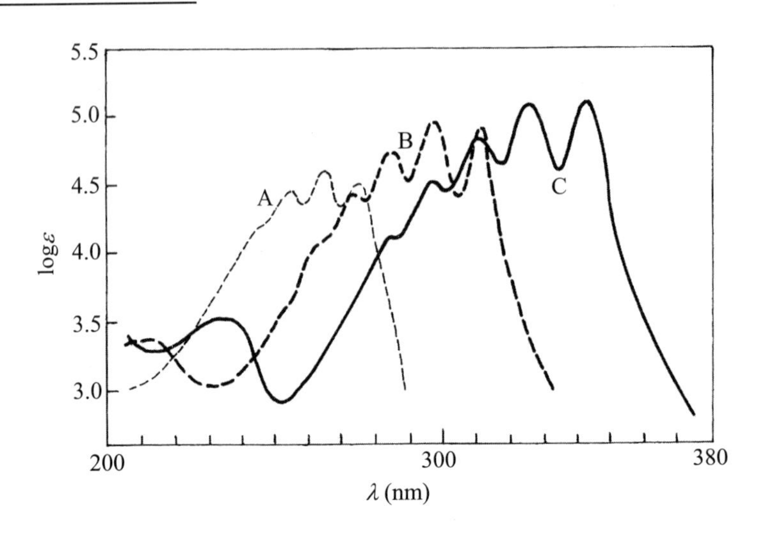

A：$n = 3$； B：$n = 4$； C：$n = 5$

图 6-13 CH_3—$(CH{=}CH)_n$—CH_3 的紫外光谱

共轭烯烃的$\pi\rightarrow\pi^*$跃迁均为强吸收带，$\varepsilon\geqslant 10^4$，称为 K 带（德文 Konjugierte）。

Woodward 对大量共轭多烯化合物的紫外光谱数据归纳总结，找出了一定的规律。认为取代基对共轭多烯λ_{max}值的影响具有加和性，后经 Fieser 修正成 Woodward–Fieser 规则。共轭多烯及其衍生物的 Woodward–Fieser 规则见表 6-5 所示，Woodward–Fieser 规则适合对 2～4 个双键共轭的烯类化合物的 K 带λ_{max}的预测。首先选择一个共轭双烯作为母体，确定其最大吸收位置基值，然后加上表 6-5 中所列的经验参数，得到λ_{max}的计算值，以确定共轭体系的骨架结构正确与否。

表 6-5 共轭烯烃的 K 带λ_{max}值的 Woodward–Fieser 规则

	共轭烯烃	λ_{max}（nm）
基数	异环或开环共轭双烯母体	214
	同环共轭双烯母体	253
增值	延长一个共轭双键	30
	环外双键	5
	双键上每个烷基	5
	双键上每个极性基团：	
	—OCOR	0
	—OR	6
	—SR	30
	—Cl, Br	5
	$—NR_2$	60

应用 Woodward–Fieser 规则计算共轭烯烃及其衍生物 K 带的λ_{max}时应注意以下几点（括号

内为实测值）：

（1）选择较长共轭体系作为母体，若同时存在同环双键和异环双键时，应选取同环双键作为母体。如：

同环双键母体 253
延长一个双键 30
三个取代烷基 5× 3
一个环外双键 5
一个乙酰氧基 0

303nm (304nm)

（2）交叉共轭体系只能选取一个共轭键，分叉上的双键不算延长双键。如：

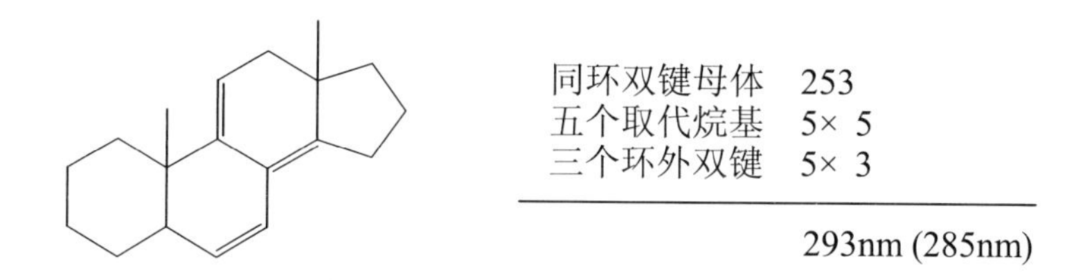

同环双键母体 253
五个取代烷基 5× 5
三个环外双键 5× 3

293nm (285nm)

（3）某烷基位置为两个双键共有，应计算两次。如下列化合物中 C_{10} 计算了两次：

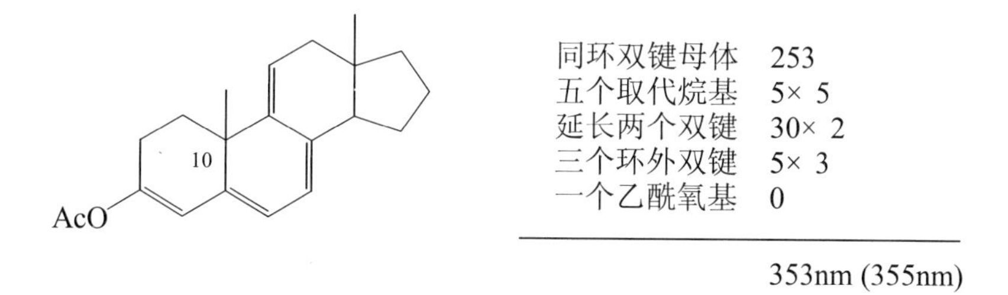

同环双键母体 253
五个取代烷基 5× 5
延长两个双键 30× 2
三个环外双键 5× 3
一个乙酰氧基 0

353nm (355nm)

（4）若环张力或立体结构影响到π–π共轭时，计算值与实测值误差较大。如：

214+2×5+2×5 = 234nm（220nm）　　214+5+2×5 = 229nm（245nm）

6.5.2 α，β–不饱和醛、酮

与饱和的醛、酮相比，α, β–不饱和醛、酮分子中$\pi\rightarrow\pi^*$跃迁和$n\rightarrow\pi^*$跃迁的λ_{max}均红移。$\pi\rightarrow\pi^*$跃迁的λ_{max} 220～250nm，$\varepsilon>10000$，称为 K 带。$n\rightarrow\pi^*$跃迁的λ_{max} 300～330nm，ε在10～100，称为 R 带。溶剂对羰基化合物的谱带有一定的影响，随溶剂极性增大，K 带红移，R 带蓝移。

α,β–不饱和醛、酮化合物的λ_{max} 也有一定规律，见表 6-6。利用表中数据计算的λ_{max}值对推导化合物的结构有一定的指导意义。

表 6-6 中数据表明，助色团的取代，对$\pi\rightarrow\pi^*$跃迁λ_{max}有很大影响，以 NR_2、SR 更为显著。取代基的位置不同，λ_{max}的增值也不同。表中数据是在甲醇或乙醇溶剂中测试的，对于其他溶剂中测试值与计算值比较，需加上溶剂校正值：甲醇（0）、水（–8）、氯仿（+5）、乙醚（+7）、正己烷（+11）和环己烷（+11）。

表 6-6　α,β–不饱和醛、酮的 K 带λ_{max} 的 Woodward–Fieser 规则

	—C═C—C═C—C═O δ　γ　β　α　|		λ_{max}（nm）
基数	五元环的α,β–不饱和酮		202
	开链或大于五元环的α,β–不饱和酮		215
	α,β–不饱和醛		210
增值	延伸一个共轭双键		30
	环外双键		5
	共轭双键同环		39
	烷基或环烷基	α	10
		β	12
		γ 或以上	18
	极性基团：		
	—OH	α	35
		β	30
		γ	50
	—OAc	α，β，γ	6
	$—OCH_3$	α	35
		β	30
		γ	17
		δ	31
	—Cl	α	15
		β	12
	—Br	α	25
		β	30
	$—NR_2$	β	95
	—SR	β	85

例：

O

基值	215
β–取代烷基	12
γ–以上烷基	18× 3
同环双键	39
延长两个双键	30× 2
一个环外双键	5

385nm (388nm)

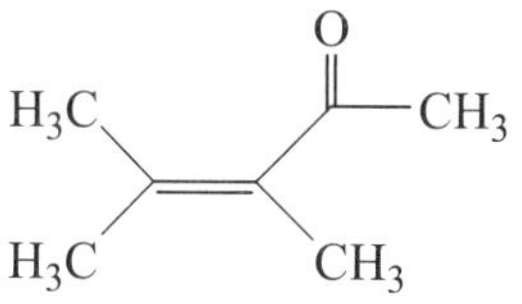

$215 + 10 + 12 \times 2 = 249$nm（246nm）

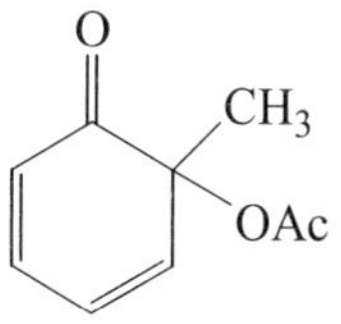

$215 + 30 + 39 + 18 = 302$nm（300nm）

6.5.3 α, β-不饱和酸和酯

α,β-不饱和酸、酯的λ_{max}值较相应α,β-不饱和醛、酮要小一些，$\pi \rightarrow \pi^*$跃迁产生 K 带λ_{max} 210～230nm，$n \rightarrow \pi^*$跃迁产生 R 带λ_{max} 260～280nm。当α或β位连有极性基团时，导致λ_{max}较大程度红移。红移值与取代基的类型和位置有关，也具有加和性，见表 6-7 所示。

表 6-7 计算不饱和酸、酯的 K 带λ_{max}的 Nielsen 规则

	$C_\beta{=}C_\alpha{-}CO_2R$	λ_{max}（nm）
基值	双键上α或β单取代	208
	双键上α,β或β,β双取代	217
	双键上α,β,β三取代	225
增值	环外的α,β-双键	5
	不饱和双键在五元或七元环内	5
	延长共轭双键	30
	γ或以上烷基	18

例：

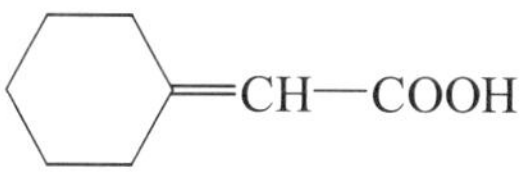

$217 + 5 = 222$nm（220nm）

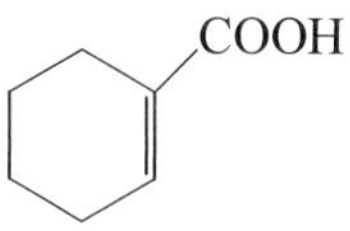

217nm（217nm）

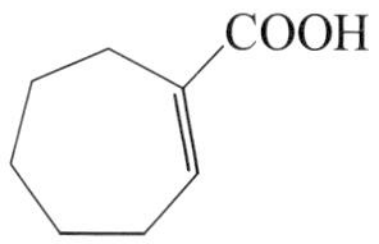

$217 + 5 = 222$nm（222nm）

6.6 芳香族化合物的紫外光谱

6.6.1 苯及其衍生物的紫外吸收

苯分子有三个吸收带，皆是$\pi \rightarrow \pi^*$跃迁引起的，在 180～184nm 和 200～204nm 有两个强吸收带，分别称为 E_1、E_2 带，在 230～270nm 有一弱吸收带，称为 B 带。一般紫外光谱仪观测不到 E_1 带，E_2 带有时也仅以“末端吸收”出现。B 带为苯的特征谱带，以中等强度吸收和明显的精细结构为特征，见图 6-14 所示。

苯在环己烷溶剂中，E_1 带λ_{max} 184nm，E_2 带λ_{max} 204nm（ε8800），B 带λ_{max} 254nm（ε250），在极性溶剂中，B 带的精细结构消失。

1．单取代苯

（1）烷基取代苯

烷基对苯环电子结构产生很小的影响，由于超共轭效应，一般导致 E_2 带和 B 带红移，同时 B 带的精细结构特征有所降低。如甲苯，E_2 带 λ_{max} 208nm（ε7900），B 带 λ_{max} 262nm（ε260）。对二甲苯 E_2 带 λ_{max} 216nm（ε7600），B 带 λ_{max} 274nm（ε620）。

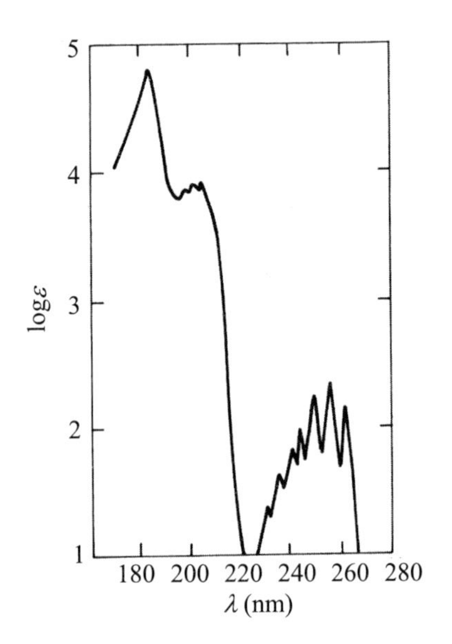

图 6-14　苯在环己烷中的紫外光谱

（2）助色团取代苯

含有未成键电子对的助色团（—OH，—OR，—NH_2，—NR_2，—X）与苯相连时，一方面 *n* 电子与苯环产生 *p*–*π*共轭，使 E_2 带和 B 带均红移，B 带吸收强度增大，精细结构消失，若助色团为强推电子基，B 带的变化更为显著；另一方面，产生新的谱带 R 带，通常 R 带的 λ_{max} 在 275～330nm，为低强度的吸收带（ε10～100），故常被增强的 B 带所掩盖而观测不到。

在表 6-8 数据中，比较有趣的现象是苯酚和苯胺的紫外吸收位置随 pH 值的变化情况。与苯相比，苯胺分子中胺基的 *n* 电子向苯环转移，导致苯胺的 E_2 带和 B 带都红移，且强度增加。当苯胺在酸性溶液中转变为铵正离子时，由于胺基的 *n* 电子与 H^+结合，而不再与苯环的*π*电子共轭，结果这种铵正离子的紫外光谱变得与苯相似，E_2 带从 230nm 蓝移到 203nm，B 带从 280nm 蓝移到 254nm。苯胺的紫外光谱在酸碱溶液中的变化可以方便地用于结构鉴定。

$$C_6H_5NH_2 \underset{OH^-}{\overset{H^+}{\rightleftharpoons}} C_6H_5\overset{+}{N}H_3$$

E_2 带	230nm	203nm
B　带	280nm	254nm

表 6-8 助色团单取代苯的紫外吸收

化合物—X	溶剂	E_2 带		B 带	
		λ_{max}（nm）	ε_{max}	λ_{max}（nm）	ε_{max}
—H	环己烷	203	7400	254	204
—OH	水	210	6200	270	1450
$—O^-$	碱性水溶液	235	9400	287	2600
$—NH_2$	水	230	8600	280	1430
$—NH_3^+$	酸性水溶液	203	7500	254	169
—COOH	水	230	11600	273	970
$—COO^-$	碱性水溶液	224	8700	268	560
—Cl	乙醇	210	7500	257	170
—SH	己烷	236	10000	269	700

同样，苯酚转化为酚氧负离子时，增加了一对可用于共轭的电子对，结果使酚氧负离子的吸收波长和强度都增加。当加入盐酸，吸收峰又回到原处峰强度也减弱到原来程度。苯酚一苯酚盐的相互转化同样可以用来鉴定化合物中是否有羟基与芳香环相连的结构。

（3）生色团取代的苯

含有π键的生色团（C=C、C=O）与苯相连时，形成更大的π-π共轭体系，不仅B带强度增加，谱带明显红移，还产生了新的谱带——K带。这种K带通常与E_2带合并出现在E_1带和B带之间，由于K带是苯环上引入生色团产生的，因此不同的生色团其K带的位置和强度也就各不相同。

若取代基是含有n电子的生色团，谱图中还会出现低强度的R吸收带，较B带红移。如苯乙酮的B带λ_{max}278nm，R带λ_{max}319nm，在极性溶剂中，R带有可能被B带掩盖。简单生色团取代苯的紫外吸收范围见表6-9所示，各种生色团取代苯的特征紫外吸收见表6-10所示。

表 6-9 简单生色团取代苯的紫外吸收范围

吸收带	λ_{max}（nm）	ε_{max}
E_2	180～220	20000～60000
K	220～250	10000～30000
B	250～290	100～1000
R	275～330	10～100

表 6-10 生色团取代苯的特征紫外吸收λ_{max}（ε_{max}）

化合物	E_1	K	B	R
$PhCH=CH_2$		248（15000）	282（740）	
PhC≡CH		236（12500）	278（650）	
PhC≡N		221（12000）	269（830）	
PhCHO	200（28500）	240（13600）	278（1100）	
$PhNO_2$	208（9800）	251（9000）	292（1200）	322（150）
$PhCOCH_3$		243（13000）	279（1200）	315（55）
PhCH=CH—CHO	218（12400）	284（25000）		351（100）
PhCH=CHPh（反式）	229（16400）	296（29000）		
PhCH=CHPh（顺式）	225（24000）	274（40000）		

2. 二取代苯

二取代苯λ_{max}值与两个取代基的类型及其相对位置有关。二取代苯中两个取代基为同种类型定位取代基时，λ_{max} 红移值近似为两者单取代时λ_{max} 红移值较大者；二取代苯中两个取代基为不同类型的定位取代基时，取代基的相对位置不同，对λ_{max} 值有不同的影响；两个取代基为邻位或间位时，λ_{max} 的红移值接近于两者单取代时的红移值之和；两个取代基为对位二取代时，λ_{max} 的红移值远大于两者单取代时的红移值之和。

对于苯甲酰基类化合物K带的λ_{max} 值可按Scott规则计算，见表6-11所示。选取母体基值，加上取代基增值参数。例如：

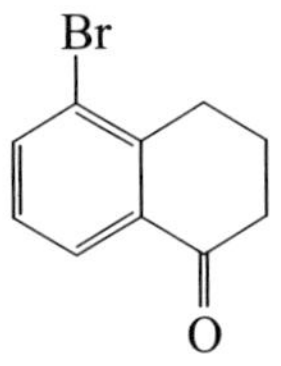

母体基值	246nm	母体基值	230nm
邻位环取代	3	2个间位OH	7×2
1个间位Br	2	1个对位OH	25
计算值	251nm	计算值	269nm
实测值	253nm	实测值	270nm

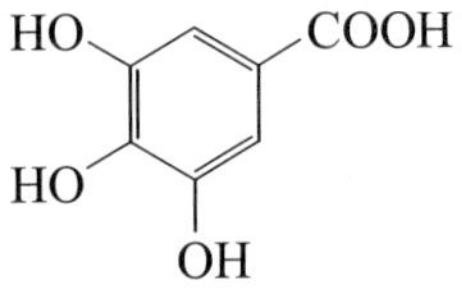

表6-11　苯甲酰基类化合物ArCOX的K带λ_{max} 值的经验参数

	ArCOX		λ_{max}（nm）
母体基值	X=烷基或环烷基		246
	X=H		250
	X=OH或OR		230
苯环上取代基增值	烷基或环烷基	*o, m*	3
		p	10
	—OH，OCH_3，OR	*o, m*	7
		p	25
	$—O^-$	*o*	11
		m	20
		p	78
	—Cl	*o, m*	0
		p	10
	—Br	*o, m*	2
		p	15
	$—NH_2$	*o, m*	13
		p	58
	$—NHCOCH_3$	*o, m*	20
		p	45

3. 稠环芳烃

稠环芳烃较苯形成更大的共轭体系，紫外吸收比苯更移向长波方向，吸收强度增大，精细结构更加明显。苯、萘、蒽的紫外吸收光谱见图6-15所示。

萘、蒽这类稠环化合物是线型排列，还有一种稠环是角式排列，如菲。相同环数目的稠环芳烃，线型排列比角式排列的紫外吸收波长更长。蒽的 E_1 带λ_{max}252nm（ε220000），E_2 带λ_{max}375nm（ε10000）；菲的 E_1 带λ_{max}251nm（ε90000），E_2 带λ_{max}292nm（ε20000）。角式排列的菲较线型排列的蒽 E_1 带吸收强度明显减弱，E_2 带λ_{max} 明显蓝移。

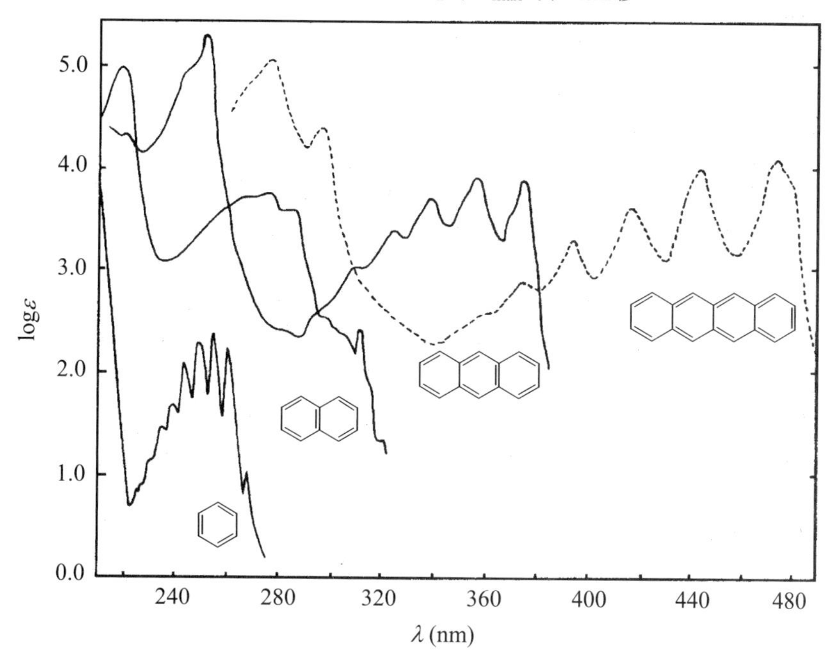

图 6-15　苯、萘、蒽和并四苯的紫外吸收光谱

6.6.2　杂芳环化合物

五元杂环芳香化合物分子中杂原子（O，N，S）上未成键电子对参与了芳环共轭，故这类化合物常不显示 $n\rightarrow\pi^*$ 吸收带，它们的谱带与烯烃相似，按照呋喃、吡咯、噻吩的顺序，芳香性增强，其紫外吸收也逐渐接近于苯的吸收。因硫原子的电负性与碳原子相近，与氮、氧原子相比，硫能更好地与烯键的π 电子共轭，故噻吩的紫外吸收在最长波段。

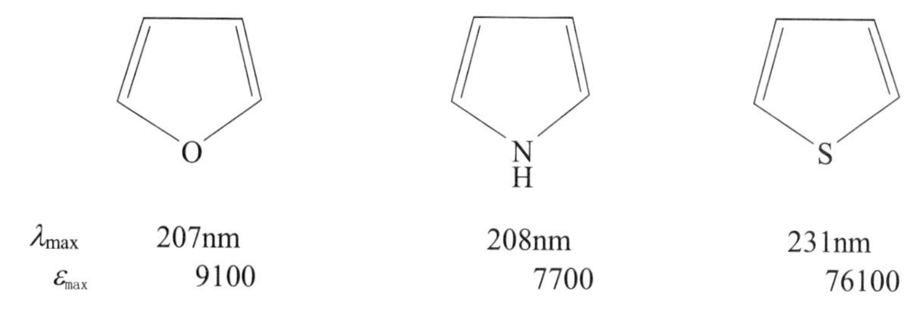

λ_{max}	207nm	208nm	231nm
ε_{max}	9100	7700	76100

六元杂环芳香化合物，主要的是氮杂环，如吡啶化合物，由于有 $n\rightarrow\pi^*$ 跃迁而增加了出现 R 带的可能性，常在 B 带的末尾呈现出弱的肩式峰。与苯的紫外吸收光谱相比，由于杂 N 原子的存在，引起分子对称性改变，对苯为禁阻跃迁的 B 带，对吡啶分子则为允许跃迁，使其 B 吸收带强度增加。溶剂极性对吡啶及其同系物 B 带影响较大，溶剂极性增加将产生显著的增色效应，这是由氮原子上的未成键电子对与极性溶剂形成氢键所引起的。

至于稠环杂芳烃，它们的紫外光谱与相应的稠环芳烃类似。

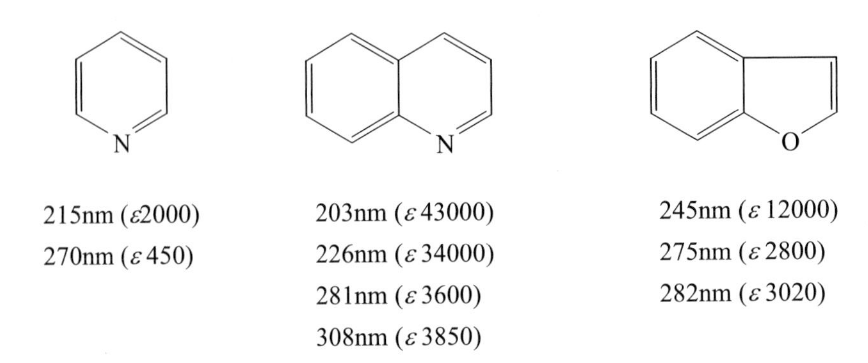

6.7 紫外光谱的应用

在有机结构分析的四大类型谱仪器中，紫外－可见光分光光度计是最价廉，也是最普及的仪器。它可对在紫外光区范围有吸收峰的物质进行鉴定及结构分析，其中主要是有机化合物的分析、同分异构体的鉴别、物质结构的测定等等。但是，有些有机化合物在紫外区中没有吸收谱带，有的仅有较简单而宽阔的吸收光谱。而且，如果物质组成的变化不影响生色团及助色团，就不会显著地影响其吸收光谱，例如甲苯和乙苯的紫外吸收光谱实际上是相同的。因此物质的紫外吸收光谱基本上是其分子中生色团及助色团的特性，而不是它整个分子的特性。所以，仅根据紫外光谱不能完全决定物质的分子结构，还必须与红外吸收光谱、核磁共振波谱、质谱以及将其他化学和物理的方法配合起来，才能得出可靠的结论。但是，紫外光谱也有其特有的优点，例如，具有π键电子及共轭双键的化合物，在紫外区有强烈的K吸收带，其摩尔吸收系数ε可达10^4～10^5，检测灵敏度很高。因而紫外吸收光谱的λ_{max}值和ε_{max}值能像其他物理常数（如熔点、旋光度等）一样，提供一些有价值的定性数据。其次，紫外吸收光谱分析使用的仪器比较简单、操作简便、准确度较高、测定用样少、速度快，因此它仍不失为有机化合物分析鉴定中的一个有力工具。

6.7.1 鉴定已知化合物

通常是在相同的测定条件下，比较样品与已知标准物的紫外光谱图，若两者的谱图相同，则可认为样品与已知化合物具有相同的结构。但要注意，紫外光谱相同，结构不一定完全相同。因为紫外吸收光谱常只有二、三个较宽的吸收峰，具有相同生色团的不同分子结构，有时会产生相同的紫外吸收光谱。如果没有标准物，可查找有关手册中已知化合物的紫外光谱数据进行比较。对于手册中没有包括的纯物质的光谱，往往还需要对样品的谱图进行解析，并选择适当的模型化合物的图谱进行对比、分析，然后做出结论。

6.7.2 确定分子骨架结构

由紫外－可见光谱图可以得到各吸收带的λ_{max}值和相应的ε_{max}值两类重要数据，它反映了分子中生色团或助色团的相互关系，即分子内共轭体系的特征。Woodward–Fieser 总结了共轭体系中 K 带规则，对共轭分子的最大吸收所对应的波长进行了估算，为有机化合物骨架结构的推断和鉴别提供了很有用的信息，这也是紫外光谱的重要应用之一。现将紫外光谱与有机分子结构的关系归纳如下：

（1）化合物在 220～400nm 内无吸收，说明该化合物是脂肪烃、环烷烃或它们的简单衍生物（如氯化物、醇、醚、羧酸类等），也可能是非共轭烯烃。

（2）在 220～250nm 范围有强吸收带（$\varepsilon \geqslant 10000$），说明分子中存在两个共轭的不饱和键（如共轭二烯或α, β–不饱和醛、酮）。

（3）在 200～250nm 范围有强吸收带（ε 在 1000～10000 之间），再结合在 250～290nm 范围有中等强度吸收带（ε 在 100～1000 之间）或显示不同程度的精细结构，说明分子中有苯环存在。前者为 E 带，后者为 B 带，B 带为芳环的特征谱带。

（4）在 250～350nm 范围有低强度的吸收带（ε 在 10～100 之间），并且在 200nm 以上无强吸收带，则说明分子中含有饱和醛、酮羰基，弱峰系由 $n \rightarrow \pi^*$ 跃迁引起。

（5）在 300nm 以上的高强度吸收，说明化合物具有较大的共轭体系。如果化合物有颜色，则至少有四、五个相互共轭的双键结构。若高强度具有明显的精细结构，说明为稠环芳烃、稠环杂芳烃或其衍生物。

6.7.3 紫外光谱在定量分析中的应用

与其他波谱方法不同的是，紫外光谱常常用于定量分析。紫外光谱的定量分析具有方法简便、样品用量少、准确度较高，既可作单组分分析又可作多组分分析等优点，因此，它在定量分析中的应用远比在定性分析中要广泛。

紫外吸光光度法的定量测定原理是根据样品在一定的条件下，它的吸光度与样品的浓度成正比关系，即朗伯－比尔定律（见式 6.3）。利用紫外光谱进行单组分的定量测定时，可选用绝对法、标准对照法、吸光系数法和标准曲线法等。

紫外吸收光谱也可方便地用来直接测定混合物中某些组分的含量，如环己烷中的苯、四氯化碳中的二硫化碳、鱼肝油中的维生素 A 等。对于多组分混合物含量的测定，则需利用吸光度的加和性来进行定量分析。溶液中含有多种对光有吸收的物质，那么该溶液对波长为λ的光的总吸光度 $A_{总}$等于溶液中每一组分对该波长的光的吸光度之和，见式（6.4），这称为吸光度的加和性。吸光度的加和性是多组分测定的理论依据，如果混合物中各组分的吸收相互重叠，则往往仍需预先进行分离。

$$A_{总}^{\lambda} = A_1^{\lambda} + A_2^{\lambda} + A_3^{\lambda} + \cdots$$
$$A_{总}^{\lambda} = \varepsilon_1 \cdot c_1 \cdot l + \varepsilon_2 \cdot c_2 \cdot l + \varepsilon_3 \cdot c_3 \cdot l + \cdots \tag{6.4}$$

从 20 世纪 50 年代开始，为了解决多组分分析问题，提出并发展了许多新的吸光光度法，例如双波长吸光光度法、导数吸光光度法、三波长法等。另一类方法是通过对测定数据进行数学处理后，同时得出所有共存组分各自的含量，如多波长线形回归法、最小二乘法、线形规划法、卡尔曼滤波法和因子分析法等。这些近代定量分析方法的特点是不经化学或物理分离，就能解决一些复杂混合物中各组分的含量测定。

例 题 六

【例题 6.1】 松香酸和海松酸的分子式都是 $C_{20}H_{30}O_2$，经测定它们可能的结构式为 A 和 B。经紫外光谱测出松香酸的 λ_{max} 237.5nm（ε16000），海松酸的 λ_{max} 272.5nm（ε7000），确定它们的结构式。

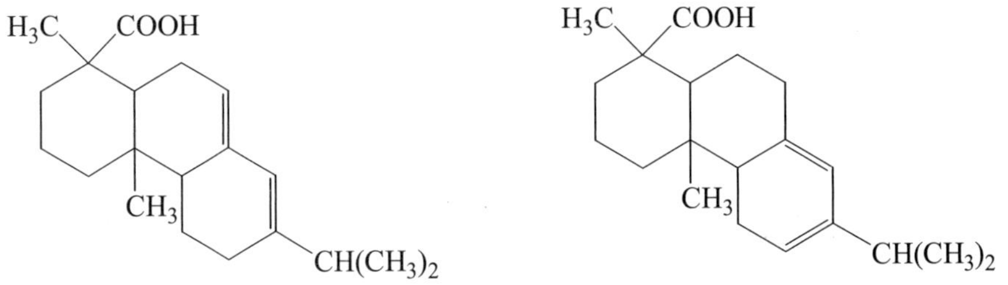

解析 从结构看出，A、B 的区别仅是双键的位置不同，结构式 A 中共轭双键处于异环，而 B 为同环共轭双烯，用 Woodward–Fieser 规则计算出二者的 λ_{max} 值：

A 的 $\lambda_{max} = 214+5\times4+5 = 239$nm

B 的 $\lambda_{max} = 253+5\times4+5 = 278$nm

根据计算值和实测值比较，可得出结构式 A 为松香酸，结构式 B 为海松酸。

【例题 6.2】 下列季胺盐的分解产物可能是 A 或 B，其紫外光谱测得 λ_{max} 236.5nm（$\varepsilon > 10^4$），确定产物结构式。

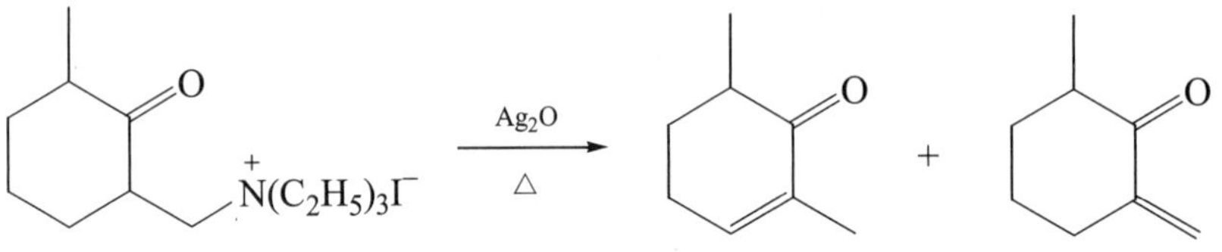

解析 与上例一样，二者只是双键的位置不同，用 Woodward–Fieser 规则计算出 λ_{max} 值：

A 的 $\lambda_{max} = 215+10+12 = 237$nm

B 的 $\lambda_{max} = 215+10+5 = 230$nm

A 的 λ_{max} 计算值与实测值接近，所以产物的结构为 A。

【例题 6.3】 某酮的分子式为 $C_8H_{14}O$，其紫外光谱的 λ_{max} 248nm（$\varepsilon > 10^4$），试推出可能的结构式。

解析 由分子式计算出不饱和数 UN＝2，除了酮羰基一个不饱和数外，另一个不饱和数不可能是环结构，因为孤立的酮羰基的 K 带 λ_{max} 不可能达到 248nm，应是 C＝C 双键，而且是与酮共轭。因此，该化合物至少含有结构：C＝C—CO—C。再来分析剩下的 4 个碳，对于这种 α, β–不饱和酮的 K 带 λ_{max} 248nm，按 Woodward–Fieser 规则可知，其基值为 215nm，只有在 α 位有一个取代烷基和 β 位有两个取代烷基才与实测值接近，即 $\lambda_{max} = 215+10+12\times2 = 249$nm。

综合以上分析，可以给出三种结构：

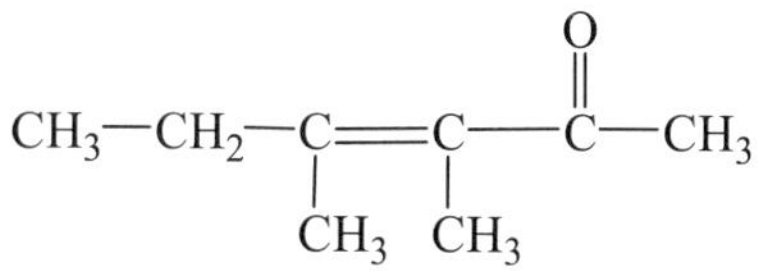

$$CH_3-CH_2-\underset{CH_3}{\underset{|}{C}}=\underset{CH_3}{\underset{|}{C}}-\overset{O}{\overset{\|}{C}}-CH_3$$

A

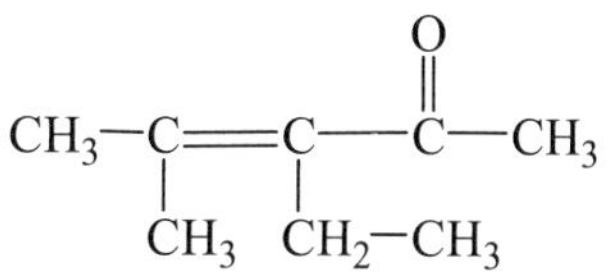

$$CH_3-\underset{CH_3}{\underset{|}{C}}=\underset{CH_2-CH_3}{\underset{|}{C}}-\overset{O}{\overset{\|}{C}}-CH_3$$

B

$$CH_3-\underset{CH_3}{\underset{|}{C}}=\underset{CH_3}{\underset{|}{C}}-\overset{O}{\overset{\|}{C}}-CH_2-CH_3$$

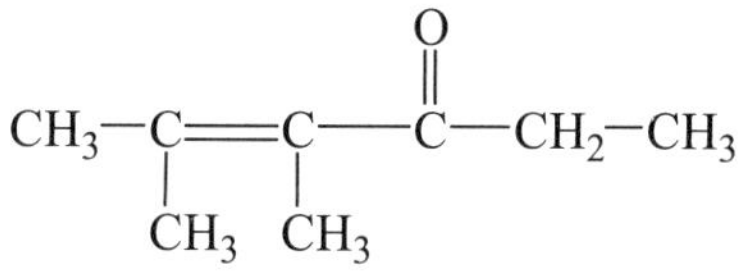

C

仅有紫外光谱数据还不能完全确定，有待其他谱图的进一步鉴定，实际该化合物为 C。

【例题 6.4】　一种生产尼龙的原料蓖麻油酸，根据脱水条件的不同可得到两种异构体，一种是 9,11–亚油酸，另一种是 9,12–亚油酸，如何用紫外光谱区别？

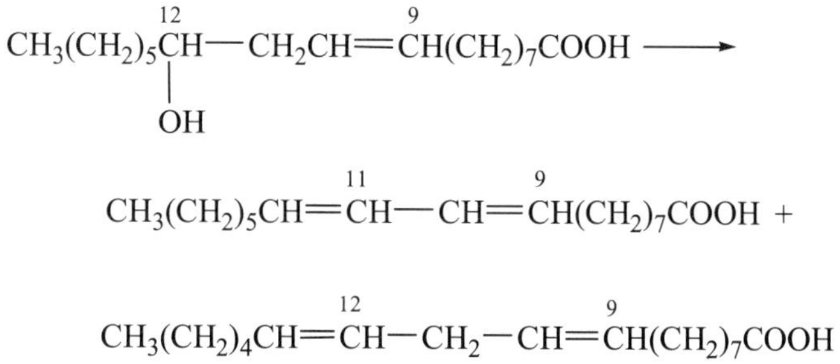

$$CH_3(CH_2)_5\underset{OH}{\underset{|}{\overset{12}{C}H}}-CH_2CH=\overset{9}{C}H(CH_2)_7COOH \longrightarrow$$

$$CH_3(CH_2)_5CH=\overset{11}{C}H-CH=\overset{9}{C}H(CH_2)_7COOH +$$

$$CH_3(CH_2)_4CH=\overset{12}{C}H-CH_2-CH=\overset{9}{C}H(CH_2)_7COOH$$

解析　不相共轭的 C=C 双键具有典型的烯键紫外吸收带，即末端吸收，共轭的双键吸收谱带的波长较长。测量两种异构体的紫外光谱，吸收谱带的λ_{max}值接近 224nm（214+5×2）的化合物为共轭双烯的 9,11–亚油酸，而在紫外区无最大吸收峰的为 9,12–亚油酸。

【例题 6.5】　已知肾血中有一种化合物 18–羟基脱氧－（肾上）皮质甾酮，简写为 18–OHDOC，对高血压有影响，用紫外光谱测出肾血中含量。已知 18–OHDOC 的紫外光谱数据λ_{max} 239nm（ε15000）。

解析　取 1ml 肾血，用 200ml 有机溶剂分三次萃取，得到 200ml 的萃取液。取其中 1ml 进行纸上层析分离，得到纯的 18–OHDOC。溶于乙醇中，用紫外光谱测定在 239nm 处的吸光度 A 为 0.3，容器长度为 1cm，根据 $A=\varepsilon \cdot c \cdot l$，计算出 $c=A/(\varepsilon \cdot l)=2\times10^{-5}$mol/L，所以在 1ml 肾血中含有 $0.2\times2\times10^{-5}=4\times10^{-6}$mol 的 18–OHDOC。

这种经分离、纯化，然后定量分析的操作程序比较费时，而且分离效果也不一定理想。如有条件，可用高压液相色谱与紫外光谱仪联用，就可以同时进行分离和定量分析工作。这种联用技术经常应用在药物的定量分析中，一些国家已将数百种药物的紫外吸收光谱的最大吸收波长和吸收系数载入药典。

习　题　六

【习题 6.1】 下列双烯在乙醇溶液中的λ_{max}值分别是 231nm（ε21000），236nm（ε12000），245nm（ε18000），试判断这些吸收峰分属于哪个化合物。

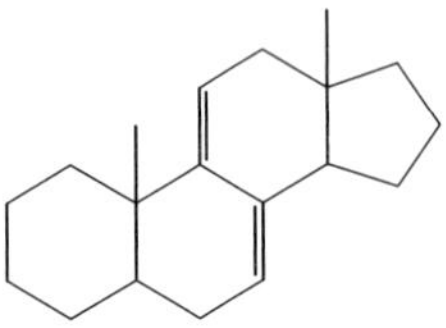

A 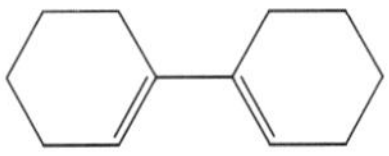　　B 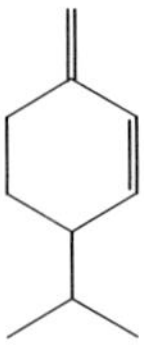　　C

【习题 6.2】 下列不饱和酮在乙醇溶液中的λ_{max}值分别是 241nm（ε4700），254nm（ε9500），259nm（ε10790），试判断这些吸收峰分属于哪个化合物。

O　　O　　O

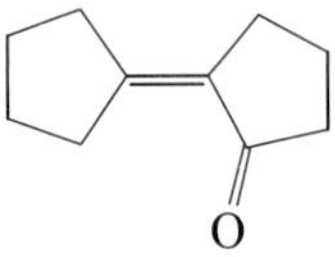

A 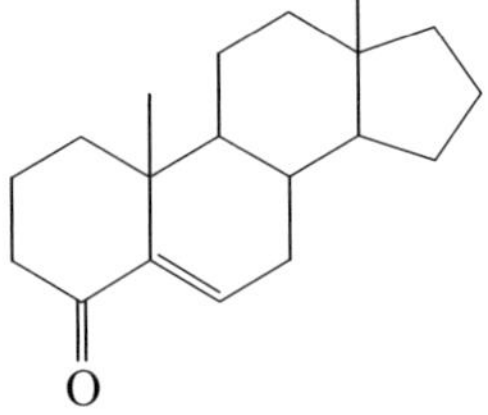　　B 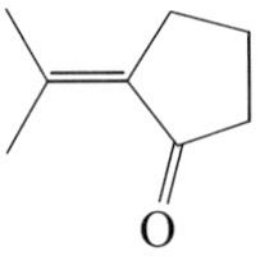　　C

【习题 6.3】 一个化合物的结构为 A 或 B，它的紫外吸收λ_{max} 352nm，其可能的结构是哪一个？

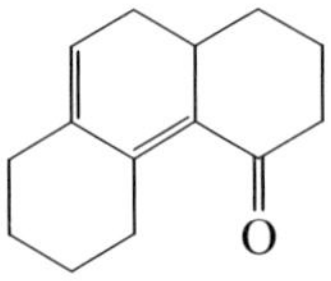

O　　O

A 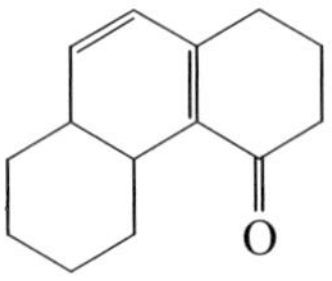　　B

【习题 6.4】 如何用紫外光谱区别下列化合物？

A　$CH=CH-CH=CH_2$　　$CH=CH-CH=CH_2$

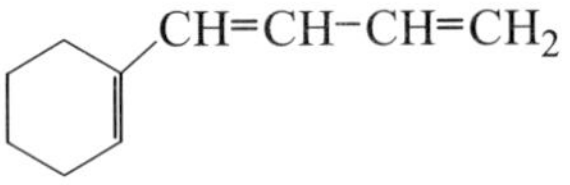

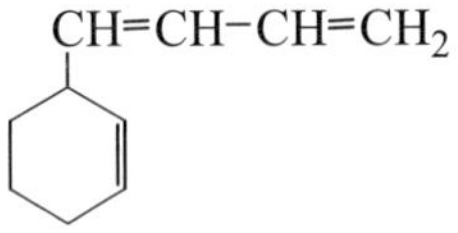

B　O 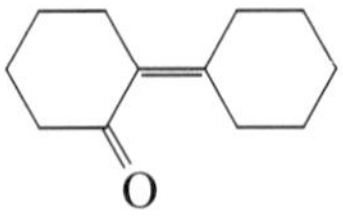　　O

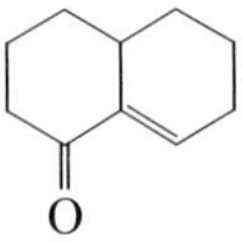

C　O　$C-CH_2CH_3$　　CH_3　O　C　CH_3

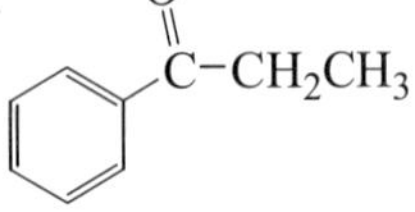

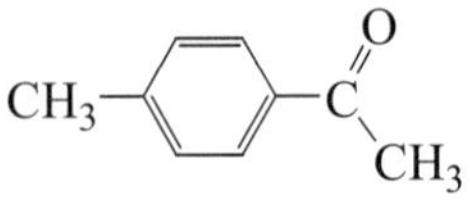

D　CH_3　CH_2OH　　CH_3CH_2　OH

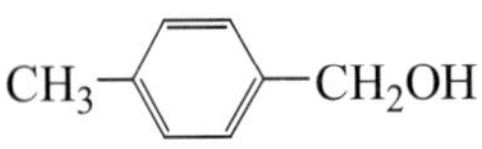

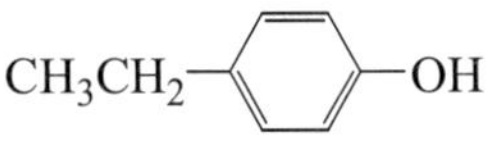

第 7 章

图谱综合解析

7.1 综合解析概述

为了更加准确地测定有机化合物的结构，往往需要将质谱、核磁（包括氢谱、碳谱和二维核磁谱）、红外光谱和紫外光谱等汇总起来，进行综合解析，才能导出正确的结构。但片面追求四谱具全也并非必要，有时两种或三种谱图配合即可解决问题。

7.1.1 各种图谱的主要着重点

各种仪器分析方法通常都不是万能的，因此，必须非常了解各种谱图的特点，提取各自最有效的信息，然后巧妙地进行结构测定。

1. 质谱

（1）由分子离子峰 $M^{+\cdot}$ 确定分子量（但并非总是可能的）。
（2）氯、溴等原子的鉴别（从 M+2、M+4 峰识别）。
（3）含氮原子的推断（N 规则）。
（4）由简单的碎片离子推断可能的结构片断。

2. 核磁共振氢谱

（1）积分曲线的计算和全部质子数的分配。
（2）由化学位移区分羧酸、醛、芳香族（有时知道取代位置）、烯烃、炔烃、烷烃的质子，以及判断与杂原子、不饱和键相连的甲基、亚甲基和次甲基。
（3）从自旋偶合研究与其相邻取代基的关系。
（4）加入重水或酸混摇后测试，可鉴定出活泼氢。

3. 核磁共振碳谱

（1）确定碳原子数。
（2）从偏共振去偶谱中确定与碳原子相连的氢原子数。
（3）区分 sp^3 碳原子、sp^2 碳原子、sp 碳原子和羰基碳原子。
（4）从羰基碳的化学位移确定羰基的类型。
（5）确定芳香族或烯烃取代基数目并推断取代类型。
（6）确定甲基是否与杂原子相连。

4. 二维核磁共振谱

（1）判断氢－氢、碳－碳、碳－氢之间的关联性。
（2）确定化学位移和偶合常数。
（3）确定较复杂化合物的分子骨架以及构型关系。

5. 红外光谱

（1）含氧官能团的判断（特别是确定 OH，C＝O 等）。
（2）含 N 官能团的判断（特别是易于确定 NH，C≡N，NO_2 等）。
（3）有关芳香环的信息。
（4）有无炔烃、烯烃，特别是双键取代类型的判断。

6. 紫外光谱

（1）判断分子有无共轭体系以及共轭体系的大小。
（2）当吸收峰显示精细结构时，可知苯环的存在与否。

7.1.2 实际样品的特点

各种测定方法应用到实际样品时应特别注意下述三点：

(1)测试样品的纯度　解析练习中的样品都是纯物质，但实际分析的样品不一定都是纯的。所以要注意样品的纯度，否则由样品中杂质的吸收峰推断出的结构会是意想不到的错误结论。不纯样品要进行分离和纯化（如蒸馏，重结晶，溶剂萃取，低温凝结，各种液相、气相和凝胶渗透色谱法等）。另外，考察样品中杂质的混入途径也是重要的，它可以推断杂质大致是属于哪一类型的化合物。

（2）搞清样品的来历　这可使未知化合物的推断限定在某一范围内，对解析者来说，这一点在解决实际问题时比练习时有利，所以解析者必须了解尽可能多的样品信息。

（3）元素分析、分子量、沸点、熔点、折射率、化学性质等信息　其利用价值可根据不同情况而有所不同。例如，从质谱图上不能得出分子离子峰 $M^{+\cdot}$ 时，无法确定分子式，可借助元素分析和分子量测定来推导分子式，给解析带来方便。

7.2 综合解析方法

运用四大谱来确定化合物的结构并没有固定的程序，这里所叙述的只是综合解析的原则，重要的是在解析时应根据从图谱得到的信息加以灵活运用，最有效地得到正确答案。

7.2.1 综合解析的一般程序

1. 分子式的确定

（1）由高分辨质谱仪测得准确分子量并给出分子式，或者从质谱的分子离子峰及其同位素的相对强度，即$M^{+\cdot}$峰与（M+1）、（M+2）峰之比，来确定分子式。通常应该是以高分辨质谱给出的数据为主要依据。

（2）通过元素分析法，确定元素组成，导出分子式。

（3）利用各种谱图确定碳、氢、氧、氮、卤素、硫、磷等的原子数来确定或验证分子式。

2. 分子结构片断的确定

利用四大谱中最有用部分的信息来确定分子内的结构单位。一般紫外光谱判断有无共轭体系，红外光谱判断有哪些官能团，核磁共振谱和质谱碎片判断官能团及其取代关系。

首先以某一个谱图（经常是氢谱或碳谱）得到的信息为基础，推断可能是属于哪一类的化合物，然后用其他图谱设法取得更进一步的信息来补充和验证，可最有效地得出最后结论。

具体做法上以某些官能团为出发点，通过对有关谱图数据的分析，找出其相邻的基团，从而扩大为未知物分子的结构单元。氢谱的偶合裂分及化学位移常常是找出相邻基团的重要线索。碳谱的δ值及其是否表现出分子的对称性对确定取代基的相互位置也起一定作用。质谱主要碎片离子间的质量差额、亚稳离子、重要的重排离子都可能得出基团相互连接的信息。不饱和基团形成大的共轭体系可以从紫外光谱中反映出来。在红外光谱中，某些基团的吸收位置可反映该基团与其他基团相连接的信息（如羰基与双键共轭时，红外吸收频率移向低波数）。

一般来说，对某一给定的结构部分，必须在所列出的全部图谱中全部出现才行。若在某一图谱中未出现的话，则应反过来重新考虑在什么地方发生了错误。

3. 谱图中没有检出的剩余结构单位的确定

方法是从化合物的分子式（或分子量）中扣除所有指定的已知结构单位的分子式（或分子量），并求出剩余结构单位的不饱和数。剩余分子式（或分子量）对于判断剩余单位的结构可提供若干启示。

4. 利用已确定的结构单元组成该化合物的几种可能结构

如果已找出的结构单元的不饱和基团与分子的不饱和数相等，则考虑它们之间各种相连顺序的可能性。若已找出的结构单元中的不饱和基团的不饱和数低于分子的不饱和数，除应考虑已确定的结构单元的相互连接之外，还应考虑分子中环的组成。

在组成分子的可能结构时，应注意安排好不饱和键和杂原子的位置（特别是杂原子的位置），因它们的位置对氢谱、碳谱、质谱、红外、紫外均可能产生重要影响。当组成几种可能的结构时，某些谱图的数据可能已超出该官能团的常见数值，这种情况（至少在初步考虑结构时）是可以容许而不能轻率地加以排除的。当然，若所推测的结构与已知谱图有明显矛盾时，应予以除去。

5. 选出最可能的结构

以所推出的每种可能结构为出发点，对各种谱图进行指认。如果对每种谱图的指认均很满意，说明该结构是合理的、正确的。当几种可能的结构与谱图均大致符合时，可以对某些碳原子或某些氢原子的δ值进行计算，从计算值与实测值相比的结果，找出最可能的结构。

在指认不能顺利完成，或计算值与实测值差别很大时，说明该结构是不合理的，此时应重新推出别的结构式，并再通过指认来校核该结构的合理性。

7.2.2 以核磁共振谱图为基础的结构解析

从四大谱学方法的内容及本书各章的篇幅都不难看出，核磁共振谱学在推断分子结构时的突出作用。核磁共振谱图规律性强，准确度高，信息量也很丰富，谱图类型多样，可解析性高，可以说有机结构解析是以核磁共振谱图为基础的。

一般而言，利用核磁共振谱进行有机分子的结构分析可大致分为以下步骤：

（1）识别氢谱和碳谱中的溶剂峰与杂质峰。

（2）首先分析一维 ^{1}H NMR 谱，根据谱图中化学位移、偶合常数、峰形和峰面积找出一些特征峰和易归属的谱线。其次对照 ^{13}C 质子宽带去偶谱以及 DEPT 谱，确定各碳原子的级数，按照化学位移的大致区域，确定饱和碳、不饱和碳以及羰基碳。

（3）通过分子式，结合一维氢谱和碳谱，确定有无对称结构，以及活泼氢的个数。重水交换也是确定活泼氢的有效方法。

（4）对一些简单的化合物根据一维氢谱和碳谱的信息，便可以对化合物进行推断和指认。但对一些较复杂的化合物分子，仅用一维谱则比较困难，这时要用二维核磁谱来帮助解析。首先要作 H,H–COSY 谱，从一维氢谱中已经确定的谱线出发，通过交叉峰找到各相关的谱峰。然后作 C,H–COSY（或 HMQC、HSQC）谱，同样从已知的氢谱线出发找到各相关的碳原子，对碳谱作进一步归属和确认，若已知碳的化学位移可以对氢谱线进行归属和确认。最后，作 COLOC（或 HMBC）谱，完成对一些未知谱线的指认和归属。如此反复确认，最终完成对所有谱线的归属。在二维谱中由于一些相关峰的强度较弱，在实验中常常未被检测到，另外，在二维谱图中还常常会出现一些假峰，这些在解析二维谱时要特别注意。

（5）烯的顺反异构体以及一些化合物的构型的确定，通常利用 NOE 效应，作 NOE 差示谱，或者二维 NOESY（或 ROESY）谱，以确定它们在空间的位置关系。

（6）由上面的解析结果推断出化合物的可能结构片段，并结合 MS、IR、UV、元素分析等结果，确定最终的化学结构式。

7.2.3 分子结构复杂时采用的其他方法

当未知物分子量较大，结构较复杂时，即使有了上述几种谱图，也不一定就能推出未知物结构，特别是一些构型、构象的确定，此时可采用下述方法。

（1）制备未知物样品的单晶，测定该单晶的 X 射线衍射的数据，通过对衍射数据的处理，可以得到该未知物的准确结构（除所含原子及其相互连接顺序之外尚有键长、键角等数据）。近十几年来，由于“直接法”的发展，使一般的有机化合物都可通过单晶 X 衍射法解决结构问题。

（2）当未知物样品是非晶体或不能制成单晶时，可用适当的化学反应将其降解成几个较小的分子，经分离纯化，分别鉴定出每种小分子的结构之后，再“拼出”原来未知物的结构。

例　题　七

【例题 7.1】　某化合物分子式 $C_8H_{13}NO_2$，试根据以下谱图（图 7-例 1）数据推测其结构。

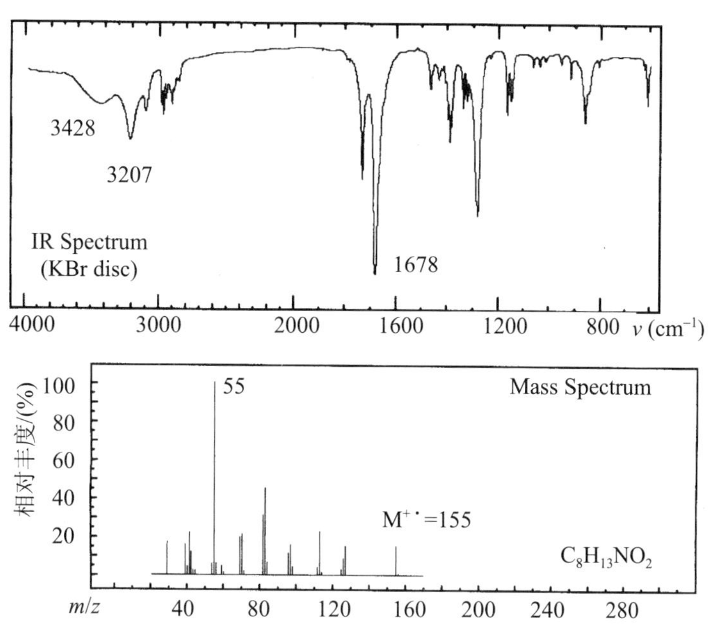

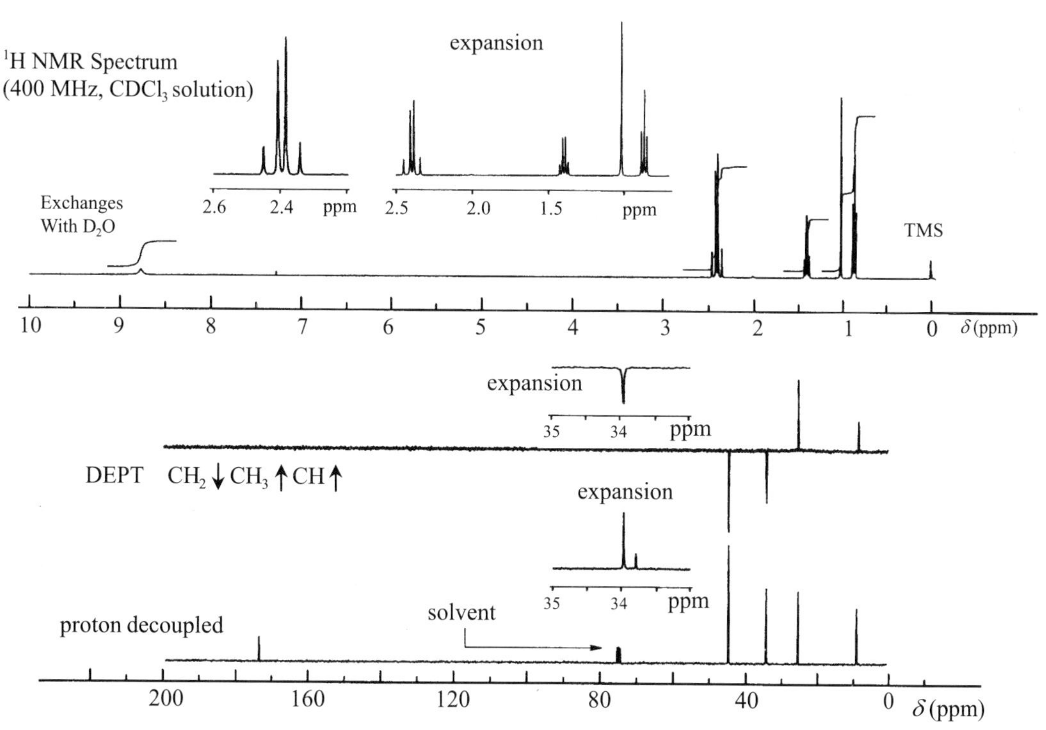

图 7-例 1　$C_8H_{13}NO_2$ 的 IR，MS，¹H NMR，¹³C NMR 谱

解析 由分子式计算不饱和数为 3。

碳谱只出现 6 个峰，说明有对称结构，从 DEPT 图可以看出，在 174.0ppm 和 33.6ppm 附近的两个碳峰没有显示吸收峰，可确定 174.0ppm 为酯或酰胺类的羰基碳吸收峰，33.6ppm 为 1 个季碳的峰，碳谱显示无 C=C 结构。

氢谱从低场到高场五组峰积分比为 1∶4∶2∶3∶3，积分比之和与分子式氢原子个数相同。在 8.6ppm 附近有一个活泼氢，与酰胺质子的化学位移范围相一致。2.4ppm 附近 4 个 H，可能是两个化学等价的 CH_2。1.4ppm 的 CH_2 被裂分成四重峰，通过峰的裂分间距可以判断是与 0.9ppm 的甲基相连，它们形成 CH_3CH_2 基团。位于 1.0ppm 的 3 个 H，是一个孤立的甲基。

位于红外光谱的 1678cm^{-1} 为酰胺 I 带，进一步确定为酰胺类化合物。

由此，可确定该化合物的结构单元有：酰胺 CONH、乙基 CH_3CH_2、甲基 CH_3、季碳 C 和 2 个 CH_2。从分子式中可知，还有 1 个 C 和 1 个 O 以及两个不饱和数，可推测还有一个羰基 C=O 结构，另一个不饱和数应属于环结构。

综合以上分析，该化合物的可能结构为：

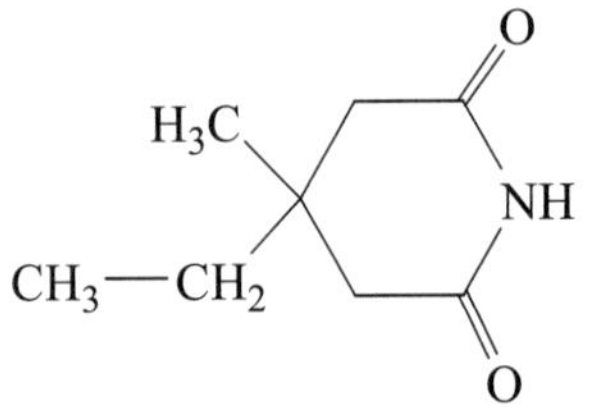

质谱的主要碎片产生过程：

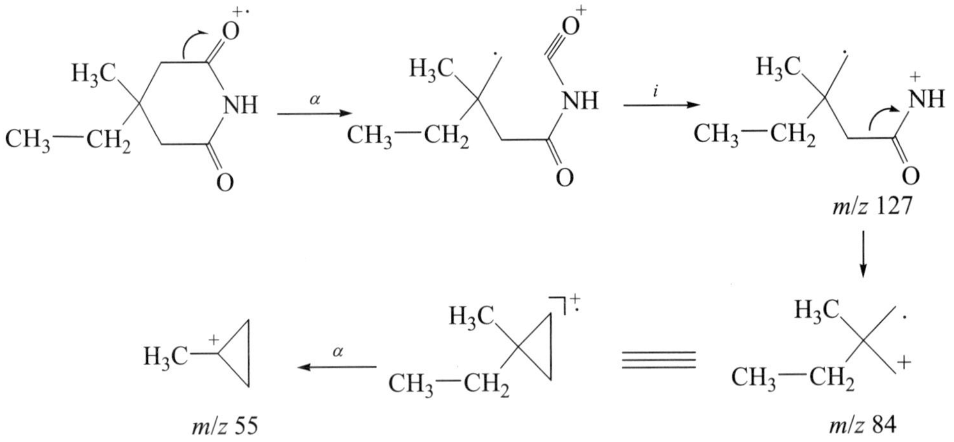

m/z 127

m/z 84

m/z 55

【例题 7.2】 某化合物分子式 $C_9H_{13}NO_3$，试根据以下谱图（图 7-例 2）数据推测其结构。当照射 6.58ppm 的氢时，6.66ppm 和 4.45ppm 的氢有 NOE 效应。

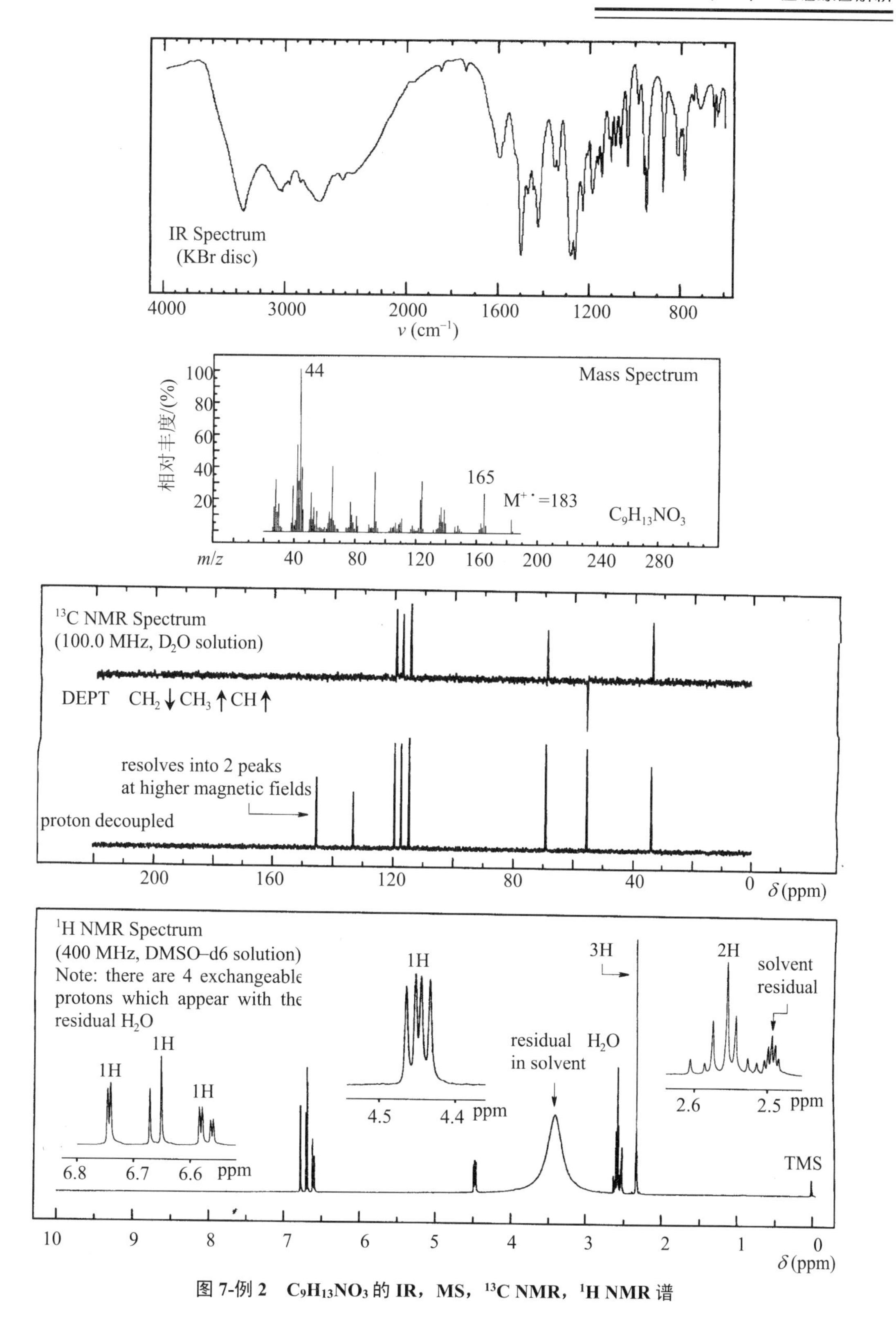

图 7-例 2　$C_9H_{13}NO_3$ 的 IR，MS，^{13}C NMR，^1H NMR 谱

解析 由分子式可计算出不饱和数为4。

碳谱显示9个碳，无对称结构单元。155ppm以上无碳峰，可确定无羰基结构。从DEPT图可以看出，芳香区显示3个季碳，属于三取代苯结构。饱和脂肪区显示1个CH_2和2个CH/CH_3。

氢谱的芳香区显示3个质子，进一步证明了三取代苯的结构，且苯环质子的化学位移大大向高场移动，可推测苯环上连接较强的供电基团。位于6.74ppm的1个H，粗看是一个单峰应属于间二取代基中间的一个芳香氢，位于6.66ppm和6.58ppm的两组双峰属于对二取代的相邻两个芳香氢，位于6.74ppm和6.58ppm的两组氢有远程偶合而进一步裂分成双峰和四重峰。由此，可推测苯环属于1,2,4–三取代苯结构。位于4.45ppm的一个氢，属于CH结构单元，它不可能与位于2.3ppm附近的甲基相连，否则，甲基至少会被裂分成双峰。因此，可推测位于4.45ppm的CH是与位于2.55ppm的CH_2相连，该CH_2的两个氢是化学不等价的，它们一起构成了ABX偶合体系。

剩下的结构单元为H_4NO_3，组成中4个活泼氢，可推测为3个OH和1个NH；若是2个OH和1个NH_2，则应该还有1个O，只能是醚键—O—，氢谱的CH_2和CH_3的化学位移都在较高场，可推测无氧原子与它们相连。

该化合物的结构单元有：

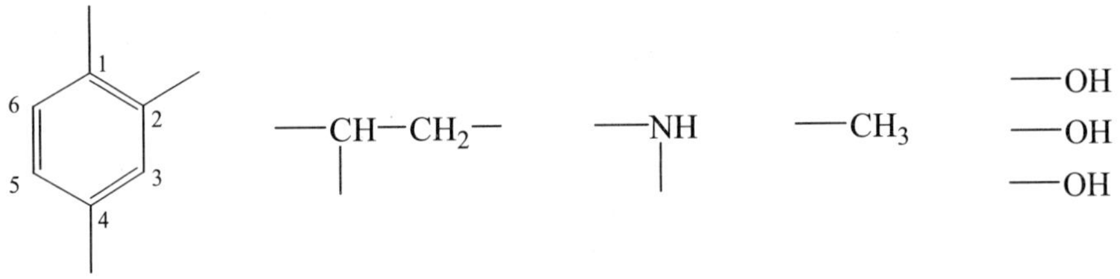

1,2,4-三取代苯环（1、2、3、4、5、6）　—CH—CH_2—　—NH—　—CH_3　—OH　—OH　—OH

当照射6.58ppm的芳香氢时，6.66ppm的芳香氢和4.45ppm的CH显示NOE增强效应，推测CH是连在苯环上的。从三组芳香氢的裂分峰形来看，6.58ppm属于苯环的H_5，6.66ppm属于H_6。因此，CH是连接在苯环的4位，该CH的质子化学位移较低，可能还与杂原子氧相连，相邻的CH_2因不与氧相连，也不与甲基相连（因甲基是单峰），故只能连接NH基团。

综合以上分析，可推测该化合物的结构为：

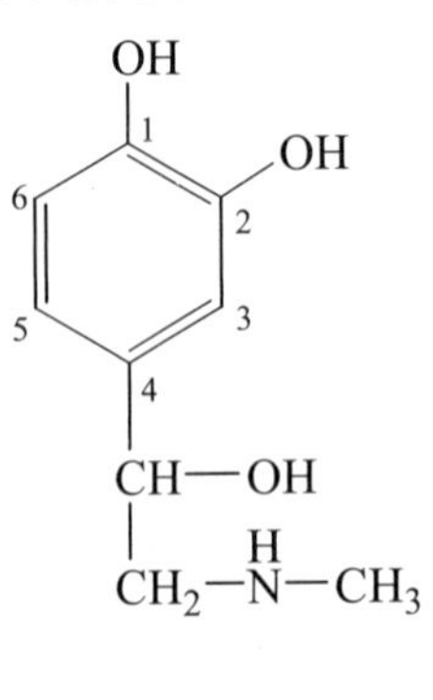

OH（1位）、OH（2位）；4位：CH—OH，CH_2—NH—CH_3

质谱主要碎片离子产生过程：

$$m/z\ 165 \xleftarrow[-H_2O]{rH} \text{(3,4-}(OH)_2C_6H_3\text{–}CH(OH)\text{–}CH_2\text{–}\overset{+\cdot}{N}H\text{–}CH_3) \xrightarrow{\alpha} CH_2=\overset{+}{N}(H)\text{–}CH_3\ \ (m/z\ 44)$$

【例题 7.3】　某化合物分子式 $C_{13}H_{17}NO_4$，试根据以下谱图（图 7-例 3）数据推测其结构。

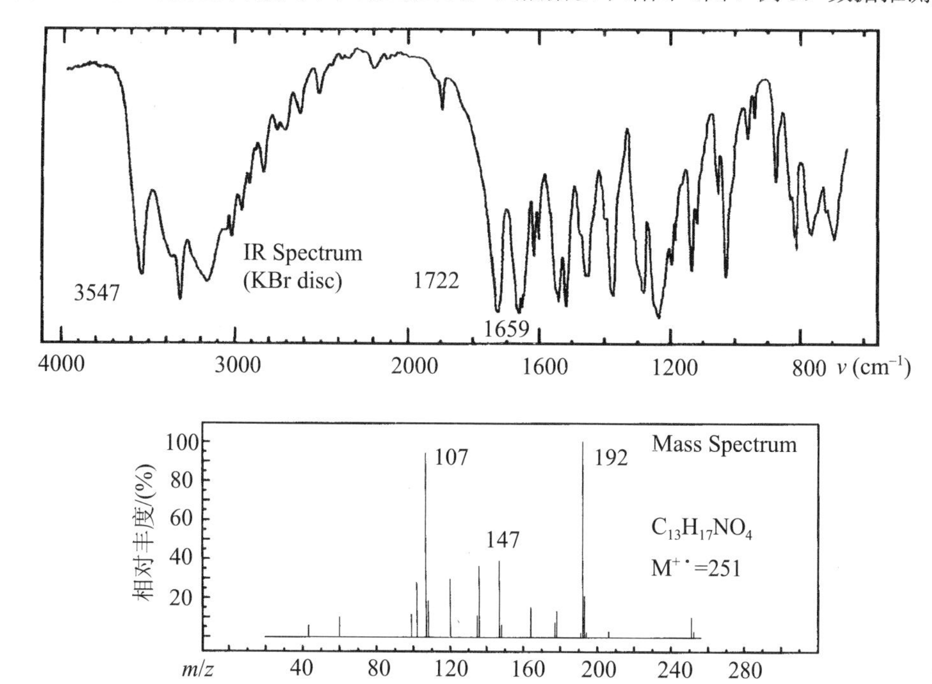

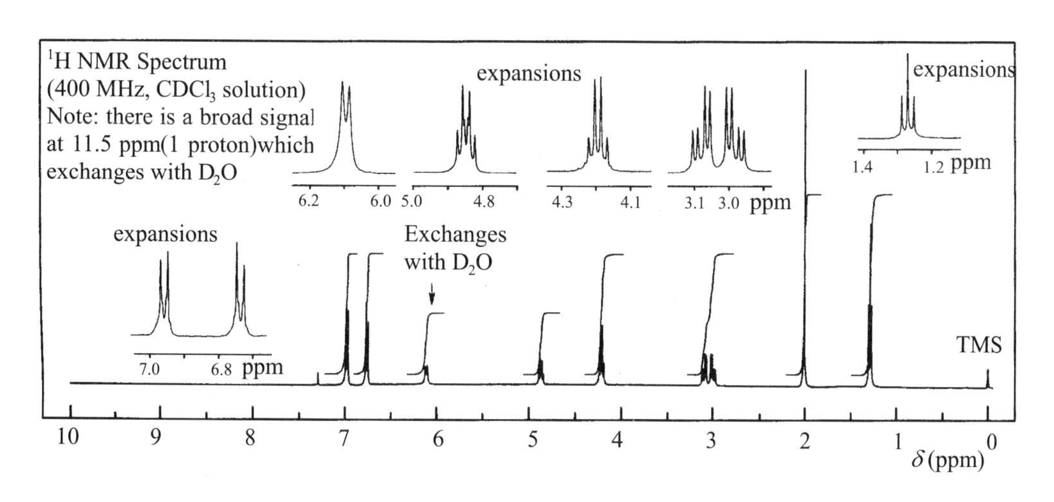

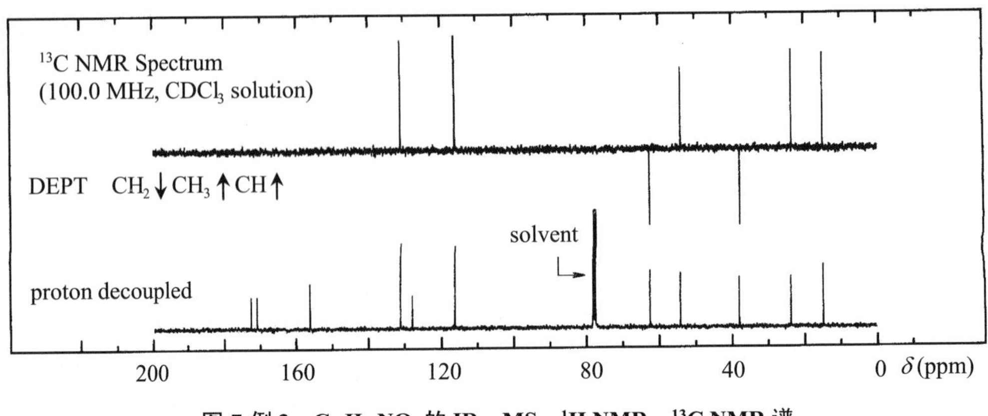

图 7-例 3 $C_{13}H_{17}NO_4$ 的 IR，MS，^{1}H NMR，^{13}C NMR 谱

解析 由分子式计算不饱和数为 6，可能含有苯环或吡啶环以及双键结构。

位于氢谱低场 11.5ppm 的一个活泼氢，可能是酸质子—COOH，在 6.7～7.0ppm 的两组双峰是典型的对二取代苯结构，苯环上氢向高场移动，可确定苯环上连有杂原子氧或氮。在 1.0～5.0ppm 的五组氢峰分别是 CH_3，CH_3，CH_2，CH_2，CH，与碳谱的高场饱和脂肪区的 5 个碳共振峰数目一致。其中，位于 1.3ppm 附近的 CH_3 被裂分成三重峰，应与一个 CH_2 相连。从两组 CH_2 的峰形来看，可推测该甲基与位于 4.2ppm 的 CH_2 相连。

位于碳谱 172ppm 附近的两个碳峰，一个是羧酸羰基峰，另一个羰基峰可能是酰胺或酯。芳香区的 4 个碳峰进一步确定对二取代苯。在 157ppm 附近一个季碳峰，说明苯环上连的杂原子是氧，若是氮原子对该碳的化学位移向低场移动不会如此显著。

红外光谱的两个羰基峰在 1722cm^{-1} 和 1659cm^{-1}，前者应是羧酸羰基吸收峰，后者应属于酰胺 I 带，可以推测属于酰胺类，而不是酯。在氢谱 6.1ppm 的一个活泼氢也进一步提供了属于伯酰胺的信息。

由此，可确定化合物的结构单元有：

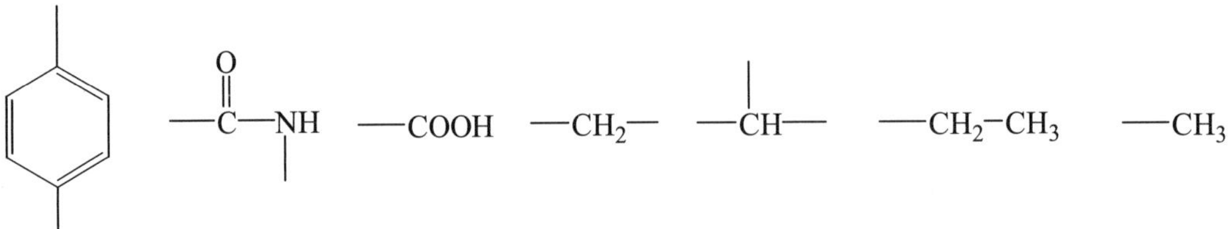

$$-C(=O)-NH- \quad -COOH \quad -CH_2- \quad -CH- \quad -CH_2-CH_3 \quad -CH_3$$

从分子式中扣除以上结构单元，剩下的单元是氧—O—，即是与苯环连接的氧原子。氧的另一端连接的应是乙基，否则，乙基与上述其他基团连接，CH_2 都不可能达到 4.2ppm。在 2.0ppm 附近的甲基显现单峰，只能与上述的酰胺连接形成乙酰胺（CH_3—CONH—）结构。

综合以上分析，可推测化合物的可能结构为：

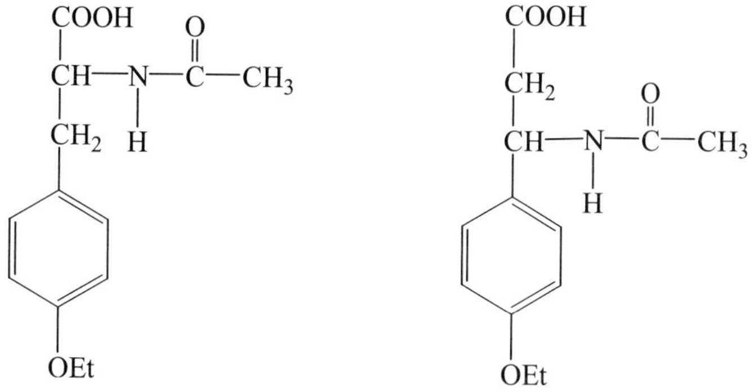

COOH
O
CH—N—C—CH_3
CH_2 H
OEt
A

COOH
CH_2
O
CH—N—C—CH_3
H
OEt
B

单纯的氢谱和碳谱还不能准确确定化合物的最后结构。若有 C,H−COSY 和远程 C,H−COSY 谱，则很容易区别羧酸基是与 CH 相连还是与 CH_2 相连。但对于本例仍然可通过质谱确定化合物的结构为 A。若是 B，质谱中不易产生 m/z 206 和 m/z 107 两个较重要的碎片离子峰。

质谱中主要碎片离子形成过程：

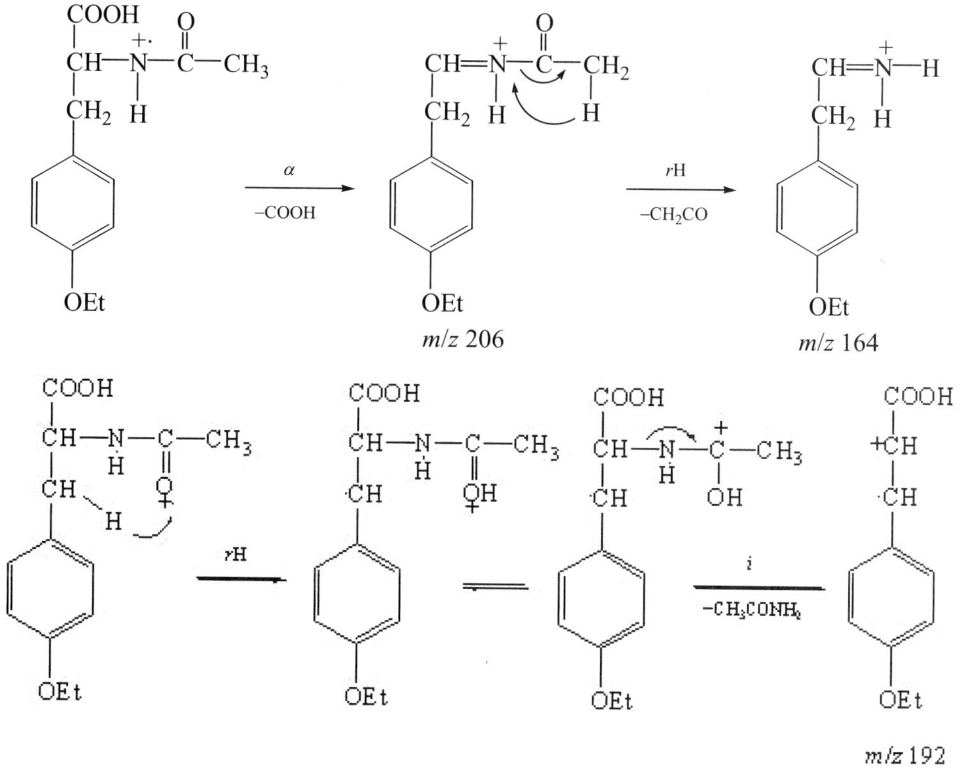

COOH
O
CH—$\overset{+\cdot}{N}$—C—CH_3
CH_2 H
OEt

α
−COOH

CH=$\overset{+}{N}$—C—CH_2
O
CH_2 H H
OEt
m/z 206

rH
$-CH_2CO$

CH=$\overset{+}{N}$—H
CH_2 H
OEt
m/z 164

COOH
CH—N—C—CH_3
H
CH
H O+
OEt

rH

COOH
CH—N—C—CH_3
H
·CH
OH+
OEt

⇌

COOH
CH—N—$\overset{+}{C}$—CH_3
H
·CH OH
OEt

i
$-CH_3CONH_2$

COOH
+CH
·CH
OEt
m/z 192

COOH, CH—N—C—CH$_3$, H, O, CH$_2$, OEt → α → $\overset{+}{C}H_2$, O—CH$_2$, H—CH$_2$ → rH → $\overset{+}{C}H_2$, OH

m/z 135　　m/z 107

【例题 7.4】 某化合物的分子式为 $C_{11}H_{16}O$，红外光谱在 1700cm^{-1} 和 1648cm^{-1} 各有一个强吸收谱带，根据以下各谱数据（图 7-例 4）推断结构。

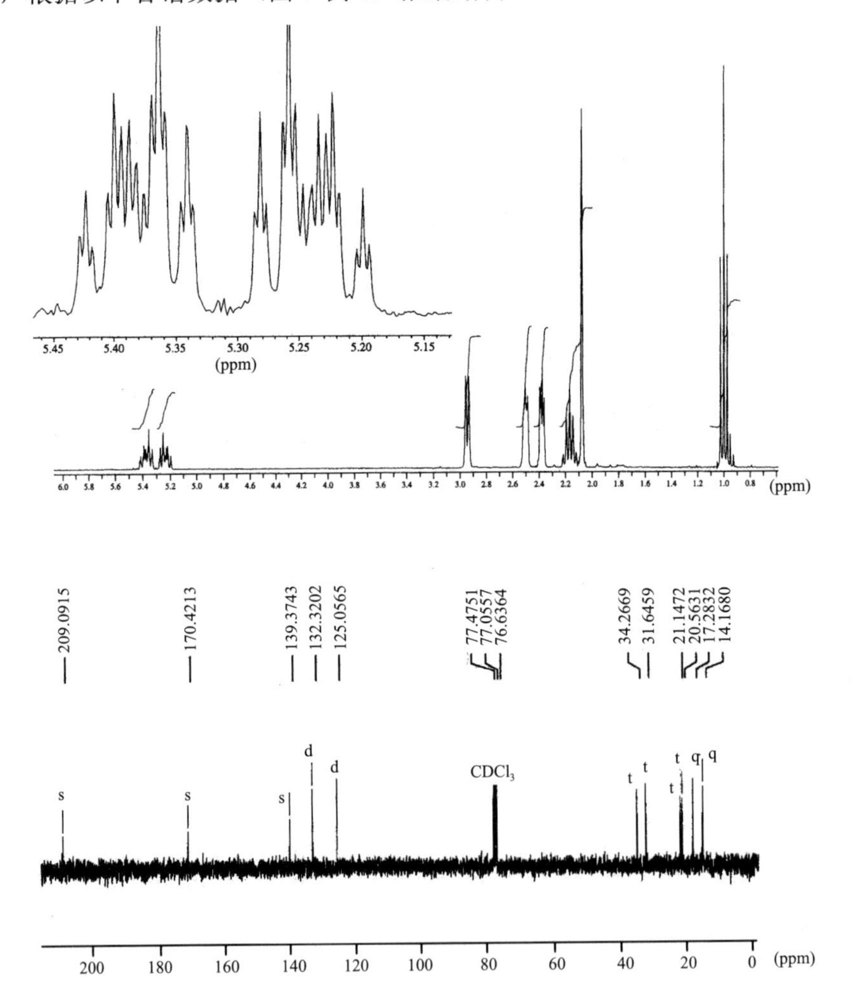

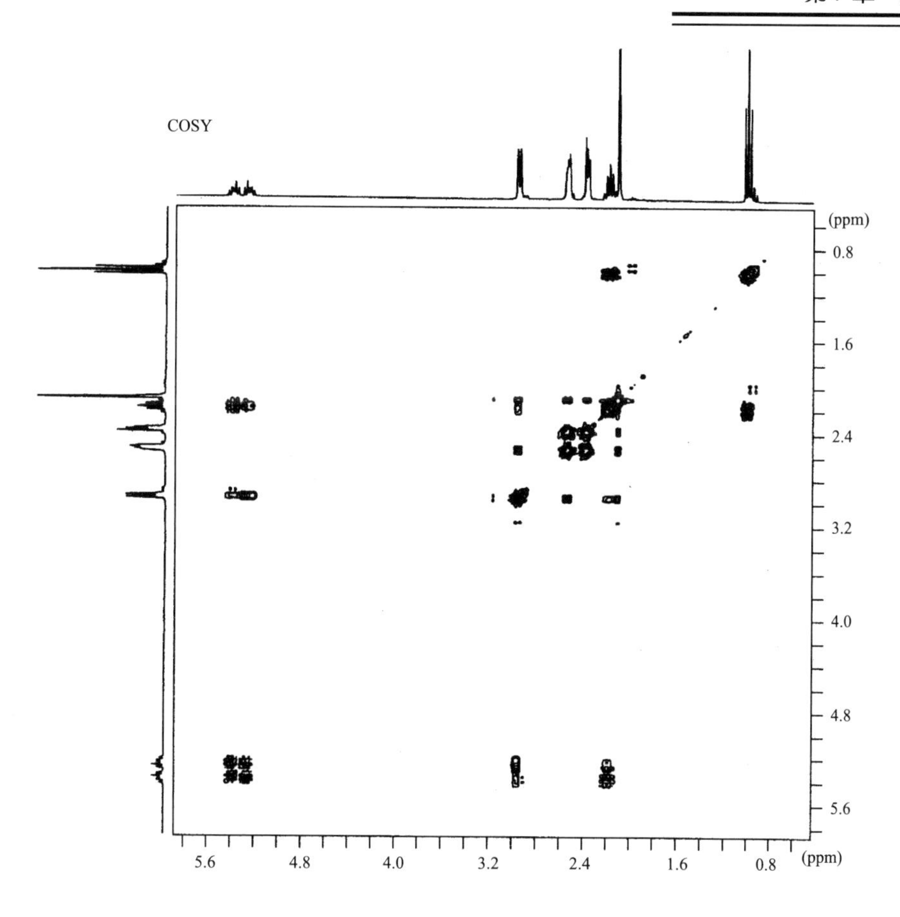

图 7-例 4　$C_{11}H_{16}O$ 的 ^1H NMR，^{13}C NMR，H,H–COSY 谱

解析　由分子式计算不饱和数为 4，可能含有苯环或双键结构。

氢谱从低场到高场有八组峰，积分比为 1∶1∶2∶2∶2∶2∶3∶3，与分子式的氢原子个数一致。碳谱图中有 11 条谱线，对应分子式中碳原子个数，分子无对称结构。位于 209ppm 的谱线说明该化合物含酮羰基 C＝O。在 170～125ppm 的不饱和区域内有 4 个碳原子，因无对称结构和不饱和数的限制，不可能是苯环结构，只可能是烯碳。谱图显示有 2 个季碳和 2 个 CH，它们组成 C＝C、CH＝CH 或 C＝CH、C＝CH 结构单元。饱和区域显示分子中还有 4 个 CH_2 和 2 个 CH_3，与氢谱高场区的峰组相对应。

在 COSY 谱中，从位于 5.37ppm 的烯氢出发，可找到三组交叉峰，分别是在 5.25ppm 的烯氢、2.95ppm 的 CH_2 和 2.16ppm 的 CH_2。其中，与位于 2.95ppm 的 CH_2 交叉峰强度较弱，根据 COSY 谱的交叉峰显示质子之间的二键（^2J）和三键（^2J）相关性，可推测分子含有结构片段 CH＝CH—CH_2。从另一烯氢 5.25ppm 出发，在同样位置出现了交叉峰，只是与位于 2.95ppm 的 CH_2 的交叉峰强度增大，却与位于 2.16ppm 的 CH_2 交叉峰强度变弱，这里的弱交叉峰可能是双键引起的远程偶合。因此，推测分子中具有 CH_2—CH＝CH—CH_2。再从位于 2.16ppm 的 CH_2 出发，通过 COSY 交叉峰，可确定该 CH_2 与位于 0.99ppm 的甲基是直接相连的，即构成片断 CH_2—CH＝CH—CH_2—CH_3。剩下的二组 CH_2（2.37ppm 和 2.50ppm）之间有强的交叉峰，说明它们之间存在较强的 ^3J 偶合，即这两个 CH_2 是相邻的，组成片断 CH_2—CH_2。

综合以上分析，分子结构单元有：

$H_3C{-}CH_2{-}CH{=}CH{-}CH_2{-}$　　$>C{=}C<$　　$-CH_2{-}CH_2-$　　$-\overset{O}{\overset{\|}{C}}-$　　$-CH_3$

结构片断的 C，H，O 个数与分子式一致，另一个不饱和数应是环结构。因—CH_3 和 CH_2—CH＝CH—CH_2—CH_3 不能参与成环，剩下的结构单元可组成环状结构：

O　　O

根据红外光谱在 1700cm^{-1} 和 1648cm^{-1} 各有一个强吸收谱带，可排除四元环结构，因此，推测可能的结构为：

$H_3C{-}CH_2{-}CH{=}CH{-}CH_2$　CH_3　O

A

H_3C　$CH_2{-}CH{=}CH{-}CH_2{-}CH_3$　O

B

由于季碳原子的存在，从现有的谱图信息还不能完全确定最后结构，这要借助远程碳氢 COSY，如 HMBC 谱。实际该化合物结构为 B。

【例题 7.5】　某化合物的分子式为 $C_{13}H_{12}O_2$，其红外光谱在 1680cm^{-1} 有一个强吸收带，质谱图中有明显的 *m*/*z* 43 的碎片离子。根据氢谱、碳谱、DEPT 以及 COSY 谱推断可能的结构。

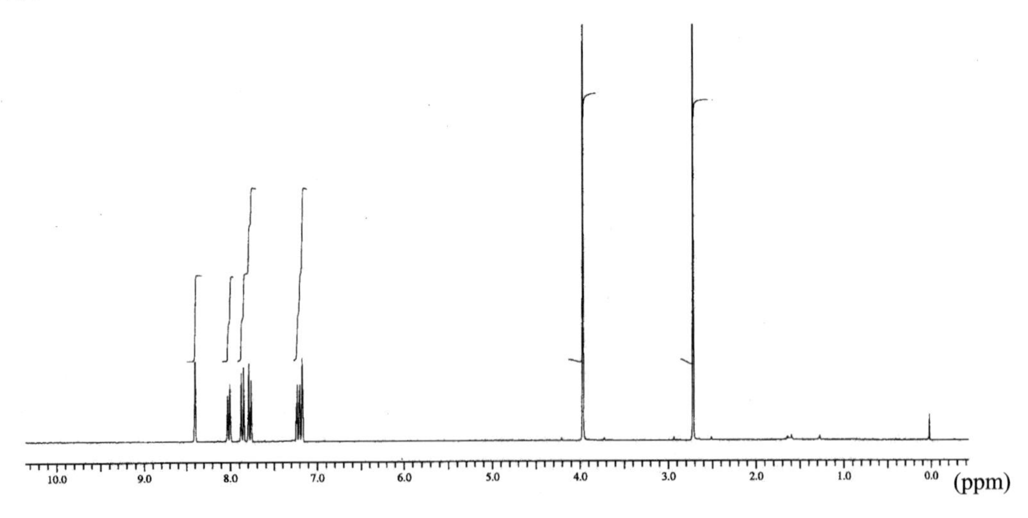

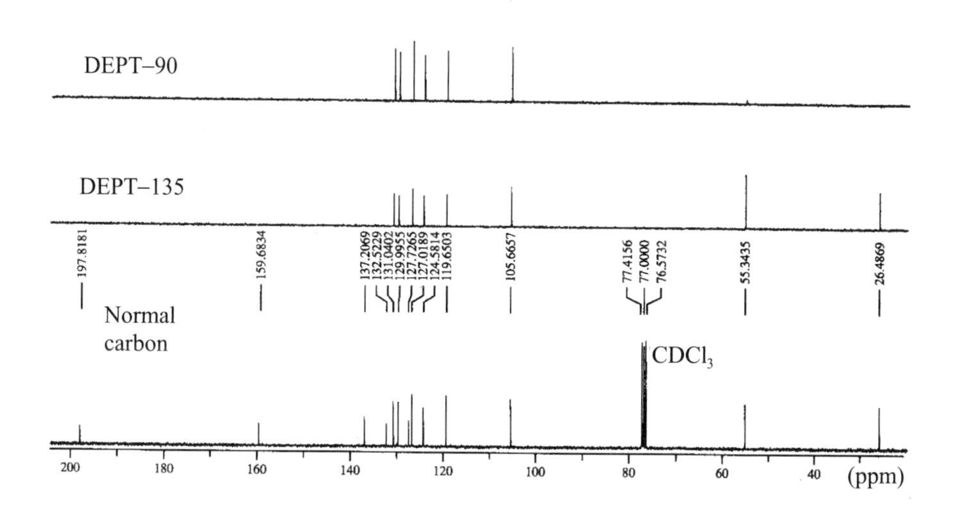

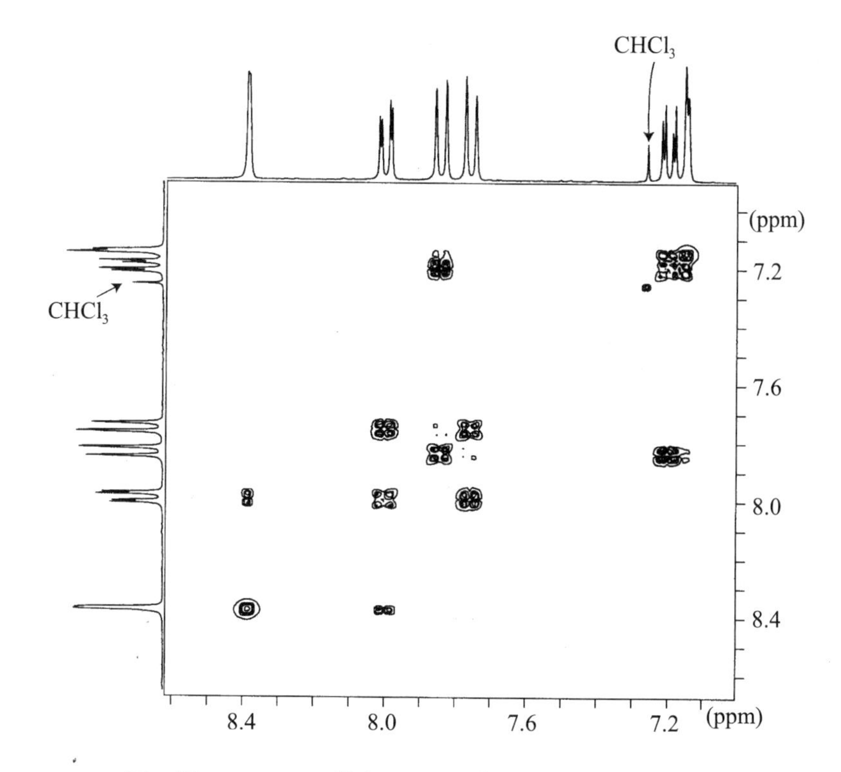

图 7-例 5　$C_{13}H_{12}O_2$ 的 ^1H NMR，^{13}C NMR，H,H–COSY 谱

解析　由分子式计算不饱和数为 8，可能含有苯环和双键结构。

氢谱从低场到高场有八组峰，积分比为 1∶1∶1∶1∶1∶1∶3∶3，与分子式的氢原子数一致。碳谱有 13 条谱线，可对应分子式中碳原子个数，分子无对称结构。位于 197ppm 的谱线说明该化合物含酮羰基，其化学位移值小于 200ppm，可能有双键与之共轭，红外光谱在 $1680cm^{-1}$ 有一个强吸收带，进一步表明是共轭的酮。

碳谱在 160～105ppm 的区域内有 10 个碳原子，可推测有一个苯环结构，另 4 个碳可归属

2 个 C=C 双键。确定苯环上取代基的数目是解析本题的关键，因无对称结构可排除单取代苯和对二取代苯，无对称结构的邻二取代苯。4 个氢形成复杂的 ABCD 体系，在氢谱图中粗看应是 2 个双峰和 2 个三重峰，与谱图明显不符，也就不可能是邻二取代苯。氢谱中没有一组氢呈三重峰形，同样可排除间二取代苯。因此，该化合物至少是三取代的苯环结构。碳谱的饱和区域显示分子中还有 2 个 CH_3，位于 3.98ppm 的甲基应与杂原子氧相连，组成 OCH_3。位于 2.72ppm 的甲基在氢谱中呈单峰说明与一个季碳相连。

综合以上分析，化合物的结构单元有：

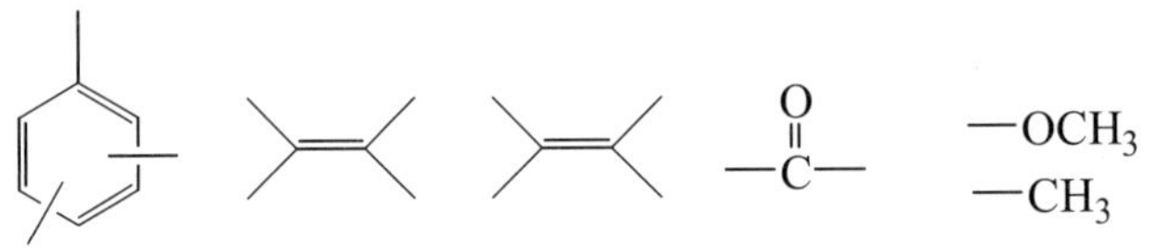

—OCH_3

—CH_3

在质谱图中有明显的 m/z 43 碎片离子，从表 1-4 中可知，m/z 43 通常为乙酰基 CH_3CO^+ 或丙基 $C_3H_7^+$，由上面分析得出的结构单元，可以排除丙基 $C_3H_7^+$结构单元的存在，而由酮羰基与甲基相连组成 CH_3CO 单元易形成 m/z 43 离子。

已推出的结构单元不饱和数为 7，剩下的一个不饱和数应为环结构。由于结构单元 CH_3CO 和甲氧基 OCH_3 不参与成环，剩下的结构单元组成了一个萘环。接下来讨论乙酰基和甲氧基在萘环上的取代位置。首先来确定乙酰基的位置，它只可能在萘环的 1 或 2 位，由于乙酰基的吸电子作用，使邻位氢向低场位移，在最低场 8.4ppm 的一个氢显示宽的单峰，可推断乙酰基在萘环的 2 位，吸电子的乙酰基使 H_1 处于最低场，因无 ^3J 偶合的氢，粗看显示单峰。若乙酰基在萘环的 1 位，则 H_2 处于最低场，使 H_2 的峰形粗看显单峰，这样，萘环的 3 位必须有取代基，萘的另一环上的 4 个氢形成 ABCD 体系，与氢谱的峰形不符。最后来确定甲氧基的取代位置，该甲氧基不能连接在萘环的 5 位，否则，H_7 的峰形粗看将显示三重峰。同样，也可排除在萘环的 8 位。因此，甲氧基只能在萘环的 6 或 7 位，构成化合物 A 和 B。只有氢谱和碳谱还不能区别 A 和 B，可以通过 8.4ppm 的 H_1 与其他氢是否有 NOE 效应来鉴定。H_1 若与位于 7.16ppm 的单峰（粗看）有 NOE 增强效应，则该化合物为 B；若与位于 7.86ppm 的一组双峰有 NOE 增强效应，则为 A，实际该化合物为 A。通过 COSY 谱归属芳香区的六组氢分别为：H_1（8.4ppm），H_3（8.01ppm），H_4（7.77ppm），H_5（7.16ppm），H_7（7.21ppm），H_8（7.86ppm）。

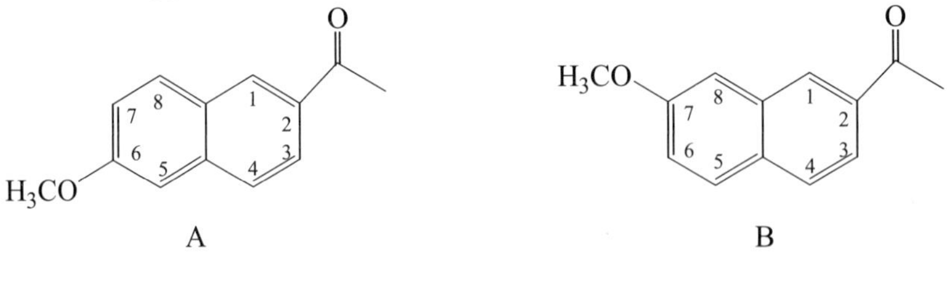

A　　B

习 题 七

【习题 7.1】 请根据各光谱数据（图 7-习 1），推测化合物的结构。

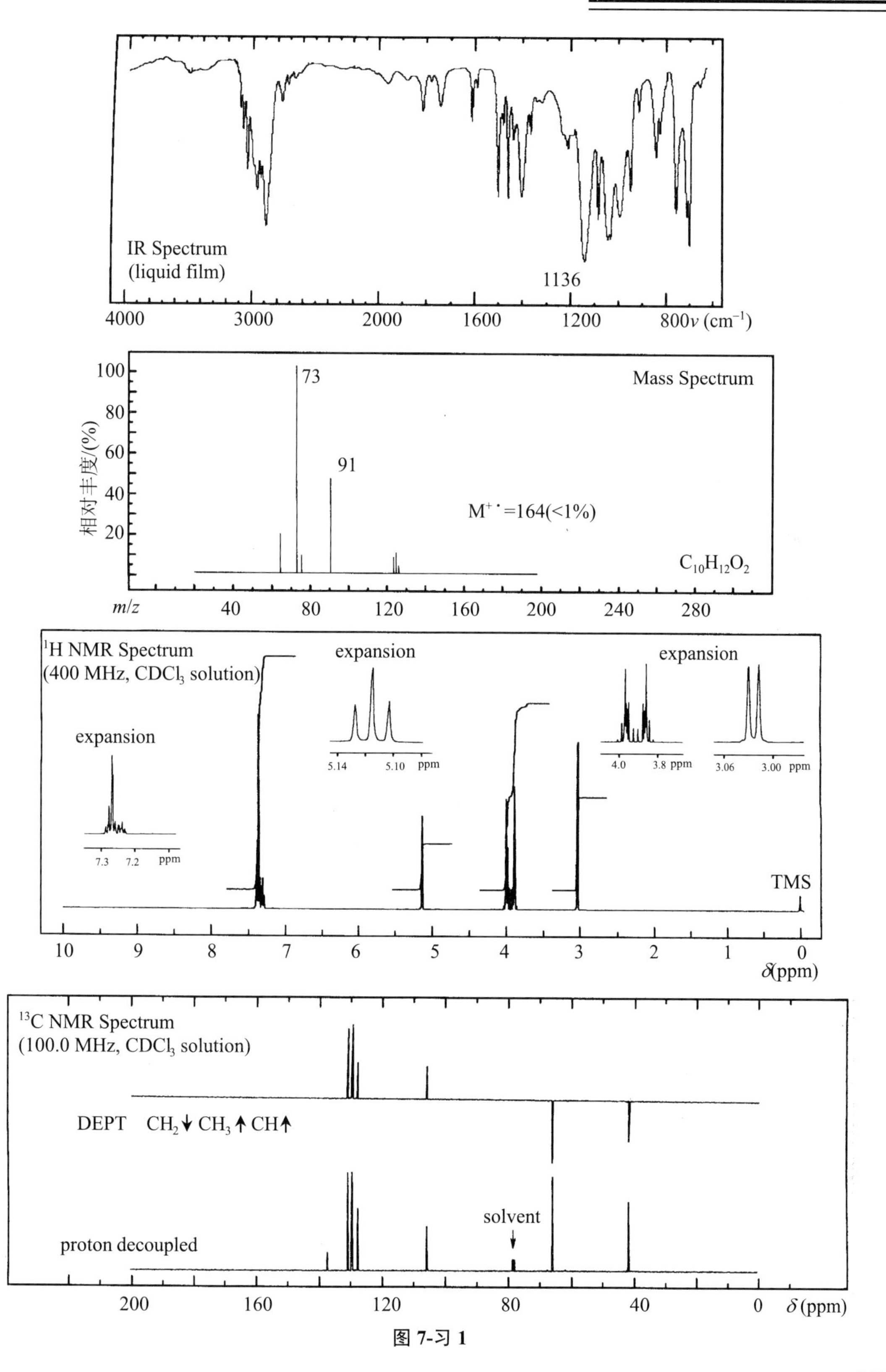
IR Spectrum
(liquid film)
1136
4000
3000
2000
1600
1200
800ν (cm⁻¹)
Mass Spectrum
100
80
60
40
20
相对丰度/(%)
73
91
M⁺˙=164(<1%)
C10H12O2
m/z
40
80
120
160
200
240
280
1H NMR Spectrum
(400 MHz, CDCl3 solution)
expansion
7.3
7.2
ppm
expansion
5.14
5.10
ppm
expansion
4.0
3.8 ppm
expansion
3.06
3.00
ppm
TMS
10
9
8
7
6
5
4
3
2
1
0
δ(ppm)
13C NMR Spectrum
(100.0 MHz, CDCl3 solution)
DEPT CH2↓ CH3↑ CH↑
solvent
proton decoupled
200
160
120
80
40
0
δ(ppm)

图 7-习 1

【习题 7.2】 请根据各光谱数据（图 7-习 2），推测该化合物结构。

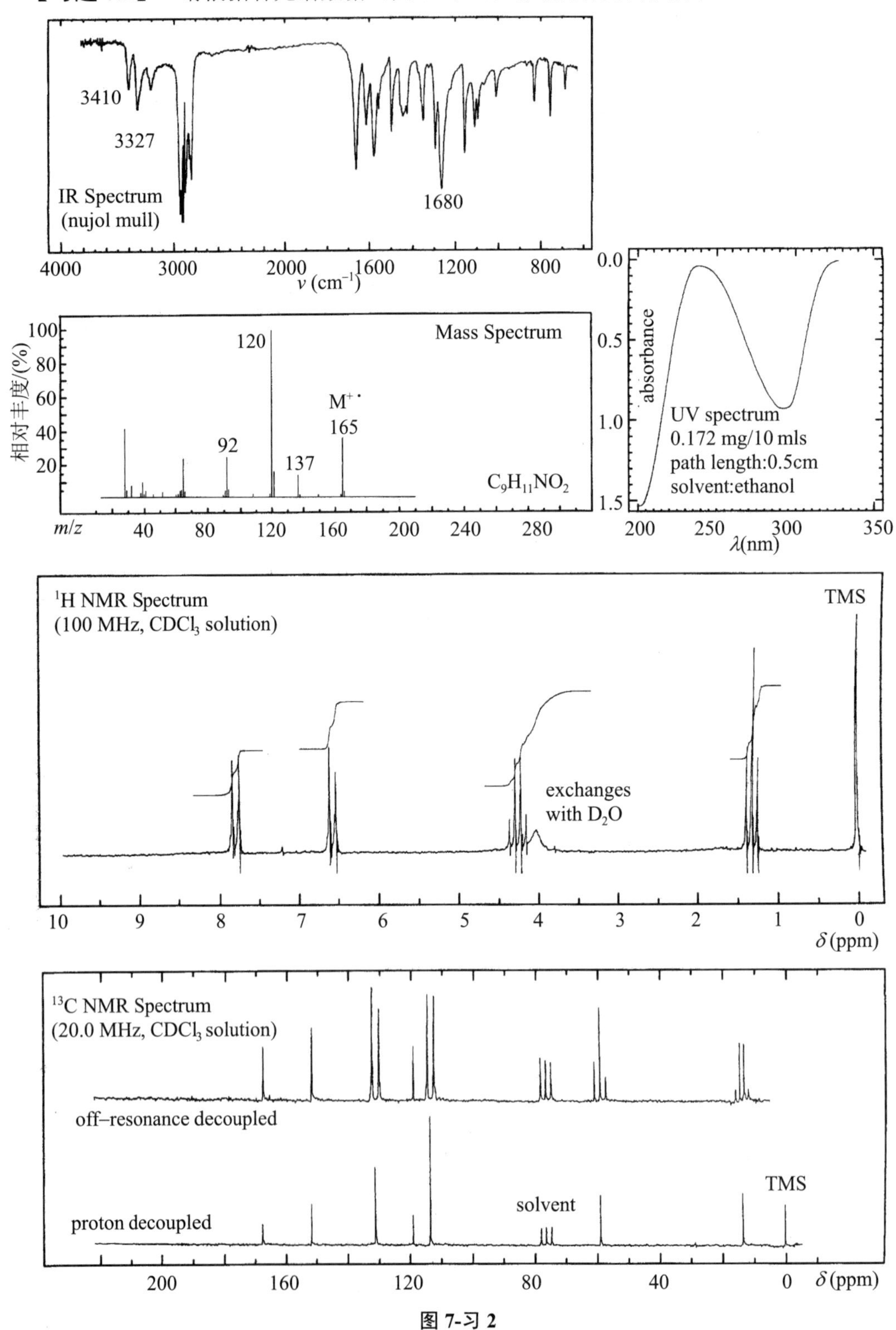

图 7-习 2

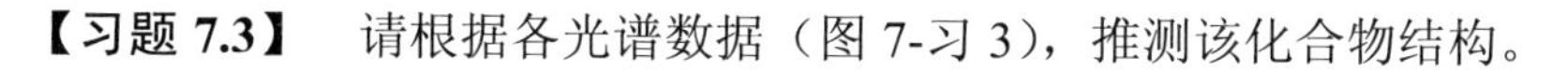

【习题 7.3】 请根据各光谱数据（图 7-习 3），推测该化合物结构。

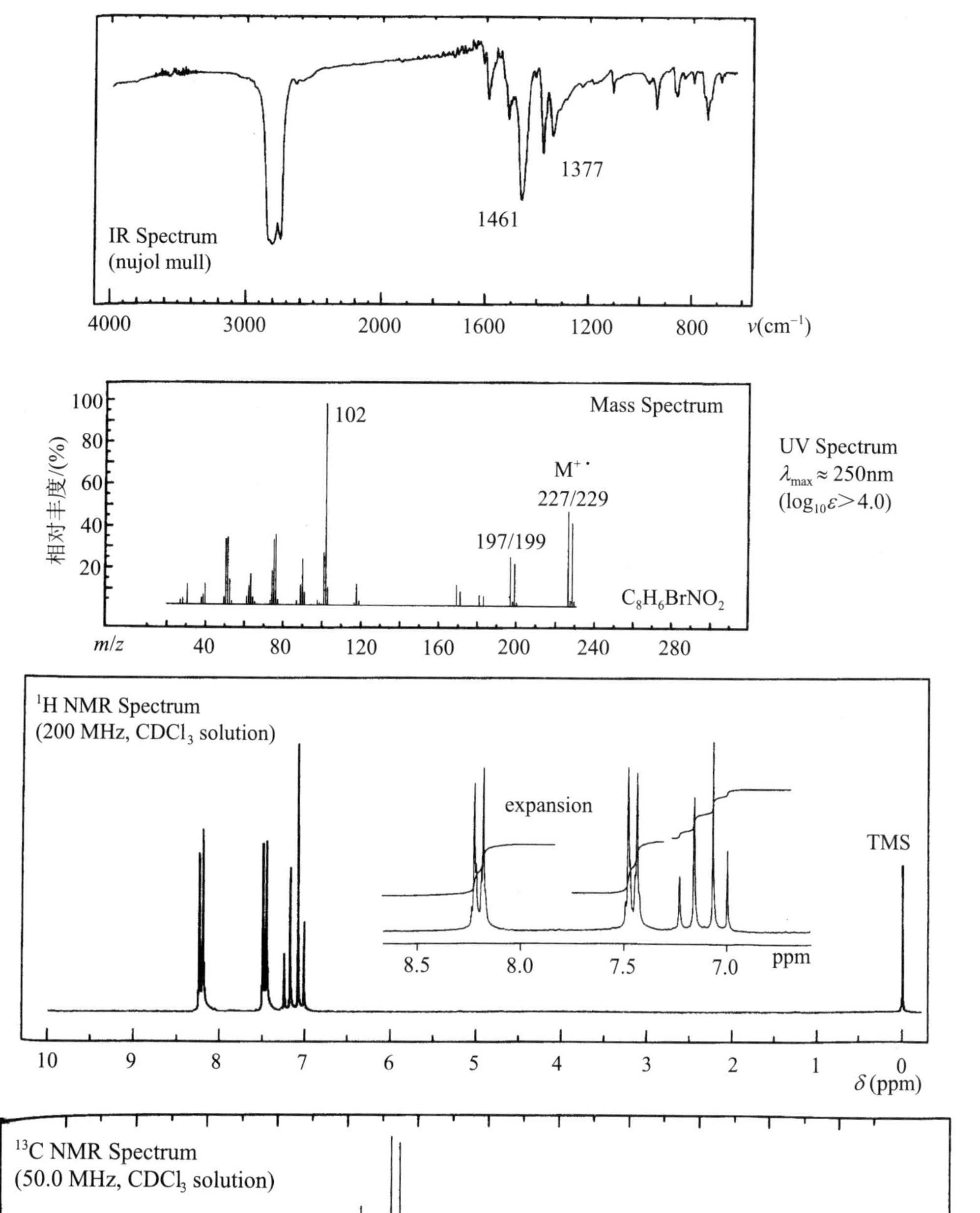

图 7-习 3

【习题 7.4】 请根据各光谱数据（图 7-习 4），推测该化合物结构。

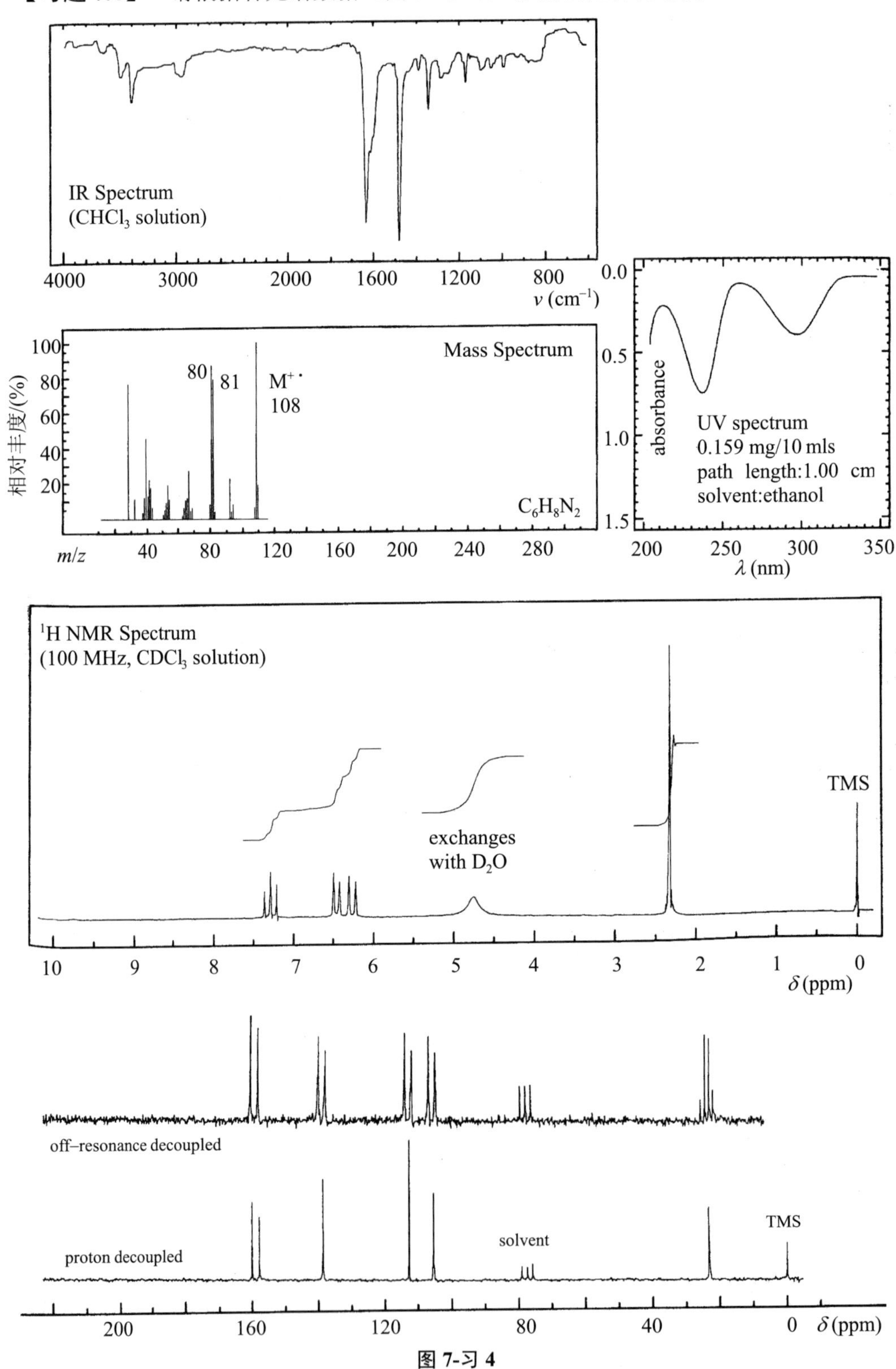

图 7-习 4

【习题 7.5】 请根据各光谱数据（图 7-习 5），推测该化合物结构。

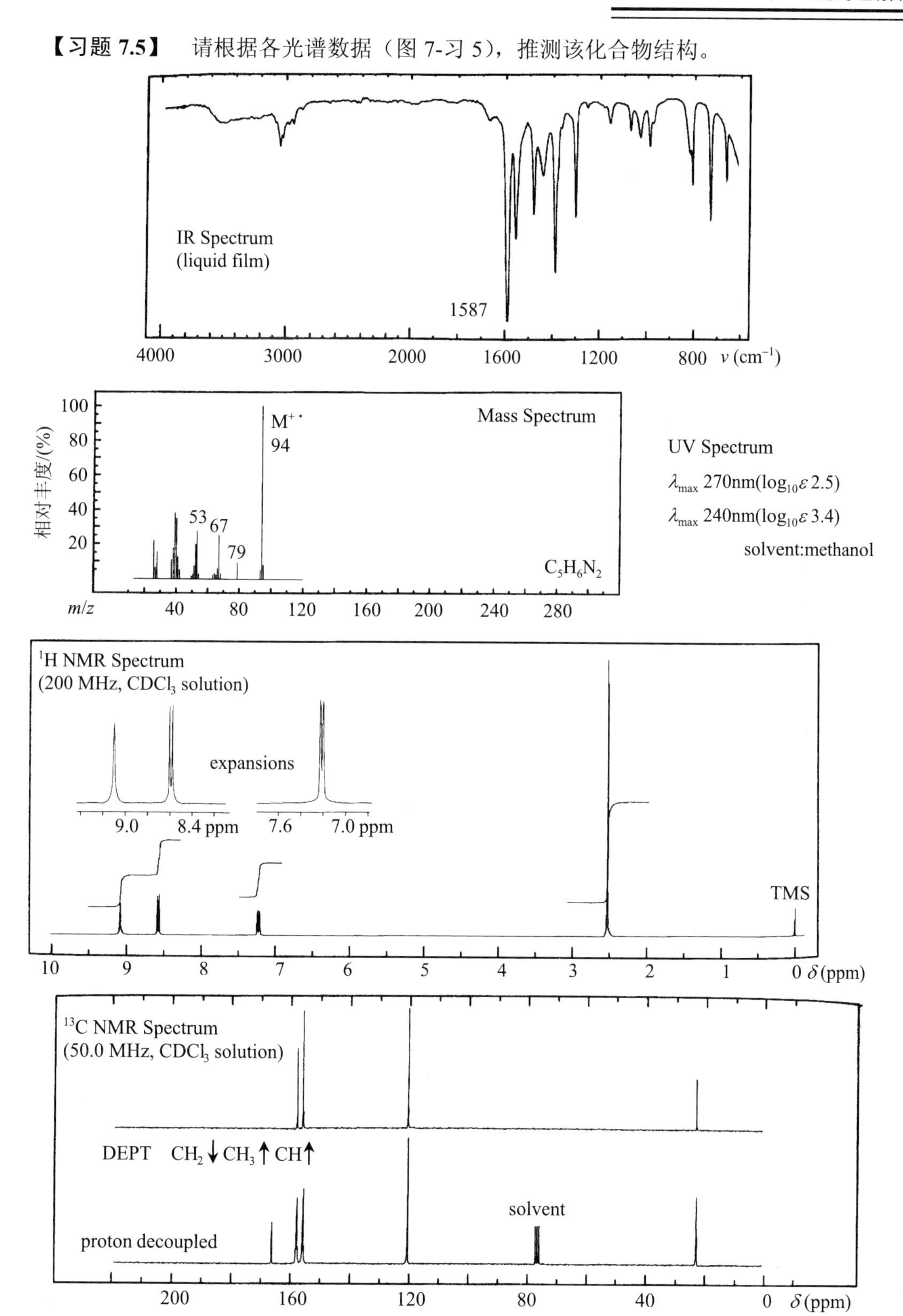

图 7-习 5

【习题 7.6】 请根据各光谱数据（图 7-习 6），推测该化合物结构。

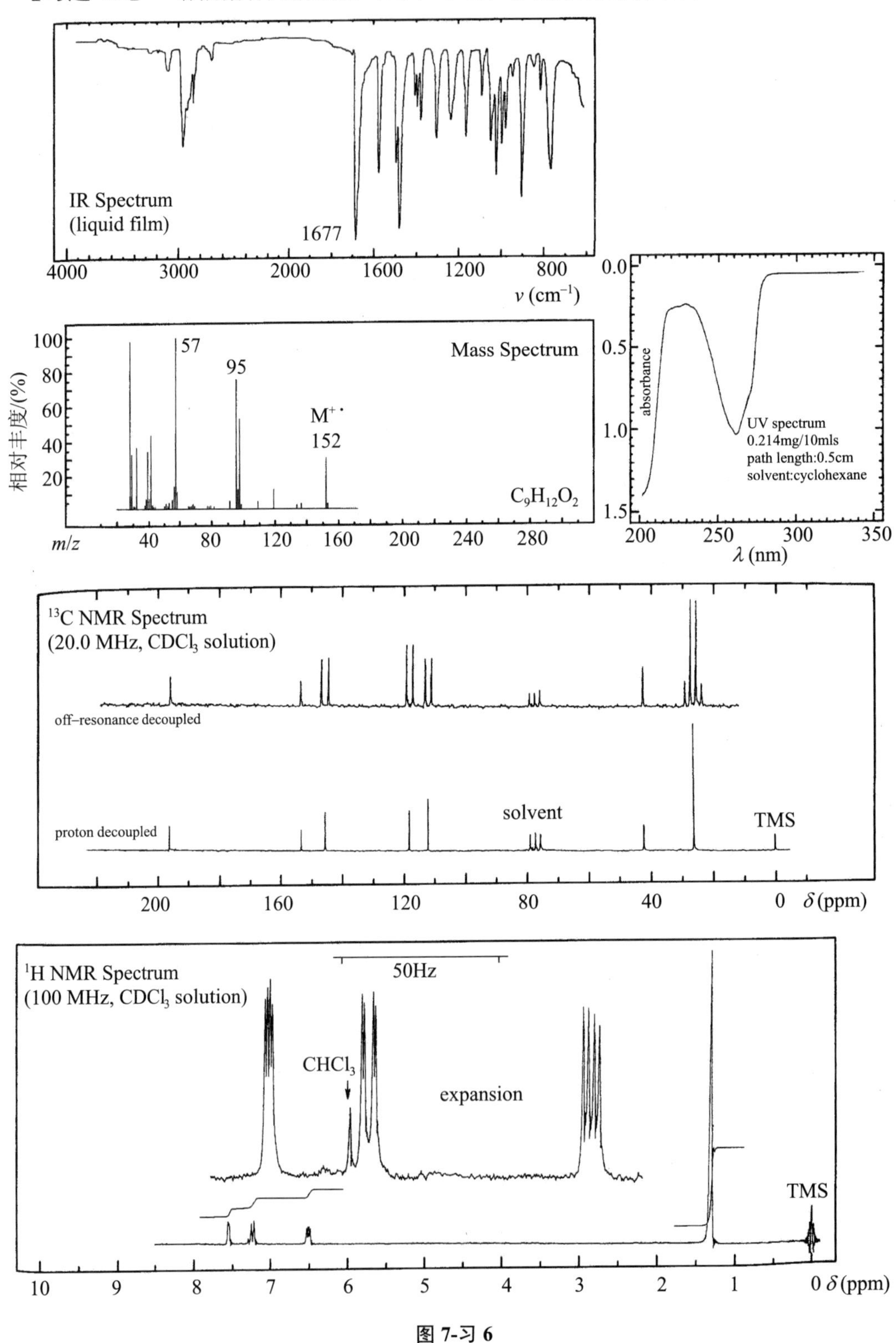

图 7-习 6

【习题 7.7】 请根据各光谱数据（图 7-习 7），推测该化合物结构。

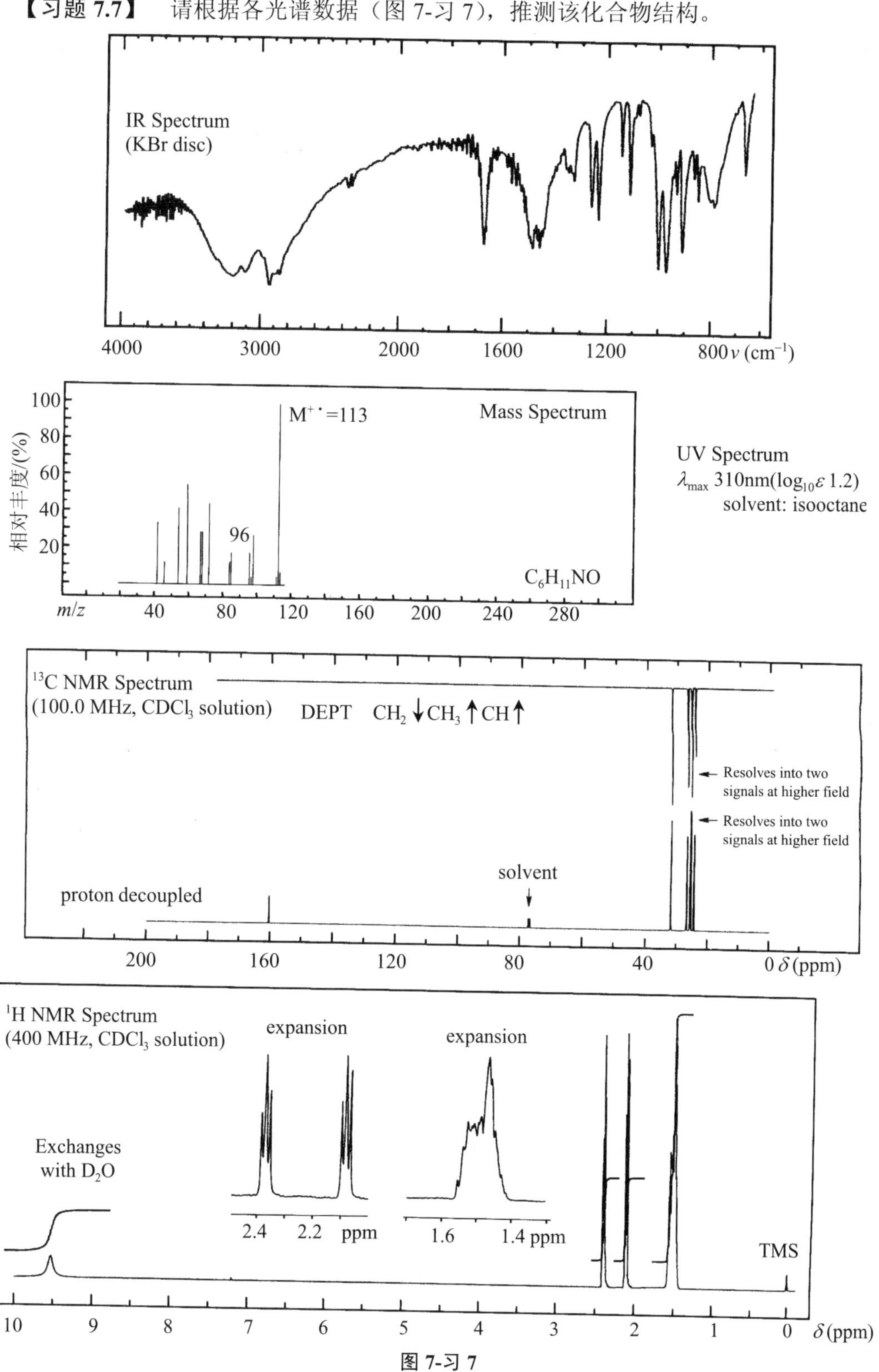

图 7-习 7

【习题 7.8】 请根据各光谱数据（图 7-习 8），推测该化合物结构。

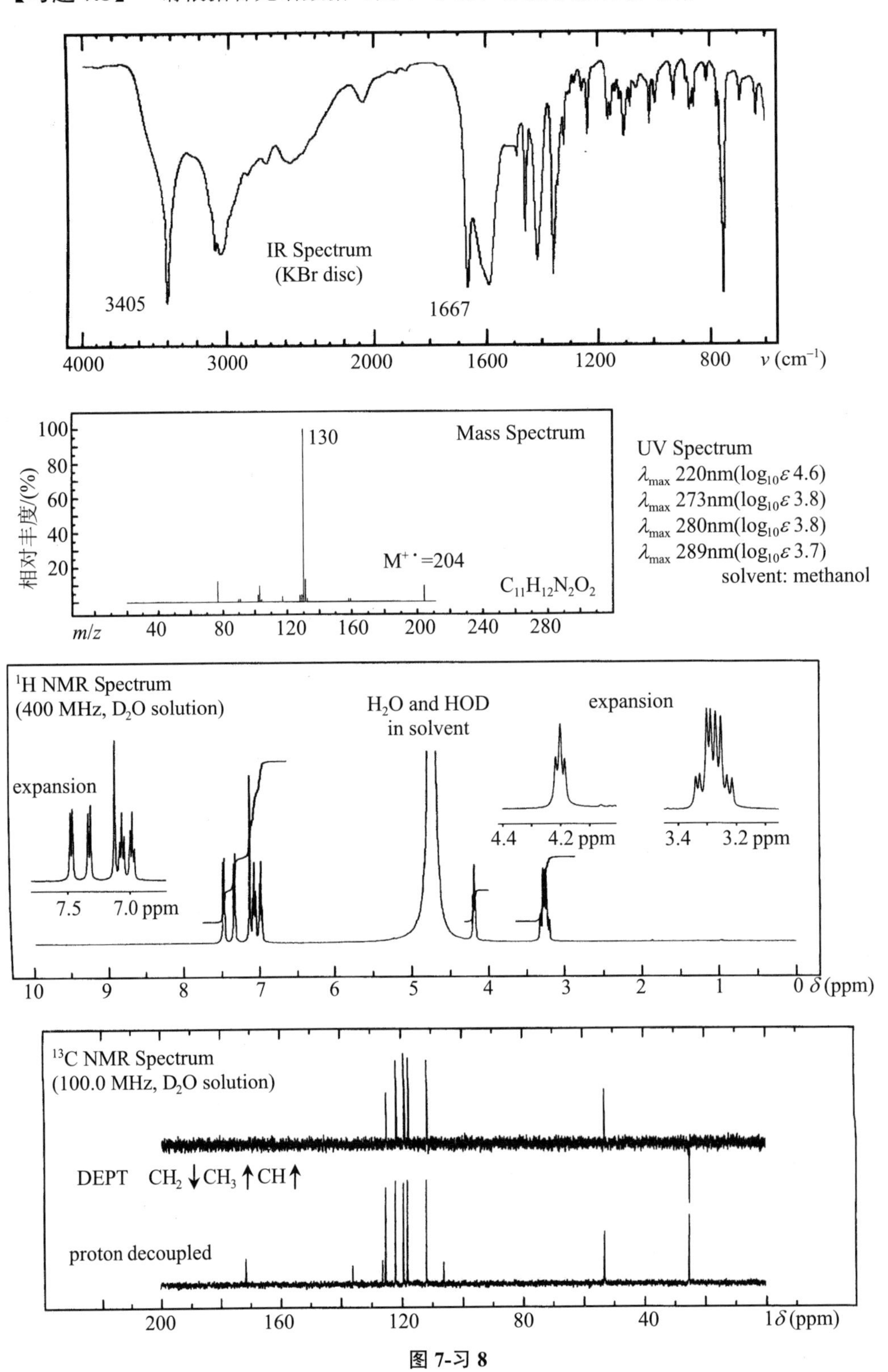

图 7-习 8

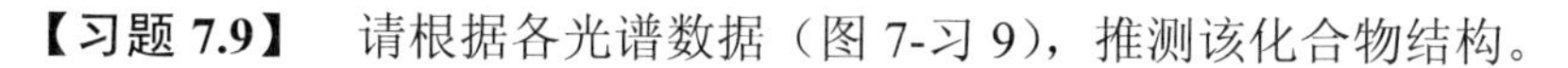

【习题 7.9】　请根据各光谱数据（图 7-习 9），推测该化合物结构。

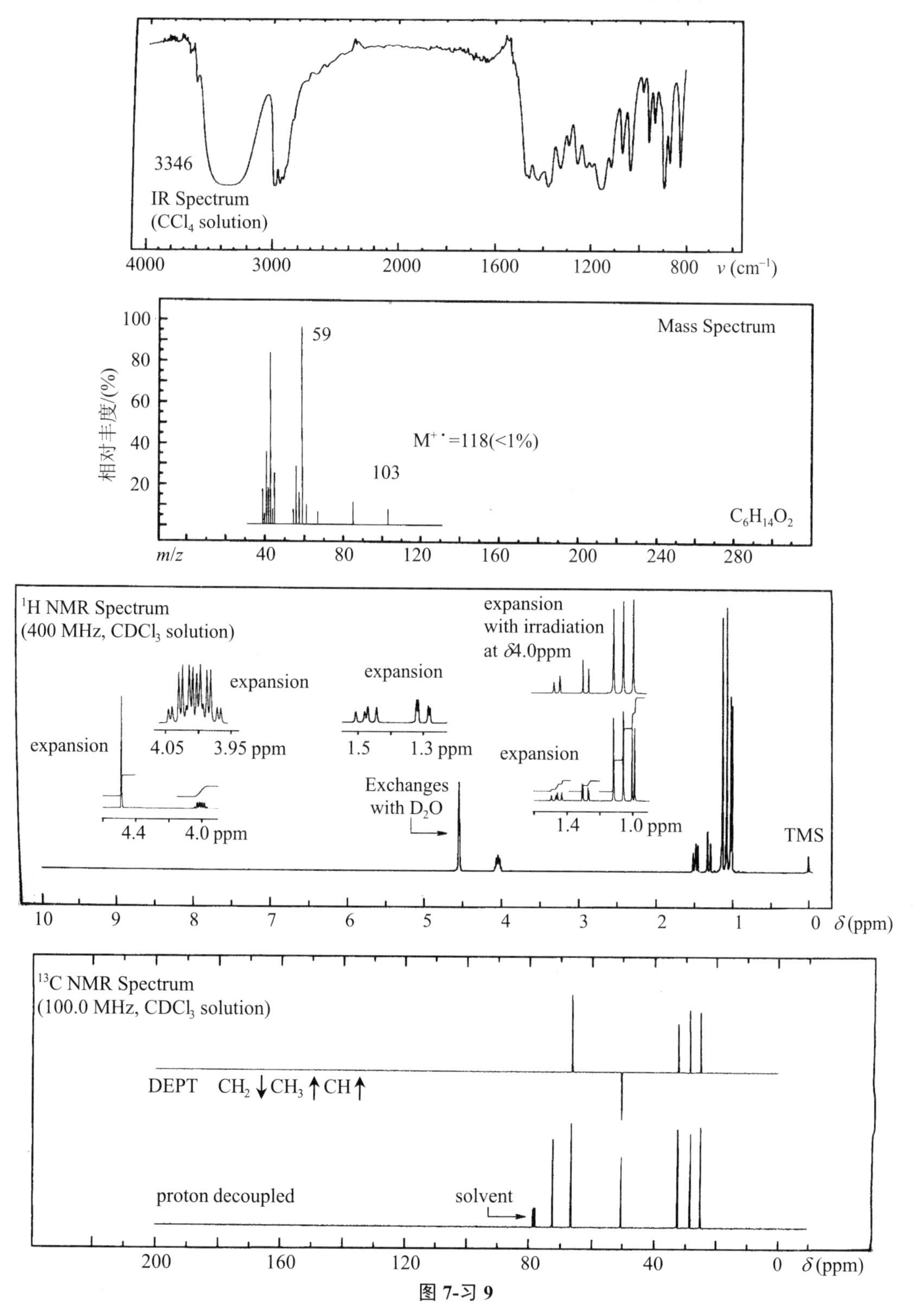

图 7-习 9

【习题 7.10】 某化合物分子式 $C_{10}H_8O_3$，红外光谱在 $1720cm^{-1}$，$1620cm^{-1}$ 有强吸收，根据以下谱图（图 7-习 10）推断结构，并归属所有氢和碳的化学位移。

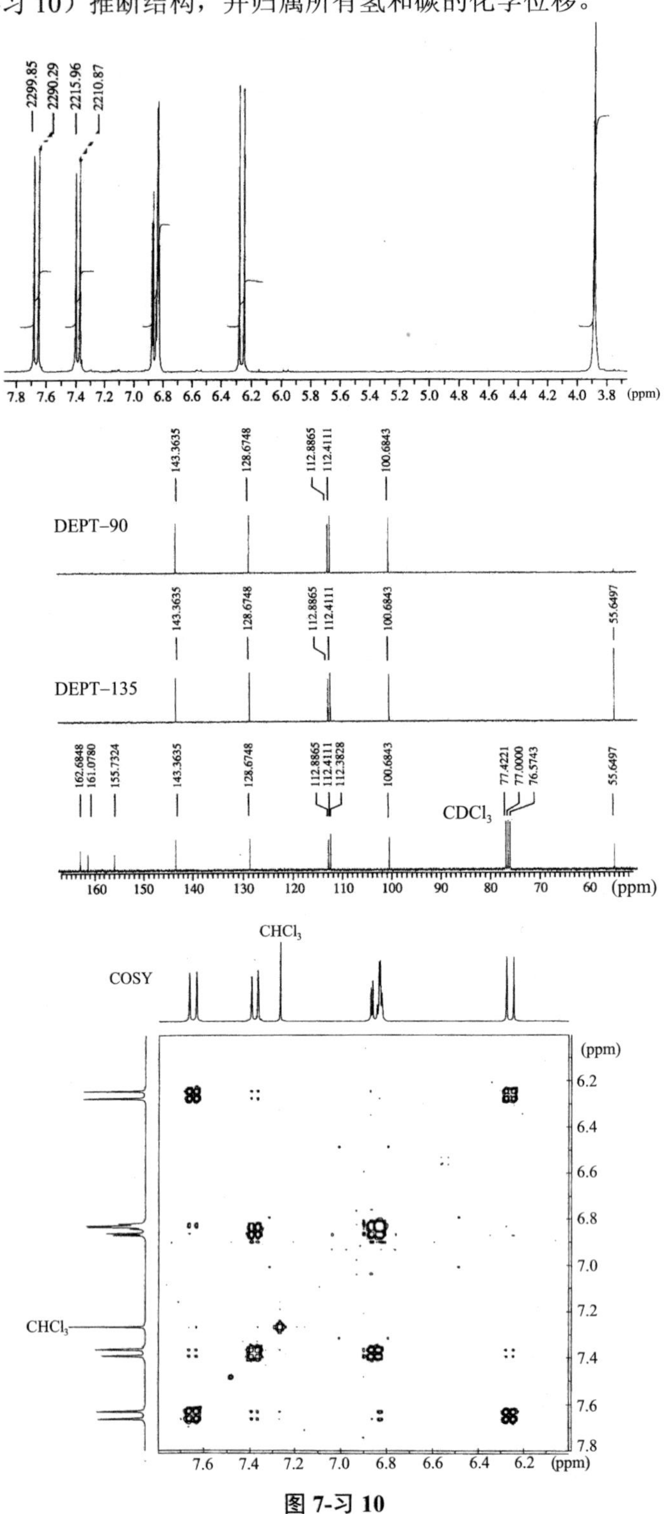

图 7-习 10

附　录

附录一　常用溶剂的 ^{1}H、^{13}C 的化学位移

附表 1-1　常用溶剂的 ^{1}H 的化学位移

溶剂	Solvent	化学位移，ppm	多重峰
丙酮	Acetone–d_6	2.05	5
乙腈	Acetonitrile–d_3	1.93	5
苯	Benzene–d_6	7.15	broad
氯仿	Chloroform–d_1	7.25	1
DMSO	Dimethylsulfoxide–d_6	2.49	5
水	Deuterium oxide	4.82	1
甲醇	Methanol–d_4	4.84, 3.30	1, 5
二氯甲烷	Methylene chloride–d_2	5.32	3

附表 1-2　常用溶剂的 ^{13}C 的化学位移

溶剂	Solvent	化学位移，ppm	多重峰
丙酮	Acetone–d_6	206.0, 24.8	1, 7
乙腈	Acetonitrile–d_3	116.7, 1.3	1, 7
苯	Benzene–d_6	128.0	3
氯仿	Chloroform–d_1	76.9	3
DMSO	Dimethylsulfoxide–d_6	39.7	7
甲醇	Methanol–d_4	49.0	7
二氯甲烷	Methylene chloride–d_2	54.0	5

附录二　氢谱的偶合常数

附表 2-1　^{1}H—^{1}H 偶合常数(括号中数据表示最可能值)

结构	偶合常数, Hz	结构	偶合常数, Hz
H C H	^{2}J = 12～15 (12)	R　　H_a H_c　　H_b	$^{3}J_{cis}(H_b,H_c)$ = 6～14 (8) $^{3}J_{trans}(H_a,H_c)$ = 4～8 (6) $^{2}J_{gem}(H_a,H_b)$ = 3～9 (6)
H　H C—C	^{3}J = 6～8 (7)	R　O　H_a H_c　　H_b	$^{3}J_{cis}(H_b,H_c)$ = 2～5 (4) $^{3}J_{trans}(H_a,H_c)$ = 1～3 (2) $^{2}J_{gem}(H_a,H_b)$ = 4～6 (5)

续表

结构	偶合常数, Hz	结构	偶合常数, Hz
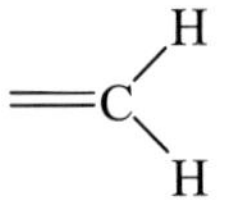 =C(H)H	$^3J = 0\sim4$ (1)	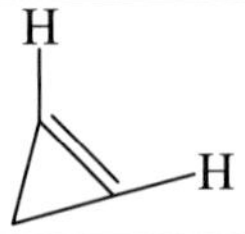 H, H (环丙烯)	$^3J = 0\sim2$ (2)
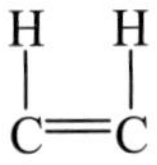 H H / C=C	$^3J_{cis} = 6\sim14$ (10)	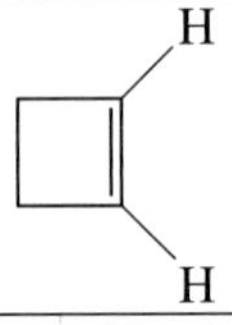 H, H (环丁烯)	$^3J = 2\sim4$ (4)
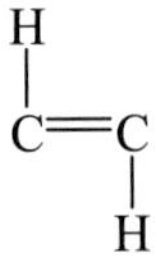 H / C=C / H	$^3J_{trans} = 11\sim18$ (16)	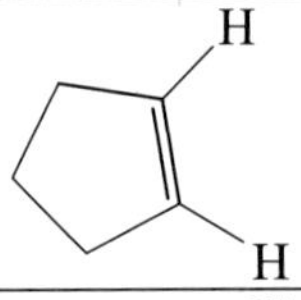 H, H (环戊烯)	$^3J = 5\sim7$ (6)
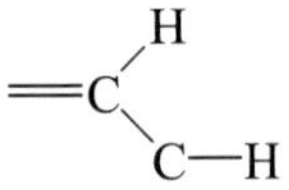 =C(H)—C—H	$^3J = 4\sim10$ (5)	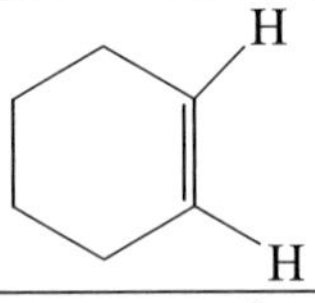 H, H (环己烯)	$^3J = 8\sim11$ (10)
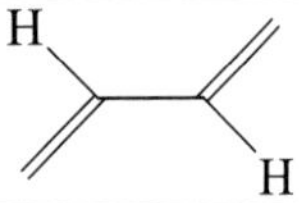 H, H (丁二烯)	$^3J = 9\sim13$ (10)	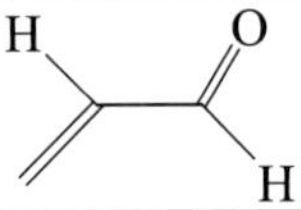 H, O, H	$^3J = 5\sim8$ (6)
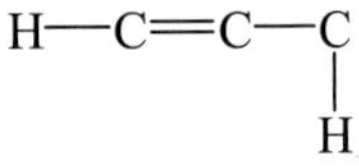 H—C=C—C—H	$^4J = 0\sim4$ (1)	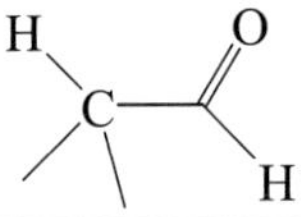 H—C—C(=O)H	$^3J = 1\sim3$ (2)
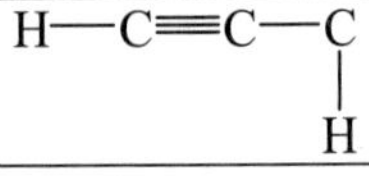 H—C≡C—C—H	$^4J = 2\sim3$ (2)	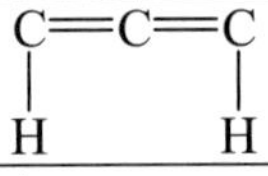 C=C=C, H, H	$^4J = 4\sim6$ (5)
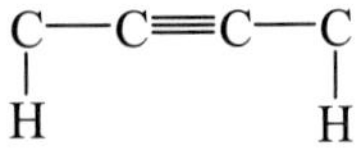 H—C—C≡C—C—H	$^5J = 2\sim3$ (2)	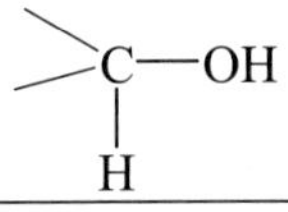 H—C—OH	$^3J = 4\sim10$ (5)
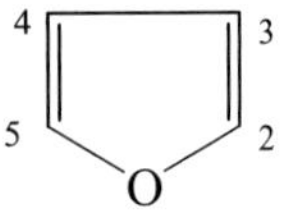 4, 3, 5, 2, O	$J_{2,3} = 1.7$ $J_{3,4} = 3.4$ $J_{2,4} = 0.9$ $J_{2,5} = 1.6$	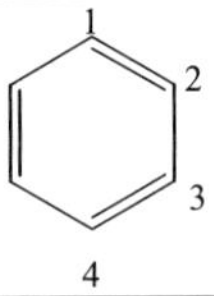 1, 2, 3, 4	$J_{1,2} = 6\sim10$ (8) $J_{1,3} = 1\sim4$ (3) $J_{1,4} = 0\sim2$ (0.7)
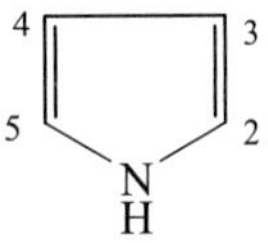 4, 3, 5, 2, NH	$J_{2,3} = 2.6$ $J_{3,4} = 3.4$ $J_{2,4} = 1.4$ $J_{2,5} = 2.1$	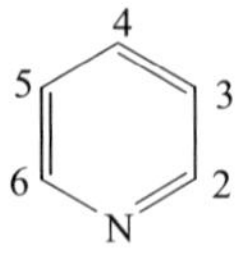 4, 5, 3, 6, 2, N	$J_{2,3} = 5.5$ $J_{3,4} = 7.5$ $J_{2,4} = 1.9$ $J_{2,5} = 0.9$ $J_{3,5} = 1.5$
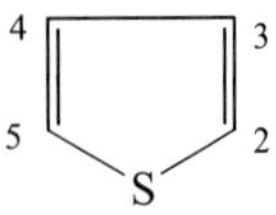 4, 3, 5, 2, S	$J_{2,3} = 5.2$ $J_{3,4} = 3.6$ $J_{2,4} = 1.3$ $J_{2,5} = 2.7$	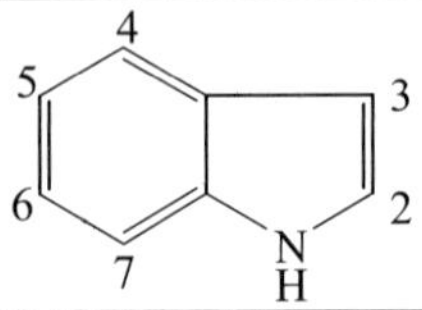 4, 5, 3, 6, 2, 7, NH	$J_{2,3} = 3.1$ $J_{4,5} = 7.8$ $J_{5,6} = 7.1$ $J_{6,7} = 8.1$ $J_{4,6} = J_{5,7} = 1.3$

附表 2-2 ^{1}H 与杂原子的偶合常数

结构	偶合常数, Hz	结构	偶合常数, Hz
H—C—F (同碳)	$^2J=44\sim55$	R—P(H)H	$^1J=190$
=C(H)F	$^2J=70\sim90$	—P(=O)(H)—	$^1J=690$
—HC=C—F	^3J (cis) $=3\sim20$ ^3J (trans) $=12\sim53$	H—C—P(=O)—	$^2J=13$
H—C—C—F	^3J (gauche) $=3\sim12$ ^3J (anti) $=10\sim45$	H—C—C—P(=O)—	$^3J=17$
H—C—C—C—F	$^4J=0\sim9$	H—C—O—P(=O)—	$^3J=8$
H—C—D	$^2J=2\sim3$	N—H	$^1J=50$

附录三 基团的 ^{1}H NMR 的化学位移

附表 3-1 各氢化学位移范围

结构	化学位移, ppm	结构	化学位移, ppm
R—CH_3	0.7～1.3	NO_2—C—H	4.1～4.3
R—CH_2—R	1.2～1.4	F—C—H	4.2～4.8
R_3CH	1.4～1.7	>C=C=C—H	4.0～5.0
R—C=C—C—H	1.6～2.6	—CH=C—O	4.0～5.0
R—CO—C—H	2.1～2.4	>C=CH—R	4.5～6.0
N≡C—C—H	2.1～3.0	>C=CH—COR	5.8～6.7
Ph—C—H	2.3～2.7	>C=CH—O	6.0～8.1
R—C≡C—H	1.8～3.1	—CH=C—COR	6.5～8.1
R—N(—)—C—H	2.2～2.9	Ar—H	6.0～9.0
R—S—C—H	2.0～3.0	—OCHO	8.0～8.2
I—C—H	2.0～4.0	>NCHO	8.0～8.2
Br—C—H	2.7～4.1	RCHO	9.4～9.8
Cl—C—H	3.1～4.1	ArCHO	9.7～10.5
RO—C—H	3.2～3.8	RCOOH	11.0～12.0
RCO_2—C—H	3.5～4.8		

附录四 ^{13}C 的化学位移范围

附表 4-1 各基团 ^{13}C 的化学位移范围

结构	化学位移, ppm	结构	化学位移, ppm
R—CH_3	8～30	C=C	100～150
R—CH_2—R	15～55	C≡N	110～140
R_3CH	20～60	R—N=C=O	110～135
C—I	0～40	C=N—OH	145～170
C—Br	25～65	芳环	110～175
C—N	30～65	R—COOR，R—COOH	155～185
C—Cl	35～80	R—C(=O)—NH_2	155～185
C—O	40～80	R—C(=O)—Cl	160～170
C≡C	65～90	R—C(=O)—H, R—C(=O)—R	185～220

附录五 一些典型化合物的 ^{1}H 和 ^{13}C（括号中数据）的化学位移, ppm

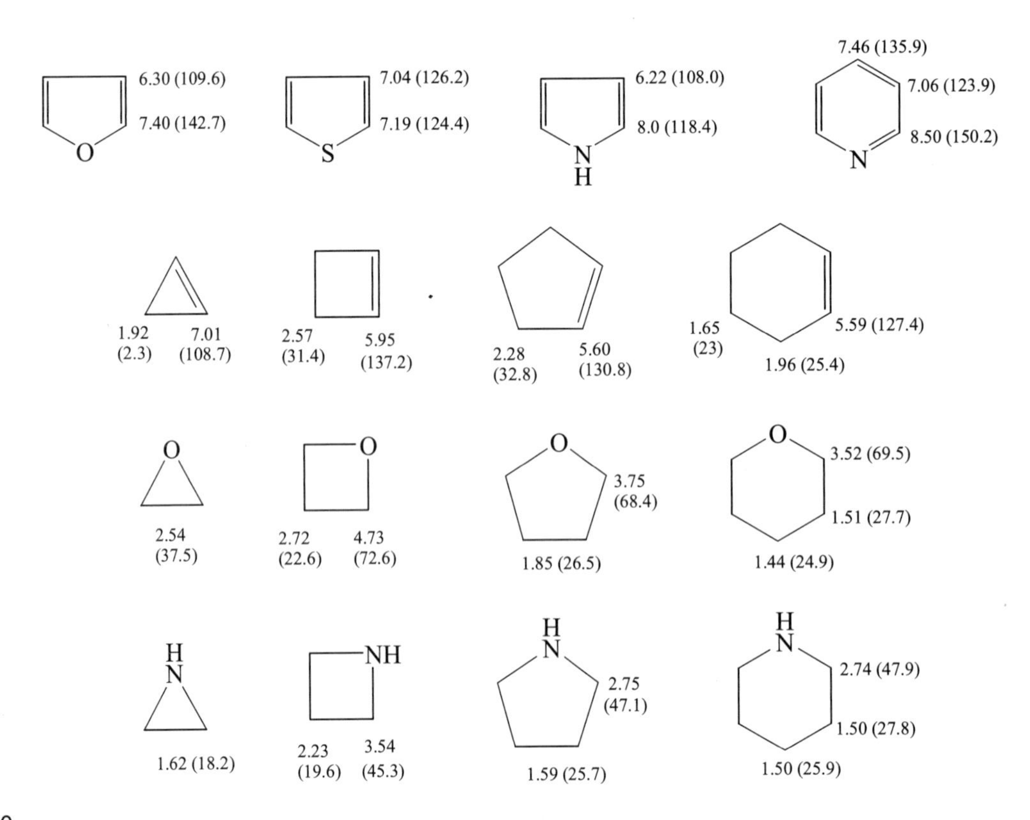

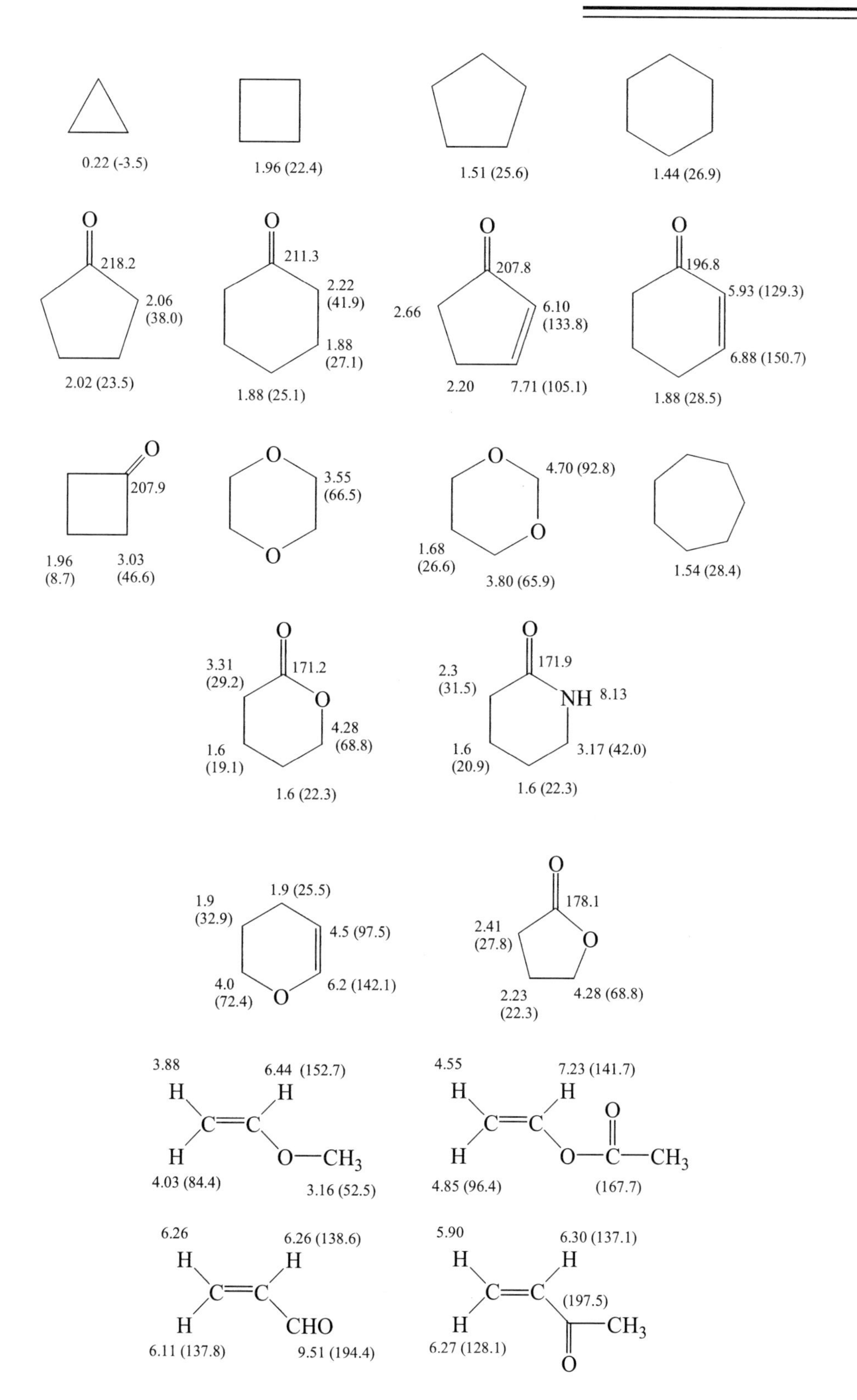
0.22 (-3.5)
1.96 (22.4)
1.51 (25.6)
1.44 (26.9)
O
218.2
2.06
(38.0)
2.02 (23.5)
O
211.3
2.22
(41.9)
1.88
(27.1)
1.88 (25.1)
O
207.8
2.66
6.10
(133.8)
2.20
7.71 (105.1)
O
196.8
5.93 (129.3)
6.88 (150.7)
1.88 (28.5)
O
207.9
1.96
(8.7)
3.03
(46.6)
O
3.55
(66.5)
O
O
4.70 (92.8)
O
1.68
(26.6)
3.80 (65.9)
1.54 (28.4)
O
3.31
(29.2)
171.2
O
4.28
(68.8)
1.6
(19.1)
1.6 (22.3)
O
2.3
(31.5)
171.9
NH 8.13
1.6
(20.9)
3.17 (42.0)
1.6 (22.3)
1.9
(32.9)
1.9 (25.5)
4.5 (97.5)
4.0
(72.4)
O
6.2 (142.1)
O
178.1
2.41
(27.8)
O
2.23
(22.3)
4.28 (68.8)
3.88
6.44 (152.7)
H
H
C═C
H
O—CH3
4.03 (84.4)
3.16 (52.5)
4.55
7.23 (141.7)
H
H
C═C
O
H
O—C—CH3
4.85 (96.4)
(167.7)
6.26
6.26 (138.6)
H
H
C═C
H
CHO
6.11 (137.8)
9.51 (194.4)
5.90
6.30 (137.1)
H
H
C═C
(197.5)
H
CH3
6.27 (128.1)
O

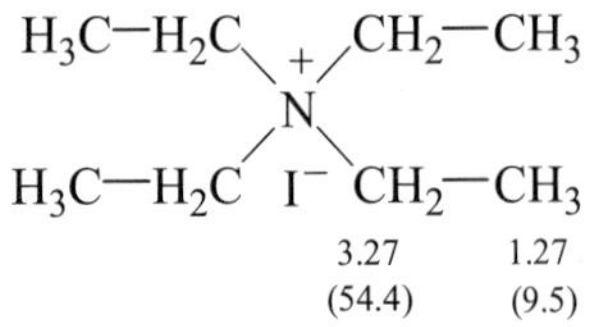

H_3C-H_2C $\overset{+}{N}$ CH_2-CH_3 / H_3C-H_2C I^- CH_2-CH_3
3.27 (54.4) 1.27 (9.5)

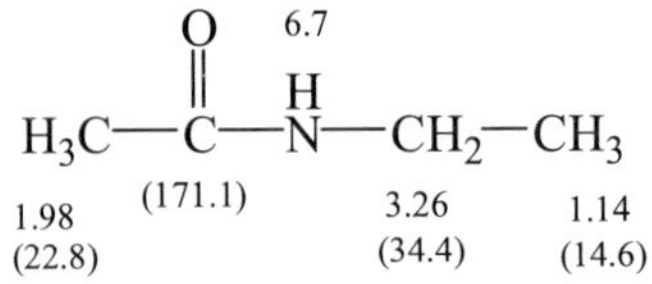

$H_3C-C(=O)-NH-CH_2-CH_3$
6.7 (NH); 1.98 (22.8); (171.1); 3.26 (34.4); 1.14 (14.6)

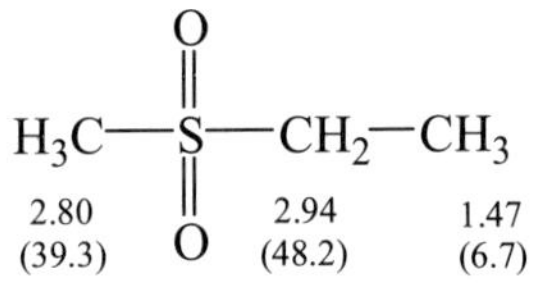

$H_3C-S(=O)_2-CH_2-CH_3$
2.80 (39.3); 2.94 (48.2); 1.47 (6.7)

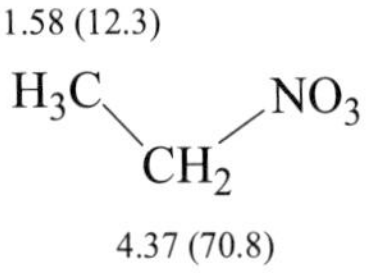

$H_3C-CH_2-NO_3$
1.58 (12.3); 4.37 (70.8)

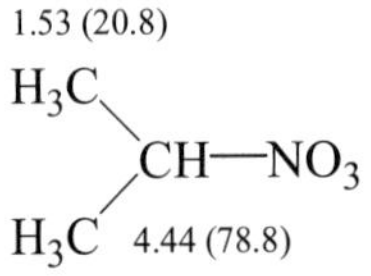

$(H_3C)_2CH-NO_3$
1.53 (20.8); 4.44 (78.8)

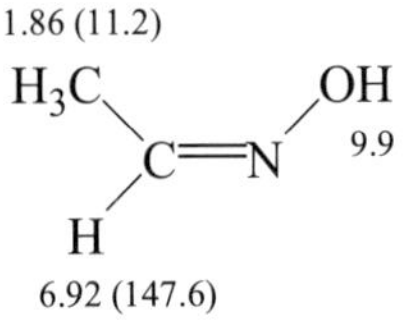

$H_3C(H)C=N-OH$
1.86 (11.2); 9.9; 6.92 (147.6)

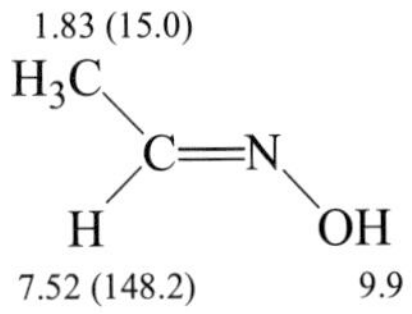

$H_3C(H)C=N-OH$
1.83 (15.0); 7.52 (148.2); 9.9

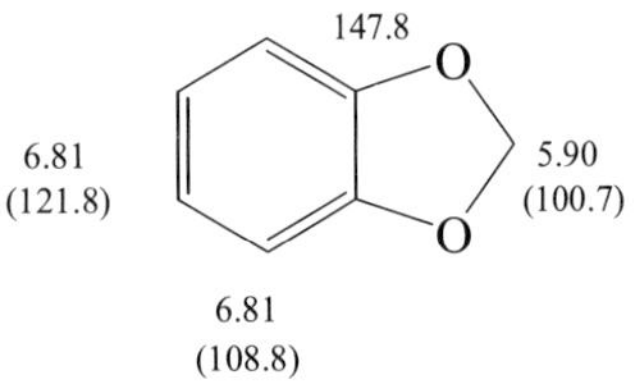

147.8; 5.90 (100.7); 6.81 (121.8); 6.81 (108.8)

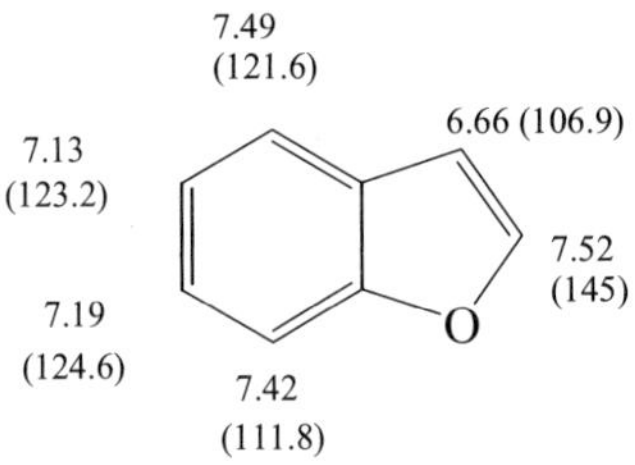

7.49 (121.6); 6.66 (106.9); 7.13 (123.2); 7.52 (145); 7.19 (124.6); 7.42 (111.8)

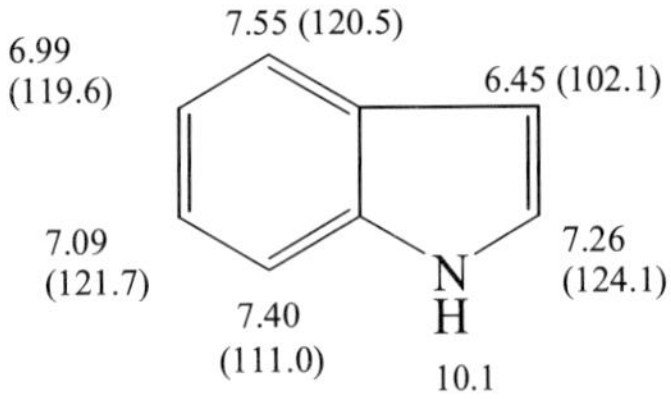

7.55 (120.5); 6.99 (119.6); 6.45 (102.1); 7.09 (121.7); 7.26 (124.1); 7.40 (111.0); 10.1

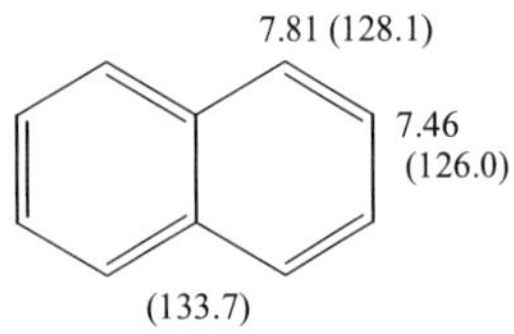

7.81 (128.1); 7.46 (126.0); (133.7)

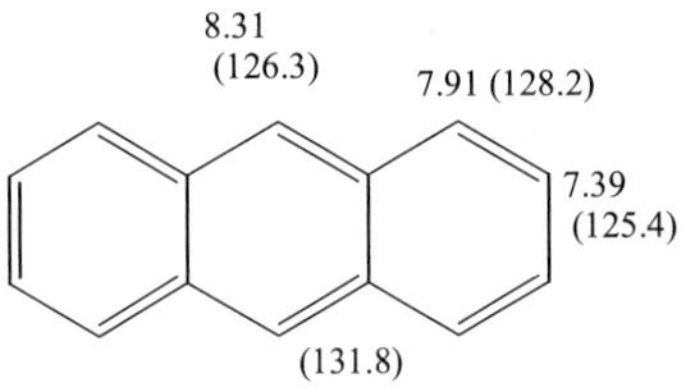

8.31 (126.3); 7.91 (128.2); 7.39 (125.4); (131.8)

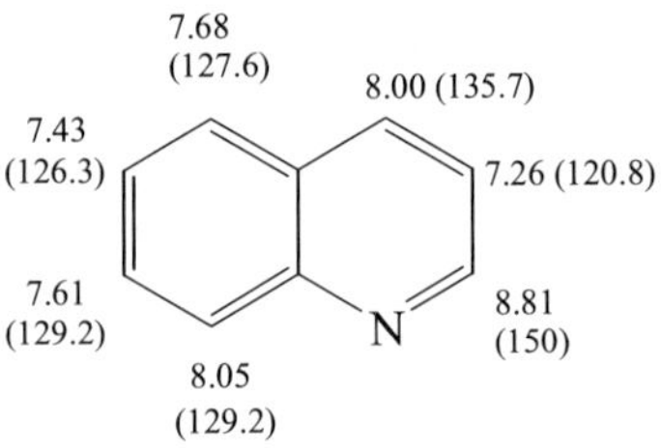

7.68 (127.6); 8.00 (135.7); 7.43 (126.3); 7.26 (120.8); 7.61 (129.2); 8.81 (150); 8.05 (129.2)

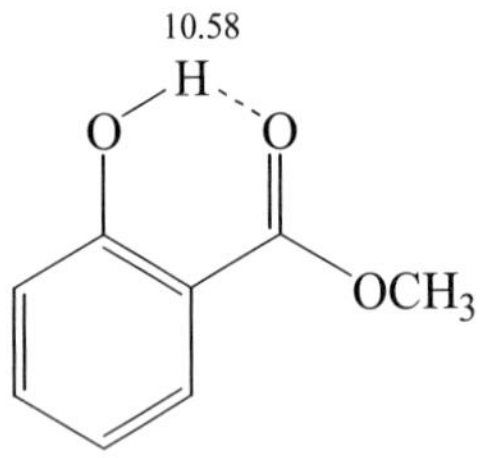

10.58 (OCH_3)

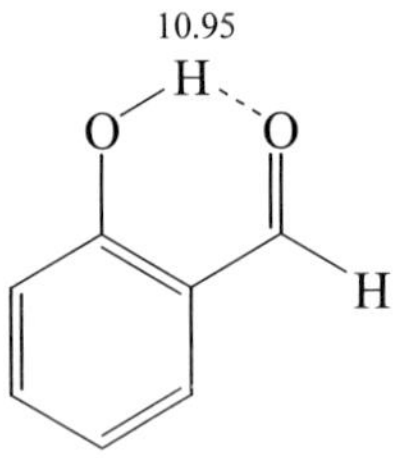

10.95 (H)

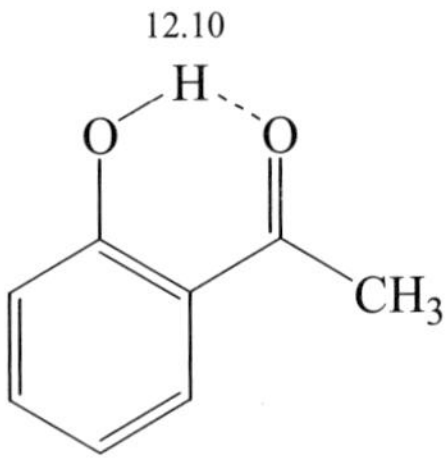

12.10 (CH_3)

习题参考答案

第 1 章

1.2 (a) 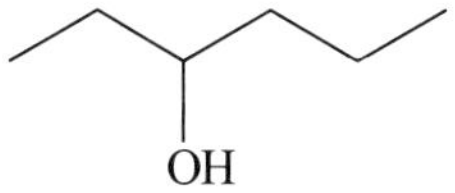 OH

(b) 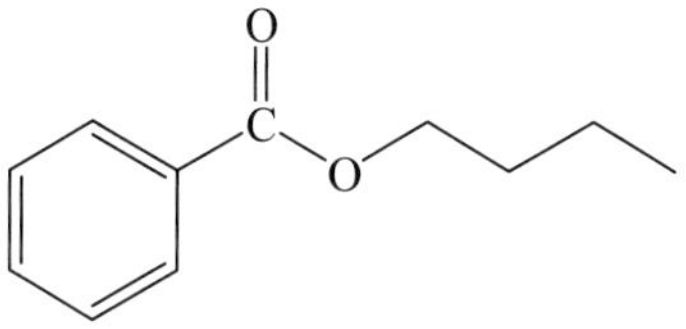 O O

(c) 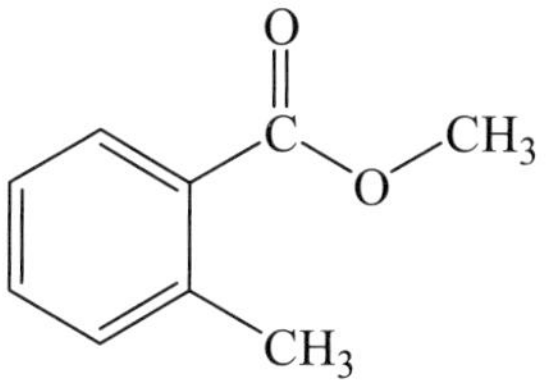 O CH_3 O CH_3

(d) 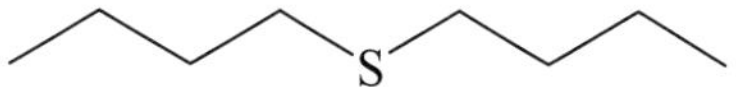 S

(e) $Ph—CH{=}CH—\overset{O}{\overset{\|}{C}}—OCH_3$

(f) $Cl(CH_2)_4—O—\overset{O}{\overset{\|}{C}}—CH_3$

第 2 章

2.1 CH_3 N CH_3 (a) CH_3 N CH_3 (b)

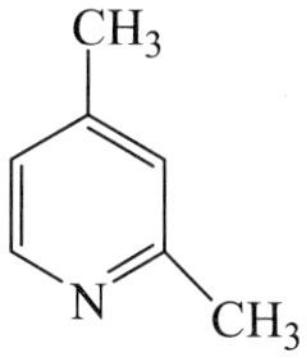

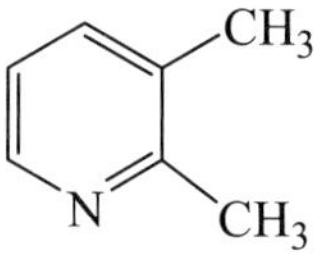

2.2

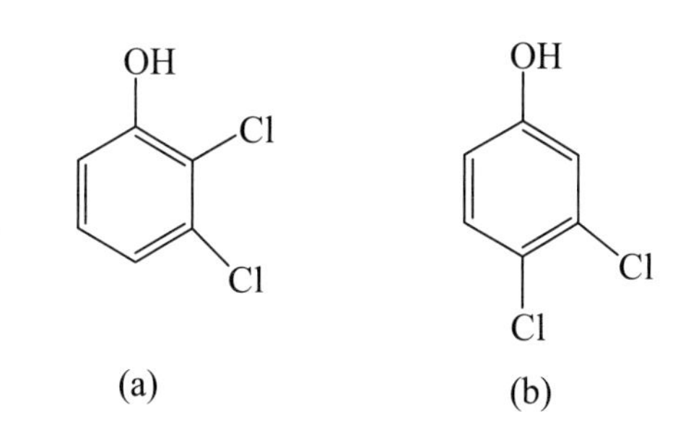

2.3 $N{\equiv}C—CH_2—CH_2—OEt$

2.4 $CH_3—CH_2—\overset{O}{\overset{\|}{C}}—CH_2—CH_2Cl$

2.5 $CH_3—CH_2—CH_2—O—\overset{O}{\overset{\|}{C}}—H$

2.6 $C_6H_5—CH_2—CH_2—CH_2—OH$

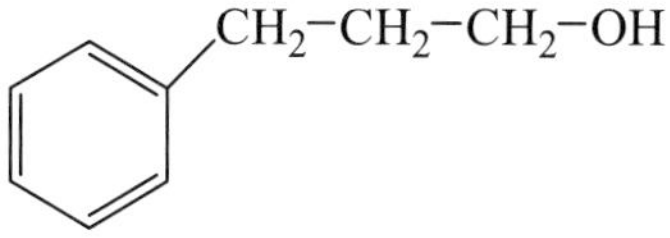

2.7 COOH Br OCH_3

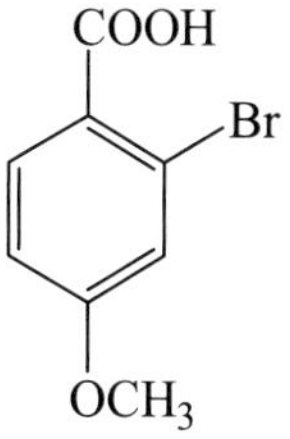

2.8 OH, Br

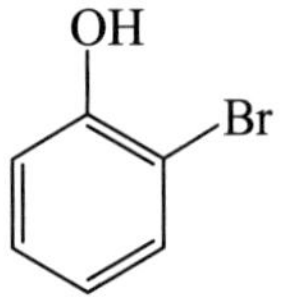

2.9 NH_2, Cl, Cl

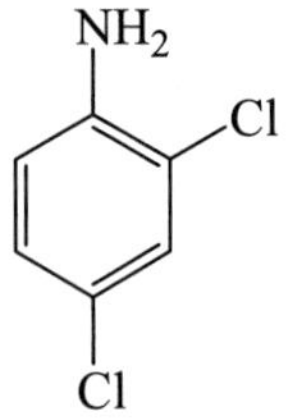

2.10 CH_3, $O-CF_2-CF_2$

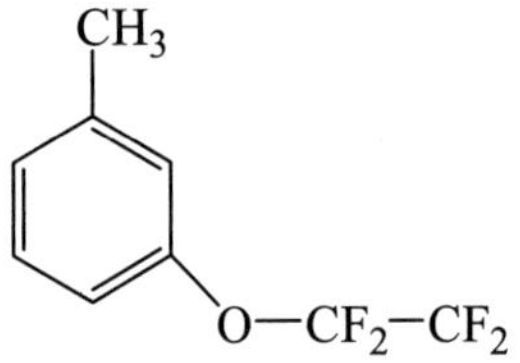

2.11 H, CHO, CH_3-CH_2, H

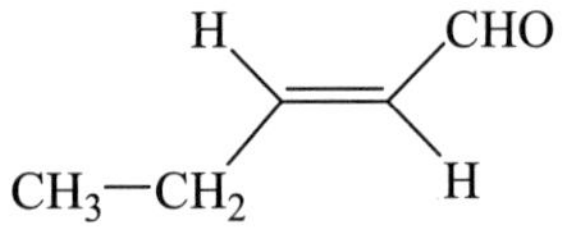

第 3 章

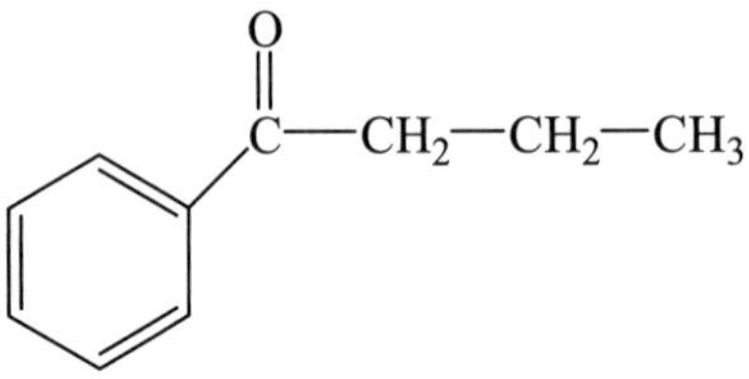

3.1 O, $C-CH_2-CH_2-CH_3$

3.2 O, $C-O-CH_2-CH_2-CH_2-CH_3$, $C-O-CH_2-CH_2-CH_2-CH_3$, O

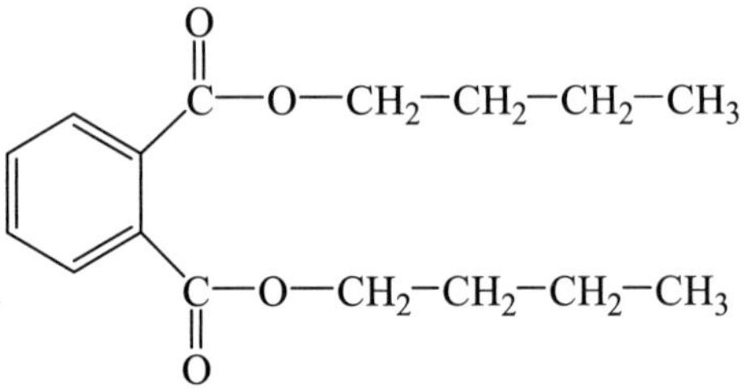

33. 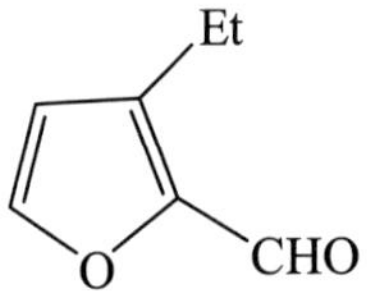 Et, CHO, O

3.4 $HC \equiv C-CH_2-CH_2-CH_2-NH_2$

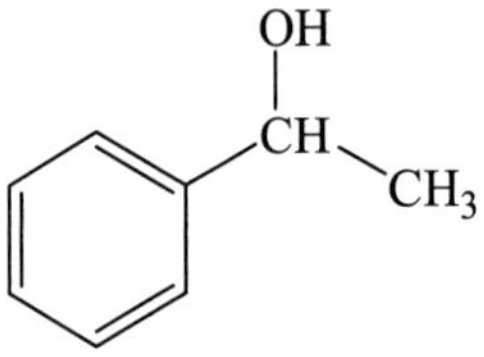

3.5 OH, CH, CH_3

3.6 $H_3C-CH(Br)-C(=O)-OEt$

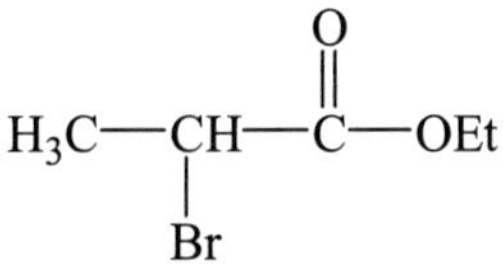

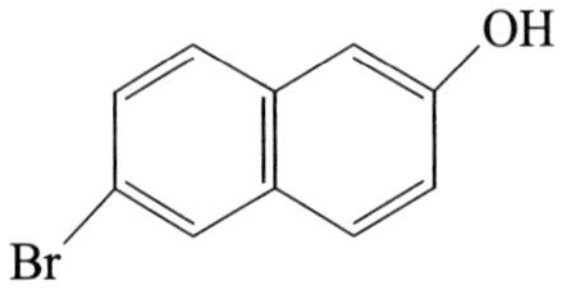

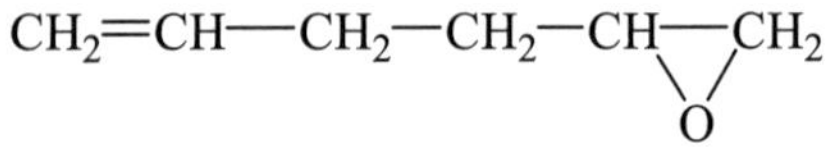

第 4 章

4.1 OH, Br

4.2 $CH_2=CH-CH_2-CH_2-CH-CH_2$ (O)

4.3 $CH_3-CH_2-CH_2-CH(Cl)-NO_2$

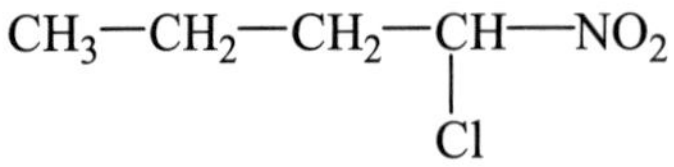

4.4 $CH_2=CH-CH_2-CH_2-CH_2-CH_2-OH$

4.5 CH_3 N COOH H_3CO

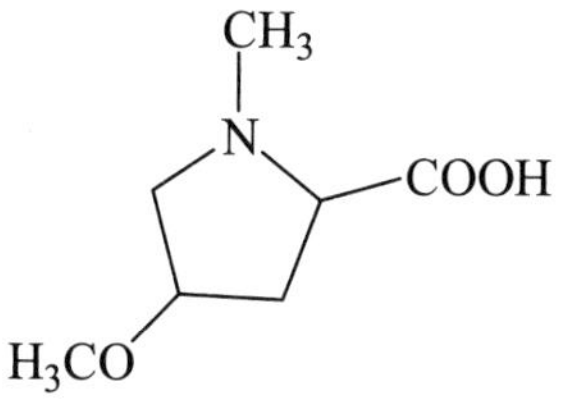

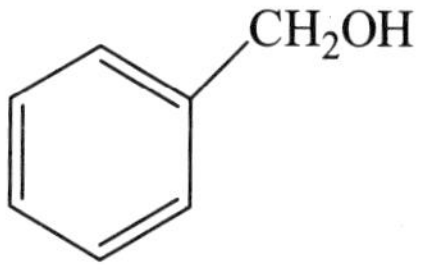

第 5 章

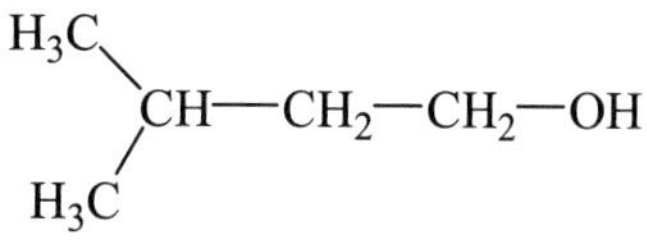

5.1 NH—Et　　NH_2 $CH_2—CH_3$

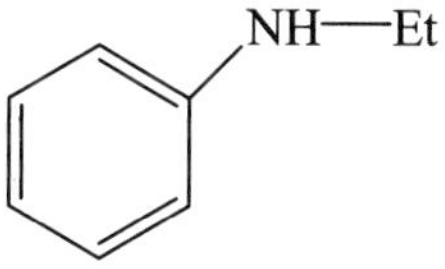

A 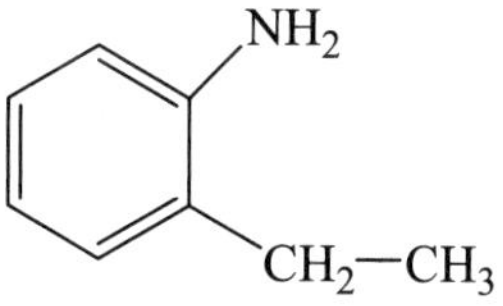　　B

5.2 CH_2OH

5.3 H_3C $CH—CH_2—CH_2—OH$ H_3C

5.4 O $C—CH_2—CH_3$

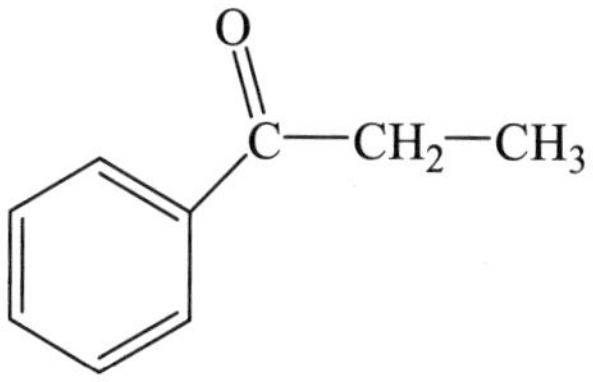

5.5 $CH_2=CH—CH_2—CH_2—CH_2—CH_3$

5.6 $CH_3—O—CH_2—C \equiv N$

第 6 章

6.1 化合物 A：$\lambda_{max} = 214 + 2 \times 5 + 4 \times 5 = 244nm$

化合物 B：$\lambda_{max} = 214 + 4 \times 5 = 234nm$

化合物 C：$\lambda_{max} = 214 + 5 + 2 \times 5 = 229nm$

紫外光谱λ_{max} 231nm（ε 21000），236nm（ε 12000），245nm（ε 18000）分别为化合物 C，B，A。

6.2 化合物 A：$\lambda_{max} = 215 + 2 \times 5 + 10 + 12 \times 2 = 259nm$

化合物 B：$\lambda_{max} = 215 + 5 + 10 + 12 = 242nm$

化合物 C：$\lambda_{max} = 215 + 5 + 10 + 12 \times 2 = 254nm$

紫外光谱λ_{max} 241nm（ε 4700）为化合物 B，254nm（ε 9500）为化合物 C，259nm（ε 10790）为化合物 B。

6.3 化合物 A：$\lambda_{max} = 215 + 39 + 10 + 12 + 18 \times 2 + 5 \times 3 + 30 = 357nm$

化合物 B：$\lambda_{max} = 215 + 39 + 10 + 12 + 18 + 30 = 324nm$

该化合物为 A。

第 7 章

7.1 Ph—CH_2—CH O O

7.2 CO_2Et NH_2

7.3 H Br C═C H O_2N

7.4 NH_2 N CH_3

7.5 N H_3C N

7.6 CH_3 CH_3 C O C CH_3 O

7.7 OH N

7.8 CH_2—CH—COOH NH_2 N H

7.9 CH_3 CH_3—C—CH_2—CH—CH_3 OH OH

7.10 H_3CO O O

主要参考文献

1．陈德恒．有机结构分析．北京：科学出版社，1985

2．陈耀祖．有机分析．北京：高等教育出版社，1981

3．宁永成．有机化合物结构鉴定与有机波谱学（第二版）．北京：科学出版社，2000

4．赵瑶兴，孙祥玉．有机分子结构光谱鉴定．北京：科学出版社，2003

5．杨立．二维核磁共振简明原理及图谱解析．兰州：兰州大学出版社，1996

6．孟令芝，何永炳．有机波谱分析．武汉：武汉大学出版社，1996

7．李润卿，范国梁，渠荣遴．有机结构波谱分析．天津：天津大学出版社，2002

8．唐恢同．有机化合物的光谱鉴定．北京：北京大学出版社，1992

9．Pavia D L, Lampman G M, Kriz G S. Introduction to Spectroscopy. 3rd ed. Thomson Learning, 2001

10．Lambert J B, Shurvell H F, Lightner D A, Cooks R G. Organic Structural Spectroscopy. London: Prentice-Hall, 1998

11．Friebolin H. Basic One-and Two-Dimensional NMR Spectroscopy. New York: VCH, 1993

12．Claridge T D W. High-Resolution NMR Techniques in Organic Chemistry. Oxford: Elsevier, 1999.

13．Silverstein R M, Webster F X. Spectrometric Identification of Organic Compounds. 6th ed. New York: John Wiley & Sons, 1998

14．Field L D, Sternhell S, Kalman J R. Organic Structures from Spectra. 3rd ed. England: John Wiley & Sons, 2002.